高等学校专业教材

食品科学与工程类专业应用型本科教材

食品发酵与酿造

金昌海　主　　编

方维明　王振斌　执行主编

中国轻工业出版社

图书在版编目（CIP）数据

食品发酵与酿造/金昌海主编 . —北京：中国轻工业出版社，2025.1
普通高等教育"十三五"规划教材　食品科学与工程类专业应用型
本科教材
ISBN 978 - 7 - 5184 - 1278 - 5

Ⅰ. ①食…　Ⅱ. ①金…　Ⅲ. ①发酵食品-生产工艺-高等学校-教材
②酿造-高等学校-教材　Ⅳ. ①TS26　②TS201.3

中国版本图书馆 CIP 数据核字（2017）第 055003 号

责任编辑：马　妍

策划编辑：马　妍　　责任终审：张乃东　　封面设计：锋尚设计
版式设计：锋尚设计　　责任校对：吴大鹏　　责任监印：张　可

出版发行：中国轻工业出版社（北京鲁谷东街 5 号，邮编：100040）
印　　刷：三河市万龙印装有限公司
经　　销：各地新华书店
版　　次：2025 年 1 月第 1 版第 7 次印刷
开　　本：787×1092　1/16　印张：23.25
字　　数：510 千字
书　　号：ISBN 978 - 7 - 5184 - 1278 - 5　定价：55.00 元
邮购电话：010 - 85119873
发行电话：010 - 85119832　　010 - 85119912
网　　址：http://www.chlip.com.cn
Email：club@ chlip.com.cn
版权所有　侵权必究
如发现图书残缺请与我社邮购联系调换
250072J1C107ZBQ

本书编写人员

主　　编　金昌海（扬州大学）

执行主编　方维明（扬州大学）
　　　　　王振斌（江苏大学）

副 主 编　张锦丽（山东农业大学）
　　　　　黄亚东（江苏食品药品职业技术学院）
　　　　　索　标（河南农业大学）

编　　者　吴建峰（江苏今世缘酒业股份有限公司）
　　　　　刘爱平（四川农业大学）
　　　　　沈洪涛（江苏韩侯酒业有限公司）
　　　　　孙永康（安徽科技学院）
　　　　　张　荣（江苏大学）
　　　　　饶胜其（扬州大学）
　　　　　尹永祺（扬州大学）

出版说明

自《国家中长期教育改革和发展规划纲要（2010—2020年）》颁布实施以来，我国职业教育进入到加快构建现代职业教育体系、全面提高技能型人才培养质量的新阶段。加快发展现代职业教育，实现职业教育改革发展新跨越，对职业学校"双师型"教师队伍建设提出了更高的要求。为此，教育部明确提出，要以推动教师专业化为引领，以加强"双师型"教师队伍建设为重点，以创新制度和机制为动力，以完善培养培训体系为保障，以实施素质提高计划为抓手，统筹规划，突出重点，改革创新，狠抓落实，切实提升职业院校教师队伍整体素质和建设水平，加快建成一支师德高尚、素质优良、技艺精湛、结构合理、专兼结合的高素质专业化的"双师型"教师队伍，为建设具有中国特色、世界水平的现代职业教育体系提供强有力的师资保障。

目前，我国共有60余所高校正在开展职教师资培养，但由于教师培养标准的缺失和培养课程资源的匮乏，制约了"双师型"教师培养质量的提高。为完善教师培养标准和课程体系，教育部、财政部在"职业院校教师素质提高计划"框架内专门设置了职教师资培养资源开发项目，中央财政划拨1.5亿元，系统开发用于本科专业职教师资培养标准、培养方案、核心课程和特色教材等系列资源。其中，包括88个专业项目，12个资格考试制度开发等公共项目。该项目由42家开设职业技术师范专业的高等学校牵头，组织近千家科研院所、职业学校、行业企业共同研发，一大批专家学者、优秀校长、一线教师、企业工程技术人员参与其中。

经过三年的努力，培养资源开发项目取得了丰硕成果。一是开发了中等职业学校88个专业（类）职教师资本科培养资源项目，内容包括专业教师标准、专业教师培养标准、评价方案，以及一系列专业课程大纲、主干课程教材及数字化资源；二是取得了6项公共基础研究成果，内容包括职教师资培养模式、国际职教师资培养、教育理论课程、质量保障体系、教学资源中心建设和学习平台开发等；三是完成了18个专业大类职教师资资格标准及认证考试标准开发。上述成果，共计800多本正式出版物。总体来说，培养资源开发项目实现了高效益：形成了一大批资源，填补了相关标准和资源的空白；凝聚了一支研发队伍，强化了教师培养的"校-企-校"协同；引领了一批高校的教学改革，带动了"双师型"教师的专业化培养。职教师资培养资源开发项目是支撑专业化培养的一项系统化、基础性工程，是加强职教教师培养培训一体化建设的关键环节，也是对职教师资培养培训基地教师专业化培养实践能力、教师教育研究能力的系统检阅。

自2013年项目立项开题以来，各项目承担单位、项目负责人及全体开发人员做了大量深入细致的工作，结合职教教师培养实践，研发出很多填补空白、体现科学性和前瞻性的成果，有力推进了"双师型"教师专门化培养向更深层次发展。同时，专家指导委员会的各位专家以及项目管理办公室的各位同志，克服了许多困难，按照两部对项目开发工作的总体要求，为实施项目管理、研发、检查等投入了大量时间和心血，也为各个项目提供了专业的咨询和指导，有力地保障了项目实施和成果质量。在此，我们一并表示衷心的感谢。

编写委员会

2016 年 3 月

前 言
Preface

加快发展现代职业教育，实现职业教育改革发展新跨越，对职业学校"双师型"教师队伍建设提出了更高的要求。教育部、财政部为加快建设一支师德高尚、素质优良、技艺精湛、结构合理、专兼结合的高素质专业化的"双师型"教师队伍，在"职业院校教师素质提高计划"框架内专门设置了职教师资培养资源开发项目，系统开发用于本科专业职教师资培养标准、培养方案、核心课程和特色教材等系列资源。根据教育部、财政部的要求，扬州大学牵头组织全国部分相关高等学校、职业学校、行业企业，承担了《食品科学与工程》专业职教师资培养资源的开发项目。《食品发酵与酿造》是本项目组完成的特色教材成果之一。

《食品发酵与酿造》教材内容以行业产品为主线，涵盖了食品生物发酵的主要产品类型，如厌氧发酵的酒精白酒发酵，啤酒、黄酒、葡萄酒等的酒类酿造，酱油、食醋的发酵调味品酿造，以及好氧发酵的氨基酸发酵，包括了四大类型的8个典型产品。在各章产品内容的结构设计方面，包含简要的发酵原理机制，各产品的核心工艺过程，以及对典型产品工艺的剖析；部分章节中还有该产品的综合实践内容，充分体现出本教材的专业工程性和职业技能性的融合统一。

本教材编写人员主要为扬州大学方维明、饶胜其、尹永祺；江苏大学王振斌、张荣；山东农业大学张锦丽；河南农业大学索标；四川农业大学刘爱平；江苏食品药品职业技术学院黄亚东；安徽科技学院孙永康；江苏今世缘酒业股份有限公司吴建峰。具体编写分工：第一章由方维明编写；第二章由饶胜其、尹永祺编写；第三章由索标编写；第四章由黄亚东、吴建峰编写；第五章由张锦丽编写；第六章由张荣编写；第七章由刘爱平编写；第八章由王振斌编写；第九章由孙永康编写。本教材执行主编方维明、王振斌，副主编张锦丽、黄亚东、索标，方维明负责全书的统稿工作。

本教材为高等院校食品科学与工程职教师资本科专业的主干课程教材，也可用于职业院校相关专业的教师培训教材，同时可供相关专业人员参考使用。

本教材编写是一项探索性的工作，难度较大。由于编者水平有限，教材中难免会有一些疏漏之处，恳请专家和广大读者予以指正，以便进一步修改完善。

编　者

2017 年 3 月

目 录
Contents

第一章 发酵食品理论基础 ·········· 1
第一节 发酵食品生物技术现状与发展趋势 ·········· 1
第二节 发酵食品分类特点及质量标准 ·········· 4
第三节 发酵微生物实验室基本建设及生物安全 ·········· 6
第四节 专业人才需求及中职教育教学特点 ·········· 10

第二章 发酵食品操作技术 ·········· 15
第一节 无菌技术 ·········· 15
第二节 菌种保藏技术 ·········· 32
第三节 工艺控制技术 ·········· 37
第四节 生物制品分离技术 ·········· 46
第五节 清洁生产与节能降耗 ·········· 67
第六节 综合实验 ·········· 72

第三章 酒精工艺 ·········· 76
第一节 酒精发酵及原辅材料 ·········· 76
第二节 酒精发酵微生物及机制 ·········· 85
第三节 酒精发酵工艺 ·········· 94

第四章 白酒工艺 ·········· 117
第一节 白酒（蒸馏酒）及原辅材料 ·········· 117
第二节 白酒酿造微生物及制曲技术 ·········· 123
第三节 白酒发酵工艺 ·········· 132
第四节 典型白酒生产案例 ·········· 139

第五章 啤酒工艺 ·········· 170
第一节 啤酒及原料 ·········· 170
第二节 麦芽制备 ·········· 177
第三节 啤酒酵母扩培 ·········· 187

第四节　定型麦汁制备 ……………………………………………… 192

第五节　啤酒发酵 …………………………………………………… 199

第六节　典型啤酒生产案例 ………………………………………… 217

第六章　黄酒工艺 …………………………………………………… 221

第一节　黄酒及原料要求 …………………………………………… 221

第二节　糖化发酵剂及其制备 ……………………………………… 228

第三节　黄酒酿造工艺 ……………………………………………… 233

第四节　典型黄酒生产案例 ………………………………………… 239

第七章　葡萄酒工艺 ………………………………………………… 252

第一节　葡萄酒及生产原料 ………………………………………… 252

第二节　葡萄酒发酵原理与工艺 …………………………………… 257

第三节　典型葡萄酒生产案例 ……………………………………… 263

第四节　葡萄酒再加工 ……………………………………………… 271

第五节　综合实验 …………………………………………………… 275

第八章　酱油食醋酿造工艺 ………………………………………… 280

第一节　酿造酱油及主要原料 ……………………………………… 280

第二节　酿造酱油种曲制备与制曲 ………………………………… 284

第三节　酿造酱油生产工艺 ………………………………………… 289

第四节　酿造食醋及生产原辅材料 ………………………………… 294

第五节　酿造食醋糖化发酵剂及制备 ……………………………… 300

第六节　酿造食醋生产工艺 ………………………………………… 307

第七节　典型酿造食醋生产案例 …………………………………… 311

第八节　综合实验 …………………………………………………… 319

第九章　氨基酸发酵工艺 …………………………………………… 324

第一节　氨基酸发酵概述 …………………………………………… 324

第二节　氨基酸发酵原料及处理 …………………………………… 328

第三节　氨基酸发酵菌种及发酵机制 ……………………………… 333

第四节　氨基酸发酵生产工艺 ……………………………………… 341

第五节　典型氨基酸发酵生产案例 ………………………………… 345

第六节　综合实验 …………………………………………………… 349

参考文献 ……………………………………………………………… 354

第一章

发酵食品理论基础

1. 了解并掌握食品生物技术典型产品的质量标准。
2. 掌握发酵微生物实验室建设的工艺技术要求和设计方法。
3. 熟悉生物安全的操作要求。

能够运用基本概念对部分发酵食品生产进行分析说明。

第一节　发酵食品生物技术现状与发展趋势

一、　发酵食品生物技术的概念

我国传统发酵食品历史悠久，产品风味浓郁，曾影响着日本、朝鲜以及一些西方国家，但由于其发酵周期长，受环境因素影响大，产品质量不稳定，人工成本高，工业化水平低，发展缓慢。近年来，在现代生物技术的影响下，通过吸收国外发酵技术，我国发酵食品工业化水平逐年提高，白酒、啤酒、葡萄酒、酸乳等产品的工业化生产发展迅速，其他产品如腐乳、豆豉、酱油、醋等工业化程度也在提高。但随着发酵食品的不断发展，中国发酵食品在制作的过程中也出现了一系列问题。虽然现代生物技术提高了生产效率，但是产品味感较清，已失去了传统发酵食品的风味，常需要加入各种香料、色素、营养物质，才能弥补产品风味的不足。因此，现代食品工业必须更加注重传统食品工艺研究，融合现代生物技术，在保留传统风味的基础上，提高传统发酵食品的产品质量和工艺水平，这正是我国现代发酵食品发展的趋势和方向。

生物技术可定义为应用自然科学及工程学的原理，依靠生物催化剂的作用将物料进行加工，以提供产品或为社会服务的一门技术。生物技术也可解释为将生物化学、生物学、微生物学和化学工程应用于工业生产过程（包括医药卫生、能源及农业产品）及环境保护的技术。而目前较为广泛接受的通俗描述为：生物技术是利用生物体系，应用先进的生物学和工程技术，加工或不加工底物原料，以提供所需的各种产品，或达到某种目的的一门新型跨学科技术。

传统生物技术的技术特征是酿造技术和发酵技术，而现代生物技术的技术特征是以重组DNA技术为核心的一个综合技术体系。现代生物技术的主要内容包括：重组DNA技术及其他转基因技术，细胞和原生质融合技术，酶和细胞固定化技术，分离工程技术，植物脱毒和快速繁殖技术，动植物细胞培养技术，动物胚胎工程技术，微生物高密度发酵、连续发酵和新型发酵技术体系，以及蛋白质工程、分子进化工程和代谢工程技术体系等。

生化反应都需要有生物催化剂的参与。生物催化剂是具有催化功能的生物物质的总称，包括酶、细胞及多细胞体系和亚细胞结构。与化学催化剂相比，生物催化作用能在常温、常压下进行，具有反应条件温和、高度专一及反应速率快等优点；但生物催化剂稳定性较差、易失活，对温度、pH以及某些化学物质相当敏感，也容易污染杂菌而被破坏，因此要求严格控制各项条件。

最早最广泛应用的生物催化剂是游离的整体微生物活细胞，即利用特定微生物中特定酶系发挥功能。在进行单一酶反应时可将特定酶分离制取，以较纯的形式进行酶反应。细胞或酶催化剂都可以以游离的或固定化的形式使用。固定化技术是将生物催化剂固定在多孔惰性固体介质表面后再使用，称为固定化催化剂。固定化细胞催化剂又可分为固定化活细胞和灭活细胞两种，应用最广泛的是固定化活细胞。

生物技术的最终目的是建立工业生产过程或进行社会服务，这一过程也称为生物反应过程。生物技术在发酵食品制作或生产过程中的应用大大推动了发酵食品产业的发展。

二、发酵食品生物技术发展的历史回顾

发酵食品生物技术的发展过程可分为天然发酵、初期发酵、近代发酵和现代发酵四个阶段。

酿酒制醋是古老传统生物技术的典型代表，是人类最早通过实践所掌握的生产技术之一，距今已有几千年的历史。当时人们并不了解微生物的概念，采取自然发酵形式，是属于古老的生物技术实践。这一时期还有酱、酱油、泡菜、奶酒、干酪等产品的制作，以及面团发酵等技术。

传统生物技术产品的制作及有关技术的应用，虽然历史悠久，但在很长时期内，人们只知其然而不知其所以然，直至物理、化学和生物学等自然科学的不断发展，其中的奥秘才被逐渐揭开。1680年荷兰人列文虎克制成了显微镜，人们才知道微生物的存在；1857年法国著名生物学家巴斯德用实验证明了酒精发酵是由活的酵母引起的，其他不同的发酵产物则由不同微生物的作用而形成；1897年德国人毕希纳发现了酶的存在，使发酵现象的真相开始被人们所了解。从19世纪末到20世纪30年代，许多工业发酵过程陆续出现，开创了工业微生物的新世纪。微生物及酶的发现，无菌技术和纯培养技术的出现，使生物技术进入到初期发

酵阶段。典型的初级生物技术发酵产品有乳酸、酒精、面包酵母、丙酮-丁醇，以及采用表面发酵获得的柠檬酸、淀粉酶、蛋白酶等。

近代生物技术产品开始出现于 20 世纪 40 年代。第二次世界大战爆发后，医生们急需一种比磺胺药物更为有效且毒副作用更小的抗细菌感染药物，用于治疗士兵及平民因创伤引起的感染及继发性疾病。在美英两国科学家和工程人员的共同努力下，终于研究开发出青霉素的通风发酵生产设备工艺，并从发酵液中提取纯化获得了青霉素产品。不久，链霉素、金霉素等相继问世。抗生素工业的兴起，标志着工业微生物的生产进入了新的阶段。抗生素的发酵生产极大地促进了其他发酵产品的出现与改进，如 50 年代氨基酸、60 年代酶制剂、饲料单细胞蛋白的生产，以及表面培养产品的液体深层发酵等。这一时期生物发酵的特点是：产品类型多，技术要求高，规模巨大，技术发展速度快。

现代生物技术发酵的特点是采用 DNA 重组、细胞融合等技术的成果而进行产品的生产。1953 年美国的沃森及克里克发现了 DNA 双螺旋结构，为 DNA 重组奠定了基础。1974 年美国的波依耳和科恩首次在实验室中实现了基因转移，为基因工程启开了通向现实的大门，从而使人们有可能在实验室中按人们意志设计、组建新的生命体。克隆技术、固定化酶技术、DNA 重组技术、细胞融合技术、人体基因密码的破译加快了现代生物技术的发展。

三、发酵食品生物技术产业现状及发展趋势

发酵食品生物技术是现代生物学、化学、工程科学的完美交叉与融合。它利用微生物的代谢作用，通过现代工程技术手段把微生物细胞或其酶直接应用于生物反应器中，利用可再生资源进行有用物质生产和社会服务。随着基因组学、蛋白质组学等生物技术的飞速发展，发酵食品生物技术作为生物技术的一个重要分支，已经渗透到食品行业的诸多领域，我国生物发酵产业的技术水平逐年提高，部分生产技术已经位列世界前沿，甚至属于领先水平。

1. 我国发酵食品生物技术企业和产品发展现状

（1）产能扩张快，盲目建设情况严重　　在行业的发展过程中，由于市场经济规律的作用，对利润效益较好的发酵产品，必然会有众多的企业投资建厂和生产。但是，我国现有的市场经济并不完善，随着产能的不断扩张，后续建设的企业并不会详细分析市场容量、需求量及利润的变化而进行科学决策，造成行业发展中普遍存在盲目跟风和模仿，低水平重复建设，同质化严重，从而导致产能过剩、供需矛盾突出。

（2）产品结构不合理，中低档产品比例过高　　由于行业的准入门槛不高，因此，低水平产品占据了大部分市场。虽然我国生物发酵产业已经在生产技术水平上有了大幅度的提升，但高质量产品的生产技术较匮乏，产品种类及产量在市场中的占有率较低。

（3）生产要素成本不断增加，利润空间逐步压缩　　生物发酵产业的要素成本占到总成本的 60%。虽然我国的发酵行业属于技术密集型行业、高技术产业，但还不是精深加工和高附加值产业。当前，为了能够在逐渐压缩的利润空间中得到正常的发展，企业必须把开发高水平工艺技术、研制高附加值产品、寻求低成本的替代原料、提高全要素生产力、提升产业链价值、提高产出水平、降低综合成本作为主攻的方向。

2. 我国生物发酵产业发展趋势

（1）发展速度趋缓　　伴随我国经济进入增速放缓的发展转型期后，生物发酵产业也随后进入了增长的重要转折期。工业化发展的特点是在资源型发展完成之后增长空间将逐渐变

小，发展增速将逐步放缓。生物发酵产业对此必须要有充分的思想准备。不要幻想过去的高速增长时代会再次到来，要适应增速放缓这个外部环境的变化，要把精力放在转变方式、调整结构和产业升级方面来。

（2）技术进步和快速发展的步伐趋缓　生物发酵产业快速发展，可以说在短时期内走完了发达国家多年来走过的路，一个重要的原因就是通过引进国外现成的，可利用的先进技术、装备和管理，发挥后发优势，推进生产要素快速提升而实现的。但随着技术水平的提高，特别是味精、柠檬酸等产品产量不仅达到世界第一，而且发酵质量方面也达到世界领先水平，在这种状况下，可以直接利用的国外现成技术装备空间已大大减少，必须加快自主研发，提升自主创新能力。

（3）产业结构调整加剧，集中度进一步加强　生物发酵产业部分产能严重过剩，生产成本急剧上涨，利润空间也大幅度压缩，同时环保压力日趋严峻，这些均使得生产者不得不理性分析和应对市场的变化，并且根据市场未来的发展调整产业结构，以适应发展，而不能适应市场发展的企业势必将退出竞争领域，产业集中度会进一步加强。企业之间的并购、合作，境外投资也将成为发展的主流趋势。依据发酵行业进入新的发展阶段所面临的形势，我们应该清醒地认识到，生物发酵行业以前依靠高投入、高能耗、低成本的增长模式，已经不可持续，必须尽快从资源消耗型转向要素集约型，从依靠投资规模的扩张，向依靠技术进步和创新、要素升级转变。因此加快转变增长方式，优化机构调整，加快产品更新换代和产业链转型升级进程，全面提升生物发酵产业素质和整体水平是全行业首要的任务。

随着科学技术与经济的发展，人们生活水平的不断提高，人们对食品的色、香、味，及营养、安全等提出了越来越高的要求。作为 21 世纪最具有发展潜力的新兴产业，食品生物发酵技术在满足人们对食品的要求，解决食品工业发展中的问题方面，必将发挥着越来越大的作用，具有强大的发展潜力和良好的发展前景。虽然目前食品生物技术及其产业发展还存在一些争议问题，但是相信在不久的将来，食品生物技术必能克服种种困难，为食品工业的上、中、下游，农产品、食品资源改造、食品生产工艺改良，及食品的保鲜、包装、贮运、检测等方面提供强有力的技术支撑和保障，并发展、开拓更为广阔的应用和前景。

第二节　发酵食品分类特点及质量标准

发酵食品是指利用微生物加工制造的一类食品。全世界很多国家都有不同的发酵食品。发酵食品在东方国家甚为流行，如日本纳豆、韩国泡菜和印度丹贝等。发酵食品通常制作成本低，能有效地保藏，还能提高营养价值及形成特殊风味。另外，发酵过程还能除去一些食物原料中的有毒成分或抗营养因子，如植酸、单宁、多酚类物质等。

我国发酵食品历史悠久，种类丰富，很多发酵食品形成了独特的风味特点。粮谷、果蔬、肉、乳等均可用于发酵食品的原料，根据这些原料的营养特点不同，采用不同的微生物可制作成风味独特的发酵食品，如酒类、酱醋调味品类、酱腌菜、火腿、酸乳及发酵肉制品等。对这些发酵食品有众多深入的研究，涵盖了生产、营养保健特点、安全性、分析方法等各个方面。

功能性发酵食品主要是以高新生物技术（包括发酵法、酶法）形成具有某种生理活性的成分，生产出能调节机体生理功能的食品，使消费者在享受美味食物的同时，也达到调节自身生理机能，甚至辅助某些疾病治疗的效果。目前，在大部分发酵食品的背后的生化过程、代谢作用机制尚不清楚，而功能发酵食品的生理调节机制仍需探讨，对这些基础理论知识的掌握，为食品新功能、新工艺、新产品的开发创造条件和奠定基础。

一、发酵食品的分类及特点

1. 发酵食品的分类

（1）**按照所利用原料的种类分类**

谷物发酵制品：如面包、黄酒、白酒、啤酒、食醋等；

发酵豆制品：如酱油、豆腐乳、纳豆、豆豉、丹贝等；

发酵果蔬制品：如果酒、果醋、果蔬发酵饮料、泡菜、果汁发酵饮料等；

发酵肉制品：如发酵香肠、发酵干火腿、培根等；

发酵水产品：如鱼露、蟹酱、酶香鱼等。

（2）**按照所利用的主要微生物的种类分类**

酵母菌发酵食品：如面包、啤酒、葡萄酒及其他果酒、食醋、面酱、食用酵母等；

霉菌发酵食品：如白酒、糖化酶、果胶酶、柠檬酸、豆豉、酱油等；

细菌发酵食品：如谷氨酸、淀粉酶、豆腐乳、豆豉、酱油、黄原胶、味精等；

酵母、霉菌混合发酵食品：如酒精、绍兴酒、日本清酒等；

酵母、细菌混合发酵食品：如腌菜、奶酒、果醋等；

酵母、霉菌及细菌混合发酵食品：如食醋、大曲酒、酱油及酱类发酵制品等。

（3）**按照传统发酵食品和现代发酵食品的概念分类**

传统发酵食品：如发酵面食、发酵米粉、醪糟、白酒、啤酒、酱油、面酱、豆豉、食醋、豆酱、泡菜、纳豆、丹贝、鱼露、发酵香肠等；

现代发酵食品：如柠檬酸、苹果酸、醋酸、真菌多糖、细菌多糖、维生素C、发酵饮料、微生物油脂、食用酵母、单细胞蛋白等。

2. 发酵食品的特点

发酵食品的功能来源于微生物产生的代谢产物以及微生物酶对原料分解后产生的分解产物，当以一种或数种农副产品为原料经微生物发酵生产发酵食品时，伴随着主要产物的生成，有成百上千种其他代谢物形成；它们平衡协调形成了发酵食品特有的品质与风味，也使发酵后的食物中可能含有多种功能因子，其中有很多都是传统意义上对人体有保健作用的成分。

传统的发酵生产工艺中，微生物的菌群基本来源于自然界。而现代发酵生产中人们对微生物菌群进行了筛选和改造，利用先进的生产工艺高速地对其中某种需要的工程菌进行纯培养（克隆）。这种工艺能够提高原料的利用率，有利于缩短生产发酵食品的周期，对发酵食品的大量生产及提高营养价值都是有利的。为了实现大量生产且更多地保留其营养健康功效，在发酵食品的工艺中通常采用混合发酵的方式。这种工艺下的发酵食品具有营养、方便、口感好、卫生等特点。

微生物发酵方法改变了食品一些方面的性质，如食品的渗透压、pH、水分活度等。通过发酵，腐败微生物的生长受到了抑制，利于食品保藏，产品同时也具有了特殊的香气、口感和色泽。现代医学研究表明，微生物发酵食品对调节机体生理功能有着非常有效的作用。如调节肠道菌群、促进营养吸收，防止便秘、降低胆固醇，改善肝功能等，甚至对精神类疾病也有一定的调节作用。

二、发酵食品典型产品质量标准

发酵食品生物工艺产品的质量标准有酒、酒精、发酵调味品、有机酸、氨基酸等几类。酒类质量标准包括啤酒、白酒、葡萄酒、黄酒等，酒精质量标准包括食用酒精和工业酒精等，发酵调味品质量标准包括酿造酱油、酿造食醋和酱等；以及柠檬酸、味精质量标准。发酵食品绝大多数为国家标准，也有部分为行业标准。食品标准的具体内容可从"食品伙伴网"下载（http：//www.foodmate.net/standard）。现选取部分典型发酵食品的质量标准编号列举如下：

GB4927—2008《啤酒质量标准》；GB/T 10781.1—2006《浓香型白酒质量标准》；GB/T 10781.2—2006《清香型白酒质量标准》；GB/T 10781.3—2006《米香型白酒质量标准》；GB/T 23547—2009《浓酱兼香型白酒质量标准》；GB15037—2006《葡萄酒质量标准》；GB/T 13662—2008《黄酒标准》；GB10343—2008《食用酒精质量标准》；GB/T394.1—2008《工业酒精质量标准》；GB18186—2000《酿造酱油质量标准》；GB18187—2000《酿造食醋质量标准》；GB2718—2014《酿造酱》；GB/T 8269—2006《柠檬酸质量标准》；GB/T 8967—2007《谷氨酸钠（味精）质量标准》等。

第三节　发酵微生物实验室基本建设及生物安全

一、微生物实验室位置的选择

发酵微生物实验室的选址应考虑周围环境。一级发酵微生物实验室无需特殊选址，普通建筑物即可，但应有防止昆虫和啮齿动物进入的设计。二级发酵微生物实验室可共用普通建筑物，但应自成一区，宜设在建设物的一端或一侧，与建筑物其他部分可相通，但应设可自动关闭的门，新建实验室应远离公共场所。三级发酵微生物实验室可共用普通建筑物，但应自成一区，宜设在建设物的一端或一侧，与建筑物其他部分不相通，新建实验室应远离公共场所，主实验室与外部建筑物的距离应不小于外部建筑物高度的1.2倍。四级发酵微生物实验室应建造在独立建筑物的完全隔离区域内，该建筑物应远离公共场所和居住建筑，其间应设植物隔离带，主实验室与外部建筑物的距离应不小于外部建筑物高度的1.5倍。

微生物实验室的设计要求和地址选择应能保证实施菌种分离和扩大培养的无菌操作规程，使接种的菌种能有一个洁净、恒温和空气清新的培养环境，以提高微生物的成活率和纯培养质量。所以，微生物实验室应选择在水电齐全、环境洁净、空气清新的地方，尽量避免与畜禽圈舍、饲料仓库及排放"三废"的工厂相邻。尤其夏季，更应注意实验室周围的环境卫生。房间要求既能密封，又能通风通气、保温，并且光线充足。实验室的墙壁、天花板应光滑、耐腐蚀，防水、防霉，易于清洗，地面用水泥抹平，各个房间要求水电配套，利于控温控湿。

二、微生物实验室的布局

在条件允许的情况下，实验室应按照配制培养基→蒸汽灭菌→分离或接种→培养→检验→保存或处理的顺序进行平面布局，相应安排洗涤室、培养基配制室、灭菌室、接种室、培养室、检查室及冷藏保存或处理室，使其形成一条流水操作线。

1. 洗涤配制灭菌室

（1）洗涤室及其设备　洗涤室是洗刷培养微生物用的试管、培养皿、三角烧瓶等的场所。室内为水泥或瓷砖地面，墙角及拐弯处应设计为弧形，四壁由地面起 1.5m 高为瓷砖墙面，以便于清洗。室内应具有水池、干燥架、工作台、干燥箱等洗涤相关辅助用具与设施。主要包括瓷制或水泥水池；水池带干燥架，可倒挂或悬挂清洗的玻璃仪器以便控干水分；有可放电炉、铝锅等工具的工作台；有干燥箱，以供干燥器皿、试管及吸管等；需要毛刷、去污粉等辅助用具，以及其他相关专用洗涤工具。

（2）培养基配制室及设备　培养基配制室是供调配各种培养基、培养料的场所。室内要求清洁、宽敞、无杂物。除实验台、上下水水池、电源而外，还需要配备衡量器具、药品橱柜、工作台橱柜、拌料用具以及装料用具等。粗天平、量杯、量筒等，用于称取或量取药品及拌料用水；橱柜、台柜等用来放置原料、药品、天平、漏斗、煮锅、烧杯、电炉、铁架台、试管架、试管夹、试管、棉花、纸、刀剪等；拌料用具有小铁铲、铝锅、塑料桶、玻璃棒等。必要时还应配置一些机械设备，如切片机、粉碎机等；以及三角烧瓶、培养皿、试管等玻璃器皿等。

（3）灭菌室及其设备　灭菌室是对配制好的培养基、培养料及器具设备进行灭菌的场所，灭菌室内应有通风设备。常用的灭菌设备有高压蒸汽灭菌锅、干燥灭菌器、流动蒸汽釜等。

干燥灭菌器又称干热灭菌箱或干燥器。培养皿、试管、吸管等玻璃器皿，棉塞、滤纸以及不能与蒸汽充分接触的液体（石蜡）等，都可用于干燥器灭菌。

2. 接种室

（1）接种室　接种室又称无菌室，由缓冲外间和接种内间构成。接种间内一般有超净工作台、接种箱等接种设备，以及各种接种工具，供微生物的接种、分离操作使用。接种室的构造如图 1-1 所示。

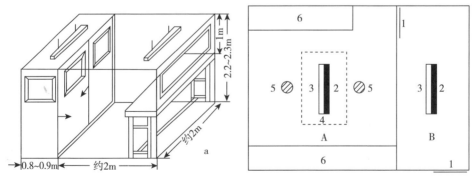

图 1-1　无菌室构造及平面布置

→表示门窗的推拉方向　A—接种室　B—缓冲室

1—移门　2—紫外线灯　3—日光灯　4—工作台　5—椅子　6—菌种架

接种间面积不宜过大，一般为 2m×2.5m，高度不超过 2.5m。室内地面、墙面均应光滑整洁，房顶铺设天花板，以减少空气波动，门要设在离工作台最远的地方。为提高无菌室的密闭性能，室内应全部采用双层结构的玻璃窗。通气窗应开在接种间门上方的天花板上，窗口用数层纱布和棉花遮好，有条件的可安装空气过滤器。

通常接种间的中部设有工作台，台面要平整光滑，台上置有酒精灯、接种工具、75%酒精、火柴、玻璃棒、脱脂棉、胶布等。工作台的上方，应安装紫外线灭菌灯及照明的日光灯各1支，灯的高度以距地面2m为宜。

在接种间外要有一个缓冲间，供工作人员换衣帽、鞋等准备工作之用，缓冲间的门要与接种间的门错开，并避免同时开门，以防止外界空气直接进入接种间。一般缓冲间内设有衣帽柜。房间中央离地面2m高处，应装灭菌灯和照明用日光灯各1支。

（2）接种箱　接种箱是供菌种分离、移接的专用设备。接种箱要求封闭严密，操作方便，使之能成为无菌环境，以便进行无菌操作。常用的接种箱有单人式和双人操作式两种，如图1-2所示。一般采用长143cm、宽86cm、高159cm的双人操作箱。箱的上层两侧框架中安装玻璃，能灵活开闭，便于接种时观察和操作。箱腰部两侧各留有2个直径15cm的洞口，洞口上装有40cm的布袖套，双手从此袖套内伸入箱内操作，布套的松紧带口能紧套在手腕处，可以防止外界空气中的杂菌进入。箱内安装紫外线灭菌灯及日光灯各1支。由于接种箱的构造简单，制作容易，移动方便，灭菌效果好，气温高时人在外面操作不会感到闷热，故接种量不大时多采用它。放置接种箱的房间距离灭菌室要近些，房间要宽敞明亮，经常保持清洁，最好不要和其他操作间混用。

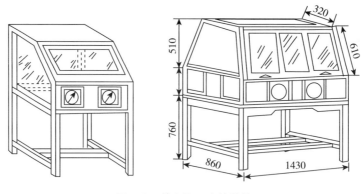

图1-2　单人和双人接种箱

单位：mm

（3）超净工作台　超净工作台能在局部造成高洁净度的工作环境。其工作原理是室内新风经预过滤器送入风机，由风机加压进入净压箱，再经过高效过滤器除尘，洁净后通过均匀层，以层流状态均匀垂直向下进入操作区，或以水平层流状态通过操作区，同时上部狭缝中喷送出高速空气流，形成操作区不受外界干扰的空气幕，从而可在操作时获得洁净的空气环境。由于洁净气流是匀速平行地向一个方向流动，空气没有涡流，故任何一点灰尘或附着在灰尘上的杂菌都很难向别处扩散转移，而只能就地排除掉。因此，洁净气流可以造就无菌环境。

使用超净工作台接种分离有效可靠，操作方便，所占体积小且可移动，但它只能防止杂菌污染，不能防止感染，而且价格较高，还需要定期进行清洗。

3. 培养检查室

（1）培养室及培养设备　培养室是培养菌的房间，它的大小可根据实验或生产规模确定。培养室要求干净、通风、保温，室内放置培养架，培养架用竹架、木架均可，以4~6层为宜。常用电加温器进行加热。培养室密封性能要好，便于灭菌消毒，最好有通风换气装置，使用时定期开窗通风。

除培养室外，实验室中还常使用恒温培养箱培养，使用方便可靠，可根据微生物对生长温度的需要进行。在制作液体菌种和进行微生物的液体培养时，必须使用摇瓶机，也称为摇床。摇瓶机有往复式和旋转式两种，前者振荡频率为80~120次/min，振幅为8~12cm；后者振荡频率为220次/min。往复式摇瓶机因结构简单、运行可靠、维修方便而普遍使用。摇瓶机可放在设有温度控制仪的温室内对菌种进行振荡培养。

（2）检查室及其设备　检查室一般为30~60m²的房间，可根据实验人数或实验规模确定。检查室内有实验台和水槽、若干个电源插座。要将电冰箱、显微镜、恒温培养箱等设备放在适当的位置上，还要设置放仪器、器皿的架子。需要有用于测定室内空气温度和相对湿度的干湿温度计；有用于观察微生物的显微镜；有用于称量化学药品的天平。包括托盘天平（1000g/1.0g）；扭力天平（100g/0.1g）；分析天平（100g/0.1mg~100g/1.0mg）。以及常用的玻璃器皿和器具，有烧瓶、烧杯、培养皿、试管、离心管、称量瓶、酒精灯、漏斗、量筒、容量瓶、滴管、吸瓶、剪子、镊子、接种环、接种针等。

4. 菌种贮藏及其设备

菌种通常在菌种库、冰箱和冰柜中保存。菌种库是贮藏和存放菌种的场所，其大小可根据菌种量而定，并且要求清洁、干燥。冰箱和冰柜主要用于保藏菌种和其他物品，也是微生物实验室必备设备。按结构形式可分为单门、双门和多门，立式前开门和卧式上开门；按使用功能可分为冷藏式（0℃以上）、冷藏冷冻式（冷藏室0~10℃，冷冻室-18~-6℃）。

三、发酵微生物实验室的生物安全

自20世纪80年代以来，微生物实验室的生物安全问题越来越引起世界各国的高度关注，世界各国和相关组织机构纷纷出台涉及实验室建设规范、生物安全标准、评价体系、标准操作规范、生物安全管理规范，以及废弃物处理、实验动物饲养、安全防护、安全培训的标准化和规范化体系，从而从制度上消除实验室生物安全隐患。GB 19489—2008《实验室生物安全通用要求》、《病原微生物实验室安全条例》、GB 50346—2011《生物安全实验室建筑技术规范》等有关生物实验室的管理条例和强制性技术规范的出台从多个方面规范了微生物实验室的设计、建造、检测、验收的整个过程，将把涉及生物安全的实验室建设和管理纳入标准化、法制化、实用性和安全性轨道。为了消除实验室生物安全隐患，应注意到以下几点。

1. 规范食品微生物安全操作技术

（1）样品容器可以是玻璃的，但最好是塑料制品；

（2）运输样品时，应使用两层容器避免泄漏或溢出；

（3）对于危害等级二级及以上的生物因子，样品必须在生物安全柜内打开，接收及打开样品的人员必须经过训练并采取安全的措施；

（4）应采用机械移液器，禁止用口移液，注射器不能用于吸取液体；

（5）在接触危害等级为二级的生物因子后，移液器吸头应完全浸没在次氯酸或者其他消毒液中然后再丢弃；

（6）在微生物操作中释放的大颗粒物质很容易在工作台台面及手上附着，应该带一次性手套，最好每小时更换一次，实验中避免接触口、眼及脸部；

（7）鉴定可疑微生物时，个人防护设备应与生物安全柜及其他设施同时使用；

（8）工作结束，必须用有效的消毒剂处理工作区域。

2. 重视废弃物的处理

（1）为了防止泄漏和扩散，所有包含微生物及病毒的培养基必须放在生物医疗废物盒内，经过去污染、灭菌后才能丢弃；

（2）所有污染的非可燃的废物（玻璃或者锐利器具）在丢弃前必须放在生物医疗废物盒内；

（3）所有的液体废物在排入干净的下水道前必须经过消毒处理；

（4）碎玻璃在放入生物医疗废物盒之前，必须放在纸板容器或其他的防止穿透的容器内；

（5）其他的锐利器具、所有的针头及注射器组合要放在抗穿透的容器内丢弃，针头不能折弯、摘下或者打碎，锐利器具的容器应放在生物医疗废物盒中。

3. 意外事故的处置及控制

（1）处理意外事故的方案　在操作及保存二类、三类、四类危害的实验室，一份详细的处理意外事故的方案是必需的。紧急情况下的程序要与所有的人员沟通。实验室管理层、上一级安全管理层、单位护卫、医院及救护电话都应张贴在所有的电话附近。应配备医疗箱、担架及灭火器。

（2）生物安全柜内的溢出事件　若在生物安全柜内发生溢出事件，为了防止微生物外溢，应立即启动去污染程序：

①用有效的消毒剂擦洗墙壁、工作台面及设备；

②用消毒剂充满工作台面、排水盘，并停留 20min；

③用海绵将多余的消毒剂擦去。

第四节　专业人才需求及中职教育教学特点

一、食品生物技术专业人才需求

食品生物工艺专业企业大多数都是传统行业，其产品与平民百姓日常生活紧密联系在一起，产品需求量较大，是永远的朝阳行业，其从业人员众多，专业人才需求量较大。

对于中等职业学校的毕业生来讲，在企业中所占的比重较大，占到 50%～65%，在这些毕业生中有一半左右的是食品生物工艺专业的毕业生或相近专业的毕业生，可以说食品生物工艺专业毕业生在企业中所占的份额较大。

中等职业学校食品生物工艺专业毕业生进入企业后主要从事的岗位有：生产一线操作工、分析检验工、销售人员等。食品生物工艺专业毕业生进入生产一线后，根据个人的能力发展，其工作的变迁：一线操作人员→设备副主操→设备主操→班组长→车间副主任→车间主任。

二、食品生物技术专业及其企业对人才的要求

（1）敬业精神　一个人的工作是他生存的基本权利，无论从事何种职业，都应该敬业，竭尽全力，积极进取，尽自己最大努力，追求不断进步。这不仅是工作原则，也是人生原则。

（2）忠诚　忠诚建立信任，忠诚建立亲密。只有忠诚的人，周围的人才会接近你。企业绝对不会去招聘一个不忠诚的人；客户购买商品或服务的时候，绝对不会把钱交给一个不忠诚的人；与人共事的时候，也没有人愿意跟一个不忠诚的人合作；忠诚是人才的必备条件。

（3）良好的人际关系　良好的人际关系会成为你这一生中最珍贵的资产，在必要的时候，会对你产生巨大的帮助，就像银行存款一样，时不时地少量地存，积少成多，有急需时便可派上用场。

（4）团队精神　在知识经济时代，单打独斗的时代已经过去，竞争已不再是单独的个体之间的斗争，而是团队与团队的竞争、组织与组织的竞争，许许多多困难的克服和挫折的平复，都不能仅凭一个人的勇敢和力量，而必须依靠整个团队。

（5）自动自发地工作　充分了解工作的意义和目的，了解公司战略意图和上司的想法，了解作为一个组织成员应有的精神和态度，了解自己的工作与其他同事工作的关系，并时刻注意环境的变化，自动自发地工作，而不是当一个木偶式的员工。

（6）注重细节，追求完美　每个人都要用搞艺术的态度来开展工作，要把自己所做的工作看成一件艺术品，对自己的工作精雕细刻。只有这样，你的工作才是一件优秀的艺术品，也才能经得起人们细心地观赏和品味。

（7）不找任何借口　不管遭遇什么样的环境，都必须学会对自己的一切行为负责！属于自己的事情就应该千方百计地把它做好。只要你还是企业里的一员，就应该不找任何借口，投入自己的忠诚和责任心。将身心彻底地融入企业，处处为自己所在的企业着想。

（8）具有较强的执行力　具有较强的执行力的人在每一个阶段，每一个环节都力求卓越，切实执行。具有较强的执行力的人就是能把事情做成，并且做到他自己认为最好结果的人。

（9）找方法提高工作效率　遇到问题就自己想办法去解决，碰到困难就自己想办法去克服，找方法提高工作效率。在企业里，没有任何一件事情能够比一个员工处理和解决问题，更能表现出他的责任感、主动性和独当一面的能力。

（10）为企业提好的建议　为企业提好的建议，能给企业带来巨大效益，同时也能给自己更多发展机会。你应尽量学习了解为什么公司业务会这样运作？公司的业务模式是什么？如何才能盈利？

（11）维护企业形象　企业的形象要靠每一位员工从自身做起，塑造良好的自身形象。因为，员工的一言一行直接影响企业的外在形象，员工的综合素质就是企业形象的一种表现形式，员工的形象代表着企业的形象，员工应该随时随地地维护企业形象。

（12）与企业共命运　企业和你的关系就是"一荣俱荣，一损俱损"，不管最开始是你选择了这家企业，还是这家企业选择了你，你既然成为了这家企业的员工，就应该时时刻刻竭尽全力为企业作贡献，与企业共命运。

（13）动手操作能力强　中职培养目标就是技能型人才，培养的是企业一线操作人员，所以中职毕业生要具有较强的实际操作能力。

三、食品生物技术专业培养的人才需要具备的能力

针对企业对中职学生的要求刻意按照企业的要求来进行培养，以提高中职学生的各方面的能力。

1. 加强素质教育，提高学生的综合素养

教育工作，特别是职业教育工作是一个十分复杂的系统工程。传统的思想教育、知识传授、技能训练等虽然是这个系统工程中已被足够重视的主要部分。但尚有大量的工作需要去完善与发展。

（1）德育素质的培养　主要教育学生树立正确的人生观和理想追求，培养为国家、集体及他人的奉献精神。养成遵守纪律、谦让助人的良好品格。以保证在他们走向社会后，能够成为有文化、有道德、讲文明、懂礼貌的合格人才与守法公民。

（2）专业素质的培养　在这里包括基础文化素质和专业技术素质的培养。在基础文化素质的培养中，着重培养学生的学习能力、创造能力、探索能力等基本能力。因为只有具备了这些素质，才能在当今复杂多变的市场经济社会中不断适应新的情况、新的岗位、新的环境。要加强学生们的危机感和责任感，要他们摒弃以往"从一而终"的老观念。从另一方面也增强了学生们的学习动力。

2. 校园文化对接企业文化，提升学生的认知能力

通过校园文化的建设，把企业文化理念引进校园，让学生尽早了解企业文化的内涵，企业精神、企业价值观、企业道德、企业的营销策略，企业生存和发展的规律，企业的管理风格；把企业的管理风格引进到教育教学管理中，使学生尽早适应企业的管理，通过企业的宣传，以及企业的相关宣传资料来培养学生的社会竞争意识。

3. 加强学生职业核心能力的培养

职业核心能力包含：自我学习能力、信息处理能力、数字应用能力、与人交流能力、与人合作能力、外语应用能力、创新革新能力等几项基本能力，职业核心能力的培养也是全国教育科学规划"十一五"教育部重点研究课题《职业教育中职业核心能力培养的理论与实效研究》，以及国家社科基金"十一五"课题子课题《以就业为导向的职业核心能力培养的课题建设与实验》研究的核心内容之一。职业核心能力的培养已经为国家所重视，是提高综合能力的一种重要举措。

四、中等职业教育教学特点

教育的根本功能都是育人，由于教育的性质不同、类型不同、层次不同，因而它们也都各具不同的属性特点。

培育什么样的人？用什么样的方式培养？各级各类的教育在培养目标和培养方式这些根本性问题方面形成了各自的教育教学特点。

1. 中等职业教育的培养目标

各级各类教育的培养目标，既是其自身属性的客观反映，也是经济社会发展的历史要求。中等职业学校的培养目标在不同的历史时期，以及从不同的角度有过多种不同的表述。通过总结，其基本内涵应包括：①要关注人的全面发展、提倡素质教育，要求学生在德智体美诸方面得到全面提高，这是社会主义教育的根本目的；②要充分考虑专业技能和职业能力

的培养、提倡综合职业能力，这是职业教育区别于其他教育的根本所在；③要明确就业方向、人才类型与层次，即：在生产、管理、服务一线工作的高素质劳动者和技能型人才，这是培养目标的基本定位。

2. 中等职业教育的培养方式

培养方式应当服务于培养目标和培养内容，更应当切合当前中职学生的实际情况。"因材施教"是教育教学的根本原则。

中职学生与普通高中学生年龄相当，虽然都处于在校学习阶段，但是两者在行为习惯、心理状态等方面却存在着一定的差别。中职学生文化基础相对薄弱，很多人没能形成良好的学习习惯和养成正确的学习方法，对学习兴趣不高、动力不足、效果不好，缺乏必要的学习意志力，放松对自己的要求。学习方面长期积累养成的一些不良态度也会部分地迁移到学习以外的其他方面，以致社会上普遍认为中职学生的素质就是不如高中学生。

无论是从培养目标、培养内容，还是从当前中职学生的实际情况出发，中等职业教育的培养方式最重要的特点就是要充分突出实践性，就是要积极推行行动导向法的教学模式。

所谓"行动导向法"的教学模式是指教师不再按照传统的学科体系来传授教学内容，而是按照职业工作过程来确定学习领域，设置学习情境，组织教学活动。教学内容以职业活动为核心，注重学科间的横向联系，一般通过解决接近实际工作过程的"案例"来引导学生进行探究式、发现式的学习。教学组织是以学生为中心，教师只起到教学设计、组织、咨询和辅导作用，一般多以小组学习形式进行，强调学习过程的合作与交流。

五、中等职业学校食品生物工艺专业教学特点

食品生物工艺专业涉及一切利用生物技术的食品行业，产品种类较多、生产方式各异，连接它们的共同点就是以微生物为核心的食品生物技术。

虽然食品微生物技术中也包含诸如菌种操作、分析检验、生产设备操作等技能，但是相对于中等职业学校广泛开设的其他技术类专业而言，食品微生物技术的直观性较差，对操作动作熟练性要求不是特别高，而对相关专业知识的依赖性更强。从这一角度来讲，当前中等职业学校开设食品生物工艺专业对传统的教学观念和教学模式更具挑战性。

食品生物工艺专业传统的教学模式都是所谓的"老三段"式，即，学生首先学习必要的文化基础课，随后学习如生物化学、微生物学、化工原理等技术基础课程，最后再涉及典型的产品生产工艺及生产设备等专业知识学习。这是一种符合专业（学科）内在结构的系统化学习过程，但却不符合当前中等职业学校的实际情况，我们必须改革这一教学模式。

首先，我们要对专业教学内容进行重新选择与组合，要基于特定的生产工作过程安排专业课程的教学内容。教学内容不要求自身的完整性，而是应该按照生产工作过程的系统性选择与安排教学，学生不需要完整地学习本专业的系统知识，而是以相关企业生产工艺流程的各个工作岗位作为专业知识的汇聚点。这就要求专业教师不仅要具备高度的专业理论概括性，更需要熟悉实际的生产工作岗位情况。

其次，我们要对专业教学模式进行较大幅度的改革，要打破"老三段"式的框架，提倡"新三段"式教学，即：第一个基本的阶段首先要让学生知道"这是什么？"，第二个重要的阶段必须要让学生知道"怎么干？"，第三个提高的阶段再让学生知道"为什么这么干？"。

此外，我们必须把职业道德与职业态度的养成贯穿整个专业教学的始终，结合食品生物

工艺专业的特点，尤其是要加强食品生产安全与卫生观念的培养。

我们应该明白，只要学生具备一定的文化基础，专业知识的传授是可以在教室中比较高效地完成的，但是，职业态度与职业技能主要还是在实际的工作情境和实际的工作活动过程中逐步培养形成的。由此再次说明，中等职业教育教学的最根本的特点就是突出实践性和操作性，否则就难以实现我们的培养目标。要突出专业教学的实践性和操作性，必须创设相应的专业教学环境，要把企业现场、学校模拟实训和专业教室充分结合起来，要尽可能地把更多的专业教学从教室移到现场，要尽可能地采取项目教学法、案例教学法。由于中职学生的职业和社会经验还很不丰富，对技术过程的想象力和抽象思维能力还很有限，因此，在教学方法与教学手段上，要尽可能地直观形象化、通俗具体化，减少学生学习和认知过程中的困难，帮助学生建立起实践经验和理性思维的联系。

🔍 思考题

1. 根据中等职业学校学生的特点，如何合理选择培养方法？
2. 工艺型专业怎样加强学生的技能培养？
3. 中职食品生物工艺专业如何组织技能大赛？

[推荐阅读书目]

［1］余龙江．发酵工程原理与技术应用［M］．北京：化学工业出版社，2011.

［2］侯红萍．发酵食品工艺学［M］．北京：中国农业大学出版社，2016.

［3］赵蕾．食品发酵工艺学（双语教材）［M］．北京：科学出版社，2016.

［4］汪志君．食品生物工艺技术与应用——生物工艺分册［M］．南京：江苏教育出版社，2012.

［5］王岁楼，王艳萍，姜毓君．食品生物技术［M］．北京：科学出版社，2013.

［6］胡耀辉．食品生物化学（第二版）［M］．北京：化学工业出版社，2014.

CHAPTER

2

第二章

发酵食品操作技术

第一节　无菌技术

一、无菌技术概述

目前，绝大多数发酵工业均采用特定的微生物菌株进行纯种培养达到生产所需产品的目的，要求发酵全过程只能有生产菌，不能有"杂菌"污染。因此微生物无菌培养直接关系到生产过程的成败，无菌问题解决不好，轻则导致所需要的产品的产量、质量下降，后处理困难；重则使全部培养液变质失效，发酵过程失败，造成经济上的重大损失。为保证纯种发酵，在生产菌种接种之前要对发酵培养基、空气系统、补料及流加料系统、发酵罐及管道系统等进行灭菌，还要对环境进行消毒，防止杂菌和噬菌体的大量繁殖。在生产实践中，为了防止杂菌污染，经常要采用消毒与灭菌技术，统称为无菌技术。

1. 灭菌与消毒

灭菌：用物理或化学方法杀死物料或设备中所有生命物质的过程。

消毒：用物理或化学方法杀死空气、地表以及容器和器具表面的微生物。

灭菌与消毒是发酵工业中最基本的操作技术。消毒与灭菌的区别在于消毒一般采用较温和的理化因素，仅杀死物体表面或内部一部分杂菌以及可能引起感染的微生物，而对被消毒的物体基本无害；灭菌是杀死一切微生物，包括表面的、内部的微生物繁殖体和芽孢等，也不分病原或非病原微生物，杂菌或非杂菌。消毒的结果并不一定是无菌状态，灭菌的结果则是无菌状态。

灭菌和消毒是食品生物工艺实验及发酵生产成败的关键。发酵罐、培养基（包括补料）、有关管道和空气等均必须进行严格灭菌；无菌室、发酵车间环境等则要经常进行不同程度的消毒。

2. 防腐除菌及巴氏杀菌

发酵食品及生物技术中还会涉及到防腐、除菌、商业无菌，以及巴氏杀菌等概念，简述如下。

防腐：用物理或化学的方法杀死或抑制微生物的生长和繁殖；

除菌：用过滤的方式除去空气或液体中的微生物及其孢子；

商业无菌：一种加热处理方法，能杀死所有病原菌、产毒素微生物和其他一些能在食品中存活生长，且在一般处理和贮藏条件下可引起食品腐败变质的腐败性微生物；

巴氏杀菌：一种较温和的热处理方式，常低于沸点，用于杀灭病原菌，或延长货架期。

3. 杂菌污染的危害

由于培养基中通常都含有丰富的营养物质，并且整个环境中存在大量的各种微生物，发酵过程很容易受到杂菌的污染。如果发酵过程中污染了杂菌，则可能导致的后果具体包括：

（1）杂菌和生产菌竞争培养基中的营养物质，造成生产能力下降；

（2）杂菌代谢产物改变发酵液的性质，使得下游分离困难，造成产品收率降低或质量下降；

（3）杂菌的大量繁殖改变发酵液的 pH，致使生物反应发生异常变化；

（4）杂菌可能会分解产物，从而使生产过程失败；

（5）噬菌体污染致使发酵菌种细胞发生裂解，导致生产失败。

可见，染菌对发酵产率、提取收率、产品品质等都有很大影响，是否纯种培养直接关系到发酵生产过程的成败。

4. 无菌的标准

在发酵过程中，无菌控制和去除污染物的程度取决于发酵的性质及目的。有的发酵过程培养基有利于特定菌株生长和产物积累，或菌株代谢产物能抑制其他微生物的生长，称为"保护性发酵"。"保护性发酵"无菌要求较低，只需进行简单的杀菌操作即可，如清洗反应容器和管道、使用消毒剂、将培养基煮沸或进行巴氏灭菌等。但大部分发酵都是"无保护"的纯培养发酵，要求消除所有可能造成污染的微生物。在实际发酵中采用的无菌标准是 10^{-3}，即在 1000 批次的发酵过程中，只允许有 1 次只有 1 个杂菌污染。

二、无菌技术方法

保持发酵过程无杂菌污染，最重要的是要建立发酵工业中的无菌技术体系。发酵过程的消毒灭菌是要凝固微生物细胞内蛋白质，钝化其酶系统，造成细胞及其微生物的死亡，而达到有目的地培养单一微生物的良好条件。工业生产中灭菌和消毒的方法有多种，可分为化学法和物理法两大类。

化学法主要是利用无机或有机化学药剂进行消毒与灭菌的方法。

物理法就是利用物理因素，如辐射、干燥、过滤和温度等进行消毒灭菌的方法。发酵工业常见的物理法包括：加热灭菌、辐射杀菌、过滤除菌、超高压杀菌、脉冲电场和磁场杀菌、欧姆加热杀菌、脉冲光和激光杀菌等。物理法中加热杀菌在杀灭和除去有害微生物的技术中占有极为重要的地位。早在人类还没有充分认识微生物的本质以前，加热杀菌这项技术就以火烧、煮沸等形式经验性地为人们所应用了。加热灭菌主要利用高温使菌体蛋白质变性或凝固、酶失活而达到杀菌目的。根据加热方式的不同，加热灭菌可分为干热灭菌和湿热灭菌两类。在湿热条件下，菌体吸收水分，蛋白质容易在高温下凝固。凝固蛋白质所需要的温度与蛋白质的含水量有关，因此在同一温度下，通常湿热比干热灭菌效果好。

在消毒灭菌的具体操作中，需要根据微生物的特点、被灭菌材料及实验目的和要求来选择灭菌和消毒的方法。

1. 化学法

化学法利用化学药剂进行消毒灭菌。一些化学药物易与微生物细胞中的某些成分产生化学反应，如使蛋白质变性，使酶类失活，破坏细胞膜透性而杀灭微生物。化学药物根据其抑菌或杀死微生物的效应分为杀菌剂、消毒剂、防腐剂三类。凡能杀死一切微生物及其孢子的药物称杀菌剂；只杀死感染性病原微生物的药剂称消毒剂；只能抑制微生物生长和繁殖的药剂称为防腐剂。化学药剂的消毒灭菌使用方法，根据消毒灭菌对象的不同有浸泡、添加、擦拭、喷洒、气态熏蒸等。

在使用化学制剂杀菌的时候，必须充分考虑以下三个要素。

药剂浓度：适当的药剂浓度可以杀菌，低浓度的药剂是抑菌剂，高浓度的药剂则能凝固细胞膜表层，或其周围的蛋白质，从而影响渗入微生物体内的能力，达不到灭菌的目的。

药剂处理时间：一般药剂作用时间越长，杀菌效果越好。但在停止药剂消毒，开始无菌操作后，则受到时间的限制。工作时间越长，带入杂菌的可能性也就越多。

细菌敏感性：不同的微生物对各种消毒剂有不同的敏感性，这主要与微生物的细胞结构有关。

由于化学药剂在使用上受到三要素的约束，所以化学灭菌法就有较强区域性和彻底性的限制，并且化学药剂价格较昂贵，因此在发酵的工业生产中，化学药剂灭菌法只能用于无菌室或实验室的净化消毒灭菌，或用于发酵车间的环境消毒，而不能应用于发酵工业生产的设备和物料的消毒灭菌。在发酵工业生产中，常用的化学消毒剂见表2-1。

表2-1　　　　　　　　　实验室中常用的化学杀菌剂和消毒剂

类别	代表	常用含量	用途	作用机制
醛类	甲醛	36%~40%	熏蒸空气（接种室、培养室）	使蛋白质和酶变性
酚类	石炭酸	3%~5%	室内空气喷雾消毒，擦洗被污染桌面、地面	破坏细胞膜，使蛋白质变性
		3%~5%	浸泡用过的移液管等玻璃器皿（浸泡1h）	
		1%~2%	皮肤消毒（1~2min）	

续表

类别	代表	常用含量	用途	作用机制
醇类	乙醇	70%~75%	皮肤消毒或器皿表面消毒	脱水，使蛋白质变性
有机酸	乳酸	80%	熏蒸空气（接种室、培养室）	
	乙酸	3~5mL/m³	熏蒸空气	
	苯甲酸	0.1%	食品防腐剂（抑制真菌）	破坏细胞膜和酶类
	山梨酸	0.1%	食品防腐剂（抑制霉菌）	
	丙酸盐	0.32%	食品防腐剂（抑制霉菌）	
无机酸碱类	硫酸	0.01mol/L	玻璃器皿浸泡	
	烧碱	4%	病毒性传染病	破坏细胞膜和酶类
	石灰水	1%~3%	粪便消毒、畜舍消毒	
氧化剂	高锰酸钾	0.1%~3%	皮肤、水果、茶具消毒	
	漂白粉	1%~5%	洗刷培养室，饮水、粪便消毒（对噬菌体有效）	
	过氧化氢	3%	清洗伤口	蛋白质或酶氧化变性
	氯气	0.2~1mg/m³	饮用水消毒	
	碘	2.5%	皮肤消毒	
重金属盐	汞	0.05%~0.2%	非金属表面器皿及组织分离	
	汞溴红	2%	体表及伤口消毒	蛋白质变性、酶失活
	硝酸铜	与石灰水配成波尔多液	真菌、藻类杀菌剂，防治植物病	
金属螯合剂	8-羟奎啉硫酸盐	0.1%~0.2%	外用（清洗、消毒）生化试剂缓冲液的防腐剂	与酶的激活剂或金属离子结合，使酶失活
去污剂	新洁尔灭	0.25%	皮肤及器皿消毒	
		0.01%	浸泡用过的盖片、载片	破坏细胞膜；使蛋白质变性
	肥皂	1:5000	皮肤清洁剂	
染料	结晶紫	2%~4%	体表及伤口消毒	破坏细胞膜或细胞质中核酸结合

资料来源：陈坚，堵国成，张东旭. 发酵工程实验技术. 2009

2. 物理法

发酵工业常见的物理法包括：加热灭菌、辐射杀菌、过滤除菌等。其中加热灭菌又可分为干热灭菌法和湿热灭菌法，微生物在干热和湿热条件下的抗性比较见表2-2。

表2-2   干热与湿热条件下微生物耐热性的比较

菌种	热力致死条件（温度、D值）	
	湿热	干热
Staphylococci	55℃，30~45min*	110℃，30~65min*
Micrococci	55℃，30~45min*	110℃，30~65min*
Streplococci	55℃，30~45min*	110℃，30~65min*
Escherichia coli	55℃，20min	75℃，40min**
*Sal. Senftenberg*775W	57℃，31min	90℃，36min
Salmonella typhimurium	57℃，12min	90℃，75min

续表

菌种	热力致死条件（温度、D 值）	
	湿热	干热
Bacillus subtilis 5230	120℃，0.08~0.48min	120℃，154~295min
B. stearothermophilus	120℃，4~5.14min	120℃，15~19min
Humicola fuscoatra	80℃，108min	120℃，30min
Aspergillus niger	55℃，6min	100℃，100min
Bacillus sp. ATCC27380	80℃，61min	125℃，139h
Clostridium sporogenes	120℃，0.18~1.4min	120℃，115~195min

注：D 值为一定温度下活菌（或芽孢）数的 90% 死亡所需时间；* 为致死时间；** 为致死 99% 时间。
资料来源：杨方琪，萧振金 . 食品杀菌技术 . 1988

（1）干热灭菌法　干热灭菌多用于一些要求保持干燥的实验器具和材料等的灭菌。干热灭菌主要包括灼烧灭菌法和干热空气灭菌法。最简单的干热灭菌是利用电热或红外线在加热设备内将待灭菌物品加热到一定温度杀死微生物。

灼烧灭菌法，即利用火焰直接将微生物烧死。此法灭菌迅速彻底，但可能会焚毁物体，使用范围有限。常用于金属小用具接种前后的灭菌（如接种环、接种针、接种铲、小刀、镊子等）、试管口、锥形瓶口、接种移液管和滴管外部及无用的污染物（如称量纸）。金属镊子、小刀、玻璃涂棒、载玻片、盖玻片灭菌时，应先将其浸泡在 75% 酒精水溶液中，用时取出，迅速通过火焰，瞬间灼烧灭菌。

干热空气灭菌法，通常以可恒温控制的电热干燥箱作为干热灭菌器，用于空的玻璃器皿（如培养皿、锥形瓶、试管、离心管、移液管等）、金属用具（如牛津杯、镊子、手术刀等）和其他耐高温的物品（如陶瓷培养皿盖、菌种保藏采用的沙土管、碳酸钙）等灭菌，其优点是灭菌器皿保持干燥。但带有胶皮、塑料的物品、液体及固体培养基不能采用干热灭菌。

（2）湿热灭菌法　湿热灭菌包括高压蒸汽灭菌法、间歇灭菌法、巴氏灭菌法和煮沸消毒法等。湿热灭菌时，蒸汽穿透力大，蒸汽与较低温的物体表面接触冷凝时可释放潜热，吸收蒸汽水分的菌体蛋白易凝固，在相同温度下，湿热灭菌比干热灭菌能力强。

①高压蒸汽灭菌法：高压蒸汽灭菌是把待灭菌物品放在密闭的高压蒸汽灭菌锅中，当锅内压力为 0.1MPa 时，温度可达到 121℃，一般维持 20min，即可杀死一切微生物的营养体及其孢子。一般培养基、玻璃器皿、无菌水、无菌缓冲液、金属用具、接种室的实验服及传染性标本等都可采用此法灭菌。

高压蒸汽灭菌是依据水的沸点随水蒸气压的增加而上升的原理，加压是为了提高水蒸气的温度。灭菌压力越高、温度越高，灭菌所需时间越短。通常锅内压力为 0.069MPa 时，温度达到 115.2℃，灭菌时间需要 20min；锅内压力为 0.055MPa 时，温度达到 112.6℃，灭菌时间需要 30min。高压蒸汽灭菌压力上升之前，需将锅内冷空气排尽。若锅内未排除的冷空气滞留在锅中，易形成"假压"，压力表虽指 0.1MPa，但锅内温度实际只有 100℃，结果造成灭菌不彻底。

高压蒸汽灭菌器是一种耐高压同时可以密闭的金属锅，有立式、卧式、手提式三种。热源可以用蒸汽、煤气或电源。灭菌器上装有温度计、压力表、排气口、安全阀。如果压力超过一定限度，安全阀便自动打开，放出过多的蒸汽。高压蒸汽灭菌器的灭菌效果与待灭菌物品中的微生物种类、数量直接相关。一般试管、锥形瓶中的培养基用 0.1MPa 灭菌 20min，大容量的固体培养基传热慢，灭菌时间（自达到所要求的温度至灭菌结束的时间）应适当延长。天然培养基含杂菌和芽孢较多，较合成培养基灭菌时间略长。

灭菌温度过高将对培养基造成的不良影响：出现浑浊、沉淀；营养成分破坏或改变；pH7.2 时培养基中的葡萄糖、蛋白胨、磷酸盐在 0.1MPa 灭菌 15min 以上会产生对微生物生长的抑制物；高压蒸汽灭菌后培养基 pH 下降 0.2~0.3；高压蒸汽灭菌过程会增加冷凝水，降低培养基成分的浓度。

②间歇灭菌法：间歇灭菌法是依据芽孢在 100℃ 下较短时间内不会失去活力而各种微生物的营养体在 0.5h 内即可被杀死的特点，芽孢萌发成营养体后耐热特性随即消失，通过反复培养和反复灭菌而达到杀死芽孢的目的。

间歇灭菌具体操作方法如下：先用 100℃、30min 灭菌，杀死培养基中杂菌营养体。然后把这种还含有芽孢和孢子的培养基在恒温箱内或室温下放置 24h，使它们萌发成营养体，再以 100℃ 处理 0.5h，如果还有残存的未萌发的芽孢，则数量已经很少，再放置 24h，经第 3 次处理，就可以达到完全灭菌的目的。

③其他加热灭菌法：加热灭菌还包括巴氏杀菌和煮沸消毒法。巴氏杀菌法以结核杆菌在 62℃ 下 15min 致死为依据，利用较低的温度处理牛乳、酒类等饮料，杀死其中可能存在的无芽孢的病原菌，如结核杆菌、伤寒杆菌、沙门菌等，而不损害饮料的营养和风味。一般采用 63~66℃、30min 或 71℃、15min 处理牛乳、饮料，然后迅速冷却。煮沸消毒法一般是煮沸 15~30min，杀死细菌的营养体，但对芽孢往往需煮沸 1~2h，在水中加入 2% Na_2CO_3，可促使芽孢死亡。

（3）辐射灭菌　辐射是能量通过空气或外层空间传播、传递的一种物理现象。借助波动方式传播能量的称为电磁辐射，对微生物杀菌、抑菌能力强的有紫外线和 γ 射线。借助原子或亚原子离子高速运动传播能量的称微粒辐射，其中对微生物杀菌能力强的为 β 射线和 α 射线。

①紫外线杀菌：利用紫外线杀伤目标微生物，破坏微生物的 DNA，使之发生化学变化形成嘧啶二聚物，以破坏遗传因子而失去繁殖能力或死亡，杀菌效果以 256~266nm 最强。紫外线透过物质的能力差，一般只适用于接种室、超净工作台、无菌室、手术室、空气及物体表面的灭菌。紫外线灭菌是通过紫外灭菌灯进行的，距离照射物体不宜超过 1.2m。紫外线对人体有伤害作用，可严重灼烧眼结膜、损伤视神经，对皮肤也有刺激作用，应注意防护。紫外线杀菌需要在暗的条件下进行，避免生物的光修复作用。不同微生物及其状态对紫外线的抵抗力不同，芽孢以及霉菌孢子对紫外线抵抗能力较强。为了加强灭菌效果，在开紫外灯前，可在接种室内喷洒石炭酸溶液，一方面使空气中附着有微生物的尘埃降落；另一方面也可杀死一部分细菌和芽孢。

②辐照杀菌：辐照杀菌技术是利用放射线同位素 ^{60}Co、^{137}Cs 生产的 γ 射线或用高能电子束轰击重金属的靶所产生 X 射线，或用电子加速器产生的高能电子束进行辐照处理。加拿大、以色列、法国、日本等国家普遍使用放射物质 ^{60}Co，它放射出的强力 γ 射线可彻底摧毁细菌的遗传因子，破坏生物分子结构，使用高剂量时几乎可以消灭任何细菌。辐照杀菌通常是在专业的辐照中心进行，因此在食品生物加工工艺中很少使用，而在食品和农产品包装产品、包装容器及医疗器械的杀菌中广泛使用。

（4）过滤除菌　过滤除菌是利用过滤器上由各种多孔介质构成的滤板把液体或气体中的微生物截留而达到除菌的目的。相应滤菌器也有液体滤菌器和空气滤菌器两类。过滤除菌适用于一些对热不稳定、体积小的液体材料，如血清、酶、毒素、疫苗等；也适用于各种高温灭菌易破坏的培养基成分，如尿素、$NaHCO_3$、维生素、抗生素、氨基酸等；还适用于过滤除去空气中的细菌等微生物，如超净工作台、发酵罐、微生物无菌培养室、细胞培养室、精密仪器仪表厂、医药和食品部门、科研单位等使用的无菌空气。处理液体时候最常用的是微孔滤膜，孔径一般为 $0.22\mu m$ 或 $0.45\mu m$。滤膜的材质有醋酸纤维素、尼龙、聚醚砜或聚丙烯等。对于气体而言，可借助较大孔隙的纤维介质等滤材来捕捉极微小的悬浮微生物。常用的材质有棉花、玻璃纤维、粉末烧结金属或聚四氟乙烯薄膜等。

（5）其他灭菌方法　在物理方法灭菌中还有超高静压杀菌、脉冲电场杀菌等方法。超高静压杀菌的基本原理就是压力对微生物的致死作用。高压可导致微生物的形态结构、生物化学反应、基因遗传机制以及细胞壁膜发生多方面的变化，从而影响微生物原有的生理活动功能，甚至使原有功能被破坏或发生不可逆变化，导致微生物死亡。脉冲电场杀菌是利用 LC 振荡电路原理，用高压电源对电容器充电，电容器与电感线圈和放电时的电极相连，电容器放电时产生的高频指数脉冲衰减波在两个电极上形成高压脉冲电场，利用此高压脉冲电场将微生物杀灭。由于 LC 放电速度极快，可在数十至数百毫秒内释放能量，利用自动控制装置使 LC 电路进行充放电工作，可在高压的基础上获得高频，在数十毫秒内完成处理室内食品的杀菌。脉冲电场杀菌的电场强度一般为 $15\sim100kV/cm$，脉冲频率为 $1\sim100Hz$。然而，这类新型杀菌方法要求条件较高，成本也较高，主要应用在相关的研究领域，尚未在食品生物加工工艺中广泛应用。

三、培养基的灭菌

目前在工业生产中培养基的灭菌通常采用湿热灭菌法，包括实罐灭菌（实消）和连续灭菌（连消）两种方法。培养基在灭菌过程中，在微生物被杀死的同时，还伴随着培养基成分的破坏，尤其在蒸汽加压加热的情况下，氨基酸、维生素等成分都容易被破坏。所以在工业生产中必须选择既能达到灭菌目的，又能将培养基中营养成分的破坏减少到最小的灭菌方法。

1. 湿热灭菌原理

蛋白质是细菌的主要成分，它不仅是细菌基本结构的组成部分，而且与细菌的能量、代谢、营养、解毒及稳定内环境密切相关的酶，主要都是由蛋白质构成的。破坏了微生物的蛋白质，抑制了一种或多种酶的活力，即可导致微生物的死亡。湿热杀菌的基本原理是：微生物受到热力作用时，其蛋白质分子运动加速，互相撞击，可致连接肽链的副键断裂，使其分子由有规律的紧密结构变为无秩序的、散漫结构，大量的疏水基暴露于分子表面、并互相结合成为较大的聚合体而凝固、沉淀而失去蛋白质原有的生理功能。湿热灭菌不仅会不可逆地破坏酶和结构蛋白，而且还会破坏微生物的核酸，从而杀灭微生物。

衡量热灭菌的指标很多，最常用的是"热致死时间"，即在规定温度下杀死一定比例的微生物所需要的时间。杀死微生物的极限温度称为致死温度，在此温度下杀死全部微生物所需要的时间称为致死时间。在致死温度以上，温度越高，致死时间就越短。一些细菌、芽孢菌等微生物细胞和孢子，对热的抵抗力不同，因此它们的致死温度和时间也有差别，微生物对热的抵抗力常用"热阻"表示。热阻是指微生物在某一特定条件下的致死时间。相对热阻是指微生物在某一特定条件下的致死时间与另一微生物在相同条件下的致死时间的比值。

2. 影响培养基灭菌的主要因素

灭菌是一个复杂过程，它包括热量传递以及微生物细胞内的一系列生化、生理变化过程，受到多种因素的影响。培养基成分、物理状态和 pH，杂菌的种类、数量与状态，以及操作状态都是影响灭菌效果的主要因素。

（1）培养基成分   油脂、糖类及一定浓度的蛋白质增加了微生物的耐热性，这是因为在热致死温度下，脂肪、糖分和蛋白质等有机物质在微生物细胞外面形成一层薄膜，该薄膜能有效地保护微生物细胞抵抗不良环境，所以灭菌温度相应要高些。相反，高浓度的盐类、色素等的存在则会削弱微生物细胞的耐热性，故一般较易灭菌。大肠杆菌在水中加热至 60～65℃便死亡，在 10% 的糖液中需 70℃ 处理 4～6min，而在 30% 的糖液中需 70℃ 处理 30min。低浓度（1%～2%）的 NaCl 溶液对微生物有保护作用，但随着浓度的增加，保护作用减弱，浓度达 8%～10% 以上，则减弱微生物的耐热性。

（2）培养基物理状态   培养基物理状态对灭菌效果具有极大的影响，固体培养基的灭菌时间要比液体培养基的灭菌时间长。其原因在于液体培养基灭菌时，热的传递除了传导外还有对流作用，固体培养基则只有传导作用而没有对流作用，况且液体培养基中水的传热系数要比有机固体物质大得多。实际上，对于含有小于 1mm 颗粒的培养基，可不必考虑颗粒对灭菌的影响，但对于含有少量大颗粒及粗纤维的培养基的灭菌，则要适当提高温度，且在不影响培养基质量的条件下，可采用粗过滤的方法预先处理，以防止培养基结块而造成灭菌的不彻底。

（3）培养基 pH   pH 对微生物的耐热性影响很大，pH 为 6.0～8.0 时，微生物耐热能力最强，pH 小于 6.0 时，H^+ 易渗入微生物细胞内，改变细胞的生理反应促使其死亡。所以培养基 pH 愈低，灭菌所需时间愈短。

（4）杂菌的种类和数量   培养基中杂菌的数量越多，达到要求的灭菌效果所需的灭菌时间也越长；杂菌细胞水分含量越高，则蛋白质的凝固温度越低，也越容易受热凝固而丧失活力；培养基中杂菌耐热性随种类不同而有很大差异，细菌的营养体、酵母、霉菌的菌丝体对热较为敏感，而放线菌、酵母、霉菌孢子比营养细胞的抗热性要强，细菌芽孢的抗热性就更强。无芽孢的细菌或霉菌孢子在 100℃ 以下加热 3～5min 都可以被杀死，但是有些细菌芽孢的热阻很大，100℃ 处理 30min 仍未被杀死，所以灭菌的彻底与否应以是否杀死细菌芽孢为标准。

（5）灭菌操作方法   蒸汽灭菌过程中，如罐内空气排除不尽，则蒸汽压力不足，罐内灭菌温度不够，影响灭菌效果；灭菌中搅拌均匀也是保证灭菌温度均匀的必需条件；还需要正确控制进气、排气阀门，保持一定温度和罐压，使培养基翻动充分、均匀；另外，灭菌过程中产生泡沫对灭菌极为不利，泡沫中的空气形成隔层，使热量难以传递，不易达到微生物的致死温度，从而导致灭菌不彻底。

3. 培养基分批灭菌

培养基的分批灭菌就是将配制好的培养基放在发酵罐或其他容器中，通入蒸汽将培养基和所用设备一起加热，达到灭菌要求的温度和压力后维持一段时间，再冷却至发酵要求温度的操作过程。也称实罐灭菌。分批灭菌过程操作包括预热升温、保温和冷却 3 个阶段。分批灭菌是中小型发酵罐常采用的一种培养基灭菌方法。

（1）预热升温 在灭菌之前，通常先将发酵罐等培养装置的空气分过滤器进行灭菌，并且用空气将分过滤器吹干。灭菌时应先放出夹套或蛇管中的冷水，开启排汽管阀，通过空气管向发酵罐内的培养基通入蒸汽进行加热，同时也可在夹套内通蒸汽进行间接加热。待罐温升到80~90℃，将排气阀门逐渐关小。预热不仅可以防止直接导入蒸汽时由于培养基与蒸汽的温差过大而产生大量的冷凝水使培养基稀释，同时防止直接导入蒸汽容易造成泡沫急剧上升而引起物料外溢。

（2）保温 罐温升到80~90℃后，从取样管和放料管向罐内通入蒸汽进一步加热，当温度升至120~130℃，罐压为1×10^5Pa（表压）时保温30min。在保温阶段，凡液面以下各管道都应通蒸汽，液面以上其余各管道则应排蒸汽，各路蒸汽进口要畅通，防止逆流；罐内液体翻动要剧烈，以使罐内物料达到均一的灭菌温度；排气量不宜过大，以节约蒸汽用量。

冷却：待灭菌将要结束时，应立即引入无菌空气以保持罐压，然后打开夹套或蛇管冷却水冷却，以避免罐压迅速下降，产生负压而抽吸外界空气。在引入无菌空气前，罐内压力必须低于过滤器压力，否则培养基（或物料）将倒流入过滤器内。实罐灭菌的进汽、排汽及冷却水系统如图2-1所示。

4. 培养基的连续灭菌

连续灭菌就是将配制好的培养基向发酵罐等培养装置输送的同时进行加热、保温和冷却等灭菌操作过程。连续灭菌时，培养基能在短时间内加热到保温温度，并能很快被冷却。因此在更高的温度下灭菌，而保温时间则很短，这样就有利于减少营养物质的破坏，提高发酵产率。

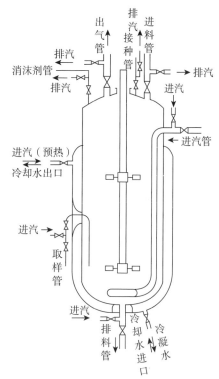

图2-1 实罐灭菌设备示意图

培养基采用连续灭菌时，发酵罐应在连续灭菌开始前先进行空罐灭菌，以容纳经过灭菌的培养基。加热器、维持罐和冷却器也应先进行灭菌，然后才能进行培养基连续灭菌。组成培养基的耐热性物料和不耐热性物料可在不同温度下分开灭菌，以减少物料受热破坏的程度，也可将糖和氮源分开灭菌，以免羰基与氨基受热发生反应生成有害物质。

连续灭菌的流程如图2-2所示。培养基的配制在配料罐中进行，配制完毕后，将培养基用送料泵打入预热桶内。预热桶的作用是定容与预热。预热的目的是使培养基在后续的加热过程中能快速地升到指定的灭菌温度；同时可以避免太多的冷凝水带入培养基；还可避免连续灭菌时由于料液与蒸汽温度相差过大而产生水气撞击声，减少震动和噪声。在预热桶内，一般可先将培养基预热到70~90℃。预热好的培养基由连消泵打入加热器（也称连消塔），连消塔的主要作用是使高温蒸汽与培养基迅速接触混合，并使料液温度在较短的时间（20~30s）内迅速达到灭菌温度。

连续灭菌的温度一般以126~132℃为宜，加热采用的蒸汽压力一般为450~800kPa，加热器有塔式和喷射式两种。由于在连消塔内加热时间较短，单靠这短暂的时间灭菌是不够

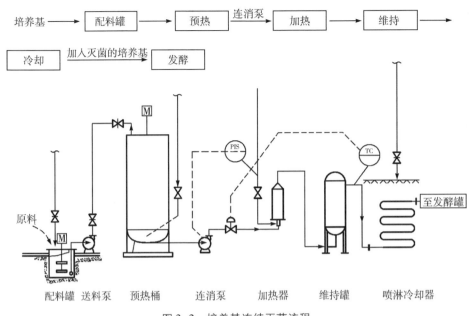

图 2-2　培养基连续灭菌流程

的，还要将培养基于保温设备中保温，即在灭菌温度下维持一段时间（5~7min），这是杀灭微生物的主要过程。保温过程中，不要再向培养基通入蒸汽，以免温度过高引起培养基破坏，但保温设备一般用保温材料包裹，以免培养基因散热而温度迅速下降。保温设备有维持罐和管式维持器两种。培养基连续灭菌的重要特征之一是升、降温速度快。为避免培养基营养成分的破坏，保温后的培养基需要迅速降温至接近培养温度（40~45℃）。国内采用的冷却设备，大多数为喷淋冷却器，也有采用螺旋板换热器、板式换热器、真空冷却器等。应根据培养基特性、处理量、场地特性选用合适的冷却设备。

5. 间歇灭菌与连续灭菌的比较

间歇灭菌与连续灭菌的比较如表 2-3 所示。与间歇灭菌过程相比，连续灭菌的优点十分明显。特别是对大规模发酵，连续灭菌的优点更加突出。因此，随着发酵规模的不断扩大，连续灭菌越来越多地被应用于培养基的灭菌。

表 2-3　　　　　　　　　　　　间歇灭菌与连续灭菌的比较

方式	优点	缺点
连续灭菌	①灭菌温度高，可减少培养基中营养物质的损失 ②操作条件恒定，灭菌质量稳定 ③易于实现管道化和自控操作 ④避免反复的加热和冷却，提高了热能利用率 ⑤发酵设备利用率高	①对设备的要求高，需另外设置加热、冷却装置 ②操作较复杂 ③染菌的机会较多 ④不适合于含大量固体物料的灭菌 ⑤对蒸汽的要求高
间歇灭菌	①设备要求低，不需另外设置加热、冷却装置 ②操作要求低，适于手动操作 ③适合于小规模生产 ④适合于含有大量固体物质的培养基的灭菌	①培养基的营养物质损失较多，灭菌后培养基质量下降 ②需进行反复的加热和冷却，能耗较高 ③不适合于大规模生产过程的灭菌 ④发酵罐的利用率较低

四、发酵罐与发酵附属设备灭菌

1. 发酵罐湿热灭菌法

发酵罐的灭菌方法有多种，其中湿热灭菌法是进行发酵罐及容器灭菌最常使用的方法。用于实验室小型发酵罐的湿热灭菌方法有两种：高压蒸汽灭菌器灭菌或原位灭菌法。不同方法灭菌效果与容器的设计及材料有很大关系。

器皿的工作体积超过15~20L时，由于体积及质量太大就不适宜便携了，通常采用原位灭菌。如果采用水蒸气灭菌，器皿材料则要能够耐压。湿热灭菌通常在120℃、103.4kPa的蒸汽压力下进行，所以采用的玻璃容器要足够牢固。小型发酵罐及大多数搅拌发酵罐通常采用316型不锈钢材料。用玻璃制成的大型发酵罐如气升式罐或泡罩罐的流量显示装置，可以采用101.3kPa的水蒸气灭菌几个小时的方法进行。中型搅拌发酵罐的灭菌常用外置夹套和通入饱和蒸汽。有些小型发酵罐常自身附带有蒸汽发生器，另一些可能是在发酵罐和夹套中间有电加热器。

工作体积小于15L的搅拌型发酵罐通常是玻璃罐体、不锈钢罐顶和底座的复合结构，这种发酵罐的灭菌最好是在高压蒸汽灭菌器中进行，因此选用合适的高压蒸汽灭菌器很重要。市面上也有可以用原位灭菌的复合结构发酵罐。使用这种类型的发酵罐必须配备与之紧密配合的保护套，保护套的设计应考虑足以承受灭菌过程中发酵罐爆炸所产生的飞溅的玻璃碎片。原位灭菌的蒸汽可来自主蒸汽或由电加热器产生。一般小型不锈钢发酵罐都用蒸汽原位灭菌。

此外，搅拌发酵罐一般是装好培养基后进行实罐灭菌。进行实罐灭菌时，培养基的体积只能占发酵罐全容积的70%~80%，以避免培养基沸腾时液体进入空气出口过滤器而导致染菌。采用实罐灭菌比发酵罐空消、培养基分开灭菌及培养基灭菌后再加入发酵罐中操作简单、可靠，染菌概率更小。但并不是任何情况下均可采用实罐灭菌，有时采用发酵罐和培养基分开灭菌更合适。也有人认为将搅拌发酵罐空消比装满培养基后进行实消灭菌效果好，尤其是对于原位灭菌的发酵罐。使用空罐灭菌时，发酵罐和培养基可以选择不同的灭菌方法和不同的灭菌时间，如对热敏感的培养基可以采用过滤法进行除菌。

2. 发酵罐化学法

使用化学方法对发酵罐及其他容器进行灭菌远不如湿热灭菌普遍，效果也不是很好。但是如果容器的构型使之不能放入高压蒸汽灭菌器或不适合于原位灭菌，而且发酵过程对无菌要求不高，则化学灭菌是最理想的方法。另外，化学灭菌也可作为加热灭菌前的预灭菌。

化学灭菌通常都是在环境温度或一较高温度时将灭菌剂加入发酵罐或容器中，经过一段时间后再通过冲洗或漂洗将灭菌剂除去，除非所用的灭菌剂会自动分解。所使用的漂洗液通常是事先经过灭菌的，以保证"无菌"状态。有时可以在灭菌或消毒过程开始前先采用洗涤剂对发酵罐或容器进行清洗，这样可以达到较好的效果。

3. 发酵附属设备灭菌

发酵附属设备有总（分）空气过滤器、管道、计量罐、补料罐、消沫系统等。这些附属设备一般也通过湿热灭菌法进行灭菌。计量罐和补料罐空罐及管道灭菌时，可从有关管道通入蒸汽，使罐内蒸汽压强达0.147MPa，维持45min。灭菌过程从阀门和边阀排出空气，并使蒸汽达到死角。灭菌完毕关闭蒸汽后，待罐内压力低于空气过滤器压力时，通入无菌空气保持罐压0.098MPa。空气总（分）过滤器灭菌时从过滤器上部通入蒸汽，并从上下排气口排气，维持压强 0.174MPa 灭菌 2h。灭菌完毕后通过压缩空气吹干。补料实罐灭菌时则根据料液不同其灭菌条件不同，淀粉料液为 121℃，维持 5~10min；糖水则为 120℃，维持 30min；尿素溶液常用灭菌条件为 105℃，维持 5min。消泡剂罐灭菌一般条件为 0.15~0.18MPa，维持 60min。

五、空气除菌

发酵工业大多利用好氧微生物进行纯种培养，在培养时菌体生长和产物合成都需要消耗大量的氧气，溶解氧是这些微生物生长和代谢必不可少的条件。最常用的氧源就是空气。但空气中包含大量的微生物，以细菌和细菌芽孢为主，也有酵母、霉菌、放线菌和噬菌体，一般空气中含菌量为 $10^3 \sim 10^4 \mathrm{cfu/m^3}$。空气中的微生物一旦随空气进入培养液，在适宜条件下，就会迅速大量繁殖，干扰甚至破坏预定发酵的正常进行，造成发酵彻底失败等严重事故。因此，发酵需要的空气必须是洁净无菌的空气，并有一定的温度和压力，这就要求对空气进行净化除菌和调控处理。

1. 空气除菌原理要求

（1）空气过滤除菌原理　空气净化灭菌的方法大致有加热杀菌、静电除菌、辐射杀菌和介质过滤除菌等几种，其中加热灭菌、辐射杀菌等都是使微生物蛋白质变性而破坏微生物活性，从而杀死空气中的微生物。但由于发酵过程对无菌空气需求量巨大，而气体流速也很快，这两种方法很难在极短的时间内达到灭菌要求。静电除菌是利用分离方法将微生物粒子除去，同样也无法满足在工艺需求的时间内达到无菌效果。因此，介质过滤除菌成为空气除菌的主要手段。

介质过滤除菌是让空气通过多孔性过滤介质，阻截空气中的微生物而达到除菌的目的。按过滤除菌机制不同，介质过滤除菌可分为绝对过滤和相对过滤。绝对过滤是利用孔隙小于细菌的微孔滤膜，将空气中的微生物过滤去除。相对过滤又称深层过滤，过滤介质形成的孔隙大于细菌，过滤作用是通过过滤介质的综合阻截作用而实现的。

绝对过滤操作简便，空气质量易于控制，也节约能量和时间。孔径为 0.45μm 的微孔滤膜，对细菌的过滤效率可达 100%，如纤维素微孔滤膜（孔径≤0.5μm，厚度 0.15mm）、聚四氟乙烯微孔滤膜（孔径 0.2μm 或 0.5μm、孔率为 80%）均可用于绝对过滤。微孔滤膜用于滤除空气中的细菌和尘埃，除有滤除作用外，还有静电吸附作用。但使用微孔滤膜的绝对过滤成本较高，且容易堵塞，必须要经过预过滤，将空气中的油、水除去，以提高微孔滤膜的过滤效率和使用寿命。

深层介质过滤是以棉花、玻璃纤维、尼龙等纤维类或者活性炭作为介质填充成一定厚度的过滤层，或者将玻璃纤维、石棉板、聚乙烯醇、聚四氟乙烯、金属烧结材料制成过滤层，微粒随气流通过滤层时，过滤层具有一定的厚度，滤层纤维所形成的网格阻碍气流前进，迫使气体在流动过程中产生无数次改变气流速度大小和方向的绕流运动，这些改变引起微粒对滤层纤维产生惯性冲击、重力沉降、拦截、布朗扩散、静电吸附等作用而将微粒滞留在纤维表面，如图 2-3 所示。同时因为滤层

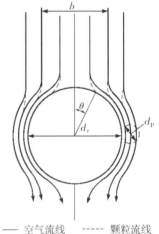

—— 空气流线　---- 颗粒流线

图 2-3　深层介质过滤模型

d_r 纤维直径　d_p 颗粒直径

b 气流宽度

是由无数单纤维层组成，所以就增加了捕获微粒的机会。在过滤除菌中，综合阻留作用可由单纤维模型作出解释。一般认为惯性冲击、接触阻截和布朗运动对深层过滤综合阻留作用的贡献较大，而重力沉降和静电吸引的贡献较小。

（2）发酵用空气的质量标准　空气的主要成分是 N_2 和 O_2，还有少量 CO_2、惰性气体、水汽及悬浮尘埃等。空气中的微生物主要吸附在水汽和尘埃上。空气中微生物的种类和含量随地区、季节、高度等情况而异。一般寒冷干燥的北方比温暖潮湿的南方含菌量少；离地面愈高含菌量愈少；农村地区比工业城市的空气含菌量少。而发酵用无菌空气，需要通过将自然界的空气经过压缩、冷却、减湿、过滤等过程，达到一定的标准：无菌标准仍然是 10^{-3}，可连续提供一定流量的压缩空气；空气的压强（表压）为 $200 \sim 400 kPa$，压强过低不利于克服发酵罐中的下游阻力，压强过高，则浪费能源；空气在进入过滤器前，相对湿度 $\leqslant 70\%$；进入发酵罐的空气温度可以比培养温度高 $10 \sim 30℃$，虽然对于发酵而言，空气的温度相对较低为好，但太低的空气温度是以冷却耗能为代价的。

2. 空气过滤除菌流程

空气净化处理的目的是除菌，但目前所采用的过滤介质必须在干燥条件下工作，同时要保持过滤器在比较高的效率下进行过滤，并维持一定的气流速度，不受油、水的干扰，则要有一系列的加热、冷却及分离和除菌设备来保证。才能保证除菌的效率。空气过滤除菌有多种工艺流程，以下三种较为常见。

（1）两级冷却、加热除菌流程　该流程是工艺上比较成熟的一套空气净化系统，常为发酵生产使用，可适应各种气候条件，能充分地分离油水，使空气在低的相对湿度下进入过滤器，以提高过滤效率。具体工艺流程如图 2-4 所示。空气经压缩保温后，经过第一冷却器冷却到 $30 \sim 35℃$，大部分的水、油都已结成较大的雾粒，且雾粒浓度较大，故适宜用旋风分离器分离；第二冷却器使空气冷却到 $20 \sim 25℃$，析出较小雾粒，采用分离效率高的丝网分离器分离，再用加热器加热，将空气的相对湿度由 100% 降低至 $50\% \sim 60\%$，以保证过滤器的正常运行。该流程的特点是两次冷却、两次分离、适当加热；优点是能提高传热系数，节约冷却用水，油水分离地比较完全，适用于潮湿地区。

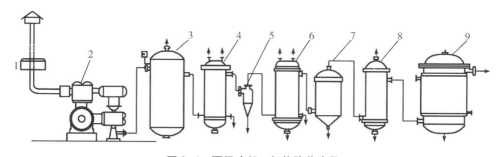

图 2-4　两级冷却、加热除菌流程

1—粗过滤器　2—压缩机　3—储罐　4，6—冷却器　5—旋风分离器
7—丝网分离器　8—加热器　9—过滤器

（2）冷热空气直接混合式空气除菌流程　如图 2-5 所示，压缩空气从空气储罐出来后分为两部分，一部分进入冷却器，冷却到较低温度，经分离器分离水、油雾后与另一部分未处理的高温压缩空气混合，此时混合空气温度在 $30 \sim 35℃$，相对湿度在 $50\% \sim 60\%$，再进入过

滤器过滤。与两级冷却、加热除菌流程相比，该流程减少了一级冷却设备和加热设备，流程简单，冷却水用量少，节省能源，但不能用于空气中含水量过高的地区，仅适用于中等湿含量地区。

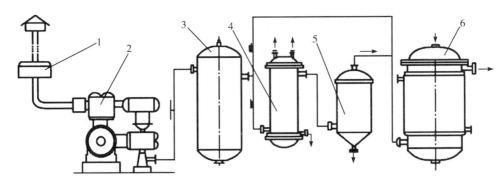

图 2-5　冷热空气直接混合式空气除菌流程

1—粗过滤器　2—压缩机　3—储罐　4—冷却器　5—丝网分离器　6—过滤器

（3）高效前置过滤空气除菌流程　由于粉末烧结金属过滤器、薄膜空气过滤器等的出现，这种新型空气过滤流程得以发展，如图 2-6 所示。其主要特点是在空气压缩机前增加了高效率的前置过滤设备，利用压缩机的抽吸作用，使空气先经中、高效过滤后，再进入空气压缩机，此时空气的无菌程度已经相当高，空气再经油水分离后进入主过滤器，即可达到无菌水平。优点是通过前置高效过滤器，减轻了主过滤器的负荷。前置的高效过滤器是以折叠式大面积滤芯作为过滤介质的总过滤器，过滤面积大，压力损耗小，在过滤效率和安全使用方面均优于棉花活性炭总过滤器。

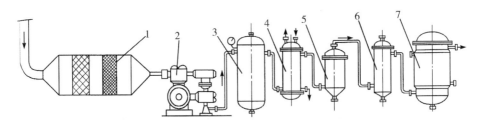

图 2-6　高效前置过滤空气除菌流程

1—高效前置过滤器　2—压缩机　3—贮罐　4—冷却器　5—丝网分离器　6—加热器　7—过滤器

3. 提高过滤除菌效率的措施

通过以下几项措施可提高过滤除菌效率：首先必须减少进口空气的含菌数，减轻空气过滤系统的负担。需要加强生产场地的卫生管理，减少生产环境空气中的含菌数；正确选择进风口，压缩空气站应设在上风向；提高进口空气的采气位置，减少菌数和尘埃数；加强空气压缩前的预处理。

其次必须选用除菌效率高的过滤介质，合理设计和安装空气预处理设备和空气过滤器，提高除油、除水和除杂效率；另外，还需要降低进入空气过滤器的空气的相对湿度，保证过滤介质的干燥状态。可选用无油润滑的空气压缩机，加强空气冷却，增强去油、去水效率，适当提高进入过滤器的空气温度，降低其相对湿度，保障过滤过程高效进行。

六、无菌接种和取样操作技术

　　绝大多数发酵开始进行前都要进行灭菌，整个发酵过程也都要保持严格无菌操作和无菌状态，以防止任何污染物进入发酵罐、管路和辅助容器中。无论是实验室还是发酵生产，都要从接种、种子转移、取样及采样系统等方面合理设计、操作，防止杂菌污染。这些不同操作方式主要取决于发酵罐的大小，另外发酵罐的材料对接种和取样操作也会产生很大的影响。

　　1. 管路和辅助容器的要求

　　发酵罐用高压蒸汽灭菌器灭菌时，常采用弹性可灭菌管路，如硅氧橡胶管。管路均必须与连接管、容器等安全扎牢，避免压力增大时造成连接脱落。硅氧橡胶管在灭菌温度时会稍微软化，易伸长发生破裂。所以管路和连接管应设计合理，降低伸长量。连接管和软管边缘都要尽量避免粗糙。原位灭菌发酵罐经常拆装位置常使用有弹性的编织不锈钢管，多数管路为坚硬不锈钢管，两种管路均可与发酵罐同时进行蒸汽灭菌。空气过滤器、辅助容器等相关部分也同时灭菌。此外，常在管路中保持蒸汽"封"或屏障，通入121℃的蒸汽，冷凝时从出水阀离开，这样就在容器和外界环境间形成了一道"屏障"，而且杜绝了其他可能发生的染菌。通常取样管、转移管、收集管，以及pH计、溶氧电极周围夹套都可通过这种方式灭菌。无论是进行原位灭菌还是在高压蒸汽灭菌器中灭菌，所有的容器在顶部都有换气过滤器，对进入的空气进行灭菌或通过液体体积交换排出空气。这些过滤器与器皿同时进行加热灭菌。另外，生产商事先已经灭过菌的过滤器可以在容器灭菌之后进行无菌安装，但要保证连接无菌。

　　2. 接种操作技术

　　（1）试管移种　用接种环分离微生物，或在无菌条件下把微生物由一个试管转移到另一试管，是微生物实验中最重要的基本操作。微生物实验的所有操作均在无菌条件下进行，其要点是在火焰附近进行熟练的无菌操作，或在无菌箱内无菌的环境下进行操作。

　　现以接种操作为例介绍接种环的使用方法，如图2-7所示：

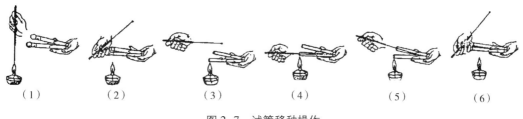

（1）　　　　（2）　　　　（3）　　　　（4）　　　　（5）　　　　（6）

图2-7　试管移种操作

（1）接种环灭菌　　（2）启开棉塞　　（3）管口灭菌　　（4）挑取菌苔　　（5）接种　　（6）塞上棉塞

　　①将菌种斜面培养基（简称菌种管）与待接种的新鲜斜面培养基（简称接种管）持在左手拇指、食指、中指及无名指之间，菌种管在前，接种管在后，斜面向上，管口对齐，以便能清楚地看到两个试管的斜面，注意不要持成水平，以免管底凝集水浸湿培养基表面。

　　②右手在火焰旁转动两管棉塞（或硅胶塞，下同），使其松动，以便接种时易于取出。

　　③灭菌接种棒（环）：右手持接种环柄，将接种环垂直放在火焰上灼烧。镍铬丝部分（环和丝）必须烧红，以达到灭菌目的，然后将金属杆全用火焰灼烧一遍，尤其是接镍铬丝

的螺口部分，要彻底灼烧灭菌。

④右手的小指和手掌之间及无名指和小指之间拔出试管棉塞，持住再将试管口在火焰上通过，以杀灭可能污染的杂菌。

⑤将灼烧灭菌的接种环插入菌种管内，先接触无菌苔生长的培养基上，待冷却后再从斜面上刮取少许菌苔，在火焰旁迅速插入接种管，由下往上做 S 形划线。

⑥接种完毕，接种环应通过火焰抽出管口并迅速塞上棉塞，再重新仔细灼烧接种环后放回原处。

⑦将接种管贴好标签后再放入试管架，即可进行培养。

实验室小型发酵罐通常使用摇瓶种子来进行高位压差接种法和火焰接种法两种。

（2）实验室小型发酵罐高位压差接种

①在接种前将所有的种子转移到一个底部带有放料口的容器中，通过软管与发酵罐连接，连接管、装种子的容器单独灭菌。

②种子瓶放置在高于发酵罐的位置，或用蠕动泵泵入接种，也可以采用压差法接种，接种时应将发酵罐中的罐压降低。

③接种后，先夹紧接种管，再从发酵罐上取下，接种口在杀菌后盖好。在接种过程中，出口空气管路应打开，以保持罐内的压力不会急剧上升，并保持一定的正压。

（3）实验室小型发酵罐火焰接种

①将要接种的种子液在无菌操作台上集中到一个摇瓶中，瓶口在酒精灯火焰上加热，包扎好。

②在发酵罐的接种口上塞上酒精棉花；将通入发酵罐中的无菌空气的流速减小，打开排气口，降低发酵罐内的压力，但维持一定的正压。

③拧松接种口上的塞子；点燃接种口上的酒精棉花，待燃烧 1min 后，拧开接种口的塞子。

④在接种口上的火焰上打开装有种子液的摇瓶，将瓶口在火焰上烧烤；在火焰上迅速将种子液倒入发酵罐内，注意速度不要太慢，以免高温烧死种子液中的菌种，也不要太急，以免种子液扑灭火焰。

⑤将接种口塞子在火焰上烧烤 1min 左右，拧紧塞子，熄灭火焰，将发酵罐气流调大。火焰接种也可以通过种子瓶的抽头出料管与发酵罐联通进行压差接种。

（4）大型发酵罐的接种　大型发酵罐常采用种子罐培养种子并接种，种子罐在发酵和接种过程中也要保持无菌，接种后迅速关闭与发酵罐相连接的阀门。在接种前，用高温蒸汽将与种子罐和发酵罐的相关移种管道进行灭菌。如移种管道是与蒸汽接种口相连的硅氧橡胶管，建议采用以下操作顺序：

①关闭与接种口相连的蒸汽；打开接种管口的盖子，在无菌条件下与接种管连接，并将这个管道与蠕动泵相连。

②降低通入发酵罐内的无菌空气的流速，降低发酵罐中的压力，保证排气口至少部分开启，使发酵罐内保持一定的正压，松开接种管的阀门。

③增大流入种子罐中无菌空气的流速，加大种子罐的罐压。使其压力大于发酵罐内的压力；开启发酵罐上的接种阀，开始接种。

④待接种完毕，关闭发酵罐上的接种阀；将接种口盖好，关闭进入接种罐内无菌空气，

向接种管通蒸汽；通入蒸汽几分钟后，将接种阀瞬时开启（比如 5～10s），以将阀中的残余种子除去，然后关闭接种阀，保持通向接种口管路的蒸汽。

需要强调的是，管路内的阀门也必须进行灭菌。最好是有蒸汽通过，球形阀也需要灭菌。但是隔膜阀如果不能开启，则只能有一面接触蒸汽。

3. 取样操作技术

在发酵过程中，经常要从发酵罐中取出少许样品进行镜检、分析，以了解发酵过程进行的程度。常用取样方法有以下几种：

（1）简单取样管　简单取样管的结构如图 2-8 所示。在发酵罐灭菌前，将硅胶管夹紧，并将其自由端加棉塞，包扎灭菌，而且一直保持这个状态到取第一个样为止。取样时将塞子拔掉并将管子末端迅速浸入乙醇中。后续的操作取决于所用的取样容器，例如使用无菌注射器取样时，要求将注射器迅速连接到硅胶管上，关闭通入发酵罐的空气并降低罐内的压力以防止样品涌入注射器，松开硅胶管将样品放出，再将硅胶管夹紧，迅速将多余的样品放出后将管子末端再浸入乙醇内，直至取下一个样品为止，恢复向发酵罐中通气。此外，也可以将样品取到有火焰灼烧的开口瓶中，所采用的步骤与使用注射器取样时基本相似，整个过程中都保持通气，既可以方便取样，也可减少杂菌污染。

（2）取样罩　从台式发酵罐到中试发酵罐都常使用各种类型的取样罩。按照取样瓶的需要，取样罩可以由玻璃或不锈钢制成，设计成各种不同的大小。许多取样罩都有托架支撑以连接到发酵罐盖顶上，简单形式的取样罩设计如图 2-8 所示。

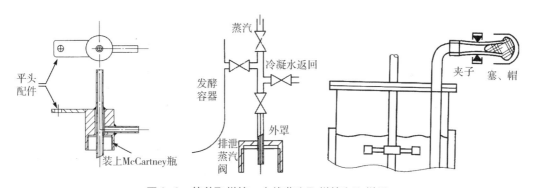

图 2-8　简单取样管、在线蒸汽取样管和取样罩

将取样瓶旋入取样罩中，在发酵罐灭菌前将过滤器用一根短的橡胶管连接到发酵罐的进气旁路上。灭菌时将取样罩中的取样瓶旋松，以避免玻璃瓶内压力过大，连接取样罩和发酵罐取样管之间的橡胶管同样需要夹紧，以防止培养基进入瓶中。发酵罐灭菌及冷却后，将取样罩中的取样瓶旋紧，橡胶管依然要夹紧。

取样罩的取样方式主要有以下三种：

①整个取样过程中发酵罐始终保持通气状态。在发酵罐内保持正压的情况下，松开连接管的夹子使样品进入取样瓶中。当所取样品体积足够时，再夹紧连接管，旋下取样瓶，在无菌条件下接上另一个无菌取样瓶（通常用火焰灼烧取样罩和取样瓶颈）。松开连接管上的夹子，通过进气旁路提供的压力，连接管内一小部分没有排尽的样品会进入新的样品瓶中，但是如果取样口的管路比较短的话，残留的样品会很少。将残留的样品排尽后，重新将连接管夹紧。

②停止通气的方式。将一个空的注射器连到进气旁路上，松开连接管的夹子，用注射器将样品取入样品瓶中。夹紧连接管之前，用注射器反吹，排出残余的样品，并更换样品瓶，重新向发酵罐中通气。

③中试规模发酵罐的取样罩一般都会有蒸汽封。对发酵罐进行灭菌时，使蒸汽通过取样罩，并且在发酵过程中始终保持有一小股蒸汽通过取样罩。

实验室的取样操作步骤如下：关闭通向取样罩的蒸汽，通过向发酵罐内短暂通蒸汽来清洁取样管，关闭通向取样管蒸汽；待管路冷却后，取一定量样品。关闭通向取样罩的管路，短暂向发酵罐内通入蒸汽清洁取样管。关闭通向发酵罐的连接管，保持有蒸汽通过取样罩。

（3）取样阀　由于在管路中提供了灭菌蒸汽，采用取样阀可最大程度地防止染菌。图2-9所示为快速、简单的取样阀。在取样阀和冷凝器回流管间通常有硅胶管或有弹性的不锈钢管连接来提供正常的蒸汽流，使之在取样前可以快速释放。在灭菌过程中，将阀控制杆向发酵罐的方向完全拔出，使蒸汽可以分别从外部阀夹套和阀本身同时流过。灭菌后，蒸汽阀会打开，使一股缓慢的蒸汽流通过阀和阀夹套。或者，在取样前向这些地方通蒸汽。取样受到将通向阀的蒸汽关闭的影响，使阀冷却，然后将阀杆向前推，直至达到取样体积。之后，阀杆就完全打向阀，并有蒸汽通过夹套。

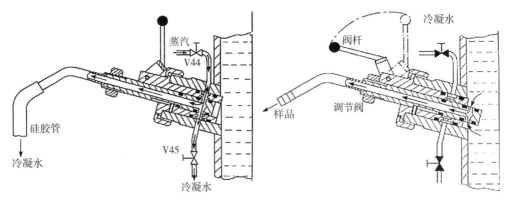

图2-9　快速、简单的取样阀

第二节　菌种保藏技术

菌种是发酵工业生产的根本，因此，菌种保藏是一项重要的工业微生物学基础工作，优良的菌种来之不易，所以在科研和生产中应该设法减少菌种的衰退和死亡，菌种保藏的目的就是在保证菌种不死亡的同时，尽可能保持其原有的优良发酵性状，不被杂菌所污染，并降低菌种衰退的速率。但保藏不可能保证绝对不变异，只是尽可能降低菌种的变异速度。

一、菌种变异及退化

1. 菌种变异及退化原理

菌种退化，主要指生产菌种或选育过程中筛选出来的较优良菌株，由于进行接种传代或保藏之后，群体中某些生理特征和形态特征逐渐减退或完全丧失的现象。集中表现在目的代谢物合成能力降低，产量下降，有的则是发酵力和糖化力降低。具体体现有：

（1）菌落形态、细胞形态和生理等典型形态性状发生改变，如菌落颜色变化，芽孢和伴孢晶体变小乃至丧失。

（2）菌种生长速率变慢，产生的孢子变少直至产孢子能力丧失，如放线菌、霉菌在斜面多次传代后产生"光秃"现象，从而造成生产上用孢子接种的困难。

（3）菌种代谢活动、代谢产物的生产能力或其对寄主的寄生能力下降，如黑曲霉糖化能力的下降，抗菌素发酵单位的减少，枯草杆菌产淀粉酶能力的衰退等。

（4）菌种抗不良环境条件（抗噬菌体、抗低温）能力减弱。菌种的退化是从量变到质变的逐步演变的过程。开始时，在群体细胞中仅出现产量下降的个别突变细胞，不会使群体菌株性能明显改变。经过连续传代，负变细胞达到一定数量，在群体中占了优势，从整体菌株上反映产量下降及其相关的一些特性发生了变化，表现上便出现了退化，导致这一演变过程的原因可能包括两方面：首先菌种退化的本质是基因突变引起的生产能力下降，其中包括细胞内控制产量的基因突变或质粒脱落造成的。同时，虽然基因突变是引起菌种退化的根本原因，但是连续传代却是加速退化发生的直接原因。微生物自发突变都是通过繁殖传代出现的。DNA 在复制过程中，自发突变率约为 $10^{-9} \sim 10^{-8}$，传代数越多则发生突变的概率就越高。从另一角度说，基因突变开始时仅发生在极个别细胞，如果不传代，个别低产细胞并不影响群体表型，只有通过传代繁殖，才能使其在数量上逐渐占了多数，最终使得在群体表型上出现了退化。

2. 菌种退化的防止

微生物都存在着自发突变，而突变都是在繁殖过程中发生或者表现出来的，减少传代次数就能减少自发突变和菌种衰退的可能性，因此，不论在实验室还是在生产实践上，必须严格控制菌种的传代次数，以减少细胞分裂过程中所产生的自发突变概率。

育种过程中，应尽可能使用孢子或单核菌株，避免对多核细胞进行处理，从而减少分离回复现象，在实践中，若用无菌棉对放线菌进行斜面接种，就可避免菌丝接入。另外，有些霉菌如用其分生孢子传代易于衰退，而改用其子囊孢子接种则可避免衰退。

3. 退化菌种的复壮

退化菌种的复壮可通过纯种分离和性能测定等方法来实现，主要措施包括从退化菌种的群体中找出少数尚未退化的个体，以达到恢复菌种的原有典型性状。也可以在菌种的生产性能尚未退化前就经常而有意识地进行纯种分离和生产性能的测定工作，以达到菌种的生产性能逐步有所提高。所以这实际上是一种利用自发突变不断从生产中进行选种的工作。具体的菌种的复壮包括采用平板划线分离法、稀释平板法或涂布法进行纯种分离，将仍保持原有典型优良性状的单细胞分离出来，经扩大培养恢复原菌株的典型优良性状，若能进行性能测定则更好。还可用显微镜操纵器将生长良好的单细胞或单孢子分离出来，经培养恢复原菌株性状；寄生型微生物的退化菌株可接种到相应寄主体内以提高菌株的活力；此外，对退化菌株还可用高剂量的紫外线辐射和低剂量的 DTG 联合处理进行复壮。

二、菌种保藏的原理和方法

1. 菌种保藏原理

由菌种保藏的目的可以看出，保藏要求保持菌体存活的同时，最大可能减少菌种衰退。菌种衰退的本质是由可遗传的变异积累造成的。而生物的变异率与他们的代谢率密切相关，代谢活动水平越低，变异的可能性越小。菌种保藏的基本原理主要是根据微生物的生理、生化特点，人工地创造条件，使微生物的代谢处于不活泼、生长繁殖受抑制的休眠状态。通常降低代谢率可以通过三种途径达到，降低环境温度、减少供氧和保持干燥（降低水分活度），即菌种保藏的三个基本条件要求。

2. 菌种保藏方法

根据菌种保藏的要求，可将菌种保藏分为临时保藏和长期保藏两类。临时保藏要求所保存的菌种必须处于一定的活化状态，随时供生产或试验使用，通常采用斜面置冰箱保存；菌种长期保藏要求菌种处于休眠状态，最好能停止一切代谢活动，只要保持不死亡即可，通常用真空冷冻干燥法和超低温液氮保藏法。

一种菌种保藏方法的好坏，不仅要考虑到被保藏的菌种，恢复生长后保持优良性状不变，即考虑其保藏效果，还要考虑到这一方法本身方便经济、切实可行，即要考虑其他的经济性和可操作性。常见的菌种保藏方法有斜面冰箱保藏法、沙土管保藏法、液体石蜡保藏法、真空冷冻干燥保藏法和液氮超低温保藏法等。

三、常见菌种保藏操作技术

常见菌种保藏中涉及的菌种主要有细菌、酵母菌、放线菌和霉菌四类。所使用的培养基分别为：细菌用牛肉膏蛋白胨培养基，酵母菌用麦芽汁培养基，放线菌用高氏1号培养基，丝状真菌用马铃薯蔗糖培养基。所使用的器皿包括无菌试管、无菌吸管（1mL及5mL）、三角烧瓶（250mL）、无菌滴管、接种环、40目及100目筛子、干燥器、安瓿管、冰箱、冷冻真空干燥装置、酒精喷灯等。以及无菌水、液体石蜡、P_2O_5、脱脂乳粉、10% HCl、干冰、95%乙醇、食盐、河沙、瘦黄土（有机物含量少的黄土）等其他材料。

1. 斜面传代保藏法

斜面低温保藏法的原理是低温。方法是将菌种接种在不同成分的斜面培养基上，待菌种生长完全后，便置于4℃左右冰箱中保藏，每隔一定时间进行移植培养，再将新斜面继续保藏。适用范围是各类微生物。保藏特点是操作简单，不需特殊设备，但该方法从保藏原理方面只满足了低温一项要求，因而代谢水平仍然很高，是一种短期的、过渡性的临时保藏方法。优点是简单快捷、操作方便，缺点是易变异、易污染。具体操作如下：

首先取各种无菌斜面试管在距试管口2~3cm正上方处贴上标签，注明菌株名称、接种人和日期；其次将待保藏的菌种用接种环移接至无菌斜面上进行培养，细菌和酵母菌宜采用对数生长期的细胞，分别在37℃恒温培养18~24h和28~30℃培养36~60h，放线菌和丝状真菌宜采用成熟的孢子，28℃培养4~7d；斜面长好后，可直接放入4℃冰箱中保藏。管口用牛皮纸包扎以防受潮染菌，或用无菌胶塞。也可用固体石蜡熔封棉塞或胶塞。一般酵母菌、霉菌、放线菌及有芽孢的细菌保藏期2~6个月，而不产芽孢的细菌最好每月移种一次。

2. 矿油封藏法

矿油封藏法（液体石蜡保藏法）的原理是低温、缺氧、缺营养。该方法为向培养成熟的斜面菌种上倒一层高出斜面1cm灭过菌的液体石蜡置冰箱保存。液体石蜡可以防止水分蒸发，隔绝O_2，此法适用于不能利用石蜡作碳源的、产孢子的细菌、霉菌、放线菌等微生物。特点是简单易行，但是工作量大，费人力。操作方法如下：

首先对液体石蜡灭菌：在250mL三角瓶中装入100mL液体石蜡，塞上棉塞并用牛皮纸包扎，121℃湿热灭菌30min，40℃恒温箱中放置14d，或105~110℃烘箱中1h以除去石蜡中的水分，备用。其次对菌种加液体石蜡保藏：用无菌滴管吸取液体石蜡以无菌操作加到已长好的菌种斜面，且高出斜面顶端约1cm，棉塞外包牛皮纸，试管直立4℃冰箱中保存。菌种恢复使用时用接种环从液体石蜡下挑取少量菌种，在试管壁上轻靠几下，尽量使油滴净，再接种于新鲜培养基中培养。由于菌体表面黏有液体石蜡，生长较慢且有黏性，故一般须转接2次才能获得良好菌种。操作时注意，从液体石蜡封藏的菌种管中挑菌后，接种环上带有油和菌，故接种环在火焰上灭菌时要先在火焰边烤干再直接灼烧，以免菌液四溅，引起污染。

液体石蜡保藏法能满足低温和缺氧两项条件，通常可保存较长时间。霉菌、放线菌、有芽孢细菌可保藏2年左右，酵母菌可保藏1~2年，一般无芽孢细菌也可保藏1年左右。

3. 沙土管保藏法

沙土管保藏法是国内常采用的一种菌种保藏方法，其是利用微生物芽孢、孢子与干燥无菌细沙土混合进行菌种低温保藏的方法。

制备方法是，首先准备无菌沙土管：河沙经40目筛去除大颗粒，加10%HCl浸没沙面浸泡2~4h，或煮沸30min，除去有机杂质，倒去盐酸，以清水冲洗至中性，烘干或晒干后备用；非耕作层不含有机质的瘦黄土，水浸泡洗涤数次直至中性，烘干粉碎过100目筛，去除粗颗粒后备用；将沙与土按质量比（2~4）∶1混合均匀装入10mm×100mm试管高约7cm，加棉塞外包牛皮纸，121℃湿热灭菌30min，烘干；进行无菌检查，每10支沙土管任抽一支，取少许沙土接入牛肉膏蛋白胨或麦芽汁培养液中，在最适的温度下培养2~4d，确定无菌后备用。其次加菌液干燥保藏：5mL无菌吸管吸取3mL无菌水至待保藏的菌种斜面上，接种环轻轻搅动制成菌悬液，1mL无菌吸管吸取菌悬液0.1~0.5mL加入沙土管中，湿润约2/3沙土，接种环拌匀置于干燥器中，P_2O_5为干燥剂进行干燥，可再用真空泵连续抽气3~4h加速干燥。将沙土管轻轻一拍，沙土呈分散状即达到充分干燥。沙土管可直接保存于干燥器中；亦可用石蜡封住棉花塞，或管口火焰熔封后放入冰箱保存；另外，沙土管可装入盛有$CaCl_2$等干燥剂、塞橡皮塞或木塞的大试管中用蜡封口于冰箱或室温保存。恢复培养使用时挑取少量混有孢子的沙土，接种于斜面培养基上，或液体培养基内培养即可，原沙土管仍可继续保藏。

沙土管保藏法一般较适合能产生芽孢的细菌及形成孢子的霉菌和放线菌保藏，但不能用于保藏营养细胞。保藏特点是干燥、低温、隔氧、无营养物，菌种可保存2年左右。

4. 冷冻干燥保藏法

冷冻干燥保藏法是较理想的保藏方法。保藏原理是将菌体在-15℃下快速冷冻以保持细胞完整，再使水分升华，微生物暂时停止生长代谢，减少发生变异的概率。该方法的基本操作过程是先将微生物制成悬浮液，再与保护剂混合，然后放在特制的安瓿管，用低温酒精或干冰使其迅速冻结，在低温下用真空泵抽干，最后将安瓿管真空熔封，并低温保藏。保护剂一般采用脱脂牛乳或血清等。具体操作方法如下：

（1）准备安瓿管和脱脂牛乳　选5mm×105mm硬质玻璃试管，以10%HCl浸泡8~10h后再用自来水冲洗至中性，最后用去离子水洗1~2次烘干，字面向外放入印好菌名和日期的标签，管口加棉塞121℃灭菌30min备用；脱脂奶粉配成20%乳液分装，121℃灭菌30min，无菌试验后备用。

（2）制备菌液及分装预冷　选用培养适当时间的、无污染的纯菌种，一般细菌为24~

48h, 酵母菌为 3d, 放线菌与丝状真菌为 7~10d。取 3mL 无菌牛乳直接加到斜面菌种管中, 用接种环轻轻搅动菌落, 再用手摇动试管, 制成均匀的细胞或孢子悬液; 用无菌长滴管将菌液分装于安瓿管底部, 每管装 0.2mL; 将安瓿管外的棉花剪去并将棉塞向里推至离管口约 15mm 处, 再通过乳胶管把安瓿管连接于总管的侧管上, 总管则通过厚壁橡皮管及三通短管与真空表及干燥瓶、真空泵相连接, 并将所有安瓿管浸入装有干冰和 95% 乙醇的预冷槽中(此时槽内温度可达 -40~-50℃), 只需冷冻 1h 左右即可使悬液冻结成固体。

(3) 真空干燥和样品封口   完成预冻后升高总管使安瓿管仅底部与冰面接触(此处温度约 -10℃), 以保持安瓿管内的悬液仍呈固体状态。开启真空泵后, 应在 5~15min 内使真空度达 66.7Pa 以下, 使被冻结的悬液开始升华, 当真空度达到 26.7~13.3Pa 时, 冻结样品逐渐被干燥成白色片状, 此时使安瓿管脱离冰浴, 在室温下(25~30℃)继续干燥(管内温度不超过 30℃), 升温可加速样品中残余水分的蒸发。总干燥时间应根据安瓿管的数量, 悬浮液装量及保持剂性质来定, 一般 3~4h 即可。在真空干燥过程中需要注意的是, 安瓿管内样品应保持冻结状态, 以防止抽真空时样品产生泡沫而外溢。干燥后继续抽真空使真空度达 1.33Pa 时, 在安瓿管棉塞的稍下部位用酒精喷灯火焰灼烧, 拉成细颈并熔封, 然后置于 4℃ 冰箱内保藏。熔封安瓿管时注意火焰大小要适中, 封口处灼烧要均匀, 若火焰过大, 封口处易弯斜, 冷却后易出现裂缝而造成漏气。

(4) 恢复活力   恢复培养使用时, 用 75% 乙醇消毒安瓿管外壁后, 在火焰上烧热安瓿管上部, 然后将无菌水滴在烧热处, 使管壁出现裂缝, 放置片刻, 让空气从裂缝中缓慢进入管内后, 将裂口端敲断, 再用无菌的长颈滴管吸取菌液至合适培养基中, 放置在最适温度下培养。

冷冻干燥保藏法因为能满足低温、干燥和缺氧三项条件, 菌种可保藏 10 年以上, 该方法需要一定的设备, 有严格的操作要求, 还需要保持剂, 因而保藏成本相对较高。但由于该方法保藏效果较好, 且适用于各类微生物, 是目前最有效的菌种保藏方法之一, 因而国内外都已普遍地采用。

5. 液氮超低温保藏法

液氮超低温保藏技术已经被公认为当前最有效的菌种长期保藏技术之一, 在国外已普遍采用。尽管这一方法起步较晚, 但其是适用范围最广的保藏方法, 尤其适用于一些不产孢子的菌丝体, 因为用其他方法保藏这类微生物, 其效果都不理想, 而用此方法的保藏时间较长。但这一方法对设备、材料及操作方法要求都较高, 保藏期间维持费用也较高, 因而使这一方法的应用受到一定限制。

液氮保藏的原理是液氮温度达到 -196℃, 远远低于生物体新陈代谢作用停止的温度(-130℃), 所以菌种的所有代谢活动都已停止, 化学作用(化学反应)也随之消失, 因而不会发生变异, 可长期保藏菌种。由于液氮保存于超低温状态, 所使用的安瓿管需能承受大的温差而不至于破裂, 一般用 95 料或 GC17 的玻璃管。因为菌种要经受超低温的冷冻过程, 常用 10%(体积分数)甘油为保护剂。液氮法的关键是先把微生物从常温过渡到低温。因此, 在细胞接触低温前, 应使细胞内自由水通过膜渗出而不使其遇冷形成冰晶而伤害细胞。当要使用或检查所保存的菌种时, 可将安瓿瓶从冰箱中取出, 室温或 35~40℃ 水浴中迅速解冻, 当升温至 0℃ 即可打开安瓿瓶, 将菌种移到适宜的培养基斜面上培养。

6. 甘油保藏法

甘油保藏法与液氮超低温保藏法类似, 菌种悬浮在 10% 甘油蒸馏水中, 置低温(-80~

−70℃）保藏。该法较为简便，保藏期较长，但是需要有超低温冰箱。实际工作中，常将待保藏微生物菌培养至对数期的培养液直接加到已经灭菌的甘油中，并使甘油的终浓度在10%~30%，再分装于小离心管中，置于低温保藏。基因工程菌常采用该法保藏。

无论采取上述何种菌种保藏方法，均需要对保藏菌种进行质量控制，保藏样品制备前，应反复核对，监测生理生化指标，与亲本特征进行比较；保藏样品制备后，仍要按3%进行抽样检查，一旦有误则该批样品全部作废；同时还应注意菌种保藏的连续性；菌种保藏期限到之后应该进行活化检验，从中筛选高产菌种再进行保存，总之，菌种保藏是一项长期的工作。

第三节　工艺控制技术

掌握发酵工艺条件对发酵过程的影响以及微生物代谢过程的变化规律，可有效控制微生物的生长和代谢产物的生成，提高发酵生产水平。发酵体系是一个非常复杂的多相共存的动态系统，其主要特征在于：①微生物细胞内部结构及代谢反应的复杂性；②所处的生物反应器环境的复杂性，主要包括的是气相、液相、固相混合的三相系统；③系统状态的时变性及包含参数的复杂性，这些参数互为条件，相互制约。

发酵过程控制的首要任务是了解发酵进行的情况，采用不同方法测定与发酵条件及内在代谢变化有关的各种参数，了解生产菌对环境条件的要求和菌体的代谢变化规律，进而根据这些变化情况作出相应调整，确定最佳发酵工艺，使发酵过程有利于目标产物的积累和产品质量的提高。

一、发酵工艺过程控制概述

1. 发酵相关参数

要实施发酵过程控制，首先必须了解发酵过程的各种参数。

（1）常规的发酵工艺控制参数　温度、pH、搅拌转速、空气流量、罐压、液位、补料速率及补料量等。

（2）表征发酵过程性质的直接状态参数　溶解氧、溶解CO_2、氧化还原电位、尾气中的O_2和CO_2含量、基质（如葡萄糖）或产物浓度、代谢中间体浓度、菌体浓度。

（3）发酵体系中各种间接状态参数　比生长速率、摄氧率、CO_2释放速率、呼吸熵、氧得率系数、氧体积传质速率、基质消耗速率、产物合成速率等。

由于发酵生产水平主要取决于生产菌种特性和发酵条件的适合程度。因此，了解生产菌种的特性及其与环境条件（培养基、罐温等）的相互作用、产物合成代谢规律及调控机制，就可为发酵过程控制提供理论依据。

2. 发酵过程参数检测

发酵过程参数的测定是进行发酵过程控制的重要依据。发酵过程参数的检测分为两种方式，一是利用仪器进行在线检测，二是从发酵罐中取出样品进行离线检测。常用的在线检测仪器有各种传感器如pH电极、溶氧电极、温度电极、液位电极、泡沫电极、尾气分析仪等。离线分析发酵液样品的仪器有分光光度计、pH计、温度计、气相色谱（GC）、液相色谱（HPLC）、色质联用（GC-MS）等。这些在线或离线检测的参数均可用于监测发酵的状态，直接作为发酵控制的依据。

工业发酵对在线测量的传感器的使用十分慎重，现在采用的一些发酵过程在线测量仪器是经过考验的、可靠的传感器，如用热电耦测量罐温、压力表或压力传感器指示罐压、转子流量计测量空气流量以及测速仪测定搅拌转速。选择仪器时不仅要考虑其功能，还要确保该仪器不会增加染菌的机会，且置于发酵罐内的探头必须能耐高温、高压蒸汽灭菌，常遇到的问题是探头的敏感表面受微生物的黏附而使其精确性受到影响。

综合直接状态参数和间接状态参数，可以了解过程状态、反应速率、设备性能、设备利用效率等信息，以便及时做出调整。

3. 发酵过程的代谢调控

微生物有着一整套可塑性极强和极精确的代谢调节系统，以保证上千种酶能正确无误、有条不紊地进行极其复杂的新陈代谢反应。从细胞水平上看，微生物的代谢调节能力要超过复杂的高等动植物。这是因为，微生物细胞的体积极小，而所处的环境条件十分多变，每个细胞要在这样复杂的环境条件下求得生存和发展，就必须具备一整套发达的代谢调节系统。

有人估计，在大肠杆菌细胞中，同时存在着 2500 种左右的蛋白，其中上千种是催化正常新陈代谢的酶。如果细胞平均使用蛋白质，由于每个细菌细胞的体积只够装约 10 万个蛋白质分子，所以平均每种酶还分配不到 100 个分子。在长期进化过程中，微生物发展出一整套十分有效的代谢调节方式，巧妙地解决了这一矛盾。例如，在每种微生物的遗传因子上，虽然潜藏着合成各种分解酶的能力，但是除了一部分是属于经常以较高浓度存在的组成酶外，大量的都是属于只有当其分解底物或有关诱导物存在时才合成的诱导酶。据估计，诱导酶的总量约占细胞总蛋白含量的 10%。通过代谢调节，微生物能最经济地利用其营养物，合成出能满足自己生长繁殖所需要的一切中间代谢物，并做到既不缺乏也不剩余任何代谢物的高效"经济核算"。

微生物细胞的代谢调节方式很多，例如，调节营养物质透过细胞膜进入细胞的能力，通过酶的定位以限制它与相应底物接近，以及调节代谢流等。其中以调节代谢流的方式最为重要，它包括两个方面，一是调节酶的合成量，常称作"粗调"；二是调节现有酶分子的催化活力，又称作"细调"。两者往往密切配合和协调，以达到最佳调节效果。

二、生物发酵培养条件控制

1. 温度对发酵的影响及其控制

温度是保证各种酶活性的重要条件，微生物的生长和产物合成均需在其各自适合的温度下进行。

在发酵过程中，引起温度变化的原因是由于发酵过程中所产生的净热量，称为发酵热，它包括生物热、搅拌热、蒸发热、通气热、辐射热和显热等。由于生物热和搅拌热等在发酵过程中随时间而变化，因此发酵热在整个发酵过程中也随时间变化。为了使发酵在一定温度下进行，生产中都采取在发酵罐上安装夹套或盘管，在温度高时，通过循环冷却水加以控制；在温度低时，通过加热使夹套或盘管中的循环水达到一定的温度从而实现对发酵温度进行有效控制。

温度对微生物的影响，不仅表现在对菌体表面的作用，而且因热平衡的关系，热传递到菌体内部，对菌体内部的结构物质都产生影响。微生物的生长表现是一系列复杂的生化反应的综合结果，其反应速率常受到温度的影响。其中死亡速率比生长速率对温度变化更为敏感。不同的微生物，其最适生长温度是不同的，大多数微生物在20~40℃的温度范围内生长。嗜冷菌在低于20℃下生长速率最大，嗜中温菌在30~35℃左右生长，嗜热菌在50℃以上生长。这主要是因为微生物种类不同，所具有的酶系及其性质不同，所要求最适的温度也就不同。而且同一种微生物，培养条件不同，最适温度也会不同。如果所培养的微生物能在较高一些的温度进行生长繁殖，将对生产有很大的好处，既可减少杂菌污染机会，又可减少由于发酵热及夏季培养所需的降温辅助设备和能耗，故筛选耐高温菌株有重要的实践意义。

温度对微生物生长的影响是多方面的，一方面在其最适温度范围内，生长速率随温度升高而增加，一般当温度增加10℃，生长速率大致增长一倍。当温度超过最适生长温度，生长速率将随温度增加而迅速下降。另一方面，不同生长阶段的微生物对温度的反应不同，处于延迟期的细菌对温度的影响十分敏感。将其置于最适生长温度附近，可以缩短其生长的延迟期，而将其置于较低的温度，则会增加其延迟期。而且孢子萌发的时间也在一定温度范围内随温度的上升而缩短。对于对数生长期的细菌，从一般适温菌来看，如果在略低于最适温度的条件下培养，即使在发酵过程中升温，其破坏作用也较弱。故在最适温度范围内提高对数生长期的培养温度，既有利于菌体的生长，又避免热作用的破坏。如提高枯草杆菌前期的最适温度，对该菌生长和产酶具有明显的促进作用。如果温度超过40℃，则菌体内的酶就会受到热的灭活作用，因而生长受到限制。处于生长后期的细菌，一般其生长速度主要取决于溶解氧的浓度，而不是温度，因此在培养后期最好适当提高通气量。

在发酵过程中，温度对生长和生产的影响是不同的。一般地，从酶反应动力学来看，发酵温度升高，酶反应速率增大，生长代谢速度加快，但酶本身容易因过热而失去活性，表现在菌体容易衰老，发酵周期缩短，影响最终产量。温度除了直接影响过程的各种反应速率外，还通过改变发酵液的物理性质来影响产物的合成。例如，温度影响氧的溶解度和基质的传质速率以及养分的分解和吸收速率，间接影响产物的合成。温度还会影响生物合成的方向并对代谢有调节作用。

在发酵过程中，通过最适发酵温度的选择和合理控制，可以有效地提高发酵产物的产量，但实际应用时还应注意与其他条件的配合。

2. pH对发酵的影响及其控制

pH是表征微生物生长及产物合成的重要状态参数之一，也是反映微生物代谢活动的综合指标。因此必须掌握发酵过程中pH的变化规律，以便在线适时监控，使其一直处于生产的最佳状态水平。

在发酵过程中，pH是动态变化的，这与微生物的代谢活动及培养基性质密切相关。一方面，微生物通过代谢活动分泌有机酸如乳酸、乙酸、柠檬酸等或一些碱性物质，从而导致发酵环境的pH变化；另一方面，微生物通过利用发酵培养基中的生理酸性盐或生理碱性盐从而引起发酵环境的pH变化。所以，要注意发酵过程中初始pH的选择和发酵过程中pH的控制，使其适合于菌体的生长和产物的合成。

发酵液pH的改变将对发酵产生很大的影响：①会导致微生物细胞原生质体膜的电荷发生改变。原生质体膜具有胶体性质，在一定pH时原生质体膜可以带正电荷，而在另一pH时，原生质体膜则带负电荷。这种电荷的改变同时会引起原生质体膜对个别离子渗透性的改变，从而影响微生物对培养基中营养物质的吸收及代谢产物的分泌，妨碍新陈代谢的正常进行。②pH 变化还会影响菌体代谢方向。如采用基因工程菌毕赤酵母生产重组人血清白蛋白，生产过程中最不希望产生蛋白酶。在 pH5.0 以下，蛋白酶的活力迅速上升，对白蛋白的生产很不利；而 pH 在 5.6 以上则蛋白酶活力很低，可避免白蛋白的损失。不仅如此，pH 的变化还会影响菌体中的各种酶活以及菌体对基质的利用速率，从而影响菌体的生长和产物的合成。故在工业发酵中维持生长和产物合成的最适 pH 是生产成败的关键之一。

在发酵液的缓冲能力不强的情况下，pH 可反映菌的生理状况。如 pH 上升超过最适值，意味着菌体处于饥饿状态，可加糖调节，而糖的过量又会使 pH 下降。发酵过程中使用氨水中和有机酸来调节需谨慎，过量的氨会使微生物中毒，导致呼吸强度急速下降。故在需要用通氨气来调节 pH 或补充氮源的发酵过程中，可通过监测溶氧浓度的变化防止菌体出现氨过量中毒。

一般地，pH 调控通常有以下几种方法：①配制合适的培养基，调节培养基初始 pH 至合适范围并使其具有很好的缓冲能力；②培养过程中加入非营养基质的酸碱调节剂，如 $CaCO_3$ 防止 pH 过度下降；③培养过程中加入基质性酸碱调节剂，如氨水等；④加生理酸性或碱性盐基质，通过代谢调节 pH；⑤将 pH 控制与代谢调节结合起来，通过补料来控制 pH，在实际生产过程中，一般可以选取其中一种或几种方法，并结合 pH 的在线检测情况对 pH 进行快速有效的控制，以保证 pH 长期处于合适的范围。

3. 溶解氧对发酵的影响及其控制

溶解氧是好氧微生物生长所必需的。由于氧在水中的溶解度很低，所以在好氧微生物发酵过程中溶解氧（DO）往往最易成为限制因素。在对数生长期，即使发酵液中的溶解氧能达到 100% 空气饱和度，若此时中止供氧，发酵液中 DO 会很快耗竭，使菌体处于缺氧状态。在工业发酵中，产率是否受到氧的限制，单凭通气量的大小是难于确定的。因为 DO 值的高低不仅取决于供氧效率，还取决于微生物细胞耗氧状况。而了解溶氧是否足够的最简便有效的办法是在线监测发酵液中 DO 的浓度，从 DO 浓度变化情况可以了解氧的供需规律及其对菌体生长和产物合成的影响。目前，最常用的测定溶氧的方法是基于极谱原理的电流型测氧复膜电极法，在实际生产中就是在发酵罐内安装溶氧电极进行溶氧测定。

通过对发酵过程中溶解氧的变化规律的研究，可以了解 DO 值与其他参数的关系，就能利用溶氧来控制发酵过程。发酵过程中从培养液的溶氧浓度变化可以判断菌的生长生理状况。随菌种的活力、接种量以及培养基的不同，DO 值在培养初期开始明显下降的时间也不同。通常，在对数生长期 DO 值下降明显，从其下降的速率可大致估计菌的生长情况。发酵过程中，DO 值低谷到来的迟早与低谷时的 DO 水平随工艺和设备条件不同而异。出现二次生长时，DO 值往往会从低谷处逐渐上升，到一定高度后又开始下降——这是微生物开始利用第二种基质（通常为迟效碳源）的表现。当生长衰退或自溶时，DO 值将逐渐上升。

值得注意的是，在培养过程中并不是维持 DO 值越高越好。即使是专性好氧菌，过高的 DO 值对生长也可能不利。氧的有害作用是因为形成新生活性氧原子、超氧化物自由基和过氧化物基或羟自由基，破坏细胞及细胞膜。有些带巯基的酶对高浓度的溶解氧很敏感，好氧微生物就产生一些抗氧化保护机制，如形成过氧化物和超氧化物歧化酶，以保护其不被氧化。

掌握发酵过程中 DO 值变化的规律及其与其他参数的关系后，就可以通过检测溶氧的变化来控制发酵过程。如果溶氧出现异常变化，就意味着发酵可能出现问题，要及时采取措施补救。而且，通过控制溶氧还可以控制某些微生物发酵的代谢方向。

供氧主要是提高氧传递的推动力和液相体积氧传递系数 KLa 值，改变氧传递速率的方式通常有四种：①改变搅拌速度；②改变空气流速；③改变供气中的 O_2 含量；④改变发酵的总压力。提高搅拌速度，可以强化质量传递速率，且将大的空气气泡打成微小气泡而增加传质界面面积。增大空气流速可以提供更好的传质推动力。实践中常采用两种方法结合。在实际生产上还可以在通风压力许可的范围内考虑适当地增加操作压力，可以增加传质推动力。向发酵罐通入高纯度氧气，提高氧的分压，也可提高氧的传递速率。

在耗氧方面，采用控制菌体浓度、基质的种类和浓度以及培养条件等适当的工艺条件来控制需氧量，使菌体的生长和产物形成对氧的需求量不超过设备的供氧能力，使生长菌发挥出最大的生产能力。

4. 基质浓度对发酵的影响及其控制

基质是指供微生物生长及产物合成的原料，有时也称为底物，主要包括碳源、氮源和无机盐等。基质的种类和浓度直接影响到菌体的代谢变化和产物的合成。在实际发酵过程中，基质的浓度主要依靠补料来维持，所以发酵过程中一定要控制好补料的时间和数量，使发酵过程按合成产物最大可能的方向进行。

供给微生物生长及产物合成的原料即培养基的组分，除根据微生物特性和产物的生物合成特点给予搭配外，从底物控制的角度要考虑培养基的质量和培养基的数量。现代化的大生产是在基本统一的工艺条件下进行的，需要有质量稳定的原料。原料的质量不仅表示其中某一个方面的质量要求，而要进行全面考察。在实际生产中，往往只注意到原料主要成分的含量，而忽略其他方面的质量。实际上，目前还无法全面测定用于工业发酵的大多数天然有机碳源和氮源所含有的组分及含量，且某一碳源或氮源对某一产生菌的生长和产物的合成是"优质"的，但很可能对另一种产生菌的生长和产物的合成是"劣质"的。因此，考察某一原料，特别是天然有机碳源和有机氮源的质量时，除规定的诸如外观、含水量、灰分、主要成分含量等参数外，更重要的是需经过实验评价来确定，否则，将会被"假象"所迷惑。培养液中底物及代谢物的残留量是发酵控制的重要参数，控制底物浓度在适当的程度，可以防止底物的抑制和阻遏作用，也可以控制微生物处于适当的生长阶段。

底物浓度的控制与检测方法有极大的关系。如当前用菲林溶液或类似的方法测定还原糖残留量，其结果是反映培养液中所有参与反应的还原性物质的还原能力，不能真实反映还原糖的残留量。所以，对于底物浓度的检测项目与方法的选择十分重要。为避免发酵过程中补加的底物或前体发生抑制或阻遏作用，所补加的量应保持在出现毒性反应的剂量以下。有时即使出现瞬间的过量也会造成损害，所以补加的方式应根据底物消耗的速度连续流加以避免出现不足或过量。在国内，大多沿用人工控制补料，而且为了管理方便，常采用延长间隔时间的做法。这种补料方法的后果是补料间隔时间越久，一次补入的底物越多，造成的抑制或阻遏作用越不易消失，甚至出现不可逆的损伤。这种补料方式，大大降低了增产效果，有时甚至导致倒罐。现在很多发酵工厂都采用自动控制系统，根据发酵罐内的菌体浓度、底物浓度等进行自动补料。这种补料方式能适时适量地补充基质，大大提高了生产效率。

5. 泡沫对发酵的影响及其控制

在发酵过程中因通气搅拌与发酵产生的 CO_2 以及发酵液中糖、蛋白质和代谢物等稳定泡沫的物质存在，使发酵液含有一定数量的泡沫，这属于正常现象。一般在含有复合氮源的通气发酵中会产生大量的泡沫，易引起"逃液"，从而给发酵带来许多负面影响。

（1）泡沫的危害

①降低了发酵罐的装料系数。发酵罐的装料系数一般取 0.7（料液体积/发酵罐容积）左右，通常充满余下空间的泡沫约占所需培养基的 10%，且其成分也不完全与主体培养基相同。②增加了菌群的非均一性。由于泡沫高低的变化和处在不同生长周期的微生物随泡沫漂浮或黏附在罐壁上，使这部分菌体有时在气相环境中生长，引起菌的分化甚至自溶，从而影响了菌群的均一性。③增加了污染杂菌的机会。发酵液溅到轴封等处，容易染菌。④大量起泡，控制不及时会引起"逃液"，导致产物的流失。⑤消泡剂的加入有时会影响发酵产量或给下游分离纯化与精制工序带来麻烦。

（2）泡沫的稳定　发酵液的理化性质对泡沫的形成起决定性作用。气体在纯水中鼓泡，生成的气泡只能维持一瞬间，其稳定性几乎等于零，这是由于围绕气泡的液膜强度很低所致。发酵液中的玉米浆、皂苷、糖蜜所含的蛋白质和细胞本身都具有稳定泡沫的作用，其中，蛋白质分子除分子引力外，在羧基和氨基之间还有引力，因而形成的液膜比较牢固，泡沫比较稳定。此外，发酵液的温度、pH 基质浓度以及泡沫的表面积对泡沫的稳定性也有很大影响。

发酵过程中泡沫的多少与通气和搅拌的剧烈程度以及培养基的成分有关。玉米浆、蛋白胨、花生饼粉、黄豆饼粉、酵母粉、糖蜜等是引起泡沫的主要因素。其起泡能力随品种、产地、加工、贮藏条件而有所不同，且与配比有关。如丰富培养基，特别是花生饼粉或黄豆饼粉的培养基，黏度比较大，产生的泡沫多且持久。糖类本身起泡能力较低，但在丰富培养基中高浓度的糖增加了发酵液的黏度，起稳定泡沫的作用。此外，培养基的灭菌方法、灭菌温度和时间也会改变培养基的性质，从而影响培养基的起泡能力。在发酵过程中，发酵液的性质随菌体的代谢活动不断变化，也是泡沫消长的重要因素。发酵前期，泡沫的高稳定性与高表观黏度同低表面张力有关。随发酵过程中碳源、氮源的利用，以及起稳定泡沫作用的蛋白质降解，发酵液黏度降低和表面张力上升，泡沫逐渐减少。在发酵后期菌体自溶，可溶性蛋白增加，又导致泡沫回升。

（3）泡沫的消除　在工业发酵中消除泡沫的方法有三种：物理消泡、机械消泡和化学消泡。物理消泡是指通过压力或温度等纯物理因素的快速变化进行消除泡沫的方法。机械消泡就是借助机械力作用使泡沫破裂的方法，这两种方法的优点是节省原料，发酵成分不受影响，而且减少了染菌的机会，但是它不能从根本上消除起泡因素，而且速度慢，操作受到限制，效果比化学消泡差，还要消耗部分动力。化学消泡就是利用化学消泡剂消泡。它具有用量少、效率高、作用迅速的优点，缺点是化学消泡剂可能会影响菌体代谢，增加染菌的机会，如用量过多会影响到氧的传递。

三、生物发酵过程中污染控制

自发酵技术应用纯种培养以来，许多发酵过程都要求纯种培养，即在培养期间除大量繁殖生产菌外，不允许其他任何微生物（统称为杂菌）存在。若在培养过程中（特别是种子扩大培养和发酵前）有少数杂菌存在，它便可在发酵系统内迅速繁殖，与生产菌争夺营养成分，因而干扰生产菌正常发酵，甚至造成倒罐。因此在发酵操作上要求设备、培养基、空气、环境等均要严格消毒灭菌，整个发酵过程和体系中均需要控制非发酵使用微生物的污染。

所谓杂菌是指在发酵培养中侵入了有碍生产的其他微生物。染菌是发酵工业的大敌。当以细菌和放线菌为生产菌株时，有噬菌体浸染所造成的损失是十分严重的。轻者影响产量和产品质量；重者可能导致倒罐，甚至停产。对于杂菌和噬菌体，在发酵工业上必须树立以防为主，防重于治的观念。染菌对发酵产率、提取收得率、产品品质和"三废"治理等都有很大影响。然而，生产不同品种，污染不同种类和性质的杂菌，不同的污染时间，不同的污染途径、污染程度，不同培养基和培养条件，所产生的后果是不同的。

1. 杂菌的污染与控制

（1）染菌对发酵的影响

①污染不同种类和性质的微生物的影响：噬菌体感染力强、传播蔓延迅速、且较难防治，污染噬菌体后可使发酵产量大幅度下降，严重的甚至造成倒罐、断种和停产。有些杂菌会使生产菌自溶产生大量泡沫从而影响发酵过程的通气搅拌，还有些杂菌则会使发酵液变臭、发酸，致使 pH 下降，从而不耐酸的产品遭到破坏。由于芽孢耐热，不易杀死，因此往往污染一次芽孢杆菌后会反复染菌。

②染菌时间对发酵的影响：种子培养阶段主要是生长繁殖菌体，生产菌体浓度低且培养基营养丰富，在此阶段染菌则会造成种子质量严重下降，危害极大。因此，应该严格控制种子染菌的发生，一旦发现种子染菌，就应灭菌后弃去并对种子罐和管道等进行检查和彻底灭菌；生产菌在发酵前期处于生长繁殖阶段，代谢产物较少，染菌后的杂菌迅速繁殖，与生产菌争夺营养成分，因此该阶段发现染菌可重新灭菌并补加营养后重新接种；发酵中期染菌危害性大且较难处理，染菌将严重干扰生产菌的繁殖和产物的生成，因此生产过程中应做到早预防、早发现和早处理，处理方法应根据各种发酵的特点和具体情况来决定；发酵后期发酵液内已经积累大量的产物，特别是抗生素，对杂菌有一定的抑制或杀灭能力，因此，此阶段如果染菌不多，对生产影响不大，则可继续发酵，如果染菌严重，破坏性又较大，可提前放罐提取产物。

③染菌途径对发酵的影响：种子带菌可使发酵染菌具有延续性，将会使后继发酵中出现杂菌，因此需要严格控制；空气带菌也使发酵染菌具有延续性，导致染菌范围扩大至所有发酵罐，可通过加强空气无菌检测进行控制；由于培养基或设备灭菌不彻底导致的染菌一般为孤立事件，并不具有延续性；而设备渗漏造成的染菌危害性较大，常会造成严重染菌和发酵失败。

（2）生物发酵中的杂菌污染检查 发酵过程是否染菌应以无菌试验的结果作为依据进行判断，检查杂菌和噬菌体的方法要求准确、可靠、快速，这样才能避免染菌造成严重经济损失。发酵过程中污染检查的程序制度，也是控制污染的重要手段和保障。检查需要在从菌种的扩大培养，到发酵的过程全程进行，总的原则是所有过程中的每一步操作前后均需要污染检查；同时在发酵培养间隔一定时间后也需要进行污染的检查。

目前生产上对于杂菌的检查方法主要包括：

①显微镜检查：通常用革兰染色法对样品进行染色，并在显微镜下观察微生物的形态特征，根据生产菌和杂菌的特征进行区别以判断是否染菌，必要时可进行芽孢染色和鞭毛染色。镜检法是检查杂菌最简单、直接和最常用的方法。

②平板划线培养或斜面培养检查法：先将制备好的平板置于 37℃培养箱保温 24h，检查

无菌后将待测样品在无菌平板上划线，分别于37℃和27℃进行培养，一般在8h后即可观察，如连续发现3次有异常菌落出现即可判断为染菌。

③肉汤培养检查：将待检样品接入经灭菌并检查无菌的葡萄糖酚红肉汤培养基，于37℃和27℃进行培养24h，观察颜色变化，如连续3次由红色变为黄色或产生浑浊，则可定为染菌，其后取样镜检。此法适用于检查培养基和无菌空气是否带菌，用于噬菌体检查时使用生产菌作为指示菌。

④发酵过程的异常现象观察法：对以细菌为生产菌的发酵过程，发酵感染噬菌体后往往出现一些异常现象，如菌体停止生长，发酵液光密度（OD值）不再上升或回降；糖耗缓慢或停止；产物合成减少或停止；镜检时菌体明显减少；有时pH逐渐上升或发现大量泡沫等。

（3）生物发酵过程中污染的原因分析 引起染菌原因很复杂，污染后发酵罐内的反应也多种多样，发现污染时还是要从多方面查找原因，采取相应措施予以解决。据多年发酵生产经验分析，污染原因或途径主要有以下几方面：

①种子污染：种子染菌包括种子本身带有杂菌和种子培养过程中污染杂菌两方面。常由于无菌室设计不合理，消毒工作不够彻底，操作不妥及管理不善等造成，加强种子管理，严格执行无菌操作，种子本身带菌是可以克服的。

②灭菌不彻底：培养基及发酵罐、补料系统、消泡剂、接种管道等灭菌不彻底，都可能导致发酵污染。

③空气带菌：过滤器失效或设计不合理往往引起染菌，目前，国内外空气除菌技术虽已有较大改善，但仍然没有使染菌率降低到理想的程度，这是因为空气除菌系统较为复杂，环节多，稍有不慎便会导致空气除菌失败。

④设备渗漏：设备渗漏包括夹套或列管穿孔，阀门、搅拌轴封渗漏及设备安装不合理，死角太多等，加强设备本身及附属零部件的维护检修及严密度检查，对防止染菌极其重要。

⑤技术管理不善：这也是造成染菌的重要原因之一。技术管理不善的原因第一是生产设备维护检修验收制度不严；第二是违章操作；第三是操作不熟练。因此，技术管理要对发酵每个环节进行严格控制，不能因有侥幸心理而放松管理。

（4）生物发酵过程染菌的防治

①防止种子带菌：在每次接种后应留取少量的种子悬浮液进行平板和肉汤培养，以说明是否有种子带菌。同时种子制备过程中，对沙土管及摇瓶要严格加以控制。制备沙土时，要多次间歇灭菌，确保无菌；子瓶和母瓶的移种和培养时要严格要求无菌操作；无菌室和摇床间都要保持清洁。

②防止设备渗漏：发酵设备及附件由于化学腐蚀，电化学腐蚀，物料与设备摩擦造成机械磨损，以及加工制作不良等原因会导致设备及附件渗漏。设备一旦渗漏，就会造成染菌，例如，冷却盘管、夹套穿孔渗漏，有菌的冷却水便会通过漏孔而进入发酵罐中导致染菌。阀门渗漏也会使带菌的空气或水进入发酵罐而造成染菌。

设备的渗漏如果肉眼能看见，容易看见，也容易治理；但是有的微小渗漏，肉眼看不见，必须通过一定的试漏方法才能发现。试漏方法可采用水压试漏法。即被测设备的出口处装上压力表，将水压入设备，待设备中压力上升到要求压力时，关闭进出水，看压力是否下降，压力下降则有渗漏，但有些渗漏很小，看不出何处渗漏水，可以将稀碱溶液压入设备，然后用蘸有酚酞的纱布擦拭，酚酞变红处即为渗漏处。

③防止培养基灭菌不彻底：培养基灭菌前含有大量杂菌，灭菌时如果蒸汽压力不足，达不到要求的灭菌温度，灭菌时产生大量泡沫或发酵罐中有污垢堆积等均会造成培养基灭菌不彻底。

空罐预消毒或实罐灭菌时，均应充分排净发酵罐内的冷空气，这样在通入高温高压蒸汽时，发酵罐内能够达到规定的灭菌压力，保证达到要求的灭菌温度。同时，灭菌结束，开始冷却时，因蒸汽冷凝而使罐压突然下降甚至会形成真空，此时必须将无菌空气通入罐内保持一定压力以免外界空气进入而引起杂菌污染。

灭菌时还会因设备安装或污垢堆积造成一些死角，这些死角由于蒸汽不能有效到达，常会窝藏湿热芽孢杆菌，因此，设备安装时，要注意不能造成死角，发酵设备要经常清洗，铲除污垢。

④防止空气引起的染菌：无菌空气是引起发酵染菌的重要原因，要控制无菌空气带菌，就要从空气的净化流程和设备的选择，过滤介质的选材和装填，过滤器灭菌和管理方法的完善等方面来强化空气净化系统。压缩空气需要选择良好的气源。过滤器用蒸汽灭菌时，若被蒸汽冷凝水润湿，就会降低或丧失过滤效能，所以灭菌完毕后应立即缓慢通入压缩空气，将水分吹干。超细纤维纸作过滤介质的过滤器，灭菌时必须将管道中的冷凝水放干净，以免介质受潮失效。在实际生产中，无菌空气管道大多与其他物料管道相连接，因此，必须装上止回阀，防止其他物料逆流窜入空气管道污染过滤器，导致过滤介质失效。

2. 噬菌体的污染与防治

（1）噬菌体对发酵的影响 噬菌体的感染力非常强，极易感染用于发酵的细菌和放线菌。噬菌体感染的传播蔓延速度非常快且很难防治，对发酵生产带来巨大的威胁。发酵过程受噬菌体浸染，一般会发生溶菌，随之出现发酵迟缓或停止，而且噬菌体感染后往往会反复连续感染，使生产无法进行，甚至倒罐。

（2）产生噬菌体污染的原因 环境污染噬菌体是造成噬菌体感染的主要根源。通常在工厂投产初期并不会发现到噬菌体的危害，经过几年之后，主要由于生产和试验过程中不断不加注意地将许多活菌体排放到周围环境中，自然界中的噬菌体就在活菌体中大量生长，为自然界中噬菌体快速增殖提供了良好条件。这些噬菌体随着风沙尘土、空气流动等到处传播，使噬菌体有可能潜入生产的各个环节，尤其是通过空气系统进入种子室、种子罐和发酵罐。

（3）噬菌体污染的检测 要判断发酵过程中有无感染噬菌体，最根本的方法是做噬菌斑检验。在无菌培养皿上倒入培养生产菌的灭菌培养基下层。同样地，培养基中加入20%~30%培养好的种子液，再加入待测发酵液，摇匀后，铺上层。培养12~20h后观察培养皿上是否出现噬菌斑。也可以在上层培养基中只加种子液，而将待测发酵液直接点种在上层培养基表面，培养后观察有无透明圈出现。

（4）噬菌体的防治措施 噬菌体的防治是一项系统工程，涉及到发酵生产管理的各方面。从菌种保藏、种子培养、培养基灭菌、无菌空气制备、生产设备管理、检测分析到环境卫生等各个环节，均必须规范操作，严格把关，才能有效防止噬菌体的危害，主要做好三方面：①定期检查，及时消灭噬菌体；②加强管理，严格执行操作规程；③选育抗噬菌体菌株和轮换使用生产菌株。

（5）噬菌体污染后的应急措施 发现了噬菌体污染时，首先必须取样检查，并根据各种异常现象做出正确的判断，尽快采取相应的挽救措施：①加入少量药物，以阻止噬菌体繁殖，如可加入少量草酸和柠檬酸等螯合剂阻止噬菌体吸附；加入一些抗生素抑制噬菌体蛋白质的合成及增殖，该法仅适用于耐药的生产菌株，由于成本较高，无法在较大的发酵罐中使用；②发酵过程中污染噬菌体时，可补入适量的新鲜培养基或生长因子，促进生产菌生长，加快发酵速度，使发酵得以顺利进行；③大量补接种子液或重新接种抗性菌种培养液，以便继续发酵至终点，防止倒罐，尽可能减少损失。在补种之前也可对已感染噬菌体的发酵液进行低温灭菌处理。

第四节   生物制品分离技术

一、发酵产物分离概述

发酵产物的提取与精制（也即下游加工过程）作为发酵产品生产的重要环节，是发酵工程不可分割的重要组成部分，是生物制品实现产业化的必由之路。

从分析科学的角度看，下游加工过程是各种分析技术的前提，通过分离、纯化和浓缩等下游技术手段，延伸了分析方法的检出下限。例如，在一些新型功能性生物产品的研究与开发过程中，需要通过一系列下游技术将其纯化至相当高的纯度，才能正确分析其结构、功能和特性。

从生物产品加工过程的角度看，生物工业原料中产物浓度低，杂质含量高，生物产品的种类及其性质多样，多数生物制品还具有生物活性，容易变性失活，这些因素使得生物制品的生产对下游加工过程有着特殊的要求。

从生物产品的生产成本看，生物产品的分离和纯化占生产成本的大部分，下游技术的优劣不仅影响产品质量，还决定着生产成本，影响产品在市场上的竞争力。此外，生物工业中的废渣、废气、废水等环境污染问题也与发酵产品的下游加工过程密切相关，必须引起足够的重视。

发酵产物一般要经过一系列单元操作，才能把目标产物从发酵液中提取分离出来，精制成为合格的产品。发酵生物制品分离制取的一般流程如图 2-10 所示。分离纯化不同的目标产物，由于其存在的环境、理化特性以及最终纯度要求等不同，所以采用的分离纯化技术和工艺路线也就不同。在对发酵产品进行提取精制前，通常要考虑以下情况：明确发酵产物位于胞内还是胞外；发酵样品中产物和主要杂质的浓度；产物及主要杂质的理化特性与差异；产品用途及质量标准；产品的市场价格，涉及能源、辅助材料的消耗水平；污染物排放量及处理方式。

通常可将发酵产品的提取与精制大致分为两个阶段，即产物的粗分离阶段和纯化精制阶段。粗分离阶段是指在发酵结束后发酵产物的提取和初步分离阶段，操作单元包括菌体和发酵液的固液分离、细胞破碎和目标产物的浸提、细胞浸提液或发酵液的萃取、萃取液的分离和浓缩，以及采用沉淀、吸附等方法去除大部分杂质等环节。纯化精制阶段是在初步分离纯化的基础上，依次采用各种特异性、高选择性分离技术和工艺，将目标产物和杂质尽可能分开，使目标产物纯度达到一定要求，最后制备成可贮藏、运输和使用的产品。

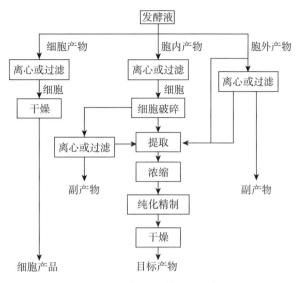

图 2-10　发酵产物提取与精制的一般工艺流程

二、发酵液的预处理和固液分离技术

1. 发酵液的预处理技术

（1）发酵液预处理的目的　微生物发酵结束后的培养物中含有大量的菌体细胞或细胞碎片、残余的固体培养基以及代谢产物。发酵液预处理的任务是分离发酵液和细胞，去除大部分杂质，破碎细胞释放胞内产物，对目标产物进行初步富集和分离。对于胞内产物，预处理的主要目的是尽可能多地收集菌体细胞。对于胞外产物，发酵液预处理应该达到以下三个方面的目的：①改变发酵液中菌体细胞等固体粒子的性质，如改变其表面电荷的性质、增大颗粒直径、提高颗粒硬度等，加快固体颗粒的沉降速度；②尽可能使发酵产物转移到液相中，以利于产品收率的提高；③去除部分杂质，减轻后续工序的负荷，如促使某些可溶性胶体变成不溶性粒子、降低发酵液黏度等。

（2）发酵液预处理方法

①降低黏度：根据流体力学原理，滤液通过滤饼的速率与液体的黏度成反比，因此降低液体黏度可以提高过滤速率，通过加水稀释法、加热升温法和酶解法来降低发酵液的黏度。

a. 采用加水稀释法虽然能降低发酵液的黏度，但是会增加发酵液的体积，稀释发酵产物的浓度，加大后续过程的处理量，故应慎用。

b. 对于热稳定性较好的发酵产品，加热发酵液是一种简单而有效的预处理方法。加热不仅能有效降低液体黏度，提高过滤速率，还能促进部分蛋白质变性，加速菌体细胞聚集，增加滤饼孔隙率，减少滤饼含水量。但是加热温度和时间必须控制在不影响目的产物活性范围内，而且要防止加热导致的细胞溶解，胞内物质外溢，增加发酵液的复杂性和随后的产物分离纯化难度。

c. 发酵液中如含有多糖类物质，则可用酶将它们降解成寡糖或单糖，以提高过滤速率。如万古霉素用淀粉做培养基，发酵液过滤前加入 0.025% 的淀粉酶，搅拌 30min 后，再加2.5% 硅藻土作为助滤剂，可使过滤速率提高 5 倍。

②调整 pH：pH 能影响发酵液中某些成分的表面电荷性质和电离度，改变这些物质的溶解度等性质，适当调节 pH 可以改善其过滤特性。例如，大多数蛋白质的等电点都在酸性范围内（pH4.0~4.5），利用酸性试剂来调节发酵液 pH 使之达到等电点，可除去蛋白质等两性物质。此外，细胞、细胞碎片以及某些胶体物质在某个 pH 下也可能趋于絮凝而成为较大颗粒，有利于过滤。

③凝聚和絮凝：凝聚法是指在某些电解质作用下，破坏细胞、菌体和蛋白质等胶体粒子的分散状态，使胶体粒子聚集的过程。凝聚法的原理是：发酵液中细胞、菌体或蛋白质等胶体粒子的表面都带有同种电荷，由于静电吸引作用，溶液中带相反电荷的离子被吸附在其周围，在界面上形成了双电层，这种双电层的结构使得胶粒间不容易聚集而保持稳定的分散状态。双电层的电位越高，电排斥作用越强，胶粒的分散程度就越大，发酵液过滤也就越困难。常用的凝聚剂有：无机盐类，如 $Al_2(SO_4)_3 \cdot 18H_2O$（明矾）、$AlCl_3 \cdot 6H_2O$、$FeCl_3$、$ZnSO_4$、$MgCO_3$ 等；金属氧化物类，如 $Al(OH)_3$、Fe_3O_4、$Ca(OH)_2$ 或石灰等。

絮凝是指使用絮凝剂在悬浮离子之间产生架桥作用而使胶粒形成粗大的絮凝团的过程。絮凝法的原理是：絮凝剂作为一种能溶于水的高分子聚合物，相对分子质量可高达数万至一千万以上，长链状结构，其链节上含有许多活性官能团。它们通过静电引力、范德华引力或氢键的作用，牢固地吸附在胶粒的表面。当一个高分子聚合物的许多链节分别吸附在不同的胶粒表面上，产生桥架连接时，就形成了较大的絮团，这就是絮凝作用。常用的絮凝剂有：有机高分子聚合物，如聚丙烯酰胺类衍生物、聚苯乙烯类衍生物；无机高分子聚合物，如聚合铝盐、聚合铁盐等；以及天然有机高分子絮凝剂，如聚糖类胶粘物、海藻酸钠、明胶、骨胶、壳多糖、脱乙酰壳多糖等。

④加入反应剂：加入某些不影响目的产物的反应剂，利用反应剂和某些可溶性盐类反应生成不溶性沉淀，可以消除发酵液中某些杂质对过滤的影响，从而提高过滤效率。如环丝氨酸发酵液用 CaO 和磷酸盐处理，生成 $Ca_3(PO_4)_2$ 沉淀，能使悬浮物凝固，多余的磷酸根离子还能去除钙、镁离子，并且在发酵液中不会引入其他阳离子，以免影响环丝氨酸的离子交换吸附。正确选择反应剂和反应条件，能使过滤速率提高 3~5 倍。

⑤加入助滤剂：发酵液中的菌体细胞、凝固蛋白等悬浮物往往颗粒细小且受压易变性，直接过滤容易导致滤布等过滤介质的滤孔堵塞，过滤困难。为了改善发酵液的过滤速率，通常在发酵液预处理过程中加入助滤剂。助滤剂是一类刚性的多孔颗粒，一方面它能在过滤介质表面形成保护，延缓过滤介质被细小悬浮颗粒堵塞的速率；另一方面，加入助滤剂后，发酵液中悬浮的胶体粒子被吸附在助滤剂的表面，过滤时滤饼的可压缩性降低，过滤阻力减小。常用的助滤剂有硅藻土、珍珠岩、石棉粉、白土等非金属矿物质，以及纤维素、淀粉等有机质。

2. 发酵液固液分离技术

固液分离是指将发酵液（或培养液）中的悬浮固体，如细胞菌体、细胞碎片以及蛋白质等沉淀物或他们的凝聚体分离除去，以得到清液和固态浓缩物。可采用过滤、离心分离、重力沉降和浮选等，其中过滤和离心分离为较为常用的方法。

（1）过滤分离　利用多孔性介质（如滤布）截留固液悬浮物中的固体粒子，进行固液分离的方法称为过滤。依据过滤的原理不同，过滤操作可分为滤饼过滤和澄清过滤两种方式；按照料液流动方向的不同，分为封头过滤和错流过滤两种。

①滤饼过滤：以滤布为过滤介质，当悬浮液通过滤布时，固体颗粒被滤布截留并逐渐在滤布表面堆积形成滤饼，在滤饼达到一定厚度时即起到过滤作用，此时能获得澄清的滤液。悬浊液中的土体颗粒堆积形成的滤饼起着主要过滤作用。滤饼过滤中前期浑浊的滤液需要回流到悬浊液进行二次过滤，该种过滤方式适合于固体含量大于 0.1g/100mL 的悬浊液的过滤分离。

②澄清过滤：以硅藻土、珍珠岩、砂、活性炭等填充于过滤器内形成过滤层，也有用烧结陶瓷、烧结金属、黏合塑料等组成的成型颗粒滤层，当悬浊液通过过滤层时，固体颗粒被阻拦或吸附在滤层的颗粒上，使滤液得以澄清。在这种过滤方式中，过滤介质起主要过滤作用。澄清过滤适用于固体含量小于 0.1g/100mL 且颗粒直径在 5~100μm 的悬浊液的过滤分离。

③封头过滤：料液流动方向垂直于过滤介质表面，过滤时滤液垂直透过过滤介质的微孔，而固体颗粒在过滤介质表面逐渐堆积形成滤饼。在这种过滤方式中，随着过滤操作的进行，滤饼厚度不断增加，过滤阻力不断增强，致使过滤速率下降，此时为了维持或提高过滤速率，必须同步提高过滤压力。封头过滤适合颗粒直径 10μm 以上的悬浮固体的过滤分离。

④错流过滤：料液流动方向平行于过滤介质表面，过滤时滤液在过滤介质表面快速流动产生剪切作用，阻止固体颗粒在介质表面沉积从而维持较高过滤速率。理论上，流速越大，剪切力越大，越有利于维持高速过滤。其优点是能减缓过滤介质表面污染，实现恒压下高速过滤，缺点是切向流所产生的剪切力作用可使蛋白质等活性产物失活。通过采用反向脉清洗，即在错流过滤过程中，间歇地在过滤介质的背面施加一个反向压力，以滤液冲掉沉积在膜面上的固体沉积物和空隙中的堵塞物。

在生物分离中，应用较广的并有工业意义的过滤设备是板框压滤机和转鼓真空过滤机。在生物反应领域中，几乎所有的发酵液均存在或多或少的悬浮固体，常采用过滤操作。如谷氨酸发酵用糖液的脱色过滤处理和啤酒生产中麦汁的过滤澄清。过滤技术常用于生物制药行业中对组织、细胞匀浆和粗制提取液的澄清以及半成品乃至成品等液体的除菌。

（2）离心分离　离心分离是基于固体颗粒和周围液体密度存在差异，在离心场中使不同密度的固体颗粒加速沉降的分离过程。不同密度或不同大小及形状的物质在重力作用下的沉降速率不同，在形成密度梯度的液相体系中的平衡位置不同。离心分离过程就是以离心力加速不同物质沉降分离的过程。被分离物质之间必须存在或经人为处理产生的密度或沉降速率差异才能以离心方法进行分离。在液相非均一体系的分离过程中，利用离心力来达到液-液分离、液-固分离或液-液-固分离的方法统称为离心分离。

离心分离可分为两种形式：离心沉降：利用悬浮液密度不同的特性，在离心机无孔转鼓或管子中，液体被转鼓带动高速旋转，密度较大的物相向转鼓内壁沉降，密度较小的物相趋向旋转中心而使液-固或液-液分离的操作。离心过滤：利用离心力并通过过滤介质，通过有孔转鼓离心机中转鼓的带动作用，使得悬浮液高速旋转，液体和其中悬浮颗粒在离心力作用下快速甩向转鼓而使转鼓两侧产生压力差，在此压力差作用下，液体穿过滤布排出转鼓，而悬浮颗粒被滤布截留形成滤饼，从而实现液-固分离操作。

常用的离心分离设备是离心机。根据其离心力大小，可分为低速离心机、高速离心机和超速离心机；按型式可分为管式、多室式、卧螺式和碟片式等；按作用原理不同可分为过滤式离心机和沉降式离心机两大类；按出渣方式可分为人工间歇出渣和自动出渣等方式。离心机在食品和发酵工业中的应用十分广泛，例如，酵母发酵醪的浓缩、啤酒和果酒的澄清、谷氨酸结晶的分离、各种发酵液的微生物分离以及抗生素、干扰素生产等都离不开各种类型离心设备的使用。与其他固液分离方法相比，离心分离具有分离速率快、分离效率高、液相澄清度很高等优点。缺点是离心分离设备投资费用高、能耗大，此外连续排料时，固相干度不如过滤设备。

3. 微生物细胞的破碎

微生物代谢产物大多分泌到细胞外，如大多数小分子代谢物、细菌或真菌产生的胞外蛋白酶等，都称为胞外产物。但有些目标产物，如谷胱甘肽、虾青素、花生四烯酸等以及一些基因工程产物如胰岛素、干扰素、生长激素等，都存在于胞内，称为胞内产物。当待分离产物存在于胞内时，必须通过细胞破碎技术先破碎细胞，才能进行目标产物的分离与纯化。细胞破碎技术是指利用外力破坏细胞壁和细胞膜，使细胞内目标物释放出来的技术。

（1）细胞壁结构与细胞破碎   微生物细胞壁的形状和强度取决于细胞壁的组成以及它们之间相互关联的程度。为了破碎细胞，必须克服的主要阻力是连接细胞壁网状结构的共价键。在机械破碎中，细胞的大小和形状以及细胞壁的厚度和聚合物的交联程度是影响破碎难易程度的重要因素。在合理选用酶法和化学法破碎细胞时，非常有必要了解细胞壁的组成，其次是细胞壁的结构。各种微生物细胞壁的结构与组成如表2-4所示。

表2-4   各种微生物细胞壁的结构与组成

项目	微生物			
	革兰阳性细菌	革兰阴性细菌	酵母菌	霉菌
壁厚/nm	20~80	10~13	100~300	100~250
层次	单层	多层	多层	多层
主要组成	肽聚糖（40%~90%） 多糖、胞壁酸 蛋白质 脂多糖（1%~4%）	肽聚糖（5%~10%） 脂多糖（11%~22%） 脂蛋白、磷脂、蛋白质	葡糖糖（30%~40%） 甘露聚糖（30%） 蛋白质（6%~8%） 脂类（8.5%~13.5%）	多聚糖（80%~90%） 脂类 蛋白质

（2）常用破碎方法   进行细胞破碎的目的是释放出胞内目标产物，方法很多，按其是否使用外加压力可分为机械破碎法和非机械破碎法两大类，如表2-5所示。两种细胞破碎方法的比较如表2-6所示。

表2-5   细胞破碎方法分类

分类		作用机理	适应范围
机械法	珠磨法	固体剪切作用	可达到较高破损率，可较大规模操作，大分子目的产物易失活，浆液分离困难
	高压匀浆法	液体剪切作用	可达较高破碎率，可较大规模操作，不适合丝状菌和革兰阳性菌
	超声破碎法	液体剪切作用	对酵母菌效果较差，破碎过程升温剧烈，不适合大规模操作
	高压挤压法	固体剪切作用	破碎率高，活性保留率高，对冷冻敏感目的产物不适应

续表

	分类	作用机理	适应范围
非机械法	酶溶法	酶分解作用	具有高度专一性，条件温和，浆液易分离，但释放率较低，通用性差
	化学渗透法	改变细胞膜渗透性	具有高度专一性，浆液易分离，但释放率较低，通用性差
	渗透压法	渗透压剧烈改变	破碎率较低，常与其他方法结合使用
	冻融法	反复冻结-融化	破碎率较低，不适合对冷冻敏感的目的产物
	干燥法	改变细胞膜通透性	条件变化剧烈，易于引起大分子物质失活

表 2-6　　　　　　　　　　　　机械破碎法与非机械破碎法的比较

比较项目	机械破碎法	非机械破碎法
破碎机理	切碎细胞	溶解局部壁膜
碎片大小	碎片细小	细胞外形完整
内含物释放	全部	部分
黏度	高（核酸多）	低（核酸少）
时间、效率	时间短、效率高	时间长、效率低
设备	需专用设备	不需专用设备
通用性	强	差
经济	成本低	成本高
应用范围	实验室、工业范围	实验室范围

（3）细胞破碎技术的发展方向　细胞破碎的原则是：选择性释放胞内目标产物，而使得其他物质尽量少地释放出来，并且尽量降低细胞的破碎程度，这一原则对下游分离纯化操作的顺利实施非常重要。最佳的细胞破碎条件应该从高的产物释放率、低的能耗和便于后续提纯这三方面进行权衡，主要表现在以下几个方面：

①多种破碎方法结合：化学法与酶溶法对细胞的破碎程度取决于细胞壁和膜的化学组成，机械法对细胞的破碎程度取决于细胞的机械强度，而化学组成又决定了细胞结构的机械强度，组成的变化势必影响到细胞机械强度的变化，因此，采用化学法或酶法与机械法协同作用能提高细胞破碎效果。例如，单独采用高压匀浆法破碎酵母细胞，在 95MPa 压力下高压匀浆 4 次后，细胞的破碎率仅 32%，然而先用细胞壁溶解酶预处理面包酵母，然后在同样高压匀浆条件处理下，酵母细胞破碎率几乎达到 100%。

②与上游过程相结合：在发酵培养过程中，培养基、生长期、操作参数（如 pH、温度、通气量、稀释率）等因素对细胞破碎程度都有影响，因此细胞破碎与上游操作有关。另外，采用基因工程的方法改造菌体以提高细胞破碎率也是一种有效的方法。例如，细胞中目标物质以包涵体形式存在时，可采用化学渗透法处理细胞；在细胞内克隆入噬菌体基因，控制一定条件（如温度），细胞可在噬菌体基因的作用下由内向外溶解细胞并释放出内容物；对耐高温目标产物进行基因表达，对于细胞破碎与产品分离，则可在较高温度下将产品与杂质分开，这样既可节省冷却费用，又可简化分离步骤。

③与下游过程相结合：细胞破碎程度与下游加工过程中的固液分离紧密相关，此外，对

于可溶性目标产品，细胞碎片必须除净，否则将造成色谱柱和超滤膜的堵塞，缩短设备的寿命。所以必须从后续分离过程的整体角度来看待细胞破碎操作，机械破碎操作尤其如此。

三、发酵产物提取方法

发酵液提取的目的是除去与目标产物性质有很大差异的杂质，这一步可以使产物浓缩，并明显的提高产品质量。常用的分离技术有沉淀、吸附、膜分离和萃取。

1. 沉淀技术

沉淀是通过改变条件或加入某种试剂，使溶液中的溶质由液相转变为固相析出的过程。沉淀分离是一种初级分离技术，也是另一种形式的目标产物的浓缩技术，广泛应用于实验室和工业规模的发酵产物的回收、浓缩和纯化，有时多步沉淀操作也可直接制备高纯度的目标产品。沉淀法具有成本低、设备简单、收率高、浓缩倍数高和操作简单等优点。根据所加入沉淀剂的不同，主要分为以下几类：盐析法、等电点法、有机溶剂沉淀法。

（1）盐析法　盐析法原理是：在溶液中加入中性盐，利用盐离子与蛋白质分子表面的带相反电荷的极性基团的相互吸引作用，中和蛋白质分子表面的电荷，降低蛋白质分子与水分子之间的相互作用，蛋白质分子表面的水化膜逐渐被破坏。当盐离子达到一定浓度时，蛋白质分子之间的排斥力降到很小，于是它们很容易相互聚集，形成沉淀颗粒，从溶液中析出。不同的蛋白质盐析时所需要的盐的浓度不同，因此，调节盐的浓度，可以使蛋白质分段析出，达到分离纯化的目的。

影响盐析的主要因素：①蛋白质浓度：过稀回收沉淀困难，过浓易共沉淀，2.5%~3%最好；②pH：等电点处最易沉淀；③温度：稀盐溶液中，温度升高蛋白质溶解度提高；浓盐溶液中，温度升高蛋白质溶解度下降，一般可在室温下进行；④离子类型：相同的离子强度下不同种类的盐对蛋白质的盐析效果不同；⑤盐的加入方式：直接分批加入固体盐类粉末，可使其完全溶解和防止局部浓度过高；在实验室和小规模生产中，或盐浓度不需太高时加入饱和盐溶液，它可防止溶液过浓，但加入量较多时，料液会被稀释；⑥蛋白质的原始浓度：蛋白质浓度高时，盐的用量少，但须适中，以避免共沉。蛋白质浓度过低时，共沉作用小，但消耗大量中性盐，对蛋白质回收也有影响。

生产中最常用的盐析剂包括（NH_4）$_2SO_4$、Na_2SO_4、K_3PO_4、Na_3PO_4等。（NH_4）$_2SO_4$的溶解度大，在2~3mol/L浓度中，可以防止蛋白酶和细菌的分解作用，使蛋白质稳定保存数年，是最常用的盐析剂。

（2）有机溶剂沉淀法　有机溶剂沉淀的机理是：加入有机溶剂后，会降低溶液介电常数，使溶质分子间的静电引力增加，溶解度降低；同时引起蛋白质脱水而沉淀；另外，有机溶剂破坏蛋白质之间的化学键，导致空间结构发生某种变形，疏水基团暴露，蛋白质沉淀。

影响有机溶剂沉淀的因素有：①温度：低温（0℃）操作有利于沉淀，且有效保留生物分子的活性；②pH：尽可能靠近其等电点；③离子强度：采用<0.05mol/L的稀盐溶液增加蛋白质在有机溶剂中的溶解度，目的是防止蛋白质变性；④蛋白质浓度：需要适当浓度，一般为5~20mg/mL。

常用有机溶剂及其沉淀能力次序为：丙酮>乙醇>甲醇。但丙酮易挥发、价格高，工业上多采用乙醇，用量一般为酶液体积的2倍左右，终浓度为70%。

（3）等电点沉淀法　等电点法沉淀的原理是：蛋白质在等电点时溶解度最低；利用不同

蛋白质具有不同的等电点达到分离浓缩的目的。因蛋白质在等电点时仍有一定的溶解度，等电点沉淀法单独使用较少，主要用于从粗酶液中除去某些等电点相距较大的杂蛋白；多数情况下与其他条件和方法联合使用，如降温法、盐析法、有机溶剂法等。几种常见的酶和蛋白质的等电点为：胃蛋白酶/1.0；β-乳球蛋白/5.2；胰凝乳蛋白酶/9.5；血清蛋白/4.9；血红蛋白/6.3；溶菌酶/11.0；γ-球蛋白/6.6；细胞色素/10.65；卵清蛋白/4.6；肌红蛋白/7.0。

2. 吸附技术

吸附是指流体（液体或气体）与固体多孔物质接触时，流体中的一种或多种组分传递到多孔物质的外表面和微孔内表面并附着的过程。被吸附的流体称为吸附质，多孔的固体物质称为吸附剂。吸附分离技术是利用适当的吸附剂，将生物样品中某些组分选择性吸附，再用适当的洗脱剂将被吸附的物质从吸附剂上解吸下来，从而达到浓缩和提纯的分离方法。

吸附的类型包括物理吸附、化学吸附和离子交换吸附。物理吸附是指吸附剂和吸附质之间通过分子间引力产生的吸附；化学吸附是指吸附剂和吸附质之间通过发生电子的转移产生化学键的吸附；离子交换吸附是指吸附剂（离子交换树脂）和吸附质之间依据电荷差异而通过库仑力产生的吸附。在吸附条件上，温度、pH、盐的浓度，以及吸附质的浓度与吸附剂的量均对吸附效果有影响，实际在生产中吸附条件的选择主要依靠实践来确定。

通常把溶解样品的液体介质叫做溶剂，把洗脱吸附剂上附着的溶质的溶液称作洗脱剂。二者常是同一物质，不过用途不同而已。常用的洗脱剂按其极性的由小到大可排列如下顺序：石油醚、环己烷、四氯化碳、三氯乙烷、甲苯、苯、二氯甲烷、乙醚、氯仿、乙酸乙酯、丙酮、正丙醇、乙醇、甲醇、水、吡啶、乙酸等。

常见的吸附剂包括：①活性炭：常用于生物产物的脱色和除臭，还应用于糖、氨基酸、多肽及脂肪酸等的分离提取；②硅胶：常用于萜类、生物碱、酸性化合物、磷脂类、脂肪类和氨基酸类的吸附分离；③Al_2O_3：广泛应用在醇、酚、生物碱、染料、氨基酸、蛋白质以及维生素、抗生素等物质的分离；④大网格聚合物吸附剂：适合于在水中溶解度不大，而较容易溶于有机溶剂中的活性物质，如维生素 B_{12}、四环素、土霉素、红霉素等的提取。也可用作食品工业糖浆的脱色。除上述吸附剂外，还有白陶土（白土、陶土、高岭土）、$Ca_3(PO_3)_2$凝胶、$Al(OH)_3$凝胶、滑石粉、硅藻土、皂土等吸附剂。

3. 膜分离技术

膜分离技术是目前被国际上公认为最有发展潜力的高效分离技术之一，利用膜对混合物中各组分的选择通透性来分离、浓缩和纯化目标产物。膜分离过程在常温下进行，具有设备简单、操作方便、处理效率高和节省能量等优点，适用于热敏物料、无相变和无化学变化的分离过程，已成为一种新型的分离单元操作。

（1）膜分离技术基本原理　膜分离过程的原理是：以选择性透过膜为分离介质，当膜两侧存在某种推动力（如压力差、浓度差、电位差、温度差等）时，原料组分选择性地透过膜，以达到分离、提纯的目的。目前已经工业化应用的膜分离过程有微滤（MF）、超滤（OF）、反渗透（RO）、渗析（DS）、电渗析（ED）等。以下是几种常见的膜分离技术。几种主要膜分离的基本特征如表2-7所示。

（2）膜分离技术的应用实例

①酱油和醋的超滤澄清：传统的澄清技术往往达不到国家规定的卫生标准，而且浊度高，存放过程中会有大量的沉淀产生。采用超滤技术处理酱油、醋，能除去其中的大分子物

质和悬浮物，达到澄清的目的，同时保持风味不变，卫生标准也符合要求。

②酶制剂的浓缩：传统蒸发浓缩能耗高，热相变过程生物酶易褐变、失活，超滤则能很好地解决这些问题，目前已在淀粉酶、糖化酶、蛋白酶等酶制剂的发酵生产中得到应用。采用膜分离技术对酶制剂进行精制、浓缩，可使产品的纯度较传统的方法提高4~5倍，酶回收提高2~3倍，高污染液产出量减少到原来的1/3~1/4。

表2-7　　　　　　　　　　　　　　　　常用膜分离技术的基本特征

项目	膜结构	操作压力/MPa	分离机理	适用范围
微滤（MF）	对称微孔膜，0.02~10μm	0.05~0.5	筛分	含微粒或菌体溶液的消毒、澄清和细胞收集
超滤（UF）	不对称微孔膜，0.001~0.02μm	0.1~1	筛分	含生物大分子物质、小分子有机物或细菌、病毒等微生物溶液的分离
纳滤（NF）	带皮层不对称复合膜，<2nm	0.5~1.0	优先吸附，表面电位	高硬度和有机物溶液的脱盐处理
反渗透（RO）	带皮层不对称复合膜，<1nm	1~10	优先吸附，溶解扩散	海水和苦咸水的淡化，制备纯水
透析（DO）	对称或不对称膜	浓度梯度	筛分，扩散度差	小分子有机物和无机离子的去除
电渗析（ED）	离子交换膜	电位差	离子迁移	离子脱除，氨基酸分离

③乳制品加工：乳制品加工中引入膜分离技术，在国外已得到较普遍的应用，并不断的进行技术改进和扩大应用范围。如从干乳酪中回收乳清蛋白；将巴氏杀菌过程和膜分离相结合，生产浓缩的巴氏杀菌牛乳，采用反渗透技术可将全脂乳浓缩5倍，脱脂乳浓缩7倍。

④氨基酸发酵生产：谷氨酸生产菌大小为0.7~3.0μm，并带有很强的亲水性，采用微米级孔径的微滤膜进行除菌，最高除菌率达95%以上，可以得到澄清的发酵液，同时膜分离法可除去阻碍谷氨酸结晶的大量杂质。

4. 萃取分离技术

萃取技术是20世纪40年代兴起的一项化工分离技术，它是用一种溶剂将目标产物从另一种溶剂（如水）中提取出来，达到浓缩和提纯的目的。相比其他分离方法，溶剂萃取法具有以下优势：比化学沉淀法分离程度高；比离子交换法选择性好，传质快；比蒸馏法能耗低；生产能力大，周期短，便于连续操作，容易实现自动化等。溶剂萃取法在生物合成工业上是一种重要的提取方法和分离混合物的单元操作，应用相当普遍，抗生素、有机酸、维生素、激素等发酵产物均采用有机溶剂萃取法进行提取，而且近20年来研究溶剂萃取技术与其他技术相结合从而产生了一系列新的分离技术如超临界萃取、逆胶束萃取、液膜萃取等以适应遗传工程和DNA重组技术等的发展，主要用于生物制品如蛋白质、核酸、酶、多肽和氨基酸等的提取。

溶剂萃取法是以分配定律为基础的。在溶剂萃取中，被提取的溶液称为料液，其中欲提取的物质称为溶质，用以进行萃取的溶剂称为萃取剂。经接触分离后，大部分溶质转移到萃取剂中，得到的溶液称为萃取液，而被萃取出溶质的料液称为萃余液。分配定律是指溶质在萃取剂和萃余液中的分配不同而达到分离溶质的作用。

萃取法提取物质效果的好坏，关键在于选择适宜的溶剂（萃取剂），萃取用的溶剂除对产物有较大的溶解度外，还应有良好的选择性及萃取能力高，分离程度高。在操作使用方面还要求：①溶剂与被萃取的液相互溶度要小，粘度低，界面张力适中，对相的分散和两相分离有利；②溶剂的回收再生容易，化学稳定性好；③溶剂价廉易得；④溶剂的安全性好。在生化工程中常用的溶剂有乙酸乙酯、乙酸丁酯和丁醇等。

影响萃取操作的主要因素有 pH、温度、盐析、带溶剂等。①在萃取操作中正确选择 pH 很重要，一方面 pH 影响分配系数，因而对萃取收率影响很大；另一方面 pH 对选择性也有影响。②温度对产物的萃取有很大的影响，一般来说，生化产品在温度较高时都不稳定，故萃取应维持在室温或较低温度下进行。但在个别场合，如低温对萃取速度影响较大，此时为提高萃取速度可适当升高温度。此外温度也会影响分配系数。③加入盐析剂如（NH_4）$_2SO_4$、NaCl 等可使产物在水中的溶解度降低，而易于转入溶剂中去，也能减少有机溶剂在水中的溶解度，盐析剂的用量要适当，用量过多会使杂质也一起转入到溶剂中，当盐析剂用量大时，应考虑回收和再利用的问题。④有的产物水溶性很强，通常在有机溶剂中的溶解度都很小，如要采用溶剂萃取法来提取，可借助于带溶剂，即使是水溶性不强的产物，有时为提高其收率和选择性，也可考虑采用带溶剂。所谓带溶剂是指这样一种产物，它们能和欲提取的生物物质形成复合物，而易溶于溶剂中，且此复合物在一定条件下又要容易分解。

影响萃取操作的因素除上述因素外，生产上还经常会发生乳化。乳化是一种液体分散在另一种不相互溶的另一种液体中的现象。乳化产生后会使有机溶剂相和水相分层困难，出现两种夹带即发酵液废液中夹带有机溶剂微滴，溶剂相中夹带发酵液微滴。产生的乳化有时即使采用离心分离机也往往不能将两相分离完全。所以必须破坏乳化。

当将有机溶剂（通常为油）和水混在一起搅拌时，可能产生两种形式的乳化液，一种是以油滴分散在水中，称为水包油型（O/W）乳浊液；另一种是水以水滴形式分散在油中，称为油包水型（W/O）乳油液。众所周知，油和水是不相溶的，两者混在一起，会很快分层，并不能形成乳浊液。一般要有表面活性物质存在时，才容易发生乳化，这种物质称乳化剂。表面活性物质是一类分子中一端具有亲水基团（如 -COONa，-SO$_3$Na，-OSO$_3$Na、-N（CH$_3$）$_3$Cl、-O（CH$_2$CH$_2$O）$_n$H 等），另一端具有亲油基团（烃链）且能降低界面张力的物质。这种物质具有亲水、亲油的两性性质，所以能够把本来不相溶的油和水连在一起，且其分子处在任一相中都不稳定，而当处在两相界面上，亲水基伸向水，亲油基伸向油时就比较稳定。破坏乳化液的方法有过滤和离心分离、加热、加电解质、吸附法、顶替法和转型法及添加去乳化剂。在生物合成工业上使用的去乳化剂有两种，一种是阳离子表面活性剂溴代十五烷基吡啶，另一种是阴离子表面活性剂十二烷基磺酸钠。

四、发酵产物的精制方法

在获得发酵产物的粗产品后，需要进一步精制，以提高产品的质量与应用价值。常用的精制方法有色谱分离、结晶以及干燥等。

1. 色谱分离技术

色谱分离是一种物理分离方法，依据混合物中各组分在互不相溶的两相中的分配系数、吸附能力或其他亲和作用性能的差异进行分离的方法。用高灵敏度的检测器，将要分离组分的浓度变化转化为电信号（电压或电流），然后通过记录仪绘制成色谱图，最后根据色谱图中各个色谱图的峰高或峰面积得出各组分的含量。

（1）色谱的基本原理　色谱是利用物质在两相中的分配系数的差异来进行分离的，当两相相对移动时，被测物质在两相之间反复多次分配，原来微小的分配差异即会产生很大的效果，从而实现样品中各组分的分离。其中，分配系数的差异可以是物质在溶解度、吸附能力、立体化学特性、分子的大小、带电情况、离子交换、亲和力的大小及特异的生物学反应等方面的差异。

色谱的主要装置（图 2-11）有泵、进样器、色谱柱、检测器、记录仪等。将样品输送到色谱柱和检测器，通过色谱柱将混合样品的复杂组分分离成单一组分；然后检测器把浓度或质量信号转化为电信号，或者把组分信号转变为光信号，然后再转变为电信号；最后由记录检测器输出电压信号，进行样品组分的定量与定性分析。

与其他分离纯化方法相比，色谱分离具有以下基本特点：分离效率高、应用范围广、选择性强、在线检测灵敏度高、分离快速、易于实现过程控制和自动化操作。

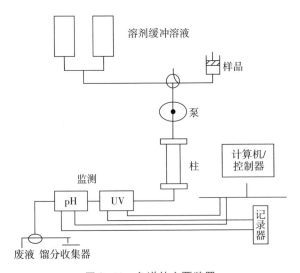

图 2-11　色谱的主要装置

（2）色谱的分类　色谱技术根据不同的分类方法有着不同的分类方式。按照分离相和固定相的状态，色谱技术可分为液相色谱法、液固色谱法、液液色谱法、气相色谱法、气固色谱法、气液色谱法；根据固定相的几何形状，色谱技术可分为柱色谱法、纸色谱法和薄层色谱法；按照分离操作方式可分为间歇色谱和连续色谱；按照分离原理或者物理化学性质的不同，色谱法又可分为吸附色谱法、分配色谱法、离子交换色谱法、尺寸排阻色谱法和亲和色谱法，其中吸附色谱、离子交换色谱和亲和色谱在目前我国工业生产中的应用较为广泛。

气相色谱主要用于挥发性成分的分析，在生物产品的分离纯化中主要采用的是液相色谱。液相色谱分离的主要特点是：分离效率高，选择性好，适用于多种多元组分复杂混合物的分离；应用范围从无机物到有机物，从天然物质到合成产物，从小分子到大分子，从一般化合物到生物活性物质等，可以说几乎包括了所有类型的物质。适用于大规模生物分子分离纯化的主要色谱方法如表 2-8 所示。

表 2-8　　　　　　　　　　　　　适用于大规模生物分子分离纯化的主要色谱方法

分离方法	分离原理	特点	应用
离子交换色谱	电荷	通常分辨率高；选用介质得当时流速快，容量很高，样品体积不受限制；成本较低	最适用于大量样品处理的前期阶段
疏水色谱	疏水性	分辨率好；流速快；容量高，样品体积不受限制	适用于分离的任何阶段，尤其是当样品的离子强度高时，即在盐析、离子交换和亲和色谱后使用
亲和色谱	亲和性	分辨率非常高；流速快，样品体积不受限制	适用于分离纯化的任何阶段，尤其是样品体积大、浓度很低而杂质含量很高时适用
凝胶渗透	分子大小	在分级方法中分辨率中等，但脱盐效果优良；流速较低，对分级每周期约 8h，对脱盐仅 30min；容量受样品体积的限制	适用于大规模纯化的最后步骤，在纯化过程的任何阶段均可进行脱盐处理，尤其适用于缓冲溶液更换时
吸附色谱	范德华物理吸附	吸附剂比较廉价；分辨率较高；选择时工作量大	可用于大规模分离的初步分离，适合小分子的分离纯化
共价色谱	共价键作用	选择性好	适合含硫醇蛋白质的分离纯化
分子印迹色谱	聚合物特异性选择	构效预定性；特异性识别；广泛适用性	酶的结构分析，蛋白质的分离，产品的预处理

（3）柱色谱中的常用术语

①固定相和流动相：固定相为用于色层分离技术中的分离介质。它由基质和表面活性功能团（或活性中心）所组成，固定相上的活性功能团应根据采用哪一种色层分离法而选用，或者制取，这些物质能与相关的化合物进行可逆性吸附、溶解和交换作用。固定相应该具备以下特点：基质材料应为化学惰性物质，它对目标物质和杂质都无结合作用；固定相应不溶于流动相（溶剂和展开剂），并具有较好的化学稳定性和机械强度，有较大的表面积，粒度均匀；在分离大分子生物物质时，要求固定相有一定的孔度，并且基质对生物活性物质（如酶）无毒性；在长期使用中，固定相还要求能耐受生物降解作用；有些固定相在使用前后需要高压消毒，因此它应具有好的热稳定性。

常用固定相种类很多，主要有两大类：一类是无机物质层析剂，如 Al_2O_3、硅胶、活性炭等。另一类是一些以聚合物为基质，在其上引进各种有关功能团的层析剂。应用的基质聚合物有：琼脂糖、葡聚糖、纤维素、聚丙烯酰胺等。

流动相是色谱过程中推动固定相上的物质向一定方向移动的液体或气体。柱色谱中，流动相又称为洗脱剂（即推动有效成分或杂质向一定方向移动的溶剂）。在薄层色谱时流动相又称为展开剂。

洗脱剂的选择应考虑几个方面：样品在溶剂中的溶解度大；溶剂一般需无水溶剂，且不与水互溶；溶剂纯度要高，溶剂中即使存在微量杂质，也会影响洗脱能力；溶剂的沸点不宜太高或太低；当一种溶剂对某一物质洗脱作用过强，而另一溶剂对该物质的洗脱作用又过弱时，可采用按一定比例制备混合溶剂，以调整其洗脱作用。

洗脱剂的种类较多，不同物质应选用不同的洗脱剂，不同色层分离方法洗脱剂也有所不同；常用的洗脱剂有醚类、醇类、酯类、酸类、卤代烷、苯及它们的混合物。

②床体积（V_t）：通常床体积是指膨胀后的基质在色谱柱中所占有的体积（V_t）。V_t 是基质的外水体积（V_o）和内水体积（V_i）以及自身体积（V_g）的总和。即 $V_t = V_o + V_i + V_g$，式中，V_o 指基质颗粒之间体积的总和；V_i 是指基质颗粒内部体积的总和；V_g 指基质自身所具有的体积；V_o、V_i 和 V_g 都随着床体积和基质性质变化而变化（图2-12）。

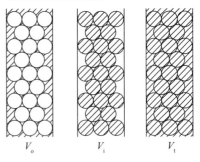

图2-12　色谱床的外水体积（V_o）、内水体积（V_i）和总体积（V_t）

③洗脱体积（V_e）：洗脱体积是指某一成分从柱顶部洗脱到底部时，在洗脱液中出现浓度达到最大值时的流动相体积，用 V_e 表示。

④膨胀度（WB）：在一定溶液中，单位质量的基质充分溶胀后所占有的体积，用 WB 表示。即每克溶胀基质所具有的床体积。一般亲水性基质的膨胀度比疏水性的基质大。

⑤操作容量：即在特定条件下，某种成分与基质反应达到平衡时，存在于基质上的饱和容量，一般以每克（或每毫升）基质结合某种成分的毫摩尔数或毫克数来表示。其数值大，表明基质对某种成分的结合力越强；数值小，表明基质对某种成分的结合力弱。

⑥分配系数和迁移率：分配系数是指一组分在固定相与流动相中含量的比值。常用 K 表示。而迁移率是指一组分在相同时间内，在固定相移动的距离与流动相移动距离的比值，常用 Rf 表示。K 值大，就表明规定的组分对固定相结合力大，迁移率小。反之则结合力小，迁移率大。不同物质的分配系数和迁移率是不一样的。几种物质之间的分配系数或迁移率的差异程度是决定它们采用色谱方法能否分离开的先决条件。其差异程度越大分离效果就越好。

2. 发酵工业中典型色谱分离技术及应用

（1）凝胶色谱技术与应用

①凝胶色谱原理：凝胶色谱是以各种具有网状结构的凝胶颗粒为固定相，根据流动相中所含各种组分的分子大小不同而达到物质分离目的的一种色谱技术。凝胶色谱按流动相类型分为两类：当流动相为有机溶剂时，为凝胶渗透色谱；当流动性为水溶液时，为凝胶过滤色谱。凝胶色谱基本原理如图2-13所示，含有不同分子大小的组分的样品进入凝胶色谱柱时，大分子物质由于分子直径大，不能进入凝胶的微孔内，只能分布于凝胶颗粒的间隙中，以较快的速度流过凝胶柱；较小的分子则能进入凝胶的微孔内，不断地进出于一个个颗粒的微孔内外，这就使小分子物质向下移动的速度比大分子的速度慢；而分子大小介于二者之间的分子在流动中部分渗透。这种在颗粒内部扩散的结果，使小分子在柱内移动速度最慢，中等分子次之，大分子移动速度最快，最先流出。样品根据分子大小的不同，按分子从大到小顺序依次从色谱柱内流出。凝胶介质像分子筛一样，将大小不同的分子进行分离，因而凝胶色谱又叫体积排阻色谱。

②应用举例

a. 纯化青霉素。用 Sephadex G25，粒径为 20~80μm。色谱柱直径 17mm，高 370mm，带有冷却夹套，冷却水温为 8~10℃。流动相为 pH7.0，0.1mol/L 磷酸盐缓冲溶液。样品加

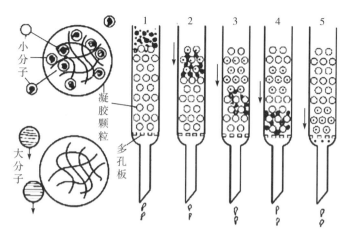

图 2-13　凝胶色谱法的原理

1—含不同分子大小的混合物上柱；

2—洗脱开始；

3—小分子扩散进入凝胶颗粒内，大分子则被排阻于颗粒之外；

4—尺寸不同大小的分子分开；

5—大分子行程较短，已洗脱出色谱柱，小分子尚在柱中

入量为凝胶床体积的 4%~10%。青霉素浓度为 1∶1.2 或 1∶1.5（即 1g 青霉素溶于 12mL 或 15mL 缓冲溶液中），流速 1mL/3min。

　　b. 使用凝胶色谱对蛋白质再复性。使用一个 Superdex 0.0002μg（16/60，Amersham Bioscience 公司）的色谱柱，用再复性缓冲溶液（10% 甘油，25mol/L 的 pH5.5 的磷酸盐缓冲溶液，50mmol/L NaCl，5mmol/L MgCl$_2$）过色谱柱。再复性结果重复性非常好，如图 2-14 所示。

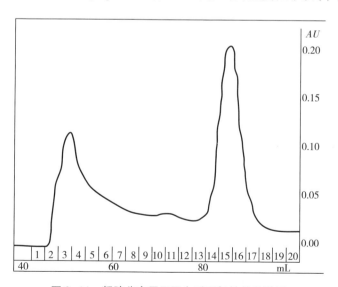

图 2-14　凝胶分离用于蛋白质再复性的色谱图

　　本实验中，待复性蛋白含量是 5.4mg，最后出来的峰即为复性蛋白峰。由于此步骤对于蛋白浓度相当敏感，因此不能生产放大。

（2）离子交换色谱技术与应用　离子交换色谱是通过带电的溶质分子与离子交换介质中可交换的离子进行交换而达到分离纯化的方法。该法分辨率高、工作容量大且容易操作，已成为分离纯化蛋白质、多肽、核酸以及大部分发酵产物的重要方法，在生化分离中约有75%的工艺采用离子交换色谱。

①离子交换色谱原理：在离子交换色谱中，以离子交换树脂作为固定相，本身具有正离子或者负离子基团，和这些离子相结合的不同离子是可电离的交换基团或称功能基团。酸性电离基团可交换阳离子，称阳离子交换树脂；碱性电离基团可交换阴离子，称阴离子交换树脂。根据功能基团电离度的大小，可分为强弱两种。事实上，离子交换色谱包括吸附、吸收、穿透、扩散、离子交换、离子亲和等物理化学过程，是综合作用的结果。离子交换色谱的原理和一般步骤如图2-15所示。

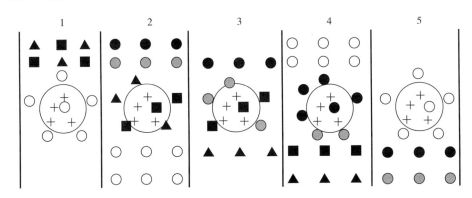

图2-15　离子交换色谱原理

○起始缓冲液中的离子；◐梯度缓冲液中的离子；●极限缓冲液中的离子；■待分离的目标分子；

▲需除去的杂质

1—上样阶段，此时离子交换剂与平衡离子结合；

2—吸附阶段，混合样品中的分子与离子交换剂结合；

3—开始解吸阶段，杂质分子与离子交换剂之间结合较弱而先被洗脱，目标分子仍处于吸附状态；

4—完全解吸阶段，目标分子被洗脱；

5—再生阶段，用起始缓冲液重新平衡色谱柱备用

离子交换剂与水溶液中离子或离子化合物所进行的离子交换反应是可逆的。假定以R^-A^+代表阳离子交换剂，在溶液中解离出的阳离子A^+与溶液中阳离子B^+可发生可逆交换反应，反应式如下：

$$R^-A^+ + B^+ \rightleftharpoons R^-B^+ + A^+$$

该反应能以极快的速率达到平衡，平衡的移动遵循质量作用定律。

离子交换剂对溶液中不同离子具有不同的结合力，结合力的大小取决于离子交换剂的选择特性。两性离子（如蛋白质、核苷酸、氨基酸等）与离子交换剂的结合力，主要决定于它们的理化性质和特定的条件下呈现的离子状态。当pH<pI时，能被阳离子交换剂吸附，pI越高，碱性越强，就越容易被阳离子交换剂吸附。反之，当pH>pI时，能被阴离子交换剂吸附。

离子交换色谱就是利用离子交换剂的荷电基团，吸附溶液中相反电荷的离子或离子化合物，被吸附的物质随后为带同类型电荷的其他离子所置换而被洗脱。由于各种离子或离子化

合物对交换剂的结合力不同，因而洗脱的速率有快有慢，形成了不同的层。

②应用举例

a. 碱性水溶性抗生素的分离。卡那霉素 A、卡那霉素 B、卡那霉素 C 可用强碱性树脂 Dowex1×2（OH 型）分离，以水作展开剂，在（9×390）mm 色谱柱中（介质用量 25～50mL，粒度 200～400 目）分离，流速 20～30mL/h。流出顺序为卡那霉素 B、卡那霉素 C、卡那霉素 A。

b. 蛋白质的分离纯化。离子交换是蛋白质分离纯化的主要手段，目前约有 80% 的蛋白质分离纯化中用到离子交换。离子交换纯化倍数一般可达到 3～10 倍。离子交换色谱中一般采用盐浓度梯度洗脱，以达到高分辨率。图 2-16 是离子交换色谱用于分离一种来自栗子种子中的抗真菌蛋白的谱图。结果显示得到一个小的洗脱峰 CM1，两个大吸收峰 CM2、CM4，以及一个小的吸收峰 CM3，只有 CM4 表现出强的抗真菌活力。

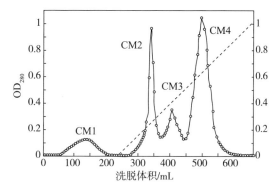

图 2-16　在 CM-Sepharose 离子交换色谱柱上分析抗真菌蛋白的图谱

柱尺寸：2.5cm×20cm；初始缓冲液：10mmol/L NH$_4$OAc（pH4.5）

（3）亲和色谱技术与应用　亲和色谱是利用偶联了亲和配基的亲和吸附介质为固定相来亲和吸附目标产物，使目标产物得到分离纯化的液相色谱法。亲和色谱已经广泛应用于生物分子的分离和纯化，如结合蛋白、酶、抑制剂、抗原、抗体、激素、激素受体、糖蛋白、核酸及多糖类等；也可以用于分离细胞、细胞器、病毒等。亲和层析技术的最大优点在于：利用它可以从粗提物中经过一些简单的处理便可得到所需的高纯度活性物质。利用亲和层析技术成功地分离了单克隆抗体、人生长因子、细胞分裂素、激素、血液凝固因子、纤维蛋白溶酶、促红细胞生长素等产品，亲和层析技术是目前分离纯化药物蛋白等生物大分子最重要的方法之一。

①基本原理：亲和色谱是利用生物分子和其配体之间的特异性生物亲和力，对样品进行分离。其显著特点表现在：a. 高度选择性，特别是在从大量的复杂溶液中分离痕量组分时，其纯化程度有时可高达 1000 倍以上；b. 操作条件温和，能有效地保持生物大分子的构象和生物活性，回收率比较高；c. 具有浓缩效果。但亲和色谱仅仅适用于具有生物亲和配对性质的底物，如酶、活性蛋白、抗原抗体、核酸、辅助因子等生物分子以及细胞、细胞器、病毒等超分子结构，且针对不同的底物，其对应的亲和配体、色谱材料和色谱条件也不同。

病毒等超分子结构，且针对不同的底物，其对应的亲和配体、色谱材料和色谱条件也不同。亲和色谱的定义和分类因人而异。从广义上说，亲和色谱包括基于传统的离子交换类配体之外的所有吸附色谱，如固相金属螯合色谱、共价色谱、疏水色谱等。这些色谱的吸附特异性差别很大。从狭义上说，亲和色谱仅仅针对能形成生物功能对的特异相互作用，如酶与其抑制剂、抗原与其抗体等，即生物亲和色谱和免疫亲和色谱。这里除介绍狭义亲和色谱外，还介绍染料配体亲和色谱、金属螯合亲和色谱和共价色谱。

亲和色谱中生物分子与配体之间的特异结合类型主要有酶的活性中心或别构中心通过次级键与专一性底物、辅酶、激活剂或抑制剂相结合，抗体与其抗原、病毒或细胞等相结合，激素、维生素等与其受体或运载蛋白，生物素与抗生物素蛋白/链霉抗生物素蛋白，凝集素与对应糖蛋白、多糖、细胞等，核酸与其互补链或一段互补碱基序列，细胞表面受体与其信号分子等的结合。不同生物对之间结合的特异性尽管存在高低差异，但它们之间都能够可逆地结合和解离，可由此进行蛋白质、多糖、核酸或细胞的分离和纯化。

亲和色谱的分离过程主要有以下几步（图 2-17）：a. 选择合适的配体；b. 将配体固定在载体上，制成亲和吸附剂，而配体的特异性结合活性不被破坏；c. 当样品液进入亲和柱时，其中的特定生物分子与亲和吸附剂相结合，而被吸附在柱上；d. 未被吸附的杂质可随缓冲液洗掉；e. 用洗脱液将结合在亲和吸附剂上的特定生物分子洗脱下来。

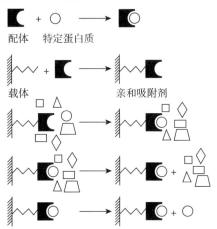

图 2-17 亲和色谱操作过程

②应用示例：利用生物分子特异性进行分离的 AFC 技术，近年来的发展很快，应用面日趋广泛，甚至许多新发展出来的单元融合技术都与它相关。下面列举的是其应用较为成熟的几个方面。

a. 抗体和抗原的纯化。抗原和抗体之间具有高度特异性和亲和性，主要可采用前面所介绍的免疫亲和色谱法，特异性高，纯化效果好；也可以用蛋白质 A 或蛋白质 G 亲和色谱柱，但特异性不高。此类研究和应用很多。如肖付刚等用 CNBr 活化的 Sepharose 4B 和微囊藻毒素 LR 的单克隆抗体制备了免疫亲和色谱柱，建立了免疫亲和色谱柱-高效液相色谱测定水样中的微囊藻毒素 LR 的方法。该法检出限为 5ng/L，线性定量范围为 10~500ng/L。实验结果显示，免疫亲和色谱柱特异性好，一次净化能除去绝大部分干扰物，净化效果明显优于现有的固相萃取柱（图 2-18）。

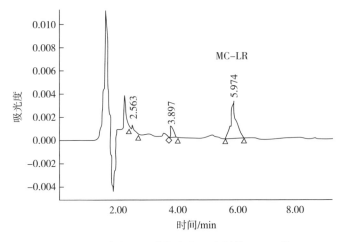

图 2-18 免疫亲和色谱柱净化后水样的 HPLC 谱图

b. 酶的纯化。酶纯化时，可以将其底物、辅助因子或抑制剂偶联到载体上，通过酶与其底物或辅助因子或抑制剂的特异性相互作用进行分离纯化，也可以采用凝集素亲和色谱法；如果酶蛋白上含有特定的辅助因子或特定序列结构，如 NAD^+、金属离子、数个组氨酸残基等，也可以采用染料配体亲和色谱、金属螯合亲和色谱等方法。例如史锋等利用金属螯合亲和色谱法纯化带 6×His 末端的基因重组酶，只经过一步分离过程，就能将痕量的标记蛋白从复杂的细胞裂解物中提取出来。色谱条件与结果如图 2-19 和表 2-9 所示。

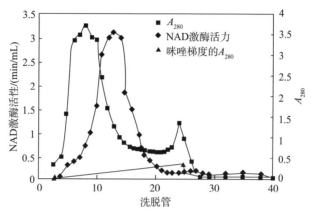

图 2-19　Ni-螯合亲和色谱法分离 6 个组氨酸末端标记的 NAD 激酶图谱

色谱条件：10Vt 起始缓冲液（20mmol/L KPB，pH7.5、0.1mmol/L NAD、0.5mmol/L 二硫苏糖醇、0.5mol/L NaCl、10mmol/L 咪唑）平衡；8Vt 溶于起始缓冲液中的 10mmol/L-0.5mol/L 咪唑梯度缓冲液解吸；强螯合剂 0.05mol/L EDTA，0.5mol/L NaCl 再生

表 2-9　　　　　　　　　　NAD 激酶经 Ni-螯合亲和色谱后的纯化情况

项目	蛋白质/mg	NAD 激酶活力	回收率/%	相对酶活力/（U/mg）	纯化倍数
细胞提取液	880	11	100	0.0125	1
Ni-螯合亲和色谱	4.6	6.3	53.68	1.3679	107

3. 结晶技术

工业结晶技术是一种高效低耗、低污染，并能控制固体特定物理形态的分离纯化技术，是发酵工业生产过程中重要的单元操作，已广泛应用于抗生素、氨基酸、有机酸等发酵产品的精制过程。

（1）结晶的基本原理　结晶是使溶质呈晶态从溶液中析出的过程。晶体为化学性均一的固体，具有一定规则的晶形，其特征为以分子（或离子、原子）在空间晶格的结点上进行对称排列。

①晶体的特性：按照结晶化学的理论，晶体具有以下特性：a. 在宏观上具有连续性、均匀性，一个晶体由许多性质相同的单位粒子有规律地排列而成；b. 具有方向性或向量性，区别一个物质是晶态或非晶态，最主要的特点在于晶体的许多性质（如电学性质和光学性质）在晶体同一方向上相同；c. 具有晶体各相性，即在晶体的不同方向上具有相异性质，一切晶体均具有各向异性；d. 晶体还具有对称性。因此，晶体可定义为许多性质相同的粒子（包括原子、离子、分子）在空间有规律地排列成格子状的固体。每个格子常称为晶胞，每个晶

胞中所含原子或分子数可依据测量计算求出。

②结晶过程与过饱和曲线：为了进行结晶，必须先使溶液达到过饱和后，过量的溶质才会以固体态结晶出来。晶体的产生最初形成极细小的晶核，然后这些晶核再成长为一定大小形状的晶体，溶质浓度达到饱和浓度时，溶质的溶解度与结晶速度相等，尚不能使晶体析出。当浓度超过饱和浓度，达到一定的过饱和程度时才可能析出晶体。过饱和程度通常用过饱和溶液的浓度与饱和溶液浓度之比来表示，称为过饱和率。因此，结晶的全过程应包括形成过饱和溶液、晶核形成和晶体生长等三个阶段。

溶液达到过饱和是结晶的前提。溶解度和温度的关系可用饱和曲线表示，开始有晶核形成的过饱和浓度和温度的关系用过饱和曲线表示，见图2-20。饱和曲线和过饱和曲线根据实验大体相互平行。可以把温度-浓度图分成三个区域：a. 稳定区，不饱和状态，不会发生结晶；b. 不稳定区，过饱和状态，结晶能自动进行；c. 介稳区，饱和状态，介于稳定区和不稳定区之间，结晶不能自动进行，但如果加入晶体，则能诱导产生结晶，这

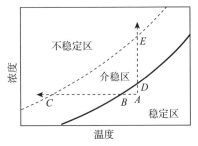

图 2-20　饱和曲线与过饱和曲线

种加入的晶体称为晶种。也可以采用其他方法诱导结晶形成。在介稳区主要是晶体长大，在不稳定区（过饱和区），主要是新晶核形成。因此结晶必须控制在介稳区中进行。

③过饱和度及结晶：在一定条件下，一种纯物质的溶解度曲线是一定的，而过饱和曲线的位置不是固定的。对于一定的系统，它们的位置至少和三个因素有关：产生过饱和的速度、冷却和蒸发速度、晶体的大小和机械搅拌强度。

结晶的首要条件是使溶液达到过饱和状态，制备过饱和溶液一般有四种方法：a. 将热饱和溶液冷却，此法适用于溶液溶解度随温度降低而显著减少的场合；b. 将部分溶剂蒸发，使溶液中溶剂减少，就会使溶液浓度升高直至过饱和溶液，是工业上用得较多的一种方法；c. 化学反应结晶，加入反应剂或调节 pH 产生新物质，当其浓度超过它的溶解度时，就有结晶析出；d. 盐析结晶，加一种物质于溶液中，以使溶质的溶解度降低，形成过饱和溶液而结晶的方法称为盐析法。这种物质可以是另一种溶剂或能溶于溶液中的另一种溶质。加入的溶剂必须和原溶剂能互溶。

当溶液浓度达到某种过饱和程度时，致使溶质分子能互相吸引，自然聚合形成微小的颗粒，这就是晶核。外界因素也可以促进晶核的形成，称为起晶。根据是否达到不稳定区的操作条件，工业结晶有三种不同的起晶方法：a. 自然起晶法，在一定温度下使溶液浓缩进入不稳定区析出晶核，这是一种古老的起晶方法；b. 刺激起晶法，将溶液浓缩至介稳区，再加以冷却而至不稳定区，从而生成一定量的晶核；c. 晶种起晶法，将溶液蒸发或冷却到介稳区的较低浓度，加入一定量和一定大小的晶种，使溶液中的过饱和溶质在所加的晶种表面上长大。晶种起晶法是一个被普遍采用的方法。

（2）结晶技术应用示例　在生物技术的其他领域中，结晶的作用的应用日趋广泛，如蛋白质的纯化和生产都离不开结晶技术。目前，市场上大多散装的生化药物、酶制剂、食品添加剂以及基因工程产物也均以晶体出售。下面介绍两种典型产品的结晶工艺。

①青霉素 G 盐的结晶工艺：青霉素 G 的澄清发酵液（pH3.0）经醋酸丁酯萃取，水溶液（pH7.0）反萃取和醋酸丁酯二次萃取后，向醋酸丁酯萃取液中加入醋酸钾的乙醇溶液，即

生成青霉素 G 钾盐。因青霉素 G 钾盐在醋酸丁酯中溶解度很小，故从醋酸丁酯溶液中结晶析出，控制适当的操作温度、搅拌速度以及青霉素 G 的初始浓度，可得到粒度均匀、纯度达 90% 以上的青霉素 G 钾盐结晶。将青霉素 G 钾盐溶于 KOH 溶液中，调节 pH 至中性，加入无水乙醇，进行真空共沸蒸馏操作，可获得纯度更高的结晶产品。在上述操作中，醋酸钠代替醋酸钾，即可获得青霉素 G 钠盐。

②L-鸟氨酸苯乙酸盐的结晶工艺：L-鸟氨酸苯乙酸盐（L-ornithine phenylacetate，OP）是由 L-鸟氨酸与苯乙酸以离子键形式结合形成的，OP 在食品工业上可作为配制草莓、啤酒、桃、巧克力、烟等型香精。L-鸟氨酸苯乙酸盐的制备及结晶工艺如下：

a. 发酵液预处理。取 L-鸟氨酸发酵液 3L，用浓 HCl 调 pH 至 2.5，通过膜分离装置（采用 TiO$_2$ 管式陶瓷膜），在 60℃、pH2.5、操作压差 0.22MPa 条件下过滤 2h，除去发酵液中的菌体和大部分蛋白质。取过膜后的 L-鸟氨酸清液 1L，用浓 HCl 调至 pH2.0，采用 JK006 型阳离子交换树脂柱（3cm×20cm，湿法填装树脂 100mL）进行脱色除杂，流速为 8mL/min。上柱体积为 470mL 时离子交换树脂达到饱和吸附，停止上柱，用纯水以 10mL/min 的流速洗杂，至电导值低于 150μs/cm 时改用 1mol/L 氨水以 8mL/min 的流速洗脱，收集 pH 为 9~11 的洗脱液。将该洗脱液旋蒸去氨后，加入活性炭（8g/L），45℃下脱色处理 30min，最后过滤得 L-鸟氨酸水溶液，浓缩至目标浓度，备用，最终 L-鸟氨酸的收率为 87.3%。

b. OP 粗品的制备。取上述浓度为 100g/L 的 L-鸟氨酸溶液 500mL，加入苯乙酸 51.5g，搅拌使其充分反应后，浓缩至溶液体积为 100mL，25℃下加入 6 倍体积的无水乙醇析晶，冷却至 10℃ 以提高收率，抽滤并用少量冷乙醇淋洗，45℃减压干燥得 OP 粗品 95.63g，纯度为 83.2%，收率为 87.81%。

c. OP 晶种的制备。将 OP 粗品 30g 溶于 30mL 水中，25℃下向体系中滴加无水乙醇并不断搅拌，控制乙醇滴加速率为 0.1mL/min、搅拌转速为 150r/min。30h 后停止滴加（共加入 180mL 乙醇），抽滤烘干得 OP 晶体 27.8g，过筛，选取粒径在 0.125~0.15mm 的晶体作晶种。

d. OP 晶体的制备。取浓度约 800g/L 的 OP 水溶液 50mL，置于结晶器中，25℃下恒速搅拌，用恒流泵匀速滴加无水乙醇，调整乙醇与 OP 溶液的体积比，添加晶种，搅拌养晶 2h 后，调整乙醇滴加速率，以维持适宜的过饱和度使晶体生长。当乙醇与初始结晶液的体积比达到 6∶1 时，停止加入乙醇，继续搅拌养晶 2h，并降温至 10℃，减压抽滤，分离得 OP 晶体样品。每次平行试验 3 次，测定 OP 晶体的纯度和平均粒径。

4. 干燥技术

干燥是发酵产品提取与精制过程中最后的操作单元。干燥的主要目的是：除去发酵产品中水分，使发酵产品能够长期保存而不变质；同时减少发酵产品的体积和质量，便于包装和运输。对于具有生理活性的、食用的和药用的发酵产品，例如酶制剂、抗生素和维生素等发酵产品，在干燥过程中应注意保存其活性、药效和营养价值。

（1）干燥的基本原理　干燥是将潮湿的固体、半固体或浓缩液中的水分（或溶剂）蒸发除去的过程。根据水分在固体中的分布情况，可分为表面水分、毛细管水分和被膜所包围的水分等三种。表面水分又称为自由水分，它不与物料结合而是附着于固体表面，蒸发时完全暴露于外界空气中，干燥最快、最均匀。毛细管水分是一种结合水分，如化学结合水和吸附结合水，存在于固体极细孔隙的毛细管中，水分子逸出比较困难，蒸发时间长并需较高温度。膜包围的水分，如细胞中被细胞质膜包围的水分，需经缓慢扩散于胞外才能蒸发，最难除去。

干燥过程的实质是在不沸腾的状态下用加热汽化方法驱除湿材料中所含液体（水分）的过程。这个过程既受传热规律的影响，又受水分性质、物料与水分结合的特性、水气运动和转化规律的影响。当热空气流过固体材料表面时，传热与传质过程同时进行。空气将热量传给物料，物料表面的水分汽化进入空气中。由于空气与物料表面的温度相差很大，传热速率很快；又由于物料表面水分的蒸汽压大大超过热空气中的水蒸气分压，故水分汽化的速率也很快。以后由于内部扩散速率减慢，微粒表面被蒸干，蒸发面向物料内部推移，一直进行到干燥过程结束。由此可见，干燥过程是传热与传质同时进行的过程。

（2）常规干燥方法 工业发酵生产较常用的干燥方法有三种：对流加热干燥法、接触加热干燥法和冷冻升华干燥法。

①对流加热干燥法：对流加热干燥法是指热能以对流给热的方式由热干燥介质（通常是热空气）传给湿物料，使物料中的水分汽化，物料内部的水分以气态或液态形式扩散至物料表面，然后汽化的蒸汽从表面扩散至干燥介质主体，再由介质带走的干燥过程。对流干燥过程中，传热和传质同时发生。干燥过程必需的热量，由气体干燥介质传送，它起热载体和介质的作用，将水分从物料上转入到周围介质中。对流加热干燥法在工业发酵中获得广泛应用，常用的有气流干燥、沸腾干燥和喷雾干燥等。该技术应用设备主要有转筒干燥器、洞道式干燥器、气流干燥器、空气喷射干燥器、喷雾干燥器和沸腾床干燥器等。

②接触加热干燥法：接触加热干燥法又称为加热面传热干燥法，即用某种加热面与物料直接接触，热量通过加热的表面（金属方板、辊子）的导热性传给需干燥的湿物料，使其中的水分汽化，然后，所产生的蒸汽被干燥介质带走，或用真空泵抽走的干燥操作过程。根据这一方法建立起来的，并且用于微生物合成产品干燥的干燥器有单滚筒和双滚筒干燥器、厢式干燥器、耙式干燥器、真空冷冻干燥器等。该法热能利用较高，但与传热壁面接触的物料在干燥时，如果接触面温度较高易局部过热而变质。

③冷冻升华干燥法：冷冻升华干燥是将被干燥物料冷冻成固体，在低温减压条件下利用冰的升华性能，使物料低温脱水而达到干燥目的的一种方法。冷冻升华干燥法是先将物料冷冻至冰点以下，使水分结冰，然后在较高的真空条件下，使冰直接升华为水蒸气而除去。整个过程分为三个阶段：a. 冷冻阶段，即将样品低温冷冻；b. 升华阶段，即在低温真空条件下冰直接升华；c. 剩余水分的蒸发阶段。此法适宜于具有生理活性的生物大分子和酶制剂、维生素及抗生素等热敏发酵产品的干燥。冷冻升华干燥也可不先将物料进行预冻结，而是利用高度真空时汽化吸热而将物料进行冻结，这种方法称为蒸发冻结。其优点是可以节约一定的能量。但这种操作法易产生泡沫或飞溅现象而导致物料损失，同时不易获得均匀的多孔性干燥物。

冷冻干燥有如下特点：a. 因物料处于冷冻状态下干燥，水分以冰的状态直接升华成水蒸气，故物料的物理结构和分子结构变化极小；b. 由于物料在低温真空条件下进行干燥操作，故对热敏感的物料，也能在不丧失其活力或生物试样原来性质的条件下长期保存，故干燥产品十分稳定；c. 因为干燥后的物料在被除去水分后，其原组织的多孔性能不变，所以冷冻制品复水后易于恢复原来的性质和形状；d. 干燥后物料的残存水分很低，如果防湿包装效果优良，产品可在常温条件下长期贮存；e. 因物料处于冷冻的状态，升华所需的热量可采用常温或温度稍高的液体或气体为加热剂，所以热量利用经济。干燥设备往往无需绝热，甚至希望以导热性较好的材料制成，以利用外界的热量。

（3）应用　目前，对于干燥微生物合成产物，最广泛应用的干燥方法主要是对流给热的干燥方式，如气流干燥、空气喷射干燥、沸腾床干燥、喷雾干燥等。对于活的菌体、各种形式的酶和其他热不稳定产物的干燥，可使用冷冻干燥。

第五节　清洁生产与节能降耗

一、清洁生产技术

清洁生产的出现是人类工业生产迅速发展的历史必然，是人类对工业化大生产所制造出有损于自然生态这种负面作用所作出的反应和行动。发达国家在 20 世纪 60 年代和 70 年代初，由于经济的快速发展，忽视对工业污染的防治，导致环境污染问题日益严重，公害事件不断发生。如日本的水俣病事件，对人体健康造成极大危害，对生态环境造成重大破坏，引起强烈的社会反映。在随后的十多年中，各国政府采取了增大环保投资、建设污染控制和处理设施、制定污染物排放标准、实行环境立法等一系列措施，以控制和改善环境污染问题，尽管取得了一定成绩，但这种着眼于控制排污，即末端治理的方法，并未从根本上解决工业污染问题，不过已逐渐认识到单纯依靠末端治理工业污染的弊端和局限性。

20 世纪 80 年代后期，通过深入讨论环保问题对策，人们日益认识到：从污染物的源头削减预防污染，比在废物产生后进行治理具有更大经济效益和环境效益。消除大量污染物的排放，可以不必或少投入建设污染控制设施的费用，减少污染治理的一次性投资和运转费用，有效利用自然资源，降低生产成本，提高产品的企业竞争力。预防污染通过源削减和环保安全的回收利用，使废物最少化或消灭于生产过程之中。如今，清洁生产已成为国际社会的热门议题，清洁生产的概念贯穿于 1992 年巴西环境与经济发展大会通过的《21 世纪议程》，被公认为是一项实现环境与经济协调发展的环境战略，是实现可持续发展的关键因素，将成为 21 世纪工业发展的新模式。

1. 清洁生产的概念及主要内容

清洁生产的概念最早由联合国环境规划署（UNEP）于 1989 年 5 月提出，其包含的主要内容和思想早已被若干发达和较发达国家采用，并在这些国家和地区具有不同的名称，如污染预防、废物最少化、废物减量化、清洁工艺、清洁生产、源削减、源控制等几十种。

我国 2002 年颁布的《中华人民共和国清洁生产促进法》（以下简称《促进法》）明确提出了清洁生产的内涵、主要实施途径和最终目的。《促进法》第一章第二条指出：“清洁生产是指不断采取改进设计、使用清洁的能源和原料、采用先进的工艺技术与设备、改善管理、综合利用等措施，从源头削减污染，提高资源利用效率，减少或者避免生产、服务和产品使用过程中污染物的产生和排放，以减轻或者消除对人类健康和环境的危害。”

联合国环境署对清洁生产的定义是：将综合预防的环境策略持续应用于生产过程和产品之中，以期减少对人类和环境的风险。对生产过程，清洁生产包括节约原材料和能源，淘汰有毒原材料并在全部排放物和废物离开生产过程以前，减少它们的数量和毒性。对产品而言，清洁生产策略旨在减少产品的整个生命周期，从原料的提炼到产品的最终处置对人类和环境的影响。

清洁生产的内容包含：①采用清洁的能源：采用各种方法对常规能源如煤采取清洁利用的方法，如城市煤气化供气等；对沼气等再生能源的利用；开发新能源的以及开发利用各种节能技术。②采用清洁的生产过程：尽量少用、不用有毒有害的原料；使用无毒，无害的中间产品；减少生产过程中的各种危险因素；选择少废、无废的工艺和高效的设备；物料的再循环（厂内，厂外）利用；简便、可靠的操作和控制；完善的管理。③生产清洁的产品：产品设计应考虑节约原材料和能源，少用昂贵和稀缺的原料；产品在使用过程中以及使用后不含危害人体健康和破坏生态环境的因素；产品的包装合理；产品使用后易于回收、重复使用和再生；使用寿命和使用功能合理。

2. 开展清洁生产的重要意义和必要性

（1）清洁生产是实现可持续发展的重要措施　可持续发展的两个基本要求——资源的永续利用和环境容量的持续承受能力都可通过实施清洁生产来实现。清洁生产可以促进社会经济的发展，通过节能、降耗、节省防治污染的投入来降低生产成本，改善产品质量，促进环境保护与经济效益的协调统一。清洁生产可以最大限度地使能源得到充分利用，以最少的环境代价和能源、资源的消耗获得最大的经济发展效益。

（2）开展清洁生产是控制环境污染的有效手段　清洁生产彻底改变了过去被动的、滞后的污染控制手段，强调在污染产生之前就予以削减，即在产品及其生产过程并在服务中减少污染物的产生和对环境的不利影响。经近三十年国内外的实践证明，这一系列主动措施具有高效率、高回报、易于为企业接受等特点，因而实行清洁生产将是控制环境污染的一项有效手段。

（3）开展清洁生产可大大减轻末端治理的负担　末端治理作为目前国内外控制污染最重要的手段，尽管为保护环境发挥了极为重要的作用，但这一污染控制模式的种种弊端逐渐显露出来。第一，末端治理设施投资大、运行费用高，造成企业成本上升，经济效益下降；第二，末端治理存在污染物转移等问题，不能彻底解决环境污染；第三，末端治理未涉及资源的有效利用，造成自然资源的浪费。然而，清洁生产通过生产全过程控制，减少甚至消除污染物的产生和排放。这样，不仅可以减少末端治理设施的建设投资，也减少了其日常运转费用，大大减轻了企业的负担。

（4）清洁生产具有显著的经济、社会和环境效益　清洁生产的本质在于实行污染预防和全过程控制，是污染预防和控制的最佳方式。清洁生产从产品设计、替代有毒有害原材料、优化生产工艺和技术设备、物料循环和废物综合利用多个环节入手，通过不断加强科学管理和科技进步，达到"节能、降耗、减污、增效"的目的，在提高资源利用率的同时，减少污染物的排放量，实现经济效益和环境效益的统一。其次，清洁生产与企业的经营方向是完全一致的，实行清洁生产可以促进企业的发展，提高企业的积极性，不仅可以使企业取得显著的环境效益，还会给企业带来诸多其他方面的效益。诸如提高企业科学管理能力，提高企业竞争能力，为企业生存、发展营造环境空间，避免或减少污染环境的风险，改善职工的生产、生活环境等。

3. 实现清洁生产的有效途径

生物产品生产过程中，会出现"废水、废渣、废气"，即所谓的"工业三废"。如未达到规定的排放标准而排放到环境中，就会对环境产生污染，污染物在环境中发生物理的和化学的变化后又产生了新的物质，其中许多物质都是对人的健康有危害的。这些物质通过不同的途径（呼吸道、消化道、皮肤）进入人的体内，有的直接产生危害，有的还有蓄积作用，会更加严重的危害人的健康。工业"三废"排放对环境的影响常是地区工业布局和厂址选择需考虑的重要因素。如工业企业一般避免布置在城镇居民区的上风向和水源上游；一些污染较大的工业如冶金、化工、造纸要远离城市中心；大工业企业与生活区间要有适当的隔离带以减少环境污染的影响等。大力采用无污染或少污染的新工艺、新技术、新产品，开展"三废"综合治理，是防治工业"三废"污染，搞好环境保护的重要途径之一。一般来说，实施清洁生产，可以从加强企业内部管理、改进生产工艺、综合利用废弃资源等方面入手。

（1）强化内部管理　在清洁生产实施过程中强化内部管理至关重要，生产过程、原料贮存、设备维修和废物处置的各个环节都需要加强管理。主要体现在：

①物料装卸、贮存与库存管理：检查评估原料、中间体、产品及废物的贮存和转运设施，采用适当程序可以避免化学品泄漏、火灾、爆炸和废物的生产；

②改进操作方式，合理安排操作次序：不同的生产方式对废物的产生有重要影响，例如，设备清洗产生的废物与清洗次数直接相关，要减少设备清洗次数，应尽量加大每批配料的数量或者每批都生产相同的产品，可以避免相邻两批配料之间的清洗。

③改进设备设计和维护，预防泄漏的发生：化学品的泄漏会产生废物，冲洗和抹布擦抹都会额外产生废物，减少泄漏的最好的方法是预防其发生，纠正设备的设计和操作维护方法，制定预防泄漏计划。

④废物分流：在生产源进行清污分流可减少危险废物处置量，主要措施有三个方面：将危险物与非危险物分开；将液体废物和固体废物分开；清污分流，将接触过物料的污水与未接触物料的清水分开处理。

（2）改进生产工艺　改进现有工艺技术是实现清洁生产的最有效方式之一，通过工艺改革可以预防废物产生，增加产品产量和收率，提高产品质量，减少原材料和能源消耗。工艺技术改革主要可采取以下四种方式，即改变原料、改进生产设备、改革生产工艺以及工艺优化控制过程。

①改变原料：一方面尽量用无毒或低毒原材料代替有毒原材料；另一方面还可以将原料提纯净化，即使用高纯物料代替粗料。例如，安徽丰原集团柠檬酸生产中原来的原料主要是山芋干，存在带渣发酵、杂质多、收率低、污染大等问题。通过试验摸索，使用玉米粉代替山芋干柠檬酸的直接发酵生产，很快显示出极高的经济效益。企业生产能力在原设备的基础上提高了 30%，产品质量大幅度提高，节能降耗，单位成本每吨可降低 1000 元，并且含糖废水 COD 降低 50%。

②改进工艺设备：通过工艺设备改造或重新设计生产设备来提高生产效率，减少废物量。例如，大豆油和玉米油生产中应用 CO_2 超临界萃取天然维生素 E 技术；赖氨酸生产中应用纳米滤膜与 ISEP 连续离子交换技术；谷氨酸生产中应用低温一次连续等电结晶和副产品生产农用 K_2SO_4 和氮、磷、钾三元复合肥技术等，使生产过程中酸碱用量和生产成本大大降低，环保治理难度大为降低。

③改造生产工艺流程：任何一个有朝气的发酵工厂，其生产工艺往往都是随着新型技术或设备的引入而进行改进，开发和采用低废和无废生产工艺来替代落后的老工艺，以减少废物生产，提高反应收率和原料利用率，消除或减少废物。

④优化工艺过程控制：在不改变生产工艺或设备的条件下进行操作参数的调整，优化操

作条件通常是最容易且经济的减废方法。通过自动控制系统监测并调节工作操作参数，维持最佳反应条件，加强工艺控制，可增加目标产物产量、减少废物和副产物的产生。例如，在间歇操作中，使用自动化系统代替手工处理物料，通过减少操作失误，降低了废物的产生及泄漏的可能性。

（3）综合利用废弃资源　发酵工业实现清洁生产很重要的一个方面是对生产过程中所产生废弃资源的综合利用。工业生产过程中，往往只利用了原料中的一部分物质，如食品与生物工程行业采用的玉米、薯干、大米等主要原料，只是利用其中的淀粉，而对其中蛋白质、脂肪、纤维等尚未很好地利用，这些物质以废渣或以废液的形式排泄，假如不对其进行综合利用，既给废液末端治理带来很大负担，又会给企业带来很大浪费。

如果对工业生产过程中产生的废渣、废水进行合理的综合利用，不但可以减少污染，方便进一步的废液治理，而且还能生产出一些有经济价值的副产物，提高企业的经济效益。现在对工业生产废渣、废液的综合利用有很多种形式：可以采用合理的工艺对废渣、废液中的蛋白质及其他有价值的成分进行提取；可以利用工业废液生产单细胞蛋白饲料；可以通过一定的加工工艺生产肥料；还可以直接对含有营养成分的废渣、废液进行干燥等方法处理以生产饲料等。这些合理的综合利用在实际生产中已经取得了一些进展。

二、节能降耗技术

1. 节能降耗对企业生产的影响

节能降耗是企业提高经济效益的主要途径之一，是企业提高市场竞争力的重要手段。生物产品能量消耗主要体现在：水、电、汽的消耗上，不同的企业其能量消耗不同，从而导致企业的经济效益的差异巨大。企业节能降耗的主要途径是依靠科学进步，采用新技术、新材料对能耗高的设备进行节能技术改造，从而节省能源消耗。

节能降耗对企业生产的影响主要体现在以下方面：其一，只有节能技术改造抓得好，企业才能取得显著的经济效益，企业才能得到更好的发展。其二，企业要将节能降耗工作落到实处，将节能潜力变为实力，就必须掌握和分析企业用能水平，搞清重点耗能设备能源消耗状况以及能源利用率情况。高耗能设备能源利用率高低直接影响能源的效能，即使能源基础管理达到了很高的水平，由于耗能设备的能源利用率低，企业的能耗也不可能有较大的下降；其三，节能工作要有新的突破，必须要对耗能设备制定各种能源消耗定额，严格实行计划用能。

2. 生物产品企业节能措施

采用合理的节能降耗措施，能有效降低产品的生产成本，提升企业的利润空间。不同的生物产品、不同的企业所采用的措施不同，现列举一些措施以供参考：

（1）采用高浓生产工艺　生物产品的生产大多数都是依靠微生物和酶的转化作用来完成，但微生物及酶的作用需要有一个适宜的底物浓度，浓度太高，微生物的生长和代谢受到抑制或改变，最终使发酵产物浓度较低或杂质浓度高，致使产品的质量受到影响。采用低浓度生产也有明显的缺陷：如设备利用率低、能耗高、耗水量高，发酵液中产品含量低等。这些都会直接降低企业的经济效益。

筛选或选用能耐高浓度底物菌种，并采用合理的工艺提高菌种及酶的耐受性，是增强企业核心竞争力的一项重要举措。例如，啤酒高浓发酵后的稀释生产工艺是较为成功的典范。

啤酒生产糖化、发酵都是采用高浓度进行，麦汁浓度14%~15%，发酵、过滤后再稀释至8%左右。该工艺提高了原有设备的生产能力，大幅度降低成本，因而被广泛采用。其他如柠檬酸、氨基酸、酒精等的发酵，通过筛选高产菌种来提高发酵液中生物制品含量，提升企业利润。

（2）热能的回收利用　生物制品的生产大多数情况下都需要加热，在加热的过程中会产生大量的二次蒸汽，这些蒸汽会带走大量热量，对于一些小型企业，这部分热量往往不再回收利用，造成能源的浪费，但对于一些大型企业来说，这部分能量必须进行循环利用，以减少能量消耗。如：啤酒生产中，麦汁煮沸后，在进入发酵罐之前必须进行冷却，冷却介质为水，最后温度升高的水用做投料用水；麦汁生产中，产生的二次蒸汽的能量的回收利用；酒精蒸馏过程中，从塔顶出来的酒精蒸汽用于预热原料液，使原料液温度升高；还有发酵产物提纯过程中使用的蒸发操作，产生的二次蒸汽也可进行回收利用，这些都是节约能源的一种重要措施。

（3）节约用水　在生物产品生产过程中，离不开水，水是微生物生长和代谢所不可缺少的物质，同时水还是生物产品比较好的溶剂，微生物代谢在细胞内完成，通过水的输送，把代谢产物输送到细胞外，减少细胞内生物产品的含量，以减少代谢产物的阻遏抑制作用，从而提高微生物的代谢能力。

发酵生物产品生产过程中水主要用于投料、洗涤、冷却以及锅炉等。同一产品不同企业用水量也有所不同，有的还相差很大。如：在啤酒生产中，单位啤酒吨耗水量：高的达到20t，低的只有3t多，从这样的巨大差异中可以看出，节约用水能显著降低企业能耗。

（4）改进工艺，减少热能供给　在生物制品生产中，例如原料成分的变性凝固、培养基的灭菌、生物制品的提取、原料中相关成分的溶解等都与热能供给有关，在以前的生产工艺中，培养基的热量供给往往较高，如：采用高温蒸煮促进淀粉糊化液化、采用高温进行培养基灭菌、采用常压蒸馏、常压蒸发来提取产品、采用提高麦汁煮沸强度来促进酒花中有效成分的溶解、促进麦汁中蛋白质沉淀，提高麦汁的澄清度等。采用这些方法供给热能固然能取得较好的效果，但能量消耗较大，无形之中增加了生产成本，致使企业发展后劲不足，另外，过高的热能供给很可能影响到产品质量，具体对产品质量的影响在此不再叙述。通过改变工艺，以减少热能供给的部分实例列举如下：

①原料的蒸煮糊化由高温蒸煮改为无蒸煮进行：在酒精生产中，采用的原料为淀粉质原料，原料中的淀粉不能直接被酵母利用，而必须将淀粉转化为葡萄糖等可发酵性的糖才能被酵母菌利用进行酒精发酵。而让淀粉转化为葡萄糖等可发酵性糖，首先必须让淀粉吸水膨胀转化为可溶性的淀粉糊，这个过程称为糊化，然后在糖化酶的作用下转化为葡萄糖等可发酵性糖。而糊化所采取的措施就是高温加热。随着生物技术的发展，现在采用无蒸煮工艺也能达到同样的效果，即当在85~90℃温度条件下，通过添加耐高温的α-淀粉酶及蛋白酶来进行液化，使淀粉分子分解为小分子可溶性的糊精，然后再进行糖化。与传统工艺相比，该工艺节省了能源消耗，且降低了生产成本。

②麦汁煮沸时，适当控制煮沸强度：麦汁煮沸主要是促进酒花中的有效成分的溶解，赋予麦汁独特的酒花香气和爽口的苦味；使麦汁中可凝固性蛋白质凝固析出；提高麦汁的生物和非生物稳定性。

麦汁煮沸时，传统工艺要求煮沸强度达到8%以上，麦汁中的可凝固性蛋白质变性凝固才比较好，麦汁才能保持清亮透明，这样就必须供给足够的热量，才能达到这样的效果。由于麦汁煮沸强度较大，同时造成麦汁色泽加深，影响到啤酒的色泽及口感。

在啤酒生产企业中，进行了大量的工艺改革，其中一项就是减少在麦汁煮沸过程中热量的供给，使麦汁煮沸强度达到6%左右，甚至更低，使麦汁煮沸处于微沸状态，同样能够达到预期的效果。

③调整生产工艺：在啤酒生产麦汁的制备过程中，采用的工艺主要有三次煮出法、二次煮出法、一次煮出法等工艺，以前采用的主要是二次或三次煮出法，随着对啤酒工艺的研究及酶制剂工业的发展，现在采用的工艺主要是一次煮出法，并且在辅料的糊化的工艺中温度也控制在90~93℃进行辅料的糊化。

④采用降压蒸馏或真空蒸发：蒸馏主要是通过物质之间挥发性能的差异来分离各种物质，物质挥发性的强弱与物质的沸点高低有关，沸点低的物质挥发性能强，而沸点高的组分挥发性能相对较弱，从而根据其挥发性的差异把物质分离开来；物质的沸点与气压有关，气压越高，沸点越高，气压越低，沸点越低，通过降压来降低物质的沸点，达到沸点所需能量就降低了，从这个层面即可降低产品生产的能耗。

蒸发主要是通过加热来蒸发多余的溶剂，提高物质的浓度，若是结晶操作，蒸发主要是使溶液达到过饱和状态，从而使溶质从溶液中以结晶的方式析出，溶剂的蒸发需要消耗大量的热量，而溶剂的蒸发在溶液达到沸腾的情况下其蒸发速度最快，在未沸腾状态下蒸发速度较慢，溶液的沸点与溶液上方的压力有关，压力高，沸点高，压力低，沸点低，所以降低溶液上方的压力，使溶液沸点下降，从而消耗较少的能量。

除此之外，不同的企业依据实际生产情况采用的节能措施不同，无论如何，只要能够节约能源，降低生产成本，对企业的发展都有很大作用，为企业和社会和谐发展创造一定的条件。

第六节　综合实验

1. 实验目的
①掌握真菌发酵基本操作及原理。
②掌握柠檬酸发酵过程控制策略确定及其分析方法。
③掌握发酵液中柠檬酸的提取与精制工艺。
④了解黑曲霉发酵生产柠檬酸基本原理。

2. 实验意义与原理
许多微生物如真菌、细菌、酵母均能利用多种基质合成柠檬酸，黑曲霉与其他菌种相比，最大的优势在于其糖酵解通量易于掌握和控制，前期处理和后期提取操作方便，且能够利用农业废渣等多种原料；柠檬酸合成后易从线粒体、细胞质中分泌到体外，生长特性、强适应性都有助于柠檬酸的大量积累。许多研究均已表明黑曲霉是生产柠檬酸的最佳菌种，但随着生物技术的发展，通过基因工程和定向筛选已经选育出更优质高产的黑曲霉菌株。柠檬酸是众多微生物代谢过程中的中间代谢产物，自从1940年 H. A. 克雷伯斯提出三羧酸循环理论以来，柠檬酸的发酵机理才逐渐为人们所了解。糖类首先经过二磷酸己糖途径（EMP）进行糖酵解形成丙酮酸，丙酮酸继续氧化脱羧形成乙酰辅酶 A，乙酰辅酶 A 与草酰乙酸在柠檬酸合成酶的催化下形成柠檬酸并进入三羧酸循环。

3. 材料设备

（1）菌株 黑曲霉 *Aspergillus niger* H915 为柠檬酸的生产菌株，由沙土管保藏，经复壮筛选得到。黑曲霉菌株在马铃薯培养基上活化，37℃培养至培养基表面形成浓密乌黑的孢子，一般为 5~7d。将成熟的孢子用无菌水洗下，置于-80℃浓度为 25% 的甘油管中保藏。

（2）试剂和仪器

①试剂：NaOH（分析纯）；葡萄糖（分析纯）；蔗糖（分析纯）；乳糖（分析纯）；麦芽糖（分析纯）；木糖（分析纯）；玉米浆 48E、48K、95E、95K（生化试剂）；麸皮、玉米芯、玉米粉（生化试剂）；糖化酶、普鲁兰酶、复合酶（生化试剂）。

②仪器：高压灭菌锅（无锡市地儿医疗器械厂）；恒温培养箱（上海跃进医疗器械厂）；1/1000 电子天平（METTLER TOLIDO PL2002）；pH 计［梅特勒-托利多仪器（上海）有限公司］；电热恒温鼓风干燥箱（上海华联环境试验设备公司恒温仪器厂）；超低温冰箱（Asheville NC USA）；3L 全自动发酵罐（美国 NBS 公司）；华利达恒温振荡器 HZ9311K（太仓市科教器材厂）；生物传感器分析仪 SBA-40C（山东省科学院研究所）；显微镜 LW300-48T（日本尼康公司）。

（3）培养基

①土豆培养基（PDA）：称取已去皮的马铃薯 200g，加水 500mL，加热煮沸 30min，四层纱布过滤，加葡萄糖 20g、琼脂 20g 溶解定容至 1000mL，趁热分装茄子瓶，每瓶 50mL 左右，121℃灭菌 15min 后取出，搁置成斜面，冷却至室温备用。

②麸皮培养基：麸皮 10.0g、水 12mL，pH 自然，121℃灭菌 45min，趁热将麸皮拍松，冷却至室温备用。

③大麸曲培养基：玉米芯 10.0g、水 18mL，pH 自然，121℃灭菌 45min，趁热将大麸曲拍松，冷却至室温备用。

④硫酸铵斜面培养基：以玉米清液为碳源，$(NH_4)_2SO_4$ 为氮源，控制总糖为 10%、总氮为 0.2%，再加 2% 琼脂配成 50mL 茄子瓶斜面培养基，121℃灭菌 15min，冷却搁置成斜面备用。

⑤玉米混液斜面培养基：以玉米清液为主要碳源，玉米混液为主要氮源，控制总糖为 10%、总氮为 0.2%，再加 2% 琼脂配成 50mL 茄子瓶斜面培养基，121℃灭菌 15min，冷却搁置成斜面备用。

⑥种子摇瓶培养基：以玉米清液为主要碳源，玉米混液为主要氮源，控制总糖为 10%、总氮为 0.2%，装液量为 40mL/250mL，121℃灭菌 15min，冷却搁置成斜面备用。

在不同氮源代替玉米混液实验中，完全替代时 0.2% 的氮全由不同种无机、有机氮源提供；部分替代时 0.16% 的氮由玉米混液提供，0.04% 的氮由不同种无机、有机氮源提供。

⑦产酸培养基：取 1.6g 玉米粉置于 39mL 玉米液化清液中，补水 5mL 后加适量液化酶，装于 250mL 锥形瓶，121℃灭菌 15min。

⑧发酵培养基：控制总糖 15%、总氮 0.08%，分别由玉米清液和玉米混液提供。

4. 操作步骤

（1）玉米液化方法 取 145g 玉米粉加 500mL 水，用饱和 $Ca(OH)_2$ 调 pH 至 6.0~6.1，加液化酶 0.1mL，95℃搅拌 1h，保温 0.5h，至碘试显淡黄色即为液化终点。将液化定容至 500mL 混匀即为玉米液化混液。取一定量的玉米液化混液经四层纱布过滤所得的清澈液体即为玉米液化清液。

（2）种子斜面培养　孢子悬液保藏在−80℃、25%的甘油管中，从甘油管中接0.1mL孢子悬液涂布PDA斜面培养基，置于35℃恒温培养箱培养5~7d，至培养基表面的孢子颜色纯黑、质地紧密。

（3）麸皮培养　从斜面上刮取适量孢子于装有麸皮培养基的50mL三角瓶中，八层纱布加牛皮纸封口，拍打培养基使孢子均匀附着在麸皮表面，置于35℃恒温培养箱培养5~7d，至麸皮表面形成纯黑、浓密的孢子。

（4）种子摇瓶培养　置于35℃、300r/min摇床培养24h。

（5）产酸培养　置于35℃、300r/min摇床培养72h。

（6）3L发酵罐培养　3L发酵罐的装液量为1.2L，温度为37℃，通气量为2.5vvm，转速为500r/min。发酵期间流加200mL 20%的葡萄糖溶液。

（7）柠檬酸的提取精制　柠檬酸的提取一般采用"钙盐法"工艺。将发酵液加热至80~90℃，加入少量石灰乳，沉淀去除其中少量的草酸。再将发酵醪液过滤，去除菌丝体及悬浮物，预热80~90℃，加碳酸钙在50℃左右沉淀出柠檬酸钙。沉淀经水洗，加硫酸酸化成柠檬酸。

柠檬酸酸解液过滤后，通过722型树脂进行离子交换后，将浓缩到密度为1.34~1.35g/cm³的柠檬酸液放入结晶锅里，加压，夹层用冷水冷却，控制降温速度。结晶5h后，把悬浮液放进有滤袋的离心机进行离心，加入少量冰水洗涤结晶，直到没有母液流出，关闭离心机，取出结晶干燥后即为成品。

5. 实验分析

（1）还原糖测定方法　菲林法测还原糖。取10.0g样品于250mL三角瓶中，加适量水调pH至中性，定容至500mL，将定容好的样品反复摇匀，用移液管吸取5mL于100mL三角瓶中，加菲林甲乙液各5mL，用葡萄糖标准溶液滴定至终点。

（2）总糖测定方法　菲林法测总糖。取10.0g样品于250mL三角瓶中，加50mL水混匀，慢慢加入7.5mL浓硫酸，边加边摇匀防止局部过热，加热煮沸5min后立即用冰水冷却，调pH至中性。

（3）总氮测定方法　凯氏定氮法。

（4）酸度测定方法　准确量取过滤后发酵液1mL于100mL三角瓶中，加入适量去离子水，滴入1~2滴酚酞指示剂，充分摇匀，用0.1429mol/L的NaOH标准溶液滴定，计算公式如下所示：

酸度（%）= $M \times 0.07 \times V \times 100$

式中　　M —NaOH标准溶液的物质的量浓度，mol/L；

　　　　V —消耗的NaOH体积，mL；

　　　　0.07 —柠檬酸的摩尔质量（以一水计），kg/mol。

（5）孢子计数法　将孢子液稀释适当的倍数，混匀后加入血细胞计数板，在40倍显微镜下数左上、右上、中、左下、右下五个格子孢子总数。计算公式如下所示：

c（孢子液浓度）= $n/5 \times 25 \times m \times 1000$

式中　　n —五个血细胞计数板小格孢子数总和；

　　　　m —孢子液稀释倍数；

　　　　5 —血细胞计数板五个小格；

25 —血细胞计数板总共有 25 个小格；

1000 —换算成个/mL 为单位的转化系数。

（6）菌体浓度测定方法　黑曲霉的菌球形态以肉眼可见的菌丝球形式存在，故采用直接计数法。将菌液稀释适当的倍数，取 1mL 于培养皿中直接计数。

（7）菌球形态观察方法　培养结束后取适当浓度的菌丝球置于载玻片，用带照相功能的显微镜拍照，通过图像分析软件 TSview7.0 分析菌球直径和菌丝体形态。

6. 实验结果

（1）测定发酵过程中，DO 变化趋势；

（2）测定发酵过程中，pH 变化趋势；

（3）测定发酵过程中，酸度变化趋势；

（4）测定分析发酵过程中，溶氧与升酸速率的变化趋势关系；

（5）测定发酵过程中，柠檬酸产量变化；

（6）测定提取与精制过程中，柠檬酸的产率及纯度的变化。

7. 思考题

查阅资料分析，在准备培养基的过程中，为什么需要首先对玉米粉进行液化处理？

思考题

1. 灭菌与消毒的区别有哪些？分批灭菌和连续灭菌各有哪些特点？
2. 影响培养基灭菌的因素有哪些？为提高灭菌效果，在工业生产上如何控制这些因素？
3. 空气灭菌的方法有哪些？如何提高空气过滤除菌的效率？
4. 菌种变异、退化的原理是什么？在生物制品生产中，应如何防止菌种衰退？
5. 菌种保藏的目的和基本原理各是什么？常见的菌种保藏技术有哪些？各有何特点？
6. 工业生产中如何检查发酵系统是否污染？生产过程中杂菌污染的途径及防治方法有哪些？
7. 噬菌体污染的途径有哪些特点？如何进行防治？
8. 发酵工艺中产品提取分离的方法有哪些种类？如何选择分离方法？

[推荐阅读书目]

[1] 陈坚，堵国成. 发酵工程原理与技术 [M]. 北京：化学工业出版社，2012.

[2] 曹军卫，马辉文，张甲耀. 微生物工程（第二版）[M]. 北京：科学出版社，2007.

[3] 李艳. 发酵工业概论（第二版）[M]. 北京：中国轻工业出版社，2011.

[4] 余龙江. 发酵工程原理与技术应用 [M]. 北京：化学工业出版社，2011.

[5] 于文国. 生化分离技术（第三版）[M]. 北京：化学工业出版社，2015.

[6] 陈坚，堵国成，刘龙. 发酵工程实验技术（第三版）[M]. 北京：化学工业出版社，2013.

[7] 陶兴无. 发酵工艺与设备（第二版）[M]. 北京：化学工业出版社，2015.

第三章

酒精工艺

1. 了解酒精的用途及分类。
2. 学习酒精发酵及原辅材料。
3. 理解酒精发酵微生物及机制。
4. 掌握酒精的发酵工艺流程及其要点。

1. 能够根据原料的特点，选择合理的酒精工艺流程和工艺条件。
2. 能够分析和解决酒精加工过程中的常见问题。

第一节　酒精发酵及原辅材料

一、酒精发酵概述

1. 酒精主要性质

乙醇，化学式为 C_2H_6O，与水互溶后称为酒精。分析纯级别的乙醇是一种无色透明、易挥发、易燃烧、不导电、具有果实味的液体。酒精可由微生物发酵和化学合成制得。化学合成法酒精往往夹杂异物高级醇类，对人体神经中枢有麻痹作用，不能食用，一般被称为工业酒精。而发酵法是在微生物的作用下生产而得，以玉米、小麦、薯类、甘蔗和纤维素等为原料，首先通过发酵醪液态发酵得到含有 5%～15%（v/v）酒精的发酵成熟醪液，成熟醪液再经过精馏工艺脱去有害杂质和大部分水，得到各种规格的液态发酵的乙醇产品，主要分为食用酒精、无水乙醇和燃料乙醇。其按照使用功能和纯度要求不同，食用酒精产品规格主要有普级酒精、优级酒精和特级酒精，主要用来调制饮料酒等；无水乙醇主要作为电子元件制造、高级化妆品溶剂和化工生产原料等；燃料乙醇主要作为液体替代运输燃料，用途广泛。我国酒精生产以发酵法为主，大多数工厂是采用薯干为原料，但不同的地区可根据各自农作物生产特点，开发一些具有本地特色的酒精发酵原料，例如，广东、广西、福建、四川、台湾等省以甘蔗糖蜜发酵生产酒精的比例较大，而华北、东北地区则以甜菜糖蜜发酵生产酒精较多。

2. 酒精主要用途与标准

酒精工业是基础原料工业，广泛应用于国民经济的许多部门。酒精与白酒工业和其他轻工业一样，具有投资少、回收期短、资金周转快的特点，在国民经济中起着重要作用，各种类型的酒精以及酒精发酵生产的副产物都与人民生活有着密切的关系。酒精用途按需求量多少可分为三方面：调制酒精饮料的食用酒精、用作可再生能源的燃料酒精以及化工、医药用酒精等。

（1）食用酒精 在食品工业中，酒精可配制各类白酒、果酒、葡萄酒、露酒、药酒，是生产食用醋酸及食用香精等的主要原料。合理利用酒精可提高白酒质量，尤其对中低档白酒尤为显著。多年来白酒厂依靠酒精渡过难关和获得效益，合理利用酒精可提高白酒的质量而不是降低质量，更不是代用和偷工减料。酒精是一切饮料酒的母体，然而饮料酒又与酒精不同，饮料酒要含有芳香和独特风格，使饮者有爽快之感，这也是它成为嗜好品的魅力所在，同时也说明了勾兑、优势互补的合理性。白酒质量讲究色、香、味、体，但最重要的是"净"。从原料、工艺到包装，每个细微环节管理不到位都会出现品质问题。中国白酒生产为固体发酵，产酯量高；国外为液体发酵，产醇量高。由于千百年来工艺的延续，培养出消费者的爱好也不相同。中国人多认为酯是香的，醇是液体酒味；当酯含量高时外国人认为酯是臭的，酯含量越高评价也越低。所以出口酒应降低酯含量，添加酒精以稀释白酒中的酯含量及邪杂味，才能符合外国人的口味要求。

充分利用酒精提高白酒品质主要体现在以下几个方面：

①降低邪杂味：白酒固态发酵需大量稻壳等填充料，由于开放式生产，长期发酵易侵入大量杂菌，使酒中带有不同程度邪杂味，干扰白酒的香味及风格。酒香味虽好，但如有杂味混淆，亦会使酒的质量下降。适合调配优质酒精，借以冲淡杂质，可使酒味纯正、香味突出。

②降低浑浊度：勾兑白酒酒体纯净，安全卫生，且透明度高，冷冻、加冰、加水均不浑浊。

著名白酒专家周恒刚先生指出：以优质酒精为基础，以固态发酵白酒及其调香酒进行调配；或以酒精串香，使固态酒醅中香味成分在加热蒸馏过程中（气相中）充分混合溶解，或有效地提取酒糟中残留的香味成分的方法生产新型白酒。

（2）燃料酒精 燃料酒精是一种新能源，其优势在于发酵酒精属于可再生能源。目前世界上发酵法生产酒精的主要原料有：谷物作物中的玉米、小麦、陈化粮水稻等；薯类作物中的木薯等；以及糖料作物中的甘蔗、甜高粱等。随着粮食作物产量的提高，对以玉米为代表的新能源植物的利用已经进入良性循环状态，即用玉米先发酵制备酒精作为燃料；其副产品（酒精酒糟）再加工成高蛋白饲料（DDGS），作为喂养猪、牛、马、鸡等的优质饲料。因此其经济与社会效益明显提高。我国是石油净进口国,解决好燃料酒精问题是重要国策之一。目前国家已在吉林燃料乙醇有限责任公司、河南天冠企业集团公司、中粮生化能源(肇东)有限公司进行试点优先扶持发展,这对全国酒精产业的发展是一个极大的推动。据统计,我国每年大约需要燃料酒精100万t,而我国实际的酒精生产总装备能力只达到需求量的45%。可见发展可再生能源——燃料酒精的潜力相当大。再经过5~10年,如果酒精总产量达到1200万t以上,则可代替大约20%的汽油,届时我国的绿色能源、绿色环保、酒精产业才可以说是有一个真正的开始,这对解决国家能源安全、顺畅更新陈化粮和建设优质饲料工程将起到重要作用,但对于农业来说是一个极大的压力,因为这至少需要0.36亿t玉米才可能实现。

乙醇不仅是优良燃料,它还是优良的燃料品质改善剂。其优良特性表现为:乙醇是燃油的增氧剂,使汽油增加内氧,燃烧充分,达到节能和环保的目的;乙醇有较好的抗爆性能,调和辛烷值在120以上,可有效提高汽油的抗爆指数(辛烷值);乙醇还可以经济有效地降低芳烃、烯烃含量,即降低炼油厂的改造费用,达到新汽油标准;另外,乙醇还是源于太阳能的一种生物质转化能源,是可再生资源。

目前,大规模的市场需求给酒精工业提供了前所未有的发展机会。20世纪90年代后,通过酒精的生产和应用,人们开始逐步意识到酒精替代石油资源具有很好的应用前景,并会得到不断的发展。世界四大发酵酒精生产国除巴西和美国外,还有中国和俄罗斯。巴西的产量第一,主要以甘蔗和糖蜜为原料,产量约700万t/年,是世界上唯一的一个不供应车用纯汽油的国家,汽车燃料几乎全部是燃料酒精;美国位居第二,主要以玉米为原料,年产650多万t,其中发酵酒精占约92%,被大部分用来生产汽油醇;中国位居第三,年产酒精134万t,其中发酵酒精占约60%。

(3)医药、化工等方面的用途

①酒精燃烧时呈淡蓝色的无烟火焰,并释放大量热量(29726J/kg)。利用这一点,大专院校及科研院所等的实验室以及餐饮业常用酒精灯、酒精喷灯、固体酒精块进行加热。且酒精燃烧后对环境无不良影响,属绿色燃料。

②酒精可与水以任意比例互溶,并释放热量。互溶后由于分子缔合,分子间形成氢键,使其体积呈收缩变化,收缩最大的互溶比例是 $H_2O:C_2H_5OH=52mL:48mL$,充分混合后体积变为96.3mL。用食用酒精调制蒸馏酒(如伏特加、新型白酒等),在预调制过程中,作为贮存酒基可参考这个比例。

③高浓度酒精吸水性强,可作为优良固定剂和脱水剂用于细胞生物学实验和研究;70%(体积分数)的酒精是对微生物菌体蛋白作用最强的凝固变性剂,是常用的理想的消毒、防腐、灭菌试剂。与碘制成碘酊,是外伤、手术常用的抑制有害微生物繁殖的消毒剂。

④酒精是生化制药中提取酶制剂、DNA和RNA的有效沉淀剂。

⑤酒精在 $K_2Cr_2O_7$ 及 H_2SO_4 作用下,氧化生成乙酸,反应式如下:

$$3C_2H_5OH+K_2Cr_2O_7+5H_2SO_4 \xrightarrow{\quad\quad} 3CH_3CHO+Cr_2(SO_4)_3+2KHSO_4+7H_2O$$

$$3C_2H_5OH+K_2Cr_2O_7+5H_2SO_4 \xrightarrow{\quad\quad} 3CH_3COOH+Cr_2(SO_4)_3+2KHSO_4+4H_2O$$

即 $3C_2H_5OH+2K_2Cr_2O_7+10H_2SO_4 \xrightarrow{\quad\quad} 3CH_3COOH+2Cr_2(SO_4)_3+4KHSO_4+11H_2O$

酒精企业化验室常根据这一原理检测蒸馏塔排出的废槽液中残存的酒精含量。有残留反应呈绿色,残留越多颜色越深。检测时用比色法较快速、准确。

⑥酒精是优良的防冻、降温介质，乙醇和水的质量比为 105：100 时，混合液温度降至 −30℃ 不结冰；以此低温给发酵罐夹层降温效果特别理想，如微型啤酒发酵中的降温即用此法。

⑦酒精在化学工业上是生产乙醛、乙酸、乙醚、聚乙烯、乙二醇、合成橡胶、聚氯乙烯、聚苯乙烯、氯仿、冰醋酸、苯胺、脂类、环氧乙烷、乙基苯、染料、油漆、树脂以及农药等的重要原料之一，它同时也是生产油漆和化妆品不可缺少的溶剂。

⑧食用酒精是大规模发酵生产优质食用乙酸的最好原料。

（4）酒精工业的副产品　大型酒精企业除主要生产酒精外，还有如下副产物：优质颗粒饲料 DDGS（含可溶物的干酒精糟，distiller dried grains with soluble）；优质食用级 CO_2，CO_2 是发酵过程中生成的数量最大的副产物，高纯度食用级 CO_2 除用于碳酸饮料外，还在保护焊接、药物萃取、制冷、温室生产等方面有广泛的用途；固体 CO_2 可作冷冻剂及人工降雨需用的材料；玉米油、玉米胚芽油是优质保健食品；以玉米、小麦等为原料的大型酒精生产企业，还可生产玉米淀粉、葡萄糖浆、果葡糖浆、谷朊粉、玉米蛋白等；杂醇油是某些食用香料的主要原料。

3. 酒精国家标准

酒精作为一种原料性的产品，其产品质量必须达到一定的标准。通常，酒精按含杂质多少分为无水酒精、试剂酒精、食用酒精、医药酒精、工业酒精等。这里介绍两个常用的酒精国家标准：GB 10343—2008《食用酒精》和 GB/T 394.1—2008《工业酒精》。

GB 10343—2008《食用酒精》适用于以谷物、薯类、糖蜜为原料，经发酵、蒸馏而制成的含水酒精，为食品工业专用的酒精。该国家标准对其感官要求和理化指标提出了具体的要求。GB/T 394.1—2008《工业酒精国家标准》适用于以谷物、薯类、糖蜜为原料，经发酵、蒸馏而制成的含水工业酒精，其杂质指标比食用酒精宽松。按该标准生产的酒精不得用于食品、饮料。

4. 发酵生产酒精的基本原理

酒精发酵是在无氧条件下，微生物（如酵母菌）分解葡萄糖等有机物，产生酒精、CO_2 等不彻底氧化产物，同时释放出少量能量的过程。它是生物和化学相结合的一种现象。酒精发酵过程中，酵母菌进行的是厌气性发酵，进行无氧呼吸，发生复杂的生化反应。从发酵工艺来讲，既有发酵醪中的淀粉、糊精被糖化酶作用，水解生成糖类物质的反应；又有发酵醪中的蛋白质在蛋白酶的作用下，水解生成小分子的蛋白胨、肽和各种氨基酸的反应。这些水解产物，一部分被酵母细胞吸收合成菌体，另一部分则发酵生成了酒精和 CO_2，还要产生副产物杂醇油、甘油等。

酒精生产要求以最少的原料来生产尽可能多的酒精产品，这就要求尽量减少发酵损失。另外，生物技术的发展，已为高强度发酵和高温发酵等新技术的采用铺平了道路。因此，我们在进行酒精发酵时，应尽量创造和满足以下条件：①在发酵前期，要创造条件，让酵母菌迅速繁殖，并占绝对统治地位；②保持一定量的糖化酶活力，使糖化醪中糊化的淀粉继续被分解，生成可发酵性糖，即要保证后糖化的继续进行；③发酵过程的中后期，要造成厌氧条件，使酵母菌在无氧条件下进行糖的酒精发酵；④要做好杂菌污染的预防工作，避免因此造成的损失；⑤要采取必要措施，提高酒精发酵强度，降低酒精厂的造价和酒精的生产成本；⑥注意回收 CO_2 及其夹带的酒精，CO_2 应进一步利用。

二、酒精发酵主原料

在生产工艺上，凡是含有可发酵性糖或可变为发酵性糖的物料，都可以作为酒精生产原料。目前工业生产中常用的酒精发酵主原料包括淀粉质原料，糖质原料和纤维原料三大类。

1. 淀粉质原料

淀粉质原料是生产酒精的主要原料，可分为薯类原料、谷类原料及农副产品类原料。我国发酵酒精80%是用淀粉质原料生产的，其中以甘薯干等薯类为原料的约占45%，玉米等谷物为原料的约占35%。

（1）薯类原料　薯类原料包括甘薯、木薯、马铃薯、山药等。

①甘薯　目前国内大多数酒精厂都采用甘薯干为原料。甘薯又称甜薯、红薯、白薯或番薯，各地叫法不一。甘薯在我国分布较广，除西藏和东北的部分地区以外，其他各省均有栽培，其中四川、山东、河南、安徽、河北等省产量较多。甘薯品种很多按照块根表皮的颜色可分为红、白、黄、紫皮等四种，按成熟期来分，有早熟、中熟、晚熟等三种。

甘薯用于发酵生产酒精在工艺上有以下优点：a. 在酒精发酵过程中，甘薯原料的出酒率较高。这是因为甘薯结构松脆，淀粉纯度高，易于蒸煮糊化，为以后的糖化发酵创造有利条件。此外甘薯中脂肪含量及蛋白质含量较低，发酵过程中生酸幅度小，降低了其对淀粉酶的破坏作用。b. 甘薯酿造酒精时，加工过程简单，淀粉利用率高，是很好的酒精原料。然而甘薯作原料也有一定的缺点，比如，甘薯中树脂类物质（地瓜油子）可妨碍发酵作用，不过数量极微，作用不大。其次，甘薯的果胶含量较其他原料多一些，故甲醇生成量较大。此外，甘薯产量大却容易腐败，不易保存的特点较其他农产品显著。同时，由于甘薯含有大量糖分和水分，表皮擦伤后杂菌更易侵入。一般作物多是夏季腐败，甘薯在秋末和寒冷的冬季也易变质。

值得一提的是，甘薯病害多，主要有杂菌侵入引起的黑斑病、软腐病、青霉病等。腐败甘薯含有甘薯酮，会影响出酒率；病薯中的毒害物质会影响发酵作用，严重影响出酒率；用黑斑病薯生产的酒精食用苦味很大，严重影响酒的品质。

②马铃薯　又称洋芋、土豆或山药蛋，东北、西北、内蒙的产量很大。马铃薯形状大小不一，有圆形、卵形、椭圆形以及不规则形。马铃薯种类繁多，一般采用工业用马铃薯作为酒精原料。

③木薯　木薯是多年生植物，灌木状，粗而长，多产自于我国的广东、广西、福建等南方地区。木薯所含淀粉较纯，且淀粉颗粒大，加工方便，生产的酒精质量也高。木薯是高产作物，易栽培，是酒精工业良好的原料。木薯种类多，大体分为苦味木薯和甜味木薯两大类。苦味木薯又称为毒木薯，茎秆为红或淡红色，产量高，生长期长约为一年半。含较多的氢氰酸，可蒸煮后除去，不影响成品质量；甜味木薯又称无毒木薯，茎秆为绿或棕色，生长期短，约为一年，产量较低。

（2）谷物原料　谷物原料包括玉米、小麦、高粱、大米等。

①玉米　又称玉蜀黍、苞米、珍珠米、苞谷等，籽粒组织清晰。玉米含有丰富的脂肪，主要集中在胚芽中，属于半干性植物油。一般黄色玉米淀粉含量较白色的高，是生产酒精的良好原料，但从节约粮食角度考虑，玉米不应作为一般工业酒精原料，必须考虑替代原料。

②高粱　又称红高粱。高粱按色泽，可分为白高粱、红高粱、黄高粱等，按品种又分为

黏高粱、粳高粱，黏高粱适合做酒精原料。高粱种皮上所含有的单宁和色素会使发酵酸度上升，进而阻碍酒精的发酵。在酒精生产中，若以黑曲为糖化剂，可减少单宁的不良影响。

（3）野生植物 野生植物原料包括橡籽仁、葛根、土茯苓、蕨根、石蒜、金刚头、香附子、芭蕉芋等。一般情况下，野生植物含较多的单宁物质，可促使淀粉糖化和发酵的酶类结合而产生沉淀，还会影响酵母活性，进而降低出酒率。

橡子，橡树的果实，橡树又称麻栎、榨树。橡子为黄或棕色坚果，呈卵形或球形，1956年起，我国就开始用橡子来生产制造酒精。橡子含单宁和戊糖，在工业上可采取以下措施除去单宁：a. 在发酵过程中，可使用对单宁分解能力较强的曲霉菌，黑曲霉较黄曲霉分解单宁能力强，尤其是 As. 3. 758 菌种对单宁分解能力较强，适于以高粱、橡子为原料的酒精发酵；b. 提高醪液的蛋白质含量，因蛋白质增加可减少单宁与酶的结合，可通过增加酒曲与酵母的用量来达到提高蛋白质含量的目的；c. 温水浸泡也可降低单宁含量，但缺点是同时也使糖分损失；d. 对于橡子而言，提前除去外壳；e. 延长蒸煮时间或采用混合原料均可降低单宁含量。

此外，还有一些农产品加工副产品，如米糠、米糠饼、麸皮、高粱糠、淀粉渣、豆饼、酒糟废糖液等，也可作为酒精工业的原料，可有效利用资源，节约成本。土茯苓、石蒜、蕨根、葛根、菊芋等分布广泛的植物，既可作为酒精原料，也可用于提取其他有用物质，是酒精发酵淀粉质原料良好的替代材料。

2. 糖质原料

常用的糖质原料有糖蜜、甘蔗、甜菜和美国甜高粱等。糖质原料可发酵成分是糖分，可利用酵母进行直接发酵，其生产酒精工序简单，成本较低，是酒精发酵的理想原料，只是制糖和其他发酵工业也都需要糖质原料，竞争激烈，所以我国糖质原料用于酒精生产极其有限。

（1）糖蜜 糖蜜可分为甘蔗、甜菜和柑橘类糖蜜，酒精生产基本使用前两种。糖蜜有的直接由糖汁而来，有的则是由红糖或白糖精炼而来，为呈棕黄色至黑褐色的均匀浓稠液体。有些糖蜜直接是甘蔗或甜菜糖厂制糖过程中的一种副产物，又称废糖蜜。许多糖厂都附设有酒精车间将副产物糖蜜直接发酵成酒精。糖厂中的酒精车间规模不大。因为甘蔗、甜菜这两类原料均为新鲜原料，且微生物以此为营养，故收购后应及时加工。国外的甘蔗、甜菜糖厂一般都和农户协商合作，实现了采收、收购和加工一体化，以减少糖分的损失。

①糖蜜组成：甘蔗糖蜜（sugarcane molasses）中含有较大量的蔗糖和转化糖。由于产区土质、气候、原料品种、收获季节和制糖方法、工艺条件不同，糖蜜成分也不同。甘蔗中的淀粉以淀粉粒的形式储存于蔗节附近作为蔗芽发育的养料。淀粉还存在于甘蔗的根和叶中。甘蔗淀粉的细微粒子在压榨过程中很容易分散进入蔗汁，虽然制糖过程试图除去淀粉，但整个工艺对淀粉的影响很小，汁中的淀粉几乎可以全部通过所有工艺而最后聚集到废糖中去，含量可高达2%左右。

甜菜糖蜜（beet molasses）为甜菜糖厂的一种副产物，它的产量为甜菜的3%~4%，甜菜主要生长在我国的东北、西北和华北地区。甜菜的块根水分占75%，固形物占25%。固形物中蔗糖占16%~18%，非糖物质占7%~9%。非糖物质又分为可溶性和不可溶性两种，不可溶性非糖主要是纤维素、半纤维素、原果胶质和蛋白质；可溶性非糖又分为无机非糖和有机非糖。无机非糖主要是钾、钠、镁等的盐类；有机非糖可再分为含氮或无氮。无氮非糖有脂肪、果胶质、还原糖和有机酸；含氮非糖又分为蛋白质和非蛋白质。非蛋白非糖主要指甜菜碱、酰胺和氨基酸。甜菜制糖工业副产品主要是块根内 3.5% 左右的糖分和 7.5% 左右的非糖物质以及在加工过程中投入与排出的其他非糖物质。这些副产品可被加工成甜菜碱和甜菜糖蜜。

甜菜糖蜜与甘蔗糖蜜的主要区别为甜菜糖蜜中转化糖含量极少，而蔗糖含量较多，占约一半，这可能与蔗糖中含有一定量的淀粉有关；甘蔗糖蜜呈微酸性，而甜菜糖蜜呈微碱性；甜菜糖蜜中氮含量为 1.68%~2.3%，甘蔗糖蜜则为 3%~4%，虽然甜菜糖蜜含氮量较甘蔗糖蜜多，但甜菜糖蜜含氮量 50% 的甜菜碱很少被酵母消化（在强烈通风下仅消化 50%）。

②非发酵组分的酶转化：糖蜜中的非发酵组分除了前面提到过的淀粉外，还含有以下非发酵糖分，如棉子糖、水苏糖、β-葡聚糖、木聚糖和纤维素等，这些糖含量可达 10% 以上。

a. 淀粉类，糖蜜中的生淀粉转化与生料发酵相似，添加少量的糖化酶和真菌淀粉酶即可。淀粉在酶的作用下转化为葡萄糖可被酵母利用。除淀粉外，其中还含有少量糊精，糖化酶可将其转化为可发酵的葡萄糖。

b. 棉子糖和水苏糖，棉子糖由 α-D-半乳糖和 α-D-葡萄糖及 β-D-果糖各 1 分子组成，而水苏糖则由两个 α-D-半乳糖和各一分子的 α-D-葡萄糖及 β-D-果糖组成。研究表明，一些酵母可以利用部分棉子糖。一般情况下，甜菜糖蜜中的棉子糖明显高于甘蔗糖蜜。

c. β-葡聚糖、木聚糖和纤维素，糖蜜中还含有一定量的非淀粉类多聚糖，如 β-葡聚糖、木聚糖和纤维素。这些糖可被一定程度水解，但要分解到酵母可以利用的发酵糖，则需要很长的反应时间和多种酶的配合。一般水解它们的酶有 β-葡聚糖酶、木聚糖酶和纤维素酶等。

β-葡聚糖酶和纤维素酶作用于葡聚糖，生成纤维二糖和纤维寡糖，要进一步分解则需要 β-1,4-葡萄糖苷酶催化，以水解成葡萄糖。木聚糖水解生成的木糖不能被一般的酿酒酵母所利用，葡萄糖异构化酶可将木糖转化为果糖。但因为成本问题，这类酶更适合应用于糖蜜的储藏过程中，以便有足够的反应时间。

d. 果胶，糖蜜中含有 5%~12% 的胶体物质，其是由果胶质、焦糖和黑色素等组成，这也是酒精发酵过程中产生大量泡沫的主要原因，同时，这些物质的存在也降低了发酵罐的利用率。胶体物质会吸附到酵母表面，从而使酵母的新陈代谢作用变慢，尤其是焦糖、黑色素的抑制作用。除去果胶质、焦糖和黑色素等物质可大大提高发酵罐的发酵率。果胶酶的加入可分解一定的残余果胶，从而提高发酵过程中的传质作用和酵母的利用率。

另外，糖蜜中含有的养分有利于酵母的生长繁殖，但为了使酵母更好地生长，还需额外加入一定量的养分。通过蛋白酶的分解，糖蜜中的蛋白质可以成为酵母的优质氮源。

（2）其他糖质原料

①甘蔗：甘蔗是一种热带植物，生长环境要求气候湿润、温度较高（约 35℃）。全球年产量超过 5600 万 t。人们早些年间已经开始利用甘蔗直接生产发酵酒精。甘蔗酿制酒精的酒精能量产出和投入比能效很高，约为 22∶1。压榨或萃取后所得的甘蔗汁经石灰水澄清处理后，含糖约 12%~13%，可直接用于酒精发酵；剩余的甘蔗渣可作为锅炉燃料或造纸，也可进一步作为纤维酒精的原料。

②甜菜：甜菜与甘蔗一样，都是主要的制糖原料，但比甘蔗更通用，因其适应各种土壤和气候条件。其单位面积产量可超过甘蔗。甜菜所含糖主要为蔗糖，此外还含有少量转化糖、棉子糖、戊聚糖、淀粉及纤维素和半纤维素等碳水化合物与果胶质。

③甜高粱：甜高粱为高秆作物，也称"二代甘蔗"。因其上边长粮食，下边长甘蔗，所以又称高粱甘蔗。甜高粱株高约5m，最粗的茎秆直径为4~5cm，茎秆含糖量很高，可与南方甘蔗媲美。甜高粱生长适应能力极强，糖分萃取后，残余纤维可做饲料。亩产甘蔗20t，产籽种450kg。是一种很有发展潜力的糖质原料。

3. 纤维类物质

植物体的主要组成部分是纤维，纤维类物质是自然界中的可再生资源，其含量十分丰富。天然纤维原料由纤维素、半纤维素和木质素三大成分组成，它们均较难被降解，长期以来人们都在研究如何利用纤维质原料生产酒精及其他化工产品。近年来，纤维素和半纤维素生产酒精的研究有了突破性进展，纤维素和半纤维素已成为很有潜力的酒精生产原料。可用于酒精生产的纤维质原料包括农作物纤维质下脚料（稻草、麦草、玉米秆、玉米芯、花生壳、稻壳、棉籽壳等），森林和木材加工工业下脚料（树枝、木屑等），工厂纤维素和半纤维素下脚料（甘蔗渣、废甜菜丝、废纸浆等）及城市废纤维垃圾等四类。用纤维质原料发酵酒精目前有较大进展，尤其是利用农作物纤维下脚料等来生产发酵酒精，具有很大的发展潜力。

（1）农作物纤维下脚料 常见的农作物纤维质下脚料有麦草、稻草、稻壳、棉籽壳、花生壳、玉米秆、玉米芯、高粱秆等。小麦、大米、玉米、甘蔗、燕麦为世界上主要几种农作物，其下脚料年产量均相当可观。

（2）森林和木材加工工业下脚料 森林采伐时，有许多纤维质下脚料如树梢、树枝、树桩等。此外，森林中不成材的树木与枯枝残秆也在整个木材储量中占很大比例。这些下脚料共约占木材总储量的23%~32%。森林和木材加工工业下脚料均是酿造酒精的纤维质原料。

（3）工厂纤维素和半纤维素下脚料 工厂纤维素下脚料主要有糖厂的甘蔗渣、纺织厂的废花、纸厂的废纸浆等。半纤维素下脚料主要有废甜菜丝、造纸用草料等，利用下脚料中的半纤维素生产酒精，具有非常大的潜力。

（4）城市废纤维垃圾 城市生活垃圾中，有相当一部分为纤维垃圾，且其比重会随人类生活水平的提高而增加。在发达国家，它已经成为数量可观、来源稳定的纤维质资源。因此，许多纤维质原料酒精厂是以纤维质垃圾为原料的。通过利用城市垃圾来制造酒精燃料，既可减轻环境负担，又可造福人类。

三、酒精生产用水

酒精生产过程的许多环节均需用水，比如粉碎工艺浸泡原料用水、拌料用水以及酵母菌扩增培养用水等。这些用水直接参与发酵过程，因此称为工艺用水，对其质量要求较高，须达到饮用水标准。锅炉用水应符合用水标准，达不到要求则应进行软化处理。另外，酒精生产用水除工艺用水外，还有锅炉用水、冲洗水、冷却水等。换热器降温用水，半成品、成品冷却用水，粉浆罐、液化罐、糖化罐、发酵罐、蒸馏系统、DDGS生产系统等的冲洗用水均须达到饮用水标准。

水的质量保障是酒精生产中的关键环节。水的硬度一般是指水中钙离子、镁离子等阳离子的浓度。水的硬度大通常意味着水中钙离子、镁离子的浓度高，若钙、镁离子含量高的硬水用于锅炉，会使锅炉管道很容易结垢，而且浪费能源。水的硬度规定为1L水中含有10mgCaO或7.19mgMgO为1°d（德国标准）。

酒精生产用水中，冷却用水与工艺用水可以重复利用，比如经换热器降温后的水，根据换热器所在工序部位不同，温度也有所不同，但均为温水（30℃以上）；从精馏塔塔釜排出的温度较高的热废水数量很大，其热能在现代大型蒸馏系统的萃取蒸馏塔中被充分利用，这样不仅节约了部分能源，还节约了很多用水。从醪塔排出的液体酒糟，通过分离机把糟液中的固形物分离后，所剩余的糟液可作为拌料用水，此为清液回用。清液回用对节水、节能是一项很大的突破。

四、酒精发酵辅料

除去淀粉质、糖质和纤维质原料外，还有其他一些生产酿造酒精的原料。比如说亚硫酸盐废液、乳清、甘薯淀粉渣和马铃薯淀粉渣等都可以通过合理利用成为制造酒精的良好材料。酒精生产发酵的辅助原料是指制造糖化剂和用来补充氮源所需的原料。常用的酒精辅助原料有麸皮和米糠、酶制剂、尿素、纯碱、硫酸等。

1. 麸皮米糠

麸皮作为面粉生产的副产物，淀粉含量少，不能用作酒精发酵主要原料，但它具有培养霉菌的良好特性，可作为辅料用于酒精发酵过程中制作麸曲。米糠是淀粉和谷物加工的副产物，含有一定量的淀粉和氮源，可作为酒精发酵辅助原料。

2. 酶制剂

酒精生产用酶制剂有耐高温的 α-淀粉酶、高活性糖化酶和酸性蛋白酶等。

（1）耐高温 α-淀粉酶　广泛应用于淀粉糖（葡萄糖、饴糖、糊精、果糖、低聚糖）、酒精、啤酒、味精、食品酿造、有机酸、纺织、印染、造纸及其他发酵工业等。能在较高的温度下迅速水解淀粉分子中 α-1,4 葡萄糖苷键，任意切断成长短不一的短链糊精和少量的低聚糖，从而使淀粉的黏度迅速下降。液化作用时间延长，还会产生少量的葡萄糖和麦芽糖。其作用是与液化喷射器协同完成淀粉液化过程。大型酒精企业需选用大包装液体剂型，这种剂型的酶活力高、价格低且使用方便。

（2）高活性糖化酶　作用于将液化后的短链淀粉和糊精彻底水解成葡萄糖。商品剂型分液体和固体两种，其中液体剂型酶活力高且成本低，是大型企业之必选剂型。

（3）酸性蛋白酶　对淀粉质原料的淀粉颗粒有溶解作用。在酒精发酵中添加适量的酸性蛋白酶，可降低醪液粘度，提高酒精产率。酸性蛋白酶目前在国内外酒精企业中应用十分广泛。

3. 尿素、Na_2CO_3 和 H_2SO_4

尿素是现代大型酒精生产中常用的一种酵母菌氮源，纯品尿素为白色无臭结晶，含氮量46.3%，30℃时溶解度为57.2%。尿素本来是一种高效农用氮源，因其纯度高、质量稳定而成为酒精发酵生产之首选氮源。随着对酒精发酵醪液技术认识的不断深入，为酵母菌提供充足氮源。

Na_2CO_3、NaOH 和漂白粉是发酵罐、粉浆罐、液化罐、糖化罐、换热器、连通管线等清洗除菌的化学清洗剂和消毒剂。对清洗剂和消毒剂的要求是有清洗和杀灭微生物效果，对人体无害、无危险、易溶于水，无腐蚀性、且储存稳定。酒精企业常将几种清洗剂复合使用，当 NaOH：Na_2CO_3：漂白粉：H_2O 为 1：7.5：10：100 时被认为是一个效果较好的配方。Na_2CO_3 另一方面的用途是调整回用清液 pH，使其能达到耐高温 α-淀粉酶的最适 pH。

硫酸（H_2SO_4）在酒精生产中主要用来调整醪液的 pH。对 H_2SO_4 的要求是，其含量在 92%以上，砷含量不小于 0.0001%。98%的浓 H_2SO_4 密度为 1.8365g/cm^3（20℃）。使用 H_2SO_4 时须注意安全，因其能与多数金属及其氧化物发生反应；使用不当，可造成人体皮肤和衣物的损伤。

第二节　酒精发酵微生物及机制

一、酒精发酵用微生物

产酒精的微生物主要包括酵母和细菌两大类。菌株选育的目标一是通过基因工程和代谢工程等现代生物技术手段，构建发酵性能优良的菌株，调控微生物代谢过程，提高酒精对糖的收率，以降低燃料酒精生产的原料消耗；二是提高菌株的耐温性以提高发酵温度，降低大型发酵装置夏季高温季节的冷却费用，以及提高菌株的耐酒精性能以提高发酵终点发酵醪中的酒精浓度。

1. 酒精发酵微生物

许多微生物都能利用糖进行酒精发酵，但实际生产中用于酒精发酵的几乎全是酒精酵母，俗称酒母。酒精企业培养酵母菌历经几十年，但由于设备、技术人员能力差距，生产成本相对较高，故而活性干酵母成为了企业首选。酒用活性干酵母用于白酒、酒精、醋的生产发酵，可以节约人力、物力，降低成本，提高粮食利用率（3%~5%）。目前国内正在以酒用活性干酵母代替白酒厂和酒精厂酒母培养车间，大大节省了建厂投资。啤酒、葡萄酒等企业也需要专用的啤酒和葡萄酒酵母，提高酒的品质。活性干酵母是由特殊培养的鲜酵母经压榨干燥脱水后仍保持强的发酵能力的干酵母制品。将压榨酵母挤压成细条状或小球状，利用低湿度的循环空气经流化床连续干燥，使最终发酵水分达 8%左右，并保持酵母的发酵能力。

常用的酵母菌株有南阳酵母（1300 和 1308）、拉斯 2 号酵母（Rasse Ⅱ）、拉斯 12 号酵母（Rasse Ⅻ）、K 字酵母、M 字酵母（Hefe M）、日本发研 1 号、卡尔斯伯酵母等。一些细菌如森奈假单胞菌（*Ps. lindneri*）和嗜糖假单胞菌（*Ps. saccharophila*），可利用葡萄糖进行发酵生产乙醇。总状毛霉深层培养时也产生乙醇。利用细菌发酵酒精早在 20 世纪 80 年代初就引起了注意，但此方法还未达到工业化，其中有许多问题有待研究。

2. 糖化微生物

利用淀粉质原料发酵生产酒精时，须先将淀粉全部或部分转化为葡萄糖等可发酵性糖，称为糖化，所用催化剂称为糖化剂。糖化剂可以是微生物制成的糖化曲（包括固体曲和液体曲），糖化剂也可以是商品酶制剂。无机酸也可以起到糖化剂的作用，但酒精生产中一般不采用酸糖化。产酒精细菌中研究较多的是运动发酵单胞菌（*Zymomonas mobilis*），它是一种革兰阴性厌氧菌，与酵母相比，它具有葡萄糖利用率高、酒精产率高、生长和发酵的能耗低、耐酒精度高、能在较高糖浓度中生长发酵、酒精发酵率接近理论值及在连续发酵细胞再循环系统中不需控制氧浓度等优点。实际生产中能产生淀粉酶来水解淀粉的微生物主要是曲霉、根霉和毛霉。曲霉包括黑曲霉、白曲霉、黄曲霉、米曲霉等。我国的糖化菌种经历了从米曲霉到黄曲霉，进而发展到用黑曲霉的过程。著名的有东京根霉（即河内根霉）（*R. tonkinensis*）、鲁氏毛霉（*M. rouxii*）和爪哇根霉（*R. javanicus*）等。

在纤维素生物质酶解糖化过程中，有20%左右的半纤维素降解为戊糖，而自然界中高效的乙醇发酵菌株缺少利用和转化戊糖的能力或转化效率很低，这无疑降低了木质纤维素的乙醇转化率。而理想的生物质乙醇发酵菌应该能够发酵所有生物质来源的糖，并与纤维素完全水解所需的纤维素酶有协同作用。因此，构建能够利用戊糖的工程菌就显得尤为重要。

目前，利用现代基因工程技术构建基因重组菌株，是获得代谢葡萄糖和木糖高效产乙醇重组菌株的一条重要途径。通过打断琥珀酸合成途径中的延胡索酸合成酶基因，产生的名为KO11的大肠杆菌可发酵半纤维素水解产物中的几乎所有的糖生产乙醇，其乙醇生产能力较高，并且对木质纤维素水解产物中的抑制剂具有相对高的耐受性；此外，美国普渡大学将木糖还原酶、木糖醇脱氢酶和木酮糖激酶的基因转入了糖化酵母（*S. diastaticus*）和葡萄汁酵母（*S. uvarum*）的融合菌株，该菌能同时发酵葡萄糖和木糖产生酒精，提高了发酵酒度和底物利用率。

二、酒精发酵过程与机制

酒精发酵是葡萄糖在酵母菌的作用下生成酒精的过程。酒精发酵不需要氧气参与，故应在密闭条件下进行，若存在空气，则酵母将一部分进行不完全发酵，另一部分则进行呼吸作用，从而使酒精产量有所下降。

1. 酒精酵母的生长繁殖与发酵

酒精酵母进入糖化醪后，糖分被酵母细胞吸收深入细胞内部，经过酵母细胞内部糖酒精转化酶系统的作用，最终生成酒精、CO_2和能量，其中一部分能量被酵母细胞作为新陈代谢的能源，余下的能量酒精和CO_2被酵母排出细胞外。酵母菌就是用这种方式进行糖和酒精的发酵。

酒精从酵母细胞排出后很快就分散在周围介质中，因为酒精可以和水任意比混溶，这样，酵母细胞周围的酒精浓度并不比醪液中的高，CO_2也会溶解在醪液中，但是很快就会达到饱和状态。此后酵母菌产生的CO_2就会吸附在酵母细胞表面，直至超过细胞的吸附能力时，CO_2转变为气体状态，形成小气泡。当小气泡增大，其浮力超过细胞重力，细胞被气泡带动浮起，直至到醪液表面，气泡破裂。CO_2释放进入空气中，而酵母菌细胞在醪液中慢慢下沉。CO_2的上升，带动了醪液中酵母菌细胞在发酵罐中上下浮动，使细胞能够充分地与醪液中的糖分接触，发酵作用就更充分彻底。

发酵后期，醪液中糖分含量降低到一定水平以下，而液体中的CO_2已经达到饱和，这时细胞排出CO_2变得困难，因而对发酵形成阻碍。为了使CO_2得到释放，必须使其与发酵罐表面接触，使带负电的CO_2与带有同种电荷的发酵罐之间产生排斥，CO_2无法在罐表面停留而逸出。

2. 酒精发酵动力学过程

根据发酵动力学研究，可以把酒精发酵过程大致分为发酵前期、主发酵期和后发酵期。依据这一规律和微生物学基础理论可以将酵母酒精发酵工艺过程分为间歇发酵、半连续发酵和连续发酵。间歇发酵是酵母酒精发酵的基础过程。

（1）发酵前期　发酵前期在糖化醪进入发酵罐并与酒精酵母混合开始，酵母细胞密度还比较低，酵母经过短期适应后开始繁殖。由于此时醪液中含有一定数量的溶解氧，醪液中各种养分也比较充足，又不存在最终产品酒精的抑制，所有酵母繁殖迅速。与此同时，后糖化作用继续进行，淀粉不断转化为葡萄糖。这一阶段，由于酵母菌细胞密度不高，发酵作用不强，酒精和 CO_2 产生量很少，糖分消耗比较慢，发酵醪表面显得比较平静。

发酵前期的长短与酵母菌的接种量有关。如果接种量大，则发酵前期短；反之，则长。实际生产时的酵母菌接种量一般可达 10% 左右，间歇发酵的发酵前期只有 6~8h，连续发酵不存在发酵前期。

发酵前期发酵作用并不强烈，故醪液温度上升不快。发酵醪液的温度应控制在 28~30℃，超过 30℃，容易引起酵母早衰，致使主发酵过程过早结束，造成发酵不彻底。

（2）主发酵期　在主发酵期，酵母细胞已完成了大量增殖，醪液中的酵母细胞数可达 10^8 个/mL 以上，主要进行酒精发酵。间歇发酵时，发酵醪液的酒精浓度大于 12%（体积分数）以上，酵母细胞的繁殖基本停止。主发酵期，酵母代谢释放大量热量，醪液的温度上升很快，应及时采取冷却措施。一般酒精厂都控制发酵温度不超过 34℃。目前，大型酒精厂的发酵醪液降温主要采用板式换热器使发酵液循环冷却。

主发酵期醪液中的糖分迅速下降，酒精含量逐渐增多。从外观看，由于大量的 CO_2 产生，带动醪液上下翻动，并发出气泡破裂的响声，气势壮观。在间歇发酵的主发酵阶段，发酵醪液的外观糖度下降速度一般为每小时下降 1%。在理论上，这相当于每升醪液每小时发酵 8.47g 二糖，生成 5.58mL 或 4.43g 酒精，释放出 2.1L CO_2 和 1.13kg 热量。主发酵时间的长短取决于发酵醪液所含的糖分，糖分高则主发酵持续时间延长，反之则短。主发酵时间一般为 12h 左右。

（3）后发酵期　在后发酵期，醪液中的糖分大部分已被酵母菌发酵，但醪液中残存的糊精等继续被淀粉酶系作用转化为葡萄糖，而酵母菌则继续将它转化为酒精。由于后糖化作用较缓慢，所以酒精和 CO_2 的生成量要少得多。从醪液表面看，虽然仍有气泡不断产生，但醪液不再上下翻动，酵母和固形物部分下沉。由于发酵作用减弱，产热大为减少，应注意控制醪液温度在 30~32℃，否则会影响后糖化作用和淀粉的酒精产率。以淀粉质原料生产酒精的后发酵阶段一般需要 40h 左右才能完成，这是酒精发酵延续时间最长的阶段。为了提高设备利用率和酒精的发酵强度，采用强制循环等措施来强化后发酵是十分必要的。

3. 酒精发酵的生化机制

对于淀粉和纤维质原料，先进行水解之后在酵母菌的作用下发酵生成酒精。而糖质原料则是直接被酵母菌利用，进行酒精发酵。在酒精发酵过程中主要经过下述五个阶段：

（1）葡萄糖磷酸化，生成 1,6-二磷酸果糖。

①葡萄糖磷酸化：葡萄糖在己糖激化酶的催化下，由 ATP 供给磷酸基，转化成 6-磷酸葡萄糖。反应需由 Mg^{2+} 激活。

$$葡萄糖 \xrightarrow[\text{己糖激酶，} Mg^{2+}]{\overset{\text{ATP} \quad \text{ADP}}{}} 6\text{-磷酸葡萄糖}$$

②6-磷酸葡萄糖和 6-磷酸果糖的互变：6-磷酸葡萄糖在磷酸己糖异构酶的催化下，转变为 6-磷酸果糖。

$$6\text{-磷酸葡萄糖} \underset{}{\overset{\text{磷酸己糖异构酶}}{\rightleftharpoons}} 6\text{-磷酸果糖}$$

③6-磷酸果糖生成 1,6-二磷酸果糖：6-磷酸果糖在磷酸果糖激酶催化下，由 ATP 供给磷酸基及能量，进一步磷酸化，生成活泼的 1,6-二磷酸果糖，反应需由 Mg^{2+} 激活。

$$6\text{-磷酸果糖} \xrightarrow[\text{磷酸果糖激酶，} Mg^{2+}]{\overset{\text{ATP} \quad \text{ADP}}{}} 1,6\text{-二磷酸果糖}$$

（2）1,6-二磷酸果糖分裂为二分子磷酸丙糖。

①1,6-二磷酸果糖分解生成二分子三碳糖：一分子1,6-二磷酸果糖在醛缩酶的催化下，分裂为一分子磷酸二羟丙酮和一分子3-磷酸甘油醛。

$$1,6\text{-二磷酸果糖} \underset{}{\overset{\text{醛缩酶}}{\rightleftharpoons}} \text{磷酸二羟丙酮} + 3\text{-磷酸甘油醛}$$

②磷酸二羟丙酮与3-磷酸甘油醛互变：磷酸二羟丙酮与3-磷酸甘油醛是同分异构体，两者可在磷酸丙糖异构酶催化下互相转变。

$$\text{磷酸二羟丙酮} \underset{}{\overset{\text{磷酸丙糖异构酶}}{\rightleftharpoons}} 3\text{-磷酸甘油醛}$$

反应平衡时，趋向生成磷酸二羟丙酮（占96%）。

（3）3-磷酸甘油醛经氧化（脱氢），并磷酸化，生成1,3-二磷酸甘油酸，然后将高能磷酸键转移给ADP，以产生ATP，再经磷酸基变位和分子内重排，又给出一个高能磷酸链，而后变成丙酮酸。

①3-磷酸甘油醛脱氢并磷酸化生成1,3-二磷酸甘油酸，生物体通过这个反应可获得能量。

$$3\text{-磷酸甘油醛} \underset{}{\overset{\text{NAD} \quad \text{NADH}_2}{\underset{3\text{-磷酸甘油醛脱氢酶}}{\rightleftharpoons}}} 1,3\text{-二磷酸甘油酸}$$

②3-磷酸甘油酸的生成：1,3-二磷酸甘油酸在磷酸甘油酸激酶的催化下，将高能磷酸（脂）键转移给ADP，其本身变为3-磷酸甘油酸，反应需Mg^{2+}激活。

$$1,3\text{-二磷酸甘油酸} + \text{ADP} \underset{}{\overset{\text{磷酸甘油酸激酶}, Mg^{2+}}{\rightleftharpoons}} 3\text{-磷酸甘油酸} + \text{ATP}$$

③3-磷酸甘油酸与2-磷酸甘油酸的互变：在磷酸甘油酸变位酶催化下，3-磷酸甘油酸与2,3-二磷酸甘油酸互换磷酸基，生成2-磷酸甘油酸。

$$\begin{array}{c}3\text{-磷酸甘油酸} + \text{酶-磷酸} \\ （\text{磷酸化型}）\end{array} \underset{}{\overset{\text{磷酸甘油酸变位酶}}{\rightleftharpoons}} \begin{array}{c}2,3\text{-二磷酸甘油酸} + \text{酶} \\ （\text{非磷酸化型}）\end{array}$$

$$\underset{}{\overset{\text{磷酸甘油酸变位酶}}{\rightleftharpoons}} \begin{array}{c}2\text{-磷酸甘油酸} + \text{酶-磷酸} \\ （\text{磷酸化型}）\end{array}$$

④2-磷酸烯醇式丙酮酸的生成：在烯醇化酶的催化下，2-磷酸甘油酸脱水，生成2-磷酸烯醇式丙酮酸，反应需Mg^{2+}激活。

$$2\text{-磷酸甘油酸} \underset{}{\overset{\text{己糖激酶}, Mg^{2+}}{\rightleftharpoons}} 2\text{-磷酸烯醇式丙酮酸} + \text{H}_2\text{O}$$

⑤丙酮酸的生成：在丙酮酸激酶的催化下，2-磷酸烯醇式丙酮酸失去高能磷酸键，生成烯醇式丙酮酸。烯醇式丙酮酸极不稳定，不需酶激化即可变为丙酮酸。

$$2\text{-磷酸烯醇式丙酮酸} + \text{ADP} \underset{}{\overset{\text{丙酮酸激酶}, Mg^{2+}或K^+}{\rightleftharpoons}} \text{烯醇式丙酮酸} + \text{ATP}$$

烯醇式丙酮酸极不稳定，不需酶激化即可变为丙酮酸：

$$\text{烯醇式丙酮酸} \rightleftharpoons \text{丙酮酸}$$

以上十步反应可总结为：

$$C_6H_{12}O_6 + 2NAD + 2H_3PO_4 + 2ADP \longrightarrow 2CH_3COCOOH + 2NADH_2 + 2ATP$$

上述由葡萄糖生成丙酮酸的反应称作E-M途径，在代谢过程中具有重要作用。生成的丙酮酸还可继续降解。当在无氧条件下，可生成不同的代谢产物，如：乙醇、乳酸等。有氧时则被彻底氧化为 H_2O 和 CO_2。

（4）酒精的生成。

酵母菌在无氧条件下，将丙酮酸继续降解，产生乙醇。其反应如下：

①丙酮酸脱羧生成乙醛：在脱羧酶的催化下，丙酮酸脱羧，生成乙醛，反应需 Mg^{2+} 的激活。

$$丙酮酸 \xrightarrow[\text{焦磷酸硫胺素},Mg^{2+}]{\text{丙酮酸脱羧酶}} 乙醛+CO_2$$

②乙醛还原生成乙醇：乙醛在乙醇脱氢酶及其辅酶（$NADH_2$）的催化下，还原成乙醇。

$$\overset{\displaystyle NADH_2 \qquad\qquad NAD}{乙醛 \underset{\text{乙醇脱氢酶}}{\rightleftharpoons} 乙醇}$$

由葡萄糖发酵生成乙醇的总反应式：

$$C_6H_{12}O_6+2ADP+2H_3PO_4 \longrightarrow 2CH_3CH_2OH+2CO_2+2ATP$$

三、酒精发酵主要副产物

在酒精发酵过程中，其主要产物是酒精和 CO_2，但同时也伴随着生成 40 多种发酵副产物。按其化学性质分，主要是醇、醛、酸、酯四大类化学物质。在这些物质中，有些副产物的生成是由糖分转化而来的，有些则是其他物质转化而成的。因此，只有了解由糖分转变为其他物质的机理，才可以很好地控制其产生。酒精发酵副产物主要有甘油、琥珀酸、乳酸、其他有机酸，以及杂醇油等。

1. 甘油

酵母在一定条件下，可将糖分转化为甘油。在正常情况下，发酵醪液中只有少量的甘油生成，其含量约为发酵醪液的 0.3%~0.5%。因为发酵初期，酵母细胞内没有足够多的乙醛作为受氢体，致使 NADH 浓度升高，被 α-磷酸甘油脱氢酶用于磷酸二羟丙酮的还原反应，生成 α-磷酸甘油。NADH 被氧化成 NAD^+，α-磷酸甘油则在磷脂酶的作用下水解生成甘油，反应如下：

$$磷酸二羟丙酮 \xrightarrow{\alpha-\text{磷酸甘油脱氢酶}} \alpha-磷酸甘油+甘油$$

假若改变发酵条件，如在发酵醪液中添加 $NaHSO_3$，或使酒精发酵在碱性条件下进行，则糖的转化将会偏向甘油产生的方向。

亚硫酸盐法甘油发酵，是在酒精发酵过程中向发酵醪液中添加亚硫酸氢钠，则它将会与乙醛起加成作用，生成难溶的结晶状的亚硫酸钠加成物。这样就会迫使乙醛不能作为受氢体，而只能由磷酸二羟丙酮替代其作为受氢体。3-磷酸甘油在3-磷酸甘油酯酶的催化下，生成甘油。

碱法甘油发酵，将酒精发酵的发酵醪液 pH 调至碱性，保持 pH7.6 以上，则 2 分子乙醛之间发生歧化反应，相互氧化还原，生成等量的乙醇和乙酸。当乙醛被用完后，就失去了作为受氢体的作用，NADH 只好用于还原磷酸二羟丙酮，并生成甘油。工艺上应控制发酵醪液处于酸性条件下，以免甘油生成过多，影响酒精产率。

2. 琥珀酸

琥珀酸是酒精发酵过程中谷氨酸脱氨脱羧生成的，是酒精发酵中间产物参加合成反应的典型代表。反应过程中 3-磷酸甘油醛是受氢体，故反应可同时生成甘油，这也是正常情况下也会产生甘油的原因。反应中生成的氨被用于合成蛋白质，而琥珀酸和甘油则分泌到发酵醪液中。

3. 乳酸及其他有机酸

酒精发酵过程中，受到乳酸菌、乙酸杆菌和丁酸菌的污染，在发酵醪液中可生成乳酸、乙酸和丁酸等物质。

（1）乳酸发酵　乳酸发酵有同型乳酸发酵和异型乳酸发酵两类。

①同型乳酸发酵：同型乳酸发酵途径，1mol 葡萄糖可以生成 2mol 乳酸和 2molATP。

$$葡萄糖 \xrightarrow{\text{EMP途径}} 2\ 丙酮酸 \xrightarrow{\text{乳酸脱氢酶}} 2\ 乳酸$$

②异型乳酸发酵：异型乳酸发酵途径，1mol 葡萄糖可以生成 1mol 乳酸、1mol 乙醇和 CO_2，最后还有 1molATP。双歧途径是严格厌氧的双歧杆菌代谢葡萄糖的途径，营养要求高，在酒精发酵过程中不常见。

$$葡萄糖 \longrightarrow 乳酸 + 乙醇 + CO_2 + ATP$$

（2）乙酸发酵　当发酵醪液污染乙酸杆菌后，醪液中的乙醇会被乙酸杆菌氧化成乙酸，发酵醪液中如果挥发酸明显提高，则可初步断定为感染大量乙酸杆菌所致。乙酸杆菌是酒精厂空气中较多的微生物之一，因乙醇蒸汽给乙酸杆菌提供了丰富的可利用的氮源。虽然乳酸杆菌为好氧菌，但在发酵醪液的制备和循环过程中还是会吸附一些乙酸杆菌，以致生成乙酸。

（3）丁酸发酵　丁酸发酵主要为专性厌氧的梭状芽孢杆菌的代谢过程。丁酸梭状芽孢杆菌利用糖酵解途径产生的丙酮酸，在辅酶 A 的参与下先形成乙酰辅酶 A，再生成乙酰磷酸，而乙酰磷酸容易产生乙酸。

由丙酮酸产生的乙酰辅酶 A 还可缩合并进一步还原成丁酸。2 分子丙酮酸产生的 2 分子乙酰辅酶 A 缩合生成乙酰乙酰辅酶 A，后者被还原成 β-羟丁酰辅酶 A，进而脱水生成 β-烯丁酰辅酶 A，之后再还原成丁酰辅酶 A，最后生成丁酸。

杂菌污染不仅消耗葡萄糖，还给发酵过程带来很大的负面影响。控制杂菌污染是优质酒精高产的重要环节，影响酒精生产的重要因素有三大项，即温度、控制杂菌污染、提供足够数量的优质酵母菌及相应营养。

4. 杂醇油

酵母菌的酒精发酵过程中，除产生主产品乙醇外，还会产生少量的碳原子数在 2 个以上的高级一元醇，它们溶于高浓度乙醇而不溶于低浓度乙醇及水，并成油状，故称为杂醇油。

杂醇油为一种淡黄色油状液体，有特殊臭味和毒性，它主要由异戊醇、异丁醇、正丙醇以及癸酸乙酯等十多种物质组成。未经脱水的杂醇油含水量 10% ~ 17%，其余为多种酯类及其他杂质。

杂醇油生成机理有：

①Ehrlich 机理（蛋白质降解代谢机制）：1905—1909 年，Ehrlich 提出了蛋白质降解代谢机制，即酒精发酵过程中原料蛋白质降解或酵母菌体蛋白质降解生成氨基酸，氨基酸进一步代谢脱氨基、脱羧基后生成醇。氨基被酵母菌利用后合成氨基酸构建菌体。不同的氨基酸可生成不同的醇，发酵醪液中含多种氨基酸，因此发酵结果生成多种醇即杂醇油，反应在酵母

菌细胞内进行。

②酮酸代谢机制：杂醇油中某些成分也可由葡萄糖分解产生的酮酸进一步代谢而来。在 Ehrlich 提出蛋白质降解代谢机制后，1958 年 Thoukia 用纯的葡萄糖发酵仍然得到杂醇油馏分，从而得到蛋白质代谢不是形成杂醇油的唯一途径，杂醇油也可由糖形成。糖代谢产生 α-酮酸，经过脱羧作用转变为比原来的 α-酮酸少一个碳原子的醛，醛再经还原作用变为相应的高级一元醇。

近来研究表明，除上述生成高级醇的途径以外，还存在其他途径。例如丙酮酸与胱氨酸发生转氨基作用，生成丙氨酸和 α-酮基异己酸，后者再脱羧生成异戊酸，异戊酸还原则可生成杂醇油的主要成分异戊醇。

在某些氨基酸代谢（分解或合成）过程中产生的中间产物 α-酮酸，也可按照 α-酮酸生成高级一元醇的反应过程生成高级醇。例如苏氨酸可生成正丙醇，丙酮酸和乙酰辅酶 A 相结合，碳链变长，在有蔗糖存在时，也会促进高级醇的生成。总之，杂醇油的产生与酵母菌的生命活动有关，与原料的品种和营养组成也有关。

很多人认为杂醇油（异戊醇、异丁醇、正丙醇）是中国白酒的芳香组成分之一，是不同酒种的差异因素之一，然而，杂醇油含量若过高，对人体则会产生很大的毒害作用。杂醇油可导致人体神经系统充血，产生头痛症状，而且酒味也会不正、变苦。杂醇油对人体的麻醉能力较乙醇强，在人体内的氧化速度比乙醇慢，同时在人体的停留时间也较长。可见这些杂质危害应引起人们的高度重视。

此外，当原料含有的蛋白质高时，生产的酒精中杂醇油含量也偏高，用大米做清酒的杂醇油要比脱胚玉米做清酒含量高，这是因为玉米容易脱胚。故清酒传统工艺的酒精度数虽不高，但对人体的麻醉作用却不低，在新的先进技术的指导下，生产的米酒的口感已经得到了很大的改进。

四、酒精发酵细菌污染及防治

乙醇生产过程中常由于细菌污染产生一些化合物如有机酸，它们抑制酵母菌的代谢，给最终产品带来一些不必要的杂质。为了使污染降低到最小，我们有必要认识潜在的污染源，了解最常遇到的污染并搞清楚引发污染的类型。

在乙醇生产过程中，细菌污染可能出现在许多工艺环节上。如果没有持久的有效的控制方法，原料将永远是一个污染源。低效的清洗程序会使藏匿细菌的残渣留在糖化罐、液化罐、发酵罐及管道和容器中，进行高效清洁处理是目前最常用的维持大型发酵企业卫生和生产效率的有效方法。这样的程序清除了细菌滋生的场所并且可以减少或消灭已有的污染菌群。对清洗程序有效性的检测方法已有介绍。投入的酵母，尤其是超过储存期的活酵母也可能是污染。如果醪液回用能够在喷热加热器前进行，污染很可能会减少。采用高温蒸煮基本上杀灭了醪液中的细菌，但必须小心操作以确保不再污染。糖化罐和连续发酵设备有可能成为细菌的藏身之处，因为糖化罐的条件很适宜细菌生长。如果细菌有进入该工艺的途径而没有被制止，则繁殖旺盛的细菌就会随着添加进的酵母进入发酵罐中，在发酵期间产生破坏性的影响。应该在关键工艺点进行检查以便在早期发现潜在的问题，并采取措施来降低损失。在几个发酵罐连续发酵的工艺中，这个问题就尤其值得关注，在连续发酵工艺中，一个先被污染的发酵罐存在着污染其他所有发酵的可能。

乙醇在生产过程中常见的污染细菌有革兰氏阳性菌和革兰氏阴性菌。革兰氏阳性菌有较厚的肽聚糖网状结构外壁，可以吸附结晶紫染色剂且不能被乙醇或丙酮短时间脱色，在显微镜下观察显紫色。革兰氏阴性菌的细胞膜和细胞壁之间的肽聚糖层较薄，用乙醇或者丙酮短时间冲洗脱色时能脱去结晶紫染色剂，再经红色染色剂复染，在显微镜下则呈红色。

1. 革兰阳性乳酸菌

由于其繁殖速度快且可以耐高温及低 pH 环境，在啤酒、蒸馏酒及燃料乙醇工厂，它们是最棘手的一类污染细菌，尤其是乳酸杆菌和小球菌属是每个酒精厂实际存在的并且能够引发各种问题的细菌。在用蜜糖作原料的朗姆酒生产中，常发现明串珠菌属的一些乳酸菌。在饮料酒制造过程中，乳酸菌能够引起腐败进而在终产品中产生一些令人不愉快的气味。

与燃料乙醇生产过程相关的乳酸菌污染问题通常涉及到乙醇产量的减少。乙醇产量的降低和随之而来的经济损失是一个工业化规模的企业不能承受的，这种消极影响产生的部分原因是部分糖类被用于细菌的生长、细菌在发酵培养基中与酵母竞争成长因子和乳酸的产生。研究指出，乙醇产量的减少与发酵醪中初始菌落数之间存在着直接关系。应该指出的是，酒精不是酵母乙醇发酵过程中的唯一产品，其产量和质量通常受到细菌污染的影响。

酵母细胞的体积一般是细菌细胞的 10~20 倍，用普通光学显微镜即可观察到。酵母和细菌的另一主要区别是细胞繁殖所需要的时间，啤酒酵母和酒精酵母的繁殖方式是通过在母体细胞表面形成一芽体，最后分离形成一个母细胞和一个子细胞，而细菌是分裂繁殖的，母细胞纵向伸长并在两个子细胞形成前在中间形成细胞壁。在最适宜条件下，很多细菌在 12~30min 可繁殖一代；酵母菌即使在最有利的条件下，增殖一代一般需要 2~3h。为此，在生产上控制污染细菌进入工艺流程十分重要，尤其在发酵前期，当酵母菌在数量还没有占优势时，细菌会在没有竞争的条件下迅速增殖。

乳酸菌是革兰阳性菌，形状为杆菌或者球菌，厌氧、微需氧或者耐氧，过氧化酶呈现阴性，糖类代谢的主要终产物是乳酸，他们是耐酸性的微生物，有着复杂的营养需求。一些简单的鉴定方法可以区分乳酸菌的菌属，例如，乳酸杆菌的细胞形态呈杆状而小球和明串珠菌呈圆形。显微镜检测和发酵曲线研究能发现许多相似之处，所以对个别污染细菌的准确鉴定是相当困难的。

乳酸菌的糖代谢途径是严格的厌氧发酵，按发酵类型可分为三种：专性同型发酵、兼性异型发酵和专性异型发酵。

在专性同型发酵中，乳酸是己糖代谢的终产物，几乎全部通过糖酵解途径将一分子己糖发酵成两分子乳酸，这种类型的乳酸菌含有二磷酸果糖醛缩酶，但没有磷酸戊糖异构酶，所以没有能力发酵戊糖和葡萄糖酸盐。

当己糖充足时，专性异型发酵的乳酸菌几乎主要通过糖酵解来生产乳酸。这些乳酸不仅含有磷酸果糖醛缩酶，而且还含有一种可诱导的磷酸戊酮糖异构酶，在某些情况下可能进行戊糖和葡萄糖酸盐的发酵、但是这种磷酸戊酮糖异构酶途径在葡萄糖存在时会受到抑制。

专性异型发酵的乳酸菌在正常情况下能够利用磷酸甘油醛或磷酸戊糖异构酶途径发酵全部的糖产生几种产物的混合。这些终产物包括乳酸、乙酸、乙醇和 CO_2 及少量的甲酸和丁二酸。除少量菌种外，这类菌都能发酵戊糖和葡萄糖酸盐。

大部分乳酸细菌像酵母一样，都不能发酵多糖。除嗜淀粉乳杆菌能降解淀粉外，大多数只能代谢葡萄糖、果糖、麦芽糖、蔗糖等单糖和二糖。在同型发酵的菌种中，醛缩酶催化降解 1,6-二磷酸果糖成为 2 分子的 3-磷酸甘油醛，3-磷酸甘油醛继续降解，生成丙酮酸和最终产物乳酸。以化学公式计算出的乳酸产量和所消耗的己糖的量的比是 2:1，这种代谢途径在小球菌、链球菌、乳酸杆菌菌株中是普遍的。在一些乳酸杆菌和小球菌菌株中也发现了异型发酵。同型发酵和异型发酵的主要不同是后者存在磷酸戊酮糖异构酶，它能够把 5-磷酸戊酮糖转化为 3-磷酸甘油醛和乙酰磷酸。由于在同型乳酸发酵中，一半的磷酸丙糖能够通过丙酮酸发酵生成乳酸盐。依靠环境的氧化作用，乙酰磷酸脱去磷酸基能够转化为乙酸，乙酸如果接受葡萄糖 HMP 分解途径产生 NADPH+H$^+$ 中的氢，则可进一步转化形成乙醇，因此一般情况下葡萄糖在厌氧条件下通过异型发酵获得等分子量的乙酸、乳酸和 CO_2。

具有功能性磷酸戊酮糖异构酶代谢途径的乳酸菌能够发酵戊糖和部分戊糖醇。专性同型发酵乳酸菌由于缺乏磷酸戊糖异构酶而不能发酵这些基质，因此不能形成进一步新陈代谢所需的中间产物。尽管应用的范围很小，一些乳酸菌还能利用该途径把甘油醛转化为其他产物，例如双乙酰，由于它具有特殊的令人不愉快的奶油果糖味道，所以用于消费食品中是很不受欢迎的一种化合物。

乳酸菌对发酵的主要影响是产生和分泌对酵母有抑制作用的化合物。对醪液中的必要营养物质的消耗也是一个问题：有机酸的不断积累，将严重威胁酵母的生存。因为未发生电离的乙酸是有杀菌作用的有机酸，并且乙酸在发酵醪中的电离程度低，因此对酵母的毒性较大。在异型发酵中形成的乙酸并不是抑制酵母的唯一因素，乙酸和乳酸可协同作用抑制酵母的生长，乳酸菌和酵母菌对营养的需求是非常相似的，这就使得它们对发酵醪中存在的有限数量的必需营养物和生长因子的竞争比较激烈。

各种氨基酸和维生素是大部分乳酸菌生长所必需的。一些同型发酵和异型发酵的菌株含有能够把蛋白质降解为可利用的氮的蛋白酶；大部分乳酸菌分解蛋白质的能力较弱，它们依赖那些能够直接合成蛋白质或者经分解代谢产生能量的易利用的氨基酸。一旦醪液中可利用的氮源不足，乳酸菌和酵母菌对氮源就会有强烈的竞争，因为氮源对它们来讲都是必需的。在许多情况下，均需要对发酵醪液补充所需的氮源。

乳酸菌一般被认为是耐氧的厌氧微生物，即它们比较喜欢缺氧的环境。虽然乳酸菌在完全缺氧时生长的速度比有氧情况下慢，但是它们能够存活和生长。厌氧菌通常没有过氧化氢酶和过氧化物歧化酶，而好氧细菌利用这两种酶来处理有毒的 H_2O_2 和过氧化物。这两种物质都是在呼吸过程中形成的。消除污染细菌对营养物质和其他生长因子的竞争，同时努力使发酵条件更适合于酵母是非常重要的。

新陈代谢副产物对风味物质和产品质量产生不利的影响。污染细菌产生的某些化合物能使终产品有令人不愉快的气味。有许多发酵机制能对饮料酒精的气味和品尝味道产生不良影响。如丙烯醛，一般出现在蒸馏酒产品中，它是一种水溶性的、易挥发的液体，且具有令人讨厌的气味。

双乙酰是一种闻起来具有奶油果糖气味的酮类，是在发酵中产生的丙酮酸盐转化生成的除主要产物乳酸外的另一种产物。它与 2,3-戊二酮这种对产品风味有重要影响的物质是紧密相关的。这些化合物组成了我们通常所指的啤酒中的连二酮的含量。小球菌属菌株和某些乳酸杆菌能够产生双乙酰的主要乳酸细菌污染菌。

2. 革兰阴性菌

（1）乙酸菌 酵母菌扩培罐和发酵罐中乙酸的浓度必须控制在 0.05%（质量）以下，

才不会影响酵母菌生长。乙酸杆菌属和葡萄糖杆菌属组成了"酸性细菌"，它们新陈代谢的主要终产物是乙酸。像乳杆菌一样，它们的细胞为杆状并能在酸性环境中生存。一个重要区别是乙酸菌是绝对需氧的，该"酸性细菌"组的成员是专性需氧微生物，也就是说它们不能在缺氧条件下存活与生长。也就排除了它们污染厌氧发酵的可能。尽管存在着菌种耐 CO_2 的能力提高的可能，但是它们作为污染菌群仅限于工厂的有氧工艺中。

乙酸菌可以通过呼吸作用直接氧化糖和酒精生成能量，在含有大量酒精的发酵罐中更容易出现乙酸污染的问题。如果醪液中和发酵罐顶部有充足的氧，这些细菌特别是乙杆菌属的细菌将大量生长并能把乙醇转化为乙酸和其他产品。如果不再循环使用酵母，此阶段酸对酵母的副作用也就不很重要了，但仍会导致酒精产量的实际损失。葡萄杆菌属喜欢有糖的环境。在酵母增殖罐中如有充足的葡萄糖，此时也有酒精存在，这两种细菌可能引起严重的酒精产量损失。

乙杆菌属细菌代谢葡萄糖的途径有多种，磷酸己糖旁路（HMP）和三羧酸循环（TCA）是其中占优势的代谢途径。代谢主产物是乙酸，所需能量来自乙醇、甘油和乳酸盐；所需生长因子取决于可利用的碳源。葡糖杆菌属的代谢途径有 HMP 和 Entner Duodoroff（ED）途径，但因缺乏异柠檬酸脱氢酶等关键性的酶而不能进行 TCA 循环；因为缺少磷酸果糖激酶，糖酵解很微弱，碳源优先利用顺序为甘露糖醇、山梨醇、甘油、果糖和葡萄糖，由葡萄糖代谢得到的丙酮酸没有被进一步代谢，因此代谢主产物是乙酸。乙杆菌属的细菌能够把简单的氮源转化为生长所需的各种含氮化合物。谷氨酸和草酰乙酸盐经酶催化转氨作用产生天冬氨酸盐，接着它又经 α-脱羧基作用转化为丙氨酸。由于葡糖杆菌属的细菌不能利用 TCA 循环，所以它们的生长需要较多而复杂的氮源，包括氨基酸自身或它们合成的含氧酸（碳结构）。在这两种情况中，单一的氨基酸不能作为唯一氮源和碳源，并且对于这些细菌来说没有必需的氨基酸。

（2）运动发酵单胞菌　这种污染菌通常在以糖蜜为原料如朗姆酒的生产中发现。运动发酵单胞菌是兼性厌氧的，能够发酵糖类生产酒精和 CO_2，同时也能产生乳酸盐和乙酸盐等副产品。运动发酵单胞菌会产生如硫化氢、乙醛和二甲基硫等令人不愉快的化合物，影响啤酒风味。其实当 DMS 浓度低于 30mg/L 的临界值时，会产生一种黑醋栗味。运动发酵单胞菌的一些菌株，能够耐受的酒精浓度为 10%～13%（体积）。它们用于工业酒精生产的潜力已成为研究的主要课题。

（3）肠杆菌　肠杆菌科包括多种不同的细菌种类，但仅有一些可能使酒精生产出现问题。肠杆菌科的细菌是兼性厌氧的，并能通过不同的途径把葡萄糖转化为多种终产物，因此它们被称为"混合酸细菌"。乳酸、乙酸和丁二酸通常是和 3-羟基-2-丁酮、2,3-丁二醇和乙醇一起产生的。它们的数量由菌株和生长条件所决定。除了变形杆菌（O. proteus）外，较低的 pH 和高于 2%（体积）的酒精浓度能抑制这些细菌的生长。啤酒的污染通常就是这些产物造成的。

第三节　酒精发酵工艺

一、酒精发酵工艺流程

在我国酒精发酵方式中，有间歇发酵、半连续发酵和连续发酵等形式。酒精一般采用多级连续发酵或循环连续发酵法。连续发酵过程中如培养液浓度、代谢产物含量、溶解氧、pH及其他重要因子可保持其相对稳定性，必要时可以朝着希望的方面改变。采用连续发酵法可以排除微生物繁殖中的迟滞期，因而缩短了过程的总时间。合理利用设备，提高产量和组织自动化生产。

发酵酒精根据其原料的不同，可分为淀粉质原料酒精，糖质原料酒精和纤维原料酒精三大类。它们的生产工艺流程分别如下：

1. 淀粉质原料酒精生产工艺

我国用淀粉质原料生产的酒精含量占总产量的95.5%。在可以预见到的相当长的时间内，这个比例还不会有很大变化。因此学习淀粉质原料酒精生产工艺，了解其存在的问题和发展方向是从事酒精生产的首要任务。

淀粉质原料酒精生产工艺流程如下：

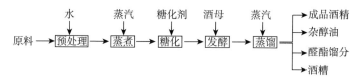

淀粉质原料在正式进入生产过程之前，必须进行预处理，以保证生产的正常进行和提高生产效益。预处理包括清杂和粉碎两个工序。淀粉质原料在收获和干燥的过程中，往往会掺杂进泥土、沙石、纤维质杂物，甚至金属块等杂物。这些杂质如果不在投入生产前予以除去，则会严重影响生产的正常运行。石块和金属杂质会使粉碎机的筛板磨损或损坏，造成生产的中断；机械设备的运转部位，如泵的活塞或叶轮部位也会因存在泥沙而加速磨损。纤维质杂物会造成管道和阀门的堵塞；在蒸馏塔板上的沉积会造成塔板和溢流管的堵塞，给生产带来严重的影响和损失。另外，泥沙等杂质的存在也会影响正常的发酵过程。清除杂质，保证生产正常和顺利进行，这就是除杂的目的。

目前，我国绝大多数中型以上的酒精厂都已经实现了原料蒸煮过程的连续化。对于连续蒸煮来说，原料必须预先进行粉碎，才能进一步加水制成粉浆，然后再用泵连续均匀地送入连续蒸煮系统。所以，对于连续蒸煮来说，原料粉碎是一个前提。

原料粉碎的另一个目的是通过粉碎，使原料颗粒变小，原料的细胞组织部分破坏，淀粉颗粒部分外泄，在进行水热处理的时候，粉碎原料所需的蒸煮压力和温度都比较低，时间也比较短，从而可以减少蒸汽用量，提高原料蒸煮质量和减少可发酵性物质的损失。

原料粉碎以后，可以加水并制成粉浆，再用泵输送，这将在很大程度上减轻投料时的体力劳动和繁琐操作过程。所以，我国一些进行间歇蒸煮的小型酒精厂也已经实行了原料粉碎。综上所述，粉碎是一个既符合工艺要求，又符合经济观点的预处理措施，应该在全部酒精厂中实行。

（1）原料清杂和粉碎　酒精原料尤其是薯类原料含杂质较多，如泥沙，如不经过除杂处理直接用于酒精生产，不仅易造成生产管道和设备的堵塞，影响正常生产，而且会造成设备严重损坏，管道设备磨损加快。

原料清杂方法通常用筛选和磁选。筛选多选用振动筛去除原料中的较大杂质及泥沙；磁选多选用永磁马蹄铁去除原料中的磁性杂质，如铁钉、螺母等。

原料在筛选处理过程中，对不同原料应配备不同孔径的筛板，以保证最大限度降低杂质含粮率的同时，多除去杂质。

原料在磁选过程中，应定期清除永久磁铁上吸附的铁钉等杂质，以防聚积过多，影响出铁效果。原料清杂多置于原料粉碎之前，而且多为先筛选再磁选。但对于粉渣等原料，磁选可安装在粉碎之前，但除沙就很困难，通常在生产过程中设置除沙器或除沙池去除泥沙。

酒精生产原料的粉碎，有利于增加原料的表面积，加快原料吸水速度，降低水热处理温度，节约水热处理蒸汽；有利于α-淀粉酶与原料中淀粉分子的充分接触，促使其水解彻底，速度加快，提高淀粉的转化率；有利于物料在生产过程中的运输。

酒精生产原料的粉碎按带水与否分为：干式粉碎和湿式粉碎，实际生产中多采用干式粉碎。无论是干式粉碎还是湿式粉碎，其原理都是利用机械作用使原料分子间结合力遭到破坏，并使物料通过既定的筛孔，从而达到减少物料粒径、增加物料表面积的目的。

原料粉碎后粒度越小，其表面积越大，水热处理时耗用蒸汽越少，越有利于酶的作用和淀粉的转化。但是，粉碎粒度越小，耗电越多，对于经济效益的提高很不利。在实际生产中，常通过改变筛孔直径来控制粉料粒度，一般工厂采用筛孔直径范围是 $1 \sim 3mm$，而以 $1.5 \sim 2.0mm$ 居多；粉碎新粮（水分较高原料）时，多采用 $2.0 \sim 3.0mm$ 筛孔。

对大粒物料（如地瓜干、木薯干等）常通过二级粉碎来节省电耗。二级粉碎即对物料先粗碎再细碎。为节省耗电，必须合理分配处理负荷，控制好粗、细粉碎的粉碎比。所谓粉碎比是指粉碎后的物料平均直径与粉碎前物料平均直径之比。在二级粉碎中，粗碎粉碎比控制为 $1：(10 \sim 15)$，细碎粉碎比控制在 $1：(30 \sim 40)$。控制粉碎比的方法是通过调整配备在粉碎机上的筛板孔孔径大小来实现的。一级粉碎筛板孔径配备为 $\Phi1.5mm$ 左右；二级粉碎，粗碎配备 $\Phi20 \sim 30mm$ 筛板，细碎配备 $\Phi1.2 \sim 1.5mm$ 筛板。

原料粉碎后要求粒度均匀无粗粒。工厂通常以"粉碎度"这一指标考核。粉碎度是指粉料中 20 目筛下物占试样百分比，一般要求粉碎度在 95% 以上。国内酒精生产原料粉碎的设备主要是锤片式粉碎机，其主要工作部件是锤片和筛板，其工作原理是原料在高速旋转的锤片打击下破碎，细物料通过筛板孔排出机外，粗粒继续被锤片打击，直到破碎通过筛孔排出机外。

酒精生产原料在粉碎过程中的输送有机械输送和气流输送两种方式。机械输送具有耗能低、输送物料适应性大、输送平稳可靠等优点，但工作中粉尘易飞扬，车间卫生和劳动环境条件较差。而气流输送设备简单，在输送物料的同时可起到除杂作用，而且有利于提高粉碎机的效率，但是气流输送存在动力消耗大、噪声高等缺点。这两种输送方式在国内酒精厂均有应用。

原料粉碎过程中主要消耗是电耗、锤片和筛板消耗。电耗包括两部分：粉碎原料所耗电能；物料输送的电能消耗。降低电能消耗必须从这两方面着手。粉碎方面，根据不同原料确定采用一级粉碎还是二级粉碎，并确定合适的粉碎比，配备合适的筛板。粉碎操作中及时排出粉碎机内腔积料，当采用气流输送时，应尽可能造成粉碎机内腔负压，以减少无效粉碎。及时调换磨损严重的锤片，增强锤片的剪切力和打击力。通过上述措施节省粉碎耗电。输送方面，应尽可能减少物料的输送次数，降低物料的输送高度，缩短物料的输送路程，以节省输送耗电。对气流输送而言，选择合适的输送浓度比是十分重要的；在输送管路设计上，应尽量减少弯头数量以降低局部阻力；应避免水平输送和选择适宜的输送速度以减少沿程阻力，从而达到节省输送用电的目的。

锤片和筛片消耗的节约方面，由于国内大多数酒精厂使用的锤片、筛片未经热处理，其硬度、耐磨性都较差，造成浪费过多，因此锤片、筛片使用前的热处理对节省消耗是十分有益的；另外，锤片的调头使用、筛片的适当修补使用也是节约消耗的好方法。

一般原料清杂过程中产生的粉尘多为无机粉尘和纤维杂质，对酒精生产无益，应该去除。通常谷类原料和薯类干原料清杂中的粉尘多采用沉降室、脉冲除尘器等加以收集除去。原料粉碎过程中产生的粉尘则为原料尘粒，含有淀粉应予以回收，通常回收方式有两种，即干法除尘和湿法除尘。干法除尘多采用布筒除尘器、旋风分离器和脉冲除尘器等，湿法除尘则多采用筛板洗尘塔、离心水膜塔等。由于酒精生产粉料需加水制浆，因此湿法除尘在酒精生产中更显其优点，而被广泛使用。

原料清杂粉碎工艺因原料不同，选用的设备不同而不同，清杂粉碎操作也不相同。

①清杂操作：经常检查清杂设备及时加以维护保养，以保证除杂效果，减少杂质中含粮；定时清理除铁装置上的铁钉等杂物；及时清理设备中的杂质，并对杂质中的粮食加以回收。

②粉碎操作：开机前认真检查粉碎机的筛片有无破裂，发现问题处理完毕后，方能开机；粉碎过程中经常检查粉料细度，发现粗粒及时停机检查排除故障；湿法粉碎中经常注意检查粉浆浓度，以正确掌握进水进料量。

（2）原料的水热处理　原料细胞所含的淀粉颗粒，由于植物细胞壁的保护作用，不易受到淀粉酶系统的作用。而且，不溶解状态的淀粉被常规糖化酶糖化的速度非常缓慢，水解程度也不高。所以，淀粉原料在进行糖化之前一定要经过水热处理，使淀粉从细胞中游离出来，并转化为溶解状态，以利于淀粉酶系统进行糖化作用，同时借加热粉浆对粉浆灭菌，以杀灭原料表面所带的微生物，防止杂菌生长，保证糖化和发酵的顺利进行，这就是原料水热处理的目的。

淀粉在120℃时已经溶解，但要使植物细胞壁强度减弱，则要求更高的温度。因此，整理原料水热处理的温度要求达到145～155℃，还要加上吹醪液时的压力差和蒸汽的绝热膨胀，才能得到均一的醪液。粉碎原料由于部分植物细胞已经破碎，水热处理的温度只要130℃就足够了。加热温度的降低可减少可发酵性物质的损失和节省蒸汽消耗。

水热处理过程中，α-淀粉酶和水渗透过细胞壁进入淀粉颗粒内，淀粉颗粒吸水发生膨胀（淀粉颗粒吸水速度与水温有关，水温愈高吸水速度愈快），吸水后，淀粉分子链发生扩张，体积膨胀，淀粉分子间作用力减小，淀粉颗粒分开，此工艺称为淀粉糊化。糊化的淀粉在α-淀粉酶的作用下水解为糊精、低聚糖等。

水热处理中淀粉的变化为：淀粉→可溶性淀粉→糊精、低聚糖等。

水热处理中糖的变化随工艺条件不同而异，水热处理过程中，糖可能发生下列反应：

①氨基糖反应：还原糖与氨基酸作用生成深色的半胶体类黑色素化合物，即氨基糖。此反应的条件是温度大于95℃，其反应速度与还原糖和氨基酸的浓度呈正比。氨基糖的形成造成了糖分的直接损失，对糖化酶和酵母活动没有影响。

②焦糖反应：水热处理过程中，工艺条件掌握不当极易造成糖的焦化。焦糖是糖在接近其熔化温度下加热脱水形成的褐色无定型产物。一般糖浓度愈高愈易产生焦糖，热处理不均匀也极易产生焦糖。焦糖不能被酵母细胞利用，它不仅阻碍糖化酶对糊精的作用，而且影响酵母生长和发酵，对酒精生产极为不利。在水热处理过程中应避免焦糖反应的进行。

③羟甲基糠醛的形成及其与氨基酸的反应：己糖脱水变为羟甲基糠醛，又继续分解为蚁酸和果糖酸，伴随的副反应是羟甲基糠醛与氨基酸反应生成黑色素以及腐殖质。

谷物中含果胶≤0.1%（干物质），薯类原料中含果胶≤0.2%（干物质）。果胶在水热处理过程中分解为果胶酸和甲醇，此反应随处理压力增加、处理时间的延长而加强，一般谷物原料生成的甲醛为干物质的0.01%~0.04%，薯类原料生成的甲醇占干物质的0.23%~0.36%。水热处理过程中，蛋白质态氮减少，可溶性氮增加，可溶性氮的增加对酵母的培养有利，另外有少部分氨基态氮参与了氨基糖的生成。纤维素是细胞壁构成的主要成分，它由葡萄糖基组成，只有直链结构，在水热处理过程中吸水膨胀，并不发生化学变化。脂肪在原料水热处理过程中基本不起变化。原料水热处理中，少量糖分分解产生乳酸，果胶分解产生果酸，磷化合物溶解而使磷酸移入醪液，因而水热处理后料液酸增加。

原料的水热处理主要有高温高压处理和常压处理两种方式。近年来，新的水热处理工艺，如喷射液化工艺、无蒸煮工艺等不断涌现。①高温高压处理工艺，即高温蒸煮工艺，是将粉料加水制成粉浆，在中间桶内加蒸汽预煮后打入耐压容器，再加入蒸汽使粉浆保持数百千帕和130℃以上高温，对粉浆进行处理。高温高压处理又分为连续处理和间歇处理两种形式，其流程为：粉料→加水制浆→加汽预煮→加汽加压处理→冷却→糖化。②常压处理工艺是粉料加水制成粉浆后，加入α-淀粉酶搅拌均匀，用蒸汽加热至100℃左右的处理工艺。其工艺流程为：粉料→加水制浆→加入α-淀粉酶→加热液化→冷却糖化。③低压蒸汽喷射液化工艺早已被应用于淀粉糖、味精、有机酸等工业上，20世纪90年代被应用于酒精行业。喷射液化是利用低压蒸汽喷射液化器来完成淀粉液化的。喷射液化具有连续液化、操作稳定、液化均匀等优点，而且由于低压蒸汽压力要求低，节省蒸汽，而且加热均匀，无堵塞、无振动。喷射液化工艺流程为：

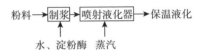

（3）糖化糊化与酒精发酵工艺　连续蒸煮的酒精工厂，原料在出库后，先经过粉碎，之后投入生产。几乎大部分工厂均采用的是锤石粉碎机，将原料磨粉，许多工厂都采用二次粉碎法，在进入锤碎机前先经粗碎，再经锤碎机碎成较细的粉末，以便于连续蒸煮。糖化是利用糖化酶（也称葡萄糖淀粉酶）将淀粉液化产物糊精及低聚糖进一步水解成葡萄糖的过程。糖化的水解作用为：糖化酶能作用于淀粉、糊精、低聚糖等，使糖苷键连接的葡萄糖残基逐个水解分离，由于没有其他糖产生，故有葡萄糖酶之称。糖化酶对底物的作用从非还原性末端开始，将α-1,4-键和α-1,6-键逐一水解。糖化酶水解α-1,6-键的速度较慢。酶作用时糖苷键在C—O间断裂。糖化酶也能水解麦芽糖为葡萄糖。近年美国有的酒精企业开始采用只液化、不糖化的工艺，即将液化醪液降温后直接送入发酵罐，然后使用专用糖化酶，边糖化边发酵，使整个工艺变得更加简捷，提高了酒精产率，缩短了总体工艺时间。尤其是专家认为取消单独糖化工艺后，可减少耐高温细菌的污染。因在60℃下进行糖化，耐此温度的杂菌很容易滋生扩展，严重影响连续发酵中的酒精产率。

蒸煮糊化，磨碎的粉末原料加水预热，使原料升温，原料内的淀粉颗粒经高压蒸煮后逐渐破碎，溶解，蒸煮醪液呈糊状。蒸煮糊化的醪液在曲霉菌的淀粉酶作用下发生糖化作用。曲霉菌生成的淀粉酶可将原料中的淀粉转化为可发酵性糖，以供酵母发酵利用。糖化过程中应给以充足的氧气。

酒精发酵属于厌氧发酵，在此过程中发生着复杂的生化反应。其中糖化醪液中淀粉和糊精继续被淀粉酶水解成糖，蛋白质在曲霉蛋白酶水解下生成肽和氨基酸。这些物质一部分被酵母吸收合成菌体细胞，另一部分被发酵生成酒精和 CO_2。

（4）蒸馏提纯 酵母将醪液中的糖转化为酒精，除此之外，成熟醪液中还含有许多固形物及其他杂质。蒸馏提纯即把成熟醪液中所含的酒精提取出来，经粗馏与精馏，最终得到合格的酒精，同时还有杂醇油等副产物，大量酒糟被除去。

若酒精发酵成熟醪中所含的挥发物只有酒精，则运用具有相当塔板数的蒸馏塔即可获得高浓度的纯净酒精。但是成熟醪中还含有酒精以外的近百种挥发性杂质，它们也随着酒精进入粗酒精中，除去这些杂质的过程在酒精工艺中称为精馏。这些杂质基本上是在发酵过程中生成的，也有的是在蒸煮与蒸馏过程中生成的。

根据酒精的一些用途，介绍生产中性酒精的装置。这类装置的主要特点是：由几个具有不同功能的蒸馏塔组合而成的蒸馏系统，才能完成从酒精浓度为 12%～18% 的发酵成熟醪液开始，经一系列蒸馏过程，将酒精浓缩至 96% 的杂质含量极低的成品酒精。

常用的蒸馏塔包括醪塔、粗辅塔、水萃塔、精馏塔、脱甲醇塔、含杂馏分处理塔。各塔位置安排的合理性除要考虑物料的流程，更要以供热为依据。根据蒸馏系统中蒸馏塔内的物流情况，蒸馏系统各塔位置应为：醪塔、水萃取塔、精馏塔、脱甲醇塔、含杂馏分处理塔，但是多数蒸馏系统各塔排列位置是：醪塔、精馏塔、水萃取塔、脱甲醇塔、含杂馏分处理塔。精馏塔为醪塔供热，水萃取塔为脱甲醇塔供热。

分析酒精蒸馏系统的基本顺序为：蒸馏塔的数量、各塔名称、设置；蒸馏系统内各塔中物流主流方向；各蒸馏塔供热情况，特别是差压互补供热。

蒸馏塔的加热方式分为两种：一种是用一次蒸汽直接加热，另一种是蒸汽通过再沸器间接加热。蒸汽直接加热及时地把从锅炉来的一次蒸馏通入蒸馏塔塔釜，通入管路要设计多孔鼓泡器以使蒸汽分布均匀。鼓泡器一般是多孔直管或弯管构成的蒸汽分配器，鼓泡器的末端还要设计排污口，以便在停机或检修时排出杂质。蒸汽间接加热通过设在塔底的再沸器或板式换热器来完成。

蒸汽直接加热的热效率高，但蒸汽加热过程有几个问题：一是蒸汽质量要纯净，以免影响酒精质量；二是在直接加热过程中蒸汽冷凝液的产生增加了酒精糟液的含水量或者蒸馏废水数量。

蒸汽间接加热不会直接因蒸汽质量而影响酒精质量，塔内部产生蒸汽冷凝水。在目前运行较好的蒸馏系统中，蒸馏塔加热的主流设计是：脱甲醇塔全部用间接加热方式加热，蒸馏塔一般采用一次间接加热，粗辅塔和水萃取塔一般用蒸汽直接加热。醪塔多数采用精馏塔塔顶酒精蒸发间接加热方式，含杂馏分处理塔则加热方式较多。

大型蒸馏系统在生产中的运行实践表明，蒸汽直接加热出现的影响酒精质量及废水处理压力的问题，使企业认识到水萃取塔、粗辅塔用蒸汽间接加热方式更为合理。由此可以看出，大型酒精蒸馏系统全部采用蒸汽间接加热是合理的设计。

在一个蒸馏系统中各蒸馏塔塔顶酒精蒸汽的降温均不通过冷凝器，而是塔顶酒精蒸汽作为热源，给另一个蒸馏塔塔釜加热，这样塔顶酒精蒸汽的热能可以得到充分利用，也即非常合理地利用了热源。清楚了每个不同功能的蒸馏塔要达到目的均需足够的热能，那么如何供热、如何节能，近几十年来有关专家和酒精企业一直在努力研究和实践。

随着工艺的进步，蒸馏塔的加热方式也日渐趋向合理化。

2. 以糖蜜为例的糖质原料酒精生产工艺

用于生产酒精的糖质原料有：甘蔗糖蜜、甜菜糖蜜、甘蔗、甜菜，此外还有甜高粱、乳清等。甘蔗糖蜜与甜菜糖蜜是甘蔗、甜菜制糖的副产物。其中糖蜜酒精发酵过程分为以下四个工序：

其生产工艺操作流程如下：

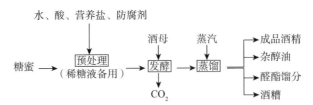

（1）糖蜜原料及贮存　糖蜜是制糖生产的副产品，其中含有较丰富的可发酵性糖，是生产酒精的好原料。糖蜜的种类依制糖原料可分为甘蔗糖蜜、甜菜糖蜜和炼糖糖蜜三种。糖蜜的组成随制糖原料的品种、产区的土壤气候、栽培方法、使用的肥料和农药、糖的生产季节和加工工艺等不同而不同。糖蜜中干物质浓度在 $80° \sim 90°Bx$（糖度），糖分在 50% 以上，在此浓度下，酵母菌的生长、繁殖、合成酶系以及通过细胞质膜均难以进行，所以糖蜜首先必须稀释才能进行酒精发酵，稀释后的糖液浓度随生产工艺流程和加工工工艺条件不同而异，在采用双浓度流程中，酵母培养用稀糖液含干物质为 12% ~ 14%，而发酵酒精用的稀糖液浓度，需根据成熟醪液中酒精含量及酵母醪液与所用稀糖液浓度的配合比例来计算，一般为 33% ~ 35%。

我国没有制定统一的糖蜜质量标准，一般对糖蜜有几点质量要求：①外观，糖蜜为棕黄色或黄褐色的均匀浓稠液体；②气味，糖蜜应无异臭味，无发酵现象；③杂质，糖蜜中不含沙土、浮渣等机械杂质，不含毒害酵母增殖和发酵的油脂等化学物质。

为防止糖蜜受到污染，保持糖蜜的纯净，保证酒精生产的正常进行，无论是制糖厂的酒精车间，还是外购糖蜜生产酒精的工厂都必须有一定容量的糖蜜贮存。糖蜜贮存设备主要是贮罐。贮罐因制造材质不同分为水泥贮罐和钢板贮罐。由于水泥贮罐的建造和维修费用等方面存在很多缺点，因此现在很少用。糖蜜酒精生产的辅料主要有营养盐、灭菌剂和酸化剂。

营养盐包括氮素营养盐、磷素营养盐，其中糖蜜酒精生产使用的氮盐主要是工业 $(NH_4)_2SO_4$ 和尿素，在制作酒母时，补充氮盐以满足酒母增殖的需要。糖蜜酒精酵母的培养过程中，需添加磷素营养，以满足酵母增殖对磷素的需要。常用的磷素营养盐为过磷酸钙和 H_3PO_4。

糖蜜酒精发酵过程中控制防止杂菌污染十分重要，所以对糖蜜、稀释用水及管路、容器等的杀菌工作十分关键。常用的杀菌剂有抗菌素、漂白粉、甲醛、NaF 和五氯苯酚钠等。

此外，为制作一定酸度的酵母培养液，为中和碱性糖蜜使发酵醪液保持最佳酸度，必须添加酸化剂对糖蜜进行酸化，常用的酸化剂有工业硫酸、工业磷酸等。

（2）稀糖液的制备及处理

糖蜜原料制作稀糖液工艺流程为：糖蜜→稀释→酸化→添加营养盐→灭菌→澄清→稀糖液。

①糖蜜稀释：糖蜜稀释的目的是为了降低糖液中糖的浓度和无机盐的浓度，使其适合于酵母的生长、繁殖和发酵。糖蜜酒精生产工艺可分为单浓度流程和双浓度流程两种。所谓的单浓度流程就是酒母培养和发酵采用同一浓度稀糖液的酒精生产流程；双浓度流程就是酒母培养和发酵采用不同浓度稀糖液的酒精生产流程。单浓度流程稀释糖液浓度一般控制在 $22° \sim 25°Bx$，双浓度流程稀糖液浓度分别为酒母培养液 $14° \sim 18°Bx$，发酵醪液（基本稀糖液）$32° \sim 40°Bx$。

糖蜜稀释的要求是将原糖蜜稀释至一定浓度的均匀一致的稀糖液，以有利于酵母生命的正常活动。糖蜜稀释方法分为间歇稀释法和连续稀释法两种。糖蜜的间歇稀释是在稀释罐内分批进行操作的。淀粉质原料酒精生产工厂在使用糖蜜生产酒精时，糖化锅可作稀释罐使用。

糖蜜间歇稀释操作为：将原糖蜜泵入高位计量槽，计量后进入稀释罐，同时加入灭菌剂及稀释水等，开动搅拌，充分拌匀即得所需浓度的稀糖液。糖蜜连续稀释是将原糖蜜不断流入连续稀释器，稀释水及灭菌剂等不断加入，稀糖液不断排出的稀释方法。连续稀释法稀释糖的浓度通过流蜜量和稀释水量来控制，稀糖液的温度通过稀释水水温和加热蒸汽量来调节。

②添加营养盐：为保证酵母的正常生长繁殖和发酵，根据糖蜜原料化学的化学组分，必须在糖液中添加酵母所必需的营养。糖蜜中添加营养盐的品种和数量的依据是对糖蜜进行分析的结果。甘蔗糖蜜中缺乏的主要营养成分是氮素，氮素的需要量可根据酵母细胞数和糖蜜中氮含量计算得出。甜菜糖蜜与甘蔗糖蜜的组分不完全相同，所需补加的营养也不完全一样。甜菜糖蜜含氮量充足，通风培养酵母时无需补氮。在不通风时，由于氮利用率降低，每吨糖蜜需补充 $0.36kg$（NH_4）$_2SO_4$。甜菜糖蜜缺磷，目前通常使用过磷酸钙作磷源。

③糖液灭菌：糖蜜中常污染有大量杂菌，主要是野生酵母、白念珠菌及乳酸菌等产酸菌，为保证稀糖液的正常发酵，除加酸提高糖液酸度抑制杂菌生长繁殖外，还必须对糖蜜进行灭菌。糖蜜常用的灭菌方法有：化学灭菌法和物理灭菌法。化学灭菌法常采用化学防腐剂来杀灭杂菌，物理灭菌法则是将糖液加热至 $80 \sim 90℃$，保持 $40min$ 来杀灭杂菌。该方法除了灭菌外，还可使糖蜜中的胶体絮凝，使糖液得到澄清。该方法须消耗大量蒸汽，工厂一般不采用，只有糖蜜被严重污染时，才采用此法予以灭菌。

④糖蜜酸化：糖蜜中一般都污染有很多杂菌，特别是产酸细菌，为了保证酒精发酵的正常进行，糖蜜需要经过灭菌或酸化处理。此外，酸化还有利于去除糖液中的部分灰质和胶体物质。糖蜜酸化最常用的是 H_2SO_4，也有使用 HCl 的，使用 HCl 可使设备不结垢，但其用量较大。其中酸的加入可以在稀糖液中加用，也可在原糖蜜中加用。在使用甜菜糖蜜生产酒精时，需注意加酸可产生对人及环境有污染毒害的棕黄色 NO_2 气体，应用 NaOH 进行吸收，并保持操作场所空气的流通。

⑤稀糖液澄清：稀糖液的澄清也称除灰，糖蜜中含有很多胶体物质、色素、灰分及其他悬浮物，对酵母正常生长、繁殖和发酵有害，需要尽量予以去除。

a. 稀糖液澄清方法，分为机械法、加酸法和絮凝法。

机械澄清法即压滤法和离心法，是将糖蜜稀释后加 H_2SO_4，调 pH 至 3.7 酸化 12h，采用离心分离机或压滤机将沉淀分离，此法国外应用较多。

加酸澄清法分为冷酸通风法和热酸通风法两种。

冷酸通风澄清法，糖蜜稀释至 $50 \sim 55°Bx$，加稀糖液量 $0.2\% \sim 0.3\%$ 的 H_2SO_4，同时加入 0.010% 的 $KMnO_4$，通入无菌空气 $1 \sim 2h$，静置后去除沉淀。加入可使亚硫酸盐、亚硝酸盐氧化，减轻对酵母的毒害或使其沉淀。通风可驱走 SO_2、NO_2 等有害气体和其他挥发性酸，增加糖液中的溶解氧，有利于酵母的繁殖。

热酸通风澄清法，用 $60℃$ 温水稀释糖蜜至 $55°Bx$ 左右，同时添加浓 H_2SO_4，调 pH 至 $3.5 \sim 3.8$，通入无菌空气并酸化 $5 \sim 6h$，取上清液稀释至培养酒母所需浓度。若采用先加酸酸化，后加热再稀释的做法，效果更好。

絮凝剂澄清法，在糖蜜中加入絮凝剂，如分子量为 8×10^{-6} 的聚丙烯酰胺等，搅拌均匀，静置沉淀，获得净糖液。絮凝剂（如聚丙烯酰胺）含有活性基团，在糖蜜中产生吸附和架桥作用，对 Ca^{2+}、Mg^{2+} 等无机盐类和带正电的胶体微粒都具有吸附作用，胶体微粒及灰分等由于相互碰撞作用而成团凝聚，经静置沉淀而得以去除。

b. 稀糖液澄清操作，糖蜜澄清处理中应注意以下问题：

Ⅰ. 糖液浓度低、黏度低，有利于不溶性无机盐的生成析出，有利于与清液分离，但无机盐在糖液或水中溶解度是有一定限度的，碱土金属（Ca、Mg）盐类的溶解度与糖液浓度成反比，糖液越稀，其溶解度越大，可以析出的沉淀物越少。此外，糖液越稀，酸化及加热容器越大，蒸汽耗用越多。

Ⅱ. 糖液经澄清处理，可高浓度发酵，发酵率和产品质量较不澄清的高，发酵速度比未澄清的糖液及澄清后的残渣都低。

Ⅲ. 胶体去除后，削弱了酵母对高浓度酒精的抵抗。正因为如此，糖蜜澄清处理时，糖液浓度不宜低于 $40°Bx$，不要单纯最大限度地去除非糖物质，而应去除糖蜜中阻碍酒精发酵工艺成分，保留对酵母生长、繁殖和发酵有益的物质，以此来达到既提高发酵率和产品质量，又保持理想的发酵速度的目的。为简化流程，提高效率，工厂一般仅考虑对酒母培养用糖液进行澄清处理。

（3）糖蜜酒精酵母及培养　为满足糖蜜原料酒精生产，糖蜜酒精酵母应具有以下性能：①耐渗透压强，即在含有高浓度灰分和胶体物质的糖液中能正常生长、繁殖和发酵；②酒化酶活力强，酒精发酵速度快，能力强，残糖低；③耐酸、耐温能力强，以保证在酸性及较高温度条件下正常发酵；④耐酒精能力强，产泡沫少，以提高生产能力及设备利用率；⑤具有较强的抗毒能力，如抗重金属能力，以保证发酵的顺利进行。

糖蜜酒精酵母纯种扩培流程：固体斜面 ⟶ 液体试管 ⟶ 三角瓶 ⟶ 卡氏罐 ⟶ 小酒母

酵母菌数量酒精发酵过程中，单位体积醪液中的酵母数量太少时，会延长发酵时间，降低设备利用率，甚至会危及正常发酵。酵母数量过多，则会造成消耗于合成增殖酵母细胞物质的糖分及消耗于维持酵母菌生命活动的糖分增加，从而导致糖分出酒率降低。研究表明：酵母菌数量的多少决定单位糖分的发酵速度，且酵母数越多，发酵时间越短。

酒母的制备方法有：间歇培养法和连续培养法。在酒母罐内加入稀糖液，接入 $15\% \sim 25\%$ 种子，通风量为 $2 \sim 5m^3/(m^3 \cdot h)$ 通风培养，$28 \sim 29℃$ 培养 $6 \sim 8h$，当糖度降至原糖度约 60% 时成熟。成熟酒母留 $15\% \sim 25\%$ 作下罐种子。稀糖液连续不断地进入酒母罐流出，进入发酵罐组首罐或酒母增殖罐。一般酒母罐由 $3 \sim 4$ 只组成罐组来培养酒母，总容量为每天发酵醪液量 $12\% \sim 15\%$。培养过程中，必须连续通无菌空气，通风量为 $2 \sim 3m^3/(m^3 \cdot h)$。为防止杂菌污染，隔 $3 \sim 5d$ 应空出其中一只酒母罐进行清洗杀菌后再用。不少酒精工厂还采用酵母增殖罐（即酒母衍生器）来连续培养酒母。其方案为用1只或2只发酵罐专门繁殖酒母，其管路连接和培养方法与上述方法基本相同。

（4）糖蜜酒精发酵 糖蜜稀释液接入培养成熟的酒母后，糖蜜稀释液中的糖分在酵母菌的作用下分两大部发酵生成酒精。第一步是酵母菌首先将体内的转化酶（即蔗糖酶）借扩散作用分泌到细胞体外，将发酵液中的蔗糖进行水解转化为葡萄糖和果糖，反应式如下：

$$C_{12}H_{22}O_{11}+H_2O \xrightarrow{转化酶} C_6H_{12}O_6+C_6H_{12}O_6$$

第二步是葡萄糖和果糖通过扩散作用进入酵母细胞体内，在酵母体内酒化酶（胞内酶）的作用下发酵变成酒精和二氧化碳：

$$C_6H_{12}O_6 \xrightarrow{酒化酶} 2C_2H_5OH+CO_2$$

糖蜜酒精发酵有间歇发酵、半连续发酵和连续发酵等多种方法，每种方法又有多种方案。

①间歇发酵

a. 普通间歇发酵：即单罐发酵，发酵罐空罐清洗后用蒸汽杀菌至100℃保温0.5~1h，冷却至30℃后，接入培养成熟的酒母醪液中，而后再将温度为27~30℃（夏天应偏低，冬天应偏高）的发酵糖液输入进行发酵。发酵温度控制为33~35℃为宜。

为了更有效地控制发酵，首先必须控制好糖液入罐温度，其次是加强发酵过程中温度控制。夏天应提早开冷却水，冬天则要迟后开冷却水，水量由小到大，避免猛开猛关，以防止影响发酵效果。发酵时间一般为32~36h，通常40~50h即可送去蒸馏。

b. 分割式间歇发酵：第一只罐按普通间歇式发酵法进行发酵，当发酵处于主发酵时，从该罐分割1/3~1/2主发酵醪液至第二罐，用稀糖液加满两个罐，第一只继续发酵，直至终束，送去蒸馏。第二罐进入主发酵后，再分割1/3~1/2至第三罐，再用稀糖液加满两罐，如此继续下去。

此法优点是避免了每罐都需制作酵母，且总的发酵时间大为缩短；缺点是易染菌，必须加强糖蜜酸化灭菌工作。此法发酵糖液一般20~24°Bx，发酵温度为33~35℃，发酵时间28~32h。

c. 分批流加间歇发酵法：分批流加间歇发酵法是先在发酵罐内加10%~20%酒母后分3次加入发酵稀糖液，第一次、第二次加入罐容约20%的稀糖液，第三次加40%~50%的稀糖液，以保持罐内醪液中糖浓度一致，有利于酵母正常发酵。但必须指出，流加糖液的全部时间不应超过8~10h，否则会影响发酵。发酵温度控制为30~35℃，发酵时间36~48h。

②半连续发酵：半连续发酵法是主发酵阶段采用连续发酵，后发酵阶段采用间歇发酵方法。在半连续发酵中，由于醪液的流加方式不同，又可分为两种：

第一种方法是将一组数个发酵罐连接起来，使前三个罐保持连续发酵状态。第三罐满后，流入第四罐。第四罐加满后，则由第三罐改流至第五罐，依次类推。第四、五罐发酵结束后，送去蒸馏，洗刷罐体后再重复以上操作。

第二种方法是由7~8个罐组成一组罐，各罐用管道从上部通入下一罐底部相串连。第一只罐加入1/3体积的酒母发酵，随后在保持主发酵状态下，流加糖化醪。满罐后，流入第二罐，第二罐醪液加至1/3容积时，糖化醪转流加至第二罐。第二罐加满后，流入第三罐，然后重复第二罐操作，直至末罐。最后从首罐至末罐逐个将发酵成熟醪蒸馏。

③连续发酵：糖蜜稀糖液酒精发酵采用连续发酵法最合理。糖蜜稀糖液连续发酵的方案

很多，归纳起来有两种基本流程：单浓度单流加连续发酵法和双浓度双流加连续发酵法。

a. 单浓度单流加连续发酵法：单浓度单流加连续发酵法是只用一种浓度的糖液进行单流加以实行连续发酵的流程。该流程以稀糖液与成熟酒母同时进入第一发酵罐，酵母繁殖和糖液发酵同时进行，产生含足够数量酵母细胞的发酵醪液，并且随着糖液的连续进入，发酵罐满罐后醪液依次进入下一罐连续发酵直至发酵成熟。

b. 双浓度双流加连续发酵法：双浓度双流加连续发酵法是使用两种不同的糖液，即酒母稀糖液（也称低浓度）和发酵稀糖液（也称高浓度）进行双流加以实行连续发酵流程。

糖蜜酒精发酵的三种方法本质上没有区别，尤其是连续发酵两种方法，基本流程都是保持流动基质的酵母菌适宜生长发酵条件，繁殖足够多酵母发酵产生酒精。目前糖蜜酒精发酵都采用连续发酵。一般来说，对于质量较好、纯度较高的糖蜜采用单浓度单流加连续发酵法和双浓度双流加连续发酵法均可，但对于纯度低、质量差的糖蜜不适宜采用单浓度单流加连续发酵法，而应采用双浓度双流加连续发酵法。双浓度双流加连续发酵法，低浓度糖液（即酒母糖液）与高浓度糖液（即发酵糖液）流加比通常为 1：1，而流加糖比例为：优质糖蜜 4：6，劣质糖蜜 3：7。

（5）糖蜜醪液酒精蒸馏　以糖蜜为原料生产酒精发酵成熟醪液中含醛酯头级杂质特别多，特别是通风发酵，发酵成熟醪液中含醛类杂质特别多，因此在蒸馏和精馏过程中要特别注意排醛，提取醛酒。糖蜜原料发酵醪液含灰分、胶体较多，蒸馏和精馏过程中易产生泡沫和积垢，故要特别注意防止液泛和积垢。为保证成品质量，多采用两塔式液相过塔连续蒸馏流程和三塔流程，这样可分别在醪塔和精馏塔的最后一个冷凝器回收醛酒和由排醛管排除醛类杂质，对达到酒精成品质量要求有保证，同时操作也稳定，可以避免产生液泛现象。若要生产高质量的酒精，则可采用半直接三塔式连续蒸馏流程。

糖蜜酒精连续精馏过程中精馏塔除了提取成品和排除醛酯头级杂质外，还必须提取杂醇油。通常多采用气相提油，在精馏塔进料层下第 2~6 层塔板提取。气相提油不仅方便连续蒸馏操作，而且所提杂醇油质量也较高。酒精成品宜在精馏塔顶以下 4~6 层塔板液相提取，更有利于酒精质量的提高，避免糖蜜酒精含有不愉快的味道和变味。

3. 纤维质原料酒精生产工艺

随着人口数量的不断攀升，利用淀粉与糖类发酵生产酒精及化工产品将受到很大限制。只有粮食、食用糖生产过剩的国家，才能大量以粮食和食用糖作为原料生产乙醇；而植物光合作用产物的绝大部分为植物的枝、干、叶等木质纤维素类物质，是纤维素、半纤维素和木素等聚合物的复合物，其中纤维素和半纤维素都可以被转化成乙醇，理论得率可以同粮食相仿，每吨大于 400L。

以纤维素生产乙醇的关键是把纤维素水解为葡萄糖，即纤维素物料的糖化过程。纤维素水解为单糖以后再发酵生产乙醇的过程与淀粉发酵相同。水解纤维素可以采取化学或生物的方法。生物法即酶水解被认为是最有希望的工艺。纤维素酶水解工艺中几个关键的问题，包括酶的解吸附、不同酶的协同作用、酶的产物抑制的消除、高产纤维素酶的菌种选育和高活力与热稳定性酶的生产，改进预处理技术和酶水解工艺，这些都是未来的研究重点。

纤维素微生物发酵酒精的类型可根据微生物转化过程步骤分为两类：

直接发酵法：经过一步发酵即可将纤维性物质转化为乙醇。直接法又分为单菌株法和双菌株法。单菌株法是仅用一个菌株参与发酵的方法；双菌株法是有两种微生物参与、糖化和酒精发酵同时进行的工艺方法。

二步发酵法：先经纤维素酶或半纤维素酶的水解产生葡萄糖、木糖等可发酵性糖，再由另外一类微生物（如酵母菌）发酵产生乙醇等物质。

总体来讲，纤维素类酒精发酵工艺如下：

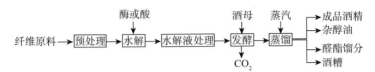

（1）发酵原料预处理 由于纤维素的组成成分复杂且稳定，存在许多物理的和化学的屏障，使酶制剂难以与纤维素接触，不能迅速完成酶促反应。纤维素酶水解得率低，仅为10%~20%。因此，植物纤维原料在酶水解前必须经过预处理，已研究的预处理方法包括化学法、物理法、生物法，以及几种方法的联合作用。预处理必须满足以下几个必要条件：提高酶水解的结合率，避免多糖的降解和损失，避免产生对水解及发酵过程起抑制作用的副产品，性价比高。

原料预处理方法包括物理预处理法、化学预处理法、物理化学预处理法（汽爆法）以及生物预处理法。其中物理预处理法包括机械粉碎、热解、声波电子射线等方法，这些方法均可使纤维素粉化、软化，提高纤维素酶的水解转化率。化学预处理法又包括臭氧法、酸水解法和碱水解法。

臭氧法：臭氧可以用来分解木质纤维素原料中的木质素和半纤维素；

酸水解法：高浓度强酸，如硫酸、盐酸，可用来处理纤维素原料；

碱水解法：许多碱也可用于对木质纤维素原料的预处理。用热或冷碱液（NaOH或液氨），使纤维素膨胀，处理效果也较好。

汽爆法是预处理纤维素最常见的方法。把片状的生物质置于高压蒸汽中，随后迅速降低压力，使原料进行爆炸性分解。汽爆的开始温度一般为160~180℃，相对应的压力为0.69~4.83MPa，物料在此温度、压力下经过几秒到几分钟的时间，然后置于常压下。将碎木料加热升压到0.4MPa左右，倒入常压下的容器中，木料爆破得到绒毛状的纤维，具有较好的处理效果。

（2）纤维素的糖化 纤维素的糖化包括酸法糖化和酶法糖化。

①酸法糖化：酸水解的糖转化率取决于酸的浓度和滤液的加热时间，采用中等浓度约26%的酸和2h的加热时间可以达到最高转化率。酸水解是一种比较常见的水解方法，其分为浓酸水解和稀酸水解，前者先将纤维素分解成寡糖，主要为纤四糖，然后再加水稀释进一步生成葡萄糖。浓酸水解优点是所需温度和压力稍低，比稀酸水解乙醇产率高，但是使用的酸必须回收，对设备要求较高。稀酸水解可以使半纤维素很快被水解分离去，但是对纤维素的水解能力不够，需要在较强烈的条件下进行反应。一般来说，稀酸水解的得糖率较低，能量消耗较大。

②酶法糖化：催化水解纤维素生成葡萄糖需要多种水解酶。酶解糖化工艺中酶的消耗量大，而纤维素酶的合成需要不溶性纤维素诱导，生产周期长，生产效率低，因而纤维素酶的费用占糖化总成本的60%。纤维素酶水解效率很低，酶用量较少时需要较长的反应时间，反过来酶用量较多时虽然减少了反应时间，但是成本大为提高。纤维素酶的应用要做好如下工

作：优化预处理系统；循环使用未消耗的底物和溶液中的酶以降低酶的成本；间歇补充原料和添加酶，使整个过程维持较高浓度的纤维素；开发具有高活性的纤维素酶；开发新型水解反应器；研究酶与底物相互作用以及半纤维素和木质素对酶水解影响的机理。

纤维素酶是一种多组分的复合酶，现已确定纤维素酶含有 3 种主要组分，即内切型 β-葡聚糖酶、外切型 β-葡聚糖酶和 β-葡萄糖苷酶。依靠这 3 种组分的协同作用才能将天然纤维素水解成葡萄糖，纤维素大分子的物理结构是由分子链排列整齐、紧密的结晶区和结构疏松但取向大致与纤维主轴平行的无定形区交错结合的体系。在纤维素水解过程中，首先由内切型 β-葡聚糖酶在纤维素的无定形区进行切割，产生新末端，生成较小的葡聚糖，然后再由外切型 β-葡聚糖酶作用于末端基释放出纤维二糖和其他更小分子的低聚糖，最后由 β-葡萄糖苷酶将纤维二糖分解为葡萄糖。

（3）纤维素的发酵　纤维素发酵生产乙醇的方法有直接发酵法、间接发酵法、混合菌种发酵法、分步水解发酵法（SHF 法）、同步糖化发酵法（SSF 法）、非等温同时糖化发酵法（NSSF 法）、同步糖化共发酵法（SSCF 法）、固定化细胞发酵法等。

①直接发酵法：直接发酵法就是以纤维素为原料进行直接发酵，不需要进行酸解或酶解前处理过程。直接发酵法的特点是基于纤维分解细菌直接发酵纤维素生产乙醇，不需要经过酸解或酶解前处理过程。该工艺方法设备简单，成本低廉；但乙醇产率不高，产生有机酸等副产物。

②间接发酵法：间接发酵法是先用纤维素酶水解纤维素，酶解得到的糖液进行发酵。此法中乙醇产物的形成受末端产物、低浓度细胞以及基质的抑制，为了提高酒精产率，必须不断地将其从发酵罐中移出。采取方法有减压发酵法、快速发酵法。对细胞进行循环使用，可克服细胞浓度低的问题。筛选在高糖浓度下存活并能利用高糖的微生物突变株，及使菌体分阶段逐步适应高基质浓度也可克服基质抑制。

③混合菌种发酵法：混合菌种发酵法可以利用纤维水解液中葡萄糖、木糖、阿拉伯糖等单糖和寡糖的混合物。杨斌等针对多碳源发酵乙醇的菌株不多，工艺及设备满足代谢要求上有一定困难，碳源利用率低，酒精产率低等问题，提出了采用气升柱发酵木糖和溢流柱发酵葡萄糖的串联发酵工艺。串联发酵是首先经 P. stipitis 酵母的限氧发酵后，再经啤酒酵母的厌氧过程而结束。

④分步水解发酵法（SHF 法）：分步水解发酵工艺是纤维素酶法水解与糖发酵分步进行，即先用纤维素酶水解木质纤维素，再将酶解产生的糖液作为发酵碳源，纤维素的酶解和酶解液的发酵分别在不同的反应器中进行。其主要特点是水解与发酵分别都可在它们的最适条件下进行，酶解主要工作条件为 50~60℃，pH3~5；发酵主要工作条件为 30~40℃，pH6~8。

在纤维素酶解过程中，纤维二糖的积累会抑制内切和外切葡聚糖酶的活力，葡萄糖的积累对于 β-葡萄糖苷酶的催化也有一定的抑制作用。随着水解过程中葡萄糖浓度的不断升高，酶解反应很快就因为产物抑制作用而使反应速度降低，反应进行不完全，这样导致酶解糖化效率不高，从而影响后续发酵的乙醇得率。

可以通过补加 β-葡萄糖苷酶的方法，减少纤维二糖的积累从而降低对外切葡聚糖酶的抑制作用，或者将反应器内糖化生成的葡萄糖通过超滤膜分离出去，从而消除产物抑制，提高反应速度，但超滤膜的大规模应用带来成本的显著增加。

⑤同步糖化发酵法（SSF 法）：SSF 法是在酶水解糖化纤维素的同一容器中加入产生乙醇

的纤维素发酵菌，使糖化产生的葡萄糖和纤维二糖转化为乙醇。在这个工艺过程中，纤维素在糖化水解中产生的还原糖被立即发酵成酒精，这样可以大大降低水解产物葡萄糖和纤维二糖对酶的抑制作用。与两段间歇的水解和发酵工艺相比较，SSF 法具有以下优点：由于对纤维素酶活力抑制作用的葡萄糖被转化，从而可以提高水解的效率；比较少量的酶需求；比较高的产品产量；由于葡萄糖可以被立即去除并有酒精产生，因此对于操作条件的要求较低；比较短的生产时间；由于水解和发酵可以在一个反应器内同时进行，因此可以有较小的反应器体积。但是，在 SSF 工艺的缺点有：纤维素酶解和发酵温度的矛盾，纤维素的酶水解最适温度为 45℃，而发酵菌则适合在 30~40℃工作；微生物对于酒精浓度的耐受性；纤维素的活性被酒精所抑制。解决这些问题的方法就是进行非等温发酵。

⑥同步糖化共发酵法（SSCF 法）：SSCF 法的发酵菌基本上还不能做到既利用五碳糖又利用六碳糖，或至少没有商业化来源。因此，SSF 法仍然存在木糖的抑制。一种衍生的 SSF 法，即同步糖化共发酵法（simultaneous saccharification and co-fermentation，SSCF）就是加入可以利用木糖的菌株进行混合发酵。

SSCF 工艺是在 SSF 工艺的基础上发展起来的，与 SSF 工艺相比，该工艺是纤维素酶法水解与己糖和戊糖发酵同时进行，且是在同一个发酵罐中采用发酵菌种对己糖和戊糖进行发酵。使用该工艺不仅可以节省设备投资费用、有效缓解葡萄糖对纤维素酶的反馈抑制作用，而且还可以提高木质纤维素乙醇发酵液中的乙醇浓度。

⑦非等温同步糖化发酵法（NSSF 法）：该法生产乙醇的工艺流程很好地解决了纤维素酶糖化与酵母发酵 2 个过程中温度不匹配的矛盾，可节约纤维素酶 30%~40%，同时乙醇的产量和产率均显著提高。纤维素酶糖化的最适温度为 50℃左右，而酵母发酵的控制温度是 31~38℃。利用 NSSF 法生产乙醇的工艺流程很好地解决了纤维素酶糖化与酵母发酵两个过程中温度不协调的矛盾。

⑧直接微生物转化法（DMC 法）：直接微生物转化法又称联合生物加工工艺（CBP），是把生物质生产乙醇过程传统工艺各单元进行整合，即将纤维素酶的生产、酶解糖化和乙醇发酵三个单元耦合在一步同时进行，该工艺要求微生物或微生物群既能产生纤维素酶，又能利用可发酵糖类生产乙醇。这样既简化了工艺，又降低了成本。自然界中的某些微生物如 *Clostridium*、*Moniliar*、*Fusarium*、*Neurospora* 等都具有直接把生物质转化为乙醇的能力。但到目前为止，研究的菌种耐乙醇浓度差，副产物多，乙醇浓度和得率低。

⑨固定化细胞发酵法：用载体将酵母细胞固定起来进行酒精发酵，不仅能使反应器内细胞浓度提高，细胞可连续使用，最终提高发酵液的乙醇浓度，而且可以反复循环使用，减少酵母增殖消耗的糖分，提高了发酵强度和产物产率。研究最多的是酵母和运动发酵单胞菌的固定化。常用的载体有海藻酸钠、卡拉胶、多孔玻璃等。固定化细胞发酵的新动向是混合固定细胞发酵，如酵母与纤维二糖酶一起固定化，将纤维二糖转化成乙醇。

4. 生料酒精生产工艺

生料酿酒技术在 20 世纪 50 年代首先由日本人提出。最初研究生料制酒的目的，基本是着眼于节能，20 世纪 70 年代中东战争爆发引起世界性的能源危机，各行各业为了避免今后再受到能源的影响，而积极寻求各种途径，日本的很多科学家对生料水解酶和发酵过程进行了较为深入和系统的研究。生料酿酒课题便在此背景下应运而生，并且各国专家学者争相研究这一课题。生料发酵酒精技术是在传统酿造方法受到能源问题挑战的时候被提出的。生料发酵酒精技术又称"生料制酒"（raw starch for alcohol fermentation），也称"一步发酵法"（direct fermentation），是指在低于淀粉糊化的温度下，用生料/颗粒淀粉水解酶（raw starch hydrolyzing enzyme，GSHE）与酵母共同作用于淀粉质原料而产生酒精的过程。所谓生料酿酒就是指酿酒原料不用蒸煮、糊化，直接将生料淀粉进行糖化和发酵。其技术关键就是生淀粉颗粒的水解糖化，与淀粉酶水解糊化淀粉不同，只有能被生淀粉吸附的葡萄糖淀粉酶才具有水解生淀粉的能力。原料无蒸煮工艺主要指生淀粉（生料）发酵和80~85℃液化等低温蒸煮工艺。前者是指粉状原料加水，加生淀粉糖化酶或加一般的糖化酶进行糖化，但要另外加果胶酶、纤维素酶等复合酶系，不需加热；后者是利用α-淀粉酶和在80~85℃下加热，使淀粉糊化和液化。这两种处理方法虽不采用高压蒸煮，但都采用其他辅助措施，同样达到淀粉游离和溶解的目的。原料水热处理的要求：①粉料充分与水混合形成均匀的粉浆；②粉浆与加热蒸汽必须均匀接触并稳定操作；③水热处理后无淀粉硬颗粒，处理均匀彻底；④水热处理过程中应尽量减少糖分损失和杂质生成；⑤水热处理过程中不染菌。生料发酵酒精省去了酒精蒸煮工艺环节，利用霉菌产生的淀粉酶直接糖化生淀粉进行无蒸煮酒精发酵，具有流程简单、节约能量、发酵浓度高等优点，但传统的生料发酵酒精技术仍然存在着生产成本过高、原料利用率过低等问题。生料酿酒生产工艺分固态法生料酿酒和液态法生料酿酒两种工艺。固态法生料酿酒工艺与传统小曲酒工艺相似，操作较繁琐，劳动强度较大，酒质较好，多用高粱、玉米为原料。液态法生料酿酒工艺技术简单，操作方便，劳动强度低，出酒率高，适用于大米、玉米等原料，该工业较为普遍。目前，生料酿酒技术广泛应用于白酒、酒精、黄酒、米酒和清酒的生产。

生料酒精发酵工艺流程如下：

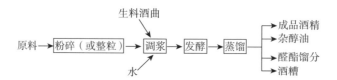

（1）淀粉的水解　淀粉颗粒的结构有直链淀粉的螺旋结构、支链淀粉的螺旋结构、直链淀粉和支链淀粉混合的螺旋结构、直链淀粉和支链淀粉无定型结构、直链淀粉和脂质体形成的复合物等，这些结构都显示淀粉是不容易被酶分解的。

葡萄糖淀粉酶又称糖化酶，能水解淀粉非还原性末端的α-1,4葡萄糖苷键，也能缓慢水解α-1,6葡萄糖苷键产生葡萄糖。在传统熟料发酵工艺中，通过高温蒸煮使淀粉分子间的氢键水解，淀粉链切断，每个淀粉分子链上借氢键维系的螺旋型空间结构也被破坏，链被拉长，从而有利于淀粉酶与淀粉分子的接触而水解淀粉。酶制剂要与淀粉颗粒作用，理论上有以下几个途径：通过表面的孔；通过淀粉聚合物的链向中心作用；颗粒中的一些裂缝；扩散。如果淀粉没有被作用，酶制剂是不可能在其中扩散的，因为酶制剂分子的大小，如α-淀粉酶在4nm左右、糖化酶GA在8~10nm，比淀粉中最大的孔也大近10倍。

对生料水解酶的研究一直都是和糖化酶的研究进步密切相关的。真菌糖化酶大多数是以多种形式存在，这些形式可能与糖化酶发酵时共同产生的蛋白酶有关，具体酶的形式与次级处理有关。生酶水解理论有如下几种：

①SBD理论：关于生料酶水解的一个流行理论就是淀粉结合区（starch binding domain，

SBD）理论。这个理论认为生料酶，无论是糖化酶，还是液化酶，或是其他类酶，都要由两部分组成，即淀粉结合区 SBD 和催化区 CD（catalytic domain）。支持 SBD 这种理论的实验为：糖化酶发酵生产时，其中的副活力蛋白酶若把淀粉结合区 SBD 的部分或全部切除，则导致形成的糖化酶只能水解可溶性淀粉。因此在糖化酶发酵过程中，若要提高糖化酶生淀粉水解的活力，就要减低发酵中所产的蛋白酶。要达到这一点，可采取以下几种措施：细胞固定化、生长形态方法的应用、pH 的控制、发酵营养的控制、生物反应器构型的改变以及使用蛋白酶抑制剂。

②其他理论：虽然 SBD 理论很容易被理解和接受，但并不是所有的实验事实都可用 SBD 理论来解释，如：一些细菌淀粉酶可水解生成淀粉，但并不吸附；由 R. niveus 和 A. Kawachi 生产的糖化酶虽然吸附，但吸附的量和反应速度并不成比例；来自米曲霉（A. oryzae）的糖化酶的反应速度与吸附量成反比；来自于 S. Fibuligera 的糖化酶并没有 SBD，但却具有生料水解能力；对直链淀粉的吸附与水解速度相反。

因此，有必要进一步研究生料酶作用的机理，以利于发展更有效的产品。

③酶的协同作用：使用淀粉酶和糖化酶的协同作用较仅用淀粉酶和仅用糖化酶的作用都大。除了糖化酶和淀粉酶外，还有研究表明其他酶组合也有协同作用，如淀粉酶和葡萄糖苷酶、糖化酶和普鲁兰酶、β-淀粉酶和普鲁兰酶。

（2）糖化反应作用机制　生淀粉酶指可以直接作用、水解或糖化未经蒸煮的淀粉颗粒的酶。包括 α-淀粉酶、β-淀粉酶、葡萄糖淀粉酶、脱枝酶等，都能起到水解生淀粉的作用，但其水解生淀粉的速率大不同，有的速度较快，有的则较慢。研究发现生淀粉水解时，黑曲霉属的葡萄糖淀粉酶对生淀粉的水解能力较强，而其 α-淀粉酶对生淀粉的水解能力非常低。在生料发酵中，若把 α-淀粉酶和糖化淀粉酶混在一起，两种酶的协同作用能使水解生淀粉能力提高 3 倍，这种协同作用在对煮沸淀粉水解时并不发生。

糖化酶对生淀粉的水解能力不仅取决于淀粉酶的作用，也取决于其对支链淀粉的脱枝能力，即脱支能力越强的糖化酶对生淀粉的水解能力也越强。各种原料淀粉酶解速度的不同与淀粉中所含支链淀粉和直链淀粉的比例有关，支链淀粉的含量越大，其与酶的结合部分相对较多，酶解速率相对也较快。研究还发现淀粉分子量和支链淀粉含量对淀粉黏度的影响，当淀粉颗粒越小，支链淀粉含量越高时，其黏度越大，会对酶解效果产生一定的负面影响。另外，淀粉酶水解玉米淀粉的能力还和其吸附淀粉能力有关，吸附能力越强则水解能力越强。

二、酒精发酵副产品的综合利用

酒精生产过程中产生的副产品种类很多，它们是 CO_2、酒精酵母、杂醇油、醛酯馏分和酒精。这些副产品的充分利用对酒精生产的经济效益有几大的影响。特别是酒糟的利用在当前更有重要的现实意义，因为不经处理就排放的酒糟已对我国的生态环境造成了严重的影响。近年来围绕酒精联产饲料为中心的科研与实践，对淀粉质原料酒糟的综合利用和处理在我国取得了重大进展。但是在糖蜜酒糟处理上没有太大的创新。除了酒糟外，酒精还有不少其他污水也进行了处理。

1. CO_2 综合利用

（1）CO_2 回收　酒精发酵时 CO_2 的理论得率是酒精得率的 95.6%。在连续发酵时 70% 的

CO₂可以回收利用。以往的 CO₂ 只是用于食品工业，如制备汽水、软饮料、汽酒、香槟酒等。近年来它也被用在焊接、铸造工业、金属切割工业和工业动力工程等方面。与此同时，对 CO₂ 纯度的要求越来越高。近年来，制备高级膨化烟丝也需要大量高纯度的 CO₂。用 CO₂ 进一步加工制成的干冰广泛用于食品冷藏等方面。发酵气体中所含的水蒸气、空气、酒精、醛类、有机酸、脂类，有时还有含硫化合物，不仅会降低 CO₂ 的质量，而且影响它的生产。例如，空气含量过高会破坏 CO₂ 压缩机的运行；水蒸气和硫化物会加快设备的腐蚀。CO₂ 中杂质的组成与发酵温度和发酵醪液的酒精含量有关。

酒精发酵气体除杂净化的方法可区分为吸收、吸附和吸收吸附综合处理等三类。由于 CO₂ 中的大部分杂质均溶解于水，所以，目前工业上都采用水洗的方法来净化 CO₂。进一步的净化可以采用活性炭吸附，高锰酸钾或重铬酸钾溶液氧化，也可用硅胶、钠型沸石等进行处理。按它们的净化能力排列的顺序是：

活性炭＞硅胶＞高锰酸钾溶液＞重铬酸钾溶液＞合成钠型沸石

气体的干燥可采用以下吸水剂：浓 H_2SO_4、$CaCl_2$、硅胶、铝凝胶等。也可采用冻结法。吸湿能力最强的是钠型沸石 NaA，其次是硅胶和活性炭。沸石能长时间保持吸湿性能，活性炭则在吸附大量杂质后就会因饱和而失去吸湿性能，硅胶介于两者之间。

目前工业上采用的 CO₂ 净化和干燥措施有 3 条：进入压缩机前的水洗；一级压缩后经活性炭柱处理；三级压缩后经硅胶和沸石处理。对于纯度要求不高的 CO₂ 产品来说，硅胶和沸石处理不一定需要。

（2）CO₂ 的利用　CO₂ 可以用来生产纯碱和轻质碳酸钙。

①纯碱的制造：纯碱是常用的化工原料，利用酒精发酵产生的 CO₂ 制备纯碱的工艺流程如下：

a. 溶盐和净化：在化盐池中加食盐和水，搅拌制成饱和盐水，加入石灰水使 pH 为 9.2。再通入氨和 CO₂，并借助循环泵使之充分混合，可除去钙、镁等杂质。所得盐水要求透明，不含悬浮杂质。

b. 吸氨：清净盐水用泵送经吸氨管道，与氨回收罐来的氨气作用，生成氨盐水。要求氨盐水达 96~102 个滴度。吸氨是放热反应，因此要有足够的冷却面积，以控制氨盐水碳化前温度为 30~35℃。

c. 碳化：氨盐水用泵送入碳化罐，与由压缩机送来的二氧化碳作用。碳化作用一般为 12~16h。游离氨含量降至 25 滴度即表示碳化完全。碳化反应也是放热反应。反应温度要求不超过 55℃。

d. 分离：从碳化罐放出的碳化液控制在 28~30℃，用普通框式离心机分离，分离得到的碳酸氢钠含水约 6%~8%，母液回入贮罐供回收氨用。

e. 煅烧：煅烧采用滚筒干燥机，筒内有刮刀，以防止结疤并翻动物料。NaHCO₃ 进入煅烧机在 180℃煅烧 40min，即变成碳酸钠产品。

f. 氨回收：母液用泵送入高位箱，与来自石灰乳桶的石灰乳混合，进入氨回收罐，加热 100℃左右，便可释放出氨气，该氨气经冷却并除去水分后送入吸氨管道制备氨盐水。

②轻质碳酸钙的制造：CO₂ 与石灰乳反应生成碳酸钙的反应式：

$$Ca(OH)_2 + CO_2 \longrightarrow CaCO_3 + H_2O$$

轻质碳酸钙广泛应用于造纸、油漆、橡胶、石棉及日用化学工业等方面。

酒精发酵 CO_2 制造轻质 $CaCO_3$ 的工艺过程是：石灰块加水制成浓度为 $5~7°Bé$ 的石灰乳，经沉沙、旋液分离等工序除去粗粒。均匀的石灰乳送往碳化罐。CO_2 用鼓风机送来碳化罐。两者反应生成碳酸钙沉淀，后者经离心分离，得到含水 35%~40% 的湿碳酸钙，经干燥即得含水 0.5% 以下的 $CaCO_3$ 产品。产品规格要求含 $CaCO_3$ 98% 以上，视比容 2.5 以上，水分 0.5% 以下。

2. 杂醇油和醛酯馏分利用

（1）杂醇油的利用 杂醇油是以异戊醇为代表的许多种高级醇的混合物。有 n-丙醇、异丁醇、活性戊醇、异戊醇和其他未测定成分。成品杂醇油是一种淡黄色到红褐色的透明液体。它开始沸腾的温度不能低于 87℃，在 87~120℃ 范围内的馏出量不应超过总容量的 50%。与水以 1∶1 的比例混合，再分层时，其体积缩小量不能大于 20%，由于加水会变浑。杂醇油的相对密度在 15℃ 时，为 0.830~0.835。

杂醇油可用作测定牛奶中脂肪的试剂。杂醇油中含有的高级醇的酯类可用于制造油漆和香精，当前有些工厂进行杂醇油的精馏，目的主要在于获得这些酯类。由于杂醇油与汽油的主要成分相近，所以它可用作燃料添加剂，也可用作工业溶剂。杂醇油的得率一般是工业酒精产量的 0.3%~0.5%。

（2）醛酯馏分的利用 醛酯馏分是作为头级杂质提取的。它的主要成分还是酒精和水，此外，还含有大量醛类、酯类和甲醇。有的工厂为了提高酒精得率，对醛酯馏分进行重复精馏，这样可以得到 97% 酒精和 2%~3% 的醛酯馏分。但是由于所得酒精质量不好，只能作工业酒精用。因此，这种做法就没什么实际意义了。一般醛酯馏分就作为工业酒精用于制造油漆、颜料、变性酒精和其他化工产品。在酒精蒸馏过程中，为了减少，甚至不提取醛酯馏分，可以采用将它回入粗馏塔或回入发酵罐的做法。特别是后一种做法，由于减少了发酵过程中副产物（甘油、醛类、酯类等）的生成，可提高出酒率 1%~2%。河南杜康酒厂和山东沂源酒厂采用此法效果良好。

3. 酒精酵母回收利用

（1）利用酒精酵母作饲料酵母或面包酵母 在每立方米的酒精发酵成熟醪液中含有 12~18kg 的鲜酵母，将发酵成熟醪液初步分离出酵母乳液，经反复水洗后再次离心分离、压榨，便可得到压榨干酵母。分析酒精发酵成熟醪组分，糖蜜酒精发酵成熟醪液中酵母最适宜回收利用。从发酵成熟醪液中初步分离出的酵母乳液就可直接作为饲料酵母。为便于运输和贮藏，也可采用压榨酵母。酵母作为高蛋白饲料营养价值很高，但由于酵母具有坚韧的细胞壁，消化性却较差。为此，有必要对酵母细胞进行一定的预处理。常用的预处理方法有研磨成酵母粉，或加热，或超声波处理，也可采用碱法、酶法破壁等。

面包酵母和酒精酵母虽属同一种，但它们却有一些特殊的性能。最主要的一点就是：面包酵母相对于酒精酵母来说，对麦芽糖、葡萄糖的发酵能力强而产酒率并不高（酵母在面包团中的糖代谢以有氧代谢为主）。糖蜜原料发酵的酒精酵母尚具备较强的麦芽糖、葡萄糖发酵力，可供面包厂家或家庭使用。淀粉原料发酵的酒精酵母一般不能作为面包酵母使用。由于面包酵母是双单性微生物，二倍体生命活动较单倍体强，特别是发酵能力强对于发酵能力弱来讲，产酒率高对于产酒率低来讲都是显性，所以通过杂交育种可获得对麦芽糖、葡萄糖发酵能力强而产酒率并不下降的酒精酵母兼面包酵母。

（2）利用酒精酵母生产核糖核酸及核苷酸　核糖核酸（RNA）和核苷酸是现代生物化学研究上的重要物质，在医药、食品工业和农业部门等都有重要用途。酵母菌体内 RNA 的含量为 2.7%~11%。从酵母菌中提取 RNA 的重点就是采用各种方式破坏酵母坚韧的细胞壁，使 RNA 释放出来以后加以分离。工业生产上常用的方法主要是稀碱法、浓盐法两种。

①稀碱法：采用 1%NaOH 溶液处理酵母细胞，使 RNA 从细胞中溶出以后再用 HCl 中和溶液，分离除去菌体。利用 RNA 在等电点时溶解度最小的性质，调节 pH 为 2.0~2.5，使其从溶液中沉淀出来，离心分离即得到 RNA 成品。

②浓盐法：浓盐法是用高浓度的盐（多采用食盐）改变酵母细胞壁的渗透压，通过加热促使 RNA 释放出来。在冷冻情况下调整 pH2.0~2.5，使 RNA 沉淀、分离后用酒精洗涤并于低温下干燥，制得 RNA 成品。

核苷酸是核酸的降解产物，此降解过程一般采用酶法。核酸水解酶的种类很多，可分别水解核酸 5′-核苷酸、3′-核苷酸或 2′-核苷酸。目前工艺上比较成熟的是采用核酸酶 P1（5′-磷酸二酯酶），其水解产物为 5′-核苷酸。核酸酶 P1 可由培养橘青霉、金色链霉菌等获得。我国有关单位制成了葡聚糖核酸酶 P1，可用于固定化酶反应形式的 5′-核苷酸生产。RNA 经酶解得到 4 种单核苷酸：5′-尿嘧啶核苷酸（5′-UMP）、5′-鸟嘌呤核苷酸（5′-GMP）、5′-胞嘧啶核苷酸（5′-CMP）、5′-腺嘌呤核苷酸（5′-AMP）的混合物，根据它们在不同 pH 条件下的离子化程度不同，可用离子交换法进行分离提取。

4. 酒糟的回收利用

无论是淀粉质原料酒精糟液还是糖蜜酒精糟液，直接排放严重污染了水体环境，破坏了生产、生活用水资源，因此必须加以治理。几十年来，为了治理酒精糟液对环境的污染，国内外酒精制造业和环境科学界投入巨资和人力进行了研究开发。

（1）酒精糟主要治理技术　目前，国内外正在研究应用的治理技术主要有：厌氧-好氧方法；酒精糟液浓缩干燥法（淀粉质原料酒精糟液治理，也称 DDGS 法）；酒精糟液焚烧法；酒精糟液处理液回用技术。

①厌氧-好氧方法：厌氧-好氧方法是将酒精糟液经预处理后，先进行厌氧（甲烷）发酵，残液再进行好氧处理。该方法的优点是能部分回收生物能，但其缺陷十分突出：由于酒精糟液有机物浓度高等原因，酒精糟液需经稀释等预处理后，才能进行甲烷发酵，加上甲烷发酵周期较长，发酵容器需要很多，因此投资较多，占地面积较大；厌氧处理后 COD 仍高达数千毫克每升，须经好氧处理后才能达标排放，由于厌氧残液量较大，因此好氧处理费用较高；污泥数量多，处理难度较大，处理费用较高。该处理方法的处理效果受季节、气候等条件影响，不适宜在我国北方应用。

②酒精糟液浓缩干燥法（DDGS 法）：淀粉质原料酒精糟液治理对酒精糟液的利用，我国酒精企业在 20 世纪 70 年代前由于生产规模小和受俄罗斯酒精工艺技术思想的影响，认为酒精糟液用于干燥法回收能耗高，经济效益低，未能涉足。虽然国内酒精企业的一些专家早就清楚 20 世纪 40 年代美国酒精企业就有全干燥法生产 DDGS 车间，但是直到 80 年代才开始引进国外 DDGS 技术和设备。所以在生产技术、相应设备制造、生产实践积累方面较国外晚 30 多年。不过经过 20 多年的消化、吸收、发展国外 DDGS 的生产实践，我国谷物酒精企业和相关设备制造业已经达到与国外某些先进同行企业相当的水平。这就是说谷物酒精联产 DDGS 成了环保达标和获利的重要手段。

玉米酒精糟液其营养成分很丰富，但是干物质含量很低。随着浓醪连续发酵技术的不断成熟和提高及酒精糟液分离清液回用拌料比例的增加，需要蒸发浓缩的比例将减少，加之相应的蒸发设备的进步，将使食用酒精、燃料酒精、饲料达到新的平衡玉米良性循环发展阶段。

从酒精糟液处理的角度看，酒糟干燥是最为彻底的办法。这在西方发达国家已经成为常规的酒糟处理方案。但是由于酒糟干燥需要耗能大，所以该工艺对酒精厂产能要求比较高，而且原料也局限于蛋白质含量高的玉米等原料。将酒精糟液全部干燥后的产品称为含可溶物干酒精糟颗粒（DDGS）。在大型酒精企业，DDGS 是构成经济效益的重要产品。干酒精糟具有良好的饲料价值。美国的干酒精糟分为三种：干酒精糟固形物、干酒精糟滤液和二者的混合物。酒精糟液浓缩干燥法是将酒精糟液经浓缩装置（真空浓缩，同心圆装置等），去除水分浓缩酒精糟液的方法。该方法的优点是：真空浓缩干燥装置将酒精糟液浓缩干燥后，得到糟渣粉可作为农作物肥料（糖蜜原料酒精糟液）或畜禽饲料（淀粉质原料酒精糟液），处理酒精糟液较为彻底；同心圆装置实际是利用酒精糟液代替清水对锅炉烟气进行洗涤除尘，减少了糟液排放量。该方法的缺点是：真空浓缩干燥装置耗能多（燃能多）。且设备结垢难处理；同心圆装置耗能多（耗电多），处理糟液不彻底。此种方法的两种装置都存在投资大，难以正常运行的问题。

③酒精糟液焚烧法：酒精糟液焚烧法是将酒精糟液浓缩后，再经专门焚烧炉焚烧的方法。此方法同用于处理糖蜜原料酒精糟液。优点是处理酒精糟液彻底。缺点是投资较大，运行费用较高，工厂难以接受。

④酒精糟液处理液回用技术：酒精糟液处理液回用技术是将酒精糟液经处理后，去除对酒精生产有害的物质后得到处理液，处理液代替清水用于酒精生产的处理方法。此方法应用的优点是投资较省、上马较快、运行费用较少，处理酒精糟液不彻底。被应用工厂称为"目前国内外酒精糟液治理的首选技术"。

（2）酒精糟液的综合利用　酒精糟液综合利用工艺主要由酒精糟液固液分离、分离清液蒸发浓缩、糟渣和浓缩浆液干燥三个工序完成。

①酒精糟液固液分离：对酒精糟液深加工的第一步是酒精糟液的固液分离，酒精糟液中固形物含量低，杯式分离机是达到彻底分离的较好选择，但是目前还很难在大规模生产中实现。在酒精糟液分离中经历了板框过滤机、转股真空过滤机、三足过滤等设备及相应的方法。20 世纪 80 年代后随着卧式螺旋卸料沉降离心机在酒精行业应用技术的日益成熟。以及 5万、10 万、20 万、50 万 t 酒精厂的相继建立，对分离机的性能能否适应工厂的生产提出了更高的要求，基于卧式螺旋卸料沉降离心机在结构性能、占地面积、设备费用、维修费用、劳务费用、对环境的影响以及生产能力等方面的突出优点，国内越来越多的酒精厂将卧式螺旋卸料沉降离心机作为酒糟处理的首选设备。

②酒精糟液分离清液的蒸发与浓缩：强化清液回用。酒精糟液离心清液回用于玉米粉调浆是提高酒精糟液固形物含量、降低蒸发负荷并节约用水、节约能耗的有效手段。国内外的经验早已表明，长期连续运行时的回用率可以达到 40%～50%。在使用玉米原料时清液回用率可达到 50% 以上。

酒糟离心清液中含有很多可溶性的营养成分，为了回收这部分营养成分，就必须将水分蒸发以便得到干物质，其浓度约为 40% 的浓缩液。这种浓缩液单独进一步干燥可得 DDS，如果浓缩浆液与离心糟粕混合干燥制成 DDGS。对分离出的酒精糟液，开始采用单效蒸发设备，每蒸发 1t 水需消耗 1t 以上的一次蒸汽，能耗很高；采用多效蒸发，使能耗大幅度降低。目前，在英国、法国等西欧的一些老酒精企业，仍采用多效蒸发工艺。酒糟干燥车间是酒精厂全厂能耗和供热的中心。根据酒精糟液黏度和酸度较大、固形物浓度低，其中所含酵母菌菌体多，蛋白质、维生素、脂肪易受热破坏，蒸发到一定程度时，酒糟离心液的浓缩浆液黏度增大的特点，在酒精糟液离心清液蒸发浓缩设备上，酒精企业多选用蒸发量大、负压多效升膜强制循环蒸发器。

③糟渣和浓缩浆液干燥：干燥是利用热能除去固体物料中湿分的单元操作，DDGS 的干燥过程主要是除去水分。已浓缩的酒精糟液分离液经浓缩和离心机离心后干燥成 DDGS，目的是将其中的水分降低至安全水分以内，以减少 DDGS 在储存和运输过程中的损失，当水分含量超过安全水分时会使 DDGS 因其蛋白质、脂肪含量高而易受微生物侵染发生霉变。DDGS 造粒的目的是便于运输和储存，在我国根据目前市场需要不造粒的 DDGS 已占有相当比例。酒精糟液浓缩后再与酒精糟渣混合干燥成 DDGS，这是目前各酒精企业主要工艺过程，是在没有更理想工艺情况下采用的酒精糟液处理办法。因为将酒精糟液直接排入江河会严重破坏环境。

（3）糖质原料酒糟的综合利用　糖蜜发酵液中的酵母还具有相当强的发酵能力，为此可以在蒸馏前将它们分离出来，制备成经济价值较高的面包酵母。这是糖蜜酒精发酵综合利用的一个重要方面。糖蜜酒糟的组成和淀粉质原料不完全相同，综合利用的方法也不尽相同，即使同样的处理方法也有各自的特点。糖蜜酒精发酵中含有大量酵母活细胞，它们可以分离出来用作面包酵母，其质量并不比专门酵母工厂生产的差，但基本建设投资比专门工厂低两倍，所获得的面包酵母成本也低 45%，因为糖蜜、热能、劳动力损耗和其他消耗都较低。

三、酒精生产的发展趋势

酒精行业需要什么？即高酒精产率；更高的效率；生产能力的扩大；分馏化；新的副产品（食品而不是饲料）；原料中的淀粉含量更高；原料的多样化等。以原料多样性为例探讨如下：

（1）谷物类　随着全球能源价格的持续上涨，燃料酒精的应用前景被广泛看好。然而，燃料酒精的主要原材料（如玉米）在未来几年将面临供应紧缺状况。我国发展燃料酒精之初，在很大程度上考虑的并不是能源问题，而是消化陈粮。经过几年的集中生产销售，国家陈化粮存量水平已经非常低，燃料酒精的发展受到原材料制约的问题日益凸显。玉米最大产区美国，随着月产酒精数量的不断创造新高，美国玉米期货分析师认为，随着玉米酒精需求的增长，玉米价格在未来数年内都会持续上涨，甚至创造新的历史高点。在我国作为三大粮食品种之一的玉米生产在连续 3 年丰收的情况下，玉米价格不降反升，走出了反复陷入"多-少-多"的生产困境。与玉米形成鲜明对比的是稻谷和小麦，尽管有最低收购价的支持，但两者的市场价格仍在下降，甚至出现了稻谷、小麦价格倒挂的现象以及局部售粮难的问题，这种反差说明了玉米开始出现生产和消费的良性循环，初步形成了平稳增长的长效机制。可见玉米深加工对市场价格的导向作用不断增强，玉米深加工是调节玉米市场供求关系的平衡器。利用小麦来生产酒精，基本上有两个途径，一个是用全磨。另一个是把非常有价值的谷蛋白提取出来，然后再用淀粉浆制酒。高粱的组成与玉米相似，含有较高的淀粉和蛋白质。

高粱可在比较贫瘠的土地上生产且产量高。虽然以高粱制酒的历史很长，但都是用传统的工艺，并不适合燃料酒精大规模快速生产。

（2）非粮淀粉类 在薯类原料中，木薯是环境适应力很强的多年生植物。木薯在我国与北回归线以南生长，而且适合在土层浅、雨水不易保持的地区种植，因此不与粮食作物争夺土地。木薯产量高，淀粉含量高，块根淀粉含量达 25%~30%，干淀粉含量达 70%左右，因此被誉为"淀粉之王"。发展木薯酒精要成为有竞争能力的生物能源，必须降低生产成本，所以必须继续开发降低能耗和提高产酒精量的木薯酒精发酵工艺。另外，鲜甘薯产酒精的量比其他淀粉质原料都高。但鲜薯制酒的问题很多，如不易贮藏，黏度问题等，导致产酒精量低。对鲜薯和薯干的酒精生产都有待进一步开发。这对我国尤为重要，因为我国是世界最大的甘薯种植国。总之，酒精厂应具有应用不同原料的弹性，特别是亚洲的酒精厂，可以采用玉米、小麦、高粱、碎米、木薯等淀粉质原料，甚至糖蜜等，这样才能使原料的供应尽可能少受限制。

（3）木质纤维素 随着对生物酒精需求量的增大，以及淀粉质原料由于土地限制等因素产量不会有很大增加，生产"非粮化"成为世界燃料酒精发展的趋势。事实上，"非粮原则"已经成为中国生物酒精行业重要的准入原则。木质纤维素原料是最大的非粮作物来源，如农作物残渣、草、碎木片、木屑和动物的固体排泄物等，都可以用来生产酒精。如果生物精炼厂代替炼油厂，作为再生能源的碳水化合物原料转化为碳氢化合物可以更有利于社会和环境保护。以木质纤维素原料生产酒精，虽然有大量的原料可以利用，但是在工业上将生物质转化的最大挑战是成本。以纤维素为原料生产酒精首先面临的是原料体积庞大，收集、运输、储存困难；还存在酸性废水等三废处理问题，酶制剂的成本问题，五碳糖的有效利用等难题。纤维素酒精成本的焦点集中在预处理过程、酶制剂和发酵过程这三方面。

除了原料方面的发展趋势，酒精厂另一个很重要的发展方向就是工厂生产能力设计的大型化。酒精生产能耗最大的单元操作是蒸馏部分，提高发酵的酒度可明显减少损耗。此外，采用低温或生料过程对于系统能量降低，自由可发酵性糖的充分利用，淀粉蒸煮损失减少，以及发酵效率的提高皆有很大帮助。从操作的角度看，尽量减少单元操作，这样既可节省能量，又可减少染菌机会，如去除糖化和预糖化过程。尽量减少极端操作条件，如高温、高压，应用高效的生物催化剂使反应在较温和的条件下进行。总之，酒精产业未来的发展趋势是向原料多样化、工厂大型化发展；采用新技术如浓醪液发酵和生料过程对节能、减少单元操作和提高发酵效果及减少污染都有很大帮助。

🔍 思考题

1. 酒精的用途有哪些？
2. 目前发酵酒精生产的主要问题是什么？如何解决这些问题？
3. 利用淀粉质原料进行酒精生产时为什么要进行蒸煮？
4. 酒精发酵过程中的主要副产物有哪些？

[推荐阅读书目]

［1］章克昌．酒精与蒸馏酒工艺学［M］．北京：中国轻工业出版社，2010.

［2］岳国君．现代酒精工艺学［M］．北京：化学工业出版社，2011.

［3］贾树彪，李盛贤，吴国峰．新编酒精工艺学（第二版）［M］．北京：化学工业出版社，2009.

［4］段刚．新型酒精工业用酶制剂技术与应用［M］．北京：化学工业出版社，2010.

［5］马赞华．酒精高效清洁生产新工艺［M］．北京：化学工业出版社，2003.

第四章

白酒工艺

1. 了解白酒的定义，白酒的分类，白酒的起源。
2. 理解传统工艺和新工艺白酒特点及发展。
3. 了解白酒酿造原理及制曲技术。
4. 了解几种典型香型白酒酿酒基本工艺要求。

1. 能够根据白酒的分类识别白酒香型。
2. 掌握酿酒微生物的应用和大曲生产。
3. 掌握浓香型大曲酒酿造工艺流程及参数。

第一节　白酒（蒸馏酒）及原辅材料

一、白酒及蒸馏酒概述

1. 白酒的概念及起源

（1）白酒的概念　白酒又名烧酒、火酒。白酒是以粮谷等为原料经蒸煮，以酒曲、活性干酵母、糖化酶等为糖化发酵剂，经固态、半固态或液态糖化、发酵、蒸馏、贮存、勾兑而制成的蒸馏酒。白酒的主要成分是乙醇和水（占总量的98%~99%），而溶于其中的酸、酯、醇、醛等种类众多的微量有机化合物（占总量的1%~2%）作为白酒的呈香呈味物质，却决定着白酒的风格（又称典型性，指酒的香气与口味谐调平衡，具有独特的香味）和质量。酯类是有芳香的化合物，是形成浓郁香气的主要因素。醇类是醇甜和助香剂的主要物质来源，对形成酒的风味和促使酒体丰满、浓厚起着重要的作用；酸类影响白酒的口感和后味，是影响口味的主要因素。

（2）白酒的起源　白酒是中国特有的一种蒸馏酒，与白兰地、威士忌、朗姆酒、伏特加、金酒并称为世界六大蒸馏酒。我国白酒的历史可追溯到 7000 年前，具体起源主要有以下几种说法。

①猿猴造酒的传说：《粤西偶记》中有这么一段关于猿猴"造酒"的记载：平乐等府山中猿猴极多，善采百花酿酒。樵子入山得其巢穴者，其酒多至数石。饮之香美异常，曰："猿酒"。

②仪狄作酒传说：公元前 2 世纪的《吕氏春秋》提及"仪狄作酒"，说明酒是仪狄发明的。西汉刘向的《战国策》中说得更具体："昔者，帝女令仪狄作酒而美，进之禹，禹饮而甘之"。说明酒作为一种饮料进入人们的生活已有 4000~5000 年的历史。

③杜康酿酒："对酒当歌，人生几何？何以解忧，唯有杜康"，有人认为杜康是酿酒的祖师爷。而《事物纪原》一书中说，"不知杜康为何世人，古今多言其酿酒业。"可见连杜康是哪个时代的人尚未搞不清楚，杜康当年酿造的酒绝非今日的蒸馏酒。

在河南省舞阳县的最新考古发现，生活在公元前 7000 年前的中国人老祖先已经开始发酵酿酒。也有三千年说，在河南安阳市的最新考古发现，公元前 3000 多年，中国人已经开始发酵酿酒了。在中国，白酒的出现应不晚于东汉，即迄今已有 1600 年以上的历史了。据《本草纲目》记载："烧酒非古法也，自元时创始，其法用浓酒和糟入甑（指蒸锅），蒸令气上，用器承滴露"，所以关于我国蒸馏酒的源起，最多说法的是在唐代和元代。

2. 白酒的分类

（1）按所用酒曲分类

①大曲酒：是以大曲为糖化发酵剂，大曲的原料主要是小麦、大麦，加上一定数量的豌豆。大曲又分为中温曲、高温曲和超高温曲。一般是固态发酵，大曲酒所酿的酒质量较好，多数名优酒均以大曲酿成。

②小曲酒：小曲是以稻米为原料制成的，多采用半固态发酵，南方白酒多是小曲酒。

③麸曲酒：是新中国成立后在"烟台操作法"的基础上发展起来的，分别以纯培养的曲霉菌及纯培养的酒母作为糖化、发酵剂，发酵时间较短，生产成本较低。

④混曲法白酒：主要是大曲和小曲混用所酿成的酒。

⑤其他糖化剂法白酒：以糖化酶为糖化剂，加酿酒活性干酵母（或生香酵母）发酵酿制而成的白酒。

（2）按发酵特征分类

①液态法白酒：以含淀粉、糖类物质为原料，采用液态糖化、发酵、蒸馏所得的基酒（或食用酒精），可用香醅串香或用食用添加剂调味调香，勾兑而成的白酒。产品标准：GB/T 20821—2007《液态法白酒》。

②固态法白酒：以粮谷为原料，采用固态（或半固态）糖化、发酵、蒸馏，经陈酿、勾兑而成的，未添加食用酒精及非白酒发酵产生的呈香物质，具有本品固有风格特征的白酒。主要有浓香型白酒、酱香型白酒、清香型白酒等。产品标准：GB/T 10781.1—2006《浓香型白酒》。

③固液法白酒：以固态法白酒（不低于30%）、液态法白酒勾调而成的白酒。产品标准：GB/T 20822—2007《固液法白酒》。

（3）按工艺特点分类　不同工艺生产出来的酒香型不同，1979年全国第三次评酒会上首次提出按酒的香型分类，可将白酒划分为酱香型、浓香型、清香型、米香型、其他香型五种香型，又称五种风格。而其他香型又有凤型、药香型、豉香型、芝麻香型、特型、兼香型、老白干香型、馥郁香型等不同的香型。

四种主要香型为：

①酱香：以贵州茅台酒为代表，又称茅型。口感风味具有酱香、细腻、醇厚、回味长久等特点。

②浓香型（大曲香型）：以五粮液、四川泸州老窖大曲酒为代表。口感风味具有芳香、绵甜、香味谐调等特点。

③兼香型：以白云边酒为代表的酱中有浓风格和以黑龙江省玉泉酒为代表的浓中有酱风格的两个流派。其口感"香气馥郁，窖香优雅，富含陈香、醇甜及窖底香"。兼香型白酒的特点是酱浓谐调、幽雅舒适、细腻丰满、回味爽净、余味悠长、风格突出。

④米香型：以广西桂林三花酒为代表。口感风味具有蜜香、清雅、绵柔等特点。

其他香型中主要有：

①凤型：代表产品是西凤酒。香气以乙酸乙酯为主，一定的己酸乙酯为辅。特点：清而不淡、浓而不艳，无色，入口突出醇的浓厚。挺烈，但是不暴烈，落口干净、爽口。

②芝麻香型：此类酒具有淡雅香气，焦香突出，入口芳香，以焦香、糊香气味为主，无色、清亮透明；口味比较醇厚，爽口，后味稍有苦味，以山东景芝为代表。

③豉香型：以大米为原料，小曲为糖化发酵剂，边固态液态糖化边发酵酿制而成的白酒，以广东玉冰烧酒为代表。

④清香：以山西汾酒、北京二锅头为代表。又称汾型，具有清香、醇甜、柔和等特点，是北方的传统产品。

⑤特型：以大米为原料，富含复合香气，香味谐调，余味悠长，以四特酒为代表。

⑥药型：以贵州董酒为代表。其特点是清澈透明、香气典雅、浓郁甘美、略带药香、谐调醇甜爽口、后味悠长。

⑦老白干香型：老白干香型于2004年正式列入中国白酒的第十一大香型，老白干型以衡水老白干为代表。其特点是香气清雅，自然谐调，绵柔醇和，回味悠长。

⑧馥郁香型：以湘西酒鬼酒为代表。其特点是色清透明、诸香馥郁、入口绵甜、醇厚丰满、香味谐调、回味悠长，具有馥郁香型的典型风格和前浓、中清、后酱的独特口味特征。

（4）按酒度的高低分类　酒度的定义是指酒中纯乙醇（酒精）所含的体积分数。通常是以20℃时的体积比表示。如50度的酒，即在100mL的酒中，含有乙醇50mL（20℃）。温度高于20℃时，每高3℃，减1度；温度低于20℃时，每低3℃，加1度。按酒度的高低可分为：高度白酒，酒精含量为41%~68%vol。低度白酒，酒精含量为25%~40%vol。

3. 白酒的生产工艺

（1）传统工艺白酒　全部采用粮食为原料，经粉碎后加入曲药，自然发酵后经高温蒸馏所得。

传统白酒采用独特的原料、固态糖化发酵、开放式生产、自然微生物接种制曲、甑桶蒸馏、陶坛或酒池贮存陈酿等一系列独特的工艺和设备酿造而成，具有鲜明的风味特征。传统工艺白酒中香呈味物质极其复杂，已知的香味物质有 300 多种，能定性 130 多种，能定量的只有百余种。

（2）传统工艺白酒特点　传统工艺白酒具有以下几个显著的特点。

①原料广泛并有特色：世界上其他蒸馏酒采用的原料比较单一，而中国白酒酿造用原料十分广泛。中国白酒以高粱、糯米、大米、玉米、小麦、大麦、豌豆等为主要原料，以稻壳、玉米芯、高粱糠等为填充料，采用固态或半固态法酿造、蒸馏而成。不同的原料，其成分不同，成品酒的风味也各具特色。如"高粱酿酒香""大米酿酒净""糯米酿酒甘""玉米酿酒甜"等。

②采用间歇式、开放式生产，并用多菌种混合发酵：传统的固态法白酒生产主要是手工操作，生产的主要环节除从原料蒸煮到灭菌的过程外，其他过程都是开放式的操作，各种微生物通过空气、水、工具、场地等渠道进入酒醅，与曲中的微生物一同参与发酵，产生丰富的芳香成分。

③采用配糟、双边发酵：中国白酒生产大多采用配糟来调节酒醅淀粉浓度、酸度，浓香型白酒使用"万年糟"，更有利于芳香物质的积聚和形成。固态法酿酒采用低温蒸煮、低温糖化发酵，而且糖化与发酵同时进行（即双边发酵），有利于多种微生物共酵和酶的共同作用，使微量成分更加丰富。

④独特的发酵设备：中国白酒香型种类繁多，酱香型白酒发酵窖池是条石砌壁、黄泥作底，有利于酱香和窖底香物质的形成；清香型白酒采用地缸发酵，可减少杂菌感染，利于"一清到底"；浓香型白酒是泥窖发酵，利于己酸菌等窖泥功能菌的栖息和繁衍，对"窖香"形成十分关键。

⑤自然接种培养的糖化发酵剂：中国白酒使用的传统糖化发酵剂是大曲和小曲，均采用自然接种培养，尽管使用的原料不尽相同，但都是网罗空气、工具、场地、水中的微生物在不同的培养基上富集，盛衰交替，优胜劣汰，最终保留着特有的微生物群体，为淀粉质原料的糖化发酵和香味成分的形成起着十分关键的作用。由于制作工艺，特别是培菌温度的差异，对曲中微生物的种类、数量及比例关系起着决定性的作用，造成各种香型白酒微量成分的不同和风格的差异。

⑥绝无仅有的酿造工艺：中国白酒的酿造工艺有多种。酱香型酒以高粱为原料，采用高温制曲、高温润料、高温堆积、高温流酒、长期贮存的"四高一长工艺"；清香型白酒采用清蒸二次清、高温润糁、低温发酵的"一清到底"工艺；浓香型酒则以单粮或多粮为原料，采用混蒸混烧、百年老窖、万年糟、发酵期长的工艺。

⑦固态甑桶蒸馏：我国传统白酒采用固态发酵、固态蒸馏，采用独创的甑桶设备。在蒸馏过程中，甑桶内的物料发生着一系列极其复杂的理化变化，酒、汽进行激烈的热交换，起着蒸发、浓缩、分离的作用。固态发酵酒醅中成分相当复杂，除含水和酒精外，酸、酯、醇、醛、酮等芳香成分众多，沸点相差悬殊。通过独特的甑桶蒸馏，使酒精成分得到浓缩，并馏出微量芳香组分，使酒具有独特的香和味。

（3）新工艺白酒　随着人们生活节奏的加快和消费水平的提高，以传统方式生产的白酒因生产周期长等原因，已远远不能满足人们的需要。因此，新工艺白酒便有了其发展的空间。

新工艺白酒：20 世纪 60 年代，由于粮食匮乏，酿造白酒原料采用瓜干、木薯作为替代品，

20世纪80年代以后，许多白酒企业为节约成本，降低消耗，减少污染，纷纷以食用酒精加入香精香料生产白酒，被称为新工艺白酒。与传统白酒相比，新工艺白酒大大节省了酿酒用粮。白酒工艺的创新，从理论方面讲，有生物的、物理的、化学的，电子信息等技术的创新；从工艺方面讲，包含生物制曲技术、发酵、香型、贮存、勾兑等方面的创新。

与传统白酒相比，新工艺白酒的优点突出，比纯粮固态发酵法节省酿酒用粮（约22%）；有效降低酒体中的甲醇和杂醇油含量；降低白酒中的高级脂肪酸含量；减少低度酒的浑浊；减少杂味和异味，让酒液更清澈。但也存在缺点，新工艺白酒普遍存在味短，香味在口中停留时间不长，呈"浮香"，缺乏真正的"窖香""糟香"固态酒风格的缺点。

4. 新工艺白酒的创新与发展

（1）生物技术的应用　强化功能菌生香制曲的新工艺生物制曲技术；"己酸菌、甲烷菌"二元复合菌人工培养窖泥的老窖熟化技术；"红曲酯化酶"窖内、窖外发酵增香技术。这些技术的使用令白酒的优质品率得到很大的提高。

（2）酶催化过程的引进　制曲发酵技术在中国已有两千多年的历史。大曲的培养实质上是由母曲自然接种，通过控制温度、湿度、空气、微生物种类等因素来控制微生物在麦曲上的生长，制造粗酶的一个过程。通过酶制剂催化的纯种微生物强化制曲技术，给白酒工业带来了新的技术进步。随着技术的进步，酶工程的不断创新，高效酶制剂已经普遍进入酿造发酵领域。

（3）物理、化学创新　指在白酒贮存、过滤等过程中利用分子运动论、胶体理论等一系列对白酒质量提高改进的技术措施。

①陈酿法：贮存老熟，一般用陶瓷坛陈酿效果好。

②勾兑："生香靠发酵、提香靠蒸馏、成型靠勾兑"，勾兑技术可以称得上是酿酒的画龙点睛之笔。

③配加混合香酯（新工艺白酒）的研究：目前能够生产混合香酯。以硫酸为催化剂，将酒精和醋酸人工合成乙酸乙酯，用酒精和高级脂肪酸合成相应的高级脂肪酸酯，作为调香剂加入到一般质量的白酒中，可提高白酒的质量。

（4）美拉德反应　美拉德反应是食品工业的一种非酶褐变，也称为羰氨反应，是氨基酸和还原糖及还原糖的分解物反应，能产生人们所需要的香气，是一个集缩合、分解、脱羧、脱氨、脱氢等一系列反应的交叉反应。美拉德反应产物不仅是酒体香和味的微量物质，也是其他香味物质的前驱物质。美拉德反应分为生物酶催化与非酶催化，其中大曲中的嗜热芽孢杆菌代谢的酸性生物酶，枯草芽孢杆菌分泌的胞外酸性蛋白酶，都是很好的催化剂。非酶催化剂，包括金属离子、维生素等。

（5）低度白酒的研制　人的肝脏可以分泌一种酶，称"乙醛脱氢酶"，这种酶可以将酒精（乙醇）分解，酒精就不会积累，人就不会发生酒精中毒。酒量大的人，往往是这种酶的分泌量较多。我国酒量较小的人口比例较大，这些人群不能适应高度白酒。因此低度白酒的研制势在必行。

低度白酒的生产方法主要有两类：一种是先将选择好的酒基单独加水降低酒度，澄清后，按一定的比例勾兑、调味、贮存、过滤；另一种方法是先按高度酒的生产方法进行勾兑、调味，然后加水降度、澄清、贮存、过滤。由于低度酒酒精度较低，一些芳香性的成分较难溶解于其中，容易产生混浊和沉淀。故要进行"除浊"处理，将混浊的颗粒去除。另外，降低酒度所用的水也要经过处理。

（6）淡雅型白酒新风格　淡雅型白酒，浓而不烈、香而不艳，其实质是减少酒体中的大分子物质，强调的是味，把香融入味中，在一种香型的基础上，既保持原香型的风格，又融合其他香型的长处，特别适合消费者口味。

（7）酿造设备及控制的创新　①白酒生产机械化。近年来，白酒生产机械化发展迅猛，已实现酿酒、包装、成品流转等多环节机械化作业，劳动强度大幅降低，生产效率大大提升。②酿造过程数字化控制与管理。数字化酿造模式与数字化窖池管理模式。③白酒勾调过程数字化管理系统。从原酒、基础酒、调味酒、成品酒等的理化、色谱成分统计录入处理等角度着手，建立酒体指纹图谱、专家鉴评系统等。

二、白酒酿酒原辅料及要求

1. 酿酒原料及辅料

（1）酿酒原料及要求

①高粱：要求颗粒饱满，无杂质，不霉烂，淀粉含量高。

②小麦及大麦：要求麦粒饱满，无虫蛀，不霉烂，不发芽，无泥沙及其他杂物。

③糯米：淀粉含量高，质软，蒸煮后黏性大，必须与其他原料配合使用，添加一定量的糯米会使酿成的酒具有甘甜味，如五粮型酒的原料中配有15%~20%的糯米。

④玉米：淀粉含量高，长时间蒸煮才能使淀粉充分糊化。经粉碎、蒸煮后的玉米疏松适度，不黏糊，有利于发酵，但酿酒前需将玉米的胚芽除去。

⑤大米：含淀粉76%~90%，蛋白质、脂肪及纤维含量较少，质地纯正，结构疏松，有利于糊化。有利于低温缓慢发酵，使成品酒较纯净。在混蒸混烧的白酒蒸馏中，大米可将饭香味带至酒中，使酒质爽净，所以五粮液、剑南春、洋河酒等均配有一定量的大米。

（2）酿酒辅料及要求

①辅料：白酒厂多以稻壳（稻壳一般使用2~4瓣的粗壳，不用细壳）、谷糠、酒糟为辅料，它们是理想的疏松剂和保水剂。

②辅料要求：新鲜干燥，无杂质，无霉变，具有一定的疏松度与吸水能力，且果胶、多缩戊糖等成分少。

2. 制曲原料及要求

制曲原料必须满足工艺需求，有的地区的大曲是以大麦、小麦和豌豆按一定的比例混合作为制曲原料，有的则以纯小麦为制曲原料。小曲以麦麸、大米或米糠为原料，麸曲以麸皮为原料。制曲原料的基本要求为：适合有用菌的生长和繁殖；有利于形成酿造酶系和提高酒体质量。

制曲原料主要包括大麦、小麦和豌豆。

①大麦：黏结性能较差，皮壳较多。若用以单独制曲，则品温速生骤降。若与豌豆共用，可使成品曲具有良好的曲香味和清香味。

②小麦：淀粉含量较高，富含面筋等营养成分，含有20多种氨基酸及丰富的维生素，黏着力较强，是各类微生物繁殖、产酶的优良天然物料。

③豌豆：黏性大，淀粉含量较高。一般与大麦混合使用，以弥补大麦的不足，但用量不宜过多。大麦与豌豆的用量比例一般为3∶2。

3. 白酒生产用水

白酒生产用水一般可分为酿造用水、降度用水、锅炉用水和冷却水四类，对水质要求如下。

(1) 酿造用水 应符合一般生活用水的标准，但部分指标又高于生活用水。酿造用水要求：pH6.8~7.2；总硬度 2.50~4.28mmol/L（7~120d）；硝酸态氮 0.2~0.5mg/L；无细菌及大肠杆菌；游离余氯量在 0.1mg/L 以下。

(2) 降度用水 ①外观，无色透明，无悬浮物。②口味，将水加热至 20~30℃口尝时应具有清爽的气味、味净微甘。③硬度，水的硬度是指水中存在钙、镁等金属盐的总量。我国常用德国度表示水的硬度（dH）。硬水是溶有较多含钙、镁物质的水，硬度在 18.1°~30°。软水是溶有较少含钙、镁物质的水，硬度在 4.1°~8.0°。白酒酿造一般在硬水以下的硬度均可使用，勾兑用水的硬度应在 8°dH 以下。④降度用水 pH 为 7，呈中性的水最好，一般微酸性或微碱性的水也可使用；⑤水中应不含有对发酵、酒质有影响的成分。

(3) 锅炉用水 无固形悬浮物；总硬度低；25℃时 pH>7；含油及溶解物越少越好。

(4) 冷却用水 冷却用水主要用于蒸煮过程中蒸煮醪与糖化醪的冷却，及各类蒸馏时的冷凝，只需要温度低，硬度适当。硬度过高，会使冷却设备结垢过多，影响冷却效率。

4. 白酒生产用水处理方法

白酒酿造生产用水处理的主要方法有：离子交换法、电渗析法、反渗透法、超滤法等。

(1) 离子交换法 用离子交换剂交换水中的某些阴阳离子，以除去水中的有害离子的方法。

(2) 电渗析法 在直流电场的作用下，利用离子交换膜对离子的选择透过性，使溶液中的阴阳离子发生定向迁移而与溶剂发生分离，从而实现溶液的分离、提纯和浓缩的方法。

(3) 反渗透法 利用反渗透膜只能选择性地透过溶剂的性质，对溶液施加压力以克服溶液的渗透压，使溶剂通过反渗透膜而从溶液中分离出来的方法。

(4) 超滤法 是以压力差为推动力，通过膜的筛分作用将溶液中大于膜孔的大分子溶质截留，使这些溶质与溶剂及水分子组分分离的方法。

在实际生产中要根据原水的水质来选用适宜的处理方法，有时往往要进行综合处理。

如果原水为洁净的自来水，则可先经活性炭吸附，再用由阴、阳两种离子交换树脂柱串联的设备进行处理；若使用不太清的井水，可进行如下的综合处理，以保证水质：

井水──→加明矾──→曝气、砂滤──→加漂白粉杀菌──→活性炭柱──→离子交换柱──→净水。

根据一些酒厂的实践，地下水的硬度都较高，尤其是盐碱地带，因此加浆用水选用电渗析、超滤、反渗透等方法处理效果更好。

第二节 白酒酿造微生物及制曲技术

一、白酒酿造中的微生物

1. 微生物概述

(1) 微生物概念类群 微生物是所有形体微小的单细胞，或个体结构简单的多细胞，或没有细胞结构的低等生物的通称。一般来说，微生物主要是指细菌、酵母菌、霉菌、放线菌和病毒五大类。与酿酒有关的主要是酵母菌、细菌和霉菌，在白酒生产中对酒的质量、产量有着重要的影响。

（2）微生物主要特点　微生物具有以下五大特点，其中第一点是最基本的决定因素。

①体积小、面积大：微生物个体都极其微小，它们的测量单位是微米，甚至是纳米。虽然微生物个体小，但是单位体积所具有的表面积大，有利于它们与周围环境进行物质和能量交换。

②种类多、分布广：微生物的种类繁多，主要体现在三个方面：a. 微生物种数多，据统计微生物种数在 50 万~600 万种，其中已经记载的就有 20 万种；b. 代谢类型多，微生物分解利用的物质众多，不仅能分解糖类、蛋白质、脂肪和无机盐，还能分解石油、纤维素、塑料等；c. 代谢产物多，微生物究竟能产生多少种代谢产物，至今难以全面统计；d. 微生物的分布极其广泛，从生物圈、土壤圈、水圈直至大气圈、岩石圈，到处都有微生物的存在。

③繁殖快、生长旺：微生物具有惊人的繁殖速度。以二分裂的细菌最为突出。由于种种条件的限制，细菌不可能始终以这种几何级数的速度繁殖，细菌几何级数只能达到 $10^8 \sim 10^9$。

④吸收快、转化快：营养物吸收快、转化快这一特点，使微生物能迅速地生长繁殖。

⑤易变异、适应性强：微生物个体一般都是单细胞，通常是单倍体，它们与外界环境直接接触，即使变异的频率十分低（一般为 $10^{-10} \sim 10^{-5}$），也可在短时间内出现大量的变异后代。

（3）微生物的营养要素　根据营养物质在微生物机体内生理功能的不同，可分为碳源、氮源、能源、无机盐、生长因子和水六大营养要素。

①碳源：碳水化合物是构成微生物细胞的主要成分，也是产生各种代谢产物和细胞内贮藏物质的主要原料。凡是能够供应微生物碳素营养物质的叫做碳源。

②氮源：氮是微生物不可缺少的营养。氮是构成微生物细胞蛋白质和核酸的主要元素。

③能源：微生物生命活动中需要的能量来源物质。

④无机盐：无机盐类是构成微生物菌体的成分，也是酶的组成部分。微生物所需的无机盐有硫酸盐、磷酸盐、氯化物以及含钾、钠、镁、钙等元素的化合物。

⑤生长因子：作为一种辅助性的营养物质，微生物本身不能合成，但又是微生物生长所必需的物质，这些物质称为微生物的生长因素。

⑥水：微生物生命活动不可缺少的物质。

（4）微生物的环境培养条件　微生物的生长繁殖还需要一定的环境要求，即微生物培养条件。

①温度：微生物的生长发育是一个极其复杂的生物化学反应，这种反应需要在一定的温度范围内进行，所以温度对微生物的整个生命过程有着极其重要的影响。

②pH：白酒生产中常利用 pH 控制微生物的生长。常见微生物类群生长最适 pH 范围如表 4-1 所示。

③空气：空气中含有氧，按照微生物对氧的需求程度的不同，微生物可分为三类：a. 好氧性微生物；b. 厌氧性微生物；c. 兼性厌氧性微生物。

④界面：界面就是不同相（气、液、固）的接触面，固态发酵法白酒生产，界面与微生物的关系很大。

表 4-1　　　　　　　　　　　　各种微生物生长最适 pH 范围

微生物种类	最低 pH	最适 pH	最高 pH
细菌和放线菌	5.0	7.0~8.0	10.0
酵母菌	2.5	3.8~6.0	8.0
霉菌	1.5	3.0~6.0	10.0

2. 白酒酿造中的主要微生物

在白酒酿造中发挥重要作用的微生物主要是霉菌、酵母和细菌三类。

（1）霉菌　霉菌是我们日常生活中常见的一类微生物，在固体培养基上形成绒毛状、絮状或蜘蛛状的菌丝体。菌落，即在固体培养基上，接种一种微生物，经培养向四周蔓延繁殖后所生成的群体。大曲表面的霉斑就是某些霉菌的菌落。不同的霉菌在一定的培养基上又能形成特殊的菌落，肉眼容易分辨，是曲药上的培菌管理和质量鉴定的重要依据之一。白酒生产常见的霉菌有：曲霉、根霉、念珠霉、青霉、链孢霉。

①曲霉：是酿酒业所用的糖化菌种，是与制酒关系最密切的一类菌。菌种的好坏与出酒率和产品的质量关系密切。白酒生产中常见的曲霉有：黑曲霉、黄曲霉、米曲霉、红曲霉等。根霉，在自然界分布很广，它们常生长在淀粉基质上，空气中也有大量的根霉孢子。根霉是小曲酒的糖化发酵（酒化酶）菌。念珠菌，是踩大曲"穿衣"的主要菌种，也是小曲挂白粉的主要菌种。

②青霉：是白酒生产中的大敌。青霉菌的孢子耐热性强，它的繁殖温度较低，是制麸曲和大曲时常见的杂菌。曲块在贮存中受潮，表面上就会长青霉。车间和工具清洁卫生不到位，也会长青霉。链孢霉：它的孢子呈鲜艳的橘红色，常生长在鲜玉米芯和酒糟上，一旦侵入曲房，不但造成危害，而且很难清除。

③毛霉：分解蛋白的能力及糖化能力强。外形呈毛状，属于单细胞，菌丝无隔，多核。菌丝有分枝，主要有两个类型：单轴式和假轴式。木霉，在土壤中分布很广，在木材及其他物品上也能找到。红曲霉，是一种腐生菌，它们多出现在乳酸自然发酵的基物中，具有产糖化酶的能力，有较强的产酯化酶能力，也能产多种有机酸。

（2）酵母菌　酵母菌是一类由真核细胞所组成的单细胞微生物。由于发酵后可形成多种代谢产物及自身内含有丰富的蛋白质、维生素和酶，可广泛用于医药、食品及化工等生产方面，从而在发酵工程中占有重要的地位。酵母菌的菌体是单细胞的，个体大小的差异也较大，其形态也是多种多样的。由酵母菌的单个细胞在适宜的固体基上所长出的群体称为菌落，用肉眼一般能看见。不同的菌种，菌落的颜色、光滑程度等有所不同。酵母细胞的结构由细胞壁、细胞膜、细胞质及其内含物、细胞核等组成。

白酒生产中常见的酵母菌菌种，即白酒生产中参与发酵的酵母菌主要有酒精酵母、产酯酵母、假丝酵母和白地霉等。酒精酵母，产酒精能力强的酒精酵母，其形态以椭圆形、卵形、球形为最多，一般以出芽的方式进行繁殖。产酯酵母，产酯酵母具有产酯能力，它能使酒醅中含酯量增加，并呈独特的香气，也称为生香酵母。

（3）细菌　细菌是一类由原核细胞所组成的单细胞生物。原核细胞无核膜与核仁。细菌在自然界中分布最广、数量最大。白酒生产中存在的醋酸菌、丁酸菌和己酸菌等就属于这一类。由于细菌的种类和环境不同，其形态变化很大。其基本形态有球状、杆状与螺旋状。细菌细胞一般由细胞壁、细胞质膜、细胞质、核质及内含物质等构成。有些细胞还有荚膜、鞭毛等。白酒生产中常见的细菌有乳酸菌、醋酸菌、丁酸菌、己酸菌、甲烷菌、丙酸菌。

①乳酸菌：是自然界中数量最多的菌种之一，大曲和酒醅中都存在乳酸菌。乳酸菌能使糖类发酵产生乳酸，它在酒醅内产生大量的乳酸，乳酸通过酯化产生乳酸乙酯。乳酸乙酯使白酒具有独特的香味，因此白酒生产需要适量的乳酸菌。但乳酸过量会使酒醅酸度过大，影响出酒率和酒质，酒中含乳酸乙酯过多，会使酒带闷味。

②醋酸菌：白酒生产中不可避免的菌类。开放式的固态法白酒生产中会感染一些醋酸菌，醋酸是白酒主要香味成分之一，也是酯的承受体，但醋酸含量过多，会使白酒呈刺激性酸味。

③丁酸菌：在浓香型大曲生产使用的窖泥中，利用酒醅浸润到窖泥中的营养物质产生丁酸和乙酸。正是这些窖泥中的功能菌的作用，才生产出了窖香浓郁、回味悠长的曲酒。

④己酸菌：发酵窖越老，产酒的质量好。这是传统工艺的经验总结。

⑤甲烷菌：可将菌与强化大曲、己酸菌及人工老窖一起进行综合利用。

⑥丙酸菌：主要来自窖泥，分布在上层为19.98%，中层为19.98%，下层为53.35%。

二、制曲技术

1. 酒曲的分类

酒曲主要分为大曲和小曲。另外，还有红曲和麸曲。

（1）大曲　主要用于蒸馏酒的酿造糖化、发酵；分为传统大曲、强化大曲（半纯种）、纯种大曲。大曲按制曲温度分为：最高培养温度在45℃以下的低温曲；最高培养温度为45~60℃的中温曲，可用于酿制清香型和浓香型酒，多数浓香型酒的制曲温度在55~60℃；最高品温在60℃的高温曲可用于酿制酱香型酒、浓香型酒。高温大曲蛋白酶活力较高，尤其以耐高温的芽孢杆菌居多，曲块呈现褐色，具有较强的酱香气味。

（2）小曲　主要用于黄酒和小曲白酒的酿造。小曲按接种方法分为传统小曲和纯种小曲；按用途分为黄酒小曲、白酒小曲、甜酒药；按原料分为麸皮小曲、米粉曲、液体曲。

（3）其他酒曲　主要有红曲和麸曲。红曲主要用于红曲酒的酿造。红曲酒是黄酒的一个品种，分为乌衣红曲和红曲，红曲又分为传统红曲和纯种红曲。麸曲是用纯种霉菌接种以麸皮为原料的培养物，可用于代替部分大曲或小曲。

2. 大曲功能与制曲特征

大曲一般是以小麦、大麦和豌豆等为原料，经粉碎、压制成砖块状的曲坯，由人工控制一定的温度和湿度，让自然界中的各种微生物在其上面生长繁殖而制成。因其块形较大，因而得名大曲。

（1）大曲的功能

①糖化发酵剂：大曲中含有对大曲酒发酵过程起重要作用的霉菌、酵母菌、专性厌氧或兼性厌氧的细菌和水解酶，所以大曲在窖内发酵时，可以边糖化、边发酵。

②生香剂：大曲在发酵过程中所积累的氨基酸类的芳香物质，对酒体香味的呈现起着重要的作用。已知的16种氨基酸在参与窖内发酵作用时，生成一些微量的花香类物质，使酒体软绵细腻。即大曲中的物质发生酯化反应而得到了大曲酒的主体香。

③投粮作用：大曲中的残余淀粉含量较高，大多高于50%，这些淀粉在大曲酒的酿造过程中将被糖化、发酵成酒。在浓香型大曲酒生产中，大曲的用量可高达原粮的20%~26%。

（2）大曲的制作特征

①生料制曲：用于制备大曲的原料，应含有丰富的碳水化合物（主要是淀粉）、蛋白质及适量的无机盐等，以提供微生物在生长繁殖过程中必需的营养。原料所含营养成分也对微生物的富集和酶系的形成起到筛选与诱导作用。利用生料制曲不仅有利于保存原料中原有的水解酶类（如小麦麸皮中的β -淀粉酶），使它们在大曲酒酿造过程中能发挥作用，且有助于那些能直接利用生料的微生物得以富集、生长和繁殖。

②自然接种：使周围环境中的微生物转移到曲块上进行生长繁殖。自然接种为大曲提供了丰富的微生物类群。各种微生物所产生的不同酶系，形成了大曲多种生化特性。

③强调使用陈曲：经过曲房培养成熟的大曲，不能立即使用，需要经过3~6个月的贮存成为陈曲后方可投入使用。原因是：在制曲过程中，曲块中潜入了大量产酸细菌，它们在干燥条件下会失去繁殖能力或较多地死亡，可避免发酵过程中过多地产酸。同时，在大曲贮存过程中，酵母菌数量也会减少，整个曲的酶活力适当地钝化。在酿酒过程中可避免发酵前火过猛，升酸过快。发酵时的品温变化符合"前缓、中挺、后缓落"的规律，有利于出酒率和酒质的提高。

④季节性强：根据经验，高温季节踩制的曲，由于产酯酵母较多，因而曲香较浓；中秋季节踩制的曲，由于产酒酵母较多，因而酒精发酵力较强。而自然界微生物的分布又受季节的影响，一般是春秋季酵母菌多，夏季霉菌多，冬季细菌多，所以春末夏初至中秋节前后是制曲的合适时期，且此时环境中的温度、湿度也比较高，有利于曲室培养条件的控制。所以许多工厂常在夏末秋初尽量多制些曲。

⑤堆积培养：通过堆积培养和翻曲来调节、控制各阶段的品温，借以控制微生物的种类、代谢和生长繁殖。大曲堆积的形式通常有"井"形和"品"形两种，"井"形易排潮，而"品"形易保温。

⑥菌酶共生：大曲培养最突出的特点是菌酶共生共效现象。由于菌种繁多，酶系复杂，故在大曲培养中产生了丰富的物质，这是任何一种纯种曲所无法比拟的。大曲酒比其他纯种曲酿制的酒的口感和风味更为突出。

3. 制曲工艺流程及操作要点

制曲工艺流程为：原料──→配料──→粉碎──→加水拌料──→压曲──→下曲──→主发酵──→放门排潮──→潮火阶段──→大火阶段──→后火阶段──→出房──→贮存──→使用。制曲操作要点如下。

（1）制曲原料及配比　五粮型酒制曲原料一般为纯小麦或小麦80%~100%、大麦0~20%（可根据原料和季节情况进行调整），也可采用70%小麦、20%大麦、10%豌豆混合制曲。

（2）原料的粉碎　一般采用四辊式粉碎机进行粉碎，小麦粉碎要求："心烂皮不烂"。"心烂"是为了充分释放淀粉，"皮不烂"是使曲块保持通透性。五粮液大曲酒的制曲原料粉碎程度为过20目筛孔的细粉占30%~35%；洋河酒的曲料粉碎能通过40目筛孔者占50%。

（3）加水拌料　加水量为麦粉量的37%~40%，视季节不同而有差异，拌料水温也不同（夏季用冷水，冬季用40~60℃的热水）。

（4）装盒、踩曲

①人工踩曲：传统的方法是将拌和均匀的曲料装入盒内，用手压紧，再用穿上磨光的胶底鞋的双脚掌从两头往中间踩，踩出"包包"，并提出麦胶（俗称浆子）。踩曲时要注意踩紧，特别是四个角一定要踩实在，中间可略松，确保松紧均匀、无裂缝。一面踩好后，翻过来再踩另一面，不能缺边掉角，每块曲坯不得相差 0.2kg。

②机械制曲：机械制曲时采用压曲机进行压曲。开机拌面，同时加水，调节好水分，利用拌面机将生曲料搅拌均匀，确保无疙瘩、水眼、白眼。采用机械装箱，保持箱满箱平，四角要压紧。平箱时要注意安全，保证压曲质量，确保每块曲四角整齐，鼓肚大小均匀。加水量，按原料的性质、气候、曲室条件而定，一般保持化验水分为 37%~38.5%。厚度要求：凸出部分为 3~5cm，四边厚 6~7cm，保证无毛边、水眼。块差不超过±200g。

（5）晾汗、入室安曲　踩好后的曲坯排列在踩曲场上，收汗后即可运入曲房，否则曲坯水分逐渐蒸发，入房后容易起厚皮、不挂衣。入室安置方法：

①曲坯入室前：曲室应先铺上 2~4cm 厚的稻壳，将收汗后的曲坯分成若干次转入曲室安放。安置时先从曲室里面安放，边安曲坯边搭盖草帘，曲坯间留一指宽约 1.5cm 左右的间隙（夏天的间距 2~3cm），曲坯与墙壁间留约 10cm 的空隙。

②安满曲房后：关闭门窗，保温保湿。安放的形式有斗形、人字形、一字形三种。一般都采用斗形，即每 4 块曲为一个方向，曲端对准另一组的侧面，均匀地排列，4 组 16 块为一斗。

目前有的企业采用微机自动控制曲室的温、湿度，对曲房中的发酵过程进行实时监控，提供或模拟一个适合于曲坯中各种微生物生长繁殖的生态环境，保证大曲生产过程的顺利进行，达到稳定大曲质量和减轻劳动强度的目的。微机控制架式制曲系统的主要设备一般包括计算机和自动控制柜，曲室内装有温度、湿度、CO_2 等传感器，以及自动喷头（用于增湿）、自动通风（排风）装置和自动加热装置等。生产实践表明，采用微机控制架式制曲系统后，成品曲产量比传统工艺高 3~4 倍，成品曲质量稳定，糖化力和发酵力都优于传统工艺制曲。架式制曲其结构一般为 200cm×50cm×15cm。

（6）主发酵　一般控制在 3~5d。曲坯入室后，微生物自然繁殖促进升温，要求结束前品温达 45℃以上，质量要求发酵透，外皮呈棕色，有少量白色斑点，断面呈棕黄色，无生心，略带酸味。

（7）放门排潮　主发酵结束后，立即放门排潮，揭去草帘。同时将两房曲并入指定的曲房内，并房速度要快，确保曲品温下降幅度在 10℃以内，以利于微生物的生长、繁殖。操作时要轻拿轻放，上下翻转，尽量清理干净黏带的稻壳及湿草。

（8）曲的培养　在保温培养过程中，应特别注意调节好曲坯的曲心温度，应做到"前火不可过大、后火不可过小"，多热少凉不闪火。该过程可采用人工翻曲或架子培养方式进行。

（9）潮火阶段　一般维持 6~8d，从并房开始，曲心温度逐渐上升，3~4d 升至 50℃左右。此时要控制升温幅度，以满足大火期发酵所必需的水分。一般维持 8~10d，顶火温度控制在 58~62℃（指中温曲），占火时间（即品温控制在 57℃以上天数）控制在 6~8d，可根据曲的发酵情况进行翻曲，调节曲坯的距离、位置以及品温。

（10）后火阶段　一般保持在 8~14d，控制曲心温度逐渐下降，最低温度与室温持平，曲坯间距根据温度变化逐步紧缩。曲心尚余有水，应保持曲心温热，注意多热少晾。

（11）曲的出房入库贮存　一般曲在入房培养 30d 左右即成熟，应及时出房进库。

4. 培曲操作中应注意的几个问题

（1）为保证性能稳定，成熟曲应掺和入库贮存，入库堆放应留有空隙和风洞，以免发热；

（2）曲库要求通风干燥，入库应标明进库时间、数量等，做到先制曲先用。

（3）在曲的培养及贮存过程中，应做好曲虫治理工作。

（4）曲在入房培养各个阶段中，操作时要轻拿轻放，摆平放正，上下对齐，横竖成行，做到里转外，外转里，底调上，上调底，里外转块数每层不得低于 5 块，块距、行距要一致。

（5）靠近门窗的曲块往往受外界空气的影响较大，为了使曲块在培养中温度均衡，翻曲时必须特别强调将曲块里外相转，底上对调，并在开门、开窗时采取适当的防护措施。

（6）在最后的挤火阶段，可在曲坯的上面和周围加盖柴席或稻草帘保温。

（7）在培曲过程中要适时开闭门窗，保证温度均衡和稳定，严防前期品温过高，而后期品温过低，导致外壳坚硬，曲内水分散发不出来，出现断面黑圈、生心等现象。

（8）曲室温度应有专人负责检查、控制，每天检查一次曲的品温及曲房温度。

5. 成品曲的质量标准

大曲质量鉴定以感官为主，一般要求表面多带白色斑点和菌丝，断面整齐，菌丝生长良好均匀，呈灰色或淡黄色，无生心、霉心现象，曲香味要浓。

（1）香味　曲块折断后用鼻嗅之，应有纯正的、固有的曲香，无酸臭味和其他异味。

（2）外表颜色　曲的外表应有灰白色的斑点或菌丝均匀分布，不应光滑无衣或有呈絮状的灰黑色菌丝。光滑无衣是因为曲料拌和时加水不足或在踩曲场上放置过久，入房后水分散失太快，未成衣前曲胚表面已经干涸使微生物不能生长繁殖所致；絮状的灰黑色菌丝，是曲胚靠拢，水分不易蒸发和水分过多，翻曲又不及时造成的。

（3）曲皮厚度　曲皮越薄越好。曲皮过厚是入室后升温过猛，水分蒸发太快，或踩好后的曲块在室外搁置过久使微生物不能正常繁殖所致。

（4）断面颜色　曲的断面要有较密集的菌丝生长，断面结构均匀，颜色基本一致（似猪油白）。

某企业大曲的感官质量标准如表 4-2 所示，理化要求如表 4-3 所示。

表 4-2　　　　　　　　　　　　　成品曲的感官质量标准

项目	一级曲	二级曲	三级曲
外观	灰白一片，无异色，穿衣均匀，无裂口，光滑	灰白一片，无异色，穿衣不匀，轻微裂口，欠光滑	灰白表面，有异色，穿衣不好，裂口严重，粗糙并有少量菌斑
断面	灰白一片，泡气皮张厚 ≤1.5mm	灰白色，允许有少数红黄点丛欠泡气，皮张厚 ≤2.0mm	灰白色，允许有少数黑色絮状菌丛，欠泡气皮张厚>2.5mm，有少量生心、水圈
香味	浓香扑鼻，无异味	较浓香，无异味	浓香差，有异味
皮厚	≤3.5mm	>3.5mm，≤4mm	>4mm
外表面	灰白色，菌丝生长良好	多数为灰白色，菌丝不均匀，无其他色	多数为灰白色，有灰黑色，絮状菌丝或呈棕色

表 4-3   成品曲的理化要求

等级	发酵力/ [gCO₂/（g·72h）]	糖化力/ [mg 葡萄糖/（g·h）]	液化力/ [g 淀粉/（g·h）]	水分/ %	酸度/ （mL/g）	淀粉含量/%
一级	≥1.2	300~700	≥1.0	≤13.0	0.9~1.3	≤58
二级	≥0.6	250~300 700~900	≥0.8	≤13.0	0.6~0.9	≤60
三级	≥0.4	≤250 或 ≥900	≥0.5	≤13.0	0.4~0.6	≤61

6. 其他曲的制曲技术

小曲是生产小曲酒的糖化发酵剂。是以根霉、酵母菌等微生物生长为主的小曲，糖化力比大曲强，繁殖快，酿酒时用曲量少，在我国南方普遍应用。我国小曲酿酒历史悠久，根据酿制工艺的不同，小曲的分类也不同。按添加中草药与否可分为药小曲和无药小曲；按制曲原料又可分为粮曲（大米粉）和糠曲（全部或部分米糠）；按形状可分为酒曲丸、酒曲饼及散曲；按用途可分为甜酒曲和白酒曲。其中尤以四川邛崃米曲和糠曲、厦门白曲、桂林酒曲丸、广东酒曲饼等较为著名。

通过实践和科学验证，在制备小曲时，少用或不用中草药也能制得质量好的小曲。目前采用纯种根霉和酵母菌制成的纯种无药小曲，或以麸皮为原料制成的散曲均有良好的效果，是小曲生产上的重要进步。采用深层通风发酵生产的浓缩甜酒药比老法酒药的功效大幅度地提高，并节约大批粮食原料，为小曲的液态法生产走出了新路。

（1）桂林等药小曲　在药小曲制作中，使用一种中草药者称为单一药小曲，如桂林三花酒用小曲。多药小曲使用中草药有 10 多种，如五华长乐烧酒用曲。单一药曲：

①工艺流程见下。

大米+水→浸泡→粉碎→配料接种→制坯→入房培养→出房→干燥→成曲
　　　　　　　　　　　↑
　　香草药→干燥→粉碎

②配料：大米粉 20kg，其中 15kg（75%）米粉用于制坯，5kg 细米粉用于裹粉。香草药为本地特产，用量为坯粉的 13%，并粉碎成细粉。所用的曲母，为上一生产周期生产的优良药小曲，要求其质量良好，用量为米粉量的 2%，为裹粉量的 4%（以米粉量计）。加水量为坯粉量的 60% 左右。

③生产工艺：a. 浸米：大米加水浸泡，夏天 2~3h，冬天 6h 左右，使大米浸透后，滤干备用。b. 粉碎：将沥干后的大米用白白捣碎，再用粉碎机粉碎成米粉，用 180 目筛筛出 5kg 细米粉作裹粉用。c. 制坯：制坯即小曲原料成型。其制法是将 15kg 米粉、13% 香药草、2% 曲母与 60% 左右的水混合均匀，制成饼团，然后在饼架上压平，做成 2cm 见方的小块，在竹筛上筛圆，即成酒药坯。d. 裹粉：将 5kg 细米粉与 0.2kg 曲目粉混合均匀，然后撒少量裹粉于簸箕中，同时洒少量水于酒药坯上，使坯外表润湿，再倒入簸箕，开振动筛，使坯外层裹粉。再洒水、裹粉，直至裹粉被裹完为止。洒水量共约 0.5kg，最后酒药坯呈圆形，将其分装于竹筛内并摊平后，即可入曲室培养，酒药坯入室水分在 46% 左右。

④培养管理：酒药坯入室管理主要是控制培养温度。并同时观察根霉菌外观生长情况。根据小曲微生物生长规律，培养可分下述 3 个阶段：a. 前期培养，酒药坯入室后，为保温保湿，有利于菌体繁殖，可将簸箕盖在酒药坯上。此时室温控制在 28~31℃。培养 20h 后，霉菌菌丝

生长旺盛，直至菌丝体倒下，表面出现白泡时，即可将药曲上面盖的簸箕掀开。此时品温宜控制在33~34℃，最高不得超过37℃。b. 中期培养，酒药坯培养24h后，酵母菌开始大量繁殖，此时控制室温以28~30℃为宜，品温不超过35℃，培养24h。后期培养48h。c. 后期培养曲坯水分逐渐挥发，微生物代谢能力减弱，品温开始逐渐下降。培养48h，待曲坯成熟后即可出房。

⑤出曲和贮存：曲坯出房后，可置于烘房烘干或放在外面晒干，但不得暴晒。然后将成熟的药小曲放在阴凉干燥的库内贮存。曲坯自入室至成曲入库，共需5d。

⑥成曲质量要求：外观白色或淡黄色，无黑色，质地松，具有酒药特殊香气，水分12%~14%，总酸不超过0.6g/100g。

（2）多药纯种药小曲　采用十几种中草药和纯种根霉菌及酵母菌制成。其工艺如下：将大米浸渍2~3h，淘洗干净后，磨成米浆，布袋滤干水分，至可手捏成颗粒状酒药坯为度。加入的中草药配方（以大米用量计）：桂皮0.3%，香菇0.1%，小茴香0.1%，细辛0.2%，三利0.1%，荜拨0.1%，红豆蔻0.1%，元茴0.2%，苏荷0.3%，川椒0.2%，皂角0.1%，排草香0.2%，胡椒0.05%，香加皮0.6%，甘草0.2%，甘松0.3%，良姜0.2%，九本0.05%，丁香0.05%。上述19种中草药需先干燥后，再经磨碎、过筛、混匀为中草药粉。制曲坯时，在压干的米粉浆中，按原料大米用量加入4%~5%以面盆米粉培养的根霉菌种子液和2.6%~3%米曲汁三角瓶培养的酵母菌种子液，1.5%中草药粉，掺拌均匀，捏成酒药坯，其直径为3~3.5cm，厚1.5cm。将成型的坯摆放于底部预先垫以新鲜稻草的木格内。将装格后的酒药坯移入培曲内保温保湿培养58~60h后，即可出房。经干燥后，贮存备用。贮存期雨季和夏季为1个月，秋冬季可适当延长。

（3）帘子法制曲　帘子也一般用于制曲种，通常用竹片编成，如日常使用的竹制窗帘。帘子铺于种曲室的曲架上。

①帘子制作：一般都用塑料帘和塑料布罩，即钢筋支架上铺上塑料布，罩上塑料布。支架高1cm，宽0.5cm，长1.2cm。罩底的空间高度为0.5cm左右。塑料帘和塑料罩每次用过后，都应彻底清洗、消毒。

②配料、蒸煮、接种：帘子法制曲配料与盒子法基本相同。麸皮75%~85%，鲜糟15%~25%。曲料拌匀后，常压蒸1h，然后散冷至32℃，接入曲种0.3%~0.5%。

③堆积、装帘、培养：接种后的曲料入室堆积8h，中间倒堆1次，保持品温不超过34℃。堆积结束后，把品温调至30℃左右，开始装帘，帘内曲料厚度2~3cm，装帘后12h，品温上升缓慢，以后品温开始上升。此时应降低室温控制品温为34℃，最高不超过35℃。上帘后20h左右，菌丝长成时，可划帘。划帘后，曲中水分降低、品温下降。可适当提高室温，并进行揭罩排潮等工作。从堆积算起培养35h左右，即可出房。

（4）通风法制曲

①通风曲池：通风曲池呈长方形，砖砌，水泥抹面。通常为地上或半地下式，高出地面45cm。池底又称导风板或风道，其斜率为8%~10%。在导风板高的一边的水平方向的池四壁，有宽为10cm左右的边，用以支撑可移动的竹帘或金属筛板，作为承堆曲料的箅子。在距曲池上部边沿约15cm处的四壁，钉有胶布条，避免通风漏气并使曲产生干皮现象。通风池一般容积为10m×12m×0.5m，装干曲料800kg，曲层厚度不超过30cm。

②配料、蒸料、接种：通风法制曲的配料为麸皮80%，鲜糟15%，稻壳5%。加水占麸皮量的70%~80%，将各种原料与水拌匀，用扬渣机打1遍后装锅，常压蒸1h，出锅扬冷到

33~34℃，接入曲种 0.3%~0.5%，然后入房堆积。

③堆积、装池、培养：堆积开始温度不低于 28℃，不超过 30℃，每隔 4h，倒堆 1 次，总堆积时间 8~12h。终了时品温在 32~33℃。

将堆积后的曲料降温至 28~30℃。开始入池，曲料厚度 25~30cm。曲料入池后应提高室温，待品温升至 32℃时开始通风。以后就通过给风次数及风的湿度来控制前期品温保持在 32℃。入池后 10~17h 为中期，应控制品温在 33~34℃，加强通风，掌握好风温；进入后期应提高室温，利用室内循环风，保持品温在 34~35℃，提高风压，排除曲料中的水分，整个培养时间为 33~35h。

第三节　白酒发酵工艺

一、浓香型白酒酿造工艺

白酒发酵机理是通过窖泥、曲粉、工具和空气中的有益微生物的生长代谢，进行"淀粉——→糖——→乙醇"的生化转化反应，同时也存在"蛋白质——→氨基酸——→醇、醛、酮等物质"的转化反应，形成具有特定风味的高酒精度产品。我国浓香型白酒有三种生产工艺，分别为跑窖工艺法、原窖工艺法和老五甑工艺法。江淮流域名优白酒厂酿造一般采用原窖老五甑工艺。本节主要以老五甑工艺法为例介绍浓香型白酒的生产工艺方法。

老五甑工艺法，即原料与出窖的酒醅在同一个甑桶同时蒸馏取酒和蒸煮糊化，在窖内有四甑发酵酒醅，即大糙、二糙、小糙和回醅。出窖的酒醅加入原料、辅料，分成五甑进行蒸馏，其中四甑入窖发酵，最后一甑为丢糟。混烧老五甑工艺流程如图 4-1 所示。

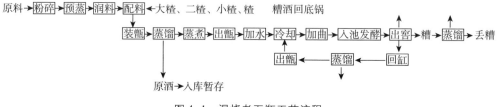

图 4-1　混烧老五甑工艺流程

1. 白酒酿造原辅材料

（1）原料　以粮食为主，按种类不同，可分为单粮酒和多粮酒。单粮酒是以高粱为原料，多粮酒是以高粱、大米、糯米、小麦、玉米五种粮食为原料，五种粮食及配比如表 4-4 所示。各种不同的原料对酒质会带来影响，经生产实践概括为"高粱香，玉米甜，大米净，糯米绵，大麦糙（冲）"。

表 4-4　　　　　　　　　　　　　　五种粮食及配比　　　　　　　　　　　　　　单位：%

品名	高粱	大米	糯米	小麦	玉米
五粮液配比	36	22	18	16	8
苏酒配比	45	20	15	12	8
剑南春配比	40	20	20	15	5

酿酒原料粉碎的技术要求是：高粱、玉米粉碎成 6~8 瓣，大米、糯米、小麦粉碎度均为 2~4 瓣，成鱼籽状，无整粒混入。五种物料混合粉碎后，能通过 20 目筛的细粉不超过 20%。曲块的粉碎以纯小麦或小麦、大麦、豌豆为制曲原料的曲块可先用锤式粉碎机粉碎，再用钢磨磨成曲粉。一般以通过 20 目筛的占 70% 左右为宜。粉碎的目的是使颗粒淀粉暴露出来，增加原料表面积，有利于淀粉颗粒的吸水膨胀和蒸煮糊化，糖化时增加与酶的接触，为糖化发酵创造良好的条件。

（2）辅料 酿酒生产中主要使用的辅料是稻壳，又名糠壳。稻壳在使用前必须经过处理，目的是去除稻壳中异杂味及生糠味，方法是对稻壳用蒸汽清蒸，时间一般不低于 30min，现在名优酒厂要求从圆汽开始到关汽结束不少于 120~150min；清蒸结束后，把底锅水全部排掉，关掉蒸汽阀，再打开冷却鼓风机，保证稻壳温度在 35℃ 以下。

2. 白酒生产设备

（1）窖池 窖池是用泥料做成的一种发酵设备，作为存放酒醅进行发酵的容器。此外，窖池还是有益微生物的载体之一，大量有益微生物栖息、生长繁殖在窖泥中。浓香型白酒固态发酵法白酒发酵容器大多采用不同材料制成的池或窖。

①传统窖：以黄泥筑成，平均容积为 11~12m³，以 6~8m³ 为最好，长宽比为 2∶1，深为 1.5m，如泸州 300 年老窖为 2.25m×1.87m×1.9m 约 7.99m³，以底小口大为宜。窖底一般不设排水沟，以利于维护老窖。

②人工老窖：一般酒窖其长宽比例为 2∶1，深为 1.8~2.2m，即可装入 5~9 甑酒醅。筑窖的过程和要求：筑窖材料，优质黄泥、窖皮泥、老窖泥、老窖黄水液、大曲粉、楠竹钉、麻丝等。不宜使用方砖、条石和水泥等材料。

③人工老窖泥：用人工培养微生物的窖泥来筑成的发酵窖，使新窖能在较短时间内生产出优质浓香型曲酒，可大大缩短窖池自然老熟过程。要培养好人工老窖，关键是使窖泥中有足够数量的己酸菌等有益微生物。

人工培养老窖泥配方实例：黏性黄泥 4000kg，窖皮泥 500kg，过磷酸钙 60kg，尿素 13kg，麦曲粉 50kg，丢糟粉 50kg，烂梨 50kg，酒尾和黄水适量，己酸菌液 250kg。踩拌均匀，干湿恰当，下池或收堆拍紧，在室内用塑料布或在窖内密封，要求品温升至 30℃ 左右，自然发酵一个月以上。

（2）甑桶 甑桶进行原酒蒸馏提取的原理是：利用酒醅中各类物质沸点的不同，将酒精汽化，然后通过管道至冷凝器，通过冷却水的冷凝作用，将汽化的酒精液化，从接酒口流出。

①传统甑桶：老式甑桶多用水泥浇砌而成，新式甑桶用不锈钢制作而成。甑桶是原酒蒸馏提取和醅糟蒸煮糊化的容器。传统甑桶如图 4-2 所示。传统甑桶的构造呈花盆状，以蒸汽加热，桶身壁为夹层钢板，外层材料为 A₃ 钢板，内层为薄不锈钢板。在空隙为 3cm 的夹层内装保温材料。甑盖呈倒置的漏斗体状，材料为木板或如桶身的夹层钢板。位于底锅上的筛板支座上放置竹帘或金属筛板，筛孔直径为 6~8mm。底锅呈圆筒状，深度为 0.6~0.7m，底锅内的蒸汽分布管为上面均布 4~8 根放射状封口支管的一圈管，管上都开有两排互成 45° 向下的蒸汽孔。

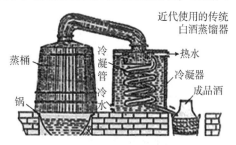

图 4-2 传统甑桶构造

②活甑桶：活甑桶的结构如图 4-3 所示，其外形与传统固定甑相似，活底甑桶身高为 0.9m，下底与上口直径之比为 0.85~0.95，通常上口内径为 1.8~2.2m。将甑柄的筛板与其支座铆合，筛板以两个活页连接的半圆形，在筛板的支座底部有两个导轮，筛板支座与桶身以活动销连接，蒸馏结束，打开活动销，则筛板的合页合起，糟即可自动排落。这种出糟方式虽节约劳动力，但在卸料时冲击力很大，故易发生烫伤事故，并在瞬间散发大量蒸汽，影响车间操作。

（3）冷凝器　冷凝器多为列管式，总的高度为 1.0~1.2m。冷凝器的上下为汽包，上、下汽包及过汽管的铝板厚度不超过 3mm，过汽管直径为 200mm，上、下汽包的花板为 13 或 19、23 孔，管的直径通常为 80mm 或 90mm，管厚度不超过 1mm。一般企业多使用水冷凝方式，但近年来，为了节约用水，有的酒厂也采用风冷装置。

（4）过汽管　过汽管又称大龙，在冷凝器一侧的中上部位，有一根支管通至甑桶下的底锅内，由阀门控制进入底锅内。经冷凝酒汽以后的热水量，酒尾可从支管的分支管流加至底锅内。

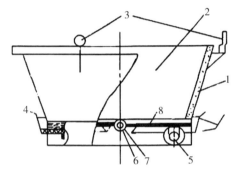

图 4-3　活底甑

1—甑壁及填料　2—甑体　3—吊环　4—活动销及销套　5—支撑导轮　6—活页轴　7—活页套　8—活页底及支撑

（5）装甑机　有多节活动皮带装甑机和回旋绞龙装甑机两种。

（6）排糟机　桨式叶片排糟机，利用桨式叶片，依靠上下移动和回转时的离心作用将糟从甑桶甩出，但当甑内糟量较少时，需人工清理。往复耙式出甑机，利用耙杆和耙头在曲柄机构驱动下作往复运动，耙尺进入糟内往复运动，将糟耙至甑外。此机也难以将糟耙尽，需人工辅助。

（7）扬糟机　目前使用的晾糟设备种类很多，如翻板晾糟机、轨道翻滚晾糟机、振动晾糟床、分层鼓风甑等，但多使用地面通风机晾糟、地下通风机晾糟。随着现代技术的研究、探索，不断向半机械化或全自动化操作发展。地下通风槽一般建成 45° 斜坡式，长 12~13m，宽 2.4~2.6m，鼓风机端处深处距平面 0.9~1.0m，另一端距平面 0~0.45m。

（8）晾醅帘　酒醅摊晾降温和上曲拌和均在晾醅帘上进行。有棚架式、平板式及全机械化式。

（9）热水浆桶　是酿酒生产用水和上打浆（热）水的容器。

（10）鼓风机　用于对蒸煮糊化的酒醅进行鼓风降温。

二、浓香型大曲酒酿造工艺

1. 开窖（起糟）

发酵期满的窖应去掉封泥，取糟蒸酒。一般包括：揭 PE 布、划窖皮泥、剥窖皮泥、分层出醅、留双轮底、不留双轮底、留双轮底和出双轮底、抽黄水等操作。

（1）滴窖　当起糟至黄水时，停止起糟，并打黄水坑进行滴窖，即在窖内母糟的一端或一角打挖一个黄水坑，用于滴窖。打在一角的坑的长宽不少于 1m，打在一端的宽度不少于 0.5m，深度为直至窖底。打黄水坑时，坑内的糟醅要先远后近，含水量极大的湿糟醅尽量近一点，注意不要把窖内的糟醅过多的踩压和翻动；滴窖时间一般为 24h，前 12h 内每 2h 舀一次黄水，做到"滴窖勤舀"。滴窖时间不得少于 10h，使母糟含水量保持在 60% 左右。注意：整个黄水坑打完毕后，下层糟子也要用塑料薄膜覆盖。

（2）机械抽黄水　有的酒厂在起糟之前打黄水或起完糟后抽黄水，用泵将窖底的黄水抽取上来，整口窖池起完糟（醅）后，应及时再清扫窖池，堆糟坝的糟子要踩紧、拍光以防漏气，确保清洁干净，覆盖严密。注意：窖池较深时起底窖糟前，用风扇尽量将窖内的 CO_2 排出，以防中毒。

（3）黄水的形成及主要成分

①形成：酒醅在发酵过程中，淀粉由糖变酒，同时产生 CO_2 排出，单位酒醅的重量相对减少，结晶水游离出来，原料中的单宁、色素、可溶性淀粉、酵母溶出物、还原糖等溶于水中沉积于窖池底部而形成黄水。

②主要成分：黄水中含有丰富的有机酸、酒精、淀粉、糖分、微生物菌体及活细胞等物质，对提高大曲酒质量，增加大曲酒香气，改善大曲酒风味有着重要作用。特别是黄水中的酸类和酯类物质，如果采取适当的措施，合理利用黄水，对提高大曲酒质量尤其是增加浓香型曲酒中的己酸乙酯具有重大意义。

目前有些酒厂将黄水单独蒸馏，馏出液作为勾兑用酒；也有的酒厂将优质黄水回入底锅串蒸。

黄水是发酵的产物，是窖内发酵情况的真实反映。为了定量分析黄水中微量成分的含量，某酒厂专门对黄水的成分进行分析，如表 4-5 所示。

表 4-5　　　　　　　　　　　　　黄水的成分分析

成分	酸类/(g/L)	酯类/(g/L)	含酒量/%	淀粉/%	还原糖/%	蛋白质/%	单宁及色素/%	芽孢杆菌/(10^6 个/mL)
含量	4.4~6.3	2.3~5.0	3.8~8.2	1.2~1.98	0.69~3.2	0.13~0.2	0.1~0.2	1.0~3.0

（4）黄水的综合利用　主要有几个方面：直接用黄水制备酯化液；采用生物激素制取黄水酯化液；添加己酸菌液制备酯化液；从黄水中提取混合有机酸；直接蒸馏提取黄水酒，可作勾兑酒使用（将经第一次蒸馏的 30%~45% 的黄水酒进行第二次蒸馏可得 55%~65% 的黄水酒，贮存后作普通基础酒使用）。

2. 粮食清蒸及配醅配料

原料高粱圆汽后 5~10min 以上方可出甑，按比例分成三桶，扬凉待用，且不得有黏蛋团出现。清蒸粮食可去除原料中的异杂味，提高酒味的纯净度。

配醅配料就是将新料、酒醅、辅料配合在一起，为糖化和发酵打下基础。配醅配料必须根据窖池的大小、出池的淀粉量、酸度、气温、生产工艺及发酵时间等具体情况而定。配醅配料得当是否，要看入池酒醅的淀粉浓度、酸度和疏松程度是否适当。

（1）配粮　正常的出窖酒醅的残余淀粉约为 9%~12%。原料与底醅的配比是否合理，直接影响淀粉的利用，影响出酒率的高低和酒质的优劣。粮醅比大，则入池淀粉含量高，易造成蒸煮困难，发酵过程较猛，酒质较差，且淀粉不能充分利用，出酒率低。粮醅比小，虽然淀粉利用率高，但底醅数量过多，用曲量较大，酒质纯甜而香味不足。因此，必须根据季节、气温的变化合理调节粮醅比。气温较低时，利于低温入池，发酵升温幅度较大，应采取较大的粮醅比；气温高时，入池温度降不下去，应减小粮醅比，降低淀粉浓度。一般粮醅比为 1 : (4.5~5.0)。

（2）配壳 酿酒生产中，稻壳的使用量也要适度，稻壳使用过多有以下弊病：a. 发酵时酒醅内含空气较多，窖内升温猛而高，生酸也多；b. 酒醅疏松度过大，保不住黄水，黄水过早下沉，上层酒醅显干，发酵不正常，己酸乙酯等香味物质生成少，酒质差；c. 蒸馏时带来更多异杂味。此外，配醅配料还要根据底醅的质量来合理调节。底醅呈金黄色是由于糠大水大造成的，要减糠减水；底醅残存淀粉过高就要减少投粮；底醅残糖高就要注意打量水操作等。一般粮糠比为 18%~26%。

配醅配料要点：三准确、两均匀。配粮要准确、配糟要准确、配壳要准确；拌粮要均匀、拌壳要均匀（不能使用生糠、热壳拌料。尽量少用）。

3. 拌和装甑

拌和要求先拌粮再拌壳，低翻快拌，次数不可过多，时间不可过长。先拌粮再拌壳是为了防止粮食嵌入稻壳中影响粮食糊化；低翻快拌是为了减少酒的挥发。

甑桶蒸馏是我国古代劳动人民的独创，是科学的先进蒸馏技术之一。甑桶蒸馏的特点是，以含酒分的酒醅作为填料层，在甑内边上汽、边上料，使醅料得到冷热交换，汽液交换，使酒分不断汽化，不断冷凝，最后得到浓缩的白酒。

上甑前，先检查底锅水是否清洁及底锅水量是否符合要求。甑桶、甑盖是否清洁卫生，查看气压是否准确，底锅的出梢阀门是否关闭。安装甑桶时，应检查活动甑是否安稳放平。若需回蒸黄水、酒尾，则先将黄水、酒尾倒入底锅中。装甑时，先在甑底撒上一层薄薄的稻壳，再撒上 3~5cm 厚的糟醅，方可开启加热蒸汽阀，压力为 0.025~0.05MPa。继续探汽上甑，即将满甑时关小汽阀，满甑后用木刮将甑内的糟醅刮成中低边高，刮后穿汽盖盘，大、小楂装甑至满从开始上甑至穿汽盖盘时间大约 35min，回缸一般 20min，接上过气弯管，注满甑沿和弯管两接头处的密封水。

装甑操作顺序要求做到六个字，即："松""轻""匀""薄""准""平"。

也就是说装甑材料要疏松，装甑动作要轻快，上汽要均匀，醅料不宜太厚，盖料要准确，甑内材料要平整。装甑方法通常有两种："见湿盖料"或"见汽盖料"。"见湿盖料"，指酒汽上升至甑桶表层，在酒醅发湿时盖一薄层发酵材料，避免跑汽；但如果技术不熟练，掌握不好，容易压汽。

4. 蒸馏接酒

发酵成熟的醅料称为香醅，它含有极复杂的成分。通过蒸酒把醅中的酒精、水、高级醇、酸类等有效成分蒸发为蒸汽，再经冷却即可得到白酒。

落盘数分钟后，酒蒸气经冷疑而流出酒来。流酒时，调节气压在 0.01~0.02MPa，流酒速度以 2.0~3.0kg/min 为宜，一般流酒时间为 20min，流酒温度要求控制在 20~35℃，称为中温流酒。刚流出来的酒，称为酒头，因酒头含有低沸点的物质较多，如硫化氢、醛类等，所以要除去酒头 1~2kg，留作他用。蒸馏摘酒的具体操作方法如下：

（1）看酒色 看酒头、酒身、酒尾是什么颜色，做到看酒色，辨酒质，量质切酒。

（2）闻酒香 酒的香味，通常是酒头香、暴辣味大。酒身较谐调，但邪杂味大。捞取酒样，闻一闻，就可判断新酒接近哪个馏分，便于切酒。

（3）尝酒味 通常酒头味暴辣，酒身味醇正，酒尾味怪杂。

（4）试酒花　传统工艺操作上是"断花"摘酒。"花"是指水、酒精由于表面张力的作用而溅起的泡沫。随着蒸馏温度的升高，酒精浓度逐渐降低，酒精产生的泡沫消失的速度不断减慢，这时酒精中水的含量逐渐增多，水的相对密度大于酒精，张力大，泡沫消失的速度慢。因此在操作上把酒花和水花消失的速度的变化作为鉴别酒精浓度的依据来进行摘酒，工艺称为"断花摘酒"或"看花断酒"。对每甑酒醅在蒸馏过程中，按照质量不同大致分为四个不同的馏分，接酒人员准确辨别酒花状态，就能够做到"看花摘酒"。

①第一馏分：流酒后 5min，酒精度在 70% 以上，除酒头以外其余部分酒的特点是酒精浓度高，总酯含量高，香气浓郁，酒质好，一般作为调味酒，称为大清花，泡大整齐，花大如黄豆，清亮透明，消失极快。

②第二馏分：流酒后 5~15min 内馏出的酒度在 65%~70% 以上，占总量的 2/3，特点是酒精浓度高，总酯含量高，香气浓而纯正，诸味谐调，一般作为优级酒或一级酒来接选，称为二清花，酒花大如绿豆，泡渐小，清亮透明，消失速度大于大清花。

③第三馏分：二段流酒后 2~3min 内馏出的部分，酒度在 55%~65% 左右，特点是酒精度明显下降，口感尝评有香气但不浓不香，味寡淡，酸的含量上升，一般作为二级酒来接选，称为小清花，泡碎成米状，相互重叠，布满液面，存留时间较长，约 2s。

④第四馏分：该段酒的酒精浓度在 50% 以下，可作为头梢子处理，最后酒精浓度更低部分纯粹就是酒梢子，称为断花，碎米花后一瞬间不见酒花，断花后看花杯呈现"无花"，开始酒尾（头梢酒尾）又称小尾，形似云花，大小不一。

⑤水花：开始出现大泡沫水花（大水花）这段时间酒度约 30%，泡无光泽、消失快、泡皮厚，到出现小水花，呈沫状粘连，酒度 5%~8%，称软梢子。

⑥油花：小水花再消失出现油花，酒度为 0，尾子一直拉到油花满面为止，此时可以揭盖蒸粮。

5. 原料糊化（蒸粮）

由于浓香型大曲酒生产采用混蒸混烧工艺，因此原料糊化与酒的分离浓缩是在同一蒸馏甑桶内进行。在正常火力下，蒸粮时间从流酒开始到出甑时止，以大楂、二楂、三楂 90~100min 为宜，小楂 70~80min 为宜。在"断尾"以后，应该加大火力进行蒸粮，以达到淀粉糊化和降低酸度的目的。蒸粮合格标准是"内无生心，熟而不黏"，既熟透，又不起疙瘩。

6. 出甑加浆、摊晾上曲

（1）出甑　出甑是把蒸煮好的饭醅从甑桶内取出的工艺操作。出甑后要把底锅，甑桶周围以及甑桶内清扫干净，做好上甑准备。出甑前放尽底锅水后，再关闭底锅开关，然后关闭进汽阀；取下弯管（过汽筒），揭开甑盖，操作时要注意安全，防止烫伤或碰伤；用行车将活动甑吊至晾糟床的正上方（或附近），打开甑底，将糟醅卸下。

（2）打量水　蒸煮后的饭醅必须加入一定数量温度达到要求的水，工艺操作上称为打量水。量水用量，一般为 75%~90%，可根据生产季节，新老池口和酒醅的水分大小等因素而定。量水应清洁卫生，温度在 85~90℃ 以上。90℃ 以上的浆水可以减少杂菌对饭醅的污染，同时也能使饭醅中淀粉颗粒能充分、迅速地吸水，以保持淀粉颗粒中有足够的含水量，增加其溶胀水分。使水的原则，打梯度水，严禁打"竹筒水"。一般大楂、二楂入窖水分为 56%~58%。

（3）摊晾　打量水完毕，用铁锹翻醅一次后，开穿堆机或翻拌机打散疙瘩，再补适量打浆水后，开启鼓风机降温，再勤翻勤划 2~3 次，打散疙瘩，摊晾结束关闭风扇。在晾糟床上同时选准四个测温点（插放温度计），测其温度并做适当调整，直至四个点中每两点的温差不超过 1℃。晾糟设备一般选用平板式晾床装置和架式晾床装置。

（4）上曲　大曲用量为 18%~28%，加曲温度高于入池温度 2~3℃，撒曲时，将大曲粉均匀地翻划入糟（醅）中做到低撒匀铺，以减少飞扬损失，摊晾加曲也可在通风晾糟机上进行。

7. 入窖、封窖、交酒入库

糟醅入窖前先将窖池清扫干净，泼洒尾酒 1~1.5kg，撒上 1~1.5kg 的曲粉。入窖温度的控制，地温在 20℃ 以下时，控制 16~20℃；地温为 20℃ 以上时，与地温持平。通常温度控制，大糙 15~18℃，小糙 20~25℃，回缸 28~32℃。窖池按规定装满粮糟后，必须踩紧拍光，放上隔篾，再做一甑红糟（回缸）覆盖在粮糟上，并踩紧拍光，冬松一些，夏紧一些，将粮糟封盖好。然后找五个测温点（四角和中间），插上温度计，检查后做好记录。糟醅入窖条件如表 4-6 所示。

入窖后的糟要在密封隔气隔热条件下进行发酵，按要求应做好封窖操作。封窖泥使用的优质黄泥或拌和人工培养优质老窖泥。用铁锨将封窖泥铲在窖池糟醅上压实拍光，厚度在 12~15cm，厚薄要均匀。在醅料上盖上一层糠，用窖泥密封好，盖 PE 布封窖。

班组酿好的酒拖运到酒库，按酒的品质分级入库。

表 4-6　　　　　　　　　　　　　糟醅入窖条件

季度	水分/%	酸度	淀粉/%
冷季	55~57	1.4~1.8	20~22
热季	56~58	1.5~2.0	18~20

8. 窖池管理

封窖后约 15d 时必须每天清窖；15d 后 1~2d 清窖一次。清窖目的是保持窖帽表面清洁，无杂物、避免裂口。挑选部分池口对其主发酵期的窖内升温情况进行监控，如有异常，分析原因，在后续的池口操作中做出调整。

9. 窖内酒醅温度及酒精含量的变化

（1）窖内酒醅温度

窖内品温最高点，热季每天以 0.5~4℃ 的速度升至 28~32℃，5~8d 达到温度最高点；冷季每天以 0.5~3℃ 的速度升至 28~32℃，7~9d 达到温度最高点。实际生产中淀粉含量每下降 1%，可升温 1.6~1.8℃。窖内升温幅度，热季为 8~12℃，冷季为 10~16℃。窖内最高温度稳定期一般 4d 左右。窖内降温，稳定期后每天以 0.25~1℃ 缓慢下降。下降期间又会出现稳定期，2~8d 不等，到 30~40d 时已降至最低，冷季降至 22~25℃，热季降至 27~30℃。

（2）酒精含量　在窖池内，酒精含量随温度的升高而上升，一般在稳定期过后，酒精含量达到最高，随着发酵期的延长，窖池内酸、酯等物质增加，酒精含量略有下降。

10. 酒糟及利用

多次蒸粮蒸酒后的丢糟即为酒糟。固态发酵白酒酒糟含水量 60% 以上，含稻壳 40%~50%。酒糟的用途：①经过加工可作饲料；②回窖发酵；③用酒糟串蒸白酒；④添加部分酒糟用于制曲；⑤是窖泥发酵的营养剂；⑥用作锅炉燃料。

第四节　典型白酒生产案例

一、清香型大曲酒生产工艺

清香型大曲酒其风味特点为，清香纯正，余味爽净。主体香味成分乙酸乙酯和乳酸乙酯在成品酒中的比例以 55%、45% 为宜。酿酒工艺特点是"清蒸清楂、地缸发酵、清蒸二次清"。所谓清蒸清楂是指经清理除杂后的原料高粱，粉碎后一次性投料，单独进行蒸煮。然后在埋于地下的陶缸中发酵，缸口与地面相齐，用石板作缸盖密封，发酵成熟酒醅蒸酒后再次加曲发酵、蒸馏，最后成扔糟。其工艺流程如图 4-4 所示。

1. 材料设备

（1）地缸　一般地缸直径为 0.7~0.9m，高为 1~1.6m，相邻两缸的中心距为 1m。如汾酒厂的地缸高为 1.1m，上口内径为 75cm，底部内径为 51cm，容积为 0.44m³，每个发酵室有 88 个地缸。

（2）水泥窖　以瓷砖贴面、陶砖贴面、水磨石或水泥磨光打蜡等窖面较好。所用的水泥为高标号水泥或耐酸水泥，不能用普通砖贴面。通常窖底呈 3% 的斜率，并设有排水沟，由土地沟、铸铁管或耐酸塑料管道通入窖底水井，可用排污泵将黄水提升排出。

2. 操作要点

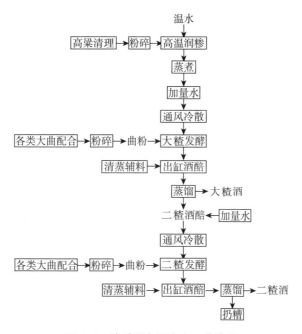

图 4-4　清香型白酒生产工艺流程

技术要点包括必须有质量上等的大麦、豌豆曲以及在酿酒工艺中以排除影响酒体的一切邪杂味为中心环节。汾酒有古代酿酒总结的 7 条秘诀，并有所发展。①人必得其精，酿酒技师及工人要有熟练的技术，懂得酿造工艺。②水必得其甘，要酿好酒，水质必须洁净。③曲必得其时，指制曲效果与温度、季节的关系，以便有益微生物充分生长繁殖。④粮必得其实，原料高粱籽实饱满，无杂质，淀粉含量高，以保证较高的出酒率。⑤器必得其洁，酿酒过程应做好清洁工作，以免杂菌侵入，影响酒的产量和质量。⑥缸必得其湿，酒醅中水分的多少与发酵速度、品温升降及出酒率有关。因此，必须合理控制入缸酒醅的水分及温度。⑦火必得其缓，一是酒醅的发酵温度必须掌握"前缓、中挺、后缓落"的原则；二是指蒸酒时宜小火缓慢蒸馏，提高蒸馏效率，且避免穿甑、跑汽等事故发生。蒸粮则宜均匀上汽，使原料充分糊化，以利糖化和发酵。此外，又进一步将人必得其精具体化为：工必得其细，拌必得其准，管必得其严，勾贮必得其适。

二、酱香型大曲酒生产工艺

1. 工艺流程

（1）风味特点　酱香突出，幽雅细腻，酒体醇厚，空杯留香持久。

（2）工艺特点　高温大曲，两次投料，高温堆积，采用条石筑的发酵窖，多轮次发酵，高温流酒。再按酱香、醇甜及窖底香三种典型体和不同轮次酒分别长期贮存，勾兑贮存成产品。

酱香型酒生产工艺复杂，周期长。原料投粮发酵开始，需经 8 轮次，每次 1 个月发酵分层取酒，分别贮存 3 年后才能勾兑成型。传统生产是每年端午节前后开始制大曲，重阳前结束。因为伏天气温高，湿度大，空气中的微生物种类和数量多，微生物活跃，有利于大曲培养。由于培养过程中曲温可高达 60℃ 以上，故称为高温大曲。酿酒生产工艺流程如图 4-5 所示。

2. 操作要点

（1）酱香型大曲酒发酵窖是用石块、黏土、沙石筑窖，以瓷砖贴面或为水磨石面。如某厂的条石地窖长宽深为 3.96m×2.15m×3.02m，容积为 25.71m³。

（2）酱香型白酒生产工艺较为独特，原料高粱称之为"沙"。用曲量大，曲料比为 1：0.9，窖底及封窖用泥土，第 1 次投料称为下沙。发酵 1 个月后出窖，第 2 次称为糙沙，原料仅少部分粉碎。发酵 1 个月后出窖蒸酒，以后每发酵 1 个月蒸酒 1 次，只加大曲不再投料，共发酵 7 轮次，历时 8 个月完成 1 个酿酒发酵周期。

①下沙操作：取投料总量 50% 的高粱（80% 为整粒，20% 经粉碎）加 42%～48%、90℃以上的热水润粮 4～5h，再加入去年最后 1 轮发酵出窖而未蒸酒的 5%～7% 母糟拌匀，装甑蒸粮 1h 至 7 成熟，带有 3 成硬心或白心即可出甑。再加入原粮 10%～12% 的 90℃ 热水，拌匀后摊开冷散至 30～35℃。洒入尾酒及加入投料量 10%～12% 的大曲粉，拌匀收拢成堆，温度约 30℃，堆积 4～5d。待堆顶温度达 45～50℃ 且酒醅有酒香味时，即可入窖发酵。下窖前先用 3% 尾酒喷洒窖壁四周及底部，并在窖底撒些大曲粉。入窖条件：温度为 35℃ 左右，水分 42%～43%，酸度为 0.9，淀粉浓度为 32%～33%，酒精含量 1.6%～1.7%。用泥封窖发酵 30d。

②糙沙操作：取投料量其余 50% 高粱（70% 高粱整粒，30% 经粉碎），润料后加入等量的下沙出窖酒醅，混合装甑蒸酒蒸料。首次蒸得的生沙酒，全部泼回出甑冷却后的酒醅中，再加入大曲粉拌匀收拢成堆，堆积、入窖，封窖发酵 1 个月。出窖蒸馏，量质接酒即得第 1 次原酒，入库贮存，此为糙沙酒。此酒甜味好，但味冲，生涩味和酸味重。

③第 3～8 轮次操作：蒸完糙沙酒的醅出甑摊晾、加尾酒和大曲粉，拌匀堆积，再入窖发

酵1个月，以后每轮次的操作方法同上，分别蒸得：a. 大回酒，第3、4、5次原酒统称为大回酒，此酒香浓、味醇、酒体较丰满。b. 小回酒，第6次原酒称小回酒，醇和、糊香好、味长。c. 追糟酒，第7次原酒称为追糟酒，醇和、有糊香，但微苦，糟味较大。

经8次发酵，摘取7次原酒后，完成一个生产酿造周期，酒醅才能作为扔糟出售做饲料。

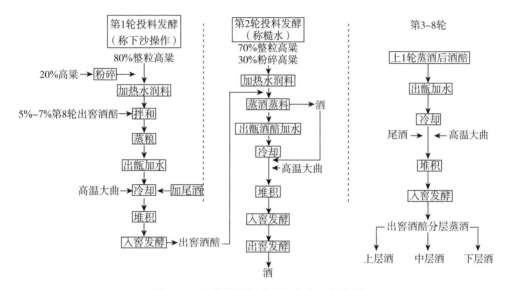

图4-5 （酱香型）茅台酒生产工艺流程

三、芝麻香型白酒生产工艺

1. 材料设备

（1）原料 高粱中除淀粉外，还含有较多的粗蛋白、纤维素、单宁等物质，因此，在发酵过程中能生成芝麻香的前体物质。小麦、麸皮中的蛋白质含量较高，经高温大曲中酶的作用，将原料中的淀粉分解为糖，蛋白质分解为氨基酸，此外在发酵过程中添加麸皮，也有助于焦香的形成。若发酵过程中麦曲用量过大，则酱香突出。

（2）配料 一般配料为高粱80%、小麦10%、麸皮10%。由于培养麸曲、细菌和生香酵母菌，均采用以麸皮为主的培养基，因此，以小麦制作大曲时，麸皮占原料的30%。配料要求，高粱颗粒饱满、干燥、无杂质、无霉烂、无虫蛀，使用前粉碎成4~8瓣。麸皮要求外观黄褐色、新鲜干燥、无霉烂、无杂质。稻壳要求外观金黄色、新鲜干燥、无霉烂、无杂质，以粗糠为佳，使用前用蒸汽清蒸，去除糠杂味。

（3）发酵容器 以砖壁泥底窖为好，且每个窖池以$10m^3$左右为佳，窖底铺15cm左右的浓香型人工老窖泥，窖壁为砖砌，砖窖中栖息的部分微生物对形成幽雅细腻的芝麻香型白酒风格非常有益。砖壁泥底窖是清香型白酒、酱香型白酒与浓香型白酒发酵容器的结合，生产出的酒的己酸乙酯含量平均值为60mg/L。

2. 糖化发酵剂

芝麻香型白酒的糖化发酵剂既能将淀粉转化为还原糖，还能使蛋白质转化为氨基酸的蛋白酶。发酵剂一般选用河内白曲、耐高温细菌曲、复合酵母曲等。河内白曲有一定的糖化力，酸性蛋白酶含量也高，能有效降解原料中的淀粉及蛋白质。耐高温细菌曲具有一定的液化力、糖化力、蛋白质和脂肪分解力，是提高芝麻香型白酒质量的有效菌株。复合酵母曲兼顾生香及产酒。

不同的曲配合得当是酿造芝麻香型白酒的重要条件。芝麻香型白酒一般采用高温大曲和中温曲配合使用，一般高温大曲添加15%左右，中温曲10%左右。适当增加高温大曲的使用量，有助于增加酒的丰满程度和芝麻香的典型性，使酒体谐调、自然。

3. 操作步骤

芝麻香型白酒生产工艺流程：原料——→粉碎——→润料——→配料——→蒸料——→摊晾——→加水，曲，生香酵母——→高温堆积——→翻堆——→入池发酵——→出池——→蒸馏——→酒。生产工艺特点是以高粱、小麦、麸皮为原料，合理配料，泥底砖窖，混蒸混烧，高温大曲、中温大曲和麸曲混合使用，外加白曲、酵母、细菌强化发酵，高温堆积，高温发酵，长期贮存，分型勾调。

（1）润料　粮糟补水，即流酒后出甑的糟子加入适量清水，拌和均匀，配料，用清蒸后的稻壳覆盖在料堆上，上甑前10~15min掺和均匀，润料时间≥60min。

（2）高温堆积　这是酱香型和兼香型白酒采用的重要工序。①堆积目的是使糟醅中的淀粉和蛋白质经酶作用，转化为还原糖和氨基酸，再进一步反应生成各种香味物质。②高温堆积过程是富集空气中酵母大量增殖的过程，进而增加了单细胞蛋白，使糟醅中的蛋白质含量大幅度提高，同时，也是嗜热芽孢杆菌的增殖过程以及料醅中微生物的消长过程。因为高温堆积能够网罗空气中的有益微生物，为产生芝麻香的前体物质创造条件。③堆积过程中，淀粉、蛋白质分解，糖分、总酯上升，温度升高，使糟醅发出悦人的复合香，高级醇、乙缩醛、双乙酰、2,3-丁二醇、酯类化合物及杂环类化合物均明显升高。当堆积温度达到40~45℃时，有利于蛋白酶及肽酶对蛋白质分解生成芝麻香型白酒的香气成分。同时，糟醅中含有的地衣酵母等，可将蛋氨酸转化为3-甲硫基丙醇及丙醛等芝麻香味物质。④芝麻香型白酒堆积温度在45~50℃，堆积糟表面层生出大量的白色斑点并有浓郁的果香。使酒体幽雅细腻、绵柔丰满，芝麻香风味典型。如果堆积时间过长，酱味会过于明显，芝麻香不典型。因此，掌握恰当的堆积时间和温度是生产芝麻香型白酒的关键之一。经试验，堆积48h，品温达到45~50℃，产出的酒芝麻香较好。

高温堆积的要求：①温低、保温差的季节应建堆积房，堆积房要宽敞，操作方便并有通风装置。②收堆前加入混合曲，同时加入糟酒5kg左右于粮糟中，拌和后收堆。③堆料要求方正平坦坝状，堆高50~70cm，气温低时覆盖草帘48h，防止表层失水结块。④堆积的过程中，应每天用20%~30%的酒尾（10~15kg）喷洒表面，保持表面水分，并视堆温变化倒堆。⑤收堆条件，温度25~28℃，水分52%~53%，淀粉20%~25%，酸度1.5~2.20。⑥堆积品温要求不穿皮，表面零点菌落，闻到带甜的酒香味为宜。否则，温度过高，发酵过老，糟醅烧霉成块，会带来不良气味。

（3）高淀粉　一般入池淀粉含量在19%~21%为宜。形成芝麻香的美拉德反应基本是在高温堆积（45~50℃）、高温发酵（45~50℃）下进行的，微生物的繁殖、生长、代谢是产热的重要来源，没有一定的底物浓度（高淀粉含量），高温堆积、高温发酵就难以实现。

（4）高温发酵　发酵过程是蛋白质降解的系列产物在一定条件下转换成呈香呈味物质的重要阶段。而影响微生物生长代谢及物质转化的重要因素便是温度，如分解蛋白质的蛋白酶及肽酶作用的最适温度为40~45℃，因此，较高的温度有利于芝麻香风味物质的生成。

经试验，入池温度在28~30℃，糟醅发酵温度在40~45℃时是蛋白质分解的最佳温度。

入池条件为：水分53%～55%，温度28～33℃，回糟35～40℃，酸度1.5～2.30，淀粉19%～22%。

4. 分层蒸馏、分级贮存、分型勾调

（1）分层蒸馏　芝麻香型白酒由于窖池独特，各层发酵糟醅蒸出的酒，质量有所差别：①底层受人工窖泥的影响，己酸乙酯含量较高，酒质偏浓。②中层乙酸乙酯较高，酒质偏清。③上层酒焦香、酱香味略重，酒质偏酱。因此，这三种不同风格特点的原酒要分层蒸馏、分级贮存。

（2）分级贮存　一般以陶坛或陶缸贮存，有利于原酒产生芝麻香陈味，贮存时间至少在3年以上。贮存时间短，芝麻香型酒的细腻度差，风格典型性不强。

（3）分型勾调　当贮存时间达到要求后，可将原酒分为：芝麻香带酱香、芝麻香带清香、芝麻香带浓香。以贮存期2～3年、酒体醇厚、香味谐调、后味较净的合格酒组合为基础酒，再用贮存3～5年的陈酒及芝麻香突出的调味酒进行调味，便可以得到幽雅纯正、香味谐调、绵柔醇和、余味悠长、风格突出的芝麻香型白酒。

5. 注意事项

①高温堆积气温较低时可考虑添加单细胞蛋白，堆积水分和酸度不宜过大。

②采用小麦高温制曲，使麸皮中高含量的氨态氮，在微生物的作用下，生成酚类化合物，有助于焦香的形成。

③芝麻香型白酒香味成分的形成有个时间过程，时间过短，产出的酒芝麻香的典型性和绵柔细腻程度差。以发酵期在60～75d为宜，有利于香味物质的形成与富集，产出的酒较丰满醇厚、幽雅细腻。

四、凤香型大曲酒生产工艺

1. 工艺流程

风味质量特征：醇香秀雅、甘润挺爽、诸味谐调、尾净悠长。具有乙酸乙酯为主并含有一定量己酸乙酯为辅的复合香气。

（1）大麦、豌豆中高温大曲　采用接近浓香型大曲的高温培养工艺而不选用其制曲小麦原料。因此，具有清香与浓香型大曲两者兼有的特点。

（2）发酵期短　凤香型酒传统发酵期仅为11～14d，目前适当延长至18～23d。原料出酒率较高，可稳定在40%左右。采用续糙配料混烧酿酒工艺。1年为1个大生产周期。每年9月立窖，整个过程经立、破、顶、圆、插、挑窖6个顺序。

（3）新泥窖池发酵　泥土发酵窖池，每年需要去掉窖内壁、底的老窖皮泥，再换新土，以控制成品酒中己酸乙酯的含量，保持凤香型酒的风格。

（4）以酒海为贮存容器　用荆条编成大篓，内壁糊上百层麻纸，涂以猪血、石灰，然后用蛋清、蜂蜡、熟菜子油按比例配制涂料涂擦，晾干作为贮酒容器，称为酒海。其容量为100～8000kg。凤香型酒经酒海贮存，其溶解出的物质比陶缸多。因此，其固形物指标相应提高到≤0.80g/L。凤香型酒的生产工艺流程如图4-6所示。

2. 操作要点

每年9月投粮立窖生产，到次年7月挑窖扔糟停产。窖内发酵酒醅的增减状况如图4-7所示。

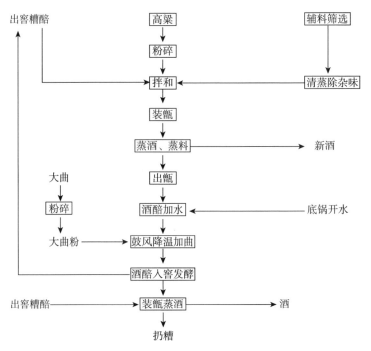

图 4-6 凤香型酒的生产工艺流程

（1）立窖（第1排生产）　投原料高粱1000kg，辅料600kg，酒糟500kg。粮水比为1:（1.0~1.1），90℃以上热水拌匀堆积24h，翻拌2次，使水分润透粮心；分3甑蒸煮各90min，待高粱糁熟而不黏出甑。底锅立即加入适量开水，降温加入200kg大曲粉（3甑总量），入窖泥封发酵14d出窖蒸酒。

（2）破窖（第2排生产）　在发酵成熟出窖的酒醅中，加入900kg粉碎后的高粱及适量辅料，分成3个大楂、1个回楂共4甑蒸酒。出甑酒醅加底锅开水，降温加大曲，泥封发酵同上述操作。

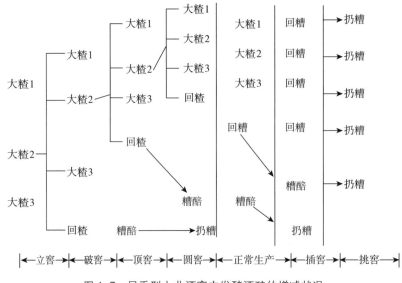

图 4-7 凤香型大曲酒窖内发酵酒醅的增减状况

（3）顶窖（第3排生产） 出窖酒醅，仍在3个大糙中加入高粱900kg，分成3个大糙、1个回糙共4甑蒸酒。其加水、加曲、降温操作同前。上次入窖的回糙，经蒸酒后不再投粮，入窖成糟醅，加曲、降温后，入窖封泥、发酵。

（4）圆窖（第4排生产） 出窖酒醅，在3个大糙中加入高粱900kg，分成3个大糙、1个回糙。上次入窖的回糙蒸酒后成糟醅入窖发酵。糟醅蒸酒后为扔糟。自第4排起即进入正常生产，每日投料、扔糟各1份，保持酒醅材料进出平衡；每发酵14d为1排。及至6月底，由于气候炎热，影响正常发酵，同时泥窖需要更新内壁泥土，故随即停产。在停产前1排生产称为插窖。正常生产时的酒醅入窖条件如表4-7所示。

表4-7 正常生产时的酒醅入窖条件

类别	温度/℃	水分/%	淀粉含量/%	酸度
大糙1	20~22	57	16~18	0.8~1.8
大糙2	17~18	58	—	—
大糙3	15~16	59	—	—
回糙	20~22	—	—	—
糟醅	26~28	—	—	—

（5）插窖 酒醅仅加适量辅料，均按糟醅入窖发酵。加少量大曲及水，入窖温度提高到28~30℃。

（6）挑窖（最后1排生产） 上排糟醅经发酵蒸酒后全部作为扔糟，整个生产周期就结束。

圆排后凤香型酒进入正常生产。生产工艺为采用续糙混烧法，以大麦、豌豆制的大曲为糖化发酵剂，以高粱为制酒原料，所产新酒在酒海中贮存3年，再经精心勾兑而成产品。

操作要点：①将高粱除杂后粉碎成6~8瓣，清蒸30min；②晾冷后和出窖大糙酒醅按粮醅比为1：（4.5~5.5）混合拌匀，加入适量经清蒸后的辅料，装甑蒸馏，同时进行原料的蒸煮糊化；③加入80℃以上的热水拌匀，通风降温至30℃左右，加入19%~21%的大曲粉混匀，待降至窖温后即可入窖；④泥封、发酵14d左右即出窖蒸馏得到新酒，经贮存、勾兑为产品。

五、小曲白酒生产工艺

小曲白酒生产有半固态发酵工艺、固态发酵工艺、大小曲混用工艺和大小曲串香工艺等。

小曲白酒半固态发酵工艺，在我国已有悠久的历史，与我国黄酒生产工艺有些类似，在南方各省产量相当大。半固态发酵可分先培菌糖化、后发酵半固态工艺和边糖化边发酵液态工艺。

1. 先培菌糖化、后发酵小曲白酒半固态工艺

广西桂林三花酒是这种工艺的典型代表，特点是采用药小曲为糖化发酵剂，前期固态培菌糖化20~25h，后期液态发酵，再经液态蒸馏、贮存勾兑为成品。

该类工艺流程：大米 ⟶ 加水浸泡 ⟶ 淋干 ⟶ 初蒸 ⟶ 泼水续蒸 ⟶ 2次泼水复蒸 ⟶ 摊晾 ⟶ 加曲粉 ⟶ 下缸培菌糖化 ⟶ 加水 ⟶ 入缸发酵 ⟶ 蒸酒。

（1）生产工艺

①原料：大米淀粉含量为71%~73%，水分含量<14%；碎米淀粉含量为71%~72%，水分<14%。生产用水为中性软水，pH为7.4，总硬度<19.6mmol/L（7°d）。

②蒸饭：大米50~60℃温水浸泡1h，淋干入甑，加盖蒸饭，圆汽后蒸20min；饭粒搅松扒平，圆汽后再蒸20min，至饭粒变色；再搅拌泼水后续蒸，待米粒熟后泼第2次水，并搅拌疏松饭粒，继续蒸至米粒熟透为止。蒸熟的饭粒饱满，含水量为62%~63%，该过程已实现机械化操作。

③拌料加曲：蒸熟的饭料入拌料机搅散饭团，扬晾，再鼓风摊冷至36~37℃后，0.8%~1%的药小曲拌匀。

④下缸：拌匀后的饭料倒入饭缸内，每缸装料15~20kg，饭厚10~13cm，缸中挖一空洞，以便有足够的空气进行培菌和糖化，待品温下降到30~32℃时，盖好缸盖，培菌糖化。随着培菌时间的延长，根霉、酵母等微生物开始生长，代谢产生热量，品温逐渐上升，到20~22h，品温在37~42℃为好。若品温过高，可采取倒缸或其他降温措施。糖化总时间：20~24h，糖化率达70%~80%。

⑤发酵：糖化24h结合品温和室温情况，加水拌匀；夏季品温一般34~35℃，冬季36~37℃；加水量120%~125%；加水后醅的含糖量9%~10%，总酸<0.7g/L，酒精含量2%~3%。加水拌匀后，转入醅缸中发酵6~7d，注意发酵温度的调节。成熟酒醅以残糖接近于零，酒精含量为11%~12%，总酸<1.5g/L为正常。

⑥蒸馏：采用间接蒸汽加热，压力初期为0.4MPa，流酒时为0.05~0.15MPa，流酒温度30℃以下。掐酒头量为5~10kg，如流出黄色或焦苦味酒液，应立即停止接酒。酒尾另接，转入下一釜蒸馏，中段馏分为成品基酒。

（2）成品质量　桂林三花酒是米香型酒的典型代表。三花酒存放在四季较低恒温的山洞中，经1年以上的贮存方能勾兑装瓶出厂。成品规范化的评语为：蜜香清雅，入口绵甜，落口爽净，回味怡畅。它的主体香气成分为：乳酸乙酯、乙酸乙酯和β-苯乙醇；酒精含量：41%~57%；总酸（以乙酸乙酯计）≥0.3g/L；总酯（以乙酸乙酯计）≥1.00g/L；固形物≤0.4g/L。

2. 边糖化边发酵小曲白酒液态工艺

广东地方特产豉味玉冰烧酒是边糖化边发酵工艺的典型代表，是大量生产出口的国家优质酒。其工艺特点是没有先期的小曲培菌糖化工序，因此用曲量大，是传统的液态发酵。工艺流程如下：大米 ⟶ 蒸饭 ⟶ 摊晾 ⟶ 拌料 ⟶ 入埕发酵 ⟶ 蒸馏 ⟶ 肉埕陈酿 ⟶ 沉淀 ⟶ 压滤 ⟶ 包装 ⟶ 成品。

（1）生产工艺

①蒸饭：选用淀粉含量75%以上，无变质的大米，每锅加水110~115kg，装粮100kg，加盖煮沸时进行翻拌，使米饭吸水饱满，开小量蒸汽焖20h，便可出饭。要求饭粒熟透疏松，无白心。

②摊晾：蒸熟的饭块进入松饭机打松，摊在饭床上或用传送带鼓风冷却，降低品温，要求夏天：35℃以下，冬天：40℃左右。

③拌料：晾至室温后，加曲拌料，曲粉用量为原料大米的18%~22%，拌匀后入埕。

④入埕发酵：每埕装清水6.5~7kg，然后将饭5kg（以大米量计）分装入埕，封闭埕口，入发

酵房发酵。控制室温为 26~30℃，前 3d 的发酵品温控制在 30~40℃，夏季发酵 15d，冬季发酵 20d。

⑤蒸馏：发酵完毕，将酒醅转入蒸馏甑中蒸馏。蒸馏设备为改良式蒸馏甑，每甑投料 250kg，掐头去尾，保证初馏酒的醇和，工厂称此为斋酒。

⑥肉埕陈酿：将初馏酒装埕，每埕放置 20kg，经酒浸洗过的肥猪肉 2kg，浸泡陈酿 3 个月，使脂肪缓慢溶解，吸附杂质，并起酯化作用，提高老熟度，使酒味香醇可口，具有独特的豉味。此工序经改革已采用大容器通气陈酿，以缩短陈酿时间。

⑦压滤包装：陈酿后将酒倒入大缸中，肥猪肉仍留在埕中，再次浸泡新酒。大缸中的陈酿酒自然沉淀 20d 以上，澄清后，除去缸面油质及缸底沉淀物，用泵将酒液送入压滤机压滤。取酒样鉴定合格后，勾兑，装瓶即为成品。

（2）酒质与风格　豉味玉冰烧酒，入口醇滑，有豉香味，无苦杂味，澄清透明，无色或略带黄色，酒精 30% 左右，是豉香型酒的典型代表。其规范化评语为：玉洁冰清，豉香独特，醇和甘滑，余味爽净。具体含义解释为：

①玉洁冰清：是指酒体无色透明，由于低度斋酒中因存在高级脂肪酸乙酯而导致酒液浑浊，经浸泡肥肉过程中的反应和吸附，使酒体达到无色透明。

②豉香独特：是酒中的基础香，与浸泡陈肥猪肉过程中的后熟香所结合的独特香味。

③醇和甘滑：指该酒是经直接蒸馏而成的低度酒，因而保留了发酵所产生的香味物质；经浸肉过程的复杂反应，使酒体醇化，反应生成的低级脂肪酸、二元酸及其乙酯和甘油溶入酒中，增加了酒体的甜醇甘滑。

④余味爽净：工艺中排除了杂味，使酒度低而不淡，口味爽净。

3. 小曲白酒固态发酵工艺

固态发酵法生产小曲白酒，在我国西南地区很普遍。四川小曲酒历史悠久，是杰出代表，又称川法小曲白酒。工艺流程：玉米──浸泡──出蒸──闷水──复蒸──摊晾──下曲──培菌──发酵──蒸酒。各工艺环节的操作方法和控制工艺参数如下。

（1）浸蒸晾操作控制

①浸泡：高粱（糯高粱）以沸水浸泡，把玉米放到泡粮池中，用闷粮水浸泡 8~10h，水温在 80~90℃，玉米没水后翻动刮平，水位超过玉米 20~25cm，冬天用木盖保温，中途不可搅动，以免升酸。到规定的时间后放去泡粮水，在泡粮池中润粮。待初蒸时检查透心率在 95% 以上为合格。

②初蒸：待底锅水烧开后将粮食装甑，装粮要轻倒匀撒，逐层装甑，使上汽均匀。装满甑后，为了避免蒸粮时，冷凝水滴入甑边的熟粮中，需用木刀将粮食从甑内壁划宽 2.5cm，深约 1.5cm 的小沟，并刮平粮面，然后加盖初蒸，要求火力大而均匀，使粮食骤然膨胀，促成淀粉的细胞膜破裂，以便粮食在闷水时吸足水分。一般从圆汽到加闷粮水止的初蒸时间，粳高粱为 16~18min，糯高粱、小麦为 14~18min，玉米不超过 50min。

③闷水：初蒸好的粮食，从冷却池中放水没粮食 20~25cm，检查水温在 90~95℃，水温不足则升火加热，应检查单颗粒吸水柔熟情况，当用手轻压即破，不顶手，裂口率达 90% 以上，大翻花少的时候，才开始放去闷水，在甑内"吊冷"。闷水可以用作浸泡下次的粮食，把热能利用起来。闷粮时间为 120~140min。感官达到：熟粮裂口率 95% 以上，大翻花少。

④复蒸："吊冷"好后，盖上甑盖，大火蒸粮，待圆汽后计时，复蒸时间 100~120min，再敞开蒸 10min，冲去表面"阳水"，使出甑热粮利索，以原粮 100kg 经复蒸，出甑时为 210~

230kg较适宜。感官检查：玉米颗粒柔软，透心，无白心、干硬现象。

⑤摊晾下曲：夏天用风机吹冷，迅速降温；冬季自然降温。下曲量一般为0.6%~0.7%，冬季0.7%，夏季0.6%。下曲采用高温吃曲法，此时熟粮裂口未闭口，曲药菌丝易深入粮心。分两次下曲，第1次熟粮温度降到50~60℃时下曲，用曲量为总量的1/3；第2次熟粮温度降到40~50℃时，用曲量也为总量的1/3，用手翻匀刮平，厚度应基本一致。当熟粮冷至35~40℃时，将余下的1/3曲进行第3次下曲后即可入箱培菌，要求摊晾和入箱在2h内完成。其间要防止杂菌感染，以免影响培菌。

（2）培菌操作控制　在地面上铺上竹席，把下好曲药的粮食集中培菌，冬天收堆厚度在30~40cm，夏天收堆厚度在10~20cm，冬天盖上麻袋竹席、棉被等保温，以利于保温培菌；夏天盖上一层麻袋，以防止水分蒸发和杂菌感染。培菌过程要做到"定时定温"。"定时"即在一定时间内，培菌保持一定的温度变化，做到培养良好；"定温"即做到各工序之间的协调。

①入箱温度：入箱温度的高低会影响箱温上升快慢和出箱时间，只能以摊晾时控制好温度来解决。摊晾要做到熟粮温度基本均匀，即能保证入箱适宜的温度。

②保好箱温：粮曲入箱后应及时加盖保温，保证入箱温度在25℃左右，才能按时出箱。加盖保温可稳定箱内温度变化，做到在入箱10~12h后箱温上升1~2℃。在热季可盖竹席或麻袋，以保证水分不会过多的挥发，又不会升温过快。热天还可以调节料堆的厚度来控制升温。

注意清洁卫生，防止杂菌侵入。按季节气温高低掌握用曲量，曲药虽好，如用量过多或过少直接影响培菌升温和出箱时间。在室温23℃，入箱温度25℃，出箱温度32~33℃，培菌时间24~26h的条件下，以甜糟用手捏浆液成小泡沫状为宜。感官指标：以出小花、糟刚转甜为佳，清香扑鼻，略带甜味而均匀一致，无酸、臭、酒味；理化指标：糖分为3.5%~6.0%，水分为58%~60%，pH为6.7左右，酵母数为10×10^6~12×10^6个/g。

（3）入池发酵控制　发酵温度、发酵时间是最重要的控制参数。

①定时定温发酵：发酵温度的变化，一般入池发酵24h，升温缓慢，为2~4℃；发酵48h后进入主发酵，升温猛，每天5~6℃；发酵72h后，进入后发酵，升温慢，在1~2℃；发酵96h后，温度稳定，不升不降；发酵120h后，温度下降1~2℃；发酵144h后，降温3~5℃。这样的发酵温度变化规律，可视为正常，且出酒率高。为了入池发酵正常，实现"定时定温"，首先应做好配合：a. 糖分，指箱内甜糟老嫩，含量高低。b. 水分，熟粮与配糟水分是否合适。c. 投粮数与配糟比例是否恰当（配糟冬季3.5~4倍，热季4~5倍）。d. 入池温度，一般入池温度为23~25℃，夏季室温23℃，冬季适当提高。e. 入池量多升温猛，量少升温慢；一般冬季多装，夏季少装。

②发酵时间：应根据发酵时间确定入池温度。出箱甜糟的老嫩、甜糟温度的高低和入池量的多少决定入池温度。若入池条件掌握不当，会使发酵速度不正常。如主发酵提前，则发酵后期降温幅度大。要克服这个矛盾，故应掌握以下几点：a. 培菌甜糟的老嫩：过老的甜糟，发酵会提前结束；出箱较嫩，发酵速度较慢且正常。如出箱甜糟过老，则入池时温度降低2~3℃；如出箱甜糟过嫩，则适当提高入池温度1%~3%。b. 入池温度：以23~26℃为宜。c. 配糟温度：冬季和热季配糟均要堆着放，使冬季保持配糟的温度，热季保持配糟的水分，可选当天室温最低时进行作业，因配糟水分足，散热快，故在短时间内就可将配糟冷到比室温高1~2℃。d. 培菌糟的摊晾：摊晾时间宜短，混合后达到预定温度。混合前甜糟与配糟温度应保持一定差距，即以冬季甜糟比配糟高2~4℃为宜。

③发酵期：一般为 15d。酒质差适当延长发酵期。

（4）蒸馏操作控制　①放掉底锅水，然后回馏黄水和酒尾（低度酒）。②安装隔层，加大蒸汽，见汽后装甑，探汽上甑，均匀疏松，不能装得过满，火力均匀。③盖上甑盖，安装过汽筒，把缝隙封好，不能漏气，然后开好冷却水，准备接酒。④接酒时应时刻检查是否漏汽跑酒，并掌握好冷凝水温度和火力均匀，截头去尾，摘取酒精含量在 63% 以上的酒，控制好酒精度，以吊净酒尾。蒸馏后将出甑的糟子堆放在晾堂上，用作下排配糟。

（5）注意事项　①若发酵糟特别是下层发酵糟过湿，则应酌加熟糠。②须注意底锅水的清洁，以免给酒带来异味，影响酒质。③接酒头和酒尾是控制酒质达到国家卫生指标的关键，应严格控制。④冷却水的温度和流量影响出酒率和酒质，要求接酒温度在 30℃ 左右。

4. 大小曲混用白酒工艺

大小曲混用工艺，又称混合曲法。主要是利用小曲糖化好，出酒率高，大曲生香好，增加酒的香味等工艺特点生产小曲酒。所产的酒由于窖池和工艺各异，故具有浓香、兼香、药香等不同的风格。大小曲混用工艺的特点主要是采用整粒粮食发酵，小曲培菌糖化，加大曲入窖发酵，固态蒸馏取酒。该法原料出酒率高达 40%~45%，产品风格独特。原料以高粱为主，也有部分大米；用整粒粮食浸泡后蒸煮，也有破碎后经润料蒸煮，再行发酵的。现以整粒原粮为例，生产工艺叙述如下。

（1）先用小曲，后加大曲

①小曲糖化：大小曲混合法生产的第一阶段，即从原料到蒸料再到加小曲等的培菌操作与前节小曲固态法相同。

②拌配糟加大曲：培菌糟出箱后拌入先行吹冷的配糟，粮糟比一般为 1:（3.5~4.5），加入 15%~20% 的大曲粉，有的还加入 0.5% 的香药。拌匀后即可入窖发酵，酒醅入窖温度一般在 20~25℃。

（2）发酵蒸馏

①入窖发酵：入窖前在窖底平铺 17cm 左右底糟，再撒一层谷壳后装入窖醅，装完后撒少许谷壳，再加入盖糟，盖上篾席，涂抹封窖泥密封后，发酵 30~45d。

②蒸馏：与一般固态发酵蒸馏法相同，再经 0.5~1 年贮存期。有的是生产兼香型酒，有的是药香型酒，有的是浓香型酒，只是按酒香味成分的不同含量和不同风格勾兑出厂而已。

5. 大小曲串香白酒工艺

董酒生产工艺是最早、最有代表性的大小曲串香工艺。该工艺发展很快，对行业科技进步，如新型白酒研发、高效蒸馏技术应用等方面产生了重大影响。串香工艺分两种：一种是复蒸串香法，即按固态小曲酒酿制方法出酒后，入底锅，用大曲法制作香醅进行串蒸；另一种是双醅串香法，即把以小曲发酵好的酒醅放入酒甑下部，上面覆盖大曲制作的香醅进行蒸馏。传统的董酒生产系采用复蒸串香法，现已改成双醅串香法。其主要工艺特点如下。

（1）董酒的工艺特点

①采用大曲和小曲两种工艺：国家名酒几乎都采用大曲酿造工艺，唯独董酒采用大小曲工艺。从微生物状况分析，小曲多用纯种，以糖化菌、酵母菌为主，霉系较简单；大曲系天然培养，大曲中除糖化菌、酵母菌外，还有众多的产香微生物。故采用大小曲结合，扩大了微生物的类群，起到了出酒与增香的互补作用

②制曲时添加中药材：添加中药材是董酒工艺的一个特点。其作用是为董酒提供舒适的药

香，并利用中药材对制曲制酒微生物起促进或抑制作用。经实验结果表明，中药材对酵母菌的影响较大，对曲霉的影响次之，对根霉的生长影响甚小。董酒生产中的酒精酵母对中药材有较强的适应性。对酵母菌有明显促进作用的中药材包括：当归、细辛、青皮、柴胡、熟地、虫草、红花、羌活、花粉、天南星、独活、姜壳。对醇母菌有明显抑制作用的包括：斑蝥、朱砂、穿山甲。无明显作用的有白勺、灵芝、贝母、广香、马钱子、荆芥、升麻、薄荷、防己。

③特殊的窖泥材料：采用当地的白泥和石灰，并用当地产的洋桃藤浸泡汁拌抹窖壁。这对董酒香醇的制作，以及酒中的丁酸乙酯、乙酸乙酯、己酸乙酯、己酸等成分的生成和量比关系，还有董酒风格的形成，具有重要的作用。

④特殊的串香工艺：采用大曲制香醅，小曲制高粱酒醅。蒸酒时，高粱小曲酒醅在下，大曲香醅在上进行串蒸。香醅的配料是由高粱糟、董酒糟、未蒸过的香醅三部分加大曲组成，发酵周期长达10个月，这是构成董酒风格的关键。

（2）制酒工艺　董酒生产的具体过程如下。

①原料浸泡、蒸煮：将整粒高粱用90℃热水浸泡8h，放水沥干，上甑蒸粮。上汽后干蒸40min，再加入50℃温水焖粮，并加热使水温达到95℃左右。糯高粱焖5~10min，粳高粱焖60~70min，使高粱基本上吸足水分后，放掉热水，加大蒸汽蒸1~1.5h；再打开甑盖冲"阳水"20min即可。

②进箱糖化：在糖化箱底层放一层2~3cm的配糟，再撒一层谷壳，将蒸好的高粱装箱摊平，鼓风冷却，使品温夏天降到35℃以下，冬季降到40℃以下后即可下曲；下曲量为投料量的0.4%~0.5%，分2次加入，每次拌匀，不得将底糟拌起。拌后摊平，四周留一道宽18cm的沟，放入热配糟，以保持箱内温度。糯高粱约经26h，粳高粱约经32h，即可完成糖化；糖化温度糯高粱不超过40℃，粳高粱不超过42℃。粮醅比为1∶（2.3~2.5）。

③入池发酵：将箱中糖化好的醅子翻拌均匀摊平，鼓风冷却。夏季尽量降低品温、冬季29~30℃入窖发酵。入窖后将醅子踩紧，顶部盖封，发酵6~7d，发酵过程中控制品温不得超过40℃。

④制香醅：先扫净窖池，窖壁不得长青霉菌。取50%隔天高粱糟、30%董酒糟以及20%大窖发酵好的香醅，加入10%大曲粉拌匀，摊好。夏天当天下窖，耙平踩紧。冬季先下窖堆积1d。第2d将已升温的醅子耙平踩紧，其间每2~3d泼酒一次酒，窖池装满后，用拌有黄泥的稀煤封窖，密封发酵10个月左右，即制成大曲香醅。

⑤蒸酒：从窖中挖出发酵好的小曲酒醅，拌入适量谷壳，分2甑蒸酒。应缓汽装甑，先上好小曲酒醅，再在小曲酒醅上盖大窖发酵好的香醅，并拌入适量的谷壳，上甑后蒸酒。掐头2~3kg，摘酒的酒精浓度为60.5%~61.5%，特别好的酒可摘到62%~63%。再经品尝鉴定，分级贮存，1年后即可勾兑包装出厂。

第五节　综合实验

一、白酒后处理实验

（一）白酒的贮存勾兑与调味

白酒中主要成分是水分和乙醇，约占总量的98%以上，但决定白酒香型和质量的却是许多呈香呈味的有机化合物,微量香气成分约占总量的 2% 左右。据有关研究数据,在各种香型白酒中至今发现香气成分约有 300 多种,种类包括醇、酸、酯、醚、酚、氨基酸、缩醛、羟基化合物、含氮化合物、含硫化合物、呋喃化合物等。酯类是有芳香的化合物,是形成香气浓郁的主要因素;醇类属于醇甜和助香剂的主要物质来源,对形成酒的风味和促使酒体丰满、浓厚起着重要的作用;酸类影响白酒的口感和后味。是影响口味的主要因素。

1. 白酒的贮存

经发酵、蒸馏而得的新酒,还必须经过一段时间的贮存。香型及质量档次不同,白酒的贮存期也不同。贮存是我国白酒行业,特别是浓香型白酒必不可少的工艺过程。新酒经过一定时期的贮存,酒的辛辣味减少,刺激性减小,酒体谐调,香味增加,口味变得醇和、谐调、绵甜,正如俗话说:酒是陈的香。

(1)白酒贮酒的目的 增加酒精和水分子的缔合作用,缔合度越大,酒精分子的自由度越小,酒的柔和度则增强。新酒中一些低沸点的不良成分,在贮存中得以自然挥发,排除了酒的邪杂气味,而使香味能够突出,起到去杂增香的作用。通过贮存过程中的氧化还原反应、酯化反应和缩合反应,可以使白酒发生变化。一般情况下,名白酒贮存期为 3 年,优质白酒贮存期为 1 年,普通白酒时间更短。酱香型名优酒贮存期为 3 年,浓香型白酒约 1 年,清香型白酒在 1 年以上。

(2)白酒的贮存容器

①陶坛:有 20、50、100、150、250、500、1000kg 等,大多数白酒企业采用陶坛贮存 1~5 年后再将酒打入不锈钢酒罐贮存。

②不锈钢罐:有 5、10、15、20、30、60、100、200t 等。

③水泥贮酒池:用水泥池贮酒最好在水泥表面贴上一层不易被腐蚀材料,使酒不与水泥接触。目前已采用的方法有猪血桑皮纸贴面、内衬陶质板,用环氧树脂填缝、瓷砖或玻璃贴面、环氧树脂或过氯乙烯涂料。

(3)新酒贮存过程中发生的主要变化

①挥发:新酒中一些低沸点物质,如乙醛及构成新酒臭的硫醇、硫醚、H_2S 及一些其他易挥发物质,在贮存前期能够迅速挥发,新酒臭逐渐消除。经过贮存,可以减轻邪杂味,也不致刺鼻辣眼。

②分子间重新排列、缔合,白酒中自由度大的酒精分子越多,刺激性越大。随着贮存时间的延长,酒精与水分子间逐渐构成大的分子缔合群,酒精分子受到束缚,活性减少,在味觉上便给人以柔和的感觉。

③氧化反应,由醇氧化成醛,醛氧化成酸。

④酯化反应:酸和醇酯化生成酯,酒中的总酯往往会比新酒时的总酯低,而酸要高于新酒,说明酯类部分挥发,部分发生水解。

⑤缩合反应:醇醛重排,减少刺激性。

2. 白酒勾兑原理作用

(1)勾兑的原理 勾兑就是把同等具有不同口味、不同酒质、不同或相同时期、不同工艺的酒,采用物理的方法,按不同的量相互掺和,使之相互取长补短,变坏为好,改善酒质,在色、香、味、格方面均符合既定酒样的酒质的过程。勾兑所用的物料一般是原酒、酒精、加浆用水,酒用香料、各类添加剂等。勾兑新型白酒的酒精必须经过脱臭处理。

（2）勾兑的目的

①可保证名优白酒质量的长期稳定和提高，达到统一产品质量标准的目的。

②可以取长补短，弥补因客观因素造成的半成品酒的缺陷，改善酒质，使酒质由坏变好，由劣变优，形成酒体，具备特点。

③勾兑技术的利用还有利于开发新产品，增强企业的活力和竞争力。

3. 小样勾兑与审批

在经过选酒过程后，对各种基酒的感官特征（香气和口味）及主要理化指标有了详细的了解，按照酒体设计的目标、标样进行小样勾兑，试验设计出各种原酒之间的最佳搭配比例。

（1）小样勾兑的步骤

①大宗酒勾兑：将定为大宗酒的原酒，根据其感官特征、理化色谱数据、重量等参数按一定的比例混合在一起，搅拌均匀后进行品评，确定是否达到预期的质量要求。

②添加搭酒：搭酒的添加，应根据勾兑好的大宗酒的风格特征确定添加搭酒类型后，通过添加、尝评确立其最大用量，原则上搭酒应尽量多用，但必须确立酒体质量标准。

③添加带酒：在已添加过搭酒的大宗酒，达到酒体设计要求的可以不添加带酒。若在风味上还有待调整和完善的，应通过添加带酒进行相应的调整和完善，通过尝评确定添加的大致比例。

（2）小样勾兑常用仪器工具 50、100、250、500、1000mL 量筒；50、100、250、500、1000mL 具塞三角瓶；60mL 无色无花纹酒杯；玻璃搅拌棒；不同规格的刻度吸管；500mL 和 1000mL 的烧杯等。在做小样时，最好使用微量进样器，其规格有 10、50、100μL 等，使用中的换算关系为 1mL = 1000μL；也可使用 1mL 和 2mL 医用玻璃注射器配 5½#针头，但精确度较差；以滴为添加单位时，要注意由于各种香精香料的相对密度等因素的影响，相同体积的不同香精香料的滴数是不一样的。不能千篇一律都以 1mL（5½#针头）为 200 滴来进行扩大计算，那会造成较大的误差，从而影响勾调的结果；滴加时具体情况如表 4-8 所示。

表 4-8　　　　　5½#针头 1mL 部分香精、调味酒滴数与相对密度的关系

添加物	相对密度/（20℃/4℃）	滴数	添加物	相对密度/（20℃/4℃）	滴数
己酸乙酯	0.873	200	乙酸乙酯	0.901	200
乳酸乙酯	1.030	160	丁酸乙酯	0.871	170
戊酸乙酯	0.877	200	己酸	0.922	150
乙酸	1.049	120	乳酸	1.249	130
丁酸	0.964	170	正己醇	0.815	130
双乙酰	0.981	130	乙缩醛	0.826	174
β-苯乙醇	1.024（15℃）	100	一般调味酒	0.88~0.90	200

滴时要注意使用 1mL、2mL（配 5½#针头）注射器时，手要拿正，用力轻而稳，等速点滴，不要成线。

（3）试调前的准备和试调的基本操作

①将选好的各种调味酒编号，分别装入不同的规格的微量进样器备用。或者分别装入 2mL 的注射器内，贴上编号，装上 5½ 号针头备用。

②取需要调味的基础酒 50mL 或 100mL，放入 100mL 或 250mL 具塞三角瓶中。

③用微量进样器或配5½号针头的2mL玻璃注射器向基础酒中添加调味酒。微量进样器从10μL、20μL开始添加；配5½号针头的2mL玻璃注射器从一滴或两滴开始添加。每次添加后盖塞摇匀，然后倒入酒杯中品尝，直到香气、口味、风格等符合要求为止。

试调过程中要作有关记录，以备以后计算。

（4）小样审批　审批的小样原则上应提前一个月做好，按照酒度和质量标准的要求降度各样。小样勾兑后基本上确定了几个较为满意的小样方案。但由于小样勾兑试样的总量较小，小样放大后会因为微小的误差造成较大的偏差，因此，应该对几个确定的方案进行扩大放样，一般放1000mL。如果感官鉴评和理化色谱分析任何一项不合格，则必须重新进行选酒和小样勾兑。

4. 大样勾兑

根据小样审批确定的小样勾兑方案，按大样勾兑质量要求，按比例进行扩大计算。在小样组勾兑和大样勾兑过程中，应注意体积比同质量比的换算关系。

（1）放大样的计算　小样做成后，以小样的各种添加剂用量为准进行扩大计算。方法有两种：一种是以勾兑罐的体积。换算关系为准：$1m^3 = 1000L$，$1L = 1000mL$，$1mL = 1000μL$。

放大样时，把计算好的添加剂依次加入，要求乙醛水溶液第一个加入，混合酸最后加入。搅拌均匀，混合酸不可全部加入，只加小样量的80%~90%，便于后面有调整的余地。另外要考虑加入一定比例固态法白酒所带来的影响。

（2）大样勾兑的操作要点

①先将小样勾兑确定的大宗酒、搭酒、带酒及添加剂按其比例扩大，用酒泵打入勾兑罐内，将勾兑罐中组合好的基酒进行测度和计算，并交由相关人员计算出降至标准酒度所需添加的水量；

②将处理后的水按实际用水量的90%用输送泵打入勾兑罐中，其计量方法采用流量计、磅秤称量或勾兑容器的容积比；

③用空气泵充分搅拌20~30min，待静止后再次测定酒度；

④如酒度偏高，由相关人员计算后与前次计算的总用水量相比，差别不大时，可加入剩下的所需水量，再充分搅拌20~30min，静止后测定酒度；

⑤将小样所确定的各种酒及添加剂按其比例组合后分别加入勾兑罐中，搅匀，尝评，符合标准即可。

5. 白酒的调味

（1）调味的意义和作用　白酒调味，就是对已经勾兑好的基础酒进行进一步的精加工，也称艺术加工。对新型白酒，既可使用调味酒，也可使用其他调味品。调味是一项非常精细而又微妙的工作，用极少量的调味酒或调味品，可弥补基础酒在香气和口味上的欠缺，使其优雅丰满，达到成品酒的最后要求。

（2）调味的原理

①添加作用：添加作用就是在基础酒中添加特殊的微量芳香成分，引起基础酒质量的变化，以提高并完善酒的风格。调味酒的用量一般不超过0.3%。

②化学反应：如调味酒中的乙醛与基础酒中的乙醇进行缩合，可生成乙缩醛，乙缩醛是酒中的呈香呈味物质。乙醇和有机酸反应，可生成酯类，酯类更是酒中的呈香呈味物质。

③平衡作用：调味中的平衡作用主要是依据调味酒或调味品中众多芳香成分的浓度大小

和味觉值的高低共同确定的。一般来说，调味中的添加作用、化学反应和平衡作用是共同发挥作用的，情况变化复杂。若调味后经一定时间存放，发现酒质稍有下降，还应再次进行补调，以保证酒质稳定。

（3）调味的方法　确定基础酒的优缺点，首先通过尝评和色谱分析，了解基础酒的酒质情况，找出存在的问题，明确调味要解决基础酒哪些方面的问题。选用调味酒，根据基础酒的质量，分别加入各种调味酒、同时加入数种调味酒、综合调味酒，确定选定哪几种调味酒，选用的调味酒性质要与基础酒相符合，并能弥补基础酒的缺陷。

调味酒一般是采用独特工艺生产的具有各种特点的精华酒，在香气和口味上具有特香、特浓、特甜、特暴躁、特怪等特点。主要调味酒有：双轮底调味酒、陈酿调味酒、老酒调味酒、清香型调味酒、酱香调味酒、芝麻香调味酒、浓香调味酒、曲香调味酒、酒头调味酒、酒尾调味酒等。

（二）低度白酒的勾兑与调味技术

1. 低度白酒的酒基选择及调味酒选择

搞好低度白酒生产的关键是要做好、选好酒基。所选用的酒基，主要的香、味成分的含量要相当高，使加水稀释后的低度酒中的这些成分含量仍在预定的指标范围内，因而不失原有酒种的基本风格。在勾兑、调味上下功夫。要生产高质量的低度白酒，调味酒的作用是关键。调味酒就是采取独特工艺生产的具有各种特点的精华酒，在香气和口味上都是特香、特浓、特甜、特暴躁、特怪等特殊酒。这些酒的特殊气味在调味中起着重要的作用。低度白酒生产中常用的调味酒有：双轮底调味酒、陈酿调味酒、浓香调味酒、陈味调味酒、酒头调味酒、酒尾调味酒、新酒调味酒、花椒调味酒等。

根据蒸馏过程香气成分变化测定结果，生产低度白酒应采用高度白酒加水稀释的生产工艺，而不能直接蒸馏至含酒精40%vol以下的缘由。主要并不是混浊不清的外观现象，而是香味组成分的平衡破坏失调，从而使口味质量下降，甚至失去本品的风格特征。

2. 除浊

高度白酒加水降度后立即产生乳白色浑浊，酒度降得越低越浑浊，失去酒精原来的透明度，而且微量成分数量的减少，使彼此间存在的平衡关系、协调关系、缓冲关系受到破坏，使白酒的风味改变，出现"水味"。因此，除浊是低度白酒勾兑调味的前步骤。

（1）白酒降度后浑浊的主要成分

①高级脂肪酸乙酯：白酒白色浑浊的成分主要为棕榈酸乙酯、油酸乙酯及亚油酸乙酯，其次是十二酸乙酯、十四酸乙酯，异丁醇、异戊醇以上的高级醇也是浑浊成分。

②杂醇油：白酒降度后出现乳白色浑浊物，也可能与酒中的杂醇油有关。

③其他成分：白酒降度出现浑浊的原因还与酒中含的金属离子有关、与降度用水的成分（水中的 Mg^{2+}、Ca^{2+} 含量）及其用量等有关。

（2）低度白酒的除浊方法

①冷冻过滤法：根据醇溶性的物质——高级脂肪酸乙酯在低温下溶解度降低而析出凝聚沉淀的原理，将加浆后的白酒冷冻到 $-16 \sim -12℃$，保持数小时，使高级脂肪酸乙酯絮凝、析出、颗粒增大，并在低温条件下过滤除去浑浊物。

②仿生物膜透析法：将待降度的白酒放在透析袋中，袋外容器中按一定比例放稀释用水，每隔10min左右振荡混合一次。容器中的小分子物质向透析袋中扩散，其他高分子的酯

类则难以通过透析袋上的微孔进入容器中。

③蒸馏法：根据棕榈酸乙酯、油酸乙酯及亚油酸乙酯沸点较高，不溶于水，而且蒸馏时这三种物质多集中于酒头、酒尾的特点，将基础酒加水稀释到30%，再次蒸馏，并掐头去尾，这样得到的酒再加水稀释也不会出现浑浊。

④吸附法：利用吸附技术，将三种高级脂肪酸乙酯吸附出来，而尽可能不吸附或少吸附其他酒味物质，从而达到除浊的目的，使低度白酒清亮透明，并且能保持原酒基本风格。常用的吸附材料有活性炭、淀粉、硅藻土、高岭土、树脂及其他特制澄清剂。

（3）低度白酒专用活性炭处理法

①活性炭的作用原理 活性炭在活化过程中，产生了很多空隙，形成了活性炭的多孔结构。这些孔隙一般分为微孔、过渡孔、大孔三类。孔径不同，吸附对象也不同。例如孔径在2.8nm的活性炭能吸附焦糖色，称为糖用活性炭。孔径在1.5nm的活性炭吸附亚甲基蓝的能力强，称为工业脱色活性炭。常用活性炭类型有粉末炭、颗粒炭、炭棒三种类型。对不同的酒基，应选用不同的活性炭来处理。表4-9所示为各类粉末活性炭的规格性能。

表4-9　　　　　　　　　　　　各类粉末活性炭的规格性能

规格	适用性能
JT201型	低度白酒除浊，新酒催陈
JT203型	去除白酒异杂味，除浊
JT204型	防止酯含量高的低度白酒低温下复浊
JT205型	去除糖蜜酒精异杂味
JT207型	去除酒中异杂味，也可以处理制备伏特加酒的纯酒精
JT209型	清酒除浊，催陈
JZF	去除酒精异杂味、大幅度降低酒精中还原性物质

②活性炭的使用方法 1L白酒或酒精中加粉末活性炭0.1~0.8g，搅拌均匀，25min后滤除活性炭，可获得良好的效果。在白酒或酒精中加入0.2%~0.4%的粉末活性炭，搅拌均匀后静置24~48h，将活性炭全部沉淀后，取上清液使用。将1~3.5mm颗粒活性炭装于碳塔中，使白酒或酒精流经碳塔进行脱臭处理。有的厂以2~3个高4m左右的碳塔串联使用，流速为600L/h，获得了良好的效果。不同牌号的活性炭、不同质量的白酒或酒精，活性炭用量与碳接触的时间应通过小样试验确定，不能固定不变。

3. 低度白酒的勾兑与调味

（1）选好调味酒 调味酒就是采取独特工艺生产的具有各种特点的精华酒，在香气和口味上都是特香、特浓、特甜、特暴躁、特怪等特殊酒。生产低度白酒所用的调味酒，大多选用酒头调味酒、酒尾调味酒、双轮底调味酒、老酒调味酒、新酒调味酒、花椒调味酒等。

（2）调味方法

①直接调味法：取一定量的低度酒样，若闻香较差，有水味，后尾段，酒可选酒头调味酒提香，酒尾提后味。

②间接调味法：在直接调味时发现，有时由于低度基础酒质量太差，所用调味酒量会相应增大，酒头调味酒用量可增加到一定的量，酒尾调味酒用量同酒头调味酒一样。

（3）多次勾兑调味 在低度白酒生产中以多次勾兑、调味为好。可在降度前后各进行一次勾兑、调味；在贮存一段时间后再进行一次勾兑、调味，装瓶前若再进行一次调味效果则更好。

（三）白酒的过滤

1. 白酒过滤的目的

随着人们健康意识的增强，酒度在38%~42%vol的浓香型白酒越来越多，为在较低的酒度下既保证酒的口感，又做到低温下清澈透明，须采取合适的除浊技术。过滤处理是浓香型白酒生产的一个重要环节，特别是低度浓香型粮食酒的推广过程中，它既保持其质量风味特征，又防止出现低温浑浊，即可以在处理掉引起白酒降度浑浊成分的基础上，最大限度地保留了其特征香味成分。

2. 白酒过滤设备及操作要点

白酒应是无色透明、无悬浮物、无混浊、无沉淀，而生产中人为因素或非人为因素会给白酒带来悬浮物、沉淀或浑浊，因此都需要过滤才能装瓶出厂。白酒可用硅藻土过滤机、砂滤棒、超滤膜等进行过滤。具有磁化、降固、吸附、抗冻、除污物、催熟等作用，也可采用过滤除固一体机。

硅藻土过滤机是在密闭不锈钢容器内，自下而上水平放置不锈钢过滤圆盘，圆盘的上层是不锈钢滤网，下层是不锈钢支撑板，中间是液体收集腔。过滤时，先进行硅藻土预涂，使盘上形成一层硅藻土涂层，待过滤的白酒在泵提供的压力作用下，通过预涂层而进入收集腔内，颗粒及高分子被截流在预涂层，进入收集腔内的是澄清酒液。

二、酒精白酒生产技术

酒精白酒是指以优质食用酒精为基础酒，经调配而成的各种白酒。酒精白酒的感官指标特点是：无色透明，香味谐调、自然，口味干净，具有特定的风格；理化指标特点是：卫生指标低，酸、酯等指标也低，具备了卫生、安全的先决条件。

1. 酒精白酒生产的基础原料

（1）食用酒精　食用酒精是生产酒精白酒的主要原料。以玉米为原料生产的优级酒精好于普通酒精，以糖蜜为原料生产的酒精，其处理样要好于未处理样。一般优级酒精好于普通酒精，处理后的酒精好于未处理的酒精。

（2）增香调味物质　酒精白酒的增香调味物质主要来源于固态法白酒生产、自然产物以及化工试剂产品等三个方面。①来自固态法白酒生产的增香调味物；a. 固态法发酵的香醅及丢糟；b. 固态法发酵的副产品——黄水；c. 酒头、酒尾；d. 尾水。②各种调味酒，酒精白酒生产常用的调味酒主要有以下几种：a. 高酯调味酒：用来增加酒的香气；b. 高酸调味酒：用来增加酒体的丰满度及后味；c. 陈年调味酒：用来增加酒体的醇厚感，减少辛辣味；d. 特甜调味酒：用来增加酒的甜味；e. 曲香调味酒：用来增加酒的曲香味；f. 木香调味酒：用来提高酒的后味；g. 药香调味酒：用来提高酒的香气及酒体丰满程度。③各种酒用香精香料，常用的主要是各种酸类、酯类、醇类、醛酮类。

2. 食用酒精的选用及处理

常用的酒精处理方法有酒类专用活性炭处理法和白酒净化器处理法。

净化是通过净化介质来完成的。净化介质是由不同型号的分子筛按一定比例配制而成，它们具有选择性的吸附能力。分子较大或分子极性较强的引起浑浊的物质或杂味物质被吸附；相反，分子较小，分子极性较弱的不被吸附。不仅对各种基础酒具有良好的除浊净化功能，对新酒具有一定的催陈作用，而且对酒精具有良好的脱臭除杂功能（和处理基础酒的介质不一样），经处理后的酒精无明显的刺激、暴辣和不愉快的酒精味。

具体操作过程为：含量达 95% 的原度酒精经加水降度至含量 50%～60%，如清亮透明不浑浊，直接进行净化处理；如降度后出现浑浊、失光等现象，则静置 24～48h，并对上清液净化处理，处理后获得的酒液供下一步使用。

3. 固态法普通白酒及优质白酒生产

在普通短期发酵固态法白酒中加普通级食用酒精 10%～20%，原酒风味不变，口感变甜变净。

在普通固态法白酒中加入约 40% 该工艺丢糟串香酒，仍可保持原酒风格，使生产成本下降。

在普通固态法白酒中加入 5%～10% 普通级食用酒精，再加入 20%～30% 丢糟串香酒，仍可保持原酒风味，且酒体谐调。

用约 7% 各香型名优白酒与普通食用酒精勾兑，可获得质量相当的普通白酒。

用约 30% 名优白酒与 70% 优级食用酒精勾兑，可获得中档水平基本保持原酒风格的名优酒。

在酱香、浓香、清香、米香、芝麻香、兼香、凤香型及董酒中，加入 10%～30% 比例不等的经处理后的优级食用酒精，各类名优酒的风格基本不变。个别的酒，香味更谐调、口味更干净。

4. 增香工艺技术

（1）制作香醅

①香醅的种类：按原香醅的工艺及所含成分不同，香醅可分为普通类及优质类。优质类又可分为不同的香型。香醅还有另一种分类方法，即按制作工艺来划分，如可分为麸曲香醅、大曲香醅、短期发酵香醅、长期发酵香醅等。

②香醅制作实例：a. 清香型香醅制作：取高粱粉 500kg，与正常发酵 21d 蒸馏过的清香型热酒醅 3000kg 混合，保温堆积润料 18～22h，然后入甑蒸 50min，出甑撒冷至 30℃ 左右，再加入黑曲 90kg，生香 ADY50kg，液体南阳酵母 30kg，低温入窖发酵 15～21d，即为成熟香醅。b. 浓香型香醅的制作：取 60d 发酵蒸馏后的浓香型酒醅 3000kg，加入高粱粉 500kg，大曲粉 100kg，回 30% 酒精分的酒尾 50kg，黄水酯化液 30kg，入泥窖发酵 60d，即为成熟香醅。c. 酱香型香醅的制作：取大曲 7 轮发酵后的按茅台酒工艺生产的香醅 3000kg，加入高粱粉 300kg，中温大曲 80kg（或麸曲 50kg、生香 ADY50kg），堆积 48h 后，高温入窖发酵 30d，即为成熟香醅。d. 取浓香型或酱香型丢糟 3000kg，加入糖化酶 1kg，生香 ADY2kg，30% 酒精分的酒尾 50kg，堆积 24h 后，30℃ 入窖发酵 30d，即为成熟香醅。

（2）酒精串蒸香醅

①常用法：当前各厂普遍采用的方法，一般是先将高度酒精稀释至酒精分为 60%～70%，倒入甑桶底锅，用酒糟或制作好的香醅作串蒸材料。串蒸比（酒糟∶酒精）一般为（2～4）∶1。如比例过大，成品酒虽香，但不谐调，反而影响产品质量；比例过小，香短味淡。在保证成品酒质量的前提下，应少用香醅，可降低劳动强度，提高劳动生产率，降低成本。

②常用法的改进：a. 用串蒸的糟进行再发酵，使其含有一定量的酒精，可减少糟中的酒精分的残留，使酒损降低 1% 左右。b. 改变酒精的添加办法。变直接往锅底一次性添加为设

置高位槽，接通管路至锅底，缓慢连续性添加，可减少酒损 2% 左右。c. 采用串蒸酒精连续蒸馏装置。该装置改变酒精的添加方式，变间隙蒸馏为连续蒸馏，提高了蒸馏效率。最大优点是酒损可达 0.5% 以下。

③薄层恒压串蒸法：由吉林省食品工业设计研究所研制的新技术，主要是设计制造了白酒薄层串蒸锅新设备，可使被串蒸糟的料层厚度下降 1/3~1/2，提高串蒸比，由原来的 4∶1 变为 2∶1，加之酒精蒸汽压的稳定，使蒸馏的效果提高，酒的损失可减少至 1% 以下。使用该串蒸锅可与原来甑桶的冷却系统连接，采用 2∶1 的串蒸比，每班茶蒸 3 锅，可产白酒超过 2t。串蒸后的酒，总酸可达 0.9~1.5g/L，总酯可达 0.3~1.7g/L，具有明显的固态法白酒风味。

（3）浸香法　该法是用酒精浸入或加入香醅中，然后通过蒸馏把酒精分与香味物质一起取出来的方法。主要有 3 种形式：

①用酒精浸香醅：该法需专用设备浸蒸釜，直径 2.2m，高 1.95m，容积 7.5m³，内有间接或直接加热的蒸汽管。釜顶安装 4 层直径为 9.5m 的泡罩塔板，接铝制的面积 7m² 的冷凝器。将稀释至 45% 的酒精 2.5t 放入釜中，再加入 0.32t 的香醅，加热回流 1h，然后加大蒸汽，蒸出成品酒。待流酒的酒精分为 50% 时截酒尾。成品酒中带有一定的固态法白酒风味。

②将酒精泼入香醅中，该法有两种形式：a. 将稀释到 75% 左右的酒精直接泼入出窖后的香醅中，一起蒸馏，按正常蒸馏操作取酒。该酒保持了原香醅酒的风味。一般每 100kg 香醅加入 75% 酒精量不超过 10kg。加入量过多将影响蒸馏效果，增加酒精损失。b. 将 50% 左右的酒精倒入已发酵完毕的窖池中，再发酵 10d 左右，取出一同蒸馏。采用该法，窖子的密闭程度一定要好，以防酒精流失。一般加入的比例，酒精∶香醅为 5∶1 左右。浸香法的优点是能使香醅中香味物质较多的浸到酒精中。缺点是酒精损失大或耗能高，加工香醅中的一些杂味物质也极易带入酒中。故目前各企业已很少采用这种方法。

（4）调香法　酒精白酒调香的香源有 3 种：一是传统固态法发酵的白酒及发酵中的副产品如香糟、黄水、酒头、酒尾等；二是酒用香精香料；三是自然香源的选用，如各种中草药、各种植物、花卉的花、根、茎、叶等。

三、酒精白酒的勾兑调味实例

本小节以浓香型白酒的勾调为例，介绍 3 种酒精白酒的勾兑步骤与方法。

1. 以串蒸酒为酒基的勾调实例

（1）对串蒸酒进行常规理化指标分析和气相色谱检测，并换算成所需要的标准酒度的含量。

把串蒸酒加浆降至标准酒度，如果勾调酒精分为 38%~46% 的酒应用活性炭处理，活性炭的用量一般在 0.2%~0.5%，处理时间一般在 24~48h。过滤后备用。

（2）根据设计的酒体色谱骨架成分，以 100mL 酒中成分的毫克数表示，并作计算。

如己酸乙酯的设计值为 186mg/100mL，经上述色谱检测串蒸酒中已含己酸乙酯为 50mg/100mL，应添加己酸乙酯的量为：（186-50）mg/100mL = 136mg/100mL。一般做小样（或放大样）时往往以体积为单位添加的，所以应把 136mg/100mL 的添加量换算成体积如毫升或微升的加量。己酸乙酯的相对密度为 0.873g/mL，136mg 的己酸乙酯的体积数为 136mg/0.873g/mL = 155.8μL。此外还要考虑到己酸乙酯纯度这一因素的影响，如己酸乙酯的纯度为

98%，则还要换算成100%纯度的添加量，那么实际的添加量为155.8μL/0.98＝159.0μL。依次类推，同样我们可以求出其他色谱骨架成分的添加量。

此外，对乙醛来讲，市售的乙醛是40%（40g/100mL）水合乙醛，例如需补加乙醛30mg/100mL，那么经换算实际的添加量则为：30/0.4＝75μL。但因40%的乙醛水溶液在放置过程中能聚合成三聚乙醛，它不溶于水，为一种油状液体浮在上层，下层为水合乙醛，只能用分液漏斗分出下层来调酒，三聚乙醛不能用来调酒。

（3）根据计算好的各香味成分的添加体积数一次配200mL或400mL，采用不同体积的微量进样器加入各种成分，为消除计量上的误差，应遵循一次加足数量的原则。如需加100μL的某成分，不能用50μL的微量进样器分两次加入，而应用100μL的微量进样器一次加入100μL的量。

（4）采用混合酸调味，混合酸的配方如前所述。取100mL上述已配好的样品酒，用微量进样器滴入稀释好的混合酸摇匀，静置后尝评。开始加5~10μL，以后用量逐渐减小，加1~2μL，当酒的苦味逐渐消失而出现甜味时，说明该酒已达味觉转变区间。各次加入量的总和即为合适量。另外再取100mL同样的样品酒，一次加入总酸量的95%，以核对味觉转变区是否找准。不能一次全部加入的原因是因尝评次数多，体积发生变化，而加的次数多也易产生误差，在放大样时就会失之毫厘，差之千里。如放大样100t，小样相差1μL，放大样时就会相差100mL：

$$100×1000×1000/（100×1000）＝100$$

（5）放大样的计算　小样做成后，以小样的各种添加剂用量为准进行扩大计算。方法有两种：一种是以勾兑罐的体积。换算关系为：1m³＝1000L，1L＝1000mL，1mL＝1000μL。以己酸乙酯为例：如做小样时其添加量是60μL/100mL，勾兑罐体积是20.5m³，则己酸乙酯的添加量为：

$$\frac{20.5m^3×1000×1000×60μL/100mL}{100}＝12.3L$$

另一种是以勾兑酒的实际重量。例如要调配20t酒精分为52.0%的白酒，己酸乙酯的小样添加量仍为60μL/100mL，则放大样时添加量计算如下。

$$\frac{20t×1000×1000×60μL/100mL}{100×g/mL}＝12.96L$$

式中0.9261是酒精分52%的酒的相对密度。

放大样时，把计算好的添加剂依次加入，要求乙醛水溶液第一个加入，混合酸最后加入。搅拌均匀，混合酸不可全部加入，只加小样量的80%~90%，便于后面有调整的余地。另外要考虑加入一定比例固态法白酒所带来的影响。

2. 以固液结合基酒的勾调实例

一般有两种方法：一是已勾调好的串蒸酒与固态法白酒的组合；二是已调好的酒精与固态法白酒的组合。目前许多厂家为方便和效益考虑，大多用把降度以后的酒精和部分曲酒按一定比例混合后进行勾调。方法简介如下：

首先必须对固态法白酒和食用酒精所需的酒精度进行尝评。根据固态法白酒的用量为总量的10%~50%的比例。组合好的基础酒一般具有口感淡薄、回甜、有明显的酒精味，略带固态酒的风味。若固态法白酒本身有异杂味，可能因组合酒精而被冲淡，某些偏高的香味成分同时被稀释，从而形成新的酒体。例如：做一个浓香型固液勾兑白酒，己酸乙酯含量为220mg/100mL（单位下同），类似名酒风格，酒精分为46%。

（1）材料

①固态法白酒：酒精度为60%，经气相色谱检测，色谱骨架成分（mg/100mL）为：己酸乙酯210；乙酸乙酯190；乳酸乙酯270；丁酸乙酯30；己酸20；乙酸25；乳酸60；丁酸15。

②口感：闻香较好，酒体较醇厚，但尾涩，不谐调，有新酒味，略带青草味（乳酸乙酯、乳酸偏高的结果）。

③食用酒精：最好经酒类专用炭或白酒净化器进行脱臭除杂处理。

④优质酒用香精香料。

⑤调味酒：窖香调味酒、糟香调味酒、陈味调味酒等。

⑥50μL和100μL微量进样器、1mL和2mL的医用注射器（配5.5#针头）、烧杯、三角瓶、量筒等容器。

（2）基础酒的勾兑　将固态法白酒和食用酒精加浆降至酒精分为46%，然后按固液比例分别为1:9、2:8、3:7、4:6、5:5的不同比例组合小样。经尝评比较，1:9比例的样品其固态法白酒风味小，其他三种口感类似，从成本考虑，选择2:8固液比例较适宜，并组合出1000mL基酒。则上述各色谱骨架成分的含量变化如下。

①己酸乙酯：210mg/100mL×38.7165%/52.0879%×20%＝31.2mg/100mL

②乙酸乙酯：190mg/100mL×38.7165%/52.0879%×20%＝28.2mg/100mL

③乳酸乙酯：270mg/100mL×38.7165%/52.0879%×20%＝40.1mg/100mL

④丁酸乙酯：30mg/100mL×38.7165%/52.0879%×20%＝4.5mg/100mL

⑤乙酸：25mg/100mL×38.7165%/52.0879%×20%＝3.7mg/100mL

⑥己酸：20mg/100mL×38.7165%/52.0879%×20%＝3.0mg/100mL

⑦乳酸：60mg/100mL×38.7165%/52.0879%×20%＝8.9mg/100mL

⑧丁酸：15mg/100mL×38.7165%/52.0879%×20%＝2.2mg/100mL

式中38.7165%为酒精分46%对应的质量百分比，52.0879%为酒精分60%对应的质量百分比。

根据某名酒色谱骨架成分含量及量比关系：己酸乙酯为220mg/100mL（单位以下同）、乙酸乙酯118.8（220×0.54＝118.8，其中0.54为乙酸乙酯和己酸乙酯的适宜比例）、乳酸乙酯165.0（220×0.75＝165.0，其中0.75为乳酸乙酯和己酸乙酯的适宜比例）、丁酸乙酯22（220×0.1＝22.0，其中0.1为丁酸乙酯和己酸乙酯的适宜比例）、己酸20、乙酸45、乳酸45、丁酸10。通过数学计算，得到基酒中应补加各香味成分的量分别为：

$$己酸乙酯＝（220-31.2）mg/100mL＝188.8mg/100mL＝\frac{188.8mg/100mL}{0.873mg/μL×98\%}＝220.6μL/100mL$$

$$己酸乙酯＝（118.8-28.2）mg/100mL＝90.0mg/100mL＝\frac{90.6mg/100mL}{0.901mg/μL×98\%}＝102.6μL/100mL$$

$$乳酸乙酯＝（165.0-40.1）mg/100mL＝124.9mg/100mL＝\frac{124.9mg/100mL}{1.03mg/μL×98\%}＝123.7μL/100mL$$

$$丁酸乙酯 = （22.0-4.5）mg/100mL = 17.5mg/100mL = \frac{17.5mg/100mL}{0.879mg/\mu L \times 98\%} = 20.3 \mu L/100mL$$

$$己酸 = （20-3.0）mg/100mL = 17.0mg/100mL = \frac{17.0mg/100mL}{0.922mg/\mu L \times 98\%} = 18.8 \mu L/100mL$$

$$乙酸 = （45-3.7）mg/100mL = 41.3mg/100mL = \frac{41.3mg/100mL}{1.049mg/\mu L \times 98\%} = 40.2 \mu L/100mL$$

$$乳酸 = （45-8.9）mg/100mL = 36.1mg/100mL = \frac{36.1mg/100mL}{1.249mg/\mu L \times 80\%} = 36.1 \mu L/100mL$$

$$丁酸 = （10-2.2）mg/100mL = 7.8mg/100mL = \frac{7.8mg/100mL}{0.964mg/\mu L \times 98\%} = 8.3 \mu L/100mL$$

其他一些香味成分如醇、醛等同样做相应的补加，使酒体谐调丰满。

基酒的调味，正常情况下，单种调味酒的用量在1‰左右，一般不超过3‰；具体操作和食用香精香料相似：取100mL初组合好的基酒，加一种或二种以上的调味酒，经反复试验，得到较好方案如窖香调味酒18滴、糟香调味酒15滴、陈味调味酒12滴，经尝评，窖香较好，酒体浓厚，醇和绵软，尾净余长，具有固态法白酒的风格，调香感不明显，风格典型。

通过调味，使酒体放香得到改善，酒体更加醇和绵软，掩盖令人不愉快的香精味和酒精味，具有良好的固态法白酒的风味，使其具有典型的风格。

通过上述的小样勾调工作，确定固液比例为2∶8以及小样中各种食用香精香料和各种调味酒用量，按此方案，再适当放大勾兑，经复查质量达到小样要求，就可以进行大样勾调。

固液勾兑必须具备的条件以及勾调中需注意的问题：①食用酒精和固态法白酒要符合国家标准或相关标准。②配方设计要合理，符合实际。③有一定数量不同风格和特色的调味酒，并能根据基酒的具体情况，正确选用调味酒。④要注意计量的准确性，在做小样时，最好使用微量进样器，用医用注射器以滴为添加单位时，要注意由于各种香精香料的相对密度等因素的影响，相同体积的不同酒用香精香料的滴数是不一样的。不能千篇一律都以1mL（5.5#针头）为200滴来进行扩大计算，那会造成较大的误差，从而影响勾调的结果。具体情况如表4-10所示。

表4-10　　5.5#针头1mL部分香精、调味酒滴数与相对密度的关系

添加物	相对密度（20℃/4℃）	滴数/d	添加物	相对密度（20℃/4℃）	滴数/d
己酸乙酯	0.873	200	乙酸乙酯	0.901	200
乳酸乙酯	1.030	160	丁酸乙酯	0.871	170
戊酸乙酯	0.877	200	己酸	0.922	150
乙酸	1.049	120	乳酸	1.249	130
丁酸	0.964	170	正己醇	0.815	130
双乙酰	0.981	130	乙缩醛	0.826	174
β-苯乙醇	1.024（15℃）	100	一般调味酒	0.88~0.90	200

注：使用1mL、2mL注射器时，手要拿正，用力轻而稳，等速点滴，不要成线。

3. 以食用酒精为基酒的勾调实例

以食用酒精为基酒的勾调关键是要搞好配方的设计。配方设计是以名优白酒的微量成分

含量及其相互间的量比关系、各微量成分的香味界限值和各单体香料的风味以及白酒的理化卫生指标等为主要依据。首先必须拟定模仿什么香型、什么风味的酒，然后拟定设计原则，进行计算、试配、尝评，才能了解配方是否合理，再反复调整逐步完善。

配方设计的方法一般有两种：分比例设计和全比例设计。

（1）分比例设计 主要是先确定主体香味成分的含量范围，再通过其他成分与主成分的比例关系，推导出其他成分的用量，再根据各个组分之间的比例进行调整，或选择其中某些成分含量，分别确定其使用量，或通过试验进行优选，以取得最佳值。例如模仿五粮液的调香白酒的设计如下。

①五粮液酒以己酸乙酯、乙酸乙酯、乳酸乙酯、丁酸乙酯为四大主要酯类，以己酸乙酯和适量的丁酸乙酯为主体香。己酸乙酯在五粮液酒中的含量范围为200~250mg/100mL。四大酯占酯类的百分比平均值为：己酸乙酯：乙酸乙酯：乳酸乙酯：丁酸乙酯/四大酯=43.36%：21.73%：29.03%：5.17%，总酯的含量为580~750mg/100mL。根据以上比例，设其他比例不变的情况下，选出己酸乙酯的试配值，同时取以中间值为主，试配两头的方法进行选取。再根据其他微量成分对己酸乙酯的比值，确定或选取其他微量成分的数据。

②五粮液酒中的主要微量成分与己酸乙酯的量比关系如表4-11所示。

表4-11 五粮液酒中微量成分与己酸乙酯的量比关系

成分名称	对己酸乙酯的比例/%	成分名称	对己酸乙酯的比例/%
乙酸乙酯	45.0~65.0	甲酸	1.3~2.3
丁酸乙酯	10.0~25.0	乙酸	17.5~30.0
戊酸乙酯	2.3~7.0	丁酸	3.5~6.0
乳酸乙酯	50.0~95.0	异戊酸	0.5~0.8
庚酸乙酯	2.5~10.0	戊酸	0.7~1.6
辛酸乙酯	1.0~5.0	己酸	10.0~22.5
壬酸乙酯	0.7~1.3	乳酸	5.0~25.0
棕榈酸乙酯	1.5~2.3	正丙醇	7.5~15.0
油酸乙酯	0.2~2.0	仲丁醇	5.0~10.0
亚油酸乙酯	1.0~2.5	异丁醇	5.0~10.0
乙醛	17.5~25.0	正丁醇	2.5~7.5
乙缩醛	15.0~37.5	异戊醇	20.0~30.0

五粮液之所以具有喷香、丰满谐调、酒味全面的独特风格主要是由酒中主要微量成分的种类、绝对含量及其相互间的量比关系决定的。

五粮液酒中主体成分除四大酯外，还必须辅以适量的戊酸乙酯、辛酸乙酯、庚酸乙酯等。这些物质多数似窖底香，它们香度大，有助前香、前劲。除了上述酯类的含量是决定酒质的重要因素外，己酸乙酯与各种微量成分之间的比例关系也是一个主要因素。如果其中有一个或更多的比例不当，不但使诸味失调，甚至可能出现喧宾夺主的现象，酒的质量将受到严重影响，在五粮液酒中，主要成分的含量及其相互间的比例存在以下具基本规律：

a. 主要酯类成分在含量上由大到小的顺序是：己酸乙酯>乳酸乙酯>乙酸乙酯>丁酸乙酯>庚酸乙酯>戊酸乙酯>辛酸乙酯。其中：乳酸乙酯：己酸乙酯=（0.6~0.8）：1最适宜，一般在 1 以下为好；丁酸乙酯：己酸乙酯 = 1：（5~15）；乙酸乙酯：己酸乙酯 =（0.4~0.6）：1。乳酸乙酯在浓香型白酒中含量与酒的风味关系很大，是造成浓香型白酒不能爽口回甜的主要原因。

这里需要特别指出的是，20 世纪 90 年代后，比较好的浓香型白酒（如五粮液、剑南春）的分析结果四大酯含量顺序变化为：己酸乙酯>乙酸乙酯>乳酸乙酯>丁酸乙酯，且丁酸乙酯的含量略有增加。比较可知，乙酸乙酯>乳酸乙酯的酒前香好。

b. 主要高级醇成分的含量多少顺序是：异戊醇>正丙醇>仲丁醇>异丁醇>正丁醇。其中正丙醇、正丁醇的量以偏小为好。正丁醇/丁酸乙酯、正丙醇/丁酸乙酯的比值应小于 1。若比值大于 1 就是质量差的酒。异戊醇/异丁醇即 A/B 值一般在 2~5。好的浓香型酒的醇酯比一般在 1：6 左右。

c. 主要有机酸成分在含量上由大到小的顺序是：乙酸>己酸>乳酸>丁酸>甲酸。酒质好一般总酸较多，突出在己酸含量上，有利于提高酒的浓郁感，总酸与总酯的平衡协调相当重要。浓香型白酒的酸酯比一般在 1：4 左右。

d. 高沸点成分中，酯类主要成分在含量上的基本顺序是：庚酸乙酯>棕榈酸乙酯>辛酸乙酯>亚油酸乙酯>油酸乙酯>壬酸乙酯>十四酸乙酯>苯乙酸乙酯>丁二酸乙酯>月桂酸乙酯。

醇类主要成分在含量上的基本顺序是：β-苯乙醇>糠醇>十四醇>月桂醇>葵醇。这些高沸点物质，大多数含量不宜过多。仿五粮液酒主要微量成分如表 4-12 所示。

表 4-12　　　　　　　　仿五粮液酒成分比例配方　　　　　单位：mg/100mL

成分	含量	成分	含量
己酸乙酯	225	乳酸	35
乳酸乙酯	168	丁酸	13
乙酸乙酯	126	丙酸	2
丁酸乙酯	21	甲酸	4
戊酸乙酯	6	戊酸	3
庚酸乙酯	3	异戊酸	2
辛酸乙酯	5	异戊醇	40
油酸乙酯	4	异丁醇	10
棕榈酸乙酯	5	仲丁醇	3
壬酸乙酯	2	正丁醇	5
2,3-丁二醇	20	正丙醇	12
双乙酰	65	正己醇	4
醋䤖	50	乙醛	36
乙酸	45	乙缩醛	47
己酸	42		

（2）全比例设计　首先确定和选择模拟酒的各类量比关系，再确定各类微量成分中的各组分的量比关系，通过计算得出总酯、总酸、醇类、多元醇、羰基化合物各自含量，再分别计算各类中的各组分含量。根据某些法则或特殊要求进行调整。先进行统计、试配、尝评、调整、再试配、尝评，并逐步完善。

四、中低档新型白酒酒体配方设计训练

方案 1：中档白酒（优质白酒占 70%，食用酒精占 30%）

酒精度≥40%vol，1000kg　　　　己酸乙酯：1000~1200mL

乳酸乙酯：700mL　　　　　　　乙酸乙酯：300mL

丁酸乙酯：80mL　　　　　　　　冰乙酸：400~500mL

己酸：50mL　　　　　　　　　　乳酸：100mL

丁酸：50mL　　　　　　　　　　乙缩醛：50mL

异戊醇：50mL　　　　　　　　　丙三醇：100mL

调味酒：适量

方案 2：低档白酒（优质白酒占 30%，食用酒精占 70%）

酒精度≥40%vol，1000kg　　　　己酸乙酯：1500~1600mL

乳酸乙酯：500mL　　　　　　　乙酸乙酯：1000mL

丁酸乙酯：100mL　　　　　　　冰乙酸：500~600mL

己酸：50mL　　　　　　　　　　乳酸：100mL

丁酸：50mL　　　　　　　　　　乙缩醛：50mL

异戊醇：50mL　　　　　　　　　丙三醇：200~300mL

调味酒：适量

方案 3：低度白酒（优质白酒占 50%，食用酒精占 50%）

酒精度：33%~38%vol，1000kg　　己酸乙酯：1200~1300mL

乳酸乙酯：700mL　　　　　　　乙酸乙酯：9000mL

丁酸乙酯：100mL　　　　　　　冰乙酸：500~600mL

己酸：150mL　　　　　　　　　乳酸：100mL

丁酸：50mL　　　　　　　　　　乙缩醛：100mL

丙三醇：400~600mL　　　　　　调味酒：适量

方案 4：低度白酒（优质白酒占 15%，食用酒精占 85%）

酒精度：28%~30%vol，1000kg　　己酸乙酯：1000~1100mL

乳酸乙酯：400mL　　　　　　　乙酸乙酯：700mL

丁酸乙酯：50mL　　　　　　　　冰乙酸：500~550mL

己酸：50mL　　　　　　　　　　乳酸：180mL

丁酸：50mL　　　　　　　　　　乙醛：50mL

乙缩醛：50mL　　　　　　　　　丙三醇：300~350mL

调味酒：适量

五、白酒品评

白酒品评又称尝评或鉴评，是利用人的感觉器官（视觉、嗅觉和味觉）来鉴别白酒质量

优劣的一门检测技术。到目前为止，还没有任何分析仪器可以完全将其代替，因此，品评是鉴别白酒内在质量的重要手段。白酒的品评中语言描述是感官品评的重要方式，也是评价酒品风格的主要手段。酒品的风格就是指酒品的色、香、味、体作用于人的感官，并给人留下的综合印象。不同酒品，有其不同的风格；同样的酒品，也会有不同的风格。

1. 白酒的感官评价

以浓香型白酒为例，品评酒体的感官特征包括：色泽，无色（或微黄）、清亮透明、无悬浮物、无沉淀。香气，窖香浓郁，具有以已酸乙酯为主体、纯正谐调的酯类香气。口味，入口绵甜爽净，香味谐调，余味悠长。风格，具有浓香型白酒典型风格。具体分述如下。

（1）色　自然的色泽称为正色。因为酒品一般在正常光线下观察带有亮光，所以色和泽是同时感观于人的视觉的。好的酒液像水晶体一样高度透明，优良的酒品都具有清澈透明的液相。不同的酒品色泽，表现出不同的风格情调。古今中外，饮者对酒品的要求都是十分严格的，并根据酒品的色泽对酒进行评价。观察、评价酒品的色泽是评酒的一个重要部分。

（2）香　酒品的香气历来是人们评价酒品的另一重要指标，一般都以香气浓郁清雅为佳品。酒品的香气非常复杂，不同的酒品香气各不相同，同一种酒品的香气也会出现各种变化。

表示酒品香气程度的词语：无香气、似无香气、微有香气、香气不足、浮香、清雅、细腻、纯正、浓郁谐调、完满、芳香等；描写酒香释放情况的词语：暴香、放香、喷香、入口香、回香、余香、绵长等。

（3）味　酒的味感是酒品优劣的最重要的品评标准，古今中外的名酒佳酿都具备优美的味道，令饮者赞叹不已，长饮不厌，甚至产生偏爱。①甜味给人以舒适、滋润、圆正、纯美丰满、浓郁的感觉；②苦味在一些酒品中也并非劣味；③酒品中的辛辣味是不受欢迎的，给人以冲头、刺鼻等不良感觉；④怪味也称异味，是酒品中不应出现的气味，产生原因很复杂，一般表现为油味、糠味、糟味等。只有各种味感的相互配合，酒味谐调，酒质肥硕，酒体柔美的酒品才是美味佳酿。

（4）体　酒体是对酒品的色泽、香气、口味的综合评价，但不等于酒的风格。酒品的色、香、味溶解在水和酒精中，和挥发物质、固态物质混合在一起构成了酒品的整体，评价酒体常用酒体醇良，酒体完满，酒体优雅，酒体甘温，酒体娇嫩，酒体瘦弱，酒体粗劣等词语进行评述。

（5）风格　酒品的风格是对包括酒品的色、香、味、体的全面品质的评价。同一类酒中的每个品种之间都存在差别，每种酒的独特风格应是稳定的，各种名贵的酒品无一不是以上乘的质量和独特的风格，而受到广大饮者的喜爱的。品评酒品风格使用突出、显著、明显、不突出、不明显、一般等词语进行评价。

2. 评酒时对评酒环境的要求

评酒时对环境的要求包括：①光线强度，照度以100lx为宜；②无噪音，以40dB以下为好；③室内温度20~25℃；④相对湿度40%~70%；⑤室内清洁整齐，无异杂气味和香气，空气新鲜，环境清静、舒适。

3. 评酒时其他因素

（1）酒杯　酒杯的大小、色泽、形状、质量和容量等会对品评结果产生影响。

（2）酒样的温度　白酒温度不同，给人的味觉和嗅觉感受也不相同。人的味觉在10~

38℃最敏感，低于10℃会引起舌头凉爽麻痹的感觉；高于38℃则易引起炎热迟钝的感觉。评酒时若酒样的温度偏高，则放香大，有辣味，刺激性强，不但会增加酒的不正常的香和味，而且会使嗅觉味觉发生疲劳；温度偏低，则可减速少不正常的香和味。各类酒的最适宜的品评温度，也因品种不同而异。一般来说，酒样温度以15~20℃为好。

（3）评酒时间　根据生活习惯和品评实践，一般上午9：00~11：00，下午3：00~5：00较好。

（4）酒样的编组　白酒的品评是一个比较的过程，有一定的相对性。编组时，应尽量将质量近似的酒编在一起。

（5）评酒频率　在品酒过程中，一般以5~6个酒样为宜，每天上下午各安排两轮次较好，每评完一轮次酒后，要休息30min以上。

4. 感官品评

（1）眼观色　将样品注入洁净、干燥的品酒杯中，在明亮处观察，记录其色泽、清亮程度、沉淀及悬浮物情况。

（2）鼻闻香　将样品注入洁净、干燥的品酒杯中，先轻轻摇动酒杯，然后用鼻进行闻嗅，记录其香气特征。嗅评开始，执酒杯于鼻下2~5cm，头略低，轻嗅其气味。

（3）口尝味　样品注入洁净、干燥的品酒杯中，喝入少量样品（约2mL）于口中，酒在口中停留的时间也应保持一致，时间在5~10s，经味觉器官仔细品尝，记下口味特征。要注意每次入口的酒液量要基本相等，以防止味觉偏差过大。高度酒每次入口量为0.3~2mL，低度白酒的入口量可稍大些，当然这也因人而异。酒液在口中停留的时间一般为10s，如在口中停留时间过长，酒液会和唾液发生缓冲作用，影响味觉的判断，还会造成味觉疲劳。

（4）综合起来看风格　通过品尝香与味，综合判断是否具有该产品风格特点，记录其强弱程度。

5. 评酒员应具备的基本条件和应遵守的评酒规则

白酒的品评是依靠评酒员来完成的。评酒员的水平对品评的结果起到关键作用。只有高水平的评酒员，才能当好白酒质量的裁判，只有正确评价酒的质量，才能找出质量问题的根源和提高产品质量的方法。因此，选拔好评酒员是十分重要的。评酒员应具备以下的基本条件。

（1）要有较高的评酒能力与品评经验　一个评酒员的评酒能力和品评经验主要来自于刻苦学习和经验的不断积累。特别是要在基本功上下功夫，不断提高检出力、识别力、记忆力和表现力。

①检出力，评酒员需要具备灵敏的视觉、嗅觉和味觉，对色、香、味有很强的辨别能力，这是评酒员应具备的基本条件；

②识别力，评酒员在提高检出力的基础上，能识别各种香型的白酒及其优缺点；

③记忆力，通过不断地训练和实践，广泛接触白酒，在评酒过程中提高自己的记忆力，如重复性和再现性；

④表现力，评酒员在识别和记忆中找出问题所在，并有所发挥。不仅以合理打分来表现色、香、味和风格的正确性，而且能把抽象的东西，用简练的语言描述出来。

（2）要有一定的专业技术和生产基础知识　评酒员要加强业务知识的学习，扩大知识面，既要熟悉产品标准和产品风格，又要了解产品的工艺特点，通过品评找出质量差距，分析产生质量问题的原因，促进产品质量的提高。

（3）要有健康的身体并保持感觉器官的灵敏　评酒员在平时要注意保养身体，预防疾病，保护感觉器官，尽量少吃或不吃刺激性强的食物，少饮酒更不能酗酒，要经常锻炼身体，保持嗅觉和味觉的灵敏。

（4）评酒员应遵守的评酒规则　①评酒员一定要休息好，保证充分的睡眠时间，做到精力充沛，感官灵敏。②评酒期间，评酒员和工作人员不得擦用香水、香粉和使用香味浓的香皂。③不得将有芳香性的食品、化妆品和用具带入评酒室。④评酒员在评酒室内和评酒前半小时不准吸烟。评酒期间，不能饮食过饱，不得吃有刺激性的食物，不得吃过甜、过腻或过咸的食物。⑤评酒时要注意安静，独立思考，不能互相交谈或交换评酒结果。⑥评酒期间和休息时不准饮酒。⑦评酒员要注意防止品评效应的影响。⑧评酒工作人员不准向评酒员暗示有关酒样情况，须严守保密制度。⑨评酒员要本着大公无私的精神去品酒。

6. 评酒方法

根据评酒的目的，提供酒样的数量及评酒员的多少，可采取明评或暗评的评酒方法。明评又分为明酒明评和暗酒明评。明酒明评是公开酒名，评酒员之间明评明议，最后统一意见，打分并写出评语。暗评是酒样密码编号，从倒酒、送酒、评酒一直到统计分数、写综合评语、排出顺位的全过程都一直保密，最后再公布评酒结果。目前，无论是生产企业还是有关部门组织的产品检测，一般都采用暗评法，具体方法有三种。

（1）差异法

①顺位法：即一次选取 4~6 杯酒样，通过品评，排出质量顺位，不打分，不写评语，从中选出 1~2 个最好的样品。

②单杯法：一次一杯酒样，经过品尝，形成记忆，拿走。再拿一杯酒样，品尝过后找出两杯酒的质量差异。还有双杯法、三杯法都是以此推下去，在更多的酒杯中找出差异，从而来判断哪个是好酒。

（2）记分法　此法比差异法要精确一些，就是所有参评的酒样，都要按规定要求写出评语、打分。记分法广泛用于各种品评，有鲜明的品评依据，有利于存档。品酒师严格按 GB/T10345—2007《白酒分析方法》进行品评。白酒品评一般采用 100 分制，色 10 分、香 25 分、味 50 分、风格 15 分。新 100 分制分六个方面：色泽 5 分、香气 20 分、味 60 分和风格 5 分、酒体 5 分、个性 5 分。评酒时，根据自己的实际感受，对样品的色、香、味、格进行全面的鉴别，视具体情况给予扣分。品评记录表见表 4-13。

一般打分平均情况如下：省优：90~92 分；国优：91~93 分；国家名酒：96~98 分；低档酒的优质品：80~83 分；中档酒的优质品：84~89 分。

7. 白酒的标准及标注

（1）白酒产品标准　对产品结构、规格、质量和检验方法所做的技术规定，称为产品标准。产品标准按其适用范围，分别由国家、部门和企业制定；它是一定时期和一定范围内具有约束力的产品技术准则，是产品生产、质量检验、选购验收、使用维护和洽谈贸易的技术依据。我国现行的标准分为国家标准、行业标准、地方标准和经备案的企业标准。凡有强制性国家标准、行业标准的，必须符合该标准；没有强制性国家标准、行业标准的，允许适用其他标准，但必须符合保障人体健康及人身、财产安全的要求。

表 4-13　　　　　　　　　　　　白酒品评记录表

轮次　　　　　　　　　　　　　　　　　　　　　　　　　　　　　年　月　日

酒样编号	项目评酒记录							
	色(5')	香(20')	味(60')	风格(5')	酒体(5')	个性(5')	总分(100')	评语

评酒员：

（2）白酒产品标识及标注　根据 GB 10344—2005《预包装饮料酒标签通则》及 GB 7718—2011《食品安全国家标准预包装食品标签通则》相关规定，标签标示内容必须包括：酒名称、香型、酒精度、配料清单、制造商、经销商的名称和地址、日期标示和贮藏说明，净含量、标准号及质量等级、警示语。

净含量与酒精度的标识：其中标识酒精度代表产品通过计量主管部门的计量认证方可使用。

"SC"标志：公司产品的生产许可证标志，下面号码为生产许可证号码，可在网站上查询。

警示语指根据 GB 2757—2012《食品安全国家标准蒸馏酒及其配制酒》标准中要求，自2013 年 8 月 1 日后须标注"过量饮酒有害健康"字样。

中国驰名商标（Well-known Marks of China）是指在中国为相关公众广为知晓并享有较高声誉的商标。有效期为三年。自 2014 年 5 月 1 日起，新的《商标法》开始正式实施，"中国驰名商标"字样被禁止出现在商品广告中。

中华老字号（China Time-honored Brand）是指历史悠久，拥有世代传承的产品、技艺或服务，具有鲜明的中华民族传统文化背景和深厚的文化底蕴，取得社会广泛认同，形成良好信誉的品牌。有效期为永久性（严重违法违规、失信行为，或未按规定提交年度经营情况报告的将被取消）。

白酒不标注保质期：GB 10344《预包装饮料酒标签通则》规定：葡萄酒和酒精度超过10%vol 的其他饮料酒可免除标示保质期。

8. 白酒与健康

饮酒与健康之间存在着 U 形曲线关系，即少饮有益，多饮有害，只要体内有适量的酒精存在，就有保健作用；只有过量饮酒，体内的酒精含量超过一定量时才会对人体的健康带来危害。很早以前人们就知道饮酒与健康之间的辩证关系，《本草备要》写道："少饮则和血运气，壮神御寒，遣兴消愁，辟邪袭逐秽，暖水藏，行药势""过饮则伤神耗血，损胃烁精，动火生痰，发怒助欲，致生湿热诸病"。

现代医学研究表明，酒精是由 C、H、O 元素组成的，酒精在人体内可以氧化供能，正常人体血液中平均酒精含量为 0.003%。适量饮酒能使全身组织特别是动脉血管平滑肌松弛和扩张，增强血液循环，增强血液中高密度蛋白胆固醇（HDL），有利于降低血压和保护心肌组织，防止心动脉血管稠样硬化沉积物的形成，不易发生动脉硬化。

适量饮酒对心神健康有益，有助于心态平和。人类许多疾病的产生与环境和人的心理状况有密切关系，长期身处紧张工作状态易患"现代都市病"。而白酒能抑制中枢神经，降低大脑对中枢神经的控制，使抑郁的心情得到缓解，使失调的心态得到恢复和平衡。酒能怡神畅腑，使人兴奋，精神愉快，缓和紧张心理，释放压力和情绪，提高生活情趣和工作效率。

白酒的主要成分是乙醇（酒精）和水。但乙醇不是酒的主要营养成分，也不是酒的有害成分。酒有着高热量，据有关科研部门测定，每毫升纯酒精可产生热量7cal，相当于脂肪的供热量，明显地高于糖类、蛋白质的产热量。适量的酒精对人体是有益的。白酒内的乙酸、乳酸、乙酸乙酯、丁酸乙酯、乳酸乙酯、异戊醇等物质都是人体健康所必需的。所以说白酒是有营养的。

现代医学研究证明：正常人体血液中，平均酒精含量为0.003%，当酒精含量达0.1%，人会晕厥，失去自制能力；如达到0.2%时，人已到了酩酊大醉的地步；达到0.4%时，人就可失去知觉，昏迷不醒，甚至有生命危险；酒精含量达到0.7%左右时，达致死限量，所以我们说适量饮酒有益健康，过量酗酒则有害健康。

🔍 思考题

1. 五粮液制曲包含哪些工艺流程？
2. "稳、准、细、净、匀、适、透、低"内容有哪些？
3. 低温入池，缓慢发酵对产品质量有哪些好处？
4. 在生产中要求使用90℃以上的打浆水，这对酿酒有何益处？
5. 白酒贮酒的目的是什么？酒中主要微量成分与酒质有什么联系？
6. 白酒中产生白色沉淀的原因是什么？
7. 白酒勾兑的原理是什么？
8. 白酒品评的目的和意义是什么？

[推荐阅读书目]

[1] 张嘉涛，崔春玲，童忠东等.白酒生产工艺与技术［M］.北京：化学工业出版社，2014.

[2] 肖冬光，赵树欣，陈叶福等.白酒生产技术（第二版）［M］.北京：化学工业出版社，2011.

[3] 沈怡芳.白酒生产技术全书［M］.北京：中国轻工业出版社，2007.

第五章

啤酒工艺

1. 了解啤酒的分类和特点。
2. 理解啤酒的酿造原理。
3. 掌握啤酒的酿造工艺流程以及各工艺流程的操作要点。
4. 掌握啤酒酿造过程中常见问题的分析与控制。

1. 能够根据啤酒原辅料的性质酿造啤酒。
2. 能够对不同啤酒酿造过程中常见问题进行分析和控制。

第一节　啤酒及原料

啤酒是一种营养食品，啤酒中蛋白质、氨基酸、维生素（尤其是 B 族维生素）、矿物质含量丰富，啤酒中碳水化合物和蛋白质的比例约在 15∶1，最符合人类的营养平衡，故有"液体面包"之美称。从功能性来说，啤酒中存在多种生理活性物质，具有防治动脉硬化和心脏病，抑制癌症，促进血液循环，改善免疫机能，抗氧化与抗衰老，促进雌激素分泌，镇静安眠，活化胃功能等保健作用。

一、啤酒定义和分类

GB 4927—2008《啤酒》中对啤酒的定义为：以麦芽、水为主要原料，加啤酒花，经酵母发酵酿制而成的、含有 CO_2 的、起泡的、低酒精度的发酵酒，包括无醇啤酒（脱醇啤酒）。

上述标准按照色泽将啤酒分为四类：淡色啤酒，色度 2~14EBC，色泽淡黄至棕黄；浓色啤酒，色度 15~40EBC，色泽红棕色或红褐色；黑色啤酒，色度大于等于 41EBC，色泽深红褐色直至黑褐色；特种啤酒，包括干啤酒、冰啤酒、低醇啤酒、无醇啤酒（含脱醇啤酒）、小麦啤酒、浑浊啤酒、果蔬类啤酒都属于特种啤酒。

啤酒的分类方法还有很多，主要有以下几种。

根据啤酒酵母的性质，人们将啤酒分为上面发酵啤酒和下面发酵啤酒。上面发酵啤酒大多利用浸出糖化法制备麦汁，添加上面啤酒酵母发酵而成，包括 Ale light。下面发酵啤酒则采用煮出糖化或煮出、浸出糖化结合制备麦汁，利用下面啤酒酵母发酵制得，包括 Pilsener beer、Munich beer。

按照成品啤酒的灭菌方式，经过加热杀菌（巴氏灭菌或瞬时高温灭菌）的啤酒为熟啤酒，不经过加热杀菌而采用物理过滤方法除菌达到一定生物稳定性的啤酒为生啤酒，还有一类是鲜啤酒，即不经加热杀菌，成品中含有一定量活性酵母，具有一定生物稳定性的啤酒。

啤酒的度数，是指原麦汁（发酵前的定型麦汁）的浓度，而非酒精度。德国啤酒税法以此对啤酒进行分类，低浓度啤酒的原麦汁浓度为 2.0%~5.5%，中浓度和普通浓度的啤酒分别为 7.0%~8.0% 和 11%~14%，而高浓度啤酒的原麦汁浓度可以达到 16% 以上。

根据包装容器不同，啤酒分为玻璃瓶装啤酒、听装啤酒、桶装啤酒和 PET 塑瓶装啤酒。

二、啤酒生产原料

水、大麦（麦芽）、酒花（或酒花制品）和酵母是啤酒生产的四种基本原料，其他为辅料，如燕麦、玉米、大米、小麦、高粱和荞麦等，淀粉、糖浆也是经常使用的辅料。

1. 大麦

大麦之所以成为啤酒酿造的基本原料之一，主要是由于：①营养丰富，化学组成合理，既有利于酵母繁殖，又能满足啤酒的口味丰满、泡持性、非生物稳定性的要求；②便于发芽，酶的形成和积累能力高，酶系全面；③麦皮可作为麦汁过滤的"天然过滤介质"；④大麦对环境要求相对较低，容易种植，且遍及全球；⑤大麦是非人类食用主粮，价格便宜。

（1）大麦的分类 依据不同的标准，大麦有多种不同的分类方法。根据用途可分为饲用、食用、酿造 3 类；根据外观色泽有白皮、黄皮、紫皮大麦；根据麦穗形态分为直穗大麦和曲穗大麦；根据生长形态，大麦又可分为六棱、四棱和二棱 3 种大麦，其中六棱大麦是大麦的原始形态品种。我国华北地区多种植六棱大麦，南方地区则多种植二棱大麦。根据生产季节有两种划分方法：我国根据播种季节划分为春大麦和冬大麦；德国按照大麦生长度过的季节划分为夏大麦和冬大麦。

按传统观点来说，一般选择"二棱曲穗夏大麦"为酿造大麦。因为二棱大麦的淀粉含量较高，蛋白质含量相对较低，浸出物得率也高于六棱大麦，是酿造啤酒的最好原料。近年来随着辅料用量增加，六棱大麦的应用增多，用它制成含酶丰富的麦芽，可增加麦汁中的可溶性氮和 α-氨基氮的含量。

（2）大麦麦粒结构 大麦按形态可分为"外部结构"和"内部结构"，通过评价麦粒结构，可以初步推断大麦的加工性能和酿造价值。

①外部结构：啤酒酿造中使用的大麦最外层为谷皮，谷皮是由腹部的内皮和背部的外皮

组成，外皮的延长部分即为麦芒，麦芒在后续的脱粒打谷和制麦清洗工序中除去。背皮的"皱纹"是感官判断麦皮是否细薄的依据，也是推测胚乳中淀粉多少的依据之一。如果背皮薄、皱纹很细，则推断麦粒的表皮比例低、淀粉含量较高。

谷皮成分绝大部分为水不溶性物质，制麦过程基本无变化，其主要作用是保护里面的胚，维持发芽初期谷粒的湿度。谷皮是麦汁过滤时的天然滤层，但其中含有的微量物质如硅化物、单宁、色素等苦涩味物质对啤酒质量不利，因此，在浸麦阶段应尽可能除去这些物质，在制备麦汁时应尽可能减少其浸出。

②内部结构：大麦的组织结构由胚、胚乳、皮层组成。

胚基、叶胚芽、胚根基、盾状体、上皮层构成大麦的胚，是大麦器官的原始体。胚部含有大量的蔗糖、棉籽糖和脂肪，是麦粒发芽的原始营养。发芽开始时，胚分泌出赤霉酸并输送至糊粉层，刺激糊粉层产生多种水解酶。这些水解酶再分泌到胚乳，对胚乳内容物进行分解，再经盾状体传递给生长的胚芽。

胚乳部分包括胚乳、空细胞和糊粉层。胚乳是胚的营养仓库，其基本组成单位是胚乳细胞，主要成分是淀粉、蛋白质、纤维素等。成熟的胚乳细胞由淀粉颗粒和半纤维素细胞壁组成，且嵌入由组织蛋白和麦胶物质组成的"骨架"中。糊粉层主要由蛋白质和脂肪构成，制麦过程中大部分水解酶都在此产生，而胚乳是一切生化反应的场所。在胚乳和胚之间有一层空细胞，这是大麦胚成熟时消耗养分产生的，胚生长越多，空细胞层越厚。

皮层从内到外分别是种皮、果皮、谷皮。种皮是半透性的薄膜，可以透过水和某些离子，但不能透过较大分子物质，它阻止了糖和氨基酸等的向外扩散。果皮外表面有一层蜡质，赤霉酸和氧无法透过，这与大麦的休眠性质有关。

（3）大麦的化学成分

①水分：通常大麦含水量为 12%～13%，水分高时不易贮藏，若高于 15% 应进行风干处理。

②淀粉：大麦淀粉含量占大麦干物质的 58%～65%。大麦淀粉含量越多，可浸出物也越多，制备麦汁时收得率也越高。淀粉粒中大约有 97% 的化学纯淀粉，还含有含氮化合物、无机盐和高级脂肪酸等物质。大麦淀粉颗粒分为大颗粒淀粉（20～40μm）和小颗粒淀粉（2～10μm）。二棱大麦的小颗粒淀粉数量比例可达 90%，而质量只有 10% 左右，这种淀粉的蛋白质、矿物质含量高于大颗粒淀粉，外部被致密的蛋白质包围，不易酶解，因此糊化、糖化较困难，未分解的小颗粒淀粉与蛋白质、半纤维素和麦胶物质聚合在一起，使麦汁黏度增大，是造成麦汁过滤困难的一项重要因素。同时，小颗粒淀粉含有较多的支链淀粉，因此产生较多的非发酵性糊精。

③纤维素：纤维素占大麦干重的 3.5%～7%，主要存在于谷皮中，微量存在于胚、果皮和种内，是细胞壁的支撑物质，其结构为 β-1,4 糖苷键连接的葡萄糖长链，有 2000～3000 个葡萄糖残基。纤维素对酶的作用具有相当强的抗力，在制麦过程中无变化。

④半纤维素和麦胶物质：半纤维素和麦胶物质是大麦胚乳细胞壁的重要组成部分，约占大麦质量的 10%～11%，半纤维素还存在于谷皮中。谷皮和胚乳细胞的半纤维素组成不同，谷皮主要含戊聚糖、少量 β-葡聚糖和糖醛酸，而胚乳主要含 β-葡聚糖和少量戊聚糖，不含糖醛酸。大麦发芽时，半纤维素酶将细胞壁分解后，其他水解酶才能进入细胞，分解淀粉等大分子物质。麦胶物质组成与胚乳半纤维素无区别，但分子量较低，以 β-葡聚糖的形状最为

重要。

β-葡聚糖是由70% β-1,4键和30% β-1,3键连接而成的聚葡萄糖。发芽时，细胞壁中的 β-葡聚糖开始溶解。溶解不好的麦芽中，β-葡聚糖分解不完全，由于该物质在水中的黏度很大，造成过滤困难，降低麦汁的收率，造出的酒也不爽口。β-葡聚糖也是啤酒非生物浑浊的成分之一。

⑤蛋白质：蛋白质对大麦发芽、糖化、发酵以及成品酒的泡沫、风味、稳定性都有很大影响，因此选择蛋白质含量适中的大麦品种对啤酒酿造具有十分重要的意义。啤酒酿造用大麦一般要求蛋白质含量为9%～12%。近年来，由于淀粉质辅料使用比例增加，利用蛋白质含量在11.5%～13.5%的大麦制成高糖化力的麦芽也应用于啤酒酿造中。

根据大麦蛋白质在不同溶液中的溶解性及沉淀度主要分为4类，分别为清蛋白、球蛋白、醇溶蛋白和谷蛋白。清蛋白在麦汁煮沸过程中凝固沉淀，球蛋白中的β-球蛋白可造成啤酒冷浑浊，醇溶蛋白中的δ、ε组分是造成啤酒冷浑浊和氧化浑浊的重要成分，醇溶蛋白和谷蛋白是麦糟蛋白的主要成分，大部分进入麦糟中。

⑥多酚物质：多酚物质主要存在于皮壳中，占大麦干重的0.1%～0.3%。多酚物质与蛋白质共同加热，会生成不溶性沉淀物，有利于除去凝固性蛋白质，并能提高啤酒稳定性。

（4）啤酒大麦的质量要求

啤酒大麦的质量要求见GB/T 7416—2008《啤酒大麦》，卫生要求应符合GB 2715—2005《粮食卫生标准》的要求。

2. 啤酒酿造用水

啤酒酿造用水有狭义和广义之分，广义是指啤酒生产用水，按照用途划分，包括麦芽制造耗水、清洗设备、管道以及地面卫生耗水；糖化投料用水；洗糟用水；酵母洗涤用水；高浓稀释用水；锅炉用水、制冷以及冷却用水；包装耗水（洗瓶、巴氏杀菌等）。狭义用水是指糖化用水和洗糟用水，这部分水进入成品啤酒中，成为啤酒的"血液"，因此水质直接影响啤酒质量的好坏。下面介绍狭义啤酒酿造用水的要求。

啤酒酿造用水高于生活饮用水的要求，其水质主要取决于水中溶解盐的种类与含量、水的生物学纯净度及气味，尤其是水中盐的种类与含量对啤酒酿造过程、啤酒风味和稳定性产生很大影响。水质指标主要用硬度、残碱度、特定离子的浓度等来表示。

（1）硬度　水的硬度是指溶解在水中的钙离子、镁离子以及碳酸根离子、碳酸氢根离子、硫酸根离子、氯离子和硝酸根离子所形成盐类的浓度，水的硬度以法定计量单位mmol/L表示。

硬度的分类方法有两种，即碳酸盐硬度、非碳酸盐硬度和钙硬度、镁硬度。

以碳酸盐硬度和非碳酸盐硬度来分。碳酸盐硬度是指由钙和镁的碳酸氢盐溶解于水形成的硬度，这种水加热煮沸后，碳酸氢盐形成溶解度很小的碳酸盐而使水的硬度降低，所以该硬度又称为暂时硬度。非碳酸盐硬度又称永久硬度，是指钙和镁的硫酸盐、硝酸盐和氯化物等溶于水形成的硬度。

以钙硬度和镁硬度来分。钙硬度和镁硬度是硬度指标的基础。

一般来讲，生产浅色啤酒适宜用较软的水，硬度不超过4mmol/L，浓色啤酒酿造用水为4.5mmol/L以上，有些品牌用硬度很高的水酿造的独特产品深受固定消费群体的欢迎。

（2）残余碱度　水的残余碱度RA的计算公式为：RA＝GA－AA＝GA－（钙硬度/3.5＋镁硬度/7.0），其中，GA为水的总碱度，与水的硬度具有相同的表达意义，当水中不含有碳酸氢钠时，水的总碱度实际就是水中的碳酸盐硬度；AA 是指抵消碱度，是钙离子和镁离子增酸效应所抵消的碳酸盐的碱度。

RA 值与麦汁 pH 的关系：RA 可为正值，也可为负值，RA 值越小，麦汁的 pH 也越低。一般控制麦汁 pH 为 5.2~5.8，高 pH 对啤酒酿造过程不利。

啤酒品种与 RA 的关系：不同啤酒品种对水的 RA 值有不同要求，浅色啤酒 RA≤0.89mmol/L，深色啤酒 RA>0.89mmol/L，黑色啤酒 RA>1.78mmol/L。

（3）其他要求　啤酒酿造用水的质量要求如表 5-1 所示。啤酒酿造用水可以采用加石膏改良、加酸改良、离子交换法、反渗透法等方法进行处理。

表 5-1　　　　　　　　　　　　啤酒酿造用水的质量要求　　　　　　　　　　单位：mg/L

项目	理想要求	最高限度	超标对酿造的影响	备注
感官指标				
外观	无色透明，无沉淀		影响麦汁浊度，啤酒容易混浊、沉淀	异味：咸/苦/涩/泥臭味/铁腥味等
口味	20℃异味，50℃无味		污染啤酒，口味恶劣	
化学指标				
pH	6.8~7.2	6.5~7.8	不利于控制醪 pH，糖化困难、口味不佳	
溶解总固体	150~200	<500	含盐过高，使啤酒口味苦涩、粗糙	
有机物	0~3	—		高锰酸钾消耗量
氯化物	20~60	<100	适量可促进酶解作用，提高酵母活性，使啤酒口味柔和圆满；过量时酵母早衰，带咸味	按氯离子计；亚氯酸盐<50mg/L
硝酸态氮	0~0.2	0.5	有妨碍发酵的危险，饮水中硝酸盐的含量规定<50mg/L	
亚硝酸态氮	0	0.05	妨碍酵母发酵，改变性状，致癌	
铁	<0.05	<0.1	水呈红色或褐色，有铁腥味，麦汁色泽暗	
锰	<0.03	<0.1	过量时啤酒缺乏光泽，口感粗糙	
硫酸盐	<200	240	过量会使啤酒涩味重	
硅酸盐	<20	<50	麦芽汁不澄清，发酵时形成胶团，影响发酵和过滤，啤酒浑浊，口味粗糙	
钙离子	40~50	—		防止草酸盐引起的啤酒喷涌
钙镁离子比	>3∶1	—		镁离子过高使啤酒产生苦味
卫生指标				
重金属离子	符合饮用水要求			
细菌总数	<100	—		
大肠杆菌	不得检出	—		
八叠球菌	不得检出	—		

3. 酒花

酒花是啤酒酿造必须添加的一种特殊原料，其添加量很少，却能赋予啤酒特殊的苦味和香味。

（1）酒花构造及产地　酒花，又名蛇麻花、忽布花，因用于啤酒酿造而得名。其植株为多年生草本藤蔓植物。地上茎高3~5m，每年更换一次。单叶，对生，叶片呈3~5个掌状分裂，叶片边沿呈锯齿状。酒花为单被花，多雌雄异株。啤酒工业所用为雌花。雌花着生于总果轴上形成花序，即球果。雌花淡绿色，松果形，3~6cm长，30~50个花片（苞片，又称前叶）呈覆瓦状排列，雌花（又称苞叶）每两朵生于一苞片腋间。酒花的有效物质主要存在于花腺体（俗称花粉），即苞叶基部正反面的许多黄色颗粒，为金黄色、黏稠胶状物。人们将腺体的分布面积和密度、粉粒的大小作为感官评定酒花质量的重要指标。

酒花的适宜种植区域主要位于近寒带的温带地区，主要产地有德国、美国、中国、捷克、英国和俄罗斯，德国和美国占50%，是主要的酒花制品生产国。我国酒花产地位于新疆、甘肃、宁夏、辽宁、吉林、黑龙江，甘肃和新疆建立了生产基地。

（2）酒花的成分及作用　酒花树脂（又称苦味质）、酒花油、酒花多酚是对啤酒酿造有特殊意义的酒花三大成分，这三类物质在干燥酒花中的含量分别为14%~18%、0.3%~2.0%和2%~7%。酒花中其他成分如粗蛋白、糖类、果胶、氨基酸、脂肪、蜡质、无机盐等对酿造意义不大。

①酒花树脂：主要为酒花提供愉快的苦味，酒花中产生苦味的物质均来自软树脂，包括α-、β-酸及其氧化聚合产物，硬树脂是软树脂进一步氧化的产物，不溶于正己烷，其中含有极微量的具有抗癌作用的黄腐酚，对啤酒酿造基本没有价值。

a. α-酸：α-酸是最重要的酒花成分，其含量高低是衡量酒花质量的重要标准，所以国际上常以每公顷产多少千克α-酸来反映酒花的产率。新鲜酒花含α-酸5%~11%。

α-酸是五种结构类似物的混合物，即葎草酮、合葎草酮、加葎草酮、后葎草酮、前葎草酮，本身没有苦味，弱酸性，微溶于沸水，麦汁中溶解度随pH降低而减少。α-酸在热、碱、光等作用下生成溶解性更高、奇苦的黄色油状异α-酸，后者又分为顺式和反式两组。酒花与麦汁煮沸过程中，α-酸的异构率为40%~60%。

麦汁煮沸超过2h时，α-酸可能转化成无苦味的律草酸或其他苦味不正常的衍生物。在贮存条件下，α-酸氧化后变成α-软树脂，苦味值小，因此酒花必须在干燥、低温、隔氧条件下贮存。

b. β-酸：β-酸又称蛇麻酮，新鲜酒花约含5%~11%，很难溶于水和麦汁，也不发生异构化，其苦味和防腐能力不如α-酸强。很少量β-酸与蛋白质沉淀，大部分则残留在麦糟中。β-酸本身并不影响啤酒的苦味度，但贮藏过程中氧化可生成希鲁酮，在麦汁和啤酒中溶解而具有细致而强烈的苦味，此部分可以补偿贮藏过程中α-酸因氧化而损失的苦味度，故β-酸约占啤酒苦味的15%。

②酒花油：酒花油是蛇麻腺的另一分泌物，气味芳香，是酒花香味的主要来源，主要成分是碳氢化合物（萜烯和倍半萜烯）和含氧化合物（酯、酮、酸、醇）等。酒花油为绿黄色至棕色液体，易挥发，溶于乙醚、酯及浓乙醇，水中溶解度仅为1/20000，所以大部分酒花油在麦汁煮沸、麦汁处理的高温阶段被蒸发损失掉，剩下少部分残留在啤酒中，赋予啤酒特有的香味。酒花油易氧化，某些萜烯碳氢化合物氧化为相应的环氧化物及醇类，其中部分

物质被认为是酒花香味的主要来源，如葎草烯环氧化物Ⅱ等。

酒花香味主要取决于酒花油的组成，而非含量多少。例如香型酒花的葎草酮与香叶烯之比一般大于苦型酒花，这也是区别两种酒花的一种方法，此外，葎草烯和法呢烯对酒花香味有积极作用，而异丁酸二甲基丁酯对酒花香味起负作用。

酒花油中由萜烯类和脂肪酸形成的脂类在贮藏过程可水解释放出脂肪酸，使酒花产生一种奶酪异臭味，麦汁煮沸时必须除去。

③多酚物质：多酚类物质是指以游离或聚合形式存在的酚酸、单宁、黄酮类（黄酮醇类、儿茶素、花色苷）等化合物，其主要存在于萼片及苞片中，其次是腺体中，少量存在于果轴和叶柄中，含量占啤酒的4%~10%，非结晶混合物，是影响啤酒风味和引起啤酒混合的主要成分。总多酚与花色苷的比值称为聚合指数，如果多酚进一步深度氧化、聚合，则会使颜色加深，口味变涩，并且随着聚合指数的增加，溶解性降低。

多酚对啤酒酿造具有非常重要的作用：a. 低分子多酚能赋予啤酒一定的醇厚性，高分子多酚使啤酒风味生硬粗糙，颜色加深。b. 氧化态多酚使啤酒中的脂肪酸和高级醇氧化成醛类，使啤酒口味老化；还原性多酚对啤酒中的某些易氧化的物质具有保护作用。c. 麦汁煮沸及随后的冷却过程中，活性单宁都能与蛋白质结合，产生凝固物沉淀，有利于啤酒的稳定性。d. 多酚也是造成啤酒混浊的主要原因。

④酒花的分类、贮藏及酿造功效：酒花一般可以分为香型酒花和苦型酒花：香型酒花α-酸含量低，α-酸/β-酸<1，酒花香味突出，但酒花油含量低；苦型酒花则α-酸含量高，α-酸/β-酸>1，酒花油主要是香叶烯含量高。世界市场上供应的酒花根据典型性可以分为四类，即香花、兼型花、没有明显特征的酒花、苦花。

新收酒花含水75%~80%，在不超过50℃条件下人工干燥至含水量6%~8%，使花梗脱落，回潮至含水10%左右再包装存放。贮藏温度以0~2℃为宜，相对湿度60%以下。酒花包装内充有CO_2或N_2，以减少酒花有效成分的氧化或挥发。

酒花对于啤酒酿造具有独特的作用，体现在：a. 赋予啤酒柔和独特的芳香和爽口的苦味。b. 与麦汁共沸时促进蛋白质的沉淀，有利于啤酒澄清，增加啤酒的非生物稳定性。c. 酒花有抑菌作用，增加麦汁和啤酒的生物稳定性。d. 提高啤酒的起泡性和泡持性。

（3）酒花制品　麦汁煮沸时，酒花有效成分的利用率只有30%左右，酒花制品的研制与大规模生产，大大提高了酒花利用率，可以更准确地控制啤酒苦味物质含量，并且啤酒生产成本大大降低。

①颗粒花：酒花45℃干燥至含水6%~7%，粉碎、制粒、惰性气体包装。利用率可提高5%~10%。使用量最大。

②酒花浸膏：利用率比颗粒花略高，用有机溶剂（乙烷、乙醇、二氯甲烷等）或CO_2（液体CO_2，超临界CO_2）制备。具有酒花苦味和完整的酒花特征。酒花浸膏有纯树脂浸膏和标准化浸膏，纯树脂浸膏可保存5年，标准化浸膏是用糖溶液将浸膏中的α-酸标准化（如30%α-酸）。通常酒花浸膏与颗粒花配合使用。

③异构化浸膏：浸膏中α-酸已异构化，只有苦味，无酒花特征。异-α-酸利用率达75%~95%，可代替50%啤酒苦味。因内含有部分α-酸和β-酸，一般在麦汁煮沸终了前加入煮沸锅中，进一步使α-酸异构化，且不良成分得到挥发。还有专门用于初滤后，终滤前的纯异-α-酸水溶液。

④还原异构化酒花浸膏：异α-酸侧链双键加氢饱和后，不发生光反应，用于生产抗光啤酒。还原异构化浸膏由CO_2酒花浸膏制备，底物为α-酸或β-酸，有三种产品，即还原二氢-异-α-酸水溶液、四氢-异-α-酸水溶液和六氢-异-α-酸水溶液。

此外，还有酒花油制品和合成异-α-酸等。

4. 辅料

啤酒酿造中适当使用辅料可以降低生产成本。由于辅料多为淀粉类物质，使用比例需要慎重对待。考虑到啤酒的风味以及非生物稳定性问题，几种辅料往往配合使用。

（1）大米 相对于麦芽，价格低廉，富含淀粉，浸出率高，可提高麦汁得率，降低成本；其次大米的蛋白质、多酚和脂肪含量低，既能降低麦汁中蛋白质和易氧化多酚物质的含量，也可降低啤酒的色度，改善啤酒风味和啤酒非生物稳定性。

（2）淀粉 主要为玉米淀粉，不直接使用玉米，因其胚的脂肪含量高。玉米淀粉无水浸出物可达100%，利于提高原料利用率，且具有明显价格优势；但是其蛋白质含量极低，如使用比例太高，容易引起酵母营养不足和泡沫方面问题；淀粉酸度高，控制不当易引起麦汁、发酵液的 pH 降低；淀粉颗粒细小，麦汁过滤时需特别注意。

（3）糖浆 目前啤酒工业中使用的糖浆主要为玉米淀粉分解产物，氮源含量极微（蛋白质含量小于0.05%），糖浆的添加量不宜超过20%，否则啤酒口味淡薄。

第二节 麦芽制备

麦芽制造，简称"制麦"，是指啤酒大麦经过一系列加工制成麦芽的过程，是啤酒酿造原料——麦芽的生产过程。发芽后制得的新鲜麦芽称为绿麦芽，经干燥和焙焦后的麦芽为干麦芽。麦芽制造过程决定麦芽的种类和质量，进而决定啤酒的类型并影响啤酒的质量。过去制麦只是啤酒厂的一个车间，随着啤酒生产规模的扩大，现代啤酒酿造已经使制麦生产分离成为单独的麦芽企业。

麦芽制造工艺流程：大麦──→预处理──→浸麦──→发芽──→干燥──→除根──→成品麦芽。制麦的主要目的是：使大麦吸收一定的水分后，在适当条件下有限发芽，产生一系列酶，以便在后续处理过程中使大分子物质（如淀粉、蛋白质）溶解和分解；绿麦芽通过干燥会去掉生腥味，产生啤酒所必需的色、香、味等成分。

一、大麦预处理

1. 输送

输送的物料有大麦、绿麦芽和干燥麦芽，输送方式有气流和机械两类。气流输送分吸引式和压送式，机械输送有带式、斗式和螺旋输送等。可根据物料、目的不同采用不同组合的方式。

（1）气流输送 分为吸引式和压送式两种。吸引式输送可在输送系统内造成负压，减少粉尘的污染，同时可以进行风选，故在酿造工业中广泛采用。吸引式输送适合于粉尘多的物料和从不同地点向集中地输送，风机在整个系统的末端。

压送式输送风机安装在整个系统的前端，管路系统内部处于正压状，与外部的压差较大，可以输送潮湿的物料，适合于长距离输送和从集中地向分地点输送，不适合于输送含粉尘多的物料。

（2）机械输送

①带式输送机：适用于长距离水平输送，输送带运行速度为2.0~3.5m/s，材质有橡胶带、钢带、丝状钢丝带和塑料袋，最常用的是橡胶带，槽式带输送能力大于平式带。

②螺旋输送机：短距离水平或倾斜角小于20°的方向输送，螺旋在传动装置的驱动下旋转，将物料向前推移。

③斗式提升机：适用于向上提升物料。多个料斗随牵引件运动，进料在向上运行一侧，料斗口朝上，运行至顶端时绕主动轮改变方向向下运行，料斗口朝下，物料落至下方传送带完成卸料。

2. 清选

大麦的清选过程包括粗选和精选。粗选是指大麦入厂后，将其中最粗大的杂质（木块、土块、树枝等）和部分其他杂质（尘埃、糠皮等）除去，然后贮存，以保证啤酒大麦在贮存过程中质量稳定。精选则是指制麦前，去除啤酒大麦中的半粒、非大麦谷粒等。干净的大麦也可不进行粗选而直接入仓贮存，贮存之前或之后进行精选。

大麦清选方法有以下几种：①筛分：通过筛孔大小不同分离粗大的和细碎的夹杂物；②振动：由于筛面的振动，将泥块振散，并使筛面物料均匀，以提高分离效果；③风选：利用风力将灰尘以及其他轻微的杂质分离；④磁吸：用磁铁将铁屑、铁块吸出；⑤滚打：分离麦芒及附着在大麦颗粒表面的泥块；⑥洞埋：利用金属板上的孔洞分离大麦中的圆粒和不完整谷粒。

上述几种方法可以单独使用，或几种方法联合使用，最常用的是振动平筛与风机等设备联用。

（1）粗选　大麦粗选机，由三层振动平筛和风力粗选机组成，每层筛孔大小不同分别除去大杂、粗杂和细杂，大麦为第二层筛下物，风选分离出的轻杂经设备进口和出口的抽风口排出。粗选过程还配备旋风分离器（将轻杂与空气分离开）、脱芒、除铁等机械。大麦粗选的工艺流程见图5-1。

（2）精选　粗选过的大麦还含有破损大麦粒和圆形杂谷，根据其与大麦长度不同的特性进行精选，以防止其霉变或影响麦芽的质量。大麦精选前常再次风力粗选，精选后紧接着分级。

精选采用的设备为精选机，又称杂谷分离机，常用的精选机主要有碟片式和滚筒式，国内主要采用卧式圆筒精选机，主要结构由转筒、蝶形槽和螺旋输送机组成。其圆筒用钢板卷成，上有孔洞，有一定的倾斜度。圆筒旋转，离心力携带颗粒上升，整粒大麦由于形状狭长，仅有一部分嵌入孔洞中，至较小角度时在重力作用下即重新落回到筒体中，而圆形杂粒和大麦半粒则穿过孔洞被带到较高处落入收集槽中，由螺旋送出。精选机的转速与进料流量可以调节，以保证精选效果。分离出的杂质也进行第二次精选，进一步分离出混杂在其中的完整颗粒。

精选效果可以采用精选率来评价，精选率指从原大麦中选出可用于制麦的精选大麦的质量分数，一般在85%~95%，取决于原大麦的质量状况。

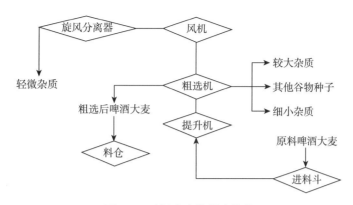

图 5-1　啤酒大麦的粗选流程

注：图中矩形方框表示物料及杂质名称，菱形框表示设备名称

3. 分级

按照大麦颗粒腹径不同将其分成几个等级称为分级。通过分级，得到颗粒整齐的大麦，保证浸渍均匀和发芽整齐，获得粗细均匀的麦芽，提高麦汁浸出率。有的厂家在浸麦前进行分级，分级后的大麦直接进入浸麦槽；也有的在入厂时进行分级，然后分别贮存。分级后的大麦应分别进行加工。国内大麦的分级标准如表 5-2 所示，国外进口大麦颗粒较大，分级标准要高一级。

表 5-2　　　　　　　　　　　　　　大麦的分级标准

分级标准	筛孔规格/mm	颗粒厚度/mm	用途
Ⅰ号大麦	25×2.5	>2.5	制麦
Ⅱ号大麦	25×2.2	>2.2	制麦
Ⅲ号大麦	25×2.0	>2.0	制麦
等外大麦	筛底	<2.0	饲料

大麦的分级设备有平板式和圆筒形分级筛，平板分级筛更为常用。平板分级筛的筛板有矩形和正方形两种，共分成三组，各组筛孔的宽度不同，第一组 2.8mm，第二组 2.5mm，第三组 2.2mm，筛孔纵横交错排列。每层筛由筛板、弹性橡胶球、球筛、球筛框和收集板等构件组成，弹性橡胶球在球筛框内自由运动，防止筛孔堵塞；球筛框可以避免所有的橡胶球聚集到一处。平板分级筛分离效率高，占地面积小，能耗低，但造价高，维护困难。

分级效果评价可用整齐度表示，反映一级大麦与全部精选大麦的比率。

4. 贮存

入厂大麦的含水量应≤13%，最好为 12%，大麦易贮存，呼吸损失小，不易霉变。15℃下存放一年，大麦发芽率基本不变。夏季应定期向大麦贮仓通入冷藏干风。

大麦的贮藏方式有袋装堆藏、散装堆藏和立仓贮藏。立仓有通风、喷药、测温等装置，以及精选除尘、人工干燥设备，立仓占地面积小，便于机械化管理，便于温度控制，便于防虫防霉，因此立仓贮藏发展方向，立仓贮存的大麦要求是后熟大麦，水分≤12%，除尘除杂，最好精选除杂。

大型立仓可高达 40m 以上，贮量千吨。立仓材料可用木制、钢筋混凝土或钢板。贮存期间的主要工作是：按时记录麦温、通风、倒仓，严格防虫、防潮、防鼠等。

二、浸麦

1. 浸麦的目的与要求

浸麦是指用水浸渍大麦，使其达到适当的含水量（浸麦度）的过程。工艺上对浸麦度一般控制在 43%~48%，萌芽率 70% 以上为浸渍良好，原则是：①硬质难溶、蛋白质含量高或酶活低、发芽缓的大麦，浸麦度应高。②浅色麦芽，麦粒溶解适度，浸麦度 43%~46%；浓色麦芽，麦粒溶解彻底，浸麦度 45%~48%。③同种大麦，小粒麦粒的浸麦度应较大粒的浸麦度高。

浸麦的目的为适当吸收水分，控制均匀萌发，大麦清洗以及浸出有害物质。

①使大麦吸收适当水分，达到发芽要求，并有利于产酶和物质溶解。含水分 30% 时，大麦颗粒生命现象明显；含水分 38% 时，大麦发芽最快；含水分 48% 时，被束缚的酶开始作用。

②控制吸水和吸氧过程快速而均匀，大麦颗粒提前均匀萌发，达到理想的露点率。

③对大麦进行洗涤、杀菌。通过在浸麦过程中翻拌、换水，将大麦混有的杂质，如尘土、麦壳等清洗干净，并去除浮麦；杀死寄生在大麦颗粒上的微生物，尤其是镰刀霉菌。

④浸出有害物质。麦壳中含有发芽抑制剂，尤其是抑制休眠解除的物质，浸麦时必须将其洗出并去除。麦壳中的酚类物质、苦味物质等对啤酒口味不利的物质，浸麦时应尽可能将其分离。适当适量添加剂可以加速有害物质的溶出，使麦粒吸收水分和空气，为发芽提供条件。

2. 浸麦理论与操作

（1）大麦吸水

①大麦的水敏性：大麦吸收水分达到某一程度时而出现的发芽受到抑制的现象称为水敏性，水敏性是大麦的一种生理现象。水敏性高的大麦不利于浸麦时颗粒吸水，严重影响大麦发芽率，此时需要采取措施破坏其水敏性，常用方法有浸麦时添加 H_2O_2、$KMnO_4$ 或其他氧化性物质；分离皮壳、果皮和种皮；浸麦度在 32%~35% 时，进行长时间空气休止；将大麦加热至 40~50℃，保持 1~2 周。

②大麦的吸水过程：水分首先通过胚部及麦粒顶端的果皮进入麦粒内部，在开始浸润的几小时之内，谷皮和下半部的胚轴、盾状体吸水快，果皮、种皮、糊粉层和上半部的胚乳吸水慢，因此各部分吸水不均。若不换水，6h 后麦粒吸水开始下降，至 10~20h 时则几乎停止，此时胚及盾状体只吸收极少量的水分。20h 后供氧充分时，整个谷粒各部分吸水缓慢而均匀，吸水量与浸麦时间呈直线关系上升，水分由 35% 增至 43%~48%。

大麦的吸水过程与颗粒当中的水解酶活力有关，水解酶（如淀粉酶、核糖核酸酶、磷酸酯酶）活力大则吸水速度快。浸麦开始的 6h 内，淀粉酶、核糖核酸酶、磷酸酯酶等活力上升，吸水量也在逐渐上升。6h 后若连续湿浸会导致胚的呼吸速率下降，酶活力和吸水率随之下降，故可以在湿浸一段时间后立即进行干浸，麦粒的呼吸、酶活力和吸水速率均上升，这就是现代浸麦工艺采取湿浸与干浸交替进行的原因。

③浸麦度与萌芽率：浸渍后大麦的含水率称浸麦度，既包括原大麦的水分含量，又包括浸麦过程中吸收的水分，通过测定浸麦后质量、原大麦质量、原大麦水分三个参数后计算得出。萌芽率又称露点率，指开始萌发而露出根芽的麦粒所占的百分数，萌芽率≥70%浸渍良好，优良大麦一般为85%~95%。

（2）影响麦粒吸水的因素

①浸麦温度：影响最显著。水温高，吸水快，时间短；通常≤25℃，一般12~15℃。

②大麦麦粒大小：大粒开始吸水快，24h后，水分的增长率则与小粒相差不大，长时间浸渍后，小粒较大粒的最终浸麦度高。麦粒越整齐，吸水越均匀，发芽也越整齐。

③蛋白质含量：同类大麦蛋白质含量低，含淀粉高，麦粒吸水速度快。

④胚乳状态：粉质粒比玻璃质粒吸水快。

另外，麦粒吸水速度还与麦粒生理特征有关。根芽生长快、发芽旺盛的大麦品种，浸麦过程中吸水速度快、吸水量高，但分布不均匀，对其采用涨潮或喷淋式浸麦工艺，也可以在控制萌发水分的基础上于发芽过程中喷水。对于根芽生长慢、发芽不剧烈的大麦品种，浸麦时吸水慢、吸水量少，水分分布却很好，此类大麦可以采用的浸麦措施是浸麦过程中充分供氧，以及使用长断水浸麦工艺。

（3）大麦的休眠性 大麦的休眠性是指新收获的大麦水分含量高，种皮透水、透气性差，发芽率低，在收获后6~8周内，即使在最适条件下（如氧、温度和水分），胚也没有发芽能力，这个时期称为大麦的休眠期，也称为后熟休眠期。大麦休眠性由发芽抑制剂造成，如豆香素和香草酸，这些物质存在于皮壳中，必须在后熟期间分解或氧化。另外，谷胱甘肽和半胱氨酸也影响发芽，休眠期间不能游离出来而除去。在后熟过程中，在外界空气、水分、O_2的影响下，种皮性能得到改善，发芽抑制剂分解或氧化，大麦的发芽率大大提高。

促进大麦后熟，缩短休眠期可采用化学方法即使用添加剂，常用添加剂的添加量、添加方法和添加时机见表5-3。以下介绍几种物理方法：①1~5℃下贮存，促进大麦的生理变化，缩短后熟期，提早发芽；②80~170℃热空气处理大麦30~40s，能改善大麦透气性，促进发芽；③将大麦加热至40~50℃，氧化果皮中的发芽抑制剂；④去掉麦壳、种皮和果皮，或在胚附近将皮层打孔。

表5-3 常用浸麦添加剂添加量、方法和时间

名称	添加量	添加时机	添加方法	使用条件	功能作用
石灰乳	大麦量的0.1%~0.3%	洗麦后第1次浸水	化成饱和石灰水，过筛后加入	常用*	浸出麦壳中的单宁、色素等，杀菌
高锰酸钾	100~150g/m³	洗麦后第1次浸水	先少量水溶解后加入	成本高，不常用	杀菌催芽
过氧化氢	300mL/m³水	洗麦后第1次浸水	直接加入	成本高，不常用	杀菌催芽
甲醛40%	700g/m³水	洗麦后第1次或第2次浸水	直接加入	较常用	去除花色苷，杀菌，抑制根芽生长，降低制麦损失

续表

名称	添加量	添加时机	添加方法	使用条件	功能作用
漂白粉	70~150g/m³ 水	洗麦后第 1 次或第 2 次浸水	用水调匀后加入	大麦有霉菌污染时用	杀灭霉菌
赤霉素	0.125~0.250g/t 大麦	浸麦结束前或最后一次浸水	先以少量酒精溶解后加入	常用	促进发芽，加速溶解
溴酸钾	100~125g/t 大麦	浸麦结束前或最后一次浸水	先以少量水溶解后加入	不常用或与赤霉素并用	抑制发芽呼吸，减少制麦损耗
氢氧化钠 碳酸钠 十水碳酸钠	0.35kg/m³ 水 0.9kg/m³ 水 1.6kg/m³ 水	洗麦后第 1 次浸水	加入浸麦水中后，用姜黄试纸测定，至呈现碱性反应为止	常用＊＊	浸出多量物质，改善啤酒的色泽、风味、提高非生物稳定性。

注：＊遇暂时硬度过高的水产生沉淀，应加强洗涤；＊＊使用方便可循环利用。

（4）通风

①通风的作用

a. 供氧：大麦吸收水分后，呼吸强度激增，需消耗大量的氧。浸麦 1h 后，水中的溶解氧即可耗尽，此后，耗氧量逐步增加，水温越高，耗氧越快，因此浸麦时应不断通风，使水中溶解氧处于半饱和状态。对发芽力弱、发芽迟缓，有休眠和水敏性的大麦来说，通风供氧尤为重要。若局部缺氧，胚就会受到酒精、CO₂和其他微量醛、酸、酯的损害，此时酒精含量即使低达 0.1%，也会使发芽不均匀。而浸麦工艺适当时，产生的酒精就不会影响大麦的发芽，颗粒露点越快，生成的酒精就越少。

b. 排除 CO₂：在通风的同时可以将呼吸产生的 CO₂从物料中排除，避免 CO₂局部过量，以防止其抑制大麦颗粒的呼吸，并导致无氧发酵。

c. 翻拌：在浸麦容器底部通风，使大麦颗粒上下翻腾，起到了翻拌的作用。颗粒之间的碰撞摩擦有利于大麦的洗涤。

②通风方式

a. 通入压缩空气：水浸中定期间隔通入压缩空气，从容器底部通入，由下而上带动物料翻腾。

b. 空气休止：即为干浸，大麦水浸一段时间后排水，使麦粒暴露于空气中，直至下次进水。

c. 吸出 CO₂：将吸风机的吸嘴深入到浸麦槽下部的物料中，在空气休止期间吸出产生的 CO₂，同时新鲜空气被吸入物料中，起到了既排除 CO₂又通风的作用。

d. 倒槽：将浸渍大麦从一个浸麦槽倒入另一个浸麦槽，在浸麦槽上方有一个伞状分配器，可以使大麦与空气充分接触。

③供氧效果：供氧不足时，大麦粒胚部呈窒息状态；发芽迟缓，麦芽溶解不良；麦层有酸味和水果味；发芽呈早期发热现象。供氧适当的大麦颗粒胚部新鲜健康；浸麦时间短，麦芽发芽快且均匀、旺盛，发芽时间短，麦芽产率高；麦芽溶解好，其淀粉、蛋白分解酶和 β-葡聚糖酶等酶的活性均较高。

（5）洗麦和浸出有害成分：在浸麦的同时进行洗麦，通过通风翻拌和颗粒之间的摩擦，颗粒表面的污物溶入浸麦水中，在换水过程中将脏物分离。从皮壳中浸出的单宁物质、苦味物质和蛋白质等有害物质，也一同被分离。为了提高洗涤效果，促进有害物质的溶出，洗麦时常添加一些化学物质，见表5-3。

（6）浸麦操作

①进水、放水：空浸麦槽（罐）进水一半时投料，并用压缩空气加强搅拌，做到边投麦、边上水、边通风，使浮麦和杂质一直浮在水面再从溢流槽排出，不断从槽底通入清水，直至水清为止。或大麦与水混合进入浸麦槽，在浸麦过程中要几次将浸麦水放掉进行空气休止，进水和放水各过程均不能超过1h。

②倒槽：设置预浸槽，在预浸槽中投料、漂出浮麦、洗涤大麦，然后倒入浸麦槽中浸渍，这样洗涤效果较好，倒槽时还可使大麦充分接触空气。若两槽在两个房间，则可避免交叉污染。

③浸麦：按规定的浸麦工艺，加入添加剂，进行浸水、空气休止操作，期间穿插通风、抽CO_2、喷淋和巡回检查等操作，并做好记录。浸水时每0.5~1h通风5~10min，放水时要通风搅拌，空气休止期间每1h通风10~15min，并定时抽吸CO_2。若采用喷淋浸麦法，则在浸水和断水喷淋期间，每1h通风10~15min。通风采用压缩空气，排除CO_2可利用压缩空气，但越来越广泛采用单独的CO_2抽吸装置。若有单独的CO_2抽吸装置，则通风量为15m³/（t·h），若无，则通风量要相应增加。

④浸麦温度和时间的控制：大多采用自然水温，因水温随季节变化波动很大（11~25℃），越来越多的厂家在冬季将浸麦用水加热至18℃左右，以提高颗粒吸水速度，缩短浸麦时间。再配合降温发芽法，可以降低制麦损失。浸麦时间的长短最终由浸麦度决定。

3. 浸麦设备与方法

用于浸麦的设备称为浸麦槽，传统浸麦设备多采用柱锥形，现代浸麦槽为平底形。浸麦槽的结构要满足浸麦过程中供氧充足，使麦粒吸水均匀，保证麦粒萌发整齐。1t大麦浸渍后的体积是2m³，同时浸麦槽要有20%的预留空间，所以1t大麦大约需要2.4m³的容积。

浸麦槽上部呈圆筒形或矩形，下部则有锥底和平底之分，锥底通风效果好，麦层相对直径厚些。国内多采用圆筒体锥底浸麦槽，一般柱体高1.2~2.0m，锥底45°。锥底有沥水假底，麦层厚2~2.5m，槽数为3~9个分组并联使用，通过升溢管和旋转式喷料管实现翻拌和通风，或在罐底装一较大的喷嘴。现代化大规模麦芽厂采用圆筒体平底浸麦槽，槽上方装有喷淋管。由于是平底，麦层高度均匀，进水通风抽吸CO_2均匀，浸麦批次间质量均匀。

不同的浸麦槽适合采用不同的浸麦方法，浸断法适合于无喷淋装置的浸麦槽，此法浸水断水相间进行，常用浸2断6（水浸2h，断水空气休止6h）、浸2断4、浸3断3、浸3断6或浸4断4等模式。由浸断法延伸而来的长断水浸麦法断水时间长，空气休止时间可长达20h。浸水时间短，浸水是为了冲洗掉麦粒中产生的CO_2和热量，并提供麦粒吸收的必要水分。该法通风应均匀，最好采用带中心管的锥底浸麦槽，否则浸麦不均匀，发芽不整齐。

浸麦槽上方设置喷淋装置，在长时间的空气休止期间采用喷淋的方式加水（喷淋浸麦法），可以保持麦粒表面水分成膜状，既流洗麦粒又使其充分接触空气，促进麦粒呼吸反应，尤其能克服大麦的休眠性和水敏性。喷雾浸麦法产生的水雾可及时带走麦层中产生的热量和CO_2，并增大了麦粒与空气的接触面积，显著缩短浸麦与发芽周期，耗水量与排水量均减少。

重浸法在发芽箱中进行。先经过24~28h浸麦，达到发芽所需的浸麦度38%，开始发芽，此时发芽非常迅速、均匀，发芽时间一般为 48h。待所有颗粒都出芽后，立即用 40℃的高温水重浸（杀胚），并使浸麦度达到要求的 50%～52%，这种方法得到的麦芽在后面溶解阶段物质转变程度较理想。

4. 浸麦损失

浸麦损失包括三部分，粉尘与清洗掉的轻质杂物占 0.1%；谷皮浸出物占 0.5%～1.0%，包括麦皮中的多酚、矿物质、蛋白质、苦味质等；大麦的呼吸消耗占比达 0.5%～1.5%，包括发芽与干燥时的呼吸消耗，此部分不单独计算，而是与发芽和干燥时的呼吸消耗合并计算。

三、发芽

1. 发芽的目的与要求

当浸渍大麦达到要求的浸麦度后即进入发芽阶段，首先是根芽生长，主根冲破果皮、种皮及皮壳，可见到根芽白点时称为"露点"，然后长出一些须根。而后是叶芽生长，叶芽冲破果皮和种皮后，在果皮、种皮与麦壳之间沿着大麦颗粒背部朝着尖部生长。发芽时要人工控制根芽和叶芽的生长长度，特别是叶芽作为外观判断发芽进度的指标之一。实际上大麦的萌发在浸麦期间就已经开始，只不过浸麦条件并不完全适合发芽。

发芽激活大麦原有的少量束缚态的水解酶，使这些酶游离出来，同时糊粉层产生大量的新酶，在这些酶的作用下，大麦胚乳中的淀粉、蛋白质、半纤维素等物质发生了溶解和分解，以满足糖化的需要，胚乳结构也发生了改变。

发芽使麦粒既达到理想的溶解度，又不过分消耗其内的营养物质。要求发芽率在 90%以上，浅色麦芽要求 70%的颗粒叶芽长度为颗粒长度的 3/4，深色麦芽控制 70%的颗粒叶芽长度为颗粒长度的 3/4～1。此时，绿麦芽的水分通常在 41%～43%，糖化力 30WK，总甲醛氮含量 190mg/100g，α-氨基氮含量在 150mg/100g 以上。绿麦芽有弹性、松软、新鲜的黄瓜香气，无水果味和酸味。

2. 发芽理论

（1）淀粉分解　在淀粉酶的作用下，大麦颗粒里的淀粉分解为麦芽糖、麦芽三糖、葡萄糖等糖类和糊精，这些淀粉酶主要包括以下几种。

① α-淀粉酶：淀粉分解酶中最重要的酶之一，其活力的高低是衡量麦芽质量的一个重要指标。从淀粉长链内部开始作用，可任意切断 α-1,4 葡糖苷键，最小作用底物是麦芽三糖。作用于淀粉的最终产物为糊精、麦芽糖和葡萄糖的混合物，为 β-淀粉酶提供大量的非还原性末端。该酶耐热不耐酸，作用于未煮沸的糖化醪比纯淀粉溶液最适温度和失活温度都上升 10℃左右，80℃时失活。

② β-淀粉酶：也称糖化酶，从分子链的非还原性末端开始，缓慢作用于 α-1,4 葡糖苷键，一次水解下一个麦芽糖单位，同时发生转位反应，生成 β-麦芽糖。β-淀粉酶较耐酸而不耐热，70℃保温 15min 则活性丧失。

③支链淀粉酶：也称极限糊精酶，只能水解 α-1,6-糖苷键，生成少量葡萄糖和麦芽三糖，此酶具有一定的温度耐受性。

④蔗糖酶和麦芽糖酶：将蔗糖和麦芽糖水解为相应的单糖。

（2）蛋白质的分解　分解蛋白质肽键的一类酶总称为蛋白酶，分为内肽酶和外肽酶（端肽酶），内肽酶切断蛋白质内部肽键，生成小分子多肽。外肽酶中的氨肽酶和羧肽酶分别从游离氨基和羧基端切断肽键。还有二肽酶分解二肽为氨基酸。蛋白酶是关系到麦芽溶解和啤酒质量的重要酶类。

（3）半纤维素和麦胶的变化　在半纤维素酶中最引人注目的是 β-葡聚糖酶，因为 β-葡聚糖是影响麦汁黏度和成品酒质量的重要因素之一，研究发现，发芽后麦粒中的 β-葡聚糖酶活力增长数十倍，说明细胞壁成分发生了分解。

（4）酸度的变化　发芽过程中酸度会提高，因为生成了有机酸和无机酸，但麦汁的 pH 变化不大，这主要归功于磷酸盐的缓冲作用。

3. 发芽的主要工艺条件和控制

（1）发芽水分　对麦粒的溶解影响较大，由浸麦度和发芽期间吸收的水分所决定。大麦发芽最适水分含量为 38%~42%，酶的形成和物质溶解所需的浸麦度与麦芽类型有关，制造浅色麦芽在 43%~46%，深色麦芽在 45%~48%。一般来讲，适当提高浸麦度，有利于酶的形成和胚乳物质的溶解，但浸麦度高，麦芽色度相应增加。发芽过程中，由于呼吸产热，麦粒中的水分蒸发，为了保持麦粒固有水分，通风发芽法通入的风要经调温、调湿处理，通入饱和湿空气，使发芽室内空气相对湿度达到 95% 以上，或及时给麦粒喷水以提供水分。现在为了缩短生产周期，一般浸麦结束时麦粒含水量控制在 38%~41%，进入发芽箱后继续喷水增湿，并通风搅拌均匀，达到所需的含水量。

（2）发芽温度　发芽温度是指中层发芽物的品温，品温越高，根芽损失和呼吸损失就越高，制麦率和麦芽浸出率指标就越低。发芽温度的控制一般有三种方法。

①恒温发芽：一般以 15℃ 为分界线，高于此温度为高温发芽，等于或低于此温度为低温发芽。低温发芽：温度变化范围 12~15℃，冬季温度低些，夏季高，更适合于蛋白质含量较高的大麦，颗粒生长、酶的生成和作用都比较缓慢，发芽时间比较长。高温发芽：温度 17~20℃，最高 22℃。高温时颗粒生长迅速，呼吸旺盛，升温快，生长不均匀，适合于生产深色麦芽。

②升温发芽：开始发芽一般是自然温度，比较低，随着颗粒呼吸不断增强，麦层温度上升。对于蛋白质含量较高、玻璃质粒较多的大麦，开始宜采用 13℃ 低温发芽，3d 后提高到18~20℃。

③降温发芽：要求在浸麦槽中浸麦度达到 38% 以上（38%~41%），当颗粒均匀露尖后送入发芽设备，温度要求 17~18℃。在发芽箱中保持该温度，约 2d 内逐步将水分提高到最大值，然后降温到 10~13℃。开始温度较高、水分较低有利于发芽，颗粒生长迅速、酶生成较强烈；后来降温、提高含水量有利于物质溶解，制麦损失低，是越来越多被采用的现代方法。

（3）发芽时间　发芽温度高、浸麦度高、CO_2 含量低，发芽时间就短，相反，发芽时间就长。浅色麦芽发芽时间短，一般 5~6d，夏季温度高时可缩短至 4d；深色麦芽发芽时间略长些，一般 7~9d。

（4）通风量、回风与新风之比　从麦层中出来而又重新鼓入麦层的空气称为回风，回风中 CO_2 含量高、温度高，麦层中 CO_2 含量达 4%~8% 即可抑制麦粒呼吸，因此，发芽前期应通入足够量的新鲜空气，发芽后期，逐步提高回风的使用比例。发芽过程中，风量的控制顺应麦粒的呼吸强度走势，采取"低-高-低"的原则。

（5）翻麦、喷水、抑制发芽　通过翻麦可以疏松料层（翻麦一次提高麦层厚度 10%~15%），降低品温，有利于通风和散热，排出 CO_2。当上下麦层温差达 2~3℃，或麦层出现板结时，必须翻麦。小型麦芽厂或制麦车间可用人工翻麦，大型现代化企业采用机械翻麦。翻麦频率同样遵循"低-高-低"的原则。

发芽过程中向物料表面均匀喷洒一定温度的水，可以补充水分、防止物料表面风干、降低品温。喷洒的水量以及喷水次数应以最终浸麦度和物料表面是否风干为准。

添加一些抑制根芽生长和颗粒呼吸的化学制品，可以减少制麦损失，如溴酸钾、甲醛、氨溶液。

4. 发芽设备

发芽方式一般分为两类，即地板式和通风式，其中地板式已经淘汰，通风式是向麦层由下而上压入一定量的调温、增湿的空气，现在都采用空调设备来控温、增湿，即空气在直接蒸发式空气冷却器里进行喷雾增湿处理，进风温度应低于发芽物品温 2℃左右。

通风式发芽设备的类型很多，最普遍采用的是萨拉丁发芽箱、塔式制麦发芽系统和麦堆移动式发芽设备。

（1）萨拉丁发芽箱　又称矩形发芽箱，箱体用砖砌或钢筋混凝土制成，箱体两端内壁为弧形，以吻合翻麦机的螺旋弧形，箱体长壁上有翻麦机导轨。翻麦机上相邻螺旋翼片的转向相反，喷水喷嘴安装在翻麦机上。发芽间应保温密封良好，墙壁和穹顶光滑以保证卫生。发芽车间布置 6 个相邻的萨拉丁发芽箱。

（2）塔式制麦发芽系统　实际是麦堆移动式制麦系统的垂直形式，共有 15 层，包括 1 层预浸麦层、12 层浸麦-发芽床和 2 层干燥床。在预浸麦层中具有普通浸麦槽所具有的装置，浸麦-发芽层每层床面积统一，床面分割成许多部分，每部分可以绕中心轴翻转，物料自由落到下一层。每层浸麦-发芽床单独通风，风的温度、湿度和通风量与各发芽阶段相适应。

四、干燥及除根

绿麦芽含水分高，不能贮存，也不能进入糖化工序，必须经过干燥。干燥可以使麦芽水分下降至 5% 以下，利于贮存；干燥可以终止麦芽中的化学生物学变化，固定物质组成；干燥还能去除绿麦芽的生青味，产生麦芽特有的色、香、味；另外，干燥也使除去麦根变得容易。

麦芽干燥的三个阶段：

①低温脱水阶段：空气温度为 50~60℃，采用强烈通风，使排放空气的相对湿度维持在 90%~95%，将麦芽水分从 45% 左右下降至 20% 左右，除去麦粒表面的自由水。

②中温干燥阶段：降低空气流量，适当提高干燥温度，排放空气相对湿度不断下降，温度不断上升。浅色麦芽此阶段应快速脱水至水分降至约 10%。两个阶段合称凋萎阶段，要求低温大风量。

③高温焙焦阶段：水分从约 10% 下降到要求的干麦芽含水量，该阶段是真正的干燥阶段。虽然该过程去除的水分少，但去水困难，需要的温度高、时间长，降低空气流量，且适当回风。麦芽的色、香、味物质也主要在此阶段生成。焙焦温度的高低与麦芽类型有关，浅色麦芽一般为 80~85℃，深色麦芽为 95~105℃，焙焦 2~2.5h，使浅色麦芽水分为 3.5%~5%，深色麦芽水分为 1.5%~2.5%。

根芽对啤酒酿造没有意义，且影响啤酒质量，应在干燥 24h 内除去根芽，并冷却到室温。

五、成品麦芽质量评价

从外观、物理指标、化学检验指标、麦芽品尝和麦芽酿造性能方面，并结合大麦的种植特性、设备与工艺全面综合地评价麦芽质量，可反映大麦品种、质量、制麦工艺是否达到要求，来考察是否达到制麦目的，是否适合生产优质啤酒。

（1）感官分析　从麦芽的颜色、气味、口味、光泽等方面评价；

（2）物理检验　包括切断实验、叶芽长度、千粒质量、公石质量、麦芽的相对密度、分选实验、沉浮实验、脆度实验等；

（3）化学检验　一般检验（标准协定法糖化实验）、细胞溶解度的检验、蛋白质溶解度的检验、淀粉分解的检验、其他检验。

第三节　啤酒酵母扩培

一、啤酒酵母概述

1. 啤酒酵母的类型和种类

啤酒风味的组成成分主要来自于酵母的代谢过程，啤酒的风味质量更多地决定于酵母的状态而不是麦汁的组成，麦汁的营养组成是酵母赖以生存的环境之一。啤酒酵母利用本身所含有的酶系将麦芽中的可发酵性糖经一系列变化转变为酒精、CO_2，其代谢中间产物以及 α-氨基氮还生成一系列的副产物，如醇类、醛类、酸类、酯类、酮类和硫化物等，与未参加发酵的多糖、蛋白质等物质混合在一起，使啤酒表现出包括风味、泡沫、色泽在内的独特典型性。

啤酒酵母在发酵初始阶段，从麦汁中获取能量进行生长繁殖，当麦汁的溶解氧消耗殆尽时，便开始无氧发酵，产生大量的 CO_2 而在麦汁表面产生泡沫，大量细胞悬浮在培养液中，发酵后期，不同的酵母在发酵液中的位置和形状不同，据此，可将啤酒酵母进行不同分类。

（1）上面酵母和下面酵母　啤酒发酵的后期，酵母易漂浮在泡沫层中，在液面发酵和收集，称上面酵母或顶面酵母，分类上属于啤酒酵母；发酵结束沉降于容器底部的酵母，为下面酵母，又称底面酵母或贮藏酵母，归属于葡萄汁酵母，包括卡尔酵母、类哥酵母及葡萄汁酵母。世界上多数国家采用下面酵母发酵啤酒，我国也是主要采用下面酵母发酵啤酒。两类酵母的主要区别如表5-4所示。

表 5-4　　　　　　　　　上面酵母与下面酵母的主要区别

项目	上面酵母	下面酵母
细胞形态	多呈圆形，多数酵母集结在一起	多呈卵圆形，细胞较分散
发酵终了生理现象	大量细胞悬浮在液面	大部分酵母凝结而沉淀容器底部
长出的新细胞	互相粘连，形成芽簇	很少粘连
带电荷	正电荷	负电荷

续表

项目	上面酵母	下面酵母
发酵温度	15~25℃	5~12℃
发酵时间	5~7d	8~14d
实际发酵度	60%~65%	55%~60%
发酵风味	酯香味较浓	酯香味较淡
棉子糖发酵能力	分解棉子糖为蜜二糖和果糖	全部发酵棉子糖
蜜二糖发酵能力	缺乏蜜二糖酶，不能发酵蜜二糖	含有蜜二糖酶，能发酵蜜二糖
37℃培养	能生长	不能生长
低于5℃时生长能力	受到抑制，生长较差	部分生长
利用酒精发酵	能	不能
孢子形成能力	较易形成孢子	很难形成孢子

（2）凝集酵母与粉状酵母　凝集性是啤酒酵母的重要特性，影响酵母回收量、发酵速率和发酵度、啤酒过滤方法的选择与啤酒风味，根据凝集性，啤酒酵母有凝集酵母和粉状酵母之分，其主要区别见表5-5。

表5-5　　　　　　　　　　　　　　凝集酵母与粉状酵母的主要区别

项目	凝集酵母	粉状酵母
发酵初期	分散在发酵液中	分散在发酵液中
发酵过程	容易凝集，浮于液面（上面酵母） 容易凝集，沉于底部（下面酵母）	分散在发酵液中
发酵终了	在液面形成致密的酵母凝集层（上面酵母） 形成结实的沉淀（下面酵母）	分散在发酵液中，很难沉淀
发酵液澄清速度	比较快	不易澄清
发酵度	较低	较高

2. 啤酒酵母细胞内的主要酶类

（1）麦芽糖酶含量较高，把麦芽糖分解为葡萄糖，最适 pH6.1~6.8，最适温度为35℃。不是典型的胞内酶，在细胞外活动能力有限。在啤酒发酵中起一定作用。

（2）蔗糖酶又称转化酶，将蔗糖水解为单糖，最适 pH4.2~5.2，最适温度为55℃。为胞内酶，也有部分能渗透到细胞外。

（3）棉子糖酶把棉子糖转化为果糖和蜜二糖，上面酵母和下面酵母都含有此酶，最适 pH4.0~5.0。

（4）蜜二糖酶把蜜二糖分解为葡萄糖和半乳糖，只有下面酵母含有此酶。最适 pH6.5，最适温度42℃，只有下面酵母含有。

（5）酒化酶将葡萄糖等单糖转化为酒精和 CO_2。属于胞内酶。包括磷酸转移酶、氧化还原酶、异构化酶、裂解酶和加成酶等多种酶类。

（6）蛋白质分解酶类内切型肽酶、羧肽酶、氨肽酶和二肽酶，都是胞内酶。

还有肝糖酶，各种辅酶，在酵母新陈代谢中起重要作用。

3. 优良啤酒酵母的评估

对啤酒酵母的基本要求是：发酵力高，凝聚力强、下沉缓慢而彻底，繁殖能力适当，生理性能稳定，酿制出的啤酒风味好。

（1）细胞和菌落形态　优良健壮的啤酒酵母细胞，具有均匀的形状和大小，平滑而薄的细胞膜，细胞质透明均一。细胞为圆形、卵形和椭圆形，大多数优良菌株的短、长轴之比为1：（1.1～1.3）。细胞大小有大型和中小型，一般大型细胞的凝聚性好，而中小型的细胞比表面积大，发酵速度较快，所以倾向于选择中小型细胞的菌株。

在液体培养时，细胞是单个的或有一个芽细胞，芽细胞为母细胞 2/3 体积即脱落，若细胞成链，则不是卡尔酵母特征。在麦芽汁固体培养基上菌落呈乳白色至微黄褐色，表面光滑但无光泽，边缘整齐或呈波状。

（2）生理学特征

①繁殖速度：选择繁殖快的菌株，以缩短酵母扩培时间和发酵前期的酵母增殖时间。例如，15℃繁殖的滞缓期应<2.0h，平均世代时间应<8.0h。对比 15℃ 和 10℃ 繁殖时间，两者平均世代时间相差越小，说明菌株对温度适应性强，有利于控制。生产上采用高接种量，限制细胞繁殖次数，控制细胞的最高浓度。

②发酵力：酵母对糖的发酵能力包括起发速度、发酵最高降糖能力、发酵度、酵母对麦汁的极限发酵度。起发速度用起发时间来表征，即从接种至起白沫的时间。高泡阶段的每天降糖速率或释放 CO_2 的速率称为发酵最高降糖能力，一般用发酵降糖快（2.5°P/d），并能维持 2~3d 的快速发酵菌株。发酵度反映酵母对各种可发酵性糖的发酵程度，不同酵母均有自己基本恒定的发酵度，发酵度通过发酵前后麦汁浓度的变化来计算，发酵度分为表观发酵度、真正发酵度和极限发酵度，真正发酵度指的是排除酒精后发酵液浓度的下降值与原麦汁浓度的比值，外观浓度则是指不排除酒精的发酵液浓度的下降值与原麦汁浓度的比值，正常情况下外观发酵度一般为 75%～87%，真正发酵度为 60%～70%，真正发酵度低于 60% 的酵母难以制成优质啤酒，极限发酵度是指在最佳发酵温度 25～27℃ 下，酵母对麦汁中可发酵糖的最大发酵程度，主要反映酵母对麦芽三糖的发酵能力和发酵极限。极限发酵度和真正啤酒发酵的差值 $F_{极}-F_{啤}<1.0\%$ 时，酿制的啤酒口味清爽，生物稳定性好。

③凝集性：以凝聚点来量化表征酵母凝集性的大小，即酵母开始凝集时的真正发酵度，各菌株的凝聚点多选在 35%～50%，优良菌株>45%，过早凝聚则造成发酵迟缓，双乙酰还原慢。

④双乙酰：指双乙酰峰值和还原速度，世界各国优秀浅色啤酒的双乙酰含量均在 0.03～0.06g/L，在优选低双乙酰的酵母菌株及改进发酵技术后可以很好地解决双乙酰还原的问题。

⑤酵母耐压性：大罐发酵罐高 10～20m，液柱压力和 CO_2 浓度对酵母的生长繁殖和代谢产物形成均可能产生影响，应保证酵母在生产压力下发酵正常。

⑥酵母稳定性：酵母若使用 7 代，发酵速度、发酵度、双乙酰含量没有明显的变化，可以认为此酵母是十分稳定的。若在 6 代以内发酵度明显降低，双乙酰含量升高，则酵母是不稳定、易退化的。新扩培的酵母，生产上称为 0 代，酵母每参与一次啤酒发酵，收集酵母泥就增加一代，传统发酵酵母使用在 7 代以内，大罐发酵酵母使用在 5 代以内。

⑦酵母死灭温度：指 10min 内酵母被全部杀死的温度，啤酒酵母一般在 45℃ 停止生命活动，死灭温度一般在 50～54℃。

⑧发酵液的特征和啤酒泡沫特性：接种到 100mL 麦汁中发酵 25~30h 后做感观检查，要求口味纯正，具有正常的香味，并保持本厂传统啤酒的风格。啤酒泡沫是啤酒的一项重要感观指标，泡沫性能主要包括啤酒的起泡性、泡沫的持久性及泡沫的附着力，合格的啤酒倒入杯中应有明显的泡沫升起，洁白、细腻、不粗大，且持久、挂杯。

⑨对生长因子的需求：酵母的生长需要多种维生素，生物素、肌醇、泛酸盐、硫胺素、烟酸（烟酰胺）、吡哆醇、对氨基苯甲酸等是酵母的必需维生素。

二、啤酒酵母扩大培养

啤酒工厂生产使用的酵母应由保存的纯种酵母，经过逐级扩大培养，达到一定数量后，才能供生产现场使用。酵母扩培的根本任务是最短时间内生产尽可能多的纯种生产酵母，酵母应有高发酵能力、低死酵母数（<1%）。根据扩培级数不同和发酵工艺的要求，细胞浓度为 $0.1 \times 10^8 \sim 1.0 \times 10^8$ 个/mL，pH3.8~4.2，乙醇含量为 1.0%~2.0%(vol)，CO_2 含量 0.5~1.5g/kg。

新扩培的酵母，生产上称为 0 代，此酵母每参与一次啤酒发酵，收集酵母泥就增加一代，传统发酵酵母使用在 7 代以内。酵母泥的收集和饲养详见本章第五节。

酵母扩大培养的过程分为实验室扩大培养阶段和生产现场扩大培养阶段。

1. 实验室扩大培养阶段

实验室啤酒酵母扩大培养的工艺流程、操作工艺说明及注意事项如下：

斜面试管——→液体试管培养 $\xrightarrow[2\sim3d]{25\sim27℃}$ 三角瓶培养 $\xrightarrow[2d]{23\sim25℃}$ 卡式罐培养 $\xrightarrow[3\sim5d]{18\sim20℃}$ 汉生罐

（1）斜面试管一般为工厂自己保藏的纯粹原菌或由科研机构和菌种保藏单位提供。

（2）应按无菌操作的要求对培养用具和培养基进行灭菌。

（3）每次扩大稀释的倍数约为 10~20 倍，扩培容器可根据需要选择，如可以先使用小三角瓶，再使用大三角瓶扩培，也可以用巴氏瓶代替三角瓶。

（4）每次移植接种后，要镜检酵母细胞的发育情况。

（5）随着每阶段的扩大培养，培养温度要逐步降低，以使酵母逐步适应低温发酵。

（6）每个扩培阶段，均应做平行培养：试管 4~5 个，巴氏瓶或三角瓶 2~3 个，卡氏罐 2 个，然后选优进行扩培。

（7）扩大培养的目的是获得大量的有活力的酵母细胞，所以必须尽量让酵母处于有氧代谢过程中，因此需要保证充足营养与充氧是关键因素。为增加溶解氧，应注意容器装量不超过 1/2，留有空隙；用棉塞，提供氧进入途径；灭菌后，培养基放置 2~3d 再接种，使培养基吸氧；每 8h 振荡一次；选择可进行充氧操作的卡氏罐和摇床培养。

（8）实验室阶段扩培使用的是未添加酒花的麦汁，从小三角瓶培养开始，可以在麦汁中适当添加酵母营养盐、乳链菌肽（Nisin）和锌离子。

2. 生产现场扩大培养阶段

生产现场啤酒酵母扩大培养的工艺流程、操作顺序说明及注意事项如下：

汉生罐培养 $\xrightarrow[36\sim48h]{13\sim15℃}$ 酵母扩大培养罐 $\xrightarrow[2d]{11\sim13℃}$ 酵母繁殖槽 $\xrightarrow[2d]{9\sim11℃}$ 发酵罐或发酵池

（1）汉生罐培养　啤酒酵母既可在汉生罐培养，又可保种和反复培养，连续使用时间可达半年到 1 年左右。汉生罐培养系统由 1 只麦汁杀菌罐和 1~2 只酵母培养罐组成，容量为

150~260L。各罐均设冷却和保温用夹套和手摇搅拌器，汉生罐还配置真空及压力保护系统，对汉生罐进行灭菌、降温、转接等操作时必须用无菌空气正压保护，维持正压 0.03MPa 左右。

汉生罐培养的操作顺序为：①杀菌，麦汁在杀菌罐中杀菌冷却，同时对酵母培养罐空管杀菌冷却；②转接，将卡氏罐内的酵母培养液以无菌压缩空气压入酵母培养罐，通无菌空气 5~10min；③加入麦汁，将杀菌冷却后的麦汁加入培养罐中，再通无菌空气 10min；④初期培养，保持品温 10~13℃，室温维持 13℃，培养 36~48h，在此期间，每隔数小时通风 10min；⑤汉生罐旺盛期培养，酵母培养液进入旺盛期时，一边搅拌，一边将 85% 左右的酵母培养液移植到已灭菌的一级酵母扩大培养罐，逐级扩大到一定数量后供现场发酵使用。

（2）汉生罐留种再扩培　向培养罐留下的约 15% 的酵母培养液中，加入麦汁，待起发后，迅速冷却至 2~3℃。培养罐内保存的种酵母应定期排放锥底的死酵母，至少每月换一次麦汁。在下次再扩培时，汉生罐的留种酵母最好按上述培养过程先培养一次后再移植，使酵母恢复活性。

利用汉生罐还可实现周期短频率高的留种方式，即将一级酵母扩大培养罐中已经培养好的酵母培养液压入汉生罐内高位，并迅速降温至 2~3℃进行留种，一旦生产需要即可迅速进入下一级的扩培过程，生产旺季时一般采用此方式。

（3）汉生罐麦汁和空罐冷却过程中需要用无菌压缩空气保压，即反压冷却。待麦汁冷却至 10~12℃时，要从麦汁杀菌罐出口排出部分沉淀物再压入酵母培养罐中。

（4）汉生罐更换麦汁时，应预先通过搅拌使已沉淀的酵母被悬浮并搅拌成乳浊液，然后按罐实际容积放走 85%~90% 酵母悬浊液，留下 10%~15%，再补充新的麦汁，起发后冷却。留种期间罐内保持正压 0.03MPa 左右。

（5）本阶段的扩培级数要求不严格，只要掌握合适的接种时间、及时补充营养（新鲜麦汁）和满足扩培过程需要的氧，保持一定的扩培温度即可。近代酵母的扩培可以分为一罐法、两罐法、三罐法等多种，但大多数倾向于使用两罐法，因为两罐法包含一个有留种的种子罐，可用于留存部分菌种。

（6）酵母扩培过程中需间断充氧和加强氧的分散，可在酵母扩培装备中安装充氧集合器-充氧搅拌器，或能有效地帮助达到酵母增殖的目的。

（7）每一步扩大后的残留液都应进行染菌、菌种变异的检查，每扩大一次，温度都应有所降低，但降温幅度不宜太大。汉生罐以后各级采用低温培养（不高于 13℃），酵母倍增时间长，杂菌污染机会多，扩大比宜缩小，一般为 1:4~1:5。

（8）扩大培养过程中的转接时间，在对数生长期移殖酵母应是最合适的，在出芽率比较高或略有回落的时间移种最为合适。

三、啤酒活性干酵母应用方法

以湖北安琪酵母股份有限公司生产的"安琪"牌啤酒活性干酵母为例：

（1）低温发酵　发酵起始温度为 9℃或更低（7~8℃），主发酵最高温度控制在 11~12℃。啤酒活性干酵母必须活化 1.5~2h，用量为 0.5‰。复水活化材料应达到：容器必须洁净且可密封；活化用水必须是无菌的凉开水；麦汁必须经煮沸后取用。

复水活化步骤：①取煮沸后的 10~12°Bx 的麦汁，加等量的凉开水，迅速冷却至 30~

32℃，加入可密封的洁净容器中，制成 4~6°Bx 麦汁。②取所需用量的啤酒活性干酵母加入到 4~6°Bx 麦汁中，麦汁用量为啤酒活性干酵母用量的 5~10 倍。③复水活化过程中，每隔 10min 摇动 2min，活化 1.5~2h。该工艺发酵 4~5d 可开始保压，此时糖度在 4.5°Bx 左右。

（2）中温发酵　发酵起始温度为 11℃，主发酵最高温度为 13~14℃。啤酒活性干酵母用量为 0.5‰，复水活化方法同上述低温发酵。发酵 48~72h 可开始保压，糖度在 4.5°Bx 左右。其他控制条件根据工艺而定。

（3）高温发酵　发酵起始温度为 17℃，主发酵最高温度控制在 19~20℃。在此温度下，啤酒活性干酵母可不活化直接入罐，用量为 0.3‰。发酵 36~48h 可开始保压，糖度在 4.5°Bx 左右。

第四节　定型麦汁制备

麦芽汁制备是将麦芽、非发芽谷物、酒花用水调制加工成澄清透明的麦芽汁的过程。麦芽汁制备过程包括：粉碎，糊化和糖化，过滤，混合麦汁，加花煮沸，麦汁澄清、冷却、通风等一系列物理、化学、生物化学过程。

一、麦芽粉碎

1. 粉碎目的和要求

原料粉碎可增大比表面积，使内含物与介质水和酶接触面积增大，加速物料内含物溶解和分解。

麦芽的皮壳在麦汁过滤时作为自然滤层，且皮壳中的有害物质溶出使啤酒苦味粗糙、色度加深，因此不能粉碎过细，应尽量保持完整。麦芽胚乳部分从理论上讲粉碎得越细越好，特别是对溶解不好的麦芽，但过细会增加成本。因此麦芽粉碎要求可概括为"皮壳破而不烂，胚乳尽可能细些"，胚乳粉碎得到的粗粒与细粒（包括细粉）比例在 1∶2.5 以上。

2. 麦芽粉碎方法

啤酒厂采用辊式粉碎机粉碎麦芽，可采用干法粉碎、增湿型干法粉碎和湿法粉碎，干法粉碎为传统方法且延续至今，增湿粉碎和湿法粉碎应用越来越多。粉碎后的麦芽粉集中到暂存箱中，便于下一锅次的投料。粉碎方法不同，麦芽粉暂存箱的下料锥角亦应不同。

（1）干法粉碎　干法粉碎要求麦芽含水量在 4%~7%，一次粉碎很难满足要求，应用较多的是三次粉碎过程的五辊、六辊干法粉碎机，麦皮的破碎程度大。

（2）增湿型干法粉碎　增湿型干法粉碎也称增湿粉碎或回潮粉碎，增湿方式分为蒸汽增湿和水雾增湿，结果麦壳含水量提高，柔性增加，粉碎时容易保持完整，而胚乳部分含水量基本不变。

（3）湿法粉碎　将麦芽浸没 15min 并通风搅拌，含水量增加至 28%~30%，粉碎时皮壳不容易磨碎，胚乳带水碾磨，故糖化速度快，该法也称老式湿法粉碎。

（4）浸润增湿粉碎　干麦芽进入湿法粉碎机之前，先经过一个喷水增湿器，经 50~70℃酿造用水处理 1min 左右，使麦皮含水量增至 18%~22%，胚乳吸水很少而保持疏松，再进入粉碎机进行湿法粉碎。粉碎后的麦芽粉用温水喷雾调浆，打入糖化锅。本方法可以实现边进料、边增湿、变粉碎、边投料、边糖化，保证了麦芽的粉碎效果。

3. 影响麦芽粉碎的因素

麦芽粉碎效果受麦芽性质、粉碎机、糖化方法、过滤设备的影响，一般来说麦芽溶解良好。含水量适中，采用五辊和六辊粉碎机得到的粉碎物各部分比例适宜；浸出糖化法和板框压滤机要求胚乳细度高，过滤槽要求麦壳尽量保持完整，煮出糖化法的粉碎物可以略粗些。

二、糖化及过滤

1. 糖化的目的及要求

利用麦芽所含的各种水解酶，或外加的酶制剂，在适宜的温度、pH、时间等条件下，将麦芽和辅料中的不溶性高分子物质如淀粉、蛋白质、纤维素及其中间分解产物，逐步分解为可溶性的低分子物质的过程，称为糖化。麦芽粉碎物与水混合直至糖化后称为糖化醪，辅料与水的混合物则称为糊化醪，能溶解于水的干物质即溶质称为浸出物。

糖化的目的就是利用各种酶的作用，将不溶性物质适当转化为可溶物并转移到水相中，制成符合要求的麦汁，并在减少能耗的前提下提高原料的利用率。麦汁中的浸出物含量与原料中干物质的质量比称为无水浸出率，麦芽的无水浸出物仅占 17% 左右，在糖化过程中提高到 75%~80%，其余则成为麦糟的一部分。麦汁中的浸出物主要组分为发酵性的糖类与氨基酸，以及非发酵性的糊精、蛋白质、麦胶物质和矿物质，其中发酵性糖类为葡萄糖、麦芽糖和麦芽三糖。

糖化程度的检验方法：一般用低浓度的碘液检验冷却后的醪液中淀粉分解是否完全分解，不显色说明淀粉基本分解。

2. 麦芽糖化过程中主要物质的变化及其控制条件

在某种酶的最适作用温度下维持一定的时间，使相应底物尽可能多地分解，这段时间称为休止时间，其作用温度称为休止温度。糖化阶段的休止温度要尽量适应不同酶的最适作用温度，发挥各种酶的最大潜力。糖化过程中最重要的酶是蛋白酶、α-淀粉酶和 β-淀粉酶。

（1）淀粉的分解　在糖化过程中，淀粉的分解包括三个不可逆过程，即糊化、液化和糖化。醪液升至一定温度，胚乳细胞壁破裂，淀粉分子溶出形成黏性糊状物的过程为糊化，淀粉糊化后，醪液中的淀粉酶可以较好地发挥作用，而未糊化淀粉的分解则需要很长时间；在 α-淀粉酶的作用下，已糊化醪液的黏度迅速下降，形成稀醪液的过程即为液化；糖化则是淀粉分解为糖类和糊精的过程。

淀粉分解是糖化过程中最重要的酶促反应，淀粉分解是否完全是糖化是否彻底的标志，因为其直接影响着淀粉利用率、最终发酵度等指标。糖化过程中淀粉的分解是发芽过程中淀粉分解的继续，是淀粉分解的主要阶段，分解速度大大快于发芽时期。淀粉分解程度的检查项目有碘反应，最终发酵度，糖与非糖之比。影响淀粉分解的因素有多种，这些因素决定了淀粉水解的控制条件。

麦芽的性质及粉碎细度：溶解良好的麦芽，采用机械方法粉碎，麦芽粉细度大，浅色麦芽制得的糖化醪中，淀粉酶与淀粉接触的机会多，面积大，使淀粉充分分解。

糖化方法：蒸煮糖化法可以破裂细胞壁，更利于淀粉酶的作用，尽管高温蒸煮会破坏部分酶的活性。此法尤其适用于溶解不足的麦芽。

糖化醪浓度：一定范围内，高糖化醪浓度有胶体保护作用，推迟酶的失活时间，所以糖化时间可以适当延长。

糖化温度和时间：恒温糖化时，在 $60 \sim 67{}^{\circ}\mathrm{C}$ 最佳。升温糖化时，采用较低的投料温度，使淀粉细胞壁及蛋白质和脂类物质得到较好分解，而糖化休止温度较高，有利于淀粉酶作用。因 β-淀粉酶对温度比较敏感，应于 $\leq 67{}^{\circ}\mathrm{C}$ 下长时间休止。

糖化醪 pH：淀粉分解酶的最适作用 pH 是偏酸性的，兼顾糖化醪中 α-淀粉酶和 β-淀粉酶的耐酸性，选择最适 pH 为 5.6，由于麦芽糖化醪本身的 pH 约为 5.9，可以添加乳酸、无机酸或酸麦芽等调节 pH，此操作称为酸休止。

（2）蛋白质的分解　与淀粉不同，蛋白质的溶解主要在制麦过程中进行，而糖化过程主要起修饰和调整作用，如果发芽时蛋白质分解很差，糖化过程中也很难调整过来。糖化过程中各部分蛋白质所占的比例，直接影响啤酒发酵和最终产品的质量。高分子蛋白质可以提高啤酒的圆润性和适口性，增强啤酒的泡沫，但过多会导致啤酒早期浑浊；低分子氮作为酵母的营养物质，也会直接进入到成品啤酒中去，因此糖化后麦汁中高、中、低分子氮的比例要适当。

糖化过程中蛋白质分解主要是羧肽酶的作用，其在糖化醪中的最适作用温度为 $50 \sim 55{}^{\circ}\mathrm{C}$，休止时间不会超过 1h。蛋白质分解的控制可用氮区分、蛋白分解强度（库尔巴哈值）、α-氨基氮、甲醛氮等指标来监测。

（3）半纤维素和麦胶物质的分解　主要指 β-葡聚糖的分解，因为 β-葡聚糖酶对温度比较敏感，并且最适作用 pH 偏低，因此要充分发挥该酶的作用，应采用低温投料。β-葡聚糖分解的评价可以测定麦汁中 β-葡聚糖的含量，但测定方法费时费力。由于麦汁的黏度与 β-葡聚糖有关，而测定麦汁的黏度简单易行，所以实际生产中利用测定的麦汁黏度来间接衡量含葡聚糖的分解情况，正常麦汁黏度波动在 $1.60 \sim 2.00 \mathrm{mPa \cdot s}$。

（4）多酚物质的变化　糖化过程中多酚物质经历了游离、沉淀、氧化、聚合等变化。相对分子质量在 $600 \sim 3000$ 的活性多酚具有沉淀蛋白质的性质，温度高于 $50{}^{\circ}\mathrm{C}$ 时与蛋白质一起沉淀。

（5）脂类的分解和磷酸盐的变化　脂类在脂酶的作用下分解，生成甘油和脂肪酸，脂肪酸在脂氧合酶的作用下发生氧化，表现在亚油酸和亚麻酸的含量减少。滤过的麦汁浑浊，可能有脂类进入到麦汁中，会对啤酒的泡沫产生不利的影响。在磷酸酯酶的作用下，麦芽中有机磷酸盐水解，将磷酸游离出来，使糖化醪 pH 降低、缓冲能力提高。

3. 糖化方法及工艺流程

（1）浸出糖化法　以麦芽为原料，浸出糖化法的工艺流程：

$35 \sim 37{}^{\circ}\mathrm{C}$ 投料保温 20min $\longrightarrow$ $52{}^{\circ}\mathrm{C}$ 蛋白质休止 30min $\longrightarrow$ $65{}^{\circ}\mathrm{C}$ 保温糖化至碘反应完全 $\longrightarrow$ $72{}^{\circ}\mathrm{C}$ 保温 10min $\longrightarrow$ $78{}^{\circ}\mathrm{C}$ 保温 10min $\longrightarrow$ 过滤。

根据糖化过程中的温度控制，浸出法可分为恒温浸出糖化法和升温浸出糖化法两种，上述流程即为升温浸出糖化法，而恒温浸出糖化法没有蛋白质分解阶段，投料温度 $65{}^{\circ}\mathrm{C}$ 即是糖化温度，糖化结束升至过滤温度 $78{}^{\circ}\mathrm{C}$ 进行过滤，因此只适用于蛋白质分解比较完全的麦芽。

（2）煮出糖化法　在糖化过程中，停止搅拌，短时间静置后取出部分下部的浓醪进行蒸煮的方法称为煮出糖化法，有三次煮出糖化法、二次煮出糖化法和一次煮出糖化法之分。上部稀醪因含有丰富的已经溶解的酶，一般不用于蒸煮。煮出糖化法的特点是将糖化醪分批加热到沸点，然后与未煮沸的醪液混合，从而使全部醪液温度分阶段地升温到所需的休止温度。取出的醪液称为煮醪，煮醪与糖化锅中的剩余糖化醪混合称为兑醪，取出煮醪量的多少与混合后醪液的温度有关。

（3）双醪糖化法　只使用麦芽的糖化法称为单醪法，使用辅料的糖化法称为双醪法（即糖化醪与糊化醪），双醪法又可派生出双醪煮出糖化法和双醪浸出糖化法，无论是糖化法还是浸出法，糊化醪在与糖化醪混合之前均须糊化、液化（以麦芽或α—淀粉酶为液化剂）、煮沸（不计入煮沸次数），然后再与糖化醪一起进行淀粉糖化，糊化醪中的蛋白质几乎很少变化。

采用低温投料，单醪二次煮出糖化法和双醪二次煮出糖化法的工艺流程如图5-2和图5-3所示。

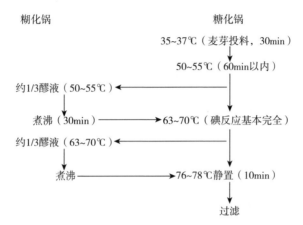

图 5-2　单醪二次煮出糖化法工艺图解

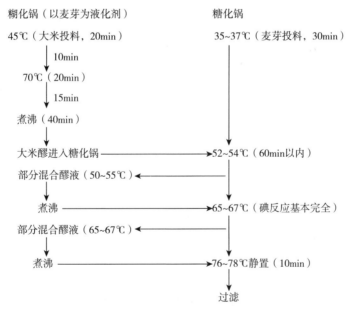

图 5-3　双醪二次煮出糖化法工艺图解

（4）工艺控制点

①糖化的原料配比：过度溶解的麦芽与溶解不良的麦芽搭配比例一般为3：2；溶解良好的麦芽与溶解不良的麦芽搭配比例一般为3：1；在进行不同质量的麦芽搭配时，还应根据混

合麦芽的质量情况，对辅料的使用比例进行适当的调整。

②糖化温度：不同温度段点的作用如下：

a. 35~40℃：浸渍温度，有利于酶的浸出和酸的形成，并有利于 β-葡聚糖的分解，常用温度范围为 35~37℃，溶解不良的麦芽和酿造深色啤酒时一般采用低温投料。

b. 45~55℃：蛋白质休止温度，同时 β~葡聚糖的分解作用继续进行，常用温度范围为 50~55℃，50℃有利于羧肽酶的作用生成低分子含氮物质，55℃有利于内肽酶的作用，大量可溶性氮形成。

c. 53~75℃：糖化温度。53~65℃有利于 β-淀粉酶的作用，大量麦芽糖形成，65~75℃有利于 α-淀粉酶的作用，麦芽的浸出率相对增多，可发酵性糖相对减少，非糖比例提高。常用温度范围为 63~70℃。以麦芽作为糊化醪的液化剂时，液化温度为 70℃。

d. 75~78℃：过滤温度（或糖化最终温度），α-淀粉酶仍起作用，残留的淀粉进一步分解，其他酶则受到抑制或失活。

e. 90℃：以 α-淀粉酶的酶制剂作为糊化醪的液化剂时，液化温度为 90℃。

f. 85~100℃：酶受到破坏失去活力，常用煮沸温度取近似 100℃。

③糖化时间：在正常操作条件下，醪液温度达到 65℃后，在 15min 左右糖化完全的，麦芽质量为好，麦汁过滤一般很顺利；在 30min 左右糖化完全的，麦芽质量一般，麦汁过滤不会遇到困难；糖化时间不超过 1h。

④料液比：浓醪有利于蛋白质分解，稀醪有利于淀粉的糊化和液化。糖化锅的料水比一般控制在 1∶3.5 左右，糊化锅的料水比一般为 1∶5.0 左右，根据辅料添加比例和兑醪后所要达到的温度适当调整两者用水的比例。

醪液浓度在 8%~16% 时，基本不影响各种酶的作用，浓度超过 16%，酶的作用逐渐缓慢。因此，淡色啤酒的头道麦汁浓度以控制在 16% 以内为宜，浓色啤酒的头道麦汁浓度可适当提高至 18%~20%。

⑤工艺操作的灵活性：煮醪可以在糊化锅中直接加热煮沸，也可保温进行蛋白质休止和糖化休止后再煮沸。

4. 麦汁过滤

在最短时间内把糖化醪进行固液分离的过程称为麦汁过滤，固体部分称为麦糟，液体部分为麦汁。麦汁过滤的基本要求是迅速、彻底地分离糖化醪液中的可溶性浸出物，尽量减少有害物质及大分子物质进入麦汁，防止麦汁氧化，保证麦汁具有良好的口味和较高的澄清度，同时减少对环境的污染。麦汁过滤有过滤槽法、压滤机法和快速渗出过滤槽法 3 种。压滤机为定型设备，一般在大厂使用，根据麦汁压滤机结构的不同，一般可以分为板框式压滤机、袋式高压压滤机和膜压式压滤机三种类型，板框式压滤机详见本章第五节。下面主要介绍过滤槽法。

过滤槽法是目前国内啤酒厂大多使用的方法，过滤所得的麦汁较清。与过滤过程密切相关的构件主要有进料阀、滤板、麦汁导管、过滤旋塞、鹅颈管和耕糟器，不同过滤槽的区别在于装备水平、能力大小和自动控制等方面。

麦汁的过滤包括两步：第一步进行糖化醪的过滤，即头号麦汁过滤，得到"头号麦汁"或"第一麦汁"；第二步是洗糟，即麦糟的洗涤，洗出的麦汁称为"洗糟麦汁"或"第二麦汁"、"第三麦汁"。现代过滤槽的麦汁过滤分为七个工艺过程：①顶热水，在进醪前，从糖化锅的麦汁引出管接进热水，直至溢过滤板，水温与糖化醪温度相同 76~78℃，借此预热槽及排除管、筛底的空气。②进醪，搅拌糖化醪，从过滤槽底部泵入醪液，泵醪速度前缓后急，控制在 2~4m/s。进醪后开动耕槽机转数转，使糖化醪均匀分布。③静置，静置 10~30min，糖化醪沉降形成过滤层，厚达 30~40cm。④浑浊麦汁回流，抽出浑浊麦汁回流至槽内，直至麦汁澄清，持续 5~15min。⑤第一麦汁过滤，进行正常过滤，调节逐渐增大麦汁流量，收集过滤"第一麦汁"，一般需要 45~90min，改进操作可使过滤时间降至 60min 之内。过滤时间达到一半时，关闭过滤旋塞，开动耕糟器松动滤层（耕糟机转速和耕糟深度可调），并将由此产生的浑浊麦汁重新过滤，此时测定第一道麦汁浓度，以确定洗糟水的用量，第一道麦汁浓度必须高出定型麦汁浓度 40%~80%。⑥耕糟和洗糟，待麦糟露出或将露出，耕糟同时喷水洗糟，采用连续式或分 2~3 次洗糟，同时收集"第二、第三麦汁"，浑浊的麦汁需要回流直至麦汁清亮。⑦排糟，待洗糟残液流出浓度达到工艺规定值，过滤结束。开动耕糟机及打开麦糟排除阀排空气，洗糟及过滤筛板，并清洗排污。

洗糟用水温度 75~85℃；洗糟残糖浓度控制在 1.0%~1.5%，制造高档啤酒时应适当提高残糖浓度在 1.5% 以上；混合麦汁浓度应低于最终麦汁浓度 1.0%~1.5%，过分洗糟，增加麦汁煮沸时的蒸发量是不经济的。

5. 糖化及后处理设备组合

糖化过程通常需要两个容器，即糊化锅和糖化锅，糖化锅主要用于休止，糊化锅主要用于加热煮沸，使淀粉进行糊化和液化。二者的形式、结构很类似，均具备加热和搅拌功能。糖化锅搅拌器的外形及尺寸的设计非常重要，其线速度不得超过 3m/s，否则会对醪液产生剪切力，使醪液内容物发生改变。ShakesBeer 糖化系统的加热和搅拌均采用蜂窝夹套结构，即将凹坑焊接在糖化锅的内表面和搅拌器上，这样加热时醪液能形成紊流和漩涡，确保受热和搅拌均匀。糊化锅的改进主要是加热方式，过去常采用蒸汽夹套加热，现在，常采用在锅底及侧壁焊接半圆形管的方式，并且在材料方面加以改进，安全性和传热效率大大提高。

糖化车间是将糖化锅、糊化锅和后边的过滤槽、煮沸锅组合在一起。糖化锅兼作过滤槽用，糊化锅兼作煮沸锅用的两器组合，是微型啤酒酿造仍然使用的设备；传统糖化大多采用四器组合，包括糊化锅、糖化锅、过滤槽及煮沸锅，其中糖化锅和过滤槽设在较高的同一平面上，另一平面上的糊化锅和麦汁煮沸锅要低一些，扩大生产时派生出六器组合，即糖化锅 1 个，糊化锅 1 个，过滤槽 2 个，煮沸锅 2 个，利用自然压差进出料。现代糖化大都采用五器组合，即糖化锅、糊化锅、过滤槽、煮沸锅和回旋沉淀槽，设备趋于大型化，设备全部安装在同一平面上，流体的输送全部采用动力输送，操作向着自动控制方向发展。

三、麦汁煮沸及麦汁处理

麦汁过滤过程中，符合要求的麦汁进入煮沸锅或麦汁暂存槽，当达到规定的混合麦汁浓度时，即可以停止洗糟，此时混合麦汁浓度一般低于最终麦汁浓度 1.0~1.5°P，然后进行麦汁煮沸，并在煮沸过程中添加酒花，煮沸后的麦汁称为定型麦汁。定型麦汁经过热凝固物分离、冷凝固物分离、冷却、充氧等一系列处理，才能成为发酵用麦汁。

1. 操作目的及要求

麦汁煮沸的目的是蒸发多余水分使麦汁浓缩到规定浓度；溶出酒花中有效成分（异 α-酸、酒花油等），增加麦汁香气和苦味；促进蛋白质凝固析出，增加啤酒稳定性；破坏全部酶，进行热杀菌。通过煮沸，麦汁成分固定下来，麦汁色度上升，酸度增加，形成还原性物质，有利于啤酒的生物稳定性和非生物稳定性。

根据工艺要求，糖化过滤后的麦汁需要进行 1~2h 的煮沸，使浓度达到要求，并在煮沸过程中三次添加酒花，初沸 10min 后添加第一次，20~30min 后添加第二次，煮沸结束前 10min 添加第三次。煮沸结束后，为除去热凝固物和酒花糟，麦汁在旋涡沉淀槽中一般要静置 20~40min，但不得少于 20min。

麦汁处理要充分分离引起啤酒浑浊的冷、热凝固物；高温时麦汁尽可能少接触空气，防止氧化。麦汁冷却后、发酵前，根据进罐时间，补充适量空气使麦汁含氧量达到 8mg/L，供酵母前期生长、繁殖用；在麦汁处理各工序中，严格杜绝有害微生物的污染。

2. 操作过程及工艺参数的控制

（1）加热及蒸发方式 大多数工厂采用间接加热，小型锅可采用锅底夹套加热，大型锅可采用内加热器或外加热器加热。热源有饱和蒸汽、过热蒸汽、过热水（140~165℃）。

传统煮沸锅均采用常压煮沸，近代较多采用密闭煮沸，特别是低压煮沸。影响煮沸时间的因素主要有煮沸强度（蒸发强度）和沸腾强度。煮沸强度是指煮沸锅单位时间（h）蒸发麦汁水分的百分数，煮沸强度一般为 8%~12%，经验估算方法为 1000L 麦汁水分蒸发量为 1.1~1.4L/min 为宜。煮过的麦汁澄清透明并含有较低的热凝固氮。沸腾强度是指热麦汁在煮沸时的"流型"，即麦汁在煮沸时，翻腾的激烈程度，或对流运动的程度，对流强度越大，变性蛋白质絮凝越多，麦汁中残留的热凝固性氮越少，酿制的啤酒越稳定。

（2）酒花的添加 我国啤酒厂酒花用量为 0.8~1.5kg/m³。麦汁煮沸均采用密闭煮沸，酒花的添加采用 2~3 个酒花添加器，把颗粒酒花预先加在添加器中，煮沸麦汁用小泵送入添加器，将酒花和麦汁混合后送至煮沸锅。加酒花要掌握"先次后好，先陈后新，先苦后香，先少后多"的原则，麦汁开始煮沸时，添加酒花的主要目的是利用其苦味以及防止泡沫升起，可用质量稍次或存放时间较长的酒花，加入酒花全量的 10% 左右。煮沸 30~40min 后，添加总量的 50%~60%，主要是萃取 α-酸，促进异构化；最后一次添加酒花为获得酒花香气，因此应选用优质的新鲜酒花，加入量为全量的 30%~40%。现在许多工厂使用酒花制品，添加酒花 1~2 次即可。

（3）热凝固物的形成与分离 多酚中的单宁易和煮沸麦汁中的清蛋白、球蛋白及高肽结合，形成单宁—蛋白质复合物，这种复合物在麦汁温度高于 60℃ 时形成絮状热凝固物沉淀，吸附酒花树脂和其他有机物而析出，可利用回旋沉淀槽分离除去。麦汁 pH 为 5.2 对蛋白质-多酚复合物的析出有利，且酒花苦味更细腻纯正，啤酒生物安全性也高些，但酒花利用率下降，酒花添加量相应就要增大。糖化后满锅麦汁 pH 为 5.8~5.9，煮沸过程 pH 约下降 0.2~0.4，因此定型麦汁的 pH 为 5.5~5.6。热凝固物的形成还与 Ca^{2+}、Mg^{2+} 含量呈正相关，一般要求麦汁中 Ca^{2+} 浓度在 35mg/L 以上。

常压煮沸后麦汁中可凝固氮含量应 <25mg/L，采用高压或低压煮沸（120℃ 或 106~108℃）有利于蛋白质凝固。

（4）冷凝固物的形成与分离 多酚中的非单宁化合物，如酚酸、黄酮类化合物、儿茶酸类化合物及花色素原等，和蛋白质结合弱，形成的复合物溶于热麦汁，麦汁冷却至 35℃ 时大量析出，这种凝固物称为冷凝固物，它会黏附酵母细胞，造成发酵困难，增加啤酒过滤负荷，啤酒口味粗糙，泡沫性质及口味稳定性不好。去除冷凝固物为非必需，如需分离冷凝固物，可采用酵母繁殖槽法、冷沉降法和浮选法。

（5）麦汁冷却和充氧　热麦汁必须冷却到工艺要求的发酵温度才能接种酵母进行发酵，长时间缓慢冷却会增加有害微生物繁殖的机会，因此快速冷却非常必要，另外，在麦汁冷却前进行真空蒸发去除不良风味物质、安装过滤器以改善麦汁澄清度等工艺创新技术也在生产上得到应用。

薄板冷却器是麦汁冷却最常采用的设备，它换热效率高，在实际生产中已经得到普遍应用，采用冷却的自来水或其他冷媒，95℃以上的麦汁温度可以降低至6~8℃。麦汁冷却有一段冷却和两段冷却两种方式，在节能和操控性方面，一段冷却方式具有优越性，因而得到广泛应用。

麦汁中应含有足量的O_2，以满足啤酒发酵前期酵母细胞增殖的需要，后期则应杜绝发酵液充氧，保证酵母发酵的正常进行。向冷麦汁中通入无菌空气/纯氧使之溶解并达到饱和是唯一一次给酵母提供氧气的机会，生产中常采用文丘里管为麦汁通风，带双物喷头的充氧器和其他新型充氧设备原理与文丘里管相同，效果也较好。通氧操作也带来不良的后果，麦汁中的酒花树脂、酒花油以及多酚物质被氧化，使啤酒苦味变得粗糙并产生后苦，同时麦芽汁色度也变深。

对麦汁充氧应适度，过度会导致发酵过程中酵母过度繁殖，啤酒风味欠佳；充氧不足会影响酵母的繁殖和发酵性能。传统发酵中，全部麦汁在半饱和含氧量下（5~6mg/L）即送入发酵。大罐发酵因采用酵母直接进罐工艺，麦汁分多批（4~5批）进罐，应对前几批冷麦汁进行通风，最后1~2批进罐麦汁不再进行通风，以缩短酵母停滞期，减少双乙酰和泡沫的生成量。

四、定型麦汁

定型麦汁的名称来源于德国的传统酿造方法，是指加酒花煮沸，麦汁定型并分离凝固物后的麦汁，麦汁的浓度在发酵过程中不可改变。随着高浓酿造技术的发展，定型麦汁已失去了后半部分的意义，"定型麦汁浓度"即指"原麦汁浓度"。定型麦汁的质量，因原料质量、配料和制造啤酒类型不同有很大的不同，定型麦汁的常规指标如下。

（1）感官指标　感官指标包括外观、气味、口味等。

（2）理化指标　如相对密度和浓度、麦汁的黏度、表面张力、pH、色泽和色度等，麦汁的化学组分主要指可溶性浸出物，包括可发酵性糖70%~75%，非发酵性糖15%~25%，含氮化合物3.5%~5.5%，矿物质1.0%~2.5%。

（3）麦汁中几种重要的成分　α-氨基氮含量200mg/L；异α酸含量为25~50mg/L，α-酸为3~5mg/L；酒花精油含量以1~2mg/L为宜；11~12°P麦汁溶解氧含量应达到6.5~8.5mg/L，其滴定酸为每100mL麦汁中用1mol/L的NaOH滴定的总酸度为1.2~1.8mL。

第五节　啤酒发酵

啤酒发酵根据使用的酵母不同，可分为上面发酵法和下面发酵法，世界上多数国家都采用下面发酵酿制啤酒，少数国家和小麦啤酒采用上面发酵法。根据采用的设备不同，啤酒又可分为传统发酵方法和圆筒锥底发酵罐发酵，传统发酵方法目前我国只有极少数几个厂家保留。

一、啤酒发酵机理及代谢控制

1. 啤酒酒精基本发酵及控制

（1）糖类的代谢　在麦汁浸出物中，主要成分是糖类物质，约占90%，所以相对密度的改变意味着糖的变化。能被酵母利用的糖称为可发酵性糖，其中，占大部分的是麦芽糖，麦芽三糖和单糖约占1/3，酵母对这些糖的发酵并不是同时进行的，因为寡糖需要分解为单糖才能被酵母利用，并且有些酵母中存在葡萄糖效应（又称代谢分解物阻遏效应），各发酵糖的发酵顺序为葡萄糖>果糖>蔗糖>麦芽糖>麦芽三糖。

葡萄糖经由 EMP-丙酮酸-酒精途径进行发酵的生化机制是酒精制造和酒类酿造最基础的理论。啤酒酿造中，克拉勃垂效应使96%的可发酵性糖经由该途径生成酒精和 CO_2，EMP途径的产物还是许多其他代谢产物的前体。

（2）含氮物质的变化　发酵过程中，麦汁中的含氮物质下降约1/3，这主要是由于氨基酸和低分子肽被酵母同化，还因为 pH 下降引起复合蛋白质的沉淀，以及泡沫和酵母细胞表面的吸附作用。在20℃以上时，酵母胞内的蛋白酶能使酵母发生自溶现象，导致啤酒产生酵母味，并出现胶体浑浊，这是啤酒采用低温发酵的原因之一。

啤酒中残存含氮物质对啤酒的风味有重要影响，含氮量高于450mg/L 的啤酒浓醇感强，含氮量为300~400mg/L 的啤酒较为爽口，而含氮量<300mg/L 的啤酒则显得寡淡。

麦汁中各种氨基酸对啤酒酵母的作用不同，天冬氨酸、谷氨酸和天冬酰胺，可以有效地作为唯一氮源被同化，而甘氨酸、赖氨酸、半胱氨酸则不能作为唯一氮源而被啤酒酵母利用，但可以提高其他氨基酸的同化率。根据酵母对氨基酸的同化时间及同化速率，氨基酸可划分为4类。

有些氨基酸被酵母转化生成其他风味物质，如高级醇等，氨基酸代谢的重要中间物质是酮酸，根据氨基酸的酮酸同类物在酵母代谢中的重要性，麦汁中的氨基酸可分为三组。

（3）酸度变化与 pH 控制　麦汁的最佳 pH 为5.2~5.4，发酵期间 pH 一般下降0.8~1.2，呈现前快后缓的规律，pH 主要取决于发酵最初的2~3d 内，即糖度≥7.5°Bx 时的发酵条件的控制。正常下面发酵啤酒终点 pH 为4.2~4.4，少数降至4.0以下。pH 下降的主要原因是有机酸的形成与 CO_2 的产生，pH 的下降有助于促进酵母在发酵液中的凝聚和蛋白质的沉淀，还可促进酵母代谢旺盛，发酵度高，啤酒适口性好，另外，pH4.2~4.4的啤酒胶体稳定性最好，非生物稳定性高。

啤酒中含有多种酸，约在100种以上，是啤酒中的呈味物质，适量的酸会赋予啤酒爽口的口感，有的有机酸还具有特殊风味。采用快速发酵方法（提高发酵温度、增加接种量、加大通风量、搅拌等）生产的啤酒，其脂肪酸的含量较低，下面发酵啤酒的脂肪酸含量较上面发酵啤酒高出1/3。

（4）氧和 rH 值变化及控制　麦汁溶解氧在接种5min 后迅速下降，35min 后呈直线下降，1h 后几乎全部消失。溶液中氢压的负对数值称为 rH 值，反映啤酒发酵液的氧化还原电位。发酵初始 rH 值很高，随着酵母的繁殖，氧很快被吸收并产生某些还原性物质，因此 rH 值逐渐下降。通常初期 rH 值在20以上，很快降至10~11，发酵过程中严禁充氧。

（5）乙醇和 CO_2 的生成和控制　乙醇和 CO_2 的生成是啤酒中主要的生化反应，乙醇量的微小变化对风味影响不大。CO_2 在啤酒中的溶解度随温度下降而增加，随压力增大而增加，

啤酒的组成对 CO_2 溶解度影响不大。主发酵时发酵液被 CO_2 饱和，含量约达 0.3%，贮酒阶段在 0.03MPa 下、0℃时达到过饱和，含量可达 0.4%~0.5%。

2. 啤酒风味成分发酵与控制

（1）高级醇的形成及控制

①高级醇的作用：高级醇，就是碳原子数在 3 个以上的醇类的总称，俗称杂醇油，是啤酒发酵过程的主要副产物之一，一定量的高级醇构成酒体和风味，但含量不能太高，因为高级醇与其他风味物质成分混合在一起时，高级醇具有一种加成效应，使啤酒出现异味。啤酒中各种高级醇的感官阈值和啤酒类型有关，并受啤酒中所有风味物质组成的影响，一般将啤酒中风味物质的风味强度（FU）控制在 0.5 以下，优质的淡色啤酒，其高级醇含量控制在 50~90mg/L 是比较适宜的。当啤酒中高级醇含量超过 120mg/L，特别是异戊醇含量超过 50mg/L，异丁醇含量超过 10mg/L 时，饮后就会出现"上头"现象。啤酒中的高级醇，以异戊醇的含量最高，对啤酒风味影响较大的是异戊醇和苯乙醇，它们与乙酸乙酯、乙酸异戊酯、乙酸苯乙酯是构成啤酒香味的主要成分。

②影响高级醇生成的因素与工艺控制：高级醇的形成与氨基酸的代谢有关，因此酵母代谢活动越旺盛，生成高级醇越多，工艺上主要通过如下措施控制高级醇的生成量。

a. 菌种：酵母发酵度高，高级醇产量高，应选择凝集性酵母，并控制酵母的繁殖级数。

b. 麦汁组成：与浓度呈正相关，α-氨基氮含量高会促进酵母发酵，但 α-氨基氮含量过低也会刺激高级醇的合成，麦汁中的 α-氨基氮以（180±20）mg/L 为准；麦汁充氧应适度。

c. 酵母接种量：一般采取高接种量来减少酵母繁殖倍数，生产上控制繁殖不超过 3 个世代。

d. 发酵温度：降低主发酵温度，降低代谢强度，加压发酵也有利于降低高级醇的形成。

e. 发酵方式：结合现代主酵与传统后酵，高级醇含量比传统发酵方法增加 20%~25%。

（2）酯类形成及控制

①酯类的作用：乙酸乙酯、乙酸异戊酯、乙酸丁酯、己酸乙酯、乙酸苯乙酯、辛酸乙酯是啤酒中含量较多的酯类，与高级醇一样，酯类也有一定的加成反应。这种加成反应可以分为几组：乙酸异戊酯+乙酸异丁酯，类似香蕉风味；己酸乙酯+辛酸乙酯，类似梨的风味；乙酸乙酯自成一组，含量最大，具有一种水果或有机溶剂的风味；乙酸苯乙酯有一种水果及类似蜜的花的风味。正常酯在 25~50mg/kg，才能使啤酒丰满谐调，含量太高时，给予啤酒不愉快的香味或异香味。酯类大都在主发酵期间形成，由高能化合物 CoA 与醇缩合而成。

②影响酯类生成的因素与工艺控制：所有加速酵母繁殖的措施都会促进酯类的形成，因此影响酯类生成的因素与高级醇相同，还有下述因素亦影响酯类的产量：不同菌种的酯酶活力差异很大，上面酵母较下面酵母产酯多，利用上面酵母生产小麦白啤酒，啤酒的酯香味非常浓郁，风味独特，广受欢迎。麦汁中氨基酸与可发酵性糖含量比例促进酯的形成，长期贮酒也能够促进酯的形成。

（3）硫化物形成与控制

①硫化物的来源与作用：挥发性硫化物微量存在时，对啤酒风味有利，过量则使啤酒产生嫩啤酒味、蔬菜味。当受到光照或被氧化时，啤酒发生雾浊和产生日光臭，也是硫化物的作用。啤酒中的 H_2S、SO_2、甲（乙）基硫醇、二甲基（二）硫、硫代羰基化合物等硫化物主要在发酵过程中产生，来源是蛋白质的分解产物，如甲硫氨酸、半胱氨酸等含硫氨基酸。

②影响硫化物生成的因素与工艺控制

a. H_2S：H_2S 在啤酒中的口味阈值为 $5 \sim 10\mu g/L$，浓度过高，啤酒将出现生酒味甚至坏鸡蛋气味。H_2S 的产生与酵母代谢活性有关，酵母生长越快，H_2S 生成量越高，下面酵母的 H_2S 产量高于上面酵母。麦汁成分对 H_2S 的生成影响很大，麦汁中必须含有一定浓度的硫酸盐和亚硫酸盐才能在发酵过程中产生 H_2S；若麦汁中缺乏泛酸盐，或苏氨酸、甘氨酸等氨基酸合量过高时，H_2S 得以积累；另外，铜离子和锌离子也能促进硫化氢的形成。

要减少 H_2S 生成量，可以采取以下措施：适当提高辅料比；麦汁的冷、热凝固物分离完全，发酵时可以减少 H_2S 的生成；低温接种或低接种量；在发酵过程中利用 CO_2 对发酵液充分洗涤。

b. 二甲基硫：二甲基硫（DMS）对啤酒风味影响较大，其口味阈值为 $30 \sim 50\mu g/L$，超过此值可使啤酒产生烂卷心菜味。在大麦发芽阶段形成了二甲基硫的前体物质——硫甲基甲硫氨酸和二甲基亚砜，大部分前驱物质在麦芽焙焦时蒸发损失掉，少部分在麦芽焙焦和麦汁煮沸时生成二甲基硫。

c. 硫醇和 SO_2：硫醇（RHS）能使啤酒产生日光臭，硫醇的量随发酵过程醇类物质的增加而增加，当发酵度达到 $60\% \sim 70\%$ 时硫醇的量开始下降，当氧进入发酵液后会将硫醇氧化成对啤酒口味影响较小的 SO_2。

③成品啤酒中的含量控制：挥发性含硫化合物的含量在后发酵过程中因 CO_2 的排出及洗涤而减少，成熟啤酒中 H_2S 的含量 $<5\mu g/L$，$DMS<0.1mg/L$，$SO_2<20mg/L$。

④羰基化合物的形成与控制：乙醛本身对啤酒风味的不良影响有限，但乙醛、双乙酰、H_2S 并存，啤酒具有生青味，口味和气味不纯正、不谐调。乙醛阈值为 $10mg/kg$，超过则给人一种不愉快的粗糙苦味感觉，有酒窖口味，含量过高就会呈现辛辣的腐烂青草味。乙醛含量高，其他醛类含量也相对高，导致成品酒存放后呈现老化味等异味。成熟啤酒中乙醛正常含量应 $<10mg/kg$，优质啤酒应 $<6mg/kg$。

乙醛是啤酒发酵过程中产生的主要醛类，也是含量最高的醛类，其含量随发酵进行快速增长，又随着啤酒的成熟而逐渐减少，其变化规律类似于双乙酰。乙醛一般在麦汁满罐后 $2 \sim 3d$，即下面发酵至发酵度为 $35\% \sim 60\%$ 时，达到峰值 $20 \sim 40mg/L$，在升压后的 $2d$ 左右很快下降。

（4）双乙酰的形成及工艺控制

①双乙酰的作用及代谢机制：双乙酰是啤酒发酵过程中的重要副产物，是影响啤酒风味的重要物质，它具有挥发性和强烈的刺激性，当含量过高时啤酒会呈现出馊饭味，严重破坏啤酒的风味和感官质量。在啤酒发酵的前期，双乙酰含量很高，发酵后期酵母重新吸收后，将其还原成丁二醇，可促进啤酒口味达到成熟，由于此阶段酵母数量少，且还原双乙酰的速度慢，造成双乙酰还原周期长，缩短啤酒发酵周期的主要影响因素之一即是双乙酰。

α-乙酰乳酸是双乙酰的前体物质，是细胞合成缬氨酸的中间产物，在酵母细胞内产生，在细胞外经过非酶氧化脱羧作用形成双乙酰，形成的双乙酰又可以被酵母细胞吸收在还原酶的作用下生成乙偶姻和 2-3-丁二醇排出细胞外。另外，在无氧和 pH 低于 3 时，α-乙酰乳酸能越过双乙酰直接脱羧形成乙偶姻，而当 pH 较低时，α-乙酰乳酸更易分解形成 3-羟基丁酮。成品啤酒中双乙酰含量应 $<0.1mg/L$，或者更低 $<0.05mg/L$，乙偶姻含量 $<1.5mg/L$。啤酒酵母中双乙酰的代谢途径为：

葡萄糖经 EMP 途径 ⟶ 丙酮酸和活性乙醛 —α-乙酰羟基合成酶→ α-乙酰乳酸 —非酶氧化脱羧→ 双乙酰

—双乙酰还原酶→ 乙偶姻 —乙偶姻还原酶→ 2,3-丁二醇

由上述代谢途径可知，降低双乙酰加速啤酒成熟可以从三个方面开展工作：减少 α-乙酰乳酸的生成；加速 α-乙酰乳酸的分解；加速双乙酰的还原。

②降低双乙酰含量的工艺措施

a. 菌株的选育：双乙酰产生的峰值低，或者还原双乙酰能力强的菌株都可以是育种的目的菌株。此外，还可以通过基因重组技术，将 α-乙酰乳酸脱羧酶的基因导入啤酒酵母中，α-乙酰乳酸脱羧酶可以在温和的条件下直接将 α-乙酰乳酸脱羧为乙偶姻，从而减少了双乙酰的生成量。

b. 强化酵母质量管理：定期进行菌种的分离、选育、纯化工作，所用种酵母还应进行染色检查和杂菌率检查。

c. 保证麦汁组成合理：溶解适中的麦芽所制备的麦汁中，缬氨酸/可溶性氮为 19.4。溶解差的麦汁中，其值只有 13.4，缬氨酸以及微量元素锌的缺乏导致酵母繁殖受阻。控制麦汁中 α-氨基氮含量在 200mg/L 左右。

d. 增加接种量、控制酵母繁殖次数：采取较低的接种温度（5~6℃），提高酵母接种量由 $8×10^6$~$12×10^6$ 个/mL 增至 $15×10^6$~$20×10^6$ 个/mL，保证酵母增殖次数不大于 3。

e. 保证发酵前期的发酵速度：优良酵母应在接种后 2~4d 增殖到最高密度。

f. 保证后酵发酵速度：主酵下酒应保留足够的可发酵性糖，后发酵应增加真正发酵度 8%~15%。控制好主酵下酒温度，以保证较高的双乙酰还原温度，下酒后发酵液的酵母细胞密度在 $20×10^6$~$40×10^6$ 个/mL，避免酵母过早凝聚，温度不要降得太快。后酵采用 CO_2 洗涤。

g. 双乙酰还原阶段，提高罐压：如将罐压由 0.1MPa 提高到 0.14MPa，可以促进双乙酰渗入细胞内，加速发酵液中双乙酰的还原，注意罐压不要升的太快。

h. 增强啤酒还原性：减少瓶装啤酒的瓶颈空气，使溶解氧降至 0.1mg/L 以下，Fe^{2+}、Mn^{2+} 低于 0.1mg/L，可减少联二酮的回升。还可添加偏重亚硫酸钾或亚硫酸氢钠，阻止双乙酰的回升。

i. 利用固定化酵母加速双乙酰还原：主酵结束后，在 60~70℃下加热处理回收酵母，促使胞内 α-乙酰乳酸在短时间内转化为双乙酰，冷却后进入固定化酵母反应器处理至双乙酰含量达到要求。

二、下面啤酒发酵方法的技术参数

下面啤酒发酵工艺控制的工艺参数有菌株选择，麦汁组分，接种量和接种技术，起酵速度和发酵温度，发酵设备及发酵状态，后酵条件，酵母分离，贮酒条件和时间，发酵压力与 CO_2 浓度。

1. 发酵温度的控制

根据主酵温度，下面啤酒发酵可分为低温发酵、中温发酵和高温发酵，如表 5-6 所示。采用低温发酵法，酵母代谢副产物少，香味物质损失少，啤酒细腻柔和，浓醇性好，杂菌污染机会少。高温发酵法酿制的成品啤酒淡爽，非生物稳定性好。当今为了酿制淡爽型啤酒，经常采用发酵力强、双乙酰峰值低、双乙酰还原快的啤酒酵母，发酵温度属中温发酵（7~

8℃）。缩短后发酵期间双乙酰还原的周期、提高设备利用率的新工艺，如低温发酵-高温后熟、低温发酵—加速后熟、高温发酵-高温后熟、加压发酵等，也经常在生产中使用。

表5-6　　　　　　　　　　　　　下面啤酒发酵温度分类

类型	接种温度/℃	主酵温度/℃	传统发酵天数/d
低温发酵	6~7.5	7~9	8~12
中温发酵	8~9	10~12	6~7
高温发酵	9~10	13~15	4~5

2. 酵母泥添加方法

啤酒生产中常利用上一批回收的酵母泥接种发酵，酵母泥细胞浓度为 $15×10^8~20×10^8$ 个/g，接种量为 0.4%~1.0%（酵母泥对冷麦汁）。

（1）干道和湿道添加法　两种方法的区别在于酵母在进入发酵之前，是否经过培养。干道添加法是将酵母泥与二倍量的冷却麦汁先后加入酵母添加器混合均匀后，不经培养，压到前酵池麦汁中，搅拌均匀。湿道添加法是先在酵母泥中加入 5 倍量的麦汁，13~15℃保温培养 10~12h，使休眠态的酵母完全进入出芽繁殖阶段，均匀混入定型麦汁，直接进入主发酵，是大罐发酵时采用的酵母添加方法。通常湿加法比干加法有利于缩短发酵初期的酵母适应期，使酵母较快地进入对数生长期。

（2）倍量添加法　两锅麦汁入一个发酵池时采用。先在第一锅麦汁中用干道添加法加入全部满池使用的酵母泥，用无菌压缩空气搅拌均匀，发酵 6~8h，再加入第二锅麦汁（温度比第一锅高 0.3~0.5℃），通入无菌压缩空气搅拌均匀，发酵 10~15h，转入主发酵池。

（3）分割法　接种酵母泥不够使用时采用，分割次数限定为 1~3 次。前酵池接种后，发酵 24~30h，浓度增加到 $20×10^6$ mL 时，通入压缩空气充分搅拌，一池分作两池，再补满同温度的冷却麦汁，发酵 18~24h，可再次分割或转入主发酵。

三、传统下面啤酒发酵工艺

传统的啤酒发酵一般分为主酵和后酵两个阶段，主酵在敞口或密闭的发酵池中进行，后酵使用密闭的后酵罐和贮酒罐，生产车间有绝热维护层和室温调节装置。在西欧部分国家，许多现代化的大型啤酒厂仍使用传统工艺生产啤酒。传统下面发酵工艺操作顺序为：

定型麦汁──→添加酵母──→前发酵（酵母繁殖）──→主酵──→后酵──→贮酒

典型发酵工艺为低温发酵，即前发酵室控制温度 7~8℃，主发酵室为 6~7℃，后发酵室和贮酒室均采用控温措施，温度为 0~2℃。

1. 酵母接种量

传统式发酵通常为低温缓慢发酵，接种量较小，干法添加酵母后细胞浓度控制在 $5×10^6~12×10^6$ cfu/mL。

2. 前发酵

前发酵实际是酵母启动阶段，麦汁接种酵母后，经过生长滞缓期，出芽繁殖细胞浓度达到 $20×10^6$ cfu/mL，发酵麦汁表面开始起沫的一段时间称为前发酵，此阶段升温不明显，需要时间 16~20h，此时即可倒池进行主发酵。前酵室无菌要求高，利用自然位差法下酒。室温比接种温度高 1~2℃，发酵池内不设冷却排管。前酵池平底，高于池底 3~5cm 处有酵母挡，用于除去沉降于池底的死酵母和冷凝固蛋白质。

3. 主发酵

此阶段主要为厌氧发酵，每天检查发酵液的温度和糖的消耗，主醇后3d，温度最高，开始用主醇池（室）的冷却设施控制发酵温度并维持最高温度约2d，之后，根据降糖情况，逐步降低发酵温度，最后一天可采取急剧降温的方法，促使酵母沉淀，捞去泡盖后送后醇。主醇一般在敞口或密闭的发酵池内进行，也有的采用立式或卧式罐。发酵室内装有通风设备和调温设备，以降低发酵室内的一氧化碳浓度和保证低温发酵（7~9℃）。下酒进入后醇的工艺控制参数为：发酵液温度4~5℃，外观浓度3.8~4.2°P（11~12°P啤酒），pH4.2~4.4，细胞浓度$10×10^6$~$20×10^6$个/mL，发酵液的生物稳定性3~5d。如为加速双乙酰还原，也可采用较高的后醇温度，主醇分为四个时期。

（1）起泡期　由于倒池过程中混入O_2，倒池后4~5h，在发酵液表面逐渐出现更多的泡沫，和析出物一起排到液面，并由四周渐拥向中间。升温不明显，pH4.7~4.9。

（2）高泡期　酵母浓度最高，是主要的降糖阶段，主醇3d后，泡沫继续增高，形成卷曲状隆起，可达25~30cm，有棕黄色泡盖形成。该阶段释放大量发酵热，人工冷却使发酵液温度不超过9℃，酵母达到最高浓度后12~24h出现联二酮峰值。一般持续2~3d，糖度每天下降1.2%~2.0%，pH4.4~4.6。

（3）落泡期　主醇5d后，发酵力逐渐减弱，泡沫逐渐回缩，发酵液中的析出物增多，泡沫由棕黄色变成棕褐色；此期要控制液温下降，每天控制在0.4~0.9℃，继续降糖，保持2d左右。pH恒定或略微上升。

（4）泡盖形成期　发酵7~8d后，泡沫开始回缩，形成一层褐色的泡盖覆于发酵液表面，厚2~4cm，酵母细胞大量凝集而沉淀（凝聚点35%~45%），可发酵性糖逐步减少，液温下降0.5℃左右，使发酵温度逐步趋向于后醇温度，最后一天应急剧降温，以促进酵母凝聚并保存凝聚酵母的活性。主发酵结束时，捞取泡盖，用位差法将较为澄清的上层酒液送入后发酵罐，将发酵池底部沉淀的酵母泥进行收集与饲养。

4. 后发酵和贮酒

主发酵完成后的发酵液称为嫩啤酒或新酒，不适宜饮用，必须经过较长时间的后发酵和贮藏，使啤酒发生一系列的物理化学变化后风味才能变得柔和。后发酵在后醇罐（贮酒罐）中进行，且一般为卧式罐，将主醇罐里的嫩酒送至后醇罐称为下酒。后醇设备一般无冷却设施，通过室温的控制来调节酒液的温度。

（1）后发酵的目的　①完成残糖的最后发酵，增加啤酒稳定性，使CO_2过饱和；②充分沉淀蛋白质，澄清酒液；③消除双乙酰、醛类以及H_2S等嫩酒味，促进成熟；④尽可能使酒液处于还原态，降低氧含量。

（2）后发酵管理　①后醇罐的准备工作，下酒之前，贮酒罐里应先充满无菌水，再用CO_2将水顶出，使CO_2充满整个后醇罐，压力为0.03~0.05MPa。②下酒，多采用下面下酒法。将酒液从后醇罐的底部引进，以避免酒液与氧气接触导致浑浊和氧化味，减少CO_2损失以及涌沫，有利于缩短澄清时间。下酒应控制适当的酵母细胞浓度和残糖，若嫩酒中残糖过低，可添加发酵度为20%的适量起泡酒以促进后发酵过程中双乙酰的还原。为获得质量均匀的啤酒，也可将不同批次的但必须是同一酒龄的发酵液混合后再分装在几个后醇罐内。此外，要求尽可能一次满罐，留空隙10~15cm，若多次进罐，则应在1~3d

内满罐。

（3）后酵罐的管理　后酵期间的操作管理主要为糖度、罐压、温度、酒龄、酒质、促进澄清等指标，具体因啤酒品种、CO_2含量、贮酒设备及其生产能力等而异。

①糖度的控制：嫩啤酒中保留一定糖度，使后发酵中真正发酵度增加10%，以产生足够的CO_2，彻底排除异杂味，增加成品啤酒的稳定性。以浓度为12°P的麦汁为例，成品啤酒中约有1.0%~1.4%的可发酵糖类未被发酵，这些糖类主要是残余的麦芽糖和未被利用的麦芽三糖，优秀啤酒的残糖浓度甚至更低。

②罐压的控制：下酒后敞口发酵，一般在下酒24h后，顶部气孔即冒出白色泡沫，再继续发酵1~2d以排除啤酒中的生青味物质和过多的CO_2，待罐口溢出的泡沫开始回缩时封罐升压，罐内CO_2压力保持在0.05~0.08MPa，CO_2含量达0.5%左右，多余的CO_2应排出，排放CO_2时要缓慢，少放，精心操作。

③温度的控制：传统后发酵的时间一般为7~10d。贮酒温度先高后低，前期控制3~5℃使每天平均降糖低于0.3%，7d后逐步降温至-1~1℃，酵母下沉进入低温贮酒期。后发酵多采用室温控制酒温，或后发酵罐自身有冷却设施。但目前不少厂因一室多罐，不能集中进酒或出酒，而采用1~2℃恒定的室温。新型的后发酵工艺，前期温度控制范围波动很大（3~13℃），以期尽快降低双乙酰含量，后期则保持一定时间（7~14d）的低温（-1~0℃）贮藏，以利于酒中CO_2饱和及酒的澄清。值得注意的是，发酵完全停止后，由于醇脱氢酶的存在，双乙酰会继续缓慢还原，即使品温低至0℃。

④酒龄的控制：啤酒的酒龄自后发酵结束进入贮存阶段开始计算。淡色啤酒、原麦汁浓度高的啤酒、采用低温贮酒的啤酒酒龄较长。一般老工艺外销酒贮酒时间为60~90d，内销酒为35~40d，采用现代工艺使得酒龄可缩短至半个月。

⑤酒质的控制：后酵期间，还应定期用烧杯取酒样观察澄清度和品尝口味，以及检查是否污染杂菌，及时发现问题并采取相应措施。

（4）加速澄清的措施　发酵液中的悬浮物质和易凝聚的物质，如酵母细胞、蛋白质颗粒、多酚物质、酒花树脂等，随着温度、pH的变化，经过一定时间，逐渐沉降下来，使酒液变得清亮，但这种"自然澄清"过程缓慢，高效澄清剂的开发和应用极大提高了啤酒的可滤性、非生物稳定性、口味，并降低了过滤成本。啤酒后发酵采用的澄清剂主要有物理澄清剂和化学澄清剂两大类，现分别介绍如下。

物理澄清剂有木片或木屑，材质为柞木、橡木或山毛榉，木屑更为常用，用量为250~300g/m^3。

常用的化学澄清剂有胶质澄清剂（明胶和鱼鳔胶）、蛋白酶澄清剂和单宁澄清剂。明胶和鱼鳔胶在pH4.4以下，带有大量正电荷，可吸附带负电荷的酵母细胞和高分子蛋白质，形成较大颗粒，自然沉降于贮酒罐底。菠萝蛋白酶、木瓜蛋白酶等，可分解大分子蛋白质，其作用温度较高，只在啤酒巴氏杀菌过程中起作用，对啤酒澄清作用不大，但能明显提高啤酒的非生物稳定性。五倍子单宁在过滤前3d以上加入，最佳澄清温度0~2℃，加入量一般控制为25~35g/m^3。

经过后发酵的成熟酒，其残余酵母和蛋白质等沉积于底部，少量悬浮于酒中，须过滤或分离才能包装。

5. 酵母泥收集与饲养

（1）酵母泥收集与饲养 酵母泥一般分为三层，上层带有较多的泡盖物质和衰老酵母，中层是正常凝聚的酵母（约占75%），做种酵母使用，下层是热凝固物质和衰老酵母。传统的酵母回收方法是先将上层的酵母轻轻地从表面刮去，再将中层酵母泵送至无菌酵母饲养室，加入1~2℃无菌水，过80~100目振荡筛除去其中掺杂的酒花树脂和热凝固蛋白质，再用1~2℃无菌水漂洗2~3次，每隔2~3h换一次水。此酵母保存在1~2℃无菌水中，每天换1~2次水，持续1~3d，这个过程称为饲养。注意无菌水中应含有钙离子，浓度>50mg/L，缺乏钙离子会加速酵母死亡和影响酵母的凝聚性。

（2）回收酵母泥技术要求

①镜检：细胞大小正常，无异常细胞，液泡和颗粒物正常。

②肝糖染色：用染色法确定肝糖细胞应大于70%~75%。

③死亡率：美蓝染色法测定细胞死亡率，<5%为健壮酵母泥，<10%可使用，>15%不能使用。

④杂菌检查：用0.1%EDTA-Na适当稀释酵母泥，使每一个显微镜镜检视野有酵母细胞50个左右，检查20个视野共有1000个酵母细胞周围，含杆菌应小于或等于1个。

⑤其他：色泽洁白，气味正常，无异常酸味和酵母自溶味，凝聚性良好，无黏着现象，无杂质，无变异。

四、锥形罐大罐发酵技术

20世纪20年代德国工程师奈当发明了立式圆筒体锥底发酵罐，第二次世界大战后啤酒需要量激增，发酵罐容量越来越大，大型发酵罐也从冷藏库走向室外，1964年东京啤酒厂室外安装了容量$100m^3$的朝日罐，这标志着大容量发酵罐发酵技术的出现，此后，其他国家也开始研究露天大容量发酵罐。典型的大型发酵罐有日本的朝日罐（圆柱体斜底）、德国的圆筒形锥底罐（我国常称锥形罐）、美国的通用罐、西班牙的球形罐等，另外啤酒连续发酵设备如塔式发酵罐、联合发酵罐等也有了一定发展。露天锥形罐上部圆柱体部分在室外，下部锥体部分在室内，便于操作和杀菌，在我国得到广泛应用。

CCT罐发酵分为一罐法发酵和两罐法发酵。一罐法发酵是将传统的前发酵、主发酵、后发酵、贮酒全部在一个罐中完成，是国内多数厂家采用的方法。两罐法发酵法又分为两种：一种是前发酵和主发酵在发酵罐完成，后发酵和贮酒在贮酒罐完成，故又称模拟传统两罐法；还有一种是前、主、后发酵在发酵罐完成，贮酒在另一贮酒罐完成。两罐法发酵生产的啤酒质量较高，国内只有少数厂家采用此法。

1. 锥形罐的构造及特点

（1）锥形罐的构造参数

①基本形状和材质：锥形罐主体为圆柱形，上部为拱形或蝶形封头，下部为锥形底，这种形状有利于收集酵母，而且有利于罐中内容物的排空以及罐内的清洗。锥形罐最初用碳钢制作，现多为不锈钢材质，不锈钢表面加工过程中的不平滑性称为粗糙度，粗糙度越小，杂菌越不易附着和污染。生产普通啤酒的发酵罐，其内壁粗糙度应在0.4μm以下。若是纯生啤酒的发酵罐，满罐液位下1.00m处以上的粗糙度为0.1~0.15μm，其余部分则为0.2~0.3μm。

②设计参数：锥形罐作为发酵容器，其筒体直径D和筒体高度H（指麦汁液位的高度）

是主要特性参数，直径与高度的比例在 1：（2~4）的范围内，锥形罐直径一般在 4~8m，麦汁最大液位高度小于 15m。罐下部锥底角一般采用 60°~90°，锥底角越小，越有利于酵母排放，我国多采用 70°的锥底角。

我国的锥形罐容积大多为 200~500m³/个，最大全容积为 720m³/个。锥形罐的容积大小取决于糖化生产能力，兼顾发酵工艺要求，并且与滤酒、灌装设备能力匹配，原则上锥形罐的最大容积只能等于半天的糖化生产能力，即 5~6 锅的糖化麦汁量。在允许条件下，选用单个容积大的发酵罐。

进罐时，锥形罐上方应预留空间，主醇罐预留空间应为其中麦汁量的 18%~25%；后发酵罐预留空间为嫩啤酒的 10%~12%；低温贮酒罐为酒液量的 5%~8%；生产小麦啤酒时，则预留空间加大到麦汁量的 40%~50%。

③锥形罐的冷却和保温：罐体设有冷却夹套，以满足发酵过程中的降温要求。罐的柱体部分设 2~3 段冷却夹套，锥体部分设一段冷却夹套，有利于酵母沉降和保存。国内锥形发酵罐常采用夹套式间接冷却，20%~30%的酒精水溶液或 20%丙二醇水溶液作为冷媒，温度应在 -3℃左右，略低于啤酒冰点温度（-2.7~-2.0℃）。国外多采用换热片式一次性冷媒（如液氨）直接蒸发式冷却。

锥形罐的保温采用绝热材料外包裹保护层的方法。绝热层厚度一般为 150~200mm。聚苯乙烯泡沫塑料作为保温材料，绝缘效果最佳，但价格较高；酰氨树脂价廉，施工方便，但易燃；若使用膨胀珍珠岩，厚度应增加到 200~250mm。外保护层以铝合金板、马口铁板或不锈钢板等薄板制作，瓦楞型板比较受欢迎。

④监控装置：监控装置可以使发酵操作人员监控发酵罐中的物料发酵情况，这些装置包括：温度计、液位显示计、压力显示计、低位和高位探头、取样装置。

⑤罐顶附件：锥形罐顶部称为罐顶，罐顶安装有栏杆，可供人员通行，以检修设备。罐顶中央的原不锈钢罐板上安装有各种附件，这些附件包括安全阀、真空阀、CIP 清洗附件、液位传感器（满罐保护）、压力传感器。

（2）锥形罐用于啤酒酿造的特点

①优点：厂房投资低；传热系数高，比传统可节省冷耗 40%~50%；发酵罐中酒液易形成浓度差、CO_2 分压差和温度差，自然对流比较强烈；依赖 CIP 自动程序清洗消毒，工艺卫生更易保证；锥形罐适用于下面发酵，也适用于上面发酵；锥形罐是密闭罐，可回收 CO_2，也可 CO_2 洗涤；锥形罐发酵法主发酵结束时不排酵母，悬浮的酵母全部参与后发酵中 VDK 的还原，缩短了还原时间。

②缺点：罐体高，酵母沉降层厚度大，酵母泥使用代数只有 5~6 代，贮酒时，澄清较困难，须过滤强化；若采用一罐法发酵，罐壁温度和罐中心温度达到一致一般要 5~7d 以上，短期贮酒不能保证温度一致。

2. 一罐法发酵的操作和控制

采用一罐法发酵的厂家众多，发酵的工艺条件各有不同，下面讨论的是该方法的共性问题。

（1）麦汁进罐方法和酵母添加　锥形罐的容量较大，所以冷却麦汁分离热凝固物后分批进罐，满罐时间不超过 20h。一般前两锅麦汁正常通氧，以后几锅减少通氧量，最后一次不通氧，以免泡沫溢出，且后一次进罐麦汁温度比前一次麦汁温度高 0.2~0.5℃。为缩短起发时间，酵母添加量一般为 0.6%~1.2%，满罐麦汁中悬浮的酵母细胞数在（$15×10^6±3×10^6$）个/mL，接种温度一般低于主发酵温度2~3℃。

酵母的添加方式有两种：一种是分批添加，每批次的酵母添加量和麦汁充氧量有多种控制方式，分批添加的方式使酵母的状态和质量不同，所以应用越来越少。另一种方式较为常用，即一次性添加酵母，将所需酵母一次全量添加到第一锅麦汁中，进罐时充氧，使空气、酵母、麦汁混合均匀，操作时注意缩短满罐时间。若满罐时间过长，可适当推后酵母添加时间，可在第二锅或第三锅麦汁进罐时一次性添加酵母。

不同酵母添加方式对酒质的影响不同，研究发现，采用分批顺加（添加量逐批增加）添加酵母的啤酒，其纯正性、柔和性、谐调性均较优；一次添加法发酵速度快，啤酒成熟期缩短，但啤酒苦味、涩味加强。

（2）冷凝固物的分离 麦汁满罐12~24h后，打开锥底阀门，缓慢排放出沉淀在锥底部的冷凝固物，必要时再经过12~24h排放冷凝固物，操作时应注意缓慢分离冷凝固物，以免麦汁过多流出，加大发酵损失。

（3）发酵温度的调节与控制

①主发酵期：大多采用低温（9~10℃）发酵和中温（11~12℃）发酵。低温发酵主要用于11°P以下麦汁浓度和一罐法发酵周期大于20d的啤酒；中温发酵主要用于酿制淡爽啤酒，一罐法发酵周期少于18d。当麦汁的外观浓度降低到所需值时，即可进入双乙酰还原期。此阶段以上部降温为主，中部适当降温以协助冷却，下部不降温，发酵液向上运动形成强烈对流。

②双乙酰还原期：后发酵一般称为VDK还原阶段。VDK还原初期一般均不排放酵母，即全部酵母参与VDK还原，这样可缩短还原时间。此阶段温度控制方式有三种：①后发酵温度2~3℃。有利于改善啤酒风味，但还原时间较长，一般要7~10d，酵母不易死亡和自溶；②发酵温度同主酵。发酵不分主、后发酵，操作容易，还原时间短，许多工厂在旺季多采用此法；③高于主酵温度2~4℃。高温还原，还原时间可以缩短至2~4d，这是近代快速发酵法的一大特点。操作中先关闭冷却，待发酵液温度升至所需温度时，同时备压0.12MPa，进行双乙酰的还原，温度控制方面，以下部冷却为主，以减轻发酵液的对流，为酵母沉降创造条件。

③降温期或降温排放酵母期：既可高温回收酵母，也可开始降温。当双乙酰还原至0.1mg/L以下时，开始以0.2~0.3℃/h的速度使发酵液温度降低至4℃左右（有的直接降温至0℃），发酵液向下流动，以中、下部冷却为主。

④低温贮酒期：此阶段包括温度由4℃降低至0℃以及随后的在0℃左右的保温期，这时应适当打开上、中、下部夹套，保持三段平衡降温，避免温差变化引起的酒液对流。确保整个发酵液温度均匀，使酒中的悬浮物（酵母、蛋白质、多酚物质等）在低温下尽量析出沉淀，加快发酵液的澄清。

（4）罐压的调节与控制 一般情况下，0.1MPa压力对酵母细胞是无影响的，但对酵母的代谢产物、细胞繁殖和发酵速度影响较大。①满罐后采取微压发酵，罐压0.01~0.02MPa，以排除管道和罐顶的空气以及不良的挥发物质，也有的啤酒厂采用不带压发酵，此阶段发酵时产生的CO_2进行回收以备后用。满罐24h后，酵母第一次完全出芽，外观发酵度为30%左右时封罐升压；②当外观发酵度达60%左右时，酵母第二次出芽长成，发酵进入最旺盛阶段，此时应将罐压升到最大值0.07~0.08MPa并保持不变，以使大量的双乙酰迅速被还原，如采用加压发酵，则罐压相应加大；③主发酵后期压力应缓慢下降，直到双乙酰还原完毕。压力降低有利于排除一部分未被还原的双乙酰，并且可以减轻酵母细胞的压差损伤，防止酵母细胞内含物的大量渗出；④贮酒期，根据贮酒罐的高度、酒液温度、贮酒时间和所需 CO_2 含量，选择适当的罐压，使 CO_2 在低温和压力下溶解均匀，含量达到 0.5%。大罐零贮（0℃ 贮酒）期间发酵罐压力可至 0.13~0.15MPa。

CO_2 含量按公式 $CO_2\% = 0.298 + 0.4P - 0.008t$ 估算，式中 P 表示罐压（kgf/m^2，$1kgf/m^2 = 98066.5Pa$），t 表示酒温（℃）。发酵大罐由于酒液高度还产生一个静液压，使从罐顶到罐底的 CO_2 形成一个浓度梯度，发酵液每加深 1m，CO_2 含量就增加 0.03%~0.04%。

（5）CO_2 洗涤与饱和　CO_2 洗涤是在保持罐内压力的前提下，使 CO_2 从罐底部进入，同时从罐顶部排放 CO_2 的操作，可在双乙酰还原阶段和低温贮酒阶段进行，每次洗涤时间 1~2h。CO_2 饱和常用于增加发酵液中的 CO_2 含量，最好在低温贮酒阶段排放酵母后进行，并停留几天时间，让 CO_2 充分溶解均匀后再过滤。

3. 企业常见发酵方式及工艺

根据生产淡旺季的调节，使用酵母的性质，产品要求，锥形罐发酵常见的方式有一罐发酵法、典型两罐发酵法、现代主发酵与传统后发酵结合法。

（1）一罐法　根据主醛期间采用温度不同，一罐法分为低温发酵工艺和高温发酵工艺，以 12°P 麦汁发酵为例，二者区别如表 5-7 所示。

（2）两罐法　两罐法发酵是指主发酵和后发酵分别在主发酵罐和后贮罐中进行，根据后贮罐的不同又分为典型法和模拟传统法，即现代主发酵与传统后发酵结合法，两种方法区别如表 5-8 所示。

表 5-7　　　　　　　　　采用低温发酵工艺和高温发酵工艺的一罐发酵法

项目	低温发酵工艺	高温发酵工艺
发酵罐充填系数	0.8~0.9	0.75~0.85
接种温度	6~8℃	9.5~10℃，
酵母增殖温度及时间	6~8℃，72h	10~11℃，36h
主醛条件	9~10℃	12℃，大约 2d
主醛结束时操作及还原双乙酰的条件	发酵液外观发酵度 55% 时，使罐压升至 0.07~0.1MPa，持续 3~4d	外观浓度 6°P 时罐压升至 0.08~0.1MPa，并逐步自然升温至 16℃，持续 4~5d
降温策略	0.3℃/h 的速度缓慢降温到 5℃ 或不停留，再以 0.1℃/h 的速度降温至 -1~0℃ 继续降温	缓慢降温，直至 0℃
排放酵母时机	双乙酰还原结束降温前回收第 1 次酵母；5℃ 停留，保持温度 24h 后排放或回收第 2 次酵母；5℃ 不停留，降温至 -1~0℃，24h 后排放第 2 次酵母	在降温至 0℃ 的第 2d 排放酵母并进行回收
冷贮时间	10~15d	4~5d
总周期	23~28d	为 18~21d，短的仅需 12~15d
使用的酵母	传统工艺的酵母	引进的啤酒酵母
应用范围	我国企业使用普遍	国内部分企业采用

表 5-8　　　　　　　　　　　　　两罐发酵法的生产工艺特点

项目	典型两罐法	模拟传统两罐法
主酵条件	外观发酵度 50%～55% 时封罐，压力控制在 0.07～0.1MPa，至外观发酵度达到 60%（糖度 3.8～4.0°P），温度保持 9～9.5℃	≤9～9.5℃，最少保持 4～5d，外观发酵度达到 50%～55% 时结束主酵
主酵结束时操作	关闭冷却，酒温自然升至 12℃ 进行双乙酰还原，3～4d 后，发酵度达到大约 65%，双乙酰还原完成；开启冷却，以 0.3℃/h 的速度降温至 4～5℃，第 2d 排放酵母	降温至 4～5℃，分离酵母
贮酒罐种类	现代锥形罐	传统卧式贮酒罐
倒罐操作	主发酵液倒入已背压 0.06～0.08MPa 贮酒罐，以 0.1℃/h 速度降温至 0～1℃；或酒液经薄板换热器使温度急剧降至 -1～0℃，进入贮酒罐	酒液 4～5℃，贮酒罐后双乙酰还原，逐步升压至 0.07～0.1MPa
下酒细胞浓度	2×10⁶～3×10⁶ 个/mL	10×10⁶～15×10⁶ 个/mL
排放酵母时机	主酵罐中双乙酰还原完成后排放酵母，全部酵母参与后酵	主酵罐中主酵结束后排放酵母，部分酵母参与后酵
双乙酰还原温度	高温还原，再降温至 4～5℃ 排放酵母	降温至 4～5℃ 排放，再低温还原
后酵完成地点	主酵罐	贮酒罐
冷贮时间	7～10d	8～25d
总周期	23d	30d 以上

4. 酵母的回收

（1）酵母排放和回收的时机　大罐啤酒发酵过程中排放酵母的时机有四次，根据工艺要求灵活掌握排放酵母的次数，在排放酵母的同时，也排出了发酵液中的凝固物。

①第 1 次：也称高温回收酵母，即当主酵结束或双乙酰还原完成后，在发酵温度或双乙酰还原温度下进行高温回收酵母。越来越多的啤酒厂利用高温回收的酵母。

②第 2 次：在双乙酰还原完成，降温至酵母排放温度（5～7℃），停留 12～24h 后回收酵母，也叫低温回收酵母。

③第 3 次：在降温至 -1～0℃ 时或停留数天后排放，不超过 7d，视情况考虑是否回收酵母，因酵母活力低，且有较多的冷凝固物。

④第 4 次：啤酒过滤前，应分次排出锥底部的酵母和冷凝固物，以免酵母自溶产生酵母味，更有利于啤酒的过滤。

（2）酵母回收的注意事项　锥形罐发酵后期，沉积锥底的酵母泥通常受到 0.19～0.24MPa 的压力，为了保护酵母，应在压力条件下排放酵母泥，酵母回收罐在回收酵母以前应先用 CO_2 备压，在回收酵母时还可以送入一些 CO_2，目的是在回收的酵母泥表面形成一层 CO_2 保护层。回收酵母要尽量避免接触氧，减少酵母消耗自身的营养贮备，而酵母在使用前，即添加新鲜麦汁中之前 1h 以内可以接触氧。

5. 高浓酿造技术

采用超过 15°P 以上的高浓度麦汁发酵，利用高浓发酵技术制备成熟啤酒，在过滤前用饱和 CO_2 的无菌水稀释成传统浓度的成品啤酒（8～12°P），这种工艺即为"高浓酿造（稀释）法"。利用这种技术，可以在不增加糖化、发酵等生产设备的基础上提高产量，并可由一种浓度稀释成多种浓度产品。在北美和北欧一些国家，应用范围已达70%以上，麦汁浓度和稀释率也逐渐提高，已分别达到了18~24°P和60%。生产中该技术又衍生为糖化阶段稀释、发酵阶段稀释和过滤阶段稀释，现在一般采用过滤后稀释的方法，可以同时提高糖化、发酵、贮酒、过滤设备的利用率。

高浓麦汁发酵技术工艺关键有五个，即：与常规传统酿造啤酒风味的差别；原料配比十分重要；发酵工艺对高浓度麦汁的适应性；稀释用水的制备技术；定比混合系统技术。

与普通浓度啤酒的生产相比，高浓酿造法在高浓麦汁制备过程、发酵工艺、贮酒、过滤等单元操作中均有所不同。

五、啤酒后加工

啤酒成熟后，即进入后加工过程，主要包括啤酒过滤、离心分离、稳定性处理，有时还包括啤酒后修饰。

1. 啤酒过滤分离

过滤操作可以除去悬浮于啤酒中的残余酵母、蛋白质凝固物及其他胶体物质，减小机械效应对啤酒的影响，防止产生胶体浑浊，提高啤酒的感官质量。

啤酒常用的过滤方法有硅藻土过滤、板式过滤、微孔薄膜过滤，硅藻土过滤常用作粗滤。酿制无菌鲜啤酒，酒在过滤前先经离心机或硅藻土过滤机粗滤，再用薄膜过滤除菌。

（1）硅藻土过滤　硅藻土是硅藻的化石，主要成分为二氧化硅、三氧化二硅，这种粉末状物质单独使用不能起到过滤作用，它们需要被涂敷于过滤机的支撑材料上，和支撑材料一起构成过滤系统，因此多用作过滤助剂，用于形成过滤涂层。过滤助剂的支撑材料有特殊的形状和结构，有的是用编织物制成的，有的是用不同材料制成的板，因此硅藻土过滤机有不同的形式。

①板框式硅藻土过滤机：该产品出现较早，操作方便且稳定，至今在各啤酒厂仍然非常流行，啤酒在过滤机中先经硅藻土粗滤，再经滤布（由纤维或聚合树脂制成）精滤。一个过滤单元由滤框、滤板和滤布组成，滤框和滤板交替排列，滤布贴在滤板的两侧，滤布和滤框之间形成滤室，用于填充硅藻土、待滤的酒液和截留下来的颗粒。滤框和滤板用不锈钢制作，四角有孔，使酒液经滤框进入，在滤室中过滤后由滤板表面的沟槽（滤槽）导出。过滤单元悬挂在横杠上，由固定顶板和活动顶板共同作用压紧在机架上。

板框式硅藻土过滤机的操作过程分为装机、预涂、流加与过滤、拆洗等过程。预涂是指把硅藻土和水或啤酒的混合液用泵送入滤框，通过滤板，两边同时形成厚度为1~3.5mm的预涂层，需要预涂两次，第一次粗粒硅藻土用量400~500g/m²，第二次粗粒和细粒各半的硅藻土用量400~500g/m²。过滤时，啤酒中硅藻土含量为80~300g/100L，开始滤出的酒液不清，应返回混合罐，待滤清后浊度小于0.5EBC再入清酒罐。过滤期间的压差上升0.02~0.04MPa/h，待压力达到0.3~0.4MPa时，应停止过滤。先用水将硅藻土中的啤酒洗涤出来，再打开过滤机将硅藻土冲弃掉，重新安装备用。

板框式硅藻土过滤机对啤酒的过滤能力为0.35~0.37m³/（m²·h），可通过增减板框数而变更。

②叶片式硅藻土过滤机：硅藻土的支撑材料为圆形叶片或方形叶片，常用的有立式叶片过滤机和圆形叶片水平过滤机。圆形叶片水平过滤机滤层较平稳，不易脱落，但只有一面能沉积滤泥，处理量为 $25m^3/h$ 以下。立式叶片过滤机产量较大，为 $50m^3/h$ 以上，滤速为 $0.6\sim$ $1.0m^3/$（$m^2\cdot h$），但滤床稳定性差，过滤过程中若压力有波动将造成滤饼脱落，且不易清洗。

③烛式过滤机：过滤单元蜡烛状，滤速 $75\sim130m^3/h$。烛芯为一根金属棒，棒上重叠装配环形盘作为支撑物，硅藻土在环面沉积，形成滤层，酒液从环形盘之间透过，沿烛芯上的狭缝和凹形槽沟流出。该机优点是滤层不易变形脱落，过滤面积随滤层增厚而增加。

（2）板式过滤　板式过滤机结构与板框式硅藻土过滤机结构类似，滤板之间插有纸板作为过滤介质，但没有滤框，纸板起精滤作用，采用除菌纸板也可用作无菌过滤。纸板由精致木纤维、棉纤维掺和石棉压制而成，有的还掺入硅藻土、聚乙烯吡咯烷酮（PVPP）来强化吸附作用。应当注意刚杀菌后的滤板必须冷却至与酒温相同的温度方能滤酒，否则可能出现滤板味。

（3）膜过滤　啤酒的膜过滤又称微孔滤膜过滤，滤膜是用生物和化学稳定性很强的合成纤维和塑料制成的多孔膜，微孔以垂直方向通过膜表面，膜过滤是简单的筛分过程。啤酒过滤用 $1.2nm$ 孔径，生产能力 $0.02\sim0.2m^3/h$，膜寿命为 $0.5\sim0.6m^3$，如采用 $0.8nm$ 孔径的微孔滤膜来滤酒，则产品具有很好的生物稳定性。过滤时薄膜先用 $95℃$ 热水杀菌 $20min$，再用无菌水顶出滤机中的杀菌水，之后在一定压差下进行过滤。微孔薄膜过滤机外形似钟形罩，内部是薄膜支承架和薄膜。

由于滤膜孔径微小，酒液在进入膜过滤之前可经预过滤器除去较大颗粒，另外，薄膜所用的杀菌水先经微孔过滤除去微粒和胶体，过滤过程中当压差小于规定值时，表示滤膜破裂。

（4）双流过滤错流过滤　双流过滤技术是在传统的烛式过滤机的基础上，进一步完善而产生的一种新型硅藻土过滤机。烛式过滤机中硅藻土颗粒在烛芯的上部和底部分布不同，大颗粒附着在底部，而细小颗粒则附着在上部，双流过滤改进了进口分布器和滤液排出位置，可以对啤酒回流精确控制，过滤不产生酒头，并且过滤速度明显提高。

错流过滤是指在泵的推动下料液平行于膜面流动，料液流经膜面时产生的剪切力把膜面上滞留的颗粒带走，从而降低了污染层厚度，适用于固含量高于 0.5% 料液的过滤，是一种动态过滤。一般的微孔过滤膜不适用于错流过滤，取而代之的是具有很细孔径的陶瓷材料，属于卷绕膜柱的一种。

错流过滤的成功之处在于啤酒过滤不再依赖硅藻土和纸板，啤酒过滤可一次完成，且不会改变啤酒的质量，酒损低。

2. 啤酒离心分离

当啤酒发酵液中悬浮酵母细胞和浑浊粒子太多时，可以先用离心机分离，然后再用硅藻土过滤机或板式过滤机过滤。用于分离啤酒的离心机为密封除渣式离心机，机内的锥形盘是多层重叠在一起的，两盘之间形成一个离心分离空间，使其中的酒液在离心过程中形成薄层流。在离心力的作用下，清酒向上流去，直至从上部出口流出；固体粒子则向下滑动，最后聚集在沉渣收集室，积满后，离心机自动开启出渣。

北欧国家很流行离心分离法，如瑞典几乎全用离心机分离啤酒，离心后直接灌装鲜酒。离心分离的啤酒具有明显的冷混浊敏感性，冬季销售的啤酒应辅以其他过滤方法。

3. 啤酒的稳定性处理

（1）非生物稳定性处理

①添加 PVPP：PVPP 能与多酚物质形成氢键而将其吸附，PVPP 处理的啤酒其非生物稳定性可延长至 6 个月。PVPP 的使用方法主要有三种：将 PVPP 加到滤纸板中进行板式过滤、与硅藻土混合使用、单独循环使用。如在硅藻土过滤的同时添加 PVPP，添加量为 50g/100L；如在硅藻土过滤后单独用 PVPP 处理，这样效果会更好，并且 PVPP 经过再生后可以循环使用，添加量为 20~30g/100L，过滤方法类似硅藻土。

②添加硅胶：硅胶能去除亲水性较强的、分子量较小的冷浑浊蛋白质，而不影响泡沫蛋白；硅胶还可以去除脂类物质，保留单宁。硅胶添加量一般在 300~500mg/L，啤酒厂通常在啤酒过滤前添加，可与硅藻土混合添加，也可在发酵前独立添加然后在过滤过程中除去。

③添加单宁：啤酒酿造专用单宁有两种：糖化型和速溶型，前者在糖化时添加，后者在发酵过程中或过滤前添加。发酵过程中添加量为 30~50mg/L，过滤前添加量略低，与啤酒的作用时间不少于 15min。

④添加木瓜蛋白酶：添加到清酒罐中，添加量为 0.2~0.5g/100L。先用清酒或脱氧水按 1∶100 比例溶解，充分混匀，再加入到清酒罐中，并与酒液混合均匀。

（2）生物稳定性处理

①杀菌：啤酒灭菌多用低温巴氏杀菌。在 60℃ 下处理 1min 为 1 个巴氏灭菌单位，用 PU 表示。啤酒不需要太高的杀菌条件，因为啤酒有一定的保质期，高温长时间杀菌会降低啤酒的新鲜感。啤酒可以在灌装前采用瞬时杀菌，配合使用无菌灌装技术；也可以在灌装后采用隧道式杀菌。

②无菌过滤：无菌过滤系统有两种，可分为膜过滤和深床式多层次过滤。膜过滤机可分为组件过滤机、深度烛式硅藻土过滤机和大面积过滤烛芯三种；深床式多层次过滤系统由德国 Handtmann 公司开发。

（3）口味稳定性处理　添加维生素 C 及异维生素 C、亚硫酸氢钠等抗氧化剂可以增强啤酒的抗氧化性，掩盖老化口味，还有一定的抑菌性，添加量不高于 30mg/L。啤酒含氧量非常低时，添加维生素 C 才有明显作用。

4. 啤酒后修饰

啤酒后修饰技术即后期调配处理技术，指利用新型研究和应用技术，通过后期调整，或添加不同类型的添加剂，改变啤酒色、香、味、体、泡沫等感官质量和增加保健功能，以使产品均匀稳定，或突出某一特征。后修饰技术基本分为三类：质量缺陷性修饰、产品特色性修饰和稳定性修饰。

（1）色泽修饰剂　黑、红啤酒浓缩汁是按照深色啤酒的酿造工艺生产，再将其浓缩而成，可将其调成不同颜色的啤酒，满足消费者对啤酒的多方位需求。色素也是一种色泽修饰剂，但调整后酒质不如用浓缩汁调整的啤酒。

（2）营养功能修饰剂 螺旋藻提取液、苦瓜汁及其营养液、芦荟汁、银杏提取物、黄秋葵提取液等营养功能修饰剂种类繁多，啤酒厂家可根据实际情况选用。

六、啤酒包装

啤酒包装是啤酒产品制造的最后一个工段，也是最繁杂、对产品质量影响最大的过程，该工段包括洗瓶、灌装及压盖、杀菌、贴标四个单元操作，在啤酒灌装生产线上完成。

啤酒包装的基本原则为：定量灌装、低温保压、隔绝空气。包装过程质量控制指标主要有：啤酒视觉质量（包括色泽和清亮程度，瓶内的杂质和悬浮物），啤酒的溶解氧和瓶颈的空气含量，啤酒 CO_2 含量，啤酒的巴氏灭菌质量（以 PU 表示），啤酒的巴氏灭菌温度控制，啤酒的贴标质量。

啤酒的包装形式有瓶装、易拉罐装和桶装三种形式，以瓶装最为普及，适合异地销售，售量也最大；易拉罐装啤酒，易于携带、便于开启；桶装鲜啤酒适合在当地销售；三种容器均适用于熟啤酒和生啤酒。下面介绍玻璃瓶的啤酒包装工序。

1. 洗瓶及洗瓶机的工艺流程

洗瓶的质量要求是无论新旧啤酒瓶均应满足理化性能和外观方面的要求，如耐内压、抗热震性、抗冲击、应力、内表面耐水性等，使用期限一般为两年。

洗瓶的目的是清洗干净酒瓶及清除和杀灭啤酒有害微生物。洗净瓶的要求是：瓶子无破损；内壁、外壁均洁净，光亮；无异味；瓶温适中，一般 30℃ 左右；pH 中性；瓶内残液少于 4 滴；微生物检验合格，大肠菌群不得检出，细菌菌落数不超过 2 个。

啤酒厂使用的洗瓶机为浸泡加喷冲组合式洗瓶机，原理是通过对瓶子的浸泡和喷冲来达到洗瓶的目的，该机清洗效果好，新瓶、旧瓶都能使用，自动化程度和生产效率高，适合大生产使用。洗瓶的工艺大同小异，瓶子在洗瓶机中经过一次预浸泡、两次浸泡，中间穿插喷冲操作，影响洗瓶效果的因素有温度、作用时间、喷冲强度和碱液浓度等，各洗瓶工序的操作条件如表 5-9 所示。

表 5-9　　　　　　　　　浸泡加喷冲组合式洗瓶机工作流程

工序	浸泡装置	操作条件	操作目的	备注
预浸泡	预浸泡槽	温水 35~40℃	瓶子预热，预浸洗	配有碎玻璃清除装置；使用温水喷冲后的水
一浸泡	一浸槽	2%~3% NaOH，75~85℃，两步约 6min	杀菌、除污、去标	旧瓶+表面活性剂或浓缩增效剂
碱喷冲		热碱液，同一浸槽	杀菌、除污、去标	喷淋液吸取同一浸槽
二浸泡	二浸槽	1%~2% NaOH，60~70℃，两步	杀菌、除污、去标	碱液中添加防垢剂
水喷冲		热水约40℃、温水约25℃、冷水约15℃、净水	清洗，降温	热水中+防垢剂；冷水中+消毒剂 净水多使用自来水

浸泡加喷冲组合式洗瓶机按照进出瓶系统的布置方式来区分，可分为单端式洗瓶机和双

端式洗瓶机，啤酒厂最常使用的是单端式洗瓶机，而双端式洗瓶机用于纯生啤酒生产。洗瓶机清洗后经验瓶机检验，除去不合格的瓶子，验查项目有瓶底检测、瓶口检测、残液检测和瓶壁检测。

2. 灌装

（1）质量要求和控制要点　啤酒灌装的基本要求：啤酒损失小；灌装量精确；啤酒内在质量变化小。一般要求啤酒灌装过程中，吸氧量不得超过 $0.02 \sim 0.04 mg/L$，啤酒总含氧量一般为 $0.2 \sim 0.3 mg/L$，不超过 $0.5 mg/L$；灌装后酒容量达到规定要求；外观清亮透明，瓶内无明显悬浮物，瓶外清洁；CO_2 含量符合规定要求。

（2）灌装设备　啤酒在等压（反压）条件下进行灌装，装酒前瓶子抽真空后充 CO_2，当瓶内压力与酒缸内压力相等时（高于大气压），酒液靠自重灌入。

啤酒厂应用的灌装机一般为旋转式灌装机，灌装阀多为 100~200 个，大型灌装机的生产能力可高达 4 万~6 万瓶/h。灌装机的操作过程为：瓶子被推升定位到灌装阀上，随即抽真空，再充入 CO_2（或压缩空气）背压，然后进行等压灌装，经液位校正、卸压后，瓶子随托盘下降并送出灌装机。

灌装机上配有环形酒缸，用于存贮待灌装的啤酒，双室缸的酒缸包括贮酒室和真空室，是啤酒厂应用普遍的形式。贮酒室内啤酒在下部，上部为背压的 CO_2 气体，因此酒液不能充满整个贮酒室。真空室与抽真空系统相通，用于对瓶子抽真空。

根据灌装阀有无导管，灌装机相应地分别称为长管灌装机和无管灌装机。导管的作用是将啤酒导入瓶中，导酒管的下口位于接近瓶底处，可以避免啤酒过多地接触瓶中的空气，携氧量非常少，生产中为提高灌装速率，可采用差压灌装。无管灌装机没有酒液的通道，但是配备有气体的导入管和导出管，故常称为"短管灌装机"，灌装过程中要抽真空以减少瓶中的空气含量，一般采用两次抽真空、两次 CO_2 背压处理。

（3）控制要点

①保证啤酒卫生灌装：保证良好的 CIP 刷洗效果；装酒机前的输酒管路上根据不同操作加装不同的袋式扑集器；每周进行两次彻底清洁灭菌工作，至少有一次需对酒管进行热碱灭菌 20min，软管用高锰酸钾溶液浸泡刷洗。

②保证啤酒新鲜灌装：清酒罐保压 $0.10 \sim 0.18 MPa$，灌装开始时接通 CO_2 使清酒罐压力达 $0.20 \sim 0.35 MPa$；酒缸采用 CO_2 背压 $0.20 \sim 0.35 MPa$，尽量不要使用压缩空气背压；双室缸酒缸液位保持在 2/3 液面；灌装时采用多次抽真空（如两次，最多三次）。

③保证啤酒的定量、稳定灌装：控制酒温在 $-1 \sim 8℃$，尽量做到低温灌装；控制整个送酒压力稳定适宜，保持酒缸内液面平稳；利用酒管或酒针，控制啤酒的液面高度；控制空隙率为 $3\% \sim 4\%$。

（4）减少瓶颈中含氧量

①引沫法：通过泡沫的产生来排出瓶颈中的空气，主要有敲击引沫法、快速卸压引沫法和喷射引沫法。常用喷射引沫法，又称高压激沫，用高压微孔喷嘴将无菌热水（1.2MPa 左右，80℃）喷入瓶中，使产生细碎的泡沫冲出瓶口，并将瓶颈空气带出。杀菌，并定期品尝，不能有任何异味。

②惰性气体保护法：首先用惰性气体代替 CO_2 背压空瓶，然后用惰性气体吹洗瓶颈，使 O_2 难以进入啤酒，这在啤酒厂已得到普及应用。此法还可以结合使用高温饱和蒸汽喷冲空瓶

和抽真空，基本能达到无氧灌装的要求。

③空气燃烧法：灌装前向空瓶中充入一定量的可燃性气体（如 H_2），经激光器点燃瓶中的混合气体，使之轻微燃爆，将氧气消耗掉。

3. 压盖

啤酒灌装入瓶后，应立即进行压盖，其间隔一般不超过 10s，以防啤酒吸氧或 CO_2 损失。压盖设备使用压盖机，通常与灌装机组装在一起，并且由同一驱动装置驱动，以保证二者同步进行。压盖后要求瓶盖封口尺寸控制在 28.5～28.8mm，密封压力一般要求 ≥1.0MPa。

4. 杀菌

啤酒的杀菌方式可分为装瓶前杀菌和装瓶后杀菌两种，装瓶前杀菌即瞬时杀菌，也称高温短时灭菌，啤酒在板式换热器中加热到 68～72℃，保温 50s 左右，然后冷却至初始温度。装瓶后杀菌则主要采用隧道式杀菌机，或称喷淋式杀菌机，由若干箱体组成，机内分布若干不同的温度喷淋区，瓶装啤酒连续经过预热、保温杀菌、冷却阶段，最后送出杀菌机。

为保证啤酒口味，杀菌单位不宜过高，一般工厂掌握在 10～20PU（由巴氏杀菌单位测定仪控制），出口酒温控制在 30℃ 以下。杀菌过程中，杀菌机内各区温差不得超过 35℃，啤酒瓶升降温速度以 2～3℃/min 为宜，防止温差太大引起啤酒瓶破裂；为防止酸性水的腐蚀，最好保持喷淋水在微碱性（pH7.5～8），可适当加磷酸钠等碱性盐类；喷淋水中还可适当添加防腐剂和防垢剂，以防止菌膜（由酒液带入杀菌机而产生）和水垢的沉积。

5. 验酒贴标

人工验酒，通过灯检剔除不合格的瓶装酒。回转式贴标机的工作过程可分解为上胶、传标、贴标、滚压熨平四个阶段。要求商标不能歪斜、翘起、起鼓、透背、破裂或脱落等，贴标位置也要符合要求，有关啤酒法规所规定的内容必须在标签上予以标注。瓶装啤酒的标签分为身标、肩标、背标、颈标（封顶标）、绑带标几大类。

第六节　典型啤酒生产案例

一、超干啤酒生产工艺流程

普通啤酒中尚含有一定量的残糖，而低热值的淡爽型啤酒发酵度高、残糖低、CO_2 含量高、口味清爽，饮后在口中不甜、干净、不留余味，适宜发胖的人饮用，这就是干啤酒。干啤酒生产用原料与啤酒类似，原料采用淡色麦芽，辅料为小麦芽、大米，或者是成本更低的淀粉或糖浆，发酵时使用特殊的酵母使真正发酵度在 72% 以上，把残糖降到一定的浓度之下。干啤的生产可以采用两种方法，一种是直接制备所需浓度的麦汁，再经接种发酵酿制而成，另一法为稀释法，即先生产度数较高的麦汁（如 12°P），发酵前后再稀释成所需的浓度。干啤的糖度多为 7～10°P，10°P 是国内生产量较大的产品。下面介绍稀释法的生产工艺流程。

提高干啤酒的发酵度应着眼于最大限度提高麦汁中可发酵糖的含量，以及选育对麦芽三糖发酵力强的酵母菌种。在糖化过程中，大量使用外加酶制剂，如糊化锅中添加高温 α-淀粉酶，糖化锅中使用蛋白酶、高效糖化酶或复合酶。酒花添加量比普通啤酒略少些，并且以香型花为主，防止过苦，水质以软化水比较理想。生产工艺流程如图5-4所示。

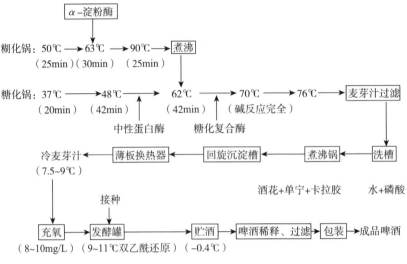

图 5-4　稀释法生产 10°P 超干啤酒工艺流程

糊化锅配料：淀粉3440kg，水11t，α-淀粉酶2000mL。

糖化锅配料：进口麦芽900kg，国产麦芽900kg，小麦芽1300kg，石膏3.2kg，磷酸1900mL，糖化复合酶1.55kg，中性蛋白酶3.1kg，水12.5t，酒花15.7kg。

二、一罐法上面发酵小麦啤酒工艺流程

小麦啤酒所使用的小麦芽占麦芽的40%以上，其原麦汁浓度一般至少为10%，产品具有小麦麦芽经酿造所产生的特殊香气，并且小麦啤酒的泡沫性较好，口味独特，苦味较轻，颇受广大消费者的欢迎。小麦啤酒可以含有酵母而呈浑浊状态，称为酵母小麦啤酒，也可以不含酵母而外观清亮。小麦的成分与大麦不同，在工艺上比大麦有更高的要求。

（1）原料的选择　小麦芽优于大麦芽的特点有：浸出物含量比大麦芽高；淀粉易于糊化；糖蛋白含量高，有利于啤酒的泡沫性能；可溶性氮含量较高，有利于啤酒发酵及双乙酰等有害物质的控制；单宁含量低，利于啤酒的风味和胶体稳定性；淀粉酶含量更丰富，糖化力大大高于大麦芽。

小麦芽酿酒也有不利之处：小麦芽无皮壳，其细粉碎物比例大，同时小麦中的水溶性木聚糖含量高，麦汁黏度增加、浸出率降低，也给麦汁过滤造成不利影响；可溶性高分子氮含量高，导致啤酒胶体稳定性不高；α-氨基氮含量偏低，导致啤酒中高级醇含量高，饮后容易上头。因此酿制小麦啤酒的小麦品种宜选择蛋白质含量较低（≤13%）的南方冬小麦品种，色度和黏度均较低，籽粒成熟饱满，水分≤13%，发芽力≥85%，小麦芽的最佳用量占麦芽总量的40%～60%，全小麦啤酒甚至可以达到90%。

（2）小麦发芽　采用"浸三断六，辅以喷雾"的浸麦工艺，浸麦温度20℃，时间控制在30h左右，使浸麦度达到38%～40%。发芽开始的1～4d控制品温在14～16℃，第5d升至

18℃，期间每隔 12~14h 翻一次，通过喷雾使浸麦度增至 43%~45%。麦芽干燥应从 45℃开始，并用大风量排潮以最大限度地保存酶的活力，焙焦时间一般控制在 1.5~2h，比大麦芽短 1~2h，焙焦温度控制在 78~80℃。

制得的小麦芽一般应满足下述要求：水分≤5%，α-氨基氮≥130mg/100g，糖化时间≤12min，糖化力≥300（WK），色度≤50（EBC），库值 38%~42%。

（3）麦汁制备 小麦芽的粉碎粒度小于大麦芽，以增加物料与水的接触面积；糖化工艺宜采用浓醪糖化，采用较低投料温度的两次煮出糖化法或一次煮出糖化法，糖化过程中应保证足够的蛋白质休止时间以增加 α-氨基氮含量；麦汁煮沸时间相对较长。

一次煮出糖化法的工艺为：配料为小麦芽、大麦芽各 50%，糖化料水比为 1:3.8，升温至 37℃投入大麦芽浸泡 30min，即将升温前加小麦芽，经 10min 升温至 44℃时加入少量焦香麦芽再保温 15min，升温至 48℃并保温 10min 后加入甲醛（利于形成甲醛氮，杀菌），然后升温至 55℃维持 10min，经 10min 升温至 62℃，保持 15min 后即分出 1/3 醪液，糊化锅中加热至 72℃并保持 20min 后升温煮沸 20~25min，其余的 2/3 醪液继续于 62℃保温 60min，之后与糊化锅中的醪液合醪，碘检合格后升温至 78℃，过滤。糖化时应添加适量的葡聚糖酶、戊聚糖酶以降低麦汁粘度，加快过滤的进行。最终制成的糖化醪 pH5.5~5.8，糖化麦汁 pH5.3~5.6。为了突出小麦的香味和酵母发酵所生成的酯香，在酿造时避免使用大量的酒花，一般酒花分两次加入。麦汁煮沸可采取强化措施，如提高煮沸温度和延长煮沸时间，在常压下煮沸时间在 100~120min 比较合适。

（4）发酵 小麦啤酒多采用上面酵母发酵，发酵温度高、周期短（主酵 4d 内完成），发酵过程罐压控制高于下面发酵，成品啤酒中 4-乙烯基愈创木酚含量较高，小麦啤酒发酵过程如图 5-5 所示。

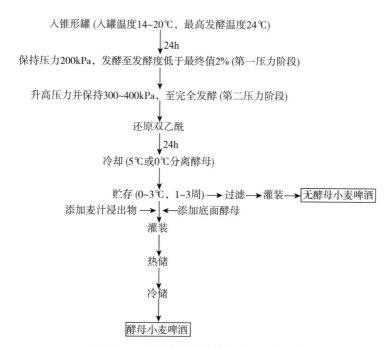

图 5-5 一罐法上面发酵小麦啤酒工艺流程

思考题

1. 什么是啤酒？GB 4927-2008《啤酒》中对啤酒如何分类？特种啤酒有哪些？

2. 啤酒酿造的主要工艺流程有哪些？

3. 啤酒酿造的主要原辅料有哪些？各有哪些特点和要求？

4. 制麦的目的、流程各是什么？主要设备有哪些？制麦过程应控制哪些工艺参数在什么范围？

5. 啤酒酵母有哪些种类？如何根据工艺要求选择酵母种类？

6. 啤酒酵母扩培分为哪两个阶段？其包含哪些扩培过程？扩培过程中应注意哪些问题？

7. 麦芽汁制备包括哪些过程？这些过程的目的和要求有哪些？

8. 糖化过程发生哪些变化？如何根据这些变化确定合适的糖化方法和工艺控制措施。

9. 对啤酒酿造，定型麦汁有哪些基本要求？

10. 从啤酒的发酵机理角度分析啤酒主要成分有哪些变化？如何通过代谢控制措施进行调节？

11. 影响啤酒的风味物质有哪些？各自在啤酒中的含量控制范围是多少？

12. 传统下面啤酒发酵工艺和大罐发酵工艺有哪些区别与联系？

13. 啤酒一罐发酵法和两罐发酵法有哪些区别与联系？

14. 啤酒发酵过程中应控制哪些工艺参数？各自控制的数值范围是什么？

15. 发酵过程中如何实现酵母的回收利用？

16. 啤酒的后加工包括哪些单元操作？各单元操作的注意事项有哪些？

17. 瓶装啤酒和听装啤酒的包装各包括哪些单元操作？各自操作的注意事项是什么？

[推荐阅读书目]

[1] 程康. 啤酒工艺学 [M]. 北京：中国轻工业出版社，2013.

[2] 李秀婷. 现代啤酒生产工艺 [M]. 北京：中国农业大学出版社，2013.

[3] 顾国贤. 酿造酒工艺学（第二版）[M]. 北京：中国轻工业出版社，2006.

[4] [英] Dennis E. Briggs 著. 李崎，孙军勇，董霞，等译 [M]. 麦芽与制麦技术. 北京：中国轻工业出版社，2005.

第六章

黄酒工艺

1. 了解黄酒的分类和特点。
2. 理解黄酒的酿造原理。
3. 掌握黄酒的酿造工艺流程以及各工艺流程的操作要点。
4. 掌握黄酒酿造过程中常见问题的分析与控制。

1. 能够根据黄酒原辅料的性质酿造黄酒。
2. 能够对不同黄酒酿造过程中常见问题进行分析和控制。

第一节　黄酒及原料要求

一、黄酒概述

1. 黄酒

黄酒是以谷物为原料，经酒药及曲中多种有益微生物的糖化发酵作用，酿造而成的一种低酒精含量的发酵原酒。黄酒是世界上历史最为悠久的酒精饮料之一。据考证，现多数人认为我国酿酒起源于龙山文化时期。我国古书《世本》中记载有"仪狄始作酒醪，变五味"，《事物纪原》中有"少康作秫酒"等记载。仪狄是龙山文化之后夏禹时代的人，少康（杜康）是殷商时代的人。他们虽不是酿酒的发明家，但是可以断定历史传说中仪狄、杜康所酿的酒就是黄酒的原始类型。明朝李时珍在《本草纲目》中写道："烧酒非古法也，自元时创其法"，又据袁翰青的研究以及大量考古研究鉴定，认为烧酒即白酒起源于唐代，因此我国酒的起源应该是黄酒。

李时珍在《本草纲目》中提出："酒，天之美禄也。面曲之酒，少饮则和血行气，壮神御寒，消愁遣兴；痛饮则伤神耗血，损胃亡精，生痰动火。"说明饮酒"少则益，多则害"。黄酒的酒精含量为15%～20%，比较适中，符合低酒精含量的消费趋势。科学表明，酒精在体内分解成水和CO_2，可作为机体活动的能源；酒中丰富的营养成分，如糖、蛋白质、氨基酸、酯类物质、微量的高级醇及多种维生素等，使黄酒成为理想的营养食品，特别是黄酒中含有21种氨基酸，其中4种是未知氨基酸，8种是人体必需氨基酸，而且含量居各种酿造酒之首位，被誉为"液体蛋糕"。适量常饮黄酒，有助于血液循环，促进新陈代谢，并有补血养颜、舒筋活血、健身强心、延年益寿的功效。

黄酒从古到今一直都是人们日常生活的消费品之一。每逢婚庆、寿诞、佳节、迎送宾友时都以酒助兴，黄酒也是中药中修合丸散、膏丹的辅助原料，又是烹调菜肴时所需的一种调味去腥佳品。黄酒生产具有耗能低、投资少、周转快、积累多的特点。黄酒的发展地为浙江绍兴，所以又称为绍兴酒，后来发展到浙江全省，并逐步发展到江苏、福建、江西和上海等地，如今已有26个省市生产，成为全国性的酒类工业。黄酒生产不仅满足了人们日常生活的需要，而且为国家积累了资金，支援了国家建设。黄酒出口，可增加外汇收入，绍兴酒年出口量达5000t左右，是我国黄酒中出口量最大的酒种，在国际上享有很高的声誉。黄酒生产也由浙江、江苏、上海、福建、江西逐渐扩大到安徽、陕西、山西、湖南、湖北、广东、广西、山东、北京、天津、辽宁、黑龙江、吉林等省市，产量不断增长，质量不断提高，品种不断增加。从1952年开始，绍兴加饭酒、福建龙岩沉缸酒多次被评为全国名酒，并涌现出如九江陈年封缸酒、丹阳封缸酒、江苏老酒、无锡惠泉酒、福建老酒、山东即墨老酒、绍兴善酿酒等众多名优产品。

2. 黄酒的分类

黄酒历史悠久，全国各地黄酒的品种繁多，取名不一。有的是以酒色取名，如元红酒、竹叶青、黑酒、红酒等；有的以产地取名，如绍兴酒、即墨老酒等；有的根据酿造方法的特点取名，如加饭酒、老熬酒等。因为大多数品种酒的色泽黄亮，故俗称黄酒。

（1）按含糖量分类　1992年9月颁布的黄酒国家标准，按黄酒的糖分分类，分为干黄酒、半干黄酒、半甜黄酒、甜黄酒和浓甜黄酒。

（2）按原料分类　黄酒分为稻米黄酒和非稻米黄酒。稻米黄酒又细分为糯米黄酒、粳米黄酒、籼米黄酒等，非稻米黄酒有黍米黄酒、小麦黄酒、玉米黄酒以及薯干黄酒等。

（3）按糖化发酵剂分类　黄酒可分为红曲酒、麦曲酒、小曲米酒等。

（4）按工艺分类　黄酒可分为传统工艺和新工艺。传统工艺又分为淋饭酒、摊饭酒、喂饭酒。

3. 黄酒的生产特点

黄酒是我国的民族特产，制法和酒的风味都有独特之处，与世界上其他酿造酒有明显的不同。黄酒生产特点归纳如下。

（1）我国幅员辽阔，自然条件不同，酿酒采用的原料、糖化发酵剂各异，工艺操作又各有一套传统的方法，因而黄酒的品种繁多，有麦曲酒、红曲酒等多种类型，酒的风格各具特色。

（2）黄酒酿造是一种双边发酵过程，与葡萄酒和啤酒的发酵过程不同，采用的是边糖化边发酵的方式，由于糖分不会过高积累，因而有利于发酵生成酒精，黄酒的酒精含量可达到16%~22%。

（3）黄酒酿造传统上是选择冬季低温条件下进行，因为在低温条件下，杂菌难以生长繁殖，不易使酒酸败，有利于糖化菌和酵母菌进行长时间的低温发酵，以逐步形成黄酒特有的色、香、味、体。实践证明，短期发酵的酒香味较差。

（4）黄酒由多种霉菌、酵母菌和细菌等共同作用酿制而成。不同的酒曲有不同的微生物谱系，这些微生物在制曲药及发酵过程中产生的代谢产物构成了黄酒特有的香味成分。实践证明，采用单一菌种的纯种曲药不及多菌种的自然曲药酿的酒好。

（5）黄酒酿造用米类，制曲原料用小麦，是古代酿酒的宝贵技术经验。因为糯米中含支链淀粉多，使酒中能残留较多的界限糊精，因而味感醇厚；小麦能够为霉菌提供丰富的碳源、氮源以及微量元素，这些成分也为酵母菌的繁殖和发酵提供营养，并构成了麦曲酒特有的浓香味。

（6）产品黄酒都必须经过灭菌，为增加香气和提高酒的醇厚感，还需要装入陶坛内密封，进行适当时间的贮存。经过贮存的黄酒风味更好，称为陈年酒或老酒。

二、黄酒原料

我国南方所用主要原料为糯米、粳米和籼米，北方过去仅用黍米、粟米，现在也已采用糯米、粳米以及玉米酿酒。小麦常常被用来作为辅料，而水则是黄酒生产必不可少的重要资源。

1. 大米

（1）稻谷与米粒结构　　大米是由稻谷加工获得的。稻谷由颖（外壳）和颖果（糙米）两部分组成。

稻颖是稻谷的外壳，即稻壳，包括外颖，内颖，护颖和颖尖（俗称芒）四部分。颖的表面粗糙，生有茸毛。一般粳稻茸毛密而长，籼稻茸毛稀而短。粳稻的颖比籼稻薄，早稻的颖比晚稻薄，粳稻颖的质量约占谷粒的18%，籼稻颖的质量约占谷粒的20%。

稻谷去壳后的果实称为颖果，亦称糙米。它是由皮层，胚乳和胚三部分组成。颖果的皮层由果皮、种皮、外胚乳和糊粉层等部分组成，总称为糠层，质量占整个谷粒的5%~7.5%。皮层的薄厚随稻谷品质和品种不同而有较大的差异。优质的稻谷，皮层软而薄；劣质的稻谷则厚，碾除较困难，出米率也低。因此，皮层的薄厚是直接影响出米率的因素之一。糙米表面光滑，背上的一条纵向沟纹叫做背沟。鉴别大米的精白度高低以米粒表面和背沟留皮的多少来区分，沟内的皮层往往难以全部碾除，若要碾去势必对胚乳造成损伤而降低出米率。

糙米的胚乳是谷粒的主要部分，其质量占整个谷粒的70%左右。胚位于颖果腹部下端，与胚乳的结构不紧密，碾米时容易脱落，其质量占整个谷粒的2%~3.5%。

（2）大米品质要求　　大米一般都可以用，但从酿造工艺和成品质量上，对品质有一定要求：①大米淀粉含量高，蛋白质，脂肪含量低，从而达到产酒多，香气足，杂味少，在储藏中不易变质等目的；②支链淀粉比例大，容易蒸煮粥化，糖化，发酵效果好，酒液清，糟粕少；③工艺性能好，吸水快而少，体积膨胀小；④发酵后，酒中残留的界限糊精和低聚糖多，使酒味醇厚。

（3）大米品种　酿造黄酒用大米品种大致分为糯米，粳米和籼米。

①糯米：糯米所含淀粉都是支链淀粉，黏度高，在蒸煮过程中很容易完全糊化，糖化发酵后酒中残留的糊精和低聚糖较多，酒味香醇，是传统的酿酒原料，大多名优黄酒均以糯米为原料。糯米可分为粳糯和籼糯两大类。粳糯粒短，呈椭圆形，酿酒性能良好。绍兴酒所用的粳米，过去大部分购自江苏省丹阳、金坛、溧水、无锡等县的粳糯，酿成酒后，品质最优。其他各地所产的粳米，只要米色洁白、气味良好，且不含碎米，也可以采用。籼糯粒长，呈细长型，精白时米粒易断，浸米浆水带黏性，吸水性大，蒸饭时易结块发糊，造成夹生，冷却后易结皮老化，发酵后糟粕较多。

②粳米：粳米的直链淀粉含量平均在 $18.4\% \pm 2.7\%$，粒型较阔、呈椭圆形，透明度高。直链淀粉含量与米饭的吸水性、蓬松性呈正相关，与柔软性、黏度、光泽呈负相关。粳米中含直链淀粉低的品种较好，在蒸煮时较黏湿且有光泽，过熟则很快散裂分解；直链淀粉含量高的品种，在蒸煮时干燥且蓬松，色暗冷却后易变硬。粳米亩产高于糯米，虽然其直链淀粉高，造成浸米吸水及蒸饭糊化较困难，但直链淀粉糖化分解彻底，使黄酒发酵正常，质量稳定、出酒率高，因而在解决粳米糊化的技术难题之后，已成为江苏、浙江两省生产黄酒的主要原料。

③籼米：籼米直链淀粉含量一般在 $25.4\% \pm 2.0\%$，最大值为 35%，粒呈长椭圆形或细长形。一般早、中籼米胚乳垩白程度高、质地疏松、透明程度低，蒸煮时吸水较多，米饭干燥蓬松，色泽较暗，冷却后变硬。少数杂交晚籼品种，蒸煮后米饭较黏湿，有光泽，但过热会很快散裂。这类杂交晚籼既能保持米饭的蓬松性，又能保持冷却后的柔软性，较符合黄酒生产工艺的要求，其品质特性偏向粳米。种植籼稻可提高复种指数，采用双季稻三熟制的措施，增加粮食亩产。在解决籼稻糊化、糖化及发酵等工艺技术难关后，浙江温州、金华等地区已多用籼米生产黄酒。

2. 其他原料米

（1）黍米和粟米　黍米属一年生草本植物，叶子呈线性，子实淡黄色，去皮后呈色泽亮黄的米粒，比粟米稍大，称黄米或大黄米，以区别于粟米（小米）。黍和粟是我国北方人喜爱的主食，并且都能用来酿酒和制作糕点，但亩产量都较低，故长期供应不足。山东特产即墨黍米和兰陵美酒，均以黍米为原料。

黍米千粒重为 $36 \sim 42g$，从颜色来区分大致分为黑色、白色、梨色（油黄色）三种。其中以大粒黑脐的油黄色黍米品质最好，俗称龙眼黍米。蒸煮时容易糊化，是黍米中糯性品种。白色黍米和油黄色是粳性品种，米质较硬，蒸煮困难。黍米的品种不同，其出酒率也有较大差异。黍米中淀粉含量约 75%，蛋白质 $9\% \sim 9.5\%$，脂肪 $3\% \sim 3.5\%$，粗纤维 0.6%，灰分 1.2%，均高于大米。

粟米主产区在华北和东北各省，亩产量很低。粟在去壳前习惯称谷子，物理结构与稻谷差别不大，只是颗粒小，粒形呈椭圆。谷子除去外壳、糠层，即为粟米（小米），谷壳率一般在 $15\% \sim 20\%$。粟米可供主食和酿酒，由于供应不足，酒厂已很少采用。

（2）玉米　玉米是我国北方的主要粮食作物之一，与大米、小麦并列为世界三大粮食作物。玉米又名玉蜀黍、苞米、珍珠米、苞谷等，种类很多，分为普通玉米、甜玉米、硬玉米、软玉米、黏玉米等。玉米的组织情况依品种的不同而有差异，颗粒结构包括果皮、种皮、糊胶粒层、内胚乳、胚体或胚芽、实尖6个基本部分。玉米的化学成分因品种、气候、土壤的不同而相差较大。

玉米除淀粉含量稍低于大米外，蛋白质、脂肪含量都超过大米，特别是脂肪含量丰富。玉米的脂肪多集中于胚芽中，它将给糖化、发酵和酒的风味带来不利的影响，因此，玉米必须脱胚成玉米渣后才能酿造黄酒。脱胚后的脂肪含量因玉米品种不同，差异较大，如黑玉46品种的脱胚玉米，脂肪含量仅剩0.4%，而一般品种的脱胚玉米，脂肪含量约为2.0%。如果脱胚不尽的玉米酿制黄酒，会使发酵醪液表面漂浮一层油，给酿造工艺控制和成品酒质量带来不利影响。

玉米淀粉结构致密坚硬，呈玻璃质的组织状态，糊化温度高，胶稠度硬，较难蒸煮糊化，因此要十分重视对颗粒的粉碎度、浸泡时间和温度的选择，重视对蒸煮时间、温度和压力的选择防止因没有达到蒸煮糊化的要求而老化回生，或因水分过高、饭粒过烂而不利于发酵，导致糖化发酵不良和酒精含量低、酸度高的后果。

3. 小麦辅料

小麦是制作麦曲的原料。小麦中含有丰富的淀粉和蛋白质，以及适量的无机盐等营养成分，并有较强的粘黏性以及良好的疏松性，适宜霉菌的生长繁殖，能产生较高的糖化力和蛋白质分解力，给黄酒带来一定的香味成分。大麦和小麦的成分基本相同，但因为大麦有芒，皮又厚又硬，皮壳多，粉碎后又太疏松，不易粘结，制曲时不便调节，所以，酿造黄酒的大部分地区都采用小麦制曲。黄酒酿造制麦曲时可在小麦中配入10%~20%的大麦，以改善透气性，促进好气性糖化菌生长，提高曲的酶活力。

小麦按播种季节可分为冬种小麦和春种小麦，我国以秋季播种的冬小麦为主。国家标准根据冬种、春种小麦的皮色和粒质分为六类：白色硬质小麦、白色软质小麦、红色硬质小麦、红色软质小麦、混合硬质小麦和混合软质小麦。

小麦子粒由皮层、糊粉层、胚和胚乳四部分组成。皮层呈红色或白色，包括表皮、果皮和种皮。皮层薄厚随品种而异占麦粒质量的7%~8%，糊粉层占麦粒质量的6%~8%；胚占麦粒质量的2%~3%；胚乳是小麦的主体部分，占麦粒质量的78%~84%。胚乳组织紧密程度不同，呈角质或粉质的数量不一，形成小麦质地有软有硬，南方多产软质麦，北方则硬质麦较多。

4. 水资源

水称为"酒之血"，是黄酒的主要成分，黄酒中水分达80%以上。黄酒生产用水量很大，每生产1t黄酒需耗水10~20t，包括制曲、浸米、洗涤、冷却、酿造和锅炉用水等。用途不同，对水质的要求也不同。酿造用水是微生物对原料进行糖化、发酵作用的重要媒介，其质量好坏直接影响酒的质量和产量。

自然界的水通过江、河、湖、海及大陆地表面蒸发进入大气层上空，又以雨雪雾冰雹等形式降回地面，有些渗入地下，进行不断地自然循环。在与外界接触的过程中，水使空气中、陆地上和地下岩层的各种物质溶解或悬浮在其中，人类生产活动及生活废物也使天然水混入了各种杂质。因此，天然存在的不是纯水，而是含有多种杂质。

黄酒生产用水的水源选择应满足下列要求：①水量充沛，能保证生产的需水量；②水质优良且稳定，应基本符合我国生活饮用水标准；③冷却用水的水温越低越好，以节约制冷耗能。

黄酒酿造用水应选择来自山中的泉水，以及远离城镇上游宽阔洁净河道的河心水，或湖心水。由于河边或湖边水含微生物和有机杂质较多，不宜采用。随着生产废水及生活污水的污染，有些河、湖、江、浅井水的水质下降，不少酒厂已不直接取用天然水，改为使用水厂或酒厂经过处理的水。

绍兴酒采用鉴湖水。经专家考察、研究，认为鉴湖水有一个十分良好的自然环境。鉴湖的源头来自蜿蜒的会稽山脉，山麓的植被生长良好，重金属元素的分布比较分散，水源的矿化度较低。湖水经过沙石岩土的层层过滤，清澈透明，具有适量的营养成分和矿物质，硬度适中。另外，鉴湖的蓄水量较少，而其水源地区雨水相当充沛，使湖水的更换期短，平均每隔 7d 半湖水就可以全部更新一次，另外，在鉴湖的沿岸分布着上下两个泥煤层，上泥煤层直接裸露在湖水中，泥煤层的长度达鉴湖周长的 78%；下泥煤层位于鉴湖水底，它含有多种含氧官能团，具有吸附和交换金属离子的功能，对湖水中的有害物质起到吸附和调节作用。因此鉴湖水常年保持洁净的状态，为绍兴黄酒的生产提供了良好的水源。

三、原料处理

黄酒生产原料在投入酿造前，为了便于有益微生物的糖化发酵作用，均需要进行适当的处理。

1. 大米的精白

通常所指的大米是稻谷经过除谷壳、去米糠后得到的白米。白米的碾制从原理上可分为脱壳和精白两步：稻谷经过脱壳获得糙米，经过精白获得白米。

脱壳后的糙米，外层及胚部分含有丰富的蛋白质、脂肪、维生素及灰分等。蛋白质、脂肪含量多，有损于黄酒的质量，是黄酒异味的来源；过多的维生素及灰分使微生物营养过剩，发酵太旺盛，升温过快过高，招致生酸菌大量繁殖，使黄酒醪的酸度超过标准。另外，使用糙米或粗白米时，其植物组织的膨化和溶解受到限制，米粒不易蒸透，蒸煮时间长，吸水满、出饭率低，糊化和糖化较差，饭粒发酵也不易彻底；而经过精白的大米，浸米时吸水快，有利于大米的蒸煮和糖化。因此，酿酒用米应尽量除去糊粉层和胚。

糙米碾制成白米的过程称为大米的精白。糙米的外皮可用摩擦、削除、冲击三种方法去除。由于米粒外皮较硬而内部组织较软，所以食用米可用横型精米机摩擦去除外皮。而得到精米率 90% 以下的酿酒用米，则应采用竖型精白机。大米经过第一次精白，从精米机的精米室右下侧流入筛子去糠，再用斗式提升机送入米罐，如此反复精白，直至达到要求的精白度。

黄酒用米的精白度要根据具体情况、原料种类和黄酒类别区别对待，有条件的厂家，可适当地提高精白度，这对提高黄酒质量有一定的效果。粳米和籼米较糯米不易蒸煮、糊化，而且含有较多的蛋白质、脂肪、粗纤维及灰分等有损于酒质的成分，为减少这些成分，应适当提高精白度。制曲、制酒母和发酵用米的精米率应有区别，制曲用米的精米率最高，发酵用米次之，酒母用米的精米率最低。精白过程中由于品温升高，水分降低，如果立即洗浸，吸水率会超过 28%~30%，易使淀粉损失，米粒也会结块。因此，精白后的大米应入袋或入箱贮藏数天，使品温缓慢下降，待米粒内部水分均匀后，再浸米。

2. 洗米浸米

洗米的目的是除去附着在白米上的糠秕、尘土和其他夹杂物，提高大米的品质。洗米前，可通过筛米机筛分回收糠秕、米栖。我国除少数厂采用洗米机洗米外，多数采用洗米和浸米同时进行的方法，这有利于节约水源及减少排污。其方法简便：先在浸米槽内放好水，然后将米倒入水中，漂浮在水面上的糠秕、尘土从槽的溢流口排出。也有的厂不洗米而直接浸米。日本清酒对米的精白度要求较高，自然要求先洗米后浸米。

浸米的目的是让米粒吸水膨润，淀粉颗粒的巨大分子链由于水化作用而展开，颗粒间得以疏松，为蒸饭时淀粉的糊化创造条件。较长时间的浸米，可因乳酸菌的自然滋生，获得含有乳酸的酸性浸米或酸浆水，这有利于保障黄酒发酵的正常进行，而且对形成绍兴酒的独特风味也起着重要的作用。

（1）浸米过程中的变化　浸米初期，大米吸水膨胀，米中含有的少量糖分被溶解于水中，加上糯米中含有的少量淀粉酶，在浸渍过程中将淀粉转化为糠，在浸米十几个小时后，浆水中便有甜味，并不断冒出小气泡，这是乳酸链球菌利用糖类及其他成分进行的发酵作用，陆续积累以乳酸为主的大量有机酸，形成酸性的浆水。与此同时，糯米本身及微生物所含的蛋白质分解酶，在浸渍过程中，不断地将大米表层的蛋白质分解成氨基酸。浸米时间和温度是影响浆水中总酸及氨基酸含量的主要因素，温度高、浸米时间长，则总酸和氨基酸含量增加。

（2）米粒的吸水　大米的蛋白质网组织紧密，充分的浸渍可使淀粉颗粒的巨大分子链由于水化作用而展开，使组织细胞核颗粒膨胀疏松并软化，在较短的蒸煮时间内，获得糊化透彻、无白心夹生的饭粒。

①吸水速度：吸水速度与大米品质、精米率和水温相关。糯米的蛋白质、脂肪含量低，支链淀粉含量100%，胚乳呈粉状，吸水速度较快；粳米、籼米的蛋白质、脂肪含量较高，并含有20%～30%结构致密的直链淀粉，构成了几乎近于透明的玻璃质态胚乳，吸水速度较慢。水温对吸水速度影响很大，水温越高，吸水越快，吸水率也有所增高。

②吸水率：吸水率与大米的品种有关。一般说来，浸渍时糯米的吸水率最大，粳米和籼米较低。不同精米率的白米吸水率不同，精米率越低，精白度越高，吸水率也会有所增加。但吸水率的饱和与时间无关，吸水近饱和后适当地延长浸渍时间，有利于米粒中心的颗粒结构疏松，蒸煮时容易避免内部夹生。但浸渍时间过长，白米内的可溶性物质溶出增多，乳酸菌繁殖，将产生大量的乳酸等有机酸。

（3）酸浆水　传统的摊饭酒酿造，冬天糯米浸泡时间很长，少则13～15d，多则20d左右。浸米水的酸度高达0.8以上，以便抽提新糯米的浆水配料，依靠酸性浆水产生的微酸性环境，抑制产酸细菌繁殖，从而防止酿酒时发生酸败。

（4）浸米时间和要求　由于黄酒的类型、品种不同，在酿造工艺上各有差异，以及气温、水温和大米的性能不同，所以各地酒厂浸米时间的长短差别很大，南方酒厂浸渍时间短，夏、秋季只浸5～6h，冬、夏季也只浸8～10h，浙江的淋饭酒、喂饭酒和新工艺大罐发酵浸米大多在2～3d。

3. 蒸煮

在黄酒酿造中的蒸煮二字，严格地讲，以大米为原料的是只蒸不煮，以黍米为原料的是只煮不蒸。所以大米的蒸煮多说成蒸饭，以确切地表明大米蒸煮的操作特点。蒸煮的目的主要是使大米淀粉受热糊化，以利于糖化的淀粉酶作用和酵母菌的繁殖、发酵，同时也起到杀菌的作用，以利于发酵的正常进行。

浸渍后的米粒因吸收水分而膨胀疏松，但还没有使淀粉颗粒之间分开，淀粉粒内部分子之间仍保持紧密结合的状态，糖化酶难以对其进行分解作用。蒸煮的作用，就是通过加热膨化，使细胞组织破裂，水分渗入淀粉颗粒内部，削弱分子之间的联系，晶体结构解体，形成不致密的网状组织，直链淀粉和分支短的支链淀粉能自由地溶解于水溶液中，从而使淀粉酶易作用于淀粉进行水解。生淀粉经蒸煮受热膨胀，破坏原有的晶体结构而呈糊化的 α-淀粉，这一过程称为糊化。糖化酶对 α 化前后淀粉作用的难易程度相差约 5000 倍。

米饭蒸煮时间的长短，因米质、浸米时间、蒸汽压力和蒸饭设备等不同而异。一般对糯米和精白度高的软质粳米，常压蒸煮 15～20min 即可。对颗粒结构紧密的硬质粳米和籼米，要在蒸饭过程中追加热水，促使饭粒再次膨胀，同时适当延长蒸煮时间，使米饭蒸熟软化，达到较好的蒸煮效果。

黄酒酿造是糖化、发酵并行的高浓度酒精发酵，为了便于糖化和发酵的进行，并有利于榨酒，要求采用整粒大米，使醪液或酒醅的黏稠度较小，这就是酿酒用米不用碎米的原因。对蒸饭的质量要求，无论是传统工艺还是新工艺酿造，都应达到以下要求：①饭粒疏松不糊，透而不烂，没有团块；②熟度均匀一致，蒸煮没有短路死角，没有生米；③外硬内软有弹性，蒸煮熟透，充分吸收水分，内无白心。蒸饭设备都有甑桶、卧式连续蒸饭机、立式连续蒸饭机。

4. 米饭的冷却和输送

米饭的冷却方式有淋饭冷却、摊饭冷却和鼓风冷却三种。冷却目的是使米饭的品温迅速降到投料后品温适合于发酵微生物的温度要求。考虑到发酵配料中水及其他物料对米饭的进一步冷却作用，要求经上述方式冷却的米饭品温高于投料品温，具体品温视气温、水温及投料品温要求等因素决定。

第二节　糖化发酵剂及其制备

糖化发酵剂是黄酒酿造中使用的酒药、酒母和曲等微生物制剂的总称。在黄酒酿造中，酒药具有糖化和发酵的双重作用，是真正意义上的糖化发酵剂，而酒母和麦曲仅具有发酵或糖化作用，分别是发酵剂和糖化剂。糖化发酵剂是以粮食或农副产品为原料，在适当的水分和温度、气候条件下培养繁殖微生物的载体。自然接种的糖化发酵剂，在制作过程中网罗了自然界中特定的微生物菌系，这些微生物在曲料上生长、繁殖、分泌，积累了多种胞内、胞外酶和代谢产物。成熟后的糖化发酵剂，经干燥、贮存过程中的物理化学变化，某些微生物细胞和多酶系统被基质固定化。参与固定化的基质主要是淀粉、粗纤维、葡聚糖、几丁质、多糖类代谢产物及其衍生物。这些基质以物理吸附、离子吸附、共价键结合方式，吸附、包埋微生物和胞外酶。

当然，存在于基质中的胞外酶，由于各自的特性，也有不同程度的失活。因此可以说，糖化发酵剂是在人为条件下，按优胜劣汰的自然法则，有选择地培养繁殖和保存有益微生物细胞和酶的制品。在黄酒酿造中，糖化发酵剂不仅提供各种酶类，起糖化、发酵作用，而且还以自身制作过程中产生和积累的各种代谢产物，赋予黄酒独特的风味。糖化发酵剂质量优劣，直接影响到黄酒的质量和产量，其地位之重要被比喻为"酒之骨"。

一、酒药及其制备

传统酒药是我国古代劳动人民独创的，保藏优良的一种糖化发酵剂。酒药中的微生物以根霉为主，酵母次之，所以酒药具有糖化和发酵的双重作用。酒药中尚含少量的细菌、毛霉和犁头霉。如果培养不善，质量差的酒药会含有较多的生酸菌，酿酒时发酵条件控制不好，就容易生酸。生产上每年都选择部分好的酒药留种，相当于对酒药中微生物进行长期、持续的人工选育和驯养。在我国南方使用酒药较为普遍，不论是传统黄酒生产，还是小区白酒生产，都要用酒药。

酒药具有糖化发酵力强、用药量少、药粒制作简单、设备简单、容易保藏和使用方便等优点，产地遍布南方城乡、民间和大中小型酒厂。

1. 白药及制备

白药是用新收割的当年早籼米粉、辣蓼草粉末和水为原料，以质量好的上一年的酒药做种母，经过自然繁殖而制成的。

（1）原辅料的选择和制备

①新早籼米粉的制备：在制酒药的前一天，用对辊式粉碎机磨好米粉，粒度以通过50目筛为佳，磨好置冷，量多则需要摊冷，以防发热变质。要求碾一批、磨一批、生产一批，保证米粉新鲜，以确保酒质量。

②辣蓼草粉的制备：辣蓼属一年生的草本植物，含有丰富的酵母菌及根霉所需的生长素，有促进菌类繁殖、防止杂菌侵入的作用。每年7月中旬，取尚未开花的野生辣蓼，当日晒干，去茎留叶，粉碎成粉末，过筛后装入坛内压实，封存备用。如果当日不晒干，色泽变黄，将影响酒药的质量。

③种母的选择：在前一年，选择生产中发酵正常、温度易掌握、糖化发酵力强、生酸低和黄酒质量好的酒药，妥善保存，留作种母。

④水的要求：水需采用酿造用水。

（2）工艺流程及操作方法　制作白药主要分为成形、保温培养和晒药入库3个过程。

白药一般在立秋前后制造。此时节气温在30℃左右，适合发酵微生物的生长，同时早籼稻也收割，并且辣蓼草的采取和加工也已完成。

①配方：糙米粉∶辣蓼草粉∶水＝20∶（0.4～0.6）∶（10.5～11）。

②上白、过筛：将称好的米粉及辣蓼草粉倒入石臼内，充分拌和，然后用石槌捣拌数十下，以增强它的黏塑性。取出，在谷筛上搓碎，移入打药木框内。

③打药：每白料（20kg）分3次打药。木框长70～90cm，宽50～60cm，高10cm，上覆盖竹席用铁板压平，去框，再用刀沿木条（俗称划尺）纵横切开成方形颗粒，分3次倒入悬空的大竹匾内，将方形滚成圆形，然后加入3%的种母粉，再进行回转打滚，过筛使药粉均匀地黏附在新药上，筛落碎屑并入下次拌料中使用。

④摆药培养：培养采用缸窝法，即先在缸内放入新鲜谷壳，距离缸口边沿0.3 m左右，铺上新鲜草芯，将药粒放进留出一定间距，摆上一层，然后加上草盖，盖上麻袋，进行保温培养。当气温在30～32℃时，经14～16h培养，品温升到36～37℃，此时可以去掉麻袋。再经6～8h，手摸缸沿有水蒸气，并放出香气，可将缸盖揭开，观察此时药粒是否全部而均匀的长满白色菌丝。如还能看到辣蓼草粉的浅草绿色，说明药坯还嫩，则不能将缸盖全部打开，而应逐步移开，使菌丝继续繁殖生长。用移开缸盖大小的方法来调节培养的品温，可促进根霉的生长，直至药粒菌丝不粘手，像白粉小球一样，方将缸盖揭开以降低温度，再经3h可出窝，晾至室温，经4～5h，待药坯结实即可出药并匾。

⑤出窝并匾：将酒药移至匾内，每匾盛药 3～4 缸数量，不要太厚，防止升温过高而影响质量。主要应做到药粒不重叠且粒粒分散。

⑥进保温室：将竹匾移入不密封的保温室内，室内有木架，每架分档，每档间距为 30cm 左右，并匾后移在木架上。控制室温在 30～34℃，不得超过 35℃。装匾后经 4～5h 开始第一次翻匾，即将药坯倒入空匾内，12h 后上下调换位置。再经 7h 后倒入竹席上先摊 2d，然后装入竹萝内，挖成凹形，并将箩搁高通风以防升温，早晚各倒箩一次，2～3d 移出保温室，随即移至空气流通的地方，再繁殖 1～2d，早晚各倒箩一次。自投料开始培养 6～7d 即可晒药。

⑦晒药入库：正常天气在竹席上需要晒药 3d。第一天晒药时间为南方草木状上午 6～9 点，品温不超过 36℃；第二天为上午 6～10 点，品温为 37～38℃；第三天晒药时间和品温与第一天一样。然后趁热装坛密封备用，坛要先洗净晒干，坛外要刷石灰。

2. 药曲

酒药生产中还需要添加中药，添加中药的酒药称为药曲。药曲的制法在晋代的《南方草木状》和稍后的《齐民要术》均有记载，酒药中加入中药在当时可谓是一种重大创造。现代研究表明：酒药中的中药对酿酒菌类的营养和对杂菌的抑制，都起到了一定作用，能使酿酒过程发酵正常并产生特殊香味。

药曲生产遍布江南各省，所用的原料和辅料各不相同，如有用米粉或稻谷粉，有的添加粗糠或白土。所用中药配方各有不同，各地不同的技工有各自的配方，至今还没有一个统一的配方，有的 20 多味，有的 30 多味，而中药品种也各有不同。由于对应用中药存在着一种神秘的保守观点，因而不同程度的存在着一定的盲目性。在生产方式上，有的在地面稻草窝中培养，有的在帘子上培养，还有的用曲箱培养。

药曲制造虽各地不同，但主要应掌握下列几方面：①严格挑选优良药曲作为种母；②选择一个较合理的中药配方，不应认为用药品种越多越好，也不是用名贵药材就一定好，应该从药理作用和降低成本以及当地药材资源等方面去考虑；③原料的配方要有利于有益菌种的繁殖，应从碳源、氮源、生长素、pH 及药粒的疏松通气程度等多方面进行考虑；④控制好药粒生皮、干皮、过心三个主要繁殖阶段的品温和湿度。

从药坯发热升温到菌丝开始倒伏并呈现白色菌膜，称生皮阶段；菌丝从药粒表面大量向内部生长，表面水分挥发至药粒表面呈粉白的阶段，称为干皮阶段；从出窝并匾到进行保温培养，使药粒的根霉菌丝长到药粒中心，称为过心，此时水分已大部分挥发，药粒转为粉白色，菌丝繁殖接近停止，品温也不再上升。当品温与室温相近时，即可进行晒药或烘药，控制水分在 12% 以下。

成品酒药质量鉴定可用感官和化学分析的方法。一般优良酒药表面呈粉白色，口咬质地松脆，无不良气味。若质硬带有酸咸味的则不能使用。另外，凡是好的酒药其糖化力和发酵力均较高，有一定的酵母菌数，酸度较低。目前，酒药无统一的质量标准，可以用简易的鉴别法：做小型糖化试验，如产生的糖化发酵液糖度高且味香甜，则为好酒药。为了保证正常生产，工厂在酿酒前，最好安排新酒药的酿酒试验，以此鉴定酒药的质量好坏，同时了解酒药的生产特征，便于在大生产中采取相应的工艺措施。

3. 纯根霉曲

传统酒药制作虽然简单可行，但是也存在着诸多缺点，如生产受季节限制、操作烦琐、劳动强度大、劳动生产率低和不易实现机械化等。为此，利用现代生物培养技术，采用纯种法制作酒药，主要采用纯根霉菌和纯酵母菌分别培养在麸皮或米粉上，然后按比例混合使用。有的厂采用液体深层通气法培养根菌霉，酵母培养也多采用液体法。

福建厦门白曲是用纯种根霉和酵母菌培养的一种糖化发酵剂。其生产方法是：根霉用米粉做培养基，培养成固体三角瓶种子；酵母菌用液体培养基，培养成液体三角瓶种子。制白曲时两种三角瓶种子按适当比例混合在米糠和少量米粉的培养基上进行培养。制成的白曲为粉状，既可用于生产白酒，也可用于生产黄酒。

制作麸皮根霉曲常用的根霉菌种有中科院 3866 和贵州轻工业研究所分离培育的 Q303，而后者具有糖化力强、产酸低、生产繁殖快等特点，使用更普遍。制作米粉根霉块曲是以精白粳米为原料，培养繁殖根霉而制成的糖化剂，又称甜药酒，通常为白色小方块，有微香，剖面菌丝茂盛。

二、米曲麦曲及其制备

酒药是在米粉生料上培养微生物，而米曲则是在整粒熟饭上培养微生物，黄酒生产上常用的米曲有红区、乌一红曲。麦曲是用小麦为原料，培养繁殖糖化菌制成的黄酒糖化剂，黄酒生产上常用的麦曲有传统麦曲和纯种麦曲两类。

1. 红曲

我国红曲主要产地为福建、浙江、台湾等省，其中以福建古田红曲最为有名。红曲是用大米做原料，配以曲种、上等醋，在一定的温度、湿度条件下培养成的紫红色米曲，按原料配比和生产管理方法的不同，可分为库曲、轻曲和色曲三类品种。红曲中主要含有红曲霉和酵母菌等微生物。红曲除作糖化发酵剂用于酿酒外，还可用作食品着色剂、酿制红腐乳、配制酒类和中医药等方面。

2. 乌衣红曲

乌衣红曲是以籼米为原料，接入黑曲霉级红曲，经一定的培养方法制成的发酵剂，主要含有红曲霉、黑曲霉和酵母菌等微生物。乌衣红曲酒的主要产地为浙江省的温州、金华、衢州、丽水等地区以及福建省的建瓯、松溪、南平、惠安等地区。

福建的建瓯吐曲也称乌衣红曲，其制法与浙江的乌衣红曲不同，主要表现在曲种的制备上。建瓯土曲是以曲公、曲母和曲母浆的培养做种子培养而成的。二曲公、曲母则是建瓯等地农民世代传制的产品。浙江的乌衣红曲的曲种为：乌衣红曲中黑曲霉由纯粹培养而得，红曲霉和酵母菌是用红曲进行接种扩大培养后制成的红糟作曲种的。

3. 传统麦曲

传统麦曲生产时在人工控制的条件下，利用原料、空气中的微生物，按优胜劣汰的规律，自然繁殖微生物的方法。自然培养的麦曲以块曲为主要代表，通常在夏季、秋初生产。

4. 纯种麦曲

1957 年苏州东吴酒厂采用黄曲霉生产纯种麦曲，把麦曲的自然培养推向人工接种培养的新阶段。纯种麦曲是把经过纯粹培养的糖化菌，接种在小麦上，在一定条件下，使其大量繁殖而制成的黄酒糖化剂。纯种麦曲从曲盒制曲、地面制曲发展到厚层通风制曲的机械化生产，改善了制曲的劳动条件，降低了劳动强度并提高了生产力。与自然培养的麦曲相比，纯种麦曲具有酶活力高、液化力强、酿酒时用曲量少和适合机械化生产的优点，但不足之处是其为酿造黄酒提供的酶类及其代谢产物不够丰富多样，不能像自然培养麦曲那样，赋予黄酒特有的风味。

纯种麦曲中最早出现的是用蒸熟小麦制成的熟麦曲，因其酿成的黄酒与传统麦曲黄酒有明显差异，尤其在香味上较为欠缺，所以又出现了用生麦纯种培养的生麦曲。以及将小麦爆炒增香后纯种培养的爆麦曲。在培养方式上，纯种麦曲又有地面、帘子和通风曲箱等方式。

三、酵母菌培养和酒母制备

1. 酵母菌纯培养

传统的酒药是根霉和酵母的共生体。伴随纯种根霉曲的诞生，纯种酵母菌的培养也应运而生。纯种酵母菌培养是从试管菌种出发，逐步扩大培养，增殖到大量酵母菌，以满足黄酒发酵需要。现有的黄酒酵母是从淋饭酒醪和黄酒醪中分离获得的优良菌株。目前用于生产的有 72#、50#、134#、醇 2#和 AS2.1392，以及白鹤酵母等菌株，也有些厂用自己分离得到的优良酵母菌。

黄酒酵母不仅要具备酒精发酵的特性，而且要适应黄酒发酵的特点，其主要应具备如下性能：

①含有活性较强的酒化酶，发酵能力强，而且迅速；②在发酵前期繁殖速度快，具有很强的增殖能力，以便缩短迟缓期，防止产酸细菌的侵袭；③耐久净能力强，能在较高浓度的酒精发酵醪中进行发酵和长期生存；④耐酸能力强，对杂菌有较强的抵抗力；⑤耐温性能好，能在较高或较低温度下进行繁殖和发酵；⑥发酵后的就应具有黄酒特有的香味；⑦用于大罐发酵的酵母菌产生的泡沫较少。

酵母菌一般采用液体培养，但是生产上液体酵母用量不多，如果每天制糖液、培养酵母菌，则费工费时。为此，有的厂采用液体培养酵母后，倾取酵母泥制成固体酵母以利于保存和随时取用；有的厂则直接采用固体培养基培养酵母菌，成品经干燥后贮存备用。目前随着活性干酵母的商品化，一般酒厂已经直接购买黄酒活性干酵母用于普通黄酒的生产。

2. 酒母及制备

酒母，即为"制酒之母"，是酵母逐渐扩大培养形成的酵母醪液，提供黄酒发酵所需大量酵母。在传统的淋饭酒母中，酵母数高达 8 亿~10 亿个/mL；一般的纯种酵母含有 2 亿~3 亿个/mL 的酵母。

酒母的培养方式分为两类：一是传统的自然培养法，用药酒通过淋饭酒母的制造繁殖培养酒母；二是用于大罐发酵的纯种培养酒母。淋饭酒母和纯种酒母各有优缺点。淋饭酒母集中在酿酒前一段时间酿造，无需添加乳酸，而是利用酒药中根霉和毛霉生成的乳酸，使酒母在较短时间就形成低于 pH4.0 的酸性环境，从而发挥驯育酵母及筛选、淘汰微生物生成的糖、酒精、有机酸等成分，赋予成品酒浓醇的口味；还可以对酒母择优选用，质量较差的酵母可加到黄酒后发酵醪中作发酵醪用，以增加后发酵的发酵力。但淋饭酒母的培养时间长，与大罐发酵的黄酒生产周期相当，操作复杂，劳动强度大，不易实现机械化；在整个酿酒期内所用酒母前嫩后老，质量不一，影响黄酒发酵速度和质量。纯种酵母操作简单、劳动强度低，占地面积少，酿造过程较易控制，可机械化操作。但由于使用单一酵母菌，培养时间短，成熟后的酒母香气较差，口味淡薄，影响成品酒的浓醇感。因此，除部分传统黄酒仍保留淋饭酒母工艺外，一般黄酒都用纯种酵母。为了改进纯种酵母酿酒的风味，也有采用多种风味好、发酵力强、抗污染能力高的优良黄酒酵母混合使用的方法。

第三节 黄酒酿造工艺

黄酒发酵是在霉菌、酵母菌及细菌等多种微生物及其酶类共同参与下，进行复杂的、多变的生物化学过程。从发酵产酒精的角度考虑，经过蒸煮糊化了的淀粉质原料，经曲霉的糖化作用，分解成可发酵性糖；可发酵性糖在厌氧的条件下，又经酵母细胞内酒化酶的作用，转化为酒精和 CO_2。前者称酒化，后者叫做发酵。从黄酒风味的形成考虑，有曲、酒药和酒母制备过程中形成的多种代谢产物的贡献，有前期发酵阶段的糖化、发酵作用，还有不可忽视的后发酵阶段的化学、生物化学、物理化学反应的成熟作用。

一、黄酒发酵特点与类型

1. 黄酒发酵的特点

黄酒发酵与其他酒类发酵的不同点，主要有开放式发酵、糖化与发酵并行、高浓度发酵、低温长时间发酵和高浓度酒精生成等。

（1）开放式发酵　黄酒发酵是不灭菌的开放式发酵。投入的曲、水和各种用具都存在大量的杂菌，发酵过程中，空气里的有害微生物也有机会侵入。古人没有现代人的无菌意识和无菌操作，那么为什么长期以来能够安全酿造黄酒呢？今天看来，这除了必须在冬季低温条件下酿造外，还因为各种黄酒生产方法都有其安全发酵和防止酸败的措施。

淋饭酒母是通过搭窝操作，使酒药中大量有益微生物，如根霉、酵母菌，在有氧条件下迅速繁殖，并在初期就生成了大量有机酸，降低了醪液 pH，从而抑制了各种有害杂菌的繁殖和代谢。

摊饭法酿酒，选用优良淋饭酒母，并用酸浆水作配料，既提供优良、健壮的酵母，又调低了 pH，抑制了产酸菌的生长，且酸浆水中丰富的营养成分，又促进了酵母菌的迅速繁殖。

从发酵品温来看，简陋的发酵缸、坛（小容器）以及开耙、灌坛，草制缸盖的开与闭等操作，已经可以进行有效的保温和散热，满足酵母菌对品温的要求。合理的开耙出来能起到降低品温，使醪液的品温、物料均匀的作用外，更重要的是及时输送了部分溶解氧，从而促进了酵母菌旺盛繁殖，阻止了产酸菌的生长。总结现代大容器黄酒发酵的生产实践，在研究中发现，品温和通气供养条件的控制是决定大容器黄酒发酵成败的重要因素之一。几千年来我国劳动人民积累的黄酒传统工艺，看起来很"土"、很简单，实际上包含了深奥的科学原理。新工艺酿酒只有在研究、总结传统工艺的精髓，依据其固有的科学原理的基础上，不断改进工艺、设备，才能酿造出与传统工艺口味相近的黄酒，才能提高黄酒的产量和质量。

（2）糖化发酵并行　黄酒发酵过程中淀粉糖化和酒精发酵两大作用是同时并进、相对平衡的。成熟酒醪中酒精含量高达16%以上，因而需要可发酵性糖含量在32%以上。如果酒醪中初始含有这么高的糖分，渗透压就很大，酵母菌酒很难存活，更不用说进行发酵了。只有边糖化、边发酵，两者平衡，才能使糖液浓度不至于积累过高，而逐步发酵产生含量在16%以上的酒精。

糖化与发酵的平衡是相对的，没有严格的界限。由于糖化与发酵两方的作用偏快或偏慢，都会影响酒的质量，产生不同的口味。因此，为稳定酒的口味，要求糖化力和发酵力有一个相对固定的模式。采用相同原料的不同厂家，糖化与发酵的平衡模式决定了其生产酒的固有风味。

黄酒醪中，糖化力主要由投入的曲量及其酶活力决定，温度、浓度对其影响较小；而发酵力则受到温度、酒酵母数量、酵母活力、醪液糖分和营养成分等多种因素制约。实际生产中，原料的营养成分变化不大。如果发酵温度过低、酵母太老或用量少，发酵速度就跟不上糖化速度，致使醪液积累较多的糖分；反之，如果温度较高、酵母嫩或出芽率高，则酵母繁殖和发酵速度快，醪液中酒精含量较高，糖分较低。因此，在生产操作和发酵管理上，糖化曲和酒母的投料比例要合适，要控制好发酵温度和供氧等条件，使酵母繁殖和发酵力与糖化力平衡。

（3）高浓度发酵　酒类生产中，像黄酒醪这样的高浓度发酵是罕见的。加酒曲和水以后，每100g大米的黄酒醪量为300~330kg，即大米与水之比为1:2左右。而啤酒发酵的麦芽汁固形物含量仅占12%~14%。

黄酒醪浓度高，产热量多，同时整粒的米饭易浮在上面形成醪盖，使热量不易散失，如果因此而使品温过高，就会使酵母菌早衰，引起杂菌侵入。所以，对发酵温度的控制就显得尤为重要，关键是掌握好开耙调节温度的操作，尤其是第一耙的迟或早对酒质的影响很大。当缸心温度在35℃以上时，开头耙的酒口味较甜，而在30℃左右就开头耙的酒甜味少、酒精含量较高。

应该指出，由于酒醪高浓度而呈非液态（故又称酒醅），所以其品温在各处是不同的。缸心品温是指饭面向下15~20cm的酒醅温度。缸心通常为酒醅的高温处，而缸周边品温往往与缸心相差10~20℃之多。因此，开头耙后的品温比前品温低10℃左右，耙后品温多在25℃以下，直至第三、第四耙（发酵约经24h）时，在酒曲的酶作用下，醪液变得稀薄而呈流态，缸内品温才较均匀，开耙前后温差减至1~2℃。

（4）低温长时间发酵　酿造黄酒不仅仅是产生酒精，作为饮用酒还要求生成多种物质，使香味调和。酵母菌种特性对香味的形成起重要作用，而长时间的低温后发酵对香味的形成和调和的贡献也早有定论。在后发酵过程中，除继续产生酒精和CO_2外，随时间的推移，在某些微生物酶的作用和化学、物理因素的影响下，还生成高级醇、有机酸、酯、醛、酮等，它们与微生物细胞分泌的若干含氮物质共同构成了黄酒的香味；此外还有些挥发性的不良成分逐步被转化或逸出，使酒的香味变得柔和、细腻。各种酒的酿造实践表明：低温长时间发酵比高温短时间发酵的酒，香气和口味都好。

（5）高浓度酒精的生成　常用的酒精酵母耐酒精能力在12%左右，而黄酒酵母在黄酒醪中能生成16%~20%的高浓度酒精，耐酒精能力特别强，其原因有下列几点：①糖化发酵并行和醪的高浓度；②长时间的低糖低温发酵；③多量酵母（6亿~8亿个/mL）分散在醪中；④曲和米饭的固形物促进了酵母菌的增殖和发酵，其中的蛋白质、维生素B_1等可吸附对酵母菌有害的副产物，如杂醇油等，保护了酵母菌的发酵力；⑤发酵醪的氧化还原电位初期高、后期低，与酵母菌增殖期和发酵期的要求相适应；⑥存在着促进发酵的未知物质。

2. 发酵类型

在黄酒生产季节，由于曲、酒药或淋饭酒母是预先制备的，在使用时有序存放引起的老嫩差异，有气温、投料品温的差异，有原料配比和温度管理上的不同，这些会带来糖化及发酵速度的参差不齐，因此存在不同的发酵类型。

（1）前缓后急　在酵母菌较老、酒母用量过少和投料温度较低的情况下，酵母菌增殖迟缓，糖化不断进行，酒醅内虽已产生相当量的糖分，但发酵慢，温度上升不快，经24~26h才出现气泡，发生前缓的现象。此后，当酵母菌增殖至一定数量时，开始进入旺盛发酵期，糖分降低较快，这样易制成酒精含量高、口味淡泊的辣口酒。如果后阶段温度控制得当，不使发酵过激，还可以酿成高质量的黄酒。因其发酵彻底，糟粕就少，所以出酒率高。这种发酵类型比较安全。

（2）前急后缓　在使用嫩酒母、嫩曲，水中有效成分（磷、钾、钠、氧）较多和投料品温较高的情况下，酵母菌很快发育繁殖，迟滞期很短，经10~14h酒出现气泡，升温迅速。由于前期发酵温度高，发酵速度快，在短时间生成大量的酒精，糖化跟不上酵母菌营养的要求，酵母菌容易早衰。因此，在较长的后发酵阶段，酵母菌发酵力弱，而糖化仍持续作用，易制成含糖较多、口味浓厚的甜口酒。相应的措施是前期适当控制品温，或在后期酌量添加嫩酒母。

（3）前缓后缓　在酒母较老、酿造用水过软、大米精白度过高、曲质量较差和投料品温较低的情况下，因营养不全，酵母菌增殖慢而少，活力不强，发酵速度慢，发酵程度不高，又因曲的糖化力不强而导致残糟多，过滤压榨困难，出酒率低。由于发酵始终不旺盛，某些营养成分不能被酵母菌利用，加之酒精含量不高，容易引起杂菌滋生而感染，因此有产生酸甜酒的危险。补救的方法是及时追加适量嫩曲和嫩酒母。

（4）前急后急　在酒母嫩、曲嫩、大米精白度低和投料品温较高的情况下，糖化速度快，发酵速度也快，短期内酒完成发酵，制成的黄酒口味淡辣，而且糟粕较多。在大罐发酵中多会出现这种类型，补救的措施是冷却控温，以降低发酵速度。

二、发酵过程控制

黄酒发酵过程可分为前发酵、主发酵和后发酵三个阶段。前发酵是指旺盛发酵开始前的酵母菌有氧增殖阶段，约为投料后的10h。主发酵是指酵母菌旺盛发酵，释放大量热量，可发酵性糖等营养物质被迅速利用，产生大量酒精的阶段。在生产实际中，由于开耙通氧操作贯穿于前发酵和主发酵过程中，酵母菌有氧增殖和厌氧发酵同时进行，所以，为便于与后发酵过程及其容器对应，通常把前发酵、主发酵统称为前发酵。后发酵是指长时间低温（15~18℃）的发酵阶段。发酵过程控制（管理）的项目主要由温度、时间、微生物及成分分析等，其中前发酵期的温度管理尤为重要。

1. 温度管理

（1）投料品温　传统工艺中，福建等地一般把料直接投入坛内，江苏、浙江等地则用大缸，而新工艺改用大罐，发酵起始的操作分别称为落坛、落缸和落罐操作。这里把发酵起始的品温统称为投料品温。投料品温与原料、酒曲、气温、室温和操作方法有关，但多由气温和室温决定高低。当气温、室温低时，投料品温可高些；反之则投料品温低些。其宗旨是有利于发酵旺盛期的适时到来，便于生产操作管理和最高温度的控制，防止温度不适而导致杂菌污染。如大罐投料多安排在下午6点左右，使发酵醪需要开头耙的时间恰好在次日上午8~10点，便于操作控制。

①传统工艺的投料品温：淋饭酒投料品温为27~30℃，严冬季节可高至30℃，这是因为搭窝后，可使喜好较高温度的糖化菌繁殖。糖化一段时间后酵母菌要繁殖时，温度要求较

低，可借助添加麦曲和水降低品温。但投料品温也不易过高，以免酒药中的有益菌被烫伤或致死，影响菌生长和糖化发酵正常进行。

喂饭酒投料搭窝温度较高，为 26~32℃。与淋饭酒类似，加料也会降低品温。

摊饭酒有加浆水与不加浆水的配料之分。加浆水的糯米黄酒，由于浆水含有生长素，并使酒醅的 pH 也适合酵母菌生长，品温上升快，所以投料品温要低一些，一般为 24~26℃，不超过 28℃，不加浆水的粳米酒，由于酒醅初期营养条件差些，发酵微生物繁殖慢些，品温上升不快，所以投料品温可高些，为 27~30℃。

②新工艺的投料品温：新工艺的糖化发酵剂，部分或全部采用纯种培养的糖化曲和酒母，它们与自然培养的酒曲相比，均较嫩，作用的迟缓期短，发酵升温迅速。如果投料品温较高，则以后的品温往往会无法控制而酸败，因此，一般控制位 24~26℃，投料品温较低。

(2) 头耙品温　头耙即开耙，是指用木耙搅拌醪液，或对大罐醪液通压缩空气。开耙具有下列 4 个作用：a. 穿透发酵形成的醪盖，使醪盖下的 CO_2 易于排出，进入新鲜空气，使酵母菌在有氧条件下，加速繁殖和发酵；排出 CO_2 和其他杂气，使酒的气味符合黄酒特色；b. 料液搅拌均匀，充分发酵，提高出酒率；也可将生长在醪盖表面的好气性有害杂菌压至液面下，防止其大量繁殖；c. 带走部分热量，以降低发酵温度，使发酵温度控制在有利于酵母繁殖，不利于生酸杂菌繁殖代谢的幅度内；d. 通过开耙品温和时间的调节，控制发酵温度变化，从而影响糖化、发酵的速度和程度，酿造出浓辣、鲜灵、甜嫩、苦老等不同风格的酒。

头耙品温是指投料后进行第一次搅拌时的醪液品温。控制头耙品温是发酵操作中的关键之一。

①传统工艺的头耙品温：由于糖化菌繁殖、酶的糖化作用和酵母菌繁殖速度是随时间的推移而逐渐提高的，所以在投料后的一段时间内，产生的热量较少，品温上升较慢。投料后的十多个小时内，缸内发出嘶嘶的发酵声，品温比投料时高出 4~7℃，这时发酵开始旺盛，进入主发酵阶段，酵母菌把糖分解成酒精和 CO_2，产生热量较多，品温上升较快。另外，生成的酒精溶入醪液，而 CO_2 则附着在酵母菌和饭粒的表面，一起浮到液面醪盖上，阻碍了热量的散发。待品温上升到一定程度，就要及时开耙。

在绍兴酒的酿造中把开头耙时品温较高酿成的酒称热作酒，把头耙时品温较低的酒称冷作酒。热作酒开头耙时缸心品温为 35~36℃，温度较高有利于糖化发酵迅速进行，使醪液中酒精含量较快的增长。但热作酒头耙品温太高，高温持续时间过长，将严重影响酵母菌的繁殖和生长，酵母菌容易早衰，发酵力减弱，酿成的酒口味较甜；同时因接近一般产酸菌的生长最适温度，因而容易招致产酸菌的繁殖。冷作酒开头耙的品温不超过 30℃ 可以定时开耙，操作控制方便；由于发酵品温掌握较低，发酵过程品温比较均匀，发酵较为安全、彻底，不至于因品温过高而产酸多，所以酿成的黄酒酸度低、出酒率高、糟粕少。绍兴地区以外，用麦曲酒药酿制的黄酒，一般称仿绍酒，多为冷作酒，头耙品温多控制在适应酵母菌繁殖和发酵、不利于生酸菌繁殖的温度范围内，一般新工艺黄酒头耙品温小于 32℃。

②新工艺的头耙品温：新工艺黄酒采用大罐深层发酵，虽然有冷却装置，但因其容积、散热的比表面（表面积与容积之比）较小，散热能力有限，且醪液初始酸度较低，以酸制酸能力较弱，因此需要控制温度，适应酵母菌繁殖和发酵而不利于生酸菌繁殖，一般新工艺黄酒头耙品温小于 32℃。

（3）主发酵品温　头耙后黄酒醪进入主发酵阶段，发酵旺盛，产热量大，温度上升快，因此要严格控制温度。

①传统工艺的主发酵品温：热作酒开头耙后缸内品温均匀，耙前品温 36~37℃，耙后大幅度下降，品温为 22~26℃。头耙后品温上升较快，经 3~4h，当温度升至 30~32℃时，开第 2 次耙，耙后品温为 26~29℃。第 3 次、第 4 次耙的耙前品温要控制在 30℃以下，开耙时机多根据醪液的发酵速度和成熟程度决定。如果室温低、品温上升慢、酒味淡、甜味浓，则表示发酵缓慢，应该让开耙间隔长些，或用温水灌入酒坛浸入缸内，以提高醪液品温。如果发酵过猛、品温上升过快，则需多开耙次，或用分缸、分坛等方法降低品温，否则有酸败的危险。一般在第四耙后，发酵趋于缓和，在每日早晚各搅拌一次，直至醪液品温与室温相近、糟粕下沉，即可停止搅拌。为减少酒精的挥发，应及时灌坛，进行后发酵。

冷作酒为低温开耙酒，头耙前后温差为 4~8℃，耙后品温为 24~26℃。经 6~7h，当温度接近 30℃时，再开第 2 耙，耙前后温差为 2~3℃。以后每隔 4~5h，分别开第 3、第 4 次耙，开耙前后温差 1~2℃。第 4 耙后，每日捣耙 2~3 次，以保持品温，促进发酵，直至品温与室温接近。

②新工艺的主发酵品温：新工艺主发酵品温多控制在 30~33℃，温度达 33℃时即要进行开耙冷却。其开耙方法是将通无菌空气的食用橡胶管（前段多套上一段无缝钢管）插入醪液下部，开头耙只需中心开通，以助自然对流翻腾。第二耙开始，需要进行上、中、下、边全方位的通气，以使上下四周全面翻腾，将沉入罐底的饭团翻起来，醪盖压下去。为了控制温度在规定范围之内，开耙同时还需要进行外围冷却水冷却。

③主发酵最终品温：经过旺盛发酵，醪液中的可发酵性糖含量减少，加上酒精等代谢产物的增加，酵母发酵及其产热减弱。传统发酵使用缸、坛，散热面积大，主发酵后期产生的热量很快散发。因此，经 5~7d 后，发酵液品温就与室温接近。而新工艺大罐容积大，散热的比表面积小，主发酵后期温度不能很快的下降，需要加以冷却降温，以减少酒精的挥发损失，防止杂菌伺机滋生。一般发酵最终品温控制在 20~15℃以下。

（4）后发酵品温　黄酒醪经过主发酵后，进入后发酵。后发酵目的如下：

①提高酒精浓度：主发酵后醪液酒精含量虽然已经很高，但尚未达到标准要求，还有残余淀粉和部分糖未转化成酒精。因此需要通过后发酵过程，继续进行糖化和发酵，以提高酒精浓度。

②酒味成熟：成品黄酒要求色、香、味俱佳，酒体丰满谐调。需要酵母菌及曲中的多种微生物及其酶在后发酵过程继续作用，经过一系列的生物化学转变产生各种醇、醛、酸、酯等风味物质，使酒香增浓、酒味醇厚、酒体丰富，同时酒色也逐渐澄清，酒味成熟。

新工艺后发酵品温要求控制在（14±2）℃或以下，不得高于 18℃。实际生产中，因后发酵产热少，一般不会超过 15℃。但如果气候突然变暖，会引起品温的上升，这时就需要利用罐内的列管冷却器进行冷却控温，或利用空调控制温度及罐内品温。

传统工艺酿酒多在寒冷季节，后发酵可以继续在缸中进行，放在室内受外界气温变化影响小，可保持较高（不会超过 15℃）的品温，以缩短后发酵期（比在坛中后发酵提前 5~10d）。但因受缸和发酵室数量限制，后发酵一般在坛中进行，其后发酵品温随气温变化而变化。因此，在气候转暖时酿制的酒，则应堆在阴凉的地方或室内，以防止温度过高来不及压榨等造成酸败。

2. 微生物管理

黄酒发酵是不灭菌的开放式发酵，醪液中存在多种微生物。微生物管理的目的，就是抑制有害微生物的生长繁殖和代谢，促进有益微生物、特别是酵母菌的生长繁殖和发酵，使黄酒发酵安全进行。广义上的微生物管理包括全部工艺技术条件的管理控制，此处仅围绕下列两方面进行论述。

（1）酵母菌活力和接种量　如果酵母菌的接种量少或活力低，发酵初期酵母菌不能在数量上占优势，糖化发酵就不能保持平衡，容易导致早期的杂菌污染，引起发酵醪酸败。如果接种量大，发酵迟滞期就短，在糖化酶尚未充分作用时，发酵速度过快，糖化速度跟不上酵母菌的需求，酵母菌容易早衰，后期发酵力减弱，造成醪液糖分积累过多，容易导致杂菌污染生酸。因此，适宜的接种量对保持酵母菌在发酵初期就能迅速占据优势，抑制杂菌滋生，保证在全周期中酵母菌始终有较高活力具有重要意义。

酵母菌活力是指酵母菌繁殖、发酵的能力。检测酵母菌活力的指标有酵母菌总数、酵母菌出芽率和酵母菌的死亡率，当酿制淋饭酒母时，在搭窝操作后约50h，醪液加曲冲缸后的酵母数约为65×10^6个/mL，出芽率高达40%左右；经$10 \sim 20h$，酵母菌数猛增到$300 \times 10^6 \sim 500 \times 10^6$个/mL，出芽率为25%～30%；成熟淋饭酒母的酵母数高达900×10^6个/mL，出芽率为5%左右，死亡率小于2%。纯种酵母的酵母数在2亿个/mL以上，出芽率15%以上，死亡率无检出。

酵母菌接种量是指酒母用量占发酵投料用米的百分率。传统黄酒生产中，淋饭酒母用量为4%～5%，如不考虑固形物，单从投入的发酵用水量计算，则投料后的发酵液酵母数约为40×10^6个/mL。如纯种酒母用量为10%，则新工艺黄酒发酵醪投料后的酵母细胞数也为$40 \times 10^6 \sim 50 \times 10^6$个/mL。新工艺与传统工艺对酵母菌接种浓度要求基本一致，表明了酵母接种浓度对醪液的安全发酵至关重要。

（2）杂菌预防　酵母菌繁殖的世代时间为$1 \sim 2h$，而一个细菌，在适宜的条件下，经24h培养，将增殖至几百万亿个。所以在实际生产中要控制好发酵工艺条件，定期对发酵醪进行微生物检查，防止杂菌污染。正常发酵醪的内在环境能够限制生酸菌的生长繁殖，甚至使其死亡。一般酿造黄酒用酒母和发酵醪中的细菌数可控制在：①酒母醪中生酸菌少于$100 \sim 300$个/mL；②前发酵醪中酒醪液酸度在0.45%时生酸菌浓度1×10^4个/mL为临界细菌数，正常醪的生酸菌数应为其半数；③后发酵醪中生酸菌的临界浓度为1×10^7个/mL。

预防杂菌污染，除加强发酵工艺条件控制外，还应注意卫生管理。发酵容器、用具在使用前后，均应清洗干净或消毒灭菌。新工艺黄酒生产中，采用溜槽下料，可缩短输送距离。避免因使用管路而带来的清洗不便和杂菌危险；前发酵醪输送到后发酵罐所用的食用橡胶管和中间截物器，每次使用后，都要认真清除残糟，清洗干净；对出现酸败的醪液罐，除仔细冲洗干净外，还要用甲醛熏蒸法彻底消毒，隔3d后，方可使用。

3. 时间管理

发酵时间主要取决于酵母菌活性和发酵过程的品温控制。传统工艺的元红酒，前（主）发酵时间一般为$5 \sim 7d$，后发酵温度接近气温，很低，后发酵期长达70d左右。传统工艺的加饭酒因发酵醪浓厚，所以发酵周期长达80～90d。当天气转暖时，要适当缩短后发酵时间，及时压榨，以避免醪液品温回升，引起酸败。新工艺黄酒前（主）发酵为$4 \sim 5d$，后发酵因醪液品温较高，时间仅为16～20d。

4. 感官检查和成分分析

黄酒是由霉菌、酵母菌及细菌等多种微生物进行的复式发酵，发酵形式多样，发酵进程不一。反映发酵进展情况，及时进行工艺操作和控制，必须依赖感官检查或成分分析。传统工艺就是以感官检查为依据，来决定开耙时机和发酵周期的。感官检查的内容为发酵醪翻腾、气泡情况和升温产热速度，以及发酵液品尝等。新工艺除采用感官检查外，还运用现代分析手段，测定温度和进行成分分析，来判断、分析和控制发酵进程。前发酵期每日测定发酵醪的酒精含量、酸度，观察、判别发酵是否正常，必要时，还要测定糖分，以判断发酵异常的原因。

后发酵期发酵缓慢，液面呈静止的暗褐色状，糟粕逐渐下沉。上层酒液取样观察，酒液的澄清、透明度应逐次增加，色泽黄亮；口尝应酒味增浓、清爽，无其他异杂气味。通常是每隔 5d 左右进行一次感官检查和成分分析，测定糖、酒、酸的含量。榨酒前也要化验一次。

第四节　典型黄酒生产案例

我国黄酒酿造历史悠久，品种繁多。各地的黄酒有各自的酿酒方法和独特的风格，尤其是一些名酒，都是采用独特的传统工艺酿造而成。传统黄酒酿造，有以下几方面的特点：

①重视选择酿酒原料，特别是米的选择，黄酒主要产区在南方各省多采用糯米；

②黄酒的酿造配用不同种类的糖化发酵剂，各地在制造这些糖化发酵剂时都积累了一套巧妙的培养方法和利用有益微生物的经验；

③具有代表性的各类黄酒都有其固定的工艺配方和酿造操作方法，而且关键技术还都保留着手工操作，从而形成其特色。例如绍兴酒采用酸浆水配料；福建沉缸酒，配料上保留了福建黄酒使用红曲和厦门白曲等多种曲种的优点，糖化发酵过程中，分两次加入白酒；

④传统黄酒的酿造，因受生产条件的限制，季节性较强，大多在低温的冬季生产。一旦天气转暖，来不及压榨，便会引起升酸。现在由于生产设备和技术的改进，生产期延伸为秋、冬、春三季。但是，酿造时仍以低温天气为好，因为低温时节有害微生物不易生长繁殖，而冬季水中杂质和微生物也少，有利于酒的安全发酵，温度低可使后发酵时间延长，对增加酒的色、香、味均有利；

⑤生酒灭菌后密封在陶坛中进行较长时期的贮存老熟，成为香气浓郁、口味醇厚的陈酒；

⑥较高的温度有利于糖化酶糖化，而较高的酒精含量可抑制微生物繁殖和发酵。在气温高的时节，顺应自然，用黄酒或白酒带水，生产半甜或甜黄酒。

一、麦曲类黄酒

用麦曲作糖化剂的黄酒，主要分布在浙江、江苏一带。

凡糖含量在 1.0g/mL 以下的黄酒称为干黄酒。干黄酒的生产方法根据各地习惯，有的用摊饭法，也有的用淋饭法或喂饭法生产。这类黄酒配料加水量比较多，发酵醪浓度较稀，加上发酵温度控制较低，酒中残留的淀粉、糊精和糖分等浸出物相对较少，口感干爽。淋饭法黄酒的制作与淋饭酒母制作方法基本相同，不再重述。现将绍兴元红酒和嘉兴黄酒生产方法介绍如下。

1. 干黄酒1——绍兴元红酒

绍兴元红酒是干黄酒中流传最广、最具代表性的摊饭酒，它采用粳米或籼米，按其操作方法酿成的酒，则属地方黄酒。元红酒酿造具有如下特点：①浸米时间长，加酸浆水进行发酵；②米饭冷却采用摊饭法或鼓风冷却法；③糖化剂采用生麦曲，发酵剂采用淋饭酒母；④后发酵温度低，时间长，酿成的黄酒风味较好。

（1）工艺流程　操作要点如图6-1所示。

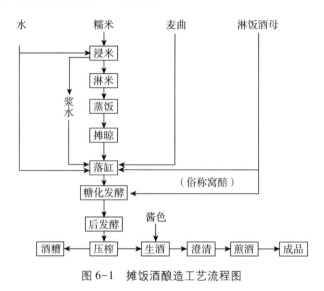

图6-1　摊饭酒酿造工艺流程图

①配料：20世纪50年代公私合营后，元红酒用料统一为：每缸用糯米144kg，麦曲22.5kg，水112kg，酸浆水84kg，淋饭酒母56kg。这些数量是按现行计量法，从石、斗折算而来的，在每缸用水中，沿用历史上就有的"三浆四水"配比，即米浆水和清水比例为3：4。

②浸米：浸米操作与淋饭酒基本相同，但因摊饭酒浸米长达18~20d，所以在浸渍过程中，要注意及时加水，勿使大米露出水面，并要防止稠浆、臭浆的发生，一经发生，应立即换入清水。

汲取浆水是在浸米蒸饭的前一天。一缸浸米约可得160kg原浆水，将其置于空缸内，再掺入约50kg清水进行稀释，然后让其澄清一夜后，取上清液应用，缸脚可作饲料。

③蒸饭和摊晾：与淋饭酒不同，摊饭酒的大米浸渍后，不经淋洗，保留附在大米上的浆水进行蒸煮。即使不用其浆水的陈糯米或粳米，也采用这种带浆蒸煮的方法，这样可起到增加酒醅酸度的作用，至于米上浆水带有的杂味及挥发性杂质则可借蒸煮除去。

米饭冷却用摊饭法或改用鼓风法，要求品温下降迅速而均匀，根据气温掌握冷却温度，一般冷至60~65℃。

④落缸：落缸前把发酵缸和工具先经清洗和沸水灭菌。落缸时先投放清水，再依次投入米饭、麦曲和酒母，最后冲入浆水，用木耙或小木钩等工具，将饭料搅拌均匀，达到糖化、发酵剂与米饭均匀接触和缸内上下温度一致的要求。

落缸温度的高低直接关系到发酵微生物的生长和发酵升温的快慢，特别注意勿使酒母与热的饭块接触而引起"烫酿"，造成发酵不良，引起酸败。落缸温度应根据气温高低灵活掌握，一般控制在 24~26℃，不超过 28℃。

⑤糖化和发酵：物料下缸后便开始糖化和发酵。前期主要是酵母菌的增殖，产热量较少，应注意保温。经过 10h 左右醪中酵母菌已大量繁殖，开始进入主发酵阶段，温度上升较快，可听见缸中嘶嘶的发酵声，产生的 CO_2 气体酒醪顶上缸面，形成厚厚的醪盖，醪液味鲜甜略带酒香。待品温上升到一定程度，就要及时开耙。有高温开耙和低温开耙，依地区和技工的操作习惯而选择，详见第五章第三节。经过 5~8d，品温相近，糟粕下沉，主发酵结束，就可灌坛进行后发酵。

⑥后发酵（养醪）：灌坛前先在每缸中加入 1~2 坛淋饭酒母，目的在于增加发酵力，然后将缸中酒醪分盛于已洗干净的酒坛中，每缸装 25kg 左右，坛口盖一张荷叶，每 2~4 堆一列，多堆置室外，最上层坛口再罩一小瓦盖，以防雨水入坛。在天气寒冷时，可将后发酵酒坛堆在向阳温暖的地方，以加速发酵。天气转暖时，则应堆在阴凉地方或室内为宜，防止因温度过高，发生酸败现象。摊饭酒的发酵期一般掌握在 70~80d。

（2）醪液成分变化　发酵过程中醪液成分变化规律大致归纳如下：

①酒精含量：在头耙至四耙之间酒精含量增加极快，几乎直线上升，落缸 2~3d 酒精含量可达 10% 以上，往后增长速度渐趋缓慢，落缸后 7d，酒精含量达 13% 以上。后发酵酒精含量可继续上升，至榨酒时通常已达 16% 以上，最高达 20%。

②糖分：开头耙时，还原糖含量达 6%~8%，其后随酵母菌的酒精发酵而迅速下降，主发酵结束时，已降到 2% 左右，当降至 1% 左右时，糖分的产生与消耗逐渐呈稳定状态。

③酸度：酸度是衡量发酵过程是否正常的一项重要指标。头耙时一般在 0.2%~0.3%，只要控制得当，主发酵结束后，酸度的增长甚微，至压榨时，酒醪总酸一般均在 0.45% 以下。

④酵母细胞数：投料入缸加淋饭酒母时，酵母数还不到 1 万个/mL，但经过 17~20h，就增殖到 3 亿~5 亿个/mL。在整个主发酵搅拌期，酵母数为 5 亿~8 亿个/mL 以上。后发酵时，酵母多沉于坛底，但醪中死酵母比较少，在 1%~5%。

2. 干黄酒 2——嘉兴黄酒

嘉兴黄酒是喂饭发酵法的代表酒种。喂饭发酵法是将酿酒原料分成几批，第一批先以淋饭法搭窝做成酒母，然后分批加入新原料，起到酵母扩大培养和连续发酵的作用，它与东汉时曹操所用的"九投法"及《齐民要术》中记载的三投、五投、七投等酿酒法是一脉相承的，是根据微生物繁殖和发酵规律所创造的一种近代发酵方法，其主要特点：①酒药用量少。其用量随搭窝用料的减少而降低；②酵母菌不易衰老。在原料递加中，酵母菌不断获得营养而得以多次繁殖，因而比普通酒醪能生成更多的活力旺盛的酵母细胞；③发酵力旺盛。醪液在糖化发酵过程中，从稠厚转为稀薄，多次投料，酵母菌因不断获得新营养和酒精稀释，而使发酵活力充分发挥，出酒率提高；④发酵条件易控制。发酵品温可通过喂料时投饭、水的温度加以调节，投料时搅拌也起着排出 CO_2、供给新鲜空气、促进酵母繁殖的作用，这有利于减少杂菌滋生及防止酸败，提高酒的质量和产量。用于新工艺大罐发酵，则有利于促进自动开耙。

（1）工艺流程　喂饭酒的操作工艺流程图如图 6-2 所示。

（2）操作要点

①配料：以每缸为单位的物料配比为：a. 淋饭搭窝用粳米 50kg；b. 第 1 次喂饭用粳米 50kg；c. 第 2 次喂饭用粳米 25kg；d. 黄酒药（淋饭搭窝用）250~300g；e. 麦曲（按粳米总量

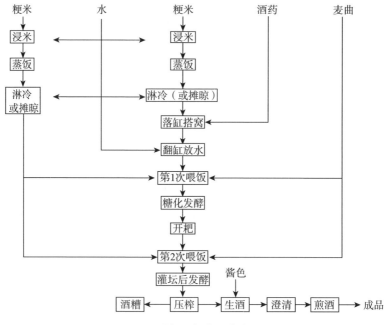

图 6-2　喂饭酒操作工艺流程图

计）8%~10%；f. 总量控制 330kg；g. 加水量＝总控制量－（淋饭后的平均饭重+用曲量）。

②浸渍-蒸饭-淋冷：在室温 20℃左右的条件下，浸渍 20~24h。浸渍后用清水冲淋，沥干后采用"双蒸双淋"操作法蒸煮。米饭用冷水进行淋冷，达到拌药所需品温 26~32℃。

③搭窝：米饭淋冷沥干后倾入缸中，用手搓散饭块，拌入酒药搭成 U 字圆窝，窝底直径约 20cm，再在饭面撒一薄层药酒，拌药后品温 23~26℃，然后加草缸盖保温。18~22h 后开始升温，24~36h 来甜酿液，来酿品温 29~33℃。来酿前掀动一下缸盖，以排出 CO_2，换入新鲜空气。成熟酒酿相当于淋饭酒母，要求酿液满窝，呈白玉色，有正常的酒香，绝对不能带酸馊异常气味；镜检酵母细胞数 1 亿/mL 左右。

④翻缸放水：拌药 45~52h，酿液到窝高八成以上时，将淋饭酒母翻转放水，加水量按总控制量计算，每缸放水量在 120kg 左右。

⑤第 1 次喂饭：翻缸次日，第 1 次加曲，加量为总用曲量的一半，约 4%，并喂入 50kg 的米饭，喂饭后，品温一般为 25~28℃，略拌匀，捏碎大饭块即可。

⑥开耙：第 1 次喂饭后 13~14h 开第 1 次耙，使上下品温均匀，排出 CO_2，增加酵母菌的活力及醪液的均匀接触。

⑦第 2 次喂饭：第 1 次喂饭后次日，开始第 2 次加曲，其用量为余下部分，即 4%，并喂入粳米 25kg 的米饭。喂饭前后的品温为 28~30℃，要求根据气温和醪温的高低，适当调整喂米饭的温度，操作时尽量少搅拌，防止搅成糊状而阻碍酵母菌的活动和发酵力。

⑧灌坛后发酵：第 2 次喂饭后 5~10h，将酒醪灌入酒坛，堆放露天中进行缓慢后发酵。60~90d 后进行压榨、煎酒、灌坛。

嘉兴黄酒技术指标为：出酒率 250%~260%，酒精含量 15%~16%，总酸 0.350%~0.385%，糖分小于 0.5%，出糟率 18%~20%。

我国江苏、浙江两省采用喂饭法生产黄酒的厂家较多，具体操作因原料品种、喂饭次数和数量等的不同而有多种变化。采用喂饭法操作，应注意下列各点：①喂饭次数以 2~3 次为宜；②各次喂饭之间的间隔时间为 24h；③酵母菌在醪液要占绝对优势，以保持糖化和发酵的均衡，防止因发酵迟缓、糖浓度下降缓慢引起的升酸。

3. 半干黄酒

含糖量在 1.0%~3.0% 的黄酒称为半干黄酒。这类黄酒由于在配料中减少了用水量，相对来说就是增加用饭量，因此有加饭酒之称。根据饭量增加的多少，加饭酒又有单加饭酒和双加饭酒两种。加饭酒酿造精良、酒质优美，特别是绍兴加饭酒，酒液呈黄亮有光泽的琥珀色，香气浓郁芬芳，口感鲜美醇厚，在国内外久享盛誉，多次获奖，为中国一大名酒。现以绍兴加饭酒为例，介绍半干黄酒的生产工艺。

（1）酿造特点

①米质的选择和浆水的应用特别重要。要用当年的新糯米，并用浆水作配料，这对增进酒的风味，促进酵母菌生长以及抑制酸败菌的滋生有重要作用。

②加饭酒与元红酒相比，在配料上水量减少，曲量增加，米饭等固形物所占比例相对增大，是一种浓醪发酵酒。

③因醪液浓稠、形成糟粕多，且每榨时间较元红酒增加一倍。但发酵不完全，酒中的浸出物，如糖分、糊精等物质含量相对较多，加之发酵周期长达 80~90d，这又构成了加饭酒风味的基础。

④加饭酒酿成后，一般要经过 1~3 年以上的贮存，使酒老熟，酒质变得香浓，口味醇厚。

（2）操作要点

①配料每缸用糯米 144kg，麦曲 27.5kg，酒母 5~8kg，浆水 60kg，水 75kg，淋饭酒醪 25kg，酒糟蒸馏酒（酒精含量 50%）5kg。

②加饭酒的工艺流程和操作基本与元红酒相同，但因原料落缸时，减少了用水量，虽然用力搅拌，仍达不到充分搅拌的要求，而需要用一面翻拌，一面将翻拌过的物料翻到临近的空缸中，以利于拌匀，这一操作俗称翻缸。空缸沿上架有大眼孔筛子，饭料用挽斗捞起倒在筛中漏入缸内，并随时用手将大饭块捏碎。

③由于配料水少，醪液浓稠，散热不易，使主发酵期间品温降低缓慢，所以一般安排在严寒季节酿制，而且下缸品温要比元红酒低 1~2℃。如果发酵温度不易降低，可用洁净的酒坛，灌入冷水，吊在缸的中心加以降温。

④加饭酒都采用热做法开耙，这样有利于糖化发酵的迅速进行，酒精增长快，但酵母菌容易早衰。如高温持续时间过长，将严重影响酵母菌的增殖和发酵，容易招致酸败菌的繁殖和产酸，所以要及时散热冷却。当发酵结束时，每缸酒还加入淋饭酒醪 25kg、酒糟发酵酒 5kg，以增加发酵力，提高酒精含量，防止酸败。

4. 半甜黄酒

半甜黄酒的含糖量在 3%~10%，这是以酒代水酿造的结果。与酱油代水制造母子酱油相似，绍兴善酿酒是用元红酒代水酿制的酒中之酒。以酒代水使得发酵开始已有较高的酒精含量，这在一定程度上抑制了酵母菌的生长繁殖，使发酵不能彻底，从而残留了较高的糖分和其他成分，再加上原酒的香味，构成了绍兴善酿酒特有的酒精含量适中、味甘甜而芳香的特点。因为需要贮藏 2~3 年的陈元红酒代替水，成本较高，出酒率低且资金周转慢，所以产量少，而成为绍兴酒中的珍品。有一种用淋饭法酿制的鲜酿酒，口味比善酿酒更甜，由于酒的陈香味淡，鲜酿味较重，品质不及善酿酒来的柔和醇厚。下面以善酿酒为例介绍半甜黄酒的酿造特点。

（1）工艺流程与配料　善酿酒采用摊饭法酿制，其工艺流程与元红酒基本相同，不同之处是下缸时以陈元红酒代水。由于落缸时酒精含量已在6%以上，酵母菌的生长繁殖受到阻碍，为此增加了块曲和酒母的用量，同时使用一定量的浆水，以促进糖化、发酵的速度。

（2）操作要点　要求落缸温度比元红酒提高2~3℃，并加强保温工作，一般安排在不太冷的时期酿制。落缸后20h左右，品温升到30~32℃，便可开耙，耙后品温下降4~6℃，继续做好保温工作。再经10~14h，品温又升到30~31℃，开2耙，再经4~6h开3耙，根据感官检查，做好降温工作。此后要注意捣冷耙降温，以免发酵太老，糖分降低太多。一般下缸后2~4d便可灌坛堆放，使品温进一步降低，进行缓慢的后发酵。在整个发酵过程中，糖分始终在7%以上。经过70d左右的发酵，即可榨酒。

由于醪液黏稠，所以压榨速度较慢，糟粕也多。煎酒和成品的陈化与加饭酒相同，但因糖分高，贮存期不可太长，否则会因贮存过程中物理化学变化过度，使甜味突出，口味受到影响。

善酿酒成品色艳香郁、味甜美、色橙黄，酒精含量15%~16%，糖分5%~6%，总酸<0.5%。

5. 甜、浓甜黄酒

甜黄酒一般都采用淋饭法酿制，即在淋冷的饭料中拌入糖化发酵剂，经一定程度的糖化发酵后，加入酒精含量为40%~50%的白酒或食用酒精，以抑制酵母菌的发酵作用，保持较高的糖分残量。因为酒精含量较高，不致被杂菌污染，所以生产季节不受限制，一般多安排在炎热的夏季生产。各地生产的甜黄酒，由于配方和操作方法的差异，而有各自的风格。按国家的分类标准，糖含量在10%~20%的黄酒称为甜黄酒，糖含量在20%以上的称浓甜黄酒。下面介绍绍兴香雪酒的生产方法。

（1）工艺流程　香雪酒生产工艺如图6-3所示。

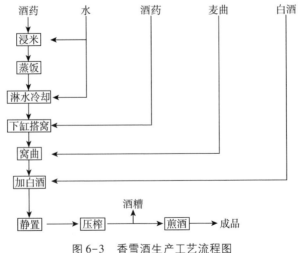

图6-3　香雪酒生产工艺流程图

（2）操作要点　配料时每缸用糯米 150kg，酒糟蒸馏酒（酒精含量 40%～50%）150kg，麦曲 5kg，酒药 0.186kg。

香雪酒采用淋饭法制成酿酒，冲缸以前的操作与淋饭酒母相同，酿制香雪酒的关键是糖化适度，投酒及时。一般是当圆窝甜液满至九成时，投入麦曲，并充分拌匀，继续保温糖化（俗称窝曲）。窝曲的作用：一方面补充酶量，促进淀粉的液化、糖化；另一方面提供麦曲特有的色、香、味。窝曲过程中，酵母菌大量繁殖并进行酒精发酵。经 12～14h，当酒醪固体成分部分向上浮起，形成醪盖，其下面积聚醪液 15cm 左右高度时，便投入白酒（糟烧），充分搅拌均匀，然后加盖静置。白酒加入要及时，太早，虽然糖分高些，但麦曲中酶对淀粉等的分解作用不充分，酒醪黏厚，压榨困难，出酒率低，而且酒的生霉味重，影响风味；如果白酒加入太迟，则因酵母菌发酵消耗过多的糖分，使酒的含糖量降低，鲜味也差，同样不利于酒的质量。

加白酒后，经 1d 静置，即可灌坛，坛口包扎好荷叶箬壳，3～4 坛为一列，堆于室内，在上层坛口封上少量湿泥，也可直接用柿漆、桃花纸封坛口，以减少酒精挥发。如果直接入缸培养，则在加白酒后，相隔 2～3h 倒耙一次，经 2～3 次搅拌，便可用洁净的空缸覆盖起来，缸口衔接处，用荷叶作衬垫，并用盐卤、泥土封口。泥土中加盐卤可令泥土因干燥而脱落。在堆放过程中，酸度及糖分逐渐升高，并进行后熟作用。经 4～5 个月，当酒醪已无白酒气味，各项理化指标均达到规定时，便可进行压榨、煎酒。香雪酒醪黏性大，榨酒时间长，酒糟量多。榨得的酒液为透明淡黄色，一般可不再加糖色。由于酒精含量和糖分均高，已无杀菌必要，煎酒的目的仅是让胶体物质凝结，使酒液清澈。

成品香雪酒酒精含量为 18% 左右，糖含量 18%～20%，呈琥珀色，芬芳幽香，醇和鲜甜。

二、米曲类黄酒

米曲有红曲、乌衣红曲和黄衣红曲三种，对应有红曲酒、乌衣红曲酒和黄衣红曲酒。

1. 福州糯米红曲黄酒

红曲黄酒产于福建省和浙江南部地区。福州黄酒使用糯米、红曲、白曲等物料酿制，由于配料的不同，有辣醅（干型）、甜醅（甜型）和半辣醅（介于干型和甜型之间）三种黄酒类别。其中以福建老酒最为闻名，它属于半甜红曲黄酒，酒呈红褐色，艳丽喜人，酒香浓馥，味醇厚优美，柔和爽口，历史久远，多次获全国优质奖。

（1）原料及曲选择

①因当地产糯米较逊，一般都喜用古田县谷口镇出产的糯米。要求选用肥美整齐、圆实洁白、质地柔软、淀粉含量 75% 以上的精白米，杂质要少，不含青、红、黑色及霉烂米。

②红曲质量要求表面为紫红色、断面为红色，无灰白点，大多数为断粒，但不太碎，气味芳香；将红曲置于水中，大部分能浮于水面，浸渍 5～6h，下沉率只有 20% 左右。

③白曲也称药白曲，均使用厦门白曲。要求曲粒洁白、菌丝茂盛，内心纯白无杂色，用手捏之轻松有弹性，口尝微甜稍带苦，并且白曲气味芳香，无异臭、酸败气味，以秋制产品为佳。

（2）工艺流程　红曲酒工艺流程如图 6-4 所示。

（3）操作要点

①配料：以缸和坛为发酵单位，辣醅、甜醅和半辣醅三种黄酒进行配料。

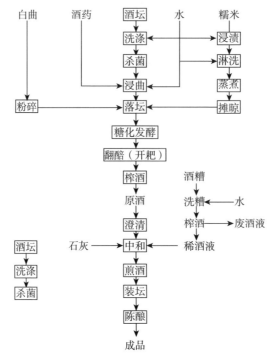

图 6-4　红曲酒生产工艺流程图

若配料中用水量多，则发酵比较透彻，酒精含量高，残糖也低；反之则酒精含量低、糖分高。气温高，酵母菌发酵旺盛，应适当增加用水量，一般每坛多加 1~2kg 水。加水量应根据糯米淀粉含量和气温情况而定。

②浸渍：先在缸内或池内加入清水，再将糯米倒入水中，用手摊平，使水高出 6cm 左右。浸渍的程度，以米粒透心，能捏碎即可。一般冬春浸 8~12h，夏天浸 5~6h 为宜。

③淋洗：将浸好的大米捞入篓内，用清水从米面冲下，先浇中间，再冲边缘，使米粒淋洗均匀，至流出的水不浑浊，然后沥干。

④蒸煮：将沥干的大米装入甑内，摊平，使大米均匀疏松，蒸煮以熟透不烂为宜。目前已多用蒸饭机进行蒸煮。

⑤摊晾：将蒸饭倒在饭床上，用木锹摊开，并随时翻动，或用风扇加速冷却。摊晾温度要根据下坛拌曲需要的品温决定。

⑥下坛拌曲：下坛前将坛洗刷干净，然后用蒸汽灭菌，待冷却后盛入清水，再投入红曲，让其浸渍 7~8h 备用。将米饭用木制漏斗灌入浸好曲的酒坛中，随后加入白曲粉，用手伸入坛底翻拌均匀，再将加饭前捞出的一碗红曲铺在上面，用纸包扎好坛口，以防上层饭粒硬化和杂菌侵入。一般下坛拌曲后品温应掌握在 24~26℃。

⑦糖化发酵：控制糖化发酵过程的关键是温度。温度过高，容易引起杂菌感染，造成酸败；温度过低，则糖化发酵迟缓，酒质量差。发酵开始升温的时间一般控制在下坛后 24h 左右，72h 达到发酵旺盛期，品温也达到最高，但不得超过 35~36℃，以后品温开始逐渐下降，发酵 7~8d，品温已接近室温。这一阶段可归为前（主）发酵期。

⑧搅拌压榨：进行搅拌要看醪液的外观情况。如果醪面糟皮薄，用手摸发软，或醪中发

出刺鼻酒香，或口尝略带辣、甜，或醪面中间下陷、呈现裂缝，就应进行搅拌。此外，搅拌也与品种有关，如辣醪入坛后 14d，甜醪入坛后 24~28d，开始第 1 次搅拌。随后连续 3d，每天一次搅拌，以后每隔 7~10d 再翻拌一次，连续 2~3 次。搅拌时木耙要深入坛底，每次只搅拌五下，即中间一下，四周各一下，防止倒糊糟粕，不利于压榨。经 90~120d，酒醪成熟。将成熟醪倒入大酒桶中，插入抽酒竹篓，2~3h 后酒液流入竹篓中，用挽桶或橡皮管将酒液取出，4~5h 后已取出酒液 6~8 成，则将余下的酒糟于绢袋上进行压榨。

⑨洗糟中和：经一次压榨后的糟粕尚有残酒，用水搅拌后再灌入绢袋内进行第二次压榨。每 170kg 原料的糟粕，加水 65~70kg。榨出的酒液倒入一榨的酒中。将原酒液与榨得的酒液一并倒入大酒桶内，正常酒液的酸度在 0.5%~0.7%。每桶酒液以 360~375kg 计，约用石灰 0.75kg，中和后的酸度在 0.3%~0.4%，经 16~20h 澄清后，便可杀菌灌坛。

（4）出厂产品质量标准（以福建老酒为例）

①酒精含量（mL/100mL）15 以上；②糖分（以葡萄糖计，g/100mL）5.5 以上；③总酸含量（以琥珀酸计，g/100mL）0.3~0.5；④色，黄褐、清亮、透明；⑤香，有浓郁老酒芳香；⑥味，醇厚浓郁，余味绵长，甜而无异味。

2. 福建粳米红曲黄酒

福建省的黄酒历来是用糯米酿造的，1965 年后，开始普及推广使用粳米酿造黄酒方法。粳米的性质较糯米硬而脆，糠秕厚，不易糊化完全；粳米中的脂肪、蛋白质、粗纤维、灰分等含量也较高，这些都会影响酒的品质。所以对粳米的选择条件为：①无异味，颗粒均匀，无夹杂物，糠秕、碎米、泥沙应筛除；②质软，蒸煮后有弹性，用晚粳米比早粳米好；③精白度要求比糯米高。

（1）工艺流程　因地区的气温差异，酿造操作方法大致可归纳为以下两种。

①厦门地区的操作方法：该法先加白曲粉，以淋饭操作法酿制，待甜饭液满窝后加入红曲及水，继续进行发酵。本法发酵时间短，成酒快，适宜冬季气候较暖的地区生产。

②建瓯地区的操作方法：该法用红曲作糖化发酵剂，发酵比较缓慢，制成的黄酒风味有所不同，适宜冬季气候较寒冷的地区生产。

（2）操作要点

①配料：配料分单一种曲（红曲或白曲）和红曲、白曲合用两种。纯用白曲，产品味较差，色淡黄，只有少数厂生产；纯用红曲，虽糖化发酵较缓慢，但成品酒风味较佳，色泽鲜艳；用混合曲糖化发酵较快。一般多用后两种方法。其配料见表 6-4。

②淘洗及浸渍：粳米较硬，浸渍时间较糯米要长。粳米糠秕较厚，如果不先将其洗涤浸渍容易产生异味。淘米时要轻、快，因为米粒吸水变脆易碎。浸渍时间根据水温、大米的精白度适当掌握，一般控制在 12h 左右。浸渍后将大米用水冲洗、淋干。

③蒸煮：采用双蒸双淋法，要求饭粒松软、柔韧、不糊、不黏，均匀熟透。

（3）糖化发酵操作方法

①红、白曲混合操作法：将蒸饭摊晾至 35℃，拌入白曲（也有同时拌入红曲的），翻拌均匀至 32℃落缸。每缸装料（以原料米计）50kg，中央挖一空洞，洞的大小视室温而定，通常在 15~20℃时，洞深约距缸底 10cm。落缸后，温度会继续下降至 27℃左右，经 4~5h，品温开始回升，再经 14~20h，品温回升至 33~34℃，饭粒已发软。又经 5h，品温开始回升至 35~36℃（不可超过 37℃），饭粒更软，尝之有甜味，此后约 5h，甜酒液有 15cm 高。品温开

始回降时，加第一次水，水量为原料米的35%。拌曲时若未加红曲，应预先将红曲加7倍的15℃温水浸3~4h，在第一次加水时一并加入。加水后，品温即降至29℃左右。经过6~8h，品温又回升至31℃，这时发酵旺盛，再第二次加水，水量为原料米的45%。次日，品温为31℃左右，将两缸合并成一缸，移至阴凉处。并缸后10h，品温下降至27℃左右，从落缸计第4d，品温已下降至24℃，即进行第一次搅拌，第7d进行第二次搅拌，第10d进行第三次搅拌，此时醪盖厚度变薄、酒液已清，品温已降至17℃左右。若室温20℃以上，落缸后15d即应榨酒。如室温20℃以下，可继续延长后发酵期，使酒质更加醇和，但必须经常检查醪液的酒精含量、酸度的变化情况，如果酒精含量下降，酸度上升，就应立即上榨。

②纯用红曲操作法：先将红曲在所加清水中浸渍5~6h，再将摊晾至50~55℃的米饭倒入坛内，每坛装料量为17.5~20kg。室温在7~15℃时，落坛品温控制在28~30℃，并注意保温。落坛后36~70h可在坛外听到嘶嘶响声。经5d后，检查醪液饭粒上浮成盖，即进行第一次搅拌。以后每天一次连续3d，到落坛后第8d，每隔一天搅拌一次，直至饭盖消失、酒液澄清、醪中无气泡产生，便可停止搅拌。搅拌和后发酵的管理，对减少出糟率和保证品质有很大关系。一般在5~7d时进行首次搅拌，天热可以提前，反之则推迟。搅拌次数不宜过多，否则发酵醪过烂发糊，使榨酒困难，酒液不易澄清。发酵后期一般为60~80d，最短也不能少于30d，后发酵期长，有利于减少出糟率，提高出酒率和酒的醇厚味。

3. 籼米乌衣红曲黄酒

乌衣红曲黄酒酿造始于浙江温州，20世纪70年代初推广到义乌、丽水、衢州等浙南地区和邻近的福建部分地区。用乌衣红曲黄酒酿酒出酒率高，但酒味较差，有一般苦涩味。其酿造过程简介如下：

（1）浸米、蒸煮　早籼米浸米时间一般为48h左右，应视气温高低作调整。籼米蒸煮很难，要采用"双蒸、双淋"的方法强化蒸饭操作。即使这样，在采用摊晾法冷却籼米时也很容易发生老化回生。因此，近年来都采用先将浸渍后的籼米粉碎，用甑或蒸饭机把米粉蒸熟，然后再打散摊晾。

（2）浸曲　浸曲是将曲中的酶及可溶性物质浸出，以利于酵母菌增殖培养，是生产中重要的一环，直接关系到酒质和出酒率。在米饭落缸前，用5倍于曲质量的清水与曲预先落缸浸曲。一般秋、夏季浸曲30h左右，气温高时要冷却降温；冬、春季浸曲水温调节在24~26℃，时间40~44h。浸曲时加入适量的乳酸调节至pH4左右，可抑制杂菌的生长，保障酵母菌纯粹培养，改善酒风味。

（3）落缸发酵　曲浸好后，加入摊晾的米饭（或米粉），总质量控制为原料米的320%左右。为了控制发酵温度，不少厂采用喂饭法操作，一般在发酵开始24h内喂饭完毕。前发酵一般为4~5d，发酵醪品温不得超过30℃。后发酵品温控制在22~24℃，后发酵时间视气温高低与酒醪检验结果而定，一般10~15d即行压榨、煎酒、贮存。

4. 黄衣红曲糯米酒

黄衣红曲酿成的黄酒风味较乌衣红曲黄酒好。将黄衣红曲与红曲混合，可弥补红曲糖化力弱的缺点，使糖化发酵均衡，从而提高红曲黄酒的质量和出酒率。

（1）干黄酒与半干黄酒　福建省干、半干糯米黄酒，原工艺采用4%红曲和1.5%~2%酒药为糖化剂酿造，发酵缓慢，醪中糟粕厚且易发生酸败，而且不便于实现机械化大量生产。在应用黄衣红曲生产籼米黄酒取得成功后，现又将黄衣红曲与红曲混合，用曲量为2%

黄衣红曲和4%红曲，并添加1%药酒。酿造的糯米黄酒，发酵彻底、糟粕少、出酒率高，克服了单用红曲、前期积聚过多而容易引发醪液酸败的缺点，同时成品酒风味也可以达到原工艺生产的糯米黄酒水平。

（2）半甜红曲酒 原工艺以红曲、酒药作为糖化发酵剂，配方中糯米与水的比例约为1:1，发酵浓度较高，从而有利于酒醪中残留较多的糖分，但随着气候转暖，酒醪糖分又被酵母菌转化或受乳酸菌作用产酸，因此往往酒醪糖分达不到成品酒含糖量3.0%~4.0%的要求，而且后发酵酒醪酸度大、糟粕厚。为了克服这些缺点采用红曲酒生产中辣醪、甜醪分别发酵，成熟酒压榨时按比例勾兑的方法。辣醪用水量从100%增加到130%，并添加适量黄衣红曲，发酵结果酒糟变得稀薄、酸度下降，用这种辣醪与适量甜醪勾兑成的半甜红曲酒的出酒率，可以比原工艺提高5%，成品酒质量稳定。

（3）甜红曲酒 原工艺采用小曲淋饭法生产甜酒醪，糖分只有16%左右，酒精含量12%，每100kg糯米出酒率只达130%左右，且随着发酵时间的延长，糖分又逐步转化为酒精，因而原甜醪工艺适应不了生产要求。现采用黄衣红曲配合酒药、红曲，以喂饭法生产甜酒，糖分可达25.3%，酒精含量13%，出酒率195%。

5. 福建沉缸酒

沉缸酒是以优质糯米、古田红曲、当地祖传的添有30多种中药材的药曲、散曲及厦门白曲等酒药，并兑入优质米白酒酿制而成的浓甜红曲黄酒。该酒具有不添加糖而甜、不着色而红、不调香而芬芳的三大特色。酒质呈琥珀光泽，甘甜醇厚，风味独特，多次获奖，为我国名酒之一。

一般内销的龙岩沉缸酒陈酿2年，外销的陈酿3年，若时间过长，如储存4~5年就易使黄酒中的焦糖味突出。

三、小曲类黄酒

酒药又称小曲，小曲中微生物以根霉为主，酵母次之，双边发酵作用以糖化为主，发酵次之。小曲类黄酒是指用酒药糖化发酵酿成的酒，酒多呈甜味。

1. 丹阳封缸酒

江苏丹阳旧名阿，有着1500多年的酿酒史，丹阳酒素有"贡酒""百花酒""曲阿酒"之美称，在酒类评比中多次获奖。丹阳封缸酒风味独特，鲜甜醇厚，柔和爽口，营养价值高，素有"味轻花上露，色似洞中春"之称。

（1）原料要求

①糯米：丹阳盛产糯稻，糯米有20多个品种，其中以桂花糯、猴头糯、变红糯为佳。丹阳封缸酒采用上等精白，吸水性好，容易蒸煮，酿酒品质好。历史上绍兴酒也是外购丹阳糯米制的。

②小曲米酒：小曲米酒以纯根霉的甜酒药为糖化剂，经缸中搭窝糖化3d后，加入15%的水量捣碎，入大罐发酵25d，经釜式蒸馏，截头去尾，取中流酒贮藏半年后，作为生产甜黄酒的配料。

（2）操作要点

①配料：以每罐酒用量计，进行配料。

②原料处理：蒸饭前后操作无殊。一般浸渍6~8h，淋洗沥干后蒸煮，采用淋饭法冷却。

③搭窝：淋饭后的米饭沥去余水，拌入原料米量 0.4%的药酒，在缸内搭窝，保温培养，保持品温不超过 30~32℃，并经常用洁净的瓷碗或瓢取窝内甜液烧酒洒饭面。48h 后品温下降至 24~26℃，72h 酒酿满窝，糖浓度已达最高峰。

④加米白酒：米饭经 3d 糖化后，即可加入米白酒，加量为每缸（100kg 原料米）加酒精含量 50%的米白酒 60kg，然后用木把搅拌均匀，合并入大罐，养醅 100d，然后压榨。

⑤压榨：丹阳封缸酒属浓甜黄酒，糖分高，黏性足，醪稠厚，机榨周期一般为 16h，酒糟含挥发性成分 40%~49%。

⑥进罐贮藏：为保证封缸酒的鲜洁味，一般酒液不进行灭菌即进入大罐贮存，目的是使酒味变甜醇、成熟，同时使微细的固形物沉积罐底。

（3）质量标准 贮存老熟后的封缸酒经勾兑、品尝后出厂。

2. 九江封缸酒

江西的甜黄酒数量最大，风味佳美，工艺独特，颇有声誉，其中负有盛名的九江封缸酒产于闻名世界的庐山脚下，濒临长江及其与鄱阳湖相接的九江市，是全国优质酒之一。该酒呈琥珀色，晶莹透亮，香气浓郁，鲜甜醇厚，柔和爽口，因其生产过程中需要密封酒缸长达 4~5 年之久，故又名陈年封缸酒。

（1）操作要点 配料为糯米 50kg，白酒（酒精含量 50%）45kg，小曲 0.375kg。

搭窝前操作无殊。搭窝时，按 0.75%的比例拌入酒药粉。

加白酒搭窝后 24h 左右，酿液有 10cm 高时，开始分批间断加入酒精含量 50%左右的米白酒，第一次加米白酒总量的 6%，第二次 12%，第三次 18%，第四次 24%，待糖化发酵终了时，再将余下的（占总量 40%）白酒加入，然后把盖盖好，在第 3d 翻缸一次，第 4d 散醅（以酒糟能沉缸底为度）。第 7d 后换缸，用牛皮纸封缸口，使其密封贮存 3~6 个月进行老熟。封缸前的糖化发酵期间（搭窝后 7d 左右）要注意品温，冬春两季要保温。

密封陈酿，经 3~6 个月贮存老熟后，启封、压榨，每 50kg 糯米产 90kg 左右的酒。将榨出的酒液移至地下室内 7m 深的瓦缸中密封陈酿，经 4~5 年后取出，包装后即为陈年封缸酒。

（2）小曲类甜黄酒生产技术特点

小曲类甜黄酒的工艺特色是糖化为主，发酵为次，发酵产生的风味物质相对较少，对酒风味起主要作用的因素是小曲和白酒，这一点与麦曲酒有明显的差异，麦曲酒风味物质构成因素主要是麦曲、酵母及其发酵作用。因此，小曲类甜黄酒的生产特点表现为：

①必须选用优质糯米，不可用糙糯米，更不能用籼米或粳米，否则，酿成的酒甜度低、风味差。

②必须选用优良小曲作糖化剂。小曲标准是：试验来酿快、糖度高、香味好、酒液清、酸味低。部分酒厂采用纯根霉作糖化剂。效果也很好。

③必须选用质量好的白酒，质量低劣的带来异味的白酒绝不可用。

④加白酒要适时、适量，一般糖化 3~4d，糖分可达 30%以上，酒精含量在 3%~4%时即可加酒。如过早加酒，则酒醅呈乳白色，糊精多，难压榨，糟粕多，影响出酒率；加酒过迟，则糖分下降，达不到规定要求。

⑤要有较长的贮存期，目的是除去白酒异味和促进酒的老熟，使黄酒香浓醇厚、酒味谐调。

黄酒酿造各地多采用稻米原料，由于农业生产的原因，我国北方的山东、辽宁各省，有用黍米、玉米、小麦等非稻米原料酿造黄酒的，其中较有名的有山东省即墨县酒厂所产的即墨老酒，吉林长春市酿酒厂的玉米黄酒。

🔍 思考题

1. 什么是黄酒？黄酒有哪些种类？黄酒有哪些功能？
2. 传统黄酒和现代黄酒在原料、酿造菌种、酿造原理、主要成分和工艺上存在哪些异同点？

[推荐阅读书目]

[1] 谢广发.黄酒酿造技术［M］.北京：中国轻工业出版社，2010.

[2] 胡普信.黄酒酿造技术［M］.北京：中国轻工业出版社，2014.

[3] 顾国贤.酿造酒工艺学（第 2 版）［M］.北京：中国轻工业出版社，2006.

CHAPTER 7

第七章 葡萄酒工艺

[知识目标]

1. 了解葡萄酒产品的分类和特点。
2. 理解葡萄酒的加工原理。
3. 掌握不同葡萄酒产品的加工工艺流程以及各工艺流程的操作要点。
4. 掌握不同葡萄酒产品加工过程中常见问题的分析与控制。

[能力目标]

1. 能够根据葡萄原料的性质制作葡萄酒。
2. 能够对不同葡萄酒加工过程中常见问题进行分析和控制。

第一节 葡萄酒及生产原料

葡萄酒是以新鲜葡萄或葡萄汁为原料，经全部或部分发酵酿制而成的，含有一定酒精度的发酵酒。从物理化学角度，葡萄酒可以定义为一种非理性的、多组分的透明溶液，主要成分包含水、酒精、甘油和有机酸，次要成分如芳香气味和石碳酸复合物等。

一、葡萄酒分类及质量要求

1. 葡萄酒分类

（1）按颜色分类

红葡萄酒：采用皮肉皆红或皮红肉白的葡萄经葡萄皮和汁混合发酵而成，葡萄酒呈宝石红、紫红或石榴红色。

白葡萄酒：采用白葡萄或皮红肉白的葡萄分离发酵而成，葡萄酒呈浅黄、禾秆黄色等。

桃红葡萄酒：采用带色红葡萄（带皮）或分离发酵而成，葡萄酒呈淡玫瑰红、桃红、浅红色等。

（2）按含糖量分（以葡萄糖计）

干葡萄酒：含糖量小于或等于 4.0g/L。或者当总糖与总酸（以酒石酸计）的差值小于或等于 2.0g/L 时，含糖最高为 9.0g/L 的葡萄酒。

半干葡萄酒：含糖量大于干葡萄酒，最高为 12.0g/L 的葡萄酒。或者当总糖与总酸（以酒石酸计）的差值小于或等于 2.0g/L 时，含糖最高为 18.0g/L 的葡萄酒。

半甜葡萄酒：含糖量大于半干葡萄酒，最高为 45.0g/L。

甜葡萄酒：含糖量大于 45.0g/L。

（3）按 CO_2 含量分类

平静葡萄酒：酒内溶解的 CO_2 含量极少，在 20℃时，CO_2 气压小于 0.05MPa，开瓶后不产生气泡。

起泡葡萄酒：由葡萄原酒加糖进行密闭二次发酵产生 CO_2 而成，在 20℃时气压大于等于 0.05MPa。起泡葡萄酒包括高泡葡萄酒和低泡葡萄酒。

（4）按酿造方法分类

天然葡萄酒：完全采用葡萄原汁发酵而成，不加外糖或酒精。

加强葡萄酒：葡萄发酵后，添加白兰地或中性酒精来提高酒精含量的葡萄酒。

加香干葡萄酒：在葡萄酒中加入果汁、药草、甜味剂制成。

葡萄蒸馏酒：以葡萄原酒蒸馏或发酵后经压榨的葡萄皮渣蒸馏，或由葡萄浆经葡萄汁分离机分离得到的皮渣加糖水发酵后蒸馏而成。

2. 葡萄酒的质量要求

葡萄酒的卫生要求应符合 GB2758—2012《发酵酒及其配制》的规定。感官要求和理化要求应符合 GB15037—2006《葡萄酒》的规定，分别列于表 7-1 和表 7-2。

表 7-1　　　　　　　　　　　　　　　　葡萄酒的感官要求

项目		要求
外观	色泽 白葡萄酒	近似无色、微黄带绿、浅黄、禾秆黄、金黄色
	红葡萄酒	紫红、深红、宝石红、红微带棕色、棕红色
	桃红葡萄酒	桃红、淡玫瑰红、浅红色
	澄清程度	澄清，有光泽，无明显悬浮物（使用软木塞封口的酒允许有少量软木渣，封装超过 1 年的红葡萄酒允许有少量沉淀）
	起泡程度	起泡葡萄酒注入杯中时，应有细微的串珠状气泡升起，并有一定的持续性
香气与滋味	香气	具有纯正、优雅、怡悦、和谐的果香与酒香，陈酿型的葡萄酒还应具有陈酿香或橡木香
	滋味 干、半干葡萄酒	具有纯正、优雅、爽怡的口味和悦人的果香味，酒体完整
	半甜、甜葡萄酒	具有甘甜醇厚的口味和陈酿的酒香味，酸甜谐调，酒体丰满
	起泡葡萄酒	具有优美醇正、和谐悦人的口味和发酵起泡酒的特有香味，有杀口力
典型性		具有标示的葡萄品种及产品类型应有的特征和风格

二、葡萄酒的生产原料

1. 葡萄

葡萄属于葡萄科（*Vitaceae*）葡萄属（*Vitis*），葡萄科有 11 个属，葡萄属的经济价值最高，含 70 多个品种。按地理分布和生态特点，可分为东亚种群、欧亚种群和北美种群，其中，欧亚种群的经济价值最大。

一般来说，葡萄酒的质量，七成取决于葡萄原料，三成取决于酿造工艺。因此，葡萄酒质量的好坏，主要取决于葡萄原料的质量。酿酒的葡萄原料应该选择含糖量高、酸量适中、具有良好的色泽和风味、无特殊怪味的品种。

（1）葡萄的组成成分　葡萄包括果梗和果实两部分，其中，果梗占 4%～6%，果实为 94%～96%。

果梗含大量水分、木质素、树脂、无机盐、单宁和鞣酐，只含少量糖和有机酸。因果梗富含单宁、苦味树脂及鞣酸等物质，常使酒产生过重的涩味。果梗的存在也使果汁水分增加，所以酿造白葡萄酒或浅红葡萄酒时，带梗压榨，可使果汁易于流出和挤压，但不论哪一种葡萄，都不带梗发酵。

葡萄果实包括三个部分，即果皮、果核和果肉。

果皮：含有单宁、多种色素及芳香物质，这些成分对酿制红葡萄酒很重要。大多数葡萄，色素只存在于果皮中，往往因品种不同，而形成各种色调。白葡萄有青、黄、金黄、淡黄、或接近无色；红葡萄有淡红、鲜红、深红、宝石红等；紫葡萄有淡紫、紫红、紫黑等色泽。果皮尚含芳香成分，它赋予葡萄酒特有的果香味。不同品种香味不一样。

果核：一般葡萄含有 4 个果核，果核中含有有害葡萄酒风味的物质，如脂肪、树脂、挥发酸等。这些物质若带入发酵液，会严重影响品质，所以，在葡萄破碎时，须尽量避免将核压破。

果肉和汁（葡萄浆）：果肉和汁是葡萄的主要成分。不同地域、不同品种的葡萄，其化学组成不一样，但主要包括水分、还原糖、有机酸、含氮物、矿物质、果胶质等。

（2）葡萄酒酿造用葡萄品种　不同类型葡萄酒对葡萄的特性要求不同，如酿造白葡萄酒、白兰地的葡萄品种含糖量为 15%～22%，含酸量 6.0～12g/L，出汁率高，有清香味。而酿造红葡萄酒的品种则需色泽浓艳。

表 7-2　　　　　　　　　　　　　　　　葡萄酒的理化要求

项目		要求
酒精度[a]（20℃）（体积分数）/（%）		≥ 7.0
总糖[d]（以葡萄糖计，g/L）	平静葡萄酒　干葡萄酒[b]	≤ 4.0
	半干葡萄酒[c]	4.1～12.0
	半甜葡萄酒	12.1～50.0
	甜葡萄酒	≥ 45.1
	高泡葡萄酒　天然型高泡葡萄酒	≤ 12（允许差为 3.0）
	绝干型高泡葡萄酒	12.1～17.0（允许差为 3.0）
	干型高泡葡萄酒	17.1～32.0（允许差为 3.0）
	半干型高泡葡萄酒	32.1～50.0
	甜型高泡葡萄酒	≥ 50.1

续表

项目		要求
游离 SO$_2$（mg/L）		≤ 50
干浸出物/（g/L）	白葡萄酒	≥ 16.0
	桃红葡萄酒	≥ 17.0
	红葡萄酒	≥ 18.0
挥发酸（以乙酸计，g/L）		≤ 1.2
柠檬酸（g/L）	干、半干、半甜葡萄酒	≤ 1.0
	甜葡萄酒	≤ 2.0
CO$_2$（20℃）/MPa	低泡葡萄酒　< 250mL/瓶	0.05~0.29
	≥ 250mL/瓶	0.05~0.34
	高泡葡萄酒　< 250mL/瓶	≥ 0.30
	≥ 50mL/瓶	≥ 0.35
铁/（mg/L）		≤ 8.0
铜/（mg/L）		≤ 1.0
甲醇/（mg/L）	白、桃红葡萄酒	≤ 250
	红葡萄酒	≤ 400
苯甲酸或苯甲酸钠（以苯甲酸计）/（mg/L）		≤ 50
山梨酸或山梨酸钾（以山梨酸计）/（mg/L）		≤ 200

注：总酸不作要求，以实测值表示（以酒石酸计，g/L）。
a 酒精度标签标示值与实测值不得超过±1.0%（体积分数）。
b 当总糖高于总酸（以酒石酸计），其差值小于或等于2.0g/L时，含糖量最高为9.0g/L。
c 当总糖高于总酸（以酒石酸计），其差值小于或等于2.0g/L时，含糖量最高为18g/L。
d 低泡葡萄酒总糖的要求同平静葡萄酒。

①主要的酿造用白葡萄品种：酿造白葡萄酒的优良品种有龙眼（*Long Yan*）、雷司令（*Riesling*）、白羽（*pkatsteli*）、贵人香（*Italian Riesling*）、李将军（*Pinot Gris*）、霞多丽（*Chardonnay*）、长相思（*Sauvignon B1anc*）、白诗南（*Chenin Blanc*）、琼瑶浆（*Gewurztraminer*）、西万尼（*Sylvaner*）、赛美容（*Semillon*）等。

a. 龙眼，别名紫葡萄、秋子等，属于欧亚种，原产中国，在我国有悠久的历史，是我国古老的栽培品种。我国河北张家山、山东平度等地均有栽培。其生长期为160~180d，有效积温3300~3600℃，为极晚熟品种。浆果含糖量120~180g/L，含酸量8~9.8g/L，出汁率75%~80%。所酿之酒为淡黄色，酒香醇正，具有果香，酒体细致、柔和、爽口。该品种适应性强，耐贮运，是我国酿造高级白葡萄酒的主要原料之一。

b. 雷司令，属于欧亚种，原产德国，是世界著名品种。1892年我国从西欧引入，在山东烟台和胶东地区栽培较多。生长期为144~147d，有效积温3200~3500℃，为中熟品种。浆果含糖量170~210g/L，含酸量5~7g/L，出汁率68%~71%。所酿之酒为浅禾黄色，酒质纯正，香气浓郁。该品种适应性强，较易栽培，但抗病性较差，主要酿制干白、甜白葡萄酒及香槟酒。

c. 白羽，别名尔卡齐杰利、白冀，原产格鲁吉亚。目前山东、河南、江苏、陕西等地均有大量栽培。其生长期为144~170d，有效积温3200~3500℃，为中晚熟品种。浆果含糖量为120~190g/L，含酸量8~10g/L，出汁率80%。所酿之酒为浅黄色，果香谐调，酒体完整。

d. 贵人香，别名意斯林、意大利里斯林，属于欧亚种，原产法国南部。目前山东半岛及黄河古道地区栽培较多，其生长期为147~150d，有效积温3400~3500℃，为中晚熟品种。浆果含糖量为170~200g/L，含酸量6~8g/L，出汁率80%。所酿之酒为浅黄色，果香浓郁，回味绵长。该品种适应性强，易管理，是酿造优质白葡萄酒的主要品种之一。

②主要的酿造用红葡萄品种：酿造红葡萄酒的优良品种有法国兰（*Blue French*）、佳丽酿（*Carignane*）、汉堡麝香（*Muscat Hamburg*）、赤霞珠（*Cabernet Sauvignon*）、蛇龙珠（*Cabernet Gernischet*）、品丽珠（*Cabernet Franc*）、黑品乐（*Pinot Nior*）、梅鹿辄（*Merlot*）、味儿多（*Verdot*）等。

a. 法国兰，别名玛瑙红，属于欧亚种，原产奥地利。目前烟台、青岛、黄河古道和北京等地均有栽培，其生长期为126~140d，有效积温2800~3300℃，为中熟品种。浆果含糖量为160~200g/L，含酸量7~8.5g/L，出汁率75%~80%。所酿之酒为宝石红色，果香浓郁，回味绵长。该品种适应性强，易管理，是酿造优质白葡萄酒的主要品种之一。

b. 佳丽酿，别名法国红，属于欧亚种，原产西班牙。目前山东烟台、青岛、济南、黄河古道及北京栽培较多。其生长期为150~168d，有效积温3300~3600℃，为晚熟品种。浆果含糖量为150~190g/L，含酸量9~11g/L，出汁率75%~80%。所酿之酒为深宝石红色，味道纯正，酒体丰满。该品种适应性强，耐盐碱，丰产，是酿造红葡萄酒的良种之一，也可酿制白葡萄酒。

c. 汉堡麝香，别名玫瑰香、麝香，属于欧亚种，原产英国。目前我国各地均有栽培。其生长期为130~155d，有效积温3000~3300℃，为中晚熟品种。浆果含糖量160~195g/L，含酸量7~9.5g/L，出汁率75%~80%。所酿之酒为红棕色，果香浓郁，回味绵长。该品种适应性强，既可酿造甜红葡萄酒，也可以酿造干白葡萄酒。

d. 赤霞珠，别名解百纳，属于欧亚种，原产法国。目前山东、河北、河南、北京、陕西等地区都有栽培。其生长期为148~158d，有效积温3200~3500℃，为中晚熟品种。浆果含糖量为160~200g/L，含酸量6~7.5g/L，出汁率75%~80%。所酿之酒为宝石红色，醇和谐调，酒体丰满。该品种耐旱抗寒，是酿造干红葡萄酒的传统名贵品种之一。

③酿造桃红葡萄酒品种：酿造桃红葡萄酒的优良品种有玛大罗（*Mataro*）、网拉蒙（*Aramon*）、玫瑰香（*Muscat Hamburg*）、佳丽酿（*Carignan*）等。这里就不详细介绍了。

（3）葡萄采收与运输

①葡萄采收：葡萄的采收时间对酿造葡萄酒具有重要的意义，可按照产品的要求而定，即工艺成熟度。

葡萄成熟的检测包括外观检查和理化检查两方面。从外观看，成熟的葡萄有弹性，果粉明显，果皮薄，更呈棕色，皮肉易分离，籽肉易分离，有色品种完全着色，呈现出品种特有的香味。理化检查主要检测葡萄的含糖量和含酸量。可采用糖度表、比重表、折光仪测定糖分。葡萄的酸度测定，对于深色葡萄可采用溴百里蓝或酚红作指示剂。酸度常以每升中酒石酸的克数表示。葡萄的含糖量、含酸量会因栽种地区和品种不同而变化，故不能按固定的含糖量鉴别葡萄是否成熟。可在葡萄成熟期前半个月定期取样分析，作出曲线，根据不同葡萄酒产品决定最佳采摘时期。

②葡萄运输：葡萄采收后放入木箱或塑料箱内，不宜过满，以防止挤压；也不宜过松，以防止运输途中颠簸。葡萄不宜长途运输，可设置葡萄原酒发酵点，再运回葡萄酒厂进行陈酿、澄清等后续加工步骤。

2. 其他原料

众所周知，辅料在优质葡萄酒酿造过程中是不可或缺的，这是葡萄酒走向市场保证质量的核心工序之一，因为葡萄酒的发酵需要酵母，杀菌和抗氧化等需要 SO_2，成分调配需要糖。现对葡萄酒酿造过程中常用原料简介如下。

（1）酵母　酿造葡萄酒主要是在酵母作用下通过酒精发酵将葡萄变成葡萄酒，葡萄酒的质量特性取决于所用酵母，因此酵母的选择对于葡萄酒质量特性有较大的影响。一般来说，绝大多数葡萄酒酿造过程中需要添加培养酵母，如购买商品活性干酵母或液体酵母，应选择透过葡萄酒能展现出种植土壤、品种特性和酒香的优良酵母。

（2）发酵营养剂　富含多种有机氮源、维生素和矿物质元素。在酒精发酵过程中，可以合理改善酵母营养，避免迟缓、中止、重启等发酵风险，防止产生与营养不足有关的气味缺陷，有助于减少挥发酸生成，提高芳香物质含量，确保葡萄酒发酵质量、风味的最优化。

（3）SO_2　SO_2 常作为保护剂添加到葡萄酒中，在葡萄酒酿造过程中发挥着重要作用。它既可以选择性杀菌或抑菌，也可以抗氧化。同时兼具澄清葡萄酒、促进果皮成分溶出、增酸和改善风味等作用。在葡萄酒酿造过程中，SO_2 主要有四种应用方式：①直接燃烧硫磺片，此法很难准确测出葡萄酒或葡萄汁吸收的 SO_2 量，故主要用于对贮酒室、发酵和贮酒容器的杀菌。②使用偏重亚硫酸钾固体，由于葡萄酒中酸的作用，产生 SO_2。多用于前处理步骤，SO_2 量按 50% 计算。③将气体 SO_2 在冷冻或加压下形成液体，贮存于装有特殊形状管子的钢瓶中，根据钢瓶位置放出 SO_2，该法方便、准确，多用于 SO_2 调整。④亚硫酸，SO_2 量按 6%~8% 计算，多用于前处理、容器杀菌和 SO_2 调整。

（4）白砂糖　配酒和葡萄汁改良需要使用符合国标 GB317—84 优级或一级质量标准的白砂糖。

（5）食用酒精　配酒时要用到食用酒精，其质量必须达到国标一级的质量标准。

（6）酒石酸和柠檬酸　酸在葡萄酒酿造过程中具有重要作用。正常酸度时，细菌的生长繁殖受到抑制，有利于酒精发酵。当酸度过低时，葡萄汁的增酸改良就显得非常必要，此时即用到酒石酸。柠檬酸一般直接加到葡萄酒中，既可调节酒的滋味也能预防铁破败病。柠檬酸需符合相关质量标准，纯度在 98% 以上。值得注意的是，增酸后葡萄酒中柠檬酸含量不得超过 1g/L（加香葡萄酒除外），一般来说，柠檬酸在酒中的添加量不超过 0.5g/L。

（7）澄清剂　葡萄酒澄清使用的澄清剂（下胶材料）包括硅藻土、果胶酶、单宁、酪蛋白、鱼胶、明胶、蛋清等；白葡萄酒汁澄清使用的澄清剂包括果胶酶、SO_2。

第二节　葡萄酒发酵原理与工艺

葡萄酒是经发酵而得的含酒精饮料，其本质是酵母菌等微生物综合作用的过程。微生物在葡萄酒发酵中发挥极其重要的作用。

一、葡萄酒中的微生物

葡萄酒是葡萄汁经特定相关微生物发酵而得的含酒精饮料。从葡萄在葡萄园生长起，微生物即对酒的品质开始发挥影响。不同发酵时期，微生物均体现出其多样性。

1. 葡萄酒中微生物多样性

（1）葡萄园中与酿酒相关的微生物　葡萄中一半的酵母来自葡萄园，如尖顶型的无性生殖的酵母，汉森氏酵母属（*Hanseniaspora*）和克勒克酵母属（*Kloeckera*）。葡萄园中还存在一些对酿酒有作用的掷孢酵母属酵母（*Sporobolomyces*）、克鲁维酵母属酵母（*Kluyveromyces*）。

（2）葡萄表面及浆果中的微生物　浆果中微生物的数量水平大致在 $10^7 \sim 10^8$ CFU/g，其中酵母的数量在 $10^5 \sim 10^6$ CFU/g。浆果中的酵母种类有梅奇酵母属（*Metschnikowia*）、假丝酵母属（*Candida*）、隐球酵母属（*Cryptococcus*）、红酵母属（*Rhodotorula*）、毕赤氏酵母属（*Pichia*）、接合酵母属（*Zygosaccharomyces*）、球拟酵母属（*Torulopsis*），占主导地位的是梅奇酵母属及汉森酵母属。破损的葡萄中汉森酵母属（*Hanseniaspora*）、假丝酵母属（*Candida*）、梅奇酵母属（*Metschnikowia*）数量显著增加。酿酒酵母（*Saccharomyces cerevisiae*）在葡萄中很少见，数量少于 $10 \sim 100$ CFU/g。

同时发现有醋酸菌（葡糖杆菌属、醋酸杆菌属）、乳酸菌在葡萄微生物群中占据一小部分。丝状真菌聚集在葡萄的表面，可以侵染葡萄［葡萄孢属（*Botrytis*）、链格孢属（*Alternaria*）、单轴霉属（*Plasmopara*）、曲霉属（*Aspergillus*）］，其中较常见的有短梗苗霉（*Aureobasidium pullulans*）及灰霉菌（*Botrytis cinerea*）。生长在葡萄上的霉菌产生多种代谢物，如真菌毒素赭曲霉素 A，并且干扰葡萄的微生物生态环境并从而影响酒精发酵中酵母的生长，改变酒的风味。葡萄孢属会影响糖类、酒石酸、苹果酸的代谢，减少总糖量，提高葡萄酒的 pH。灰霉菌可造成灰霉病，其他的霉菌可以参与由其他微生物引发的感染，但自己不足以引起感染。此外，真菌在葡萄表面会创造一种利于醋酸菌生长的环境，醋酸菌数量的增多易造成酒的腐败。

（3）葡萄汁及葡萄酒中的细菌　新鲜无破损的葡萄制成的葡萄汁中只有少量的细菌（$<10^3$ CFU/mL），当酵母启动酒精发酵后，细菌生长停滞并逐渐死亡。

根据葡萄汁及葡萄酒的酸度、营养物质、氧气、酒精浓度，其中生长活跃的细菌通常包括乳酸菌及醋酸菌。其他的细菌如梭状芽孢杆菌（*Clostridia*）、放线菌（*Actinomyces*）、链霉菌属（*Streptomyces*）也存在于酒的环境中，但比较少见。被土壤污染的葡萄中存在梭状芽孢杆菌，它产生的孢子对热和化学处理有很强的抵抗力，因此处理被它污染的酒液比较棘手。链霉菌属可降解纤维造成对过滤装置的破坏。大多数与酒相关的细菌及很多酵母对 SO_2 敏感。乳酸菌是兼性厌氧，在厌氧的环境中可存活；参与酿酒的乳酸菌主要来自 4 个属［乳杆菌属（*Lactobacillus*）、片球菌属（*Pediococcus*）、明串珠菌属（*Leuconostoc*）、酒球菌属（*Oenococcus*）］，这些微生物普遍存在于葡萄及酿酒环境中。葡萄的破碎成数量级地增加了乳酸菌的数量；酒精发酵的第一周酿酒酵母产生的酒精减少乳酸菌的数量，通常低于 10^3 CFU/mL；酒的 pH 强烈地影响乳酸菌的存活，在发酵中及发酵后 pH 高于 3.5 对乳杆菌属及片球菌属的存活有利，当 pH 低于 3.5 对酒球菌属存活有利。新发酵的葡萄酒中乳酸菌的数量较少，主要是由于 pH、酒精、抑菌物质如 SO_2 等因素的影响。当酒进入贮藏阶段，乳酸菌对酒精的耐受力增加。乳酸菌的数量又有所增长。在一些葡萄酒中会发生苹果酸-乳酸发酵，它是一种重要的二次发酵，在酒精完全发酵后的两到三周内进行。酒球菌（*O. oeni*）主导苹果酸-乳酸发酵通过将 L-苹果酸转化为 L-乳酸从而降低酒的酸度、产生其他代谢物增进酒的风味、消耗多余的养分提高酒中微生物的稳定性，对葡萄酒的酿造具有重要的影响。

2. 葡萄酒酵母

葡萄汁发酵物及葡萄酒中的环境是低 pH 和高酒精浓度的，只有耐酸耐酒精的微生物可以生长。葡萄酒发酵过程中最主要的微生物是酵母菌，它可以将葡萄浆中的葡萄糖和果糖转化成乙醇、CO_2等。对于红葡萄酒和某些高酸白葡萄酒而言，苹果酸-乳酸发酵也是一个重要的工艺环节，它主要是利用乳酸菌将不稳定的苹果酸转化成稳定的乳酸，改善葡萄酒的口感。葡萄酒的发酵可由天然存在的酵母进行自然发酵而成，也可以通过添加优良的纯酵母进行葡萄酒发酵。

（1）葡萄酒酵母的特征　葡萄酒酵母（*Saccharomyces ellipsoideus*）在植物学分类上属于子囊菌纲的酵母属，啤酒酵母种，该属的许多变种和亚种都可对糖进行酒精发酵，并广泛用于酿酒等生产。葡萄酒酵母主要是无性繁殖，以单端（顶端）出芽繁殖。在条件不利时易形成1~4个子囊孢子。子囊孢子为圆形或椭圆形，表面光滑。在显微镜观察（500倍）下，葡萄酒酵母常为椭圆形、卵圆形，一般为（3~10）μm×（3~10）μm。

葡萄酒酵母可发酵蔗糖、葡萄糖、果糖、麦芽糖、半乳糖，不发酵乳糖、蜜二糖。优良葡萄酒酵母具有以下特征：①具有较高的发酵能力，酒精含量达到16%以上，能将糖分全部发酵完，残糖在4g/L以下；②对SO_2有较高的耐受能力；③能产生良好的果香与酒香；④较好的凝聚力和快速的沉降速度。

（2）葡萄酒酵母的来源

①天然酵母：葡萄酒发酵中的天然酵母主要来源于葡萄自身。在加工过程中，酵母被带到破碎除梗机、果汁分离机、压榨机、发酵罐、贮酒容器、输送管道等设备中，并扩散到葡萄酒厂各处。从树上摘下成熟的葡萄，运至工厂直至加工成葡萄汁，酵母是不断增加的，每毫升葡萄汁的酵母细胞数由刚从树上摘下的葡萄$1×10^3$~$1.6×10^5$个增殖至破碎后的葡萄汁$4.6×10^5$~$6.4×10^6$个。

从原料葡萄到葡萄酒的整个酿造过程中分离到的酵母，共有25个属约150种，几乎遍及酵母的主要属种。但在葡萄酒酿造过程中，直接参与的酵母菌只是其中的一小部分，具体情况见表7-3。

表7-3　　　　　　　　　　　　　　参与葡萄酒酿造的主要酵母菌

按《酵母菌分类学研究》第二版的名称	按《酵母菌分类学》第三版改变的名称
浅白隐球酵母（*Cryptococcus albidus* var. *Albidus*）	浅白隐球酵母（*Cryptococcus albidus*）
黏质红酵母（*Rhodotorula glutinus* var. *glutinis*）	黏质红酵母（*Rhodotorula glutinus*）
深红酵母（*Rhodotorula rubra*）	
非洲克勒克酵母（*Kloeckera africaana*）	葡萄酒有孢汉逊酵母（*Hanseniaspara vineae*）
柠檬形克勒克酵母（*Kloeckera apiculata*）	葡萄汁有孢汉逊酵母（*Hanseniaspara uvarum*）
美极梅奇酵母（*Metschnikowia pulcherrima*）	
路德类酵母（*Saccharomycodes ludwiga*）	
翠酒裂殖酵母（*Schizosaccharomyces pambe*）	
酿酒酵母（*Saccharomyces cerevisiae*）	酿酒酵母（*Saccharomyces cerevisiae*）
贝酵母（*Saccharomyces bayanus*）	酿酒酵母（*Saccharomyces cerevisiae*）
薛瓦酵母（*Saccharomyces chevalieri*）	酿酒酵母（*Saccharomyces cerevisiae*）
意大利酵母（*Saccharomyces italicus*）	酿酒酵母（*Saccharomyces cerevisiae*）
葡萄汁酵母（*Saccharomyces uvarum*）	酿酒酵母（*Saccharomyces cerevisiae*）
普地酵母（*Saccharomyces pretoriensis*）	普地有孢酵母（*Torulaspora pretoriensis*）

续表

按《酵母菌分类学研究》第二版的名称	按《酵母菌分类学》第三版改变的名称
罗斯酵母（*Saccharomyces rusei*）	戴尔有孢酵母（*Torulaspora delbrueckii*）
拜耳酵母（*Saccharomyces baillii*）	拜耳接合酵母（*Zygosaccharumyces baillii*）
鲁氏酵母（*Saccharomyces rourii*）	鲁氏接合酵母（*Zygosaccharumyces rourii*）
佛地克鲁维酵母（*Kluyveromyces veronae*）	耐热克鲁维酵母（*Kluyveromyces thermotolerans*）
膜醭毕赤酵母（*Pichia membranaefaciens*）	
季也蒙毕赤酵母（*Pichia guilliermondu*）	
库德毕赤酵母（*Pichia kudriavzevill*）	库德伊萨酵母（*Issatchenka kudriavzevii*）
陆生毕赤酵母（*Pichia terricola*）	陆生伊萨酵母（*Issatchenka terricala*）
异常汉逊酵母（*Hansenula anomala*）	
叉开假丝酵母（*Candida diversa*）	
克鲁斯假丝酵母（*Candida krusei*）	
近平滑假丝酵母（*Candida parapsilosis*）	
菌膜假丝酵母（*Candida pelliculosa*）	
热带假丝酵母（*Candida tropicalis*）	
粗壮假丝酵母（*Candida valida*）	
涎沫假丝酵母（*Candida zeylanvida*）	
白球拟酵母（*Torulopsis candida*）	无名假丝酵母（*Candida famata*）
丘状球拟酵母（*Torulopsis colliculosa*）	丘状假丝酵母（*Candida colliculosa*）
星形球拟酵母（*Torulopsis stellata*）	星形假丝酵母（*Candida stellata*）

②纯培养酵母：为确保葡萄酒的发酵过程顺利进行，获得质量优质且风格稳定一致的葡萄酒产品，往往选择优良葡萄酒酵母菌种培养成酒母添加到发酵醪液中进行发酵。此外，为了达到产生香气、消除残糖、分解苹果酸、生产特种葡萄酒等目的，也可采用具有其他特殊性能的酵母进行发酵。

二、葡萄酒发酵原理

1. 酵母菌与酒精发酵

酵母菌的厌氧发酵，使葡萄糖生成酒精和CO_2的过程即酒精发酵，这一过程是十分复杂的生化反应，需要一系列的酶参与，除了酒精和CO_2为主要产物外，还有多种的数量不多的副产物，有甘油、乳酸、醋酸、琥珀酸、酒石酸、柠檬酸等多种有机酸，有异戊醇、异丁醇、正丙醇、己醇等高级醇和甲醇，以及发酵陈酿中进一步形成的酯类，如乙酸乙酯、酒石酸乙酯等，此外还有醛类及酮类等物质，这些副产物对葡萄酒的香气、滋味和风味有重要的作用。

2. 乳酸菌与苹果酸-乳酸发酵

苹果酸-乳酸发酵（Malolactic fermentation）简称苹-乳发酵（MLF），可以使葡萄酒中主要有机酸之一的苹果酸转变为乳酸和二氧化碳，从而起到降低酸度，改善口味和香气，提高细菌稳定性的作用。随着pH增高和参与菌种不同，也会发生其他途径的反应，生成D-或L-乳酸及少量丙酮酸，副生出醋酸。此外，在苹果酸-乳酸发酵中还会生成双乙酰、乙偶姻、各种醇、酯等影响风味的副产物。为了良好地进行苹-乳发酵，应选择苹果酸乳酸酶活力强的菌种。

三、葡萄酒基本工艺操作

在葡萄酒酿造过程中，由于类型不同，其工艺流程也会略有差异，但在各种类型葡萄酒的酿造工艺中，仍存在一些共同环节，其基本工艺流程如下：

原料——→分选——→破碎、压榨——→发酵——→分离——→贮存——→澄清处理——→调配——→
除菌——→封装——→成品

葡萄酒酿造工艺操作要点分述如下。

1. 原料选择与分选

酿酒的葡萄原料应选择含糖量高、酸量适中、成熟度好、果粒完整、具有良好的色泽和风味、无腐烂变质、无病害、无药害、无杂质、无污染、无特殊怪味的产品。

为了提高酒质，需除去霉变果粒。另外，根据酿酒的等级不同，对原料进行分选。

2. 发酵前处理

（1）破碎与除梗　将葡萄浆果压碎使果汁流出的操作称破碎。它可以加快起始发酵速度，使酵母易与果汁接触，利于红葡萄酒色素的浸出，易于 SO_2 均匀地应用和物料的运输。无论红、白葡萄酒，在破碎时要均匀地加入 SO_2，加入量 60mg/L，根据葡萄质量的好坏，SO_2 的添加量可酌情增减。破碎时加入的 SO_2，可通过亚硫酸盐的形式加入。

在破碎过程中，必须做到：①葡萄采收后应及时破碎以保证原料的新鲜度；②应尽量避免压破果核和碾碎果梗；③葡萄与葡萄汁不得与铁、铜等金属接触。

破碎后的果浆应立即进行果梗分离，这一操作称为除梗。它有利于改进酒的口味，防止果梗中的青草味和苦涩物溶出，还可以减少发酵体积，便于运输。白葡萄酒加工不除梗，破碎后立即压榨，利用果梗作助滤器，提高压汁效果。

（2）压榨与澄清　压榨是将葡萄浆果或皮渣中的果汁或酒挤压出来，使得皮渣变干，尽可能提高原料的利用率。在生产红葡萄酒时，是对发酵后的皮渣进行压榨；生产白葡萄酒时，是对经过或不经过除梗破碎的葡萄进行压榨取汁，然后发酵。在压榨过程中为了避免压出果皮果梗及果籽本身所含的不良物质，要求压榨要缓慢进行，压力要逐渐增加不能过高。

酿造白葡萄酒，葡萄破碎后，要进行果汁分离、皮渣压汁和澄清处理，这是因为皮渣中的不溶性物质在发酵过程中会产生不良效果，给酒带来杂味，而且澄清汁制取的白葡萄酒胶体稳定性高，对氧的作用不敏感，酒色淡，铁含量低，芳香稳定，酒质爽口。

果汁分离可采用压榨方法。制取的果汁可分为自流汁（破碎后不经压榨自行流出的果汁）和压榨汁（经压榨获取的果汁）两部分，自流汁占果汁的 50%~60%，质量好，可单独酿造优质酒。第一次压榨汁可与自流汁合并，第二次压榨汁质量差，杂味重，宜作蒸馏酒和其他用途。

果汁的澄清可采取离心分离、下胶澄清、硅藻土澄清等方法进行。

3. 发酵

发酵是在酵母作用下将葡萄变为葡萄酒的关键过程，发酵过程中的主要工艺要点有：

（1）葡萄汁成分调整　为使酿造的成品酒成分稳定并达到要求指标，必须对果汁中影响和限制质量的成分作量的调整。果汁成分调整主要进行糖分和酸度调整。葡萄酒中酒精是由糖转化产生的，因此葡萄原料中糖的含量决定了发酵产生的酒精含量。可按照成品酒的酒度要求，以 1.7g/100mL 糖生成 1%（V/V）的酒精来计算加糖量。葡萄酒在发酵时其酸度成分在 0.8~1.2g/100mL 最适宜，苦酸度低于 0.5 mg/100mL，则需加入适量酒石酸或柠檬酸或酸度较高的果汁进行调整，一般以酒石酸进行增酸效果较好。

（2）SO_2 处理　在发酵或酒中加入 SO_2，以便发酵顺利进行或者利于酒的贮存，这种操作称为硫处理。现代葡萄酒生产中，SO_2 有着不可替代的作用。SO_2 在葡萄酒中的作用是杀菌、澄清、抗氧化、增酸、溶出色素和单宁物质、还原、改善酒的风味。

使用的 SO_2 有气体 SO_2 及亚硫酸盐，前者可用管道直接通入，后者则需溶入水后加入。其用量与原料状况、酒的种类等有关，一般为 30~100mg/L。

（3）酒母的制备　酒母即扩大培养后加入发酵的酵母菌，传统生产上需 3 次扩大培养后才可加入，分别称一级培养、二级培养、三级培养，最后，在酒母桶培养。优良酒母能正常发酵，增加葡萄酒的果香，保证发酵葡萄酒的质量稳定一致。

另外，为了解决葡萄酒厂扩大培养酵母的麻烦和酵母易变质不好保存等问题，现在多采用活性干酵母，具体做法是先将干酵母复水活化，即在 35~42℃ 的温水中加入 10% 的活性干酵母，混匀，经 20~30min 酵母复水活化，可直接添加到经 SO_2 处理过的葡萄汁中。有时为了减少商品活性干酵母的用量，也可在复水活化后再进行扩大培养，制成酒母使用。

（4）控制发酵温度和时间　酒精发酵过程中会产生一定的热量，随着发酵的进行，放出的热量会不断增加，每生成体积分数 1% 的酒精，温度约升高 1.3℃ 左右，发酵温度过高会导致葡萄酒的质感差，对酵母的生长和繁殖也不利，并容易引起发酵终止。通常白葡萄酒的发酵温度控制在 14~18℃，时间 15d 左右。红葡萄酒的发酵温度控制在 25~30℃，时间 7d 左右。在发酵过程中一般要采取降温措施，常采取的措施有喷淋、夹层冷却、内插板冷却和外循环冷却等。

（5）葡萄汁循环　红葡萄酒发酵过程中要定期进行葡萄汁循环，增加红葡萄酒的色素物质含量和色度，循环是红葡萄酒发酵的重要环节。

4. 分离、陈酿

将发酵结束的葡萄醪进行分离，除去皮渣和酒泥，得到澄清的原酒。红葡萄酒的皮渣还应进行压榨，原酒进行苹果酸-乳酸发酵。整个发酵过程结束后，立即进行分离，同时添加 SO_2 至 50mg/L~60mg/L。

原酒含有 CO_2、SO_2 以及酵母的臭味，其生酒味、苦涩味和酸味也很重，酒味粗糙不细腻，也极不稳定，需在贮酒桶中经一段时间陈酿后酒质才趋于成熟。陈酿前若有酒精度不达要求，需添加同类果子白酒或食用酒精补足。在陈酿中须有 80 个以上的保藏单位才能安全贮存（1% 酒精为 6 个保藏单位）。

用于陈酿的贮器必须能密封，不与贮酒发生化学反应，无异味。陈酿温度为 10~25℃，环境相对湿度为 85% 左右，通风良好，贮酒室清洁卫生。

陈酿过程中要进行添桶和换桶。添桶的目的就是使盛器保持满装，防止由于酒精蒸发或温度下降酒液体积收缩等原因出现空间，从而为酵母的活动提供机会。换桶是在陈酿过程中，葡萄酒逐渐澄清，同时形成沉淀，通过换桶分离沉淀。

白葡萄酒的陈酿期一般为 1~3 年，干白葡萄酒一般为 6~10 个月；红葡萄酒由于酒精含量高，一般陈酿期 2~4 年，特色葡萄酒更适宜长期贮存，一般为 5~10 年。

5. 澄清

原酒在陈酿期间，由于含有悬浮状态的酵母、杂菌、凝聚的蛋白质、单宁、酒石酸盐类等，葡萄酒还可能是浑浊的，必须进行澄清处理，达到澄清透明的外观要求。葡萄酒一般采取添加澄清剂、冷处理、过滤等方式进行澄清处理。

①冷处理：葡萄酒经过冷处理可使过量的酒石酸盐等析出沉淀，从而使酒酸味降低，口味变温和；还能使残留酒中的蛋白质、死酵母、果胶等有机物质加速沉淀；另外，在低温下可加速新酒的陈酿，有利于成熟。

冷处理温度一般在葡萄酒冰点以上 0.5℃，冷处理只有在迅速降低温度至要求温度时才会有理想效果，常采用快速冷却法，在较短时间内（5~6h）达到所要求的温度，处理时间5~6d。

②添加澄清剂：在原酒中添加一种有机或无机不溶性物质，通常称之为下胶，使之与悬浮在葡萄酒中的物质发生絮凝反应而沉淀，将其除去，使得葡萄酒澄清稳定。常用的澄清剂有明胶、蛋清、果胶酶和皂土等。

③过滤：过滤是葡萄酒生产过程中常用的澄清方法，经过下胶处理、冷处理的葡萄酒都需要除去沉淀物和悬浮物，在葡萄酒酿造过程中需多次分离沉淀物和浑浊物，都需要进行过滤处理。过滤是将含有悬浮或沉淀物质的葡萄酒在一定推动力作用下，通过过滤介质，使悬浮或沉淀物被截留在介质表面，而从细孔中通过的是清亮透明的葡萄酒。根据工艺过程要求，葡萄酒过滤常用硅藻土过滤机、棉饼过滤机、膜除菌设备等方法进行。

6. 成品酒调配、除菌、封装

①葡萄酒调配：葡萄酒因所用的葡萄品种、发酵方法、陈酿时间等不同，酒的色、香、味也各不相同。调配的目的是根据产品质量标准对原酒混合调整，使产品的理化指标和色、香、味达到质量标准和要求。

葡萄酒在调配时，先取原酒进行化学成分分析，根据分析结果，按葡萄酒质量标准要求，在原酒内加入浓缩葡萄汁或白糖、柠檬酸、葡萄原白兰地或食用酒精等。

②葡萄酒除菌：已调配完的葡萄酒，在理化指标和稳定性均合格的情况下，可经过滤板或过滤膜过滤，达到除菌目的，等待装瓶和封装。

对于干型酒，多采用过滤的方法除菌。传统除菌方式还包括热杀菌，即将葡萄酒置于热交换器中，通过加热杀菌。

③葡萄酒封装：封装是葡萄酒生产的最后一道工序，它是将优质的葡萄酒进行保存，甚至提高品质。常见的瓶装葡萄酒（玻璃瓶、塑料瓶、水晶瓶）的瓶塞有软木塞（用于高级葡萄酒和高级起泡葡萄酒）、蘑菇塞（一般用于白兰地等酒的封口，用塑料或软木制成）和塑料塞（一般用于起泡葡萄酒）3 种。

合格后出厂前，至少存贮一段时间，至少 4~6 月，有些高档酒贮藏期达 1~2 年，使葡萄酒在瓶内再进行一段时间陈酿，达到最佳风味，然后贴标签、装箱即为成品。

第三节　典型葡萄酒生产案例

一、红葡萄酒

红葡萄酒酿造时多采用红皮白肉或皮肉皆红的葡萄品种。我国的红葡萄酒酿造一般以干红葡萄酒为原酒，然后按标准配制成半干、半甜、甜性红葡萄酒。红葡萄酒生产的工艺流程如下：

原料──→分选──→破碎──→去梗──→前发酵──→压榨──→调整成分──→后发酵──→添桶──→换桶──→陈酿──→调配──→澄清──→包装──→杀菌──→成品

红葡萄酒的生产工艺呈现以下特点：①酒精发酵与葡萄酒中香气、色素浸提两个过程同时进行，有的分别进行；②发酵温度高于白葡萄酒以便于浸提，发酵过程需果汁循环；③发酵醪中有较多的单宁等酚类物质，具有一定抗氧化能力，因此对于酒的隔氧防氧措施要求不严格；④高档红葡萄酒要诱导苹果酸-乳酸发酵；⑤按发酵与浸提方法，可分为果汁和皮渣共同发酵（如传统发酵法、旋转罐法、CO_2浸渍法和连续发酵法）以及纯汁发酵（如热浸提法）；⑥按发酵方式可分为开放式和密闭式发酵。

红葡萄酒酿造工艺操作要点分述如下。

1. 采收

秋季葡萄成熟后，酿酒过程便正式开始。北半球一般是 9 月开始采收，而南半球则从 2 月开始。采收后的葡萄会夹有葡萄叶或是未熟或过熟腐烂的葡萄，一般酒厂都会对采收的葡萄进行筛选，而生产极品酒的酒庄，更是手工一颗一颗地精心挑选最好的葡萄。

2. 破皮去梗

红葡萄酒的颜色、酒体结构和香气主要来自葡萄皮中的红色素、单宁酸和多酚类物质。因此必须先破皮让葡萄汁液和皮接触。葡萄梗的单宁较强劲，通常会除去。但有些酒厂会为了加强单宁强度而留下一部分葡萄梗。

3. 红葡萄酒的传统发酵法

葡萄破碎后，同时在果汁和皮渣中进行酒精发酵、色素及香气成分的浸提。当残糖降到 5g/L 以下时，压榨分离皮渣，进行后发酵。

（1）葡萄汁的前发酵　葡萄酒前发酵可在开放式水泥池或不锈钢发酵罐中进行，前发酵的主要目的是进行酒精发酵、浸提色素物质及芳香物质。葡萄皮、汁进入发酵池后，因葡萄皮相对密度比葡萄汁小，发酵时产生的 CO_2，葡萄皮、渣往往浮在葡萄汁表面，形成很厚的盖子（生产中称"酒盖"或"皮盖"）。这种盖子与空气直接接触，容易感染有害杂菌，败坏葡萄酒的质量。在生产中需将皮盖压入醪中，以便充分浸渍皮渣上的色素及香气物质，这一过程叫压盖。

压盖的方式有两种：一种是人工压盖，用木棍搅拌，将皮渣压入汁中，也可用泵将汁从发酵池底部抽出，喷淋到皮盖上，其循环时间视发酵池容积而定；另一种是在发酵池四周制作卡口，装上压板，压板的位置恰好使皮盖浸于葡萄汁中。

发酵温度是影响红葡萄酒色素物质含量和色度值大小的主要因素。红葡萄酒前发酵温度一般控制在 25~30℃。红葡萄酒发酵时需对葡萄汁进行循环，循环可起到以下作用：增加葡萄酒的色素物质含量；降低葡萄汁的温度；可使葡萄汁与空气接触，增加酵母的活力；葡萄浆与空气接触，可促使酚类物质的氧化，使之与蛋白质结合成沉淀，加速酒的澄清。

前发酵期间常见的异常现象、产生的原因及改进措施如表 7-4 所示。

表 7-4　　　　　前发酵期间常见的异常现象、产生的原因及改进措施

异常现象	产生原因及改进措施
发酵缓慢，降糖速度慢	发酵温度低，可提高发酵温度，加热部分果汁至 30~32℃，再行混合，提高温度，SO_2 添加量过大，抑制酵母代谢，可循环倒汁，接触空气
发酵剧烈，降糖快	发酵温度高，可采用冷却降低发酵醪温度
有异味产生	感染杂菌，应增加 SO_2 添加量，抑制杂菌
挥发酸含量高	感染醋酸菌，应增加 SO_2 添加量，避免接触空气，增加压盖次数，搞好工艺卫生

（2）出池与压榨　当残糖降至 5g/L 以下，发酵液面只有少量 CO_2 气泡，皮盖已经下沉，液面较平静，发酵液温度接近室温，并伴有明显的酒香时表明主发酵已经结束，可以出池。一般主发酵时间为 4~6d。出池时先将自流原酒由排汁口放出，放净后打开入孔清理皮渣进行压榨。皮渣的压榨靠使用专用设备——压榨机来进行。压榨出的酒进入后发酵，皮渣可蒸馏制作皮渣白兰地，也可另做处理。

（3）后发酵

①后发酵的主要目的

a. 残糖的继续发酵：前发酵结束后，原酒中还残留 3~5g/L 的糖分，这些糖分在酵母的作用下继续转化成酒精和 CO_2；

b. 澄清作用：前发酵得到的原酒中还残留部分酵母，在后发酵期间发酵残留糖分，后发酵结束后，酵母自溶或随温度降低形成沉淀。残留在原酒中的果肉、果渣随时间延长自行沉降形成酒脚；

c. 陈酿作用：原酒在后发酵过程中进行缓慢的氧化还原作用，促使醇酸酯化，使酒的口味变得柔和，风味更趋完善；

d. 降酸作用：某些红葡萄酒在压榨分离后，需诱发苹果酸-乳酸发酵，可降酸及改善口味；

②后发酵的工艺管理要点

a. 补加 SO_2：前发酵结束后压榨得到的原酒需补加 SO_2，添加量为 30~50mg/L SO_2；

b. 控制温度：原酒进入后发酵容器后，品温一般控制在 18~25℃。高则酒混易污染；

c. 隔绝空气：后发酵的原酒应厌氧发酵，避免接触空气，一般为封口安装水封或酒精封；

d. 卫生管理：前发酵液中营养丰富易感染杂菌，影响酒的质量，后发酵必须搞好卫生管理。

正常后发酵时间为 3~5d，但可持续一个月左右，期间易发生的异常现象、原因及措施见表 7-5。

表 7-5　后发酵期间易发生的异常现象、产生的原因及改进措施

异常现象	产生原因及改进措施
气泡溢出多，且有嘶嘶声音	前发酵出池时残糖过高，应准确化验感染杂菌。应加强卫生管理，发酵容器、管道等应冲洗干净或定期用酒精进行灭菌处理
有臭鸡蛋味	SO_2 添加量过大，产生了 H_2S。立即倒桶
挥发酸升高	感染醋酸菌，将原酒中的乙醇进一步氧化成醋酸。应加强卫生管理，适当增加 SO_2 的添加量。避免原酒与氧接触，可在原酒液面用高度酒精液封

4. 旋转罐法生产红葡萄酒

旋转罐法是采用可旋转的密闭发酵容器进行色素、香气成分的浸提和葡萄浆的酒精发酵。旋转发酵罐是当前比较先进的一种红葡萄酒发酵设备。该方法利用罐的旋转，能有效地浸提葡萄皮含有的单宁和花色素。由于发酵罐密闭发酵，发酵时产生的 CO_2 使罐保持一定的压力，起到了防氧化作用，同时减少了酒精及芳香物质的挥发。罐内装有冷却管，可以控制发酵温度，不仅能提高质量，而且能缩短发酵时间。

旋转罐法生产的红葡萄酒与传统法葡萄酒质量相比，主要有以下优势：a. 色度升高；

b. 单宁含量适当, 质量稳定, 减少了酒的苦涩味; c. 干浸出物含量提高, 口感浓厚; d. 挥发酸含量降低; e. 黄酮酚类化合物含量降低, 增加了葡萄酒稳定性。

目前世界上使用旋转罐有两种形式: 一种为法国生产的 Vaslin 型旋转罐, 一种是罗马尼亚的 Seity 型罐。两种罐型传动方式稍有不同, 发酵方法也有差异。目前, 我国已有这两种型号旋转发酵罐。

(1) Seity 型旋转发酵罐生产工艺流程和说明 Seity 型旋转发酵罐生产工艺流程如图 7-1 所示。

葡萄破碎之后输入罐中, 在罐中进行密闭、控温、隔氧并保持一定压力的条件下, 浸提葡萄皮上的色素物质和芳香物质, 当色素物质含量不再增加时, 即可进行压榨分离皮渣, 将果汁输入另外发酵罐中进行纯汁发酵。前期已浸提为主, 后期以发酵为主。

旋转罐转动方式为正反交替, 旋转转速为 5r/min, 每次旋转 5min, 间隔 55min。最佳浸提温度 26~28℃, 浸提时间依葡萄品种不同而异, 如玫瑰香为 30h, 佳丽酿为 24h, 以葡萄浆中花色素的含量不再增加作为排罐的依据。

(2) Vaslin 旋转型发酵罐生产工艺流程和说明 Vaslin 旋转型发酵罐生产工艺流程如图 7-2 所示。

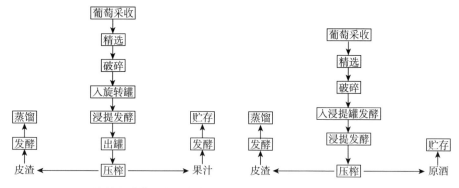

图 7-1　Seity 型旋转发酵罐生产工艺流程　　图 7-2　Vaslin 旋转型发酵罐生产工艺流程

葡萄破碎后输入罐中, 在罐中进行色素物质和香气成分的浸提, 同时进行酒精发酵, 发酵温度 18~25℃, 当残糖降至 5g/L 时排罐压榨。发酵过程中, 旋转罐每天旋转若干转, 转速为 2~3r/min, 转动方向、时间、间隔可自行调节。罐体为卧式, 在罐肩位置有过滤板, 发酵后的发酵液由滤板孔经出汁口排出。

5. CO_2 浸渍法生产红葡萄酒

CO_2 浸渍法 (Carbonic Maceration, 简称 CM 法) 酿制红葡萄酒, 是把整粒葡萄放到充满 CO_2 的密闭罐中进行浸渍, 然后破碎、压榨, 再按一般方法进行酒精发酵。CO_2 浸渍法不仅用于红葡萄酒的酿造, 还用于桃红葡萄酒和一些原料酸度较高的白葡萄酒的酿制。

(1) CO_2 浸渍法生产红葡萄酒的工艺流程　CO_2 浸渍法生产红葡萄酒的工艺流程如图 7-3 所示。

(2) CO_2 浸渍法工艺说明　葡萄进厂称重后, 整粒葡萄

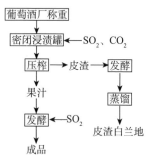

图 7-3　CO_2 浸渍法生产红葡萄酒的工艺流程

置于预先充满 CO_2 的罐中，在放葡萄过程中继续充 CO_2，使其达到饱和状态。酿制红葡萄酒时，浸渍温度为25℃，时间为3~7d；酿制白葡萄酒时，浸渍温度为20~25℃，时间为24~28h。浸渍后进行压榨，所得葡萄汁加入 $SO_2$50~100mg/L后进行纯汁发酵。

（3） CO_2浸渍过程的生物化学变化　　CO_2浸渍的过程，其实质是葡萄果粒厌氧代谢的过程。浸渍时果粒内部发生了一系列生物变化，如乙醇和香味物质的生成、琥珀酸生成、苹果酸的分解、蛋白质的分解以及酚类化合物（色素、单宁等）的浸提等。浸渍过程中，一方面果粒受 CO_2 的作用进行厌氧代谢，另一方面葡萄汁在酵母的作用下进行发酵作用。

（4） CO_2浸渍法生产红葡萄酒的优缺点

①优点： CO_2浸渍法生产红葡萄酒有明显的降酸作用；单宁浸提量降低；生产的干红葡萄酒果香清新，酸度适中；葡萄酒口味成熟快，陈酿期短，成本低。

②缺点： CO_2浸渍法生产红葡萄酒时对葡萄选择性强，必须是新鲜无污染的葡萄；保存期短，不能很好经受陈酿。

6. 热浸提法生产红葡萄酒

热浸提法生产红葡萄酒是通过加热果浆，充分提取果皮和果肉中的色素和香味物质，然后压榨分离皮渣，纯汁进行酒精发酵。

（1）热浸提法生产红葡萄酒工艺流程　　热浸提法生产红葡萄酒的工艺流程如图7-4所示。

（2）热浸提法生产红葡萄酒的工艺要点　　热浸提法分为全果浆加热（全部果浆都经过热处理）、部分果浆加热（分离一部分"冷汁"，40%~60%）和整粒加热三种方式。加热的工艺条件有两种：一是低温长时间（40~60℃，0.5~24h），另一种是高温短时间（60~80℃，50~30min）。加热热源可为蒸汽或热水。加热设备形式多样，如罐式热浸提设备、管道式热浸提设备等。

7. 连续发酵法生产红葡萄酒

连续发酵法生产红葡萄酒是指连续供给原料，连续取出产品的一种发酵方法。此法主要依靠连续发酵罐进行生产。

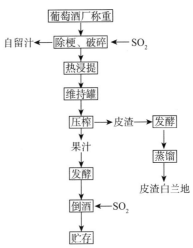

图7-4　热浸提法生产红葡萄酒的工艺流程

（1）连续发酵生产红葡萄酒的工艺要点　　选育适合于连续发酵的优良酵母，凝集性要强。发酵必须控制一定的细胞数（ 150×10^6 ~ 200×10^6 个/mL）。在连续发酵罐中既要浸提色素又要排渣，同时发酵。为解决这一难题可考虑采用"热浸提-连续发酵法"，即果浆在70~75℃加温浸提3~5min，压榨，榨后进行连续发酵。连续发酵灭菌较困难，可考虑采用杀伤性酵母，以防野生酵母的污染。

（2）连续发酵法的优缺点

①优点：可集中处理大量葡萄；空间与材料都较经济；整个生产设备如泵、输送机等数量上要少；成品成熟快。

②缺点：设备投资大；连续发酵量大，不适于单品种发酵；杂菌污染概率大。

二、白葡萄酒

白葡萄酒选用白葡萄或者红皮白葡萄为原料，经果汁分离、果汁澄清、控温发酵、贮存陈酿及后加工处理而成。其工艺流程为：原料──→分选──→除梗破碎、压榨──→澄清──→调整成分──→发酵──→添桶──→换桶──→陈酿──→调配──→澄清──→包装──→杀菌──→成品。白葡萄酒酿造工艺控制要点分述如下。

1. 压榨

常用的压榨机有连续压榨机和气囊压榨机。前者可连续进出料，生产效率高，结构简单，成本低，但压榨过程中会撕破果皮。后者在压榨过程中，气囊缓慢施压，压力均匀，果汁质量最高。

2. 果汁澄清

葡萄在生长过程中，表面易附着尘土和杂菌，在运输、贮藏、破碎和榨汁等过程中不但会增加杂物，而且容易导致大量果胶被提取出来。为提高葡萄酒质量，在葡萄酒酒精发酵之前，需通过澄清处理将这些物质去除。这将有利于保留葡萄的品种香，减少杂醇的形成；沉淀多酚氧化酶，减少汁的酶促氧化；减少 H_2S 的生成。但澄清也会降低酒精发酵的速度，延迟苹果酸-乳酸发酵，降低酵母活力，以及使酒精发酵过程中出现过多乙酸等，所以发酵白葡萄酒的葡萄汁不能太清。

白葡萄汁的澄清方法主要有：

①自然澄清：倒罐前静置数小时自然澄清。

②离心：利用离心机高速旋转产生巨大的离心力，使葡萄汁与杂质因密度不同而得到分离。离心前葡萄汁中加入果胶酶、皂土或硅藻土、活性炭等助滤剂，配合使用效果更佳。该法可使葡萄汁快速澄清，去除悬浮物质，汁的损失小；能除去大部分野生酵母，为人工酵母的使用提供有利条件，保证酒的正常发酵；自动化程度高，既可提高质量，又能降低劳动强度。

③真空过滤：真空过滤会过多去除固形物，使发酵周期变长。

④皂土（Bentonite）：也称膨润土，是一种由天然黏土精制的胶体铝硅酸盐，以 SiO_2、Al_2O_3 为主要成分，它具有很强的吸附能力，采用澄清葡萄汁可获得最佳效果。皂土处理不能重复使用，否则有可能使酒体变得淡薄，降低酒的质量。一般加在自然澄清之后，可减少沉淀体积和汁损失。用皂土澄清后的白葡萄汁干浸出物含量和氮含量均有减少，有利于避免蛋白质浑浊。

⑤果胶酶：果汁中含有的果胶物质会使果汁浑浊，并且还会起着保护其他物质的作用，阻碍果汁的澄清。果胶酶是一种由纤维素酶、半纤维素酶和裂解酶等组成的复合酶，它可以软化果肉组织中的果胶质，使之分解成半乳糖醛酸和果胶酸，使葡萄汁的黏度下降，原来存在于葡萄汁中的固形物失去依托而沉降下来，以增强澄清效果，同时也可加快过滤速度，提高出汁率。使用果胶酶澄清葡萄汁，可保持原葡萄果汁的芳香和滋味，降低果汁中总酚和总氮的含量，有利于干酒的质量，并且可以提高果汁的出汁率3%左右，提高过滤速度。

3. 成分调整

品质优良的酿酒葡萄糖度为 18~24°Bx、滴定酸 6~8g/L、糖酸比 25~30。当葡萄的糖、酸达不到酿酒要求时，应对其进行适当的成分调整，方法见葡萄酒基本工艺。

4. 酒精发酵

白葡萄酒的发酵通常采用人工培育酵母进行控温发酵，发酵温度一般控制在 16~22℃为宜，最佳温度18~22℃，主发酵期一般为15d左右。

主发酵结束后残糖降低至5g/L以下，即可转入后发酵。后发酵温度一般控制在15℃以下。在缓慢的后发酵中，葡萄酒香和味的形成更为完善，残糖继续下降至2g/L以下，后发酵约持续一个月左右。表7-6为主发酵结束后白葡萄酒外观和理化指标。

表7-6　　　　　　　　　　　　主发酵结束后白葡萄酒外观和理化指标

指标	要求
外观	发酵液面只有少量CO_2气泡，液面较平静，发酵温度接近室温，酒体呈浅黄色、浅黄带绿或乳白色，有悬浮的酵母浑浊，有明显的果实香、酒香、CO_2气味和酵母味，品尝有刺舌感，酒质纯正
理化	酒精：9%~11%（体积分数）（或达到指定的酒精度） 残糖：5g/L以下 相对密度：1.01~1.02 挥发酸：0.4g/L以下（以醋酸计） 总酸：自然含量

由于主发酵结束后，CO_2排出缓慢，发酵罐内酒液减少，为防止氧化，尽量减少原酒与空气的接触面积，做到每周添罐一次，添罐时要以优质的同品种（或同质量）的原酒添补，或补充少量的SO_2。

白葡萄酒氧化现象存在于生产过程的每一个工序，如何掌握和控制氧化是十分重要的。形成氧化现象需要三个因素：有可以氧化的物质如色素、芳香物质等；与氧接触；氧化催化剂如氧化酶、铁、铜等的存在。凡能控制这些因素的都是防氧行之有效的方法，目前国内在白葡萄酒生产中采用的防氧措施见表7-7。

5. 陈酿

（1）陈酿容器　葡萄酒企业常采用的陈酿容器有水泥池、不锈钢罐或其他惰性容器和橡木桶。橡木桶的优点在于其有利于酒体风味的改善和提高，缺点是成本高，寿命短，不易管理。

（2）陈酿温度　一般要求恒温，多控制在15℃以下。

（3）陈酿时间　对于白葡萄酒而言，陈酿时间较短，一般在1年左右。

表7-7　　　　　　　　　　　　白葡萄酒生产中采用的防氧措施

防氧措施	内容
选择最佳采收期	选择最佳葡萄成熟期进行采收，防止过熟霉变
原料低温处理	葡萄原料先进行低温处理（10℃以下），然后再压榨分离果汁
快速分离	快速压榨分离果汁，减少果汁与空气接触时间
低温澄清处理	果汁进行低温处理（5~10℃），加入SO_2，进行低温澄清或采用离心澄清
控温发酵	果汁转入发酵罐内，将品温控制在16~20℃，进行低温发酵
皂土澄清	应用皂土澄清果汁（或原酒），减少氧化物质或氧化酶的活力
避免与金属接触	凡与酒（汁）接触的铁、铜等金属器具均需有防腐蚀涂料
添加SO_2	在酿造白葡萄酒的全部过程中，适量添加SO_2
充加惰性气体	在发酵前后，应充加氮气或CO_2气体密封容器
添加抗氧剂	白葡萄酒装瓶前，添加适量的抗氧剂如SO_2、维生素C等

三、桃红葡萄酒

桃红葡萄酒是近年来国际上新发展起来的葡萄酒类型，其色泽和风味介于红葡萄酒和白葡萄酒之间，一般可分为淡红、桃红、橘红和砖红等，大多是干型、半干型或半甜型酒。桃红葡萄酒不能仅仅通过色泽来定义，它的生产工艺既不同于红葡萄酒又不同于白葡萄酒，确切地说，是介于果渣浸提与无浸提之间。桃红葡萄酒及其酿造特征如表7-8所示。

表7-8　　　　　　　　　　　　桃红葡萄酒及其酿造特征

与红葡萄酒相似之处	与白葡萄酒相似之处
①可利用皮红肉白的生产红葡萄酒的葡萄品种	①可利用浅色葡萄生产
②有限浸提	②采用果汁分离、低温发酵
③酒色呈淡红色	③要求新鲜悦人的果香
④诱导苹果酸-乳酸发酵	④保持适量的苹果酸

目前桃红葡萄酒有五种生产方法。

（1）桃红色葡萄带皮发酵法　工艺流程如图7-5所示。

图7-5　桃红色葡萄带皮发酵法工艺流程

佳丽酿和玫瑰香这两个葡萄品种适用于此工艺。用前者生产时，葡萄浆中添加SO_2至100mg/L，静置4h；用后者生产时，添加SO_2至50mg/L，静置10h。

（2）红葡萄与白葡萄混合带皮发酵法　红、白葡萄比例为1∶3。其工艺流程如图7-6所示。

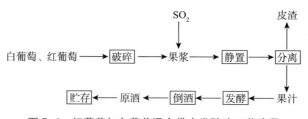

图7-6　红葡萄与白葡萄混合带皮发酵法工艺流程

（3）冷浸法　冷浸法的工艺流程如图7-7所示。

皮红肉白的葡萄品种适用于此工艺。SO_2添加量为50mg/L；冷浸提温度为5℃，时间24h；发酵温度不高于20℃。

（4）CO_2浸渍法　此法同红葡萄酒的CO_2浸渍法。

（5）直接调配法　玫瑰香和佳丽酿这两种葡萄品种酿酒时可采用此法。先分别酿制出红葡萄原酒和白葡萄原酒，再将两类原酒按一定比例调配。

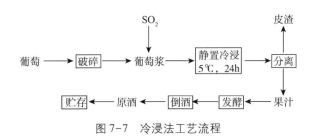

图 7-7 冷浸法工艺流程

第四节 葡萄酒再加工

葡萄酒再加工是指采用与红葡萄酒、白葡萄酒或者桃红葡萄酒原酒相似的方法生产原酒，然后以不同的后加工工艺，生产起泡葡萄酒、加气起泡葡萄酒、加香葡萄酒和白兰地。

一、起泡葡萄酒

1. 起泡葡萄酒概述

（1）起泡葡萄酒分类 起泡葡萄酒根据产品形式分为一般起泡葡萄酒和加气起泡葡萄酒。一般起泡葡萄酒根据生产方法分类，包括：在罐中二次发酵的罐式发酵起泡葡萄酒和在瓶中二次发酵的瓶式发酵起泡葡萄酒。瓶式发酵起泡葡萄酒又分为手工方法吐渣和转移吐渣两种。

（2）葡萄酒的原料要求 酿造起泡葡萄酒的葡萄要求：①含糖量不能过高，应在 161.5~187.0g/L，即自然酒度在 9.5~11.0%（v/v）。②酸度相对较高，总酸在 8~12g/L（以硫酸计），且苹果酸含量相对较高。③严格避免葡萄过熟。生产瓶式发酵起泡葡萄酒的葡萄品种有黑比诺、白比诺、灰比诺、霞多丽等。罐式发酵起泡葡萄酒对原料要求没有瓶式严格，相应的葡萄品种非常多，主要品种有雷司令、缩味浓及一些玫瑰香型品种。

2. 瓶式发酵起泡葡萄酒生产工艺

瓶式发酵起泡葡萄酒的工艺比罐式发酵起泡葡萄酒复杂，品质优异，价格相对较高。瓶式发酵起泡葡萄酒的生产工艺流程如图 7-8 所示。发酵生产工艺要点分述如下。

（1）糖浆 目前多采用蔗糖制糖浆，将蔗糖溶于酒体之中，经过滤除杂，按发酵生成的 CO_2 需要量加入到澄清酒体中。每升酒形成 0.098MPa 气压需消耗 4g 糖，若加入糖量不足，则产生的 CO_2 含量过低；加糖量过大，则产生的 CO_2 压力过大，引起爆瓶。

（2）酵母 采用的酵母应具有耐压、抗酒精力强及能产生有益酒体质量的风味物质。

（3）瓶内二次发酵 将加入糖浆的原料酒经均质后装入酒瓶，接入酵母液体培养液，在 10~15℃发酵（一般持续 4~6 周）。瓶子应水平堆放，以免瓶塞干而出现漏气。

（4）堆放、瓶架转瓶和后熟

①堆放与倒堆：主发酵后要进行倒堆，即将瓶子用力倒一下，使得沉在瓶底的无力酵母重新悬浮于酒体中，将剩余残糖消耗。对于有澄清困难的酒，在晃动过程中，所有沉淀都会

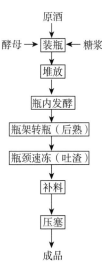

图 7-8 瓶式发酵起泡葡萄酒的工艺流程

悬浮于酒体，使酒石酸盐下沉时结合大颗粒，便于沉降。原来分散的蛋白质分子和其他杂物通过摇动，起到酒下胶的作用，有利于酒体澄清。

②瓶架转瓶和后熟：堆放发酵结束后，CO_2 量达到所规定的标准，此时，酒要放在一个特别的酒架上后熟，其目的是将酒中的酵母泥和其杂物集中沉淀于瓶口处，以便除去。酒架为特制，呈"人"字形，酒瓶倒放在酒架的孔中。每天人工转瓶，瓶子从下方转到上方，使所有黏在瓶壁上的沉淀物能脱离并全部凝集。在此过程中，沉淀集中在瓶颈，酒自然澄清，并伴随酯化反应和复杂的生化反应，最终使酒味醇和、细腻、丰满。

（5）瓶颈速冻与吐渣　从酒架上取下酒瓶，以垂直状态进入低温操作室，置瓶颈于速冻机上。瓶颈倒立于-22～-24℃的冰液中，浸渍高度可以根据瓶颈内聚集沉淀物的多少而调节，使瓶内沉淀物和部分酒成为小冻冰塞状。将瓶子提成45°斜角，瓶口上部插入一开口特殊的铜瓶套中，迅速开塞，利用瓶内 CO_2 的压力将瓶塞顶出，冰塞状沉淀物随之排出。随后迅速将瓶口插入补料机上，补充喷出损失的酒液，一般补量为30mL左右，以同类原酒补加，整个过程在约5℃低温下操作。

（6）成分调整及封盖　按照生产类型和产品标准，在添料机贮酒罐中，添加糖浆、白兰地、防腐剂来调整产品的成分，如要提高起泡酒的酒精含量，可以补加白兰地。从酒瓶瓶颈速冻开塞到添料机添料，应该在很短时间内完成，然后迅速压盖或加软木塞，并捆上铁丝扣。

3. 罐式发酵起泡葡萄酒生产工艺

罐式发酵起泡葡萄酒在设备与工艺上比瓶式发酵起泡葡萄酒先进，生产效率高。可以通过控制发酵温度来掌握发酵速度，酒的质量一般比较均匀，原酒损失少。罐式发酵起泡葡萄酒的工艺流程如图7-9所示。

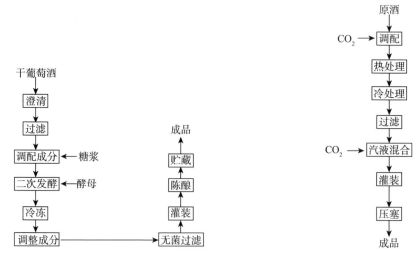

图7-9　罐式发酵起泡葡萄酒的工艺流程　　图7-10　加气起泡葡萄酒的工艺流程

4. 加气起泡葡萄酒的生产

加气起泡葡萄酒的生产是将 CO_2 直接冲入到葡萄酒中。其生产方法是将葡萄酒经过稳定性处理后，冷却至-3～4℃，采用汽水混合器或汽水填料塔，使 CO_2 充分溶解于葡萄酒中，在低温和加压条件下进行过滤灌装。加气起泡葡萄酒的工艺流程如图7-10所示。

二、加香葡萄酒的生产

加香葡萄酒是能引起食欲的开胃酒，它以葡萄酒为酒基，经浸泡芳香植物或加入芳香植物的浸泡液（或馏出液）而制成。这种酒在许多国家是用葡萄酒或酒精作基础进行再加工的。加香葡萄酒色泽浅，为淡黄、深至棕红，由于所加的主要香味物不同，有苦味型、果香型、花香型和芳香型。加香葡萄酒的品种虽多，但一般以"苦艾酒"即"味美思"为代表。它以苦艾为主要香料配制而成，已成为葡萄酒的一个类型。

1. 味美思的加香处理

味美思选择弱香型的葡萄原料，按照白葡萄酒工艺生产。常采用将药材制成浸提液，再与原酒配合加香。

（1）直接浸泡法　药材处理后，定量与原酒混合，常温浸泡每天搅拌 1~2 次，约需15~20d；高温浸泡原酒间接加热到60℃左右，搅拌冷却，反复几次，浸泡需几天时间。

（2）浸提液制备法

①白兰地提取法：用70%作用的白兰地原酒浸泡药材，药材可混合浸泡，也可分类分别浸泡，时间约需 10d。

②热水浸泡：热水控制在60℃左右，浸泡时间视药材特性而定，药材浸泡也可混可分，需约 10h。

③加强原酒浸泡：将原酒的酒精含量加强到18%~30%（药材∶原酒体积=1∶2~4）对药材约浸泡 10d。

④酒精浸泡：用食用酒精按照白兰地提取法进行浸泡。

（3）蒸馏法　该法将药材用白兰地或食用酒精浸泡，用蒸馏法提取蒸馏液作调香用料。其他方法处理的药材，也可同样处理。

2. 酿酒葡萄品种

一般采用果香较平淡的龙眼、白羽、佳丽酿等酿造加香葡萄原酒，这样即可突出产品中呈香物质的特点。

3. 加香葡萄酒的生产工艺流程

一般生产工艺流程如图 7-11 所示。

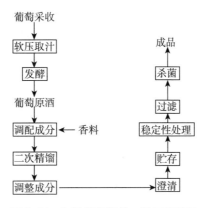

图 7-11　加香葡萄酒的一般工艺流程

三、白兰地的生产

白兰地是一种以葡萄为原料，经发酵、蒸馏、橡木桶陈酿、调配而成的葡萄蒸馏酒。"葡萄蒸馏酒（葡萄白兰地）"通常简称为"白兰地"。通常来说，以其他水果酿成的白兰地，应以水果名称命名，如苹果白兰地等。

1. 酿造白兰地的工艺流程

白兰地是葡萄蒸馏酒，蒸馏白兰地的葡萄酒称为白兰地原料酒，生产工艺与白葡萄酒相似，但是在加工过程中禁止使用 SO_2，因为 SO_2 会延迟酒精发酵，且蒸馏出来的白兰地带有 H_2S、硫醇类物臭味，并腐蚀蒸馏设备。白兰地原料酒酿造工艺如图7-12所示。

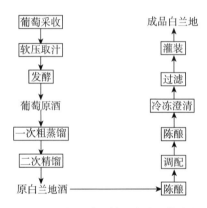

图 7-12 白兰地原料酒酿造工艺流程

（1）白兰地原料葡萄的采收与品种选择 葡萄的适时采收是酿造白兰地原料酒的基础。白兰地生产所需要葡萄的产酒含糖量在119~170g/L，混合后原料酒的酒精含量在8.2%±0.5%vol。可选择酸度较高、糖度较低、具有弱香型或中性香型、高产抗病菌的葡萄品种，应用较广的如白玉霓（ugni Blanc）、白雅（BaRH-Ⅲupeu）、白福尔（Folle Blanche）、鸽龙白（Colombard）等。

（2）软压取汁 采摘的葡萄要及时取汁处理，尽量减少操作以防止氧化，防止浸渍现象加重。

（3）白兰地原料酒的酿造 白兰地原料酒通常采用自流汁发酵，它应含有较高的滴定酸，口感纯正，以保证发酵能顺利进行。同时，有益微生物应能充分繁殖，抑制有害微生物生长。白兰地原料酒的发酵温度控制很关键，温度高则白兰地原料酒风格平淡，温度低易形成乙醛、乙酸乙酯、杂醇油，故发酵温度常控制在20~25℃。当发酵完全停止时，白兰地原料酒的残糖在3g/L以下，在罐内进行静置澄清，分离清酒与下部酒脚。清酒可直接进行蒸馏。

（4）蒸馏 白兰地原料酒的蒸馏技术是白兰地酒酿造的核心技术之一。通过蒸馏，可以获得芳香物质，奠定白兰地芳香的物质基础。白兰地原料酒对酒精纯度要求不高，含酒精常在60%~70%。在白兰地生产中，普遍采用壶式蒸馏和塔式蒸馏，如夏朗德壶式蒸馏法和阿马尼亚克塔式蒸馏壶式连续蒸馏法。前者需要两次蒸馏，一蒸后的产品重蒸馏，掐去酒头和酒尾，即为白兰地原料酒。

（5）白兰地原料酒的贮藏陈酿 新蒸馏的白兰地很难表现出高雅的风格特性，需经过贮藏陈酿达到质量成熟。在陈酿中白兰地原料酒会发生体积减少、酒度降低等物理、生物、化学变化。经典的陈酿方式即橡木桶陈酿工艺，而这种方式耗时较长，且贮藏中白兰地会挥发。因此，人们采用机械的、物理的、化学的方式加速其老熟。如添加橡木片、变温、超声波、紫外线、机械振动等。

2. 白兰地的成分和质量标准

白兰地含有 55%～60% 的水分，40%～45% 的乙醇，1% 左右的糖。此外，还含有数种含量很低但对白兰地风格有重要影响的其他成分。我国 GB/T 11856—2008《白兰地》规定了白兰地酒的感官要求和理化要求，如表 7-9 和表 7-10 所示。

表 7-9　　　　　　　　　　　　　　白兰地感官要求

	特级（XO）	优级（VSOP）	一级（VO）	二级（VS）
外观	澄清透明、晶亮、无悬浮物、无沉淀			
色泽	金黄色至赤金色	金黄色至赤金色	金黄色	浅金黄色至金黄色
香气	具有和谐的葡萄品种香、陈酿的橡木香，醇和的酒香，优雅浓郁	具有明显的葡萄品种香、陈酿的橡木香，醇和的酒香，优雅	具有葡萄品种香、橡木香及酒香，香气谐调、浓郁	具有原料品种香、酒香及橡木香，无明显刺激感和异味
口味	醇和、甘洌、沁润细腻丰满、绵延	醇和、甘洌、丰满绵柔	醇和、甘洌完整、无杂味	较纯正、无邪杂味
风格	具有本品独特的风格	具有本品突出的风格	具有本品明显的风格	具有本品应有的风格

表 7-10　　　　　　　　　　　　　　白兰地理化要求

		特技（XO）	优级（VSOP）	一级（VO）	二级（VS）
酒龄/年	≥	6	4	3	2
酒精度/（%vol）　*	≥		36.0		
非酒精挥发物总量/g/L（100%vol 乙醇）（挥发酸+ 脂类+醛类+糠醛+高级醇）	≥	2.50	2.00	1.25	—
铜/（mg/L）	≤		6.0		

注：* 酒精度实测值与标签示值允许误差±1.0%vol。

第五节　综合实验

自酿葡萄酒工艺简单，在欧美国家非常流行，自己能亲手酿造出高品质的葡萄酒这不仅说明你是一个热爱生活的人，更能显示出一个人的品位。现分别以自酿红葡萄酒和白葡萄酒为例，介绍其自酿加工工艺。

一、自酿红葡萄酒

自酿红葡萄酒前需要做以下准备工作。①酿酒容器，如不锈钢桶、大玻璃瓶、纯净水瓶、旧葡萄酒瓶等，不能使用铜、铝、锡、铁等容器酿造；②测量工具，温度计 1 支，相对密度计 0.900～1.000 和 1.000～1.100 各一支，量筒、天平等；③其他用具，包括小漏斗，皮渣分离用的尼龙网或纱网，搅拌葡萄皮渣用的长柄勺或长棒，抽酒或倒桶用的食品级塑料管或硅胶管 2m，用于刷瓶的毛刷。

工艺流程：去除烂果、青果及杂质──→破碎除梗──→加酵母菌──→前发酵──→后发酵──→陈酿──→装瓶

自酿红葡萄酒酿造工艺要点分述如下。

（1）原料选购　应尽量选择新鲜、成熟度好、饱满、无病害的葡萄酿酒，葡萄皮的颜色越深越好。常见的酿葡萄酒品种有：赤霞珠、梅鹿辄、蛇龙珠、品丽珠、佳丽酿、黑品乐、佳美等，利用鲜食葡萄如龙眼、玫瑰香等品种同样可酿造出优质葡萄酒。

（2）葡萄去杂　葡萄不要清洗，只要将腐烂果、杂质及小青果去除即可，在不添加酵母菌的情况下，清洗葡萄会使葡萄皮上的天然酵母菌减少，造成启动发酵变得困难，甚至造成葡萄酒的败坏。如果必须要对葡萄进行清洗，需添加纯培养酵母并尽量沥干水分再使用。

（3）除梗破碎与调配　采用200mg/L SO_2水清洗发酵容器并沥干水分，以尽量降低杂菌污染。葡萄入容器前需要除梗，即将葡萄从梗上摘下。装入容器后，用小勺子将葡萄攮破或破皮，注意不能捣成糊状，否则会降低葡萄酒的质量，也会给后期的澄清过滤带来困难。同时，容器不可以装满，因为葡萄的糖分转化为酒精的过程，会产生大量 CO_2 气体，同时葡萄皮渣会漂浮于酒液上方占用空间，所以容器至少留有30%的剩余空间，防止酒渣和酒液在气体的作用下溢出。

葡萄酒里的酒精度是由葡萄里的糖分在酵母菌作用下发酵产生，理论上每升加17g糖会产生酒精的体积分数为1%的酒，因发酵过程中的损耗，在实际生产中应按每升最低17.5g糖产生酒精的体积分数为1%的酒计算，葡萄醪按最低18.5g产生酒精的体积分数为1%的酒计算。因此需首先测量葡萄的含糖量，如果葡萄的含糖量低，然后根据需要的酒度加入一定量的白砂糖提高葡萄酒度；酿造葡萄酒的酒精度最好达到12%左右，其葡萄汁的相对密度应达到1.095就不需要加糖，若小于此值应补加糖。在葡萄破碎时加入 SO_2 至50mg/L左右，然后可根据情况加入 20~60mg/L 果胶酶，将果胶酶于少量的凉开水或葡萄汁搅拌溶解加入葡萄汁中拌匀。

采用虹吸法将葡萄醪装入容器，为防止氧化，要盖上桶盖但不要密封。盖盖子前要测量葡萄汁的温度和比重作为基础数据，发酵过程中要密切观察葡萄汁的温度，早晚要测量葡萄汁的相对密度。

（4）前发酵　发酵前，按150mg/L的酵母使用量添加活性干酵母，活性干酵母使用前按产品说明书用少量温水活化。一般来说，装瓶后约数小时即可观察到容器内有小气泡产生，并可发现葡萄醪表面的气泡逐渐增多，汁液析出，葡萄皮渣开始上浮，其发酵的过程是由启动（少量冒气泡）-强烈（大量冒气泡）-减弱（冒气泡减少）-基本静止冒气泡（前发酵完成）。此阶段在适宜温度下发酵时间约7~12d。发酵启动后，可加入橡木片，每升加2~4g，在皮渣分离时去掉橡木片，也可以在葡萄酒后发酵或陈酿时加入，不喜欢橡木味道的可少加或不加。

自酿一般按照新鲜型葡萄酒的酿造方法生产，其发酵温度应控制在20~25℃，而酿造陈酿型葡萄酒的发酵温度控制在25~30℃。当葡萄汁产生气泡时就证明发酵已经启动，此时，测温与搅拌也要开始，尽量不要让发酵温度超过25℃，低温发酵有利于果香的保留，发酵的温度越高葡萄酒产生的苦涩味就越大，也容易导致葡萄酒的杂菌污染。

发酵开始后，每天要搅拌2次以上，在酒精发酵旺盛期间每天最好搅拌不低于4次，目的是将浮在上面的葡萄皮充分浸泡在葡萄汁液中，让葡萄皮的成分得到充分的浸泡，有利于

单宁、色素等酚类物质的析出；随着发酵时间的推移，红葡萄汁与皮渣接触时间增加，葡萄汁中的单宁迅速增加，葡萄汁的色泽也在增加，浸渍时间的长短与酒型有关，新鲜型葡萄酒的浸渍时间短，酿成的酒爽口、不过涩、低单宁、色浅果香浓但葡萄酒饮用期短；酿造陈酿型的葡萄酒要使之含有丰富的单宁，则应延长浸渍的时间。

（5）皮渣分离 经过约 7~12d 的发酵，皮渣部分下沉说明前发酵基本完成，此时可见发酵气泡基本停止产生，发酵容器中形成三部分，上部是皮渣，中间是酒体，底部是部分沉底的皮渣等。发酵温度与环境温度的差值明显减少，此时应将皮渣和酒液分离。因为葡萄酒与皮渣浸泡时间过长，容易对葡萄酒产生不良腐败气味甚至有臭鸡蛋味，也容易产生微生物病害，如果酿造新鲜型葡萄酒，用相对密度计测量在 1.000~1.020 分离比较好。皮渣分离时将中间部分酒体用硅胶管抽入准备好的后发酵容器中即可。此时，还可将皮渣装进纱布（网孔 50~100 目），用双手由轻到重进行挤压获得部分酒液。此时的葡萄酒汁较为浑浊，颜色也不大好看，但已经有红葡萄酒味道。

（6）后发酵 也称二次发酵或苹乳发酵，此时容器不要留空隙，切断 O_2，防止细菌侵入。也可在液面上加少许食用酒精，酒精相对密度比葡萄酒小，浮在表面形成保护层隔断 O_2。同时要避光，防止酒色氧化变浅，所以，不能用透明的容器。此阶段会有少量洁白、细腻的泡沫上升。静置三周后，二次发酵基本完成，酒精变得清澈。红葡萄酒苹乳发酵的温度应控制在 18~22℃，一般需要 30d 左右的时间可能会完成，温度尽量不要超过 23℃，温度高一些，虽然苹乳发酵能快一些但会降低葡萄酒品质。这次发酵就是将前发酵所剩余的残糖进行再发酵，发酵结束，应立即往酒中添加 SO_2 来控制乳酸菌的活动，并立即进行一次倒桶。

（7）过滤澄清、陈酿、装瓶、压塞 自酿一般不需要使用化学澄清，采用过滤装置过滤，装进瓶中静置即可。此时，待酒完全澄清，即得葡萄原酒。陈酿是葡萄酒走向成熟的关键，恰到好处的陈酿时间能使葡萄酒更和谐、香醇味美、柔顺、圆润，但并非是越陈越好。陈酿时葡萄酒要满桶密封贮藏以防止葡萄酒的氧化和杂菌生长；按新鲜型方法酿造的葡萄酒最适饮用期一般不超过 5 年，陈酿型方法酿造的葡萄酒最适饮用期可达 5~10 年或更长时间。

自酿葡萄酒一般经过 5 个月左右或更长时间的陈酿就可以装瓶，在装瓶时尽量缩短装瓶时间来减少酒体的氧化，有条件的可在装瓶前向瓶内冲入一定量的 CO_2 隔绝 O_2，葡萄酒装瓶时最好是装一瓶压塞一瓶，装瓶时如果再加入 30mg/L 的 SO_2，更有利于延长葡萄酒的保质期。

软木塞有天然软木塞、高分子合成塞、合成橡胶塞等。如果装瓶后保存时间超过 3 年以上的，最好用天然软木塞或高分子合成塞；其优点是无异味、密封好、保存时间长。

二、自酿白葡萄酒

与自酿红葡萄酒一样，自酿白葡萄酒前也需要准备酿酒容器、测量工具及其他用具。

自酿白葡萄酒酿造工艺流程如图 7-13 所示。自酿白葡萄酒酿造工艺要点分述如下。

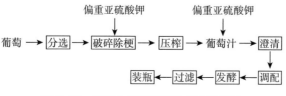

图 7-13 自酿白葡萄酒酿造工艺流程图

（1）原料及预处理   应选择葡萄含糖量高（16g/100mL以上）、酸度适中、香味浓、色泽好的品种。采收时间以果实充分成熟、含糖量接近最高为宜。将烂果穗与完整果穗分开，拣去烂粒、青粒和病果。用浓度为0.02%高锰酸钾溶液浸20min，用流动清水漂洗去消毒液，至水中无红色时为止。

（2）葡萄汁制备   ①除梗破碎：采用200mg/L SO_2 水清洗发酵容器并沥干水分，以尽量降低杂菌污染。葡萄入容器前需要除梗，即将葡萄从梗上摘下。装入容器后，用小勺子将葡萄攥破或破皮，注意不能捣成糊状，否则会降低葡萄酒的质量，也会给后期的澄清过滤带来困难。在葡萄破碎时加入 SO_2 至50mg/L左右，然后可根据情况加入20~60mg/L果胶酶，将果胶酶于少量的凉开水或葡萄汁搅拌溶解加入葡萄汁中拌匀。②压榨取汁：破碎后立即送压榨机榨汁，压榨时应以适应压力逐步加压，尽量压出果肉中的果汁，而不能将果梗及种子的汁液压出。③澄清：将葡萄汁倒入容器中，按10L葡萄汁加入0.4g偏重亚硫酸钾，与葡萄汁混合均匀。加塞后迅速将容器置于冰水中，降低葡萄汁温度至10℃左右，静置48h后，采用虹吸法把瓶内清汁吸出，置于另一洗净的容器（盛入量不超过容器容量的85%，以避免发酵时产生泡沫，使酒溢出）。

（3）调配与发酵   葡萄酒里的酒精度是由葡萄里的糖分在酵母菌作用下发酵产生，理论上每升加17g糖会产生体积分数1%的酒，因发酵过程中的损耗，在实际生产中应按每升最低17.5g糖产生体积分数1%的酒计算，葡萄醪按最低18.5g产生体积分数1%的酒计算。因此需首先测量葡萄的含糖量，如果葡萄的含糖量低，然后根据需要的酒度加入一定量的白砂糖提高葡萄酒度；酿造葡萄酒的酒精度最好达到12%左右，其葡萄汁的相对密度值应达到1.095就不需要加糖，若小于此值应补加糖。开始发酵24h后，可添加糖量的一半，另一半在加糖后24h用发酵酒溶解后补加。葡萄醪装入容器后为防止氧化，要盖上桶盖但不要密封。盖盖子前要测量葡萄汁的温度和相对密度作为基础数据，发酵过程中要密切观察葡萄汁的温度，早晚要测量葡萄汁的相对密度。按照一定的比例加入商业化的葡萄酒酵母，葡萄汁中的酵母繁殖并进行酒精发酵，此时葡萄汁的相对密度降低。发酵过程中，发酵酒的温度会升高，因此需采取一定方法将发酵温度控制在18~20℃。

（4）过滤澄清装瓶   当发酵酒相对密度达到0.992~0.996，并没有 CO_2 产生，品酒无明显甜感时，即标志着酒精发酵结束。采用虹吸法分离出原酒，按10L原酒加40mL 10%的皂土悬浮液的比例加入皂土，充分搅拌均匀，静置一周，以虹吸法分离酒体。在装瓶时尽量缩短装瓶时间以减少酒体的氧化，有条件的可在装瓶前向瓶内冲入一定量的 CO_2 气体来隔绝 O_2，葡萄酒装瓶时最好是装一瓶压塞一瓶，装瓶时如果再加入30mg/L的 SO_2，更有利于延长葡萄酒的保质期。

🔍 **思考题**

1. 什么是葡萄酒？葡萄酒如何进行分类？葡萄酒加工的基本工艺步骤有哪些？
2. 葡萄酒发酵中的微生物有哪些？各有什么作用？
3. 影响酿酒葡萄品质的因素有哪些？如何发挥影响？
4. 葡萄酒中为什么要添加 SO_2？怎么添加？

[推荐阅读书目]

[1] 杜金华，金红玉. 果酒生产技术 [M]. 北京：化学工业出版社，2010.

[2] 高年发. 葡萄酒生产技术（第2版）[M]. 北京：化学工业出版社，2012.

[3] 顾国贤. 酿造酒工艺学（第2版）[M]. 北京：中国轻工业出版社，2006.

[4] 彭德华，曹建宏. 葡萄酒自酿漫谈（第2版）[M]. 北京：化学工业出版社，2012.

第八章

酱油食醋酿造工艺

第一节　酿造酱油及主要原料

一、酿造酱油的定义和分类

酿造酱油是指以大豆和（或）脱脂大豆（豆粕或豆饼）、小麦和（或）麸皮为原料，经微生物发酵制成的具有特殊色、香、味的液体调味品。按发酵工艺不同分为两大类，即高盐稀态发酵酱油（含固稀发酵酱油）和低盐固态发酵酱油。

高盐稀态发酵酱油（含固稀发酵酱油）是以大豆和（或）脱脂大豆（豆粕或豆饼）、小麦和（或）小麦粉为原料，经蒸煮、曲霉菌制曲后与盐水混合成稀醪，再经微生物发酵制成的酱油。

低盐固态发酵酱油是以大豆和（或）脱脂大豆及麦麸为原料，经蒸煮、曲霉菌制曲后与盐水混合成固态酱醅,再经微生物发酵制成的酱油。

酱油按习惯称呼划分成:生抽酱油和老抽酱油。"生抽"和"老抽"是沿用广东地区的习惯称呼。两者的区别是:生抽酱油是以黄豆和面粉为原料经发酵成熟后提取而成;老抽酱油是在生抽酱油中加入焦糖色制成的浓色酱油。

二、酿造酱油的主要原料

酱油酿造的原料包括蛋白质原料、淀粉质原料、食盐、水及其他辅助原料。辅助原料有小麦、麸皮、面粉、碎米、玉米、薯干等,主要提供碳水化合物,同时提供酱油中 1/4 氮素,特别是天冬氨酸含量高,是酱油鲜味的主要来源。目前我国大部分酿造厂已普遍采用大豆脱脂后的豆粕或豆饼作为主要的蛋白质原料,以麸皮、小麦或面粉等食用粮作为淀粉质原料,再加食盐和水生产酱油。

1. 蛋白质原料

酱油中的氮素物有 75% 来自蛋白质原料。

(1)大豆 黄豆、青豆、黑豆的统称。内含蛋白质、碳水化合物和脂肪等,常用作酿造酱油、豆豉和豆腐乳等产品的主要原料。要求:颗粒饱满、干燥、杂质少、蛋白质含量高、皮薄、新鲜。

(2)豆粕 经大豆溶剂浸提取油后的产物(大豆经适当的热处理 < 100℃,调节水分 8%~9%,轧扁,然后加入有机溶剂,如清汽油,浸泡或喷淋、萃取其中的脂肪之后所得),一般呈片状、颗粒或小块,经过除脂之后,其中蛋白质含量变的很高,脂肪、水分均较低,易于粉碎,是酿造酱油等的理想材料。

(3)豆饼 大豆压榨法提取油脂后的产物,由于压榨方式不同,有方车饼、圆车饼和红车饼(瓦片状饼)之分。在压榨过程中大豆经轧片并加热蒸炒处理,然后榨油所制作的称为热榨豆饼。将生大豆软化轧扁后,直接榨油所做的豆饼称为冷榨豆饼。热榨豆饼是经过高温处理而成,质地较软,易于破碎,适于酿造酱油。而冷榨豆饼出油率较低,蛋白质基本未变性,故适宜做腐乳。

(4)其他蛋白质原料 蚕豆、豌豆、绿豆等以及这些原料提取后的黄浆水、花生、芝麻榨油后的豆粕等均可作为酿造酱油的原料。菜籽饼、棉籽饼经脱酚后也可用于酿造酱油。

2. 淀粉原料

过去以面粉为主,现改用小麦,麸皮等。

(1)小麦 分为红皮小麦和白皮小麦,据质粒又可分为硬质、软质及中间质小麦。其中以红皮小麦为佳。小麦的作用有:①酱油中的氮素成分有 25% 来自小麦蛋白质,小麦蛋白质中又以谷氨酸为最多,是酱油鲜味的主要来源;②小麦淀粉水解后生成的糊精和葡萄糖是构成酱油体态和甜味的重要成分,葡萄糖又是曲霉、酵母菌生长所需的碳源。

(2)麸皮 体轻,质地疏松,表面积大,有多种维生素及钙等无机盐,是曲霉良好的培养基,使用麸皮既有利于制油,又有利于淋油。

(3)其他淀粉及原料 凡含有淀粉而无毒无怪味的原料,如甘薯(干)、玉米、大麦、高粱、小米及米糠等均可。

3. 食盐

食盐有海盐、湖盐、井盐与岩盐几种,要求含量高、洁白、杂质少、水分少。食盐可以调味；可与谷氨酸化合成单钠盐呈鲜味，同时，在酱油发酵和保存期中起防腐作用。

4. 水

水是酿造酱油的原料，一般生产 1t 酱油需用水 6~7t。凡是符合卫生标准能供饮用的水如自来水、深井水、清洁的江水、河水、湖水等均可使用。一般自来水比较理想，但随着工业化的进展，今后对水质的要求必将予以更多重视。如果水中含有大量的铁、镁、钙等物质，不仅不符合卫生要求，而且影响酱油的香气和风味。

三、酱油中的主要化学成分

酱油在生产时，是把粮食原料经蒸煮、曲霉菌制曲后与盐水混合成酱醅（原料在制曲过程中加入少量盐水发酵后，呈不流动稠厚状态的物质），利用微生物的酶，把酱醅中的有机物通过酶解与合成等生物化学变化生成酱油的成分。

1. 氨基酸

我国生产的酱油中游离氨基酸主要有 17 种。这些氨基酸来自两个途径：一是蛋白酶水解原料中的蛋白质生成；二是葡萄糖直接生成谷氨酸。

（1）蛋白酶的水解作用 目前我国生产酱油的菌株是米曲霉，该菌株具有活性较强的蛋白质水解酶系，包括各种内肽酶与外肽酶。内肽酶能水解蛋白质内部肽键，将其分解为多肽。根据最适合的 pH，分为碱性蛋白酶、中性蛋白酶和酸性蛋白酶三种。

外肽酶是水解末端肽键的酶。按专一性不同，分为 6 类：①氨基肽酶，这类酶从肽链的游离氨基末端把一个氨基酸释放出来；②二肽水解酶，这类酶专一水解二肽；③二肽氨肽酶，这类酶从多肽链氨基末端释放出一个二肽；④二肽羧肽酶，这类酶从多肽链羧基末端释放出一个二肽；⑤丝氨酸羧肽酶，这类酶从多肽键的末端释放出一个丝氨酸；⑥金属羧肽酶，这类酶也是羧肽酶，但酶分子中含有二价金属，其专一性稍有差别。蛋白水解酶所产生的氨基酸，是内肽酶与外肽酶协同作用的结果，外肽酶可以直接产生游离的氨基酸。

（2）葡萄糖直接生成谷氨酸 原料中的淀粉经淀粉酶作用产生葡萄糖，葡萄糖通过生物酶的作用，转化为 α-酮戊二酸再生成谷氨酸。

2. 有机酸

酱油中含有多种有机酸，这些有机酸主要是由原料分解生成的醇、醛氧化生成；还有一些来自于曲霉菌的代谢产物。酱油中的有机酸以乳酸、琥珀酸、醋酸为主。乳酸主要是乳酸菌将葡萄糖发酵而来；琥珀酸主要是由酵母菌酒精发酵的中间产物乙醛生成，谷氨酸的脱氨、脱羧与氧化也可生成琥珀酸；醋酸主要是醋酸菌将酒精氧化而来。适量的有机酸生成，对酱油呈香、增香有重要作用，有机酸也是酯化反应构成"酯"的基础物质。

3. 糖类

酱油中的糖主要是原料淀粉经曲霉淀粉酶水解生成的双糖和单糖。淀粉的糖化原理是：原料淀粉在 α-淀粉酶、糖化酶（又称葡萄糖苷酶）的作用下，分解为糊精、麦芽糖和葡萄糖等的混合物。α-淀粉酶在淀粉的内部切断 1,4-葡萄糖苷键生成大分子糊精及少量的麦芽糖和葡萄糖；糖化酶，6-葡萄糖苷键生成直链淀粉，并从直链淀粉的非还原端开始，依次水解生成葡萄糖分子。

4. 酒精和高级醇

酱油中的酒精是发酵生成的，主要通过酵母菌将酱醅中的葡萄糖转化为酒精和 CO_2。化

学反应方程式为：$C_6H_{12}O_6 \longrightarrow 2CH_3CH_2OH+2CO_2$

酱醅中的酒精，一部分被氧化成有机酸类，一部分与有机酸生成酯，一部分挥发散失，还有少量残留在酱醅中。酒精发酵过程中除了生成酒精与二氧化碳外，还有其他副产物，如甘油、杂醇油（戊醇、异戊醇、丁醇、异丁醇等高级醇）、有机酸等，它们主要由氨基酸脱羧、脱氨而来。高级醇也是酯化反应的基础物质。

5. 酯类

酱油中含有多种酯，如醋酸乙酯，乳酸乙酯等。酯类具有芳香味，是构成酱油香气的主体。化学反应式为：$R_1OH+HOOCR_2 \longrightarrow R_1OOCR_2+H_2O$

6. 色素

酱油有深红棕色，色素主要来自两个途径：①"美拉德"（Millard）反应，又称羰氨反应，指含有氨基的化合物和含有羰基的化合物之间经缩合、聚合生成类黑素的反应。反应使酱油颜色加深并赋予酱油一定的风味。②原料中的多酚类物质重新聚合，或酚类物质在多酚氧化酶的作用下生成黑色素。

7. 食盐

酱油中的食盐主要来自发酵时添加的盐水。食盐能抑制杂菌繁殖，防止酱醅腐败，但食盐过多也会抑制酶的活性，导致蛋白质分解速度过慢。目前各酱油酿造厂一般采用 NaCl 含量在 12%～13% 的盐水，这样既能发挥食盐的防腐作用，又不影响酶的活力。

8. 酱油中的防腐剂

酱油中添加的防腐剂主要有：①苯甲酸钠（C_6H_5COONa），是我国酱油行业中使用量最大的防腐剂；②尼泊金酯，对羟基苯甲酸酯，是一类低毒高效的防腐剂；③乳酸链球菌素（Nisin），是乳酸链球菌乳酸亚种的一些菌株产生的多肽，是一种天然食品防腐剂。

总之，酱油的发酵是一个复杂的酶解与合成的过程。原料中的蛋白质、碳水化合物及油脂等，在微生物各种酶系的催化下，生成相应的产物。这些相应产物又相互合成新物质，组成酱油的成分。

四、酱油的营养成分及主要功效

1. 营养成分

酱油是以大豆、小麦等原料，经过原料预处理、制曲、发酵、浸出淋油及加热配制等工艺生产出来的调味品，营养极其丰富，主要营养成分包括氨基酸、可溶性蛋白质、糖类、酸类等。

氨基酸是酱油中最重要的营养成分，氨基酸含量的高低反映了酱油质量的优劣。氨基酸是蛋白质分解而来的产物，酱油中氨基酸有 18 种，它包括了人体 8 种必需氨基酸，它们对人体有着极其重要的生理功能，人们只能在食品中得到氨基酸才能构成自身的蛋白质。蛋白质是生命的物质基础，是构成生物体细胞组织的重要成分，是生物体发育及修补组织的原料，人体内的酸碱平衡，水平衡的维持，遗传信息的传递，物质的代谢及转运都与蛋白质有关。

酱油能产生一种天然的防氧化成分，它有助于减少自由基对人体的损害，其功效比常见的维生素 C 和维生素 E 等防氧化剂高十几倍。用一点点酱油所达到抑制自由基的效果，与一杯红葡萄酒相当。更令人惊奇的是，酱油能不断地消灭自由基，不像维生素 C 和维生素 E 只能消灭一定量的自由基，这一发现说明，酱油内含有两种以上的防氧化成分，而且各种成分消灭自由基的时间长短也不一样。研究人员说，这是科学界第一次发现酱油含有如此多的天然防氧化成分，可见，酱油具有防癌、抗癌之功效。

还原糖也是酱油的一种主要营养成分。淀粉质原料受淀粉酶作用，水解为糊精、双糖与单糖等物质，均具还原性，它是人体热能的重要来源，人体活动的热能60%～70%由它供给，它是构成机体的一种重要物质，并参与细胞的许多生命过程。一些糖与蛋白质能合成糖蛋白，与脂肪形成糖脂，这些都是具有重要生理功能的物质。

总酸也是酱油的一个重要组成成分，包括乳酸、醋酸、琥珀酸、柠檬酸等多种有机酸，对增加酱油风味有着一定的影响，但过高的总酸能使酱油酸味突出、质量降低。此类有机酸具有成碱作用，可消除机体中过剩的酸，降低尿的酸度，减少尿酸在膀胱中形成结石的可能。

食盐也是酱油的主要成分之一，酱油一般含食盐18g/100mL左右，它赋予酱油咸味，补充人体内所失的盐分。

酱油除了上述的主要成分外，还含有钙、铁等微量元素，有效地维持了机体的生理平衡，由此可见，酱油不但有良好的风味和滋味，而且营养丰富，是人们烹饪首选的调味品。

2. 主要功效

烹调食品时加入一定量的酱油，可增加食物的香味，并可使其色泽更加好看，从而增进食欲。酱油含有多种维生素和矿物质，可降低人体胆固醇，降低心血管疾病的发病率，并能减少自由基对人体的损害。酱油的主要原料是大豆，大豆及其制品因富含硒等矿物质而有防癌的效果。

酱油是以大豆、小麦或麸皮等为原料，经微生物发酵等程序酿制而成的，具有特殊色、香、味的液体调味品。曾经有人报道日本人胃癌发病率低是因为日本人爱吃酱油的缘故。后来美国威斯康星大学的研究报告就肯定了这一说法。科研人员给老鼠喂致癌物亚硝酸盐，同时又喂酱油，结果发现酱油吃得越多的老鼠，患胃癌的概率越低。

亚洲国家妇女的乳腺癌发病率较低，而这类恶性肿瘤在美国则多见。专家分析，可能与亚洲妇女食用酱油量较欧美国家妇女高出30～50倍，吸收了较多的异黄酮有关。恶性肿瘤的生长需要依靠新血管输送养分，异黄酮能防止新的血管生成，从而使肿瘤的生长受阻。

第二节　酿造酱油种曲制备与制曲

一、酿造酱油生产用种曲及主要菌种

种曲就是酱油酿造制曲所用的种子，它是生产所需菌种经培养而得的含有大量孢子的曲种，要求孢子多、发芽快、发芽率高、纯度高。种曲中的主要菌种有米曲霉、酱油曲霉、黑曲霉等。

1. 米曲霉

酱油中应用的曲霉菌主要是米曲霉。米曲霉菌落生长很快，初为白色，渐变黄色。分生孢子成熟后，成黄绿色。分生孢子头为放射形、顶囊球形或瓶形。米曲霉有较强的蛋白质分解能力及糖化能力，能利用单糖、双糖、有机酸、醇类、淀粉等多种碳源。在生长过程中，需要一些氮源，好氧。最适生长温度约在 35℃ 左右。pH 为 6.0 左右。选取菌种的要求：①蛋白酶活力高；②生长繁殖速度快；③对杂菌抵抗能力强；④不产生黄曲霉毒素。

米曲霉有着复杂的酶系统，主要有：①蛋白酶，分解原料中的蛋白质；②谷氨酰胺酶，使大豆蛋白质水解出来的谷氨酰胺直接分解生成谷氨酸，增强酱油的鲜味；③淀粉酶，分解原料中的淀粉生成糊精和葡萄糖；④此外它还能分泌果胶酶、半纤维素酶和酯酶等。

以上几种酶中最重要的是蛋白酶，其次是淀粉酶和谷氨酸酰胺酶。它们决定着原料的利用率、酱醪发酵成熟的时间以及产品的味道和色泽。

2. 黑曲霉

黑曲霉有多种酶系，如淀粉酶、糖化酶、酸性蛋白酶、纤维素酶等。用于淀粉的液化和糖化。中科 3.324 甘薯曲霉，糖化能力强。与沪酿 3.042 米曲霉混合制曲蛋白质利用率提高 10% 左右，含有较高的酸性蛋白酶。

3. 酱油曲霉

酱油曲霉分生孢子表面有突起，多聚半乳糖羧酸活性成分较高。酱油曲霉是日本在 20 世纪 30 年代从酱油中分离出来的，并应用于酱油生产。目前，日本制曲使用的是混合曲霉，其中米曲霉占 79%，酱油曲霉占 21%。我国则使用纯米曲霉菌种。

二、酱油生产的种曲制作

1. 原料及种曲室要求

制种曲是为了获得优良种子，原料必须适应曲霉菌旺盛繁殖的需要。曲霉菌繁殖时需要大量糖分，而豆粕含淀粉较少，因此原料配比上豆粕占少量，麸皮占多量，必要时加入饴糖，以满足需要。种曲室要求密闭、保温、保湿性能好。应有调温保湿装置和排水设施。

2. 工艺流程

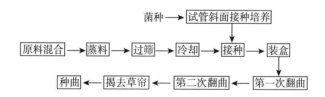

3. 操作要点

（1）灭菌　硫磺灭菌，蒸汽灭菌，甲醛灭菌。

（2）原料处理和接种　原料配比：①麸皮 80、面粉 20、水 70 左右；②麸皮 85、豆饼 15、水 90 左右；③麸皮 90、豆粕 10、饴糖 5、水 120。蒸料后摊冷，35~40℃ 接种。接种温度：夏天 38℃，冬天 42℃ 左右；接种量：0.5% 左右；且接种时应迅速搅拌。

（3）装盒入室培养　①装匾堆积培养，30~31℃，孢子发芽期，倒盘 1 次；②第一次翻曲（搓曲、盖湿草帘）、加水；36℃ 保温 6h 后，菌丝生长期。倒盘 1 次；③第二次翻曲，菌丝蔓延期；④洒水、保湿、保温，孢子生长期，6~7h 倒盘 1 次；⑤揭去覆盖物（去草帘或者纱布）：48h 后，孢子成熟期。自装盘入室到种曲成熟，整个培养时间共计 72h。在种曲制作过程中，应每 1~2h 记录一次品温、室温及操作情况。

4. 结果与分析

（1）感官特性　外观：菌丝整齐健壮、孢子旺盛、米曲霉呈新鲜黄绿色，黑曲霉呈新鲜黑褐色。无夹心、无杂菌、无异色。香气：具有种曲固有的曲香，无霉味、酸味、氨味等不良气味。手感：用手指触及曲种，松软而光滑。

（2）理化指标 血球计数板测定米曲霉种曲干基孢子数 60 亿/g 以上；米曲霉种曲细菌数不超过 10^7 个/g；悬滴培养法测定孢子发芽率要求 90% 以上。

三、厚层通风制曲工艺

制曲是酱油发酵的主要工序，制曲过程的实质是创造曲霉生长最适宜的条件，保证优良曲霉菌等有益微生物得以充分发育繁殖（同时尽可能减少有害微生物的繁殖），分泌酱油发酵所需要的各种酶类。这些酶不仅使原料成分发生变化，而且也是以后发酵期间发生变化的前提。

厚层通风制曲工艺就是将接种后的曲料置于曲池内，利用风机供给空气，调节温湿度，促使米曲霉在较厚（25~30cm）的曲料中生长繁殖和积累代谢产物，完成制曲过程。固体深层通风制曲与传统固体制曲工艺相比，具有节约制曲面积，管理方便，减轻劳动强度，便于实现机械化和自动控制，利于提高成曲质量等优点。

1. 制曲设备

（1）曲室 曲室有地上曲室和楼上曲室两种。地上曲室应用较广，但是楼上曲室可以利用其空间的优势，在其正下方设置为发酵场所，这样制成的曲可以利用重力送至楼下。曲室的构造有砖木结构、砖结构和钢筋水泥结构等，四壁和顶部全部涂水泥，使表面光洁，室内设下水道，墙壁厚度应满足保温要求。

（2）保温保湿设备 室内沿墙安装一根 40~50mm 的保温蒸汽管或一组蒸汽散热片，设有天窗及风扇，以利降温。厚层通风制曲需要配备空调箱进行保湿，空调箱一般可用水泥砖砌或钢板做成。正面装有入孔、进风阀，内装有蒸汽加热喷嘴、进水阀、溢水管、进水过滤器、挡水板等，喷嘴连接水泵，出风口与风机相连，通入曲池风道。

（3）曲池 用钢筋混凝土、砖砌、钢板、水泥板制成，一般长 8~10m，宽 1.5~2.5m，高约 0.5 m。曲池通风道底部倾斜，角度以 8°~10° 为宜。倾斜的池底称导风板，作用是使水平方向来的气流转向垂直方向气流。另外倾斜的导风板能减少风压损失，并使气流分布均匀。

（4）通风机 一般分为低压、中压及高压三种。低压的总压头 $P_总 < 1kPa$；中压为 $P_中 = 1~3kPa$；高压为 $P_高 = 3~10kPa$。厚层通风制曲选用的风机是中压的，一般要求总压头在 1kPa 以上即可。风量以每小时曲池内盛总原料（kg）的 4~5 倍空气量（m^3）计算。例如：曲池内盛入的总原料为 1000kg，则需要风量为 4000~5000m^3/h，通风机为高压。

（5）翻曲机 以机架、横梁为主体，机架由移动轮支撑，横梁上设有由减速电机驱动的相邻转向相反的由绞龙轴、螺旋状叶片组成的多组绞龙组，绞龙轴上的叶片具有缺口结构并设有粉碎棒，由移动电机驱动的横梁移动机构实现沿曲池长度方向自动行走完成翻曲和粉碎，机架上的横梁升降机构实现不同深度的曲池翻曲。

2. 工艺流程

豆粕+麸皮（8:2）——→熟料——→冷却——→接种曲种——→入池培养——→第 1 次翻曲——→第二次翻曲——→成曲

3. 操作要点

（1）冷却接种、入池培养 熟料快速冷却至 40℃ 左右，接入米曲霉菌种经纯粹扩大培养后的种曲 0.3%~0.5%，充分拌匀。曲料入池应保持料层松、匀、平，利于通风，使湿度和温度一致。温度管理以及时掌握翻曲的时间：静止培养 6~8h，升温到 35~37℃，应及时通风降温，保持 35℃；入池 12h 后，料层上下表层温差加大，表层温度继续升高，第一次翻曲，使曲料疏松，保持 35℃；继续培养 4~6h 后，菌丝繁殖旺盛，结块，第二次翻曲，并连续鼓风，保持 30~32℃。培养 24~28h 即可出曲。翻曲时间和翻曲质量是通风制曲的重要环节，翻曲要做到透彻，保证池底曲料全部翻动，以免影响米曲霉的生长。

（2）翻曲的目的　疏松曲料便于降温；调节品温；供给米曲霉旺盛繁殖所需的氧气。

（3）制曲时间长短的确定　制曲时间长短应根据所应用的菌种、制曲工艺以及发酵工艺而定。我国纯米曲霉低盐固态发酵一般为 24~30h；日本的米曲霉或酱油曲霉菌株采用低温长时间发酵，其制曲时间一般为 40~46h。据报道低温长时间制曲对于谷氨酰胺酶、肽酶的形成都有好处，而这些酶活力的高低又对酱油质量有直接影响。

4. 制曲过程中的生物化学变化

制曲过程中的主要化学变化包括微生物变化、物理变化和化学变化。

（1）微生物变化　制曲过程中的微生物变化可以分为米曲霉的生理活动四个阶段：孢子发芽期、菌丝生长期、菌丝繁殖期、孢子着生期。制曲的过程就是要掌握管理好这四个阶段影响米曲霉生长活动的因素，如营养、水分、温度、空气、pH 及时间等的变化。对米曲霉生长繁殖和累积代谢产物影响最大的三个因素是温度、空气和湿度，制曲的优劣决定于制曲过程中四个阶段的温度、空气和湿度是否调节得当，是否能使全部曲料经常保持在均等的适宜温度、湿度和空气供给条件中。

孢子发芽期：曲料接种后，米曲霉孢子吸水后开始发芽。接种后最初 4~5h，曲霉迅速生长繁殖，形成生长优势，对杂菌可起到抑制作用。这一时期的主要因素是水分和温度。水分适当，孢子即吸水膨胀，细胞内物质被水溶解后利用，为后期的活动提供了条件。一般来说，在温度低于 25℃、水分大的情况下，小球菌可能大量繁殖；温度高于 38℃，也不适宜孢子发芽，却适合枯草杆菌生长繁殖，霉菌最适发芽温度为 30℃左右，生产上一般控制在 30~32℃。

菌丝生长期：孢子发芽后，菌丝生长，品温逐渐上升，需进行间歇或连续通风。一方面可调节品温，另一方面换上新鲜空气，供给足够的 O_2，以利生长繁殖。菌丝生长期在接种后 8~12h，一般维持品温 35℃左右。当肉眼稍见曲料发白，即菌丝体形成时，进行一次翻曲，这一阶段称菌丝生长期。翻曲的时间与次数是通风制曲的主要环节之一。在制曲过程中，接种后 11~12h，品温上升很快，这时曲料由于米曲霉生长菌丝而结块，通风阻力随着生长时间而逐渐增加，品温出现下层低、上层高的现象，差距也逐渐增大，虽然连续通风，品温仍有上升趋势，这时应立即进行第一次翻曲，使曲料疏松，减少通风阻力，保持正常品温。

菌丝繁殖期：第一次翻曲后，菌丝发育更加旺盛，品温上升也极为迅速。这时，必须加强管理，控制曲室温度，继续连续通风，供给足够 O_2，严格控制品温，菌丝繁殖期为接种后 12~18h，品温控制在 33~35℃。当曲料面层产生裂缝现象，品温相应上升，应进行第二次翻曲。这个阶段米曲霉菌丝充分繁殖，肉眼见到曲料全部发白，称为菌丝繁殖期。第二次翻曲的目的，是再次翻松曲料、消除裂缝，以防漏风。如果在第二次翻曲后，由于菌丝繁殖，曲料又收缩产生裂缝，风从裂缝漏掉，品温相差悬殊时尚可采取第三次翻曲或铲曲。

孢子着生期：第二次翻曲后，品温逐渐下降，但仍需连续通风以维持品温。曲霉菌丝大量繁殖后，开始着生孢子，孢子逐渐成熟，使曲料呈现淡黄色直至嫩黄绿色。在孢子着生期，米曲霉的中性蛋白酶的分泌最为旺盛。孢子着生期一般在接种后 20h 开始，品温维持在 30~40℃，这时中性蛋白酶活力较高，但所制成曲的谷氨酰胺酶的活力很低。优质曲的 pH 在 6.8~7.2。

（2）物理变化　制曲过程中的物理变化主要有三个方面。

①水分蒸发：由于米曲霉的代谢作用产生呼吸热和分解热，需要通风降温，通风将使水分大量蒸发，一般来说，每吨制曲原料，24h 制曲过程中蒸发的水分将接近 0.5t。

②曲料形体上的变化：由于粗淀粉的减少，水分的蒸发，以及菌丝体的大量繁殖，结果使曲料坚实，料层收缩以至发生裂缝，引起漏风或料温不均匀。

③色泽的变化：红褐色是曲料的本色；霜状白色是菌丝生长的特征；黄绿色是霉菌生长到一定阶段后，孢子丛生的特征；在有较严重杂菌污染时，可能局部或全部呈灰色、黑色、青色等各种杂色。

（3）化学变化　制曲过程中的化学变化是极其复杂的生物化学变化。米曲霉在曲料上生长繁殖，分泌各种酶类，其中重要的有蛋白酶和淀粉酶。曲霉在生长繁殖时，需要糖分和氨基酸作为养料，并通过代谢作用将糖分分解成 CO_2 和 H_2O，同时放出大量的热。

淀粉的部分分解：在制曲过程中，有部分淀粉被水解成葡萄糖，后经 EMP 途径及 TCA 循环被分解成 CO_2 和 H_2O 而消耗掉。放出的大部分能量将以热的形式被散发，故要加强制曲管理，及时通风与翻曲，以便散发 CO_2 和热量，供给充分的氧以保证曲霉菌的旺盛繁殖。

蛋白质的部分分解：制曲中，有部分蛋白质被分解生成缩氨酸和氨基酸。如果制曲中污染腐败菌，将进一步使氨基酸氧化而生成游离氨，影响成曲质量。同时，这些腐败菌分泌的杂酶在以后的发酵中将继续产生有害物质。

其他物质的化学变化：曲料中的纤维素、果胶质等经米曲霉分泌的纤维素酶和果胶酶的分解作用，将植物细胞壁破坏，有助于细胞内溶物释放，促进米曲霉的生长繁殖。豆饼中的蔗糖部分被水解成果糖，麸皮中的多缩戊糖有少量被水解成五碳糖。

pH 的变化：制曲是在空气自由流通的曲室内进行的。空气中的各种杂菌如细菌、酵母、根霉、毛霉等也会有不同程度的繁殖。制曲过程中温湿度控制适当，米曲霉占绝对优势，成曲 pH 应当接近中性；如果产酸菌大量繁殖，则导致成曲 pH 下降，如果污染腐败细菌，又可因为氨基酸氧化脱氨而使成曲 pH 上升。

5. 制曲过程中常见的杂菌污染及其防治

（1）制曲中的污染杂菌

制曲过程中常见的杂菌有霉菌、酵母和细菌，其中细菌数量最多。一般质量好的曲中每克约含细菌数上千万个，在次曲中高达二、三百亿个。

①霉菌：除米曲霉外，霉菌中还有毛霉、根霉和青霉。

a. 毛霉：菌丝无色，如毛发状，成熟后呈灰色，蛋白酶活力低。大量繁殖后，妨碍米曲霉生长繁殖，降低酱油的风味和原料利用率。

b. 根霉：菌丝无色，蜘蛛网状，具有较高的糖化力，其危害性小于毛霉。

c. 青霉：菌丝绿色，在较低的温度下容易生长繁殖，可产生霉烂气味，影响酱油的风味。

②酵母菌：酵母菌主要有 5 个属，有的对酱油发酵有益，有的有害。

a. 有益的酵母菌：鲁氏酵母菌是酱油酿造中的主要酵母菌，在发酵前期产生酒精，甘油，琥珀酸，它与嗜盐片球菌联合作用生成糖醇，形成酱油的特殊香味，能在高盐（18%）和含氮（1.3%）的基质上繁殖。

b. 有害的酵母菌：毕赤氏酵母，不能生成酒精，能产生酸，消耗酱油中的糖分等营养成分。

c. 醭酵母：能在酱油的液面形成醭，分解酱油中的有用成分，降低酱油的质量，是酱油中较普遍存在的有害微生物。

d. 圆酵母：能产生丁酸及其他有机酸，影响酱油的风味。

③细菌

a. 小球菌是制曲过程中的主要污染细菌，属于好气性细菌，生酸力弱，在制曲初期繁殖，可产生少量酸，使曲料的 pH 下降。小球菌繁殖数量过多，妨碍米曲霉生长；因不耐食盐，当成曲掺进盐水后，很快死亡，残留的菌体会造成酱油浑浊沉淀。

b. 粪链球菌属于嫌气性细菌，在制曲前期繁殖旺盛，当产生适量酸时，能抑制枯草杆菌的繁殖，当产酸过多时，会影响米曲霉的生长。

c. 枯草杆菌属于芽孢细菌，在曲料中大量繁殖而消耗原料中的淀粉和蛋白质，并能生成有害物质氨，影响曲的质量，繁殖数量过大，还能造成曲子发黏，有臭味，甚至导致制曲失败。

（2）杂菌污染的防止办法　菌种经常进行驯化；保证种曲质量；要求种曲菌丝健壮旺盛，发芽率高，繁殖能力强，以便产生生长优势来抑制杂菌的侵入；整料水分适当，疏松，灭菌彻底，冷却迅速，减少杂菌污染的机会；加强制曲过程中的管理工作；保持曲室及工具设备的清洁卫生；种曲和通风曲生产过程中添加冰醋酸可抑制杂菌的生长。

6. 结果与分析

（1）感官特性　手感曲料疏松柔软，具有弹性；外观菌丝丰满，密生嫩黄绿色孢子，无杂色，无夹心；具有种曲特有的香气，无霉臭及其他异味。

（2）理化指标　水分要求视具体情况，一、四季度含水量 28%~32%，二、三季度为 26%~30%；福林法测中性蛋白酶活力在 1000~1500U/g（干基）以上；碘比色法淀粉酶活力在 2000U/g（干基）以上；细菌总数 50 亿个/g（干基）以下。

第三节　酿造酱油生产工艺

一、酱油酿造

酱油酿制过程中，在各种微生物的不同酶系作用下，原料中各种有机物发生复杂的生物化学反应，形成酱油的多种成分。其中原料中的蛋白质在蛋白酶和肽酶相继作用下，经一系列水解过程，生成分子质量不同的肽。蛋白酶与肽酶作用的适温为 40~45℃。植物蛋白含有 18 种氨基酸，谷氨酸与天冬氨酸具鲜味，甘氨酸、丙氨酸和色氨酸具甜味，酪氨酸具苦味，肽也有一定鲜味与口味。在成品酱油中氨基酸态氮约占总氮量的 50%。若加盐少或混拌盐水不均，酱醅中易有腐败细菌发育，分解氨基酸生成氨与胺，失去鲜味，产生臭味与恶臭味，因此应注意预防。腐败细菌生长适温为 30℃左右，适宜环境为中性或微碱性。

淀粉酶系水解淀粉生成糖，为发酵性细菌（如乳酸细菌）提供营养，可促进繁殖并进行乳酸发酵形成微酸或酸性环境，有效地抑制腐败细菌，为酵母菌生长、发酵创造良好条件。蛋白质则在酸性蛋白酶作用下继续水解。同时也进行其他类型发酵，产生相应产物，如有机酸和醇类等。原料中的纤维素、半纤维素、果胶质、脂肪等，也在酶促下发生变化，形成各自分解产物。

产物中，有机酸与醇经酯化反应形成各种酯类化物。

除氨基酸产物外，酱油中的糖类有糊精、麦芽糖、葡萄糖、戊糖；有机酸类有乳酸、乙酸、柠檬酸、琥珀酸、丙酸、苹果酸等；醇类有乙醇、甲醇、丙醇、丁醇、戊醇、己醇等；酯类有乙酸乙酯、乳酸乙酯、乙酸丁酯、丙酸乙酯等。各赋予酱油特有的滋味。

酱油酿制中还发生褐变反应，即生色。褐变有酶褐变与非酶褐变两种。前者是在微生物酚羟基酶和多酚氧化酶催化下，酪氨酸氧化成棕色黑色素，这主要发生在发酵后期。后者无酶直接能参与，是发酵产物葡萄糖类物质与氨基酸经美拉德反应生成类黑素。延长发酵期，提高温度，能强化此反应，但影响酶发酵。所以，只在发酵后期可采用此褐变反应。上述褐变仅生成淡色酱油，如需要黑褐色酱油，须加入酱色，即焦糖色素（糖在150~200℃下焦化而成，酱油发酵中无此过程）。因此，将制成的曲与盐水混合，在保温发酵过程中，能加速各种酶在适宜温度下的化学变化，产生鲜味、甜味、酒味、酸味与盐水的咸味混合，而变成酱油特有的色、香、味、体。酱油香气成分的形成则更加复杂，已发现有多达80余种微量香味成分，主要有酯类、醇类、羟基化合物、缩醛类及酚类等，它们的来源主要有由原料成分生成、由曲霉的代谢产物所构成、由耐盐性乳酸菌类的代谢产物所生成以及由化学反应所生成等。

二、酱油酿造原理工艺及操作

1. 酱油酿造工艺流程

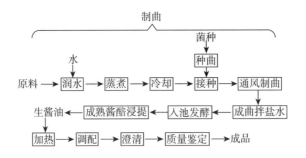

2. 发酵过程中的生物化学变化

（1）蛋白质的水解作用　蛋白质水解作用的通式为：蛋白质———→氨基酸

蛋白质原料中游离的谷氨酰胺，被曲霉菌分泌的谷氨酰胺酶分解成谷氨酸，谷氨酸与食盐作用生成谷氨酸钠（味精）使酱油鲜味更佳。谷氨酰胺酶的最适温度为37℃，最适pH7.4。

（2）淀粉的糖化作用　淀粉酶水解糖化作用通式：$(C_6H_{10}O_5)_n + nH_2O \longrightarrow n(C_6H_{12}O_6)$

米曲霉分泌的淀粉酶主要有液化酶与糖化酶，淀粉酶耐盐性较强，适应温度、pH范围较广，一般在pH5~6，温度50~60℃活力最强。淀粉的糖化程度对酱油色、香、味、体均有重大影响。

（3）有机酸的生成 酱油中含有多种有机酸，其中以乳酸、琥珀酸、醋酸较多，另外还有甲酸、丙酸、丁酸等。适量的有机酸对酱油呈味、增香均有重要作用。如乳酸具有鲜、香味；琥珀酸适量、味爽口；醋酸、丁酸也具有特殊香气；同时它们更是酯化反应的基础物质。但有机酸过多会严重影响酱油的风味。在发酵过程中，用具消毒不严，发酵温度过高，均会产酸过多。

（4）酒精发酵作用和高级醇生成 酒精主要是酵母菌对还原糖（葡萄糖）进行酒精发酵而来。通式为：$C_6H_{12}O_6 \longrightarrow 2CH_3CH_2OH + 2CO_2$

酵母菌的生长适宜温度25~28℃，发酵适宜温度30℃，温度低于10℃，发酵困难；高于40℃，酵母不能生存和发酵。所以低温发酵周期长；高温无盐固态发酵，酱油香气不足。

一般酵母菌的耐盐力弱，在含盐6%~8%的基质中，繁殖、发酵减弱，在含盐15%时，生长发酵基本停止，但鲁式酵母能在含盐18%的酱醪中发酵葡萄糖生成酒精，易变球拟菌能发酵麦芽糖生成酒精。所以有些厂在发酵中后期接入扩大培养的鲁氏酵母，多数工厂则采用低盐固态发酵，以适应酵母菌生长发酵。酱油中还有戊醇、异戊醇、丁醇、异丁醇等高级醇类，统称杂醇油，它们主要是氨基酸脱氨、脱羧而来，高级醇类具有一定呈味，更是酯化反应的基础物质。

（5）酯类的形成 酯化反应的通式为：$ROH + HOOCR' \longrightarrow RCOOCR' + H_2O$。

酱油含有多种酯，如醋酸乙酯、乳酸乙酯、丙二酸乙酯等，酯类均有芳香，是构成酱油香气的主体，发酵周期愈长，酯化程度愈高，酱油品质愈好。

（6）色素的形成 色素的主要来源有：①美拉德反应，即氨基酸和还原糖经羰氨缩合等生成类黑素；②原料中的多酚物质的重新聚合或酚类物质在多酚酶的作用下生成黑色素。影响色素形成的因素有：温度愈高，褐变愈深；水分愈少，褐变加速；原料中五碳糖愈多，类黑素也愈多。

3. 发酵过程中的微生物变化

发酵过程中，与原料的利用率、发酵成熟的快慢、成品颜色的浓淡以及味道的鲜美，具有直接关系的微生物是曲霉；与酱油风味有直接关系的微生物是酵母和乳酸菌。

（1）曲霉 曲霉的主要作用是提供分解蛋白质和淀粉的酶类，曲霉入池后，由于温度、pH、环境的影响，很快失去作用，而发生自溶，生成核酸自溶物、氨基酸和糖分。

（2）酵母 与酱油香气有关的酵母：①鲁氏酵母（占酵母总数的45%左右）：主发酵期，合成酒精。②球拟酵母：后期发酵，形成香气成分四乙基愈创木酚。

（3）细菌 对酱油风味有主要作用是乳酸菌，包括发酵前的嗜盐足球菌和发酵后期的四联球菌。

4. 固态低盐发酵的操作要点

（1）食盐水的配制及用量 固态低盐发酵拌曲盐水浓度为11~13°Bé 盐水浓度可用波美相对密度计直接测定，波美度的标准温度为20℃。测定时，盐水温度高于或低于20℃，应予校正。

（2）拌曲盐水温度 夏季45~50℃，冬季50~55℃，使酱醪品温控制在42~46℃。

（3）制酱醪 将制备好的盐水加热到50~60℃，与破碎成约2mm的成曲和盐水充分拌匀后入池。池底15~20cm的成曲拌盐水量稍少，以后逐渐加大水量。拌完后，将剩余盐水浇于酱醅表面，待其全部吸入曲料。为了防止表面氧化，盖一层食用薄膜或面盐。

（4）前期保温（前期水解阶段）   这一阶段是淀粉及蛋白质水解阶段。酱醅品温要求在40~45℃，若低于40℃，应及时采用保温措施。前期发酵温度采用蛋白酶和肽酶作用的最适宜温度42~45℃，发酵时间10d左右。不倒池时入池后数日浇淋一次，在此阶段需浇淋3~4次。浇淋就是将发酵池假底下的酱汁用泵抽出回浇淋于酱醅表面。这样可以增加酶与原料的接触，提高原料分解效率。

（5）后期降温发酵   品温要求降至40~43℃，需十余天。

5. 酱油的浸出

酱油浸出也称淋油，即从成熟酱醅中提取酱油，有压榨法和浸出法两种。目前小型厂仍有用压榨法，此法劳动强度大，耗工耗时；大中型厂则采用浸出法或淋出法。即在原发酵池中加盐水为溶剂，浸渍酱醅，使有效成分充分溶解于盐水中，再抽滤出酱油。在酱油浸出过程中涉及溶解、萃取、过滤、重力沉降等现象。

（1）酱油的浸出工序   主要包括如下两个过程：①发酵过程生成的酱油成分，自酱醅颗粒向浸提液转移溶出的过程，这个过程主要与温度、时间和浸提液性质等因素有关。②将溶有酱油成分的浸出液（将有半成品）与固体酱油渣分离的过程。这个过程主要与酱醅厚度、黏度、温度及过滤层的输送程度等因素有关。

（2）移池浸出工艺流程

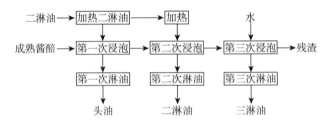

（3）酱油浸出的操作

①淋油前的准备工作：用以淋油的酱醅必须已经达到质量标准，以免降低酱油质量和使淋油不畅。淋油池洗刷干净，处于清洁完好状态。上述工作完成后方可进行淋油操作。一般把二淋油（或三淋油）作为盐水使用，加热至90℃以上，盐度要求达到13~16.5°Bé。

②移醅装池：酱醅装入淋油池要做到醅内松散，醅面平整。移醅过程尽可能不破坏醅粒结构，用抓酱机移池要注意轻取低放，保证淋油池醅层各处疏密一致。醅层疏松，可以扩大酱醅与浸提液接触面积，使浸透迅速，有利于溶出过程。醅面平整可使酱醅浸泡一致，疏密一致可以防止短路。在一般情况下，醅层厚度多在40~50cm，如果酱醅发黏，还可酌情减薄。

③浸提液的正确加入：浸提液加入时，冲力较大，应采取措施将冲力缓和分散。冲力太大会破坏池面平整，水的冲力还可能将颗粒状的酱醅搅成糊状造成淋油困难，或者将疏密一致状态破坏，局部变薄导致淋油"短路"现象发生。

④浸泡温度：浸提液温度提高到80~90℃，以保证浸泡温度能够达到65℃左右。

⑤浸泡酱醅的时间：在发酵过程中，原料中蛋白质、淀粉等大分子物质受蛋白酶系和淀粉酶系的作用，其最终产物为氨基酸和葡萄糖，也生成了大量的中间产物如胨、肽、糊精等分子质量较大的物质。酱醅淋头油的浸泡时间，不应少于6h。淋二淋油的浸泡时间不少于

2h。淋三淋油时，已经属酱渣的洗涤过程，浸泡时间还可缩短。

6. 酱油的加热、澄清及防霉

（1）加热　生酱油含有大量微生物，风味色泽较差，且浑浊。加热目的有：杀灭酱油中的残存微生物，延长酱油的保质期；破坏微生物所产生的酶，特别是脱羧酶和磷酸单酯酶，避免继续分级氨基酸而降解酱油的质量；可起到澄清、调和香味，增加色泽的作用。除去悬浮物，使蛋白质发生絮状沉淀，可带动悬浮物及其他杂质一起下沉；破坏酱油中的酶类，使酱油质量稳定。加热的条件为：①90℃，15~20min，灭菌率为85%。②超高温瞬时灭菌135℃，0.78MPa，3~5s达到全灭菌。

（2）澄清　澄清、贮藏及包装经过配制的酱油，需置于一定的容器内让其自然澄清，或采用过滤除去沉淀，得到澄清酱油。泥状沉淀物俗称酱油脚子，其中还含有一定量的酱油成分，可通过布袋压滤的方法滤出酱油；或重新加入到待浸泡的酱醅中。酱油贮存时应掌握先进先出的原则，防止生水进入酱油中。澄清的酱油可进行包装，有瓶装和散装两种。优质酱油用绿色玻璃瓶装，散装酱油多采用木桶或塑料桶包装，适于当地销售。包装后的酱油需经检验，合格后方可出厂。

（3）成品酱油的防霉　在气温较高的地区和季节，成品酱油表面往往会产生白色的斑点，随着时间的延长，逐渐形成白色的皮膜，继而加厚，变皱，颜色也由嫩逐渐变成黄褐色，这种现象称为酱油生白花或生白。防腐剂有苯甲酸钠、苯甲酸、山梨酸和山梨酸钾等，添加量为0.1%。

三、酱油色香味体的形成

（1）色素的形成　非酶褐变和酶促褐变是酱油颜色生成的基本途径。非酶褐变反应主要是美拉德反应（羰氨反应），麸皮中含有较多的多缩戊糖和酱油中的含有氨基的成分作用，提高了酱油的色泽。酶褐变反应主要发生在发酵后期，多酚化合物（酪氨酸）和O_2结合，在多酚氧化酶的作用下形成黑色素。

（2）香气的形成　酱油应具有酱香及酯香气，无不良气味。酱油的香气由200多种化学物质共同作用产生，主要的有20多种。包含醇、醛、酯、酚、有机酸、缩醛和呋喃酮等多种成分。其中，醇类主要有：甲、乙、丙、丁醇，异戊醇，苯甲醇等。有机酸类主要有：醋酸、乳酸、琥珀酸、葡萄糖酸等。酯类物质主要构成了酱油的香气主体。酱油的所有风味物质均来自原料、发酵产物及加热过程。

（3）味的形成　酱油的味觉是咸而鲜，稍带甜味，具有醇和的酸味，不苦，其成分中包括呈咸、鲜、甜、酸、苦的物质，作为调味料以鲜味最主要。呈鲜味的主要成分有肽类、氨基酸、核苷酸；呈咸味的来自所含的食盐，肽、氨基酸、有机酸和糖类等，咸味柔和；甜味主要由糖类（3~4g/100mL）以及一些甜味氨基酸所产生；酸味的主要作用成分有乳酸、醋酸等（总酸<1.5g/100mL），其他的乙酸、丙酮酸、琥珀酸等；使酱油呈微苦味的成分为酪氨酸等苦味氨基酸，能增加酱油的醇厚感，但不能有焦苦味。酱油的呈味必须做到咸、鲜、甜、酸、苦五味调和。

（4）体　即酱油的体态，酱油的浓稠度。由无盐的可溶性固形物组成，主要有可溶性蛋白、氨基酸、维生素、糖类物质，是酱油的质量指标之一。优质酱油的无盐可溶性固形物应大于20g/100mL。

第四节　酿造食醋及生产原辅材料

一、酿造食醋概述

1. 酿造食醋概念与特点

食醋是以粮食、果实、酒类等含有淀粉、糖类、酒精的物质为原料，经微生物发酵酿制而成的一种酸性调味品。如山西陈醋、镇江香醋、四川麸醋、江浙玫瑰米醋、东北白醋、福建红曲醋。

食醋是传统的调味品，我国酿醋自周期开始，已有 2500 年历史。食醋分酿造醋、合成醋、再制醋三大类，其中产量最大且与我们关系最为密切的是酿造醋，它是用粮食等淀粉质为原料，经微生物制曲、糖化、酒精发酵、醋酸发酵等阶段酿制而成，主要成分除醋酸（3%～5%）外，还含有各种氨基酸、有机酸、糖类、维生素、醇和酯等营养成分及风味成分，具有独特的色、香、味，不仅是调味佳品，经常食用对健康也有益。

酿造食醋是指单独或混合使用各种含有淀粉、糖的物料或酒精，经微生物发酵酿制而成的液体调味品。酿造食醋以淀粉类、糖类、食用酒精、酶制剂、水等为原料，用微生物发酵工艺，经酒、醋、淋、煎、陈等，历时 40 余天，得半成品食醋。储存陈酿 3 个月至数年，才能有成品问世。经过陈酿的醋含有多种有机酸（其中 50%～60% 醋酸及多种不挥发酸）、18 种氨基酸、醇、酯、酚、醛、还原糖、多糖等多种有机物及无机物（铁、钠、钙、镁等），此外还含有多种功能因子，如川芎素、黄酮、多酚等。酿制完成的成品呈琥珀色或红棕色，澄清（微有沉淀）、并具发酵食醋特有的香气滋味，柔和丰富、回味绵长、酸而不涩、酸甜鲜香。

酿造食醋是在制醋原料中加入醋酸菌或者利用天然的醋酸菌发酵后过滤而成。不同的原料，如五谷杂粮、水果等，不仅酿造出来的风味不同，且因通过酶、酵母、醋酸菌的作用，成分里除了醋酸外，还有其他挥发性有机酸类、糖类、脂类、氨基酸、有机酸，以及多种维生素、矿物质等，风味多样化，各有其特色及功效，受到大众喜爱。

口味甘醇，以及储存的越久，因醋酸菌与蛋白质产生的沉淀物会越多，颜色会渐次变深，这是酿造醋有别于合成醋以及加工醋的最大差别之一，且因营养价值极高，可协助身体恢复健康的本质，借由醋与食物的自然搭配来补充营养，健全身体自身的机能，让身体更健康。

2. 酿造食醋的营养成分

酿制醋是以粮食、糖或酒为原料，通过微生物发酵而成，酿造食醋除主要的成分醋酸外，还含有各种氨基酸、有机酸、糖类、维生素、矿物质、醇和酯等营养成分及风味成风；具有独特的色、香、味、体，不仅是调味佳品，经常食用对健康也有益。

酿制的醋中含有 18 种游离氨基酸，其中包括人体自身不能合成、必须由食物提供的 8 种氨基酸。醋中的氨基酸来自微生物对原料中蛋白质的分解和微生物自身的溶解。由于各种氨基酸的味不同，有鲜味、甜味等之分，使醋的味道鲜美、柔和、可口。氨基酸是合成蛋白质的主要成分，是人体细胞、组织及新陈代谢中各种酶的构成物质，也是人体活动的能源之一。

　　醋中含有糖类物质，如葡萄糖、果糖、麦芽糖等。由于醋有甜味，使得在食用时倍感五味调和，糖类物质也是人体活动的重要能源。

　　醋中的有机酸含量较多。有机酸以醋酸为主，还有乳酸、丙酮酸、甲酸、苹果酸、草酰乙酸、琥珀酸等，它们是从蛋白质、脂肪和糖类三大营养物质在人体新陈代谢中分解和合成的产物。有机酸的存在使食醋的酸味醇厚，口中停留时间延长，享受鲜美之味。正因为醋中含有丰富的有机酸，食之能增进食欲，有助消化。在烹调菜肴时加点醋，醋中的有机酸还能将食物中的营养成分提炼出来，以便于人体更好吸收。

　　醋中含有维生素 B_1、维生素 B_2、维生素 C 等。来源于食物及原料发酵过程中微生物代谢的产物，这些营养素是人体新陈代谢过程中某些酶的辅助的组成成分，在生命活动中起重要作用。

　　醋中的无机盐也非常丰富，有钾、钙、铁、锌、铜、磷等。这些矿物质来自醋的原料及食醋发酵过程中的容器或人为的添加。铁是人体造血和运输氧气的红血球的组成成分之一。钙、铜、锌、磷微量元素都是人体生长发育、生殖和抗衰老的生理过程或代谢中必不可少的成分。

　　醇类主要是乙醇（酒精），它来源于发酵过程中微生物代谢的产物。醇与有机酸发生反应而成酯，是酒和醋中的主要香气成分。醋中有酯使醋味更佳。醇也能作为人体活动的能源，每克醇能产生 701 kcal 的热能。

　　3. 酿造食醋的保健功效

　　食醋是朴实无华的"保健食品"，在《本草纲目》中有"消肿痛，散水气、杀邪毒、理诸药"的记载。醋性温，味酸，入肝、胃经，具散瘀、消肿、解毒、杀虫、消食除积等功能，古今药醋方甚多，可谓不胜枚举。食醋具有以下几种功效。

　　（1）促进胃液分泌，助消化　食醋中的挥发性有机酸有增进食欲的功能，可显著提高胃液的分泌量。据临床报道，食醋有改善肝炎患者食欲不振的作用。醋还可防治腹泻下痢。

　　（2）抑制血糖升高、降血脂作用　经常摄取食醋可使葡萄糖在胃内滞留时间延长，因此推迟了餐后血糖峰值出现的时间，血中胰岛素分泌量约减少 20%，缓和了进食后血糖的急剧变化。心斑管瘤患者每天服用 20mL 醋，胆固醇平均降低 9.5%；中性脂肪减少 11%，血液黏度亦有所下降。

　　（3）促进新陈代谢，调节酸碱平衡　醋酸有助于生物体内三羧酸循环的正常进行。乙酸进入机体后，先转变为乙酰辅酶 A，再进入三羧酸循环，从而使有氧代谢顺畅，有利于清除沉积的乳酸，促进有氧代谢，起到消除疲劳的作用。食醋含有多种矿物元素，矿物元素在体内代谢后生成碱性物质，能防止血液向酸性方面转化，达到调节体内酸碱平衡的目的。

　　（4）抗菌及防治感冒　醋酸有极强的抗菌作用，它对多种细菌有杀菌作用。实验表明，它对十多种腐败菌和肠道致病菌的抑制作用在较低酸浓度下发挥效力。醋还在低盐食品中有抑菌作用。俗话说"病从口入"，很多传染病都是通过口腔进入人体的，经常吃点醋，可以少生病。经验证明，醋厂里职工不感冒，是与长期接触食醋有关的。在日常生活中，如遇感冒流行，不妨在室内取醋适量（2~30mL/m³空间），用 1~2 倍水稀释，以文火加热熏蒸 30min。

　　（5）降低胆固醇及防治肝病作用　胆固醇是组成人体细胞的营养物质。但中年以上的人，由于内分泌和血脂代谢的失调，自动调节功能发生紊乱，增加的胆固醇就会逐渐沉积在血管壁上，使血管腔变得狭窄，从而使血管肥厚而硬化。长期食用醋是降低胆固醇的一种有效方法，这是因为食醋中含有尼克酸和维生素，它们均是胆固醇的克星。尼克酸能促使胆固醇经肠道随粪便排出，使血浆和组织中胆固醇含量减少；食醋还有保护食物中维生素 C 不被破坏的作用。《本草纲目》中说，醋"散疲盘、治黄瘟"，还认为醋能"开胃、养肝"，民间常用食醋、红糖合服治疗肝病。

（6）美容护肤，延缓衰老　过氧化脂质的增多是导致皮肤细胞衰老的主要因素。实验证明，经常食用醋能使体内过氧化脂质水平下降。另外，食醋中所含的有机酸、甘油和酵类物质，对人体皮肤有柔和的刺激作用，使血管扩张，加快皮肤血液循环，有益于清除沉积物，使皮肤光润。

4. 食醋的种类

（1）按原料分类　生产食醋的原料有大米、小麦、高粱、小米、麸皮、含糖分的果类等。中国生产名醋很多：如用高粱作原料的山西老陈醋；用麸皮作原料的四川麸醋；用糯米作原料的镇江香醋；用大米为原料的江泊玫瑰米醋；以白酒为原料而制成的丹东塔醋；以糯米、红曲、芝麻为原料的凤梨醋和香蕉醋。国外的许多商店里还有酒精醋、葡萄酒精醋、苹果醋、葡萄醋、麦芽醋、蒸馏白醋等。这里介绍其中的几种：

①山西老陈醋：是中国北方最著名的食醋。它是以优质高粱为主要原料，经蒸煮、糖化、酒化等工艺过程，然后再以高温快速醋化，温火焙烤醋醅和伏晒抽水陈酿而成。这种山西老陈醋的色泽黑紫，液体清亮，酸香浓郁，食之绵柔，醇厚不涩。而且不发霉，冬不强冻，越放越香，久放不腐。

②镇江香醋：是以优质糯米为主要原料，采用独特的加工技术，经过酿酒、制醅、淋醋等三大工艺过程，约四十多道工序，前后需 50~60d，才能酿造出来。镇江香醋素以"酸而不涩，香而微甜、色浓味解"而蜚声中外。这种醋具有"色、香、味、醇、浓"五大特点，深受广大消费者的欢迎，尤以江南使用该醋为最多。

③四川麸醋：四川各地多用麸皮酿醋，而以保宁所产的麸醋最为有名。这种麸醋是以麸皮、小麦、大米为主要酿醋原料发酵而成，并配以砂仁、杜仲、花丁、白蔻、母丁等七十多种健脾保胃的名贵中药材制曲发酵，并采用莹洁甘芳的泉水，这种泉水中含有多种矿物成分，有助于酿醋。此醋的色泽黑褐，酸味浓厚。

④河南特醋：河南老鳖一特醋是中原地区古法酿醋的典型代表，一直沿用传统的"中药制曲、大小曲混合使用、固态发酵、温火烘醅、日晒夜露"的生产工艺。其酿造技艺是河南食醋行业中的"活文物"，凝聚着民间传统工艺的精华，蕴涵着丰富的科学、历史、人文以及社会价值。河南老鳖一特醋融合了南北方制醋工艺之精华，以小麦、高粱为主料，三十多味名贵中药材制曲，大曲、小曲共同发酵，经大小五十多道工序，历时六个多月精心酿制而成。此醋浓香醇厚、回味悠长、鲜味突出、微甜不涩、久存不腐、愈陈愈香，深受中原广大地区人民的喜爱。

⑤江浙玫瑰米醋：是以优质大米为酿醋原料，酿造出独具风格的米醋。江浙玫瑰米醋的最大特点是醋的颜色呈鲜艳透明的玫瑰红色，具有浓郁的能促进食欲的特殊清香，并且醋酸的含量不高，故醋味不烈，非常适口，尤其适用于凉拌菜、小吃的佐料。

⑥福建红曲老醋：是选用优质糯米、红曲芝麻为原料，采用分次添加，液体发酵并经过多年（三年以上）陈酿后精制而成。这种醋的特点是：色泽棕黑，酸而不涩、酸中带甜，具有一种令人愉快的香气。这种醋由于加入了芝麻进行调味调香，故香气独特，十分诱人。

（2）按风味分类　中国酿造醋有两千多年的悠久历史，品种繁多，由于酿造的地理环境、原料与工艺不同，也就出现许多不同地区及不同风味的食醋。随着人们对醋的认识，醋已从单纯的调味品发展成为烹调型、佐餐型、保健型和饮料型等系列。

①烹调型：这种醋的醋酸度为5%左右，味浓、醇香，具有解腥去膻助鲜的作用。对烹调鱼、肉类及海味等非常适合。若用酿造的白醋，还不会影响菜原有的色调。人们在烹调鱼类时一般都会淋一些醋，因为在鱼肉中含有腥味物质如三甲胺等胺类物质。这类物质呈碱性，而醋呈酸性，酸碱中和而清除了鱼肉中的腥味。烹调野生肉类时，也可适量加些醋，使肉的纤维软化，肉变嫩，便于咀嚼。

②佐餐型：这种醋一般都是酿造型醋，是以粮食、糖或者酒为原料，经过微生物发酵而酿成。这种醋酸度为4%左右，味较甜，适合拌凉菜、蘸吃，如凉拌黄瓜，点心，油炸食品等，它都具有较强的助鲜作用。这类醋有玫瑰米醋、纯酿米醋与佐餐醋等。

③保健型：这种醋的酸度较低，一般为3%左右。口味较好，每天早晚或饭后服1匙（10mL）为佳，可起到强身和防治疾病的作用，这类醋有康乐醋、红果健身醋等。制醋蛋液的醋也属于保健型的一种，酸度较高（9%）。这类醋的保健作用更明显。

④饮料型：这种醋的醋酸度只有1%左右。在发酵过程中加入蔗糖、水果等，形成新型的被称为第四代饮料的醋酸饮料（第一代为柠檬酸饮料、第二代为可乐饮料、第三代为乳酸饮料）。具有防暑降温、生津止渴、增进食欲和消除疲劳的作用，这类饮料型米醋尚有甜酸适中、爽口不黏等特点，为人们所喜爱。这类饮料有山楂、苹果、蜜梨、刺梨等浓汁，在冲入冰水和 CO_2 后就成为味感更佳的饮料了。

（3）其他分类方法

①按所用糖化曲分类：分为大曲醋（山西老陈醋）、小曲醋（镇江香醋）、红曲醋、麸曲醋（辽宁喀左陈醋）等。

②按发酵工艺分类：a. 固态发酵醋：山西老陈醋、镇江香醋；b. 液态发酵醋：福建红曲醋、广东果醋；c. 固液发酵醋：北京龙门醋、四川麸醋。

③按成品的色泽分类：分为熏醋、淡色醋、白醋。其中，传统酿造白醋中主要有两种方法，一个是以白酒为主要原料，添加营养液，以喷淋法塔醋工艺生产的白醋；另一个是以白酒、米酒醪为原料，采用分次添加，平面静止发酵生产的白米醋。此外，多数酿造厂用酒醪经其他醋酸工艺发酵成醋酸后，再用活性炭脱色，经过滤后配兑成不同规格的白醋，这些白醋多少存在着酸度低，色泽不稳，易返黄，沉淀的缺陷。

二、食醋酿造的原料及处理

1. 酿醋原料

根据其在制醋工艺中所起的作用，原材料一般分为主料和辅料两大类。其中，主料包括粮食类、含糖物质及酒类三类；辅料包括制曲辅料、填充辅料、酶制剂和添加剂。

（1）主料种类　主料是指能被微生物发酵而生成醋酸的主要原料，它包括含淀粉、含糖或含酒精的物质，如谷物（玉米、大米等，粮食加工下脚料碎米、麸皮、谷糠等）、薯类（甘薯、马铃薯等）、果蔬（黑醋栗、葡萄、胡萝卜等）、糖蜜、酒类（酸果酒、酸啤酒）及野生植物（橡子、菊芋等）等。

①粮食：长江以南习惯采用大米和糯米为酿醋原料，长江以北多以高粱、玉米、小米作为酿醋原料，而制曲原料常用小麦、大麦、豌豆等。

②薯类：薯类作物产量高，淀粉含量高，原料淀粉颗粒大，蒸煮易糊化，经济易得。用薯类原料酿醋可以大大节约粮食。常用的薯类原料有甘薯、马铃薯、木薯等。

③农产品加工副产物：一些农产品加工后的副产物，含有较为丰富的淀粉、糖或酒精，可以作为酿醋的代用原料。利用农产品加工的副产物酿醋，不仅可以节约粮食，还是综合利用、变废为宝的有效措施，常用于酿醋的农产品加工副产物有麸皮、米糠、高粱糠、淘米水、淀粉渣、甘薯渣、甜菜头尾、糖糟、废糖蜜、酒糟等。农产品加工副产物作为酿醋原料，其成分不一定适宜，有的原料有效成分过于稀薄，有的原料有效成分过于浓厚，需要很好地调整。

④果蔬类原料：水果和有的蔬菜中含有较多的糖和淀粉，在果蔬资源丰富地区，可以采用果蔬类原料酿醋。常用于酿醋的水果有梨、柿、苹果、菠萝、荔枝等的残果、次果、落果或果品加工副产物皮、屑、仁等。能用于酿醋的蔬菜有番茄、菊芋、山药、瓜类等。此外野生植物原料，如野果、橡子、酸枣、桑葚、焦藕、蕨根，目前也可用于酿醋。

不同的原料会赋予食醋成品不同的风味，如糯米酿制的食醋残留的糊精和低聚糖较多，口味浓甜；大米蛋白质含量低、杂质少，酿制出的食醋纯净；高粱含有一定量的单宁，由高粱酿制的食醋芳香；坏甘薯含有甘薯酮，常给甘薯醋带来不愉快的瓜干杂味；玉米含有较多的植酸，发酵时能促进醇甜物质的生成，所以玉米醋甜味突出。不同的水果会赋予果醋各种果香，选用不同的原料，可以酿出不同风格的食醋。

（2）主料的化学成分　主要有：①碳水化合物；②蛋白质（含量以豆>谷>薯）；③脂肪（含量越高时酒精发酵生酸越快，抑制酵母菌，故越少越好）；④纤维素；⑤灰分（P、S、Mg、K、Ca）；⑥果胶，主要成分是多聚半乳糖醛酸和半乳糖醛酸甲酯，果胶分子中的甲氧基（—OCH_3）加热时生成对人体有害的甲醇。蒸煮压力越高甲醇含量越高；⑦单宁，以水果、高粱中较多；多羟基酚酸及其衍生物，遇铁呈蓝色，能使蛋白质凝固，使糖化酶、醋母细胞凝固硬化。制醋时采用黑曲霉，其生产的单宁酶可降低单宁含量。

（3）辅料、填充料和添加剂

①辅料：制醋需要耗用较多的辅料，以供微生物活动所需的营养物质或增加食醋中糖分和氨基酸含量。辅料一般采用细谷糠、麸皮、豆粕等，不但含有碳水化合物，而且还有丰富的蛋白质。辅料与食醋的色、香、味有密切的关系。在固态发酵中，辅料还起着吸收水分、疏松醋醅、贮存空气的作用。

②填充料：疏松材料，使发酵料通透性好，好氧微生物能良好生长。作用：疏松醋醅，使空气流通，利于醋酸菌进行好氧发酵。要求：接触面积大，其纤维质具有适当的硬度和惰性。常用的填充料：谷壳、稻壳（砻糠）、高粱壳、玉米秸、玉米芯、高粱秸、刨花、浮石以及多空玻璃纤维等。

③添加剂：a. 食盐：以抑制醋酸菌活动，防止其对醋酸的进一步分解；食盐还能起调和食醋风味的作用；b. 砂糖：增加甜味；c. 芝麻、茴香、生姜等：赋予食醋特殊的风味；d. 炒米色：增加色泽和香气。

（4）原料的选择原则　对酿造食醋的原料选择主要原则有：淀粉（糖、酒精）含量高；资源丰富，产地离工厂近；原料容易贮藏，不霉烂变质，符合卫生要求。

2. 酿造原料处理

（1）目的与方法

①目的：避免磨损机械设备，堵塞管路、阀门和泵等；剔除霉变的原料，以免降低食醋

的产量和质量；

②方法：谷物原料多采用分选机将原料中的尘土和轻的夹杂物吹出，并经过几层筛子把谷粒筛选出来。鲜薯类，一般采取洗涤的方法，以除去附着于薯类表皮上的砂土。在洗涤薯类时，多采取搅拌棒式洗涤机。

（2）粉碎与水磨　原料粉碎常用的设备有刀片轧碎机、锤击式粉碎机、钢磨。一般使用锤击式粉碎机，粉碎度越细越好。水磨原料时采用的钢磨可根据处理量来选择。

（3）蒸煮

①目的：使淀粉吸水膨胀，由颗粒状态转变为溶胶状态；使原料组织和细胞彻底破裂；使原料中的某些有害物质也会在高温下遭到破坏；对原料进行了杀菌。

②操作：生产上一般不用很高的温度和压力蒸煮，如：采用蒸料发酵法酿醋，使用高粱粗粉为主料，蒸煮时的蒸汽压力为 5.06×10^4 Pa，蒸料时间仅为 40min，也可常压蒸煮 1h，再焖 1h。

三、食醋生产的技术指标

（1）总酸：食醋产品有机酸的含量指标。总酸含量越高，表示其质量越高。食醋的酸度以乙酸计，一般在 3.50~8.00g/100mL。

（2）不挥发酸　食醋是多种有机酸的合成，如琥珀酸、苹果酸、柠檬酸、酒石酸、葡萄糖酸和乳酸等，不挥发酸指标影响着食醋的风味和醇和度，含量越高表示其质量越好，滋味越柔和。一般固态发酵食醋中标准为不小于 0.50g/100mL。

（3）氨基酸态氮　该指标是表示酿造食醋中蛋白质分解程度的高低，是原产地域标准与通用国家标准的重要差异指标之一。其含量越高，表示蛋白质利用率越高，食醋的鲜美滋味越好。企业按食醋品种不同有内控指标，醋酸度越高，其含量也就越高，一般不小于 0.10g/100mL。

（4）可溶性无盐固形物　该指标是指食醋中除水、食盐、不溶性物质（如淀粉、纤维素、灰分等）外的其他物质的含量，主要是有机酸类、糖类、氨基酸等物质，是影响食醋风味的重要指标，固态酿造食醋不小于 1.00g/100mL，而液态酿造食醋不小于 0.50g/100mL。

（5）还原糖　从糖化、酒精发酵结束、醋酸发酵结束到熟醋勾兑，都有不同的标准要求。还原糖是生产中产酸能力的高低和发酵条件的选择，是发酵程度好坏的指示，在成品中也是风味物质之一的标示。还原糖还能反映成品的酸甜比，使口感酸而不涩、香而微甜、滋味更柔和。

（6）铅、砷含量　该指标主要表示食醋制作过程中重金属溶解于其中的含量，是食醋的卫生标准之一。

（7）黄曲霉毒素 B_1　该指标是食醋卫生标准之一，它能标示原料（糯米、麸皮、糠）是否霉变、分泌黄曲霉毒素。黄曲霉毒素是致癌性较强的一种毒素。一般指标不大于 5 μg/L。

（8）游离矿酸　按国家卫生标准规定以粮食为原料酿造的食醋，不得有游离矿酸（硫酸、盐酸、硝酸、磷酸等）存在。醋中有游离矿酸成分，食用后轻者会造成消化不良、腹泻，长期食用会危害身体健康。

（9）微生物指标、菌落总数　是指食品检样经过处理后，在一定条件下（如培养基成分、培养温度和时间、pH、需氧性质等）培养后，所得 1mL 检样中所含菌落的总数。主要作为判定食品被污染程度的标志，标示产品的卫生状况。

第五节　酿造食醋糖化发酵剂及制备

一、糖化发酵剂

1. 糖化发酵剂概念及特点

糖化发酵剂是将粮食中淀粉经糖化、发酵生化反应而转化成乙醇的中间品的统称。它以小麦、大麦和豌豆为原料，将其粉碎、加水，压制成砖状的曲坯，在特定的温度、湿度环境下，由不同种类的微生物经扩大培养再经风干所制成。糖化发酵剂是酿造中使用的酒药、麦曲、米曲（包括红曲、乌衣红曲、黄衣米曲）、麸曲和酒母等微生物制剂的总称。

糖化发酵剂原料中要求含有丰富的碳水化合物、蛋白质以及适量的无机盐等，以利于具有分解蛋白质和淀粉能力的菌生长繁殖。使用生料制曲有利于保存原料中所含有的丰富的水解酶类，有利于大曲酒酿造过程中的淀粉的糖化作用。

2. 糖化发酵剂的种类

将糊化后的糯米在酒药（糖化酶）的作用下转变成可发酵性糖的作用称为糖化作用。糖化剂是将淀粉转变成发酵性糖所用的催化剂，糖化剂有曲和酶制剂两种。曲以麸皮、碎米等为原料，以曲霉菌纯菌制曲或多菌种混合进行微生物培养制得的糖化剂或糖化发酵剂。食醋生产采用的曲有两类：固态方法培养的固态糖化曲即大曲、小曲、麸曲、红曲、麦曲；液体方法培养的液体曲。

（1）大曲　也称快曲，以大麦和豌豆等为原料，经粉碎拌水后压制成砖块状的曲坯，人工控制一定的温度和湿度，让自然界中的各种微生物在上面生长而制成。因其块形较大，因而得名大曲。大曲中的微生物极为丰富，是多种微生物群的混合体系。其利用空气中微生物自然繁殖而成，以根、毛、曲、酵为主，并有大量野生菌的糖化曲。大曲的主要特点有：①主要是对酶的利用，成曲后，霉菌死活无关产品品质；②数十种菌发酵而成，代谢产物丰富，风味好；③淀粉利用率低，生产周期长；④便于保管存放。

（2）小曲　即酒药、药曲，是以大米、大麦等为原料，加或不加中草药，接种驯化或纯种根霉产生的淀粉酶进行糖化作用。其特点有：用量少，便于运输，对原料选择性强。

（3）麸曲　以麸皮为主要制曲原料，纯培养的曲霉为制曲菌种，采用固体培养法制得，人工纯种培养制成的糖化发酵剂。国内酿醋厂普遍采用。其优点是：糖曲的制作成本低、制作周期短、糖化能力强、对酿醋原料适应性强、出醋率高、操作简便。

（4）液体曲　以纯培养的曲霉、细菌为种系，经发酵罐深层培养得到的一种液态的含 α-淀粉酶和糖化酶的糖化剂，可替代固体曲用于酿醋。其优点是生产的机械化程度高、减少劳动强度，但设备投资和动力消耗较大，且技术要求高。

（5）淀粉酶制剂　培养产生淀粉酶能力很强的微生物，再从其培养液中提取淀粉酶并制成酶制剂，将它们用作食醋酿造糖化剂，如用于淀粉液化的枯草芽孢杆菌 α-淀粉酶和用于将液化产物进一步糖化的拟内孢酶或根酶葡萄糖淀粉酶制剂。

二、糖化发酵剂的制备

目前酿醋常用的糖化发酵剂是麸曲和液体曲。

1. 麸曲的制备

麸曲是以纯培养的优良曲霉菌为制曲菌种，用适合曲霉菌生长的麸皮作为制曲主要原料，因此制曲周期短，仅 2~3d，制曲成本低。麸曲的糖化能力强，出醋率高，适用于各种酿醋原料，是食醋工业使用最多的糖化剂，但麸曲不宜长期保存，酿成的醋的风味比用老法曲的差。麸曲的制作工艺流程如下：

①配料：麸皮 88%，谷糠 10%，豆饼 2%，水占总量的 80%；

②润料：30~60min；

③蒸料：常压 40~50min；

④接种：迅速冷却到 38~40℃，接种 0.3%~0.5%；

⑤培养：曲料入池厚度 25~30cm。

入池后先静止培养，约经 5~8h，品温升至 34~35℃，开始间歇通风，风温为 28~30℃，湿度要求较大。通风 3~4 次以后，曲霉菌生长旺盛，品温上升很快，要连续通风，风温 25℃左右，湿度可稍低，使品温控制在 38℃左右，可间歇通风。培养时间为 28~34h，培养时间的确定应通过测定曲子糖化力达到最高峰掌握。

2. 液体曲的制备

将曲霉菌在发酵罐中进行深层液体通风培养，得到含有丰富酶体系的培养液，称为液体曲。其生产过程是在机械化和无菌状态下完成的。节约原料，原料利用率高，劳动效率高，可实现机械化生产。工艺流程为：原料 ⟶ 配料 ⟶ 蒸煮 ⟶ 冷却 ⟶ 入发酵罐 ⟶ 接种通风培养 ⟶ 液体曲。

①原料：豆饼粉 1.2%、米糠 2%、硫酸铵 0.16% 和甘薯粉 5.2%，干物质浓度为 8.5% 的培养液。

②蒸煮：135℃，40~50min。

③冷却：31~32℃。

④入灭菌的发酵罐，接种量 5%~10%。通无菌空气培养，30~32℃培养 36h。

三、醋曲的制备

本法采用的原料（按重量百分比）：根霉曲 80%、米曲霉曲 10%、干酵母菌曲 10%。具体步骤如下：

1. 根霉曲的纯培养

（1）斜面试管菌种培养　取 8~9 °Bé 饴糖液或米曲汁或麦芽汁，量取 100mL，加琼脂 2.5g，加 $MgSO_4$ 0.1g，混合均匀后，装入斜面试管中，每支斜面试管装入 1/5 的量即可，然后塞入棉塞封口，外包牛皮纸防潮，在 0.15~0.2MPa 蒸汽压力下保温灭菌 30~40min，取出趁热将试管摆放成斜面试管，等试管冷却后移到恒温培养箱中 35~37℃恒温培养 72~80h，以测定斜面试管培养基是否灭菌彻底；灭菌彻底的斜面试管在无菌室接种箱内酒精灯下接入原种根霉菌，一支原种可以接入 10 支，把接入原种的试管放置于 28~30℃的恒温箱中培养

72~80h 即成，此时应将生长好的斜面试管菌种放于 4℃ 的冰箱中保藏备用。

（2）三角瓶曲种培养　取新鲜麸皮，加水 70%，搅拌均匀，以手捏能结团，触之即散为标准，然后装入 500mL 三角瓶内，每瓶 30g，厚度约 3cm 左右，塞好棉塞，瓶口外包扎牛皮纸，放入高压灭菌锅内，用 0.15~0.2MPa 的压力灭菌 30~40min，取出冷却至室温，在无菌室内进行接种，每支斜面试管种可接 8~10 个三角瓶，接种后置 28~30℃ 恒温培养箱中培养 72~80h，结饼即可；如暂时不用，可取出晒干或 40℃ 烘干备用。

（3）曲盒种曲培养　取新鲜麸皮，加水 80%（以手捏能结团，触之即散为加水标准），充分拌匀，再用米筛筛过，以消除小团粒，保证曲料疏松，然后在蒸料锅进行常压灭菌，待全部圆汽后，再蒸 40~60min；将蒸好的麸皮曲料倒在大竹匾上打碎团块，趁热用米筛过筛，消除小团块，以达曲料疏松，待温度降到 35℃，即可接种，每个三角瓶根霉种子扩大 5kg 麸皮料中，充分拌匀后，即在原竹匾内堆积，覆盖干净麻袋，并在室温 28~30℃ 的无菌曲房内保温培养，经 7~8h，温度上升至 35℃，有曲香时即可装盒培养，曲料厚度约 5~6cm，曲料上覆盖无菌双层棉纱布；接入曲盒后，经 12~16h 后，温度上升到 33~34℃ 时，即除去覆盖的棉纱布，以后温度控制在 34~40℃ 范围内，进行繁殖；待曲料结饼不散时，进行翻曲，方法是用竹片将曲翻面并适当破碎，曲料结饼说明根霉菌大量繁殖，翻曲后温度上升较猛；温度控制在 35~40℃；由于菌丝大量繁殖，品温升高，曲料中的水分也大量挥发，随着曲料水分减少而干燥，品温也逐渐下降，经 48~50h 即成；成曲后烘干，要求曲种水分在 12% 以下，于塑料袋包扎备用。

（4）通风曲床扩大培养　称取 1000kg 大米，粉碎成 40~60 目，加入 60% 的水，拌匀后润料 40~60min，放入蒸料罐中在蒸汽压力 0.2~0.3MPa 下保压 10~15min，即可出罐，冷却到 40℃，接入质量百分比 3‰ 的曲盒种曲，拌均匀后放入通风曲床，使曲料平整均匀；控制温度 25℃ 以上；当温度上升到 30℃ 时，开始鼓风降温；控制温度 35~40℃，培养 18~20h 后，随着菌丝的生长，大量繁殖，通风阻力加大，此时应进行第一次翻曲，翻完曲后应继续通风培养，控制品温，当培养到 36h 后，曲料又结块，通风阻力加大，应进行第二次翻曲；翻完曲后继续培养，控制温度 30~35℃，经 48~60h 即成。

（5）烘曲　将培养成熟的曲料放入烘床上打开蒸汽阀使曲床加热到 40℃ 保温 24h；然后把品温提高到 45℃，同时开动风机排潮，经过 48h 的烘干后，曲料的水分即可降到 12% 以下。

2. 米曲霉曲的纯培养

（1）斜面试管菌种培养培养基　用 8~9°Bé 米曲汁或麦芽汁，加 2.5% 琼脂，按常法制成固体试管斜面培养基；在无菌条件下接入原种后，在 28~30℃ 恒温 培养箱中培养 72h 即成，培养好的斜面试管放置 4℃ 冰箱中保藏备用。

（2）三角瓶曲种扩大培养　取新鲜麸皮，加水 85%，翻拌后使吸水均匀，然后装入 500mL 三角瓶内，每瓶曲料厚度约 1~1.5cm，塞好棉塞，瓶口用牛皮纸包扎，于高压灭菌锅内以 0.15~0.2MPa 压力灭菌 30~40min，取出冷却，在无菌条件下接入斜面试管菌种，一支斜面试管接 20 个三角瓶中，然后置于 28~30℃ 恒温培养箱中，经 34h，结饼后扣瓶，继续培养 72~80h 即成；培养好的三角瓶种曲短时间内不用放入 4℃ 冰箱内存放备用，时间不超过一周。

（3）曲盒种曲培养　称取新鲜麸皮 100kg，加水 80%，翻拌均匀后过筛，使曲料疏松无团块，在蒸料锅中常压蒸料，待全部圆汽后，再蒸 40~60min，取出在无菌室内摊晾到 35℃，即可接入三角瓶曲种，接入 10 个三角瓶的种曲，方法是先将曲种与少量曲料混合均匀后，再撒到曲料上，经 2~3 次翻拌后，将其盛于竹箩内，温度在 30~32℃，再用已灭菌的麻袋覆盖，放置室内经 7~8h 堆积，温度已升到 35℃左右，米曲霉孢子已发芽，有曲香即进行翻拌。

四、食醋酿造过程中的微生物

1. 常用糖化菌及其特性

①甘薯曲霉：培养最适温度为 37℃。含有较强活力的单宁酶与糖化酶，有生成有机酸的能力。适宜于甘薯及野生植物酿醋时作糖化菌用。

②邬氏曲霉：是由黑曲霉中选育出来的。该菌能同化亚硝酸盐，淀粉糖化能力很强，α-淀粉酶和 β-淀粉酶活力都很高，并有较强的单宁酶与耐酸能力，适用于甘薯及代用原料生产食醋。

③河内曲霉：又称白曲霉，是邬氏曲霉的变异菌株。其主要性能和邬氏曲霉大体相似，但生长条件粗放，适应性强。生长适温为 34℃左右，该菌主要在东北地区广泛使用。另外，酶系也较母株邬氏曲霉单纯，用于酿醋，风味较好。

④泡盛曲霉：最适生长温度 30~35℃；能生成曲酸和柠檬酸；淀粉酶活力较强。

2. 常用酵母菌及其特性

①拉斯 2 号酵母（Rase Ⅱ）：可发酵葡萄糖、蔗糖、麦芽糖，不发酵乳糖。25~27℃下液体培养 3d，稍浑浊，有白色沉淀。

②拉斯 12 号酵母（Rase Ⅻ）。

③南洋混合酵母（1308）：可发酵葡萄糖、蔗糖、麦芽糖，不发酵乳糖、菊糖和蜜二糖。

④南洋 5 号酵母（1300）：可发酵葡萄糖、蔗糖、麦芽糖和 1/3 棉子糖，不发酵乳糖、菊糖、蜜二糖。

⑤K 字酵母：细胞呈卵圆形，细胞较小，生长迅速。适于高粱、大米、薯干原料生产酒精、食醋。

⑥活性干酵母（Active Dry Yeast，简称 ADY）：活性干酵母的特点是操作简便，起发速度快，出品率高。

3. 常用醋酸菌及其特性

①AS.1.41：该菌的细胞呈杆形，常呈链锁状。革兰阴性。该菌专性好气，最适培养温度为 28~30℃，最适产酸温度为 28~33℃，耐酒精度在 8% 以下，最高产酸量达 7%~9%（醋酸计）。该菌转化蔗糖力很弱，产葡萄糖酸力也很弱；能氧化醋酸为 CO_2 和 H_2O，也能同化铵盐。

②沪酿 1.01：该菌有好气性，能将酒精氧化成醋酸，也能将葡萄糖氧化成葡萄糖酸；并能将醋酸氧化成 CO_2 和 H_2O。最适培养温度为 30℃，最适产酸温度为 32~35℃。

③许氏醋酸菌：许氏醋酸菌为国外有名的速酿醋菌种，产酸率高达 11.5%（以醋酸计）。最适培养温度 25~27.5℃；在 37℃时不能将酒精氧化成醋酸，对醋酸不能进一步氧化。

④纹膜醋酸菌：纹膜醋酸杆菌是日本酿醋的主要生产菌株。在高浓度酒精（14%~15%）溶液中也能缓慢地进行发酵，产醋酸最大可达 8.75%（以醋酸计），能将醋酸进一步分解成 CO_2 和 H_2O。耐高糖，在 40%~50% 葡萄糖溶液中仍能生长。

五、食醋发酵的生化过程

1. 酿造微生物

食醋的酿造过程以及风味的形成是由于各种微生物所产生的酶引起的生物化学作用。参与糖化发酵作用的主要微生物：霉菌、酵母菌和醋酸菌。

传统酿醋是利用自然界中的野生菌制曲、发酵，因此涉及的微生物种类繁多。新法制醋均采用人工选育的纯培养株进行制曲、酒精发酵和醋酸发酵，因而发酵周期短、原料利用率高。

（1）淀粉液化、糖化微生物　适合于酿醋的淀粉液化、糖化的微生物主要是曲霉菌。常用的曲霉菌种有：

①甘薯曲霉 AS 3.324：该菌生长适应性好、易培养、有强单宁酶活力，适合于甘薯及野生植物等酿醋。

②东酒一号：它是 AS 3.758 的变异株，培养时要求较高的湿度和较低的温度，上海地区应用此菌制醋较多。

③黑曲霉 AS 3.4309（UV-11）：该菌糖化能力强、酶系纯，最适培养温度为32℃，制曲时，前期菌丝生长缓慢，当出现分生孢子时，菌丝迅速蔓延。

④宇佐美曲霉 AS 3.758：是日本在数千种黑曲霉中选育出来的、糖化力极强、耐酸性较高的糖化型淀粉酶菌种，菌丝黑色至黑褐色。孢子成熟时呈黑褐色。能同化硝酸盐，其生酸能力很强。对制曲原料适宜性也比较强。

⑤米曲霉菌株：沪酿 3.040、沪酿 3.042（AS 3.951）、AS 3.863 等。

⑥黄曲霉菌株：AS 3.800，AS 3.384 等。

（2）酒精发酵微生物　生产上一般采用子囊菌亚门酵母属中的酵母，但不同的酵母菌株，其发酵能力不同，产生的滋味和香气也不同。北方地区常用 1300 酵母；上海香醋选用工农 501 黄酒酵母；K 字酵母适用于以高粱、大米、甘薯等为原料而酿制的普通食醋；AS 2.109、AS 2.399 适用于淀粉质原料；AS 2.1189、AS 2.1190 适用于糖蜜原料。

（3）醋酸发酵微生物　醋酸菌是醋酸发酵的主要菌种。醋酸菌具有氧化酒精生成醋酸的能力，其形态为长杆状或短杆状细胞，单独、成对或排列成链状。不形成芽孢，革兰氏染色幼龄菌阴性，老龄菌不稳定，好氧，喜欢在含糖和酵母膏的培养基上生长。其生长最适温度为 28~32℃，最适 pH 为 3.5~6.5。醋厂选用的醋酸菌的标准为：氧化酒精速度快、耐酸性强、不再分解醋酸制品、风味良好的菌种。目前国内外在生产上常用的醋酸菌有：

①奥尔兰醋杆菌（A. orleanense）：法国奥尔兰地区用葡萄酒生产醋的主要菌种。生长最适温度为30℃。该菌能产生少量的酯，产酸能力较弱，但耐酸能力较强。

②许氏醋杆菌（A. schutzenbachii）：国外有名的速酿醋菌种，制醋工业较重要的菌种之一。在液体中生长的最适温度为 25~27.5℃，固体培养的最适温度为 28~30℃，最高生长温度 37℃。该菌产酸高达 11.5%。对醋酸没有氧化作用。

③恶臭醋杆菌（A. rancens）：我国酿醋常用菌株之一。该菌在液面处形成菌膜，并沿容器壁上升，菌膜下液体不浑浊。一般能产酸 6%~8%，有的菌株副产 2% 的葡萄糖酸，并能把醋酸进一步氧化成 CO_2 和水。

④AS1.41 醋酸菌：属于恶臭醋酸杆菌，酿醋常用菌株。细胞呈杆状，常呈链状排列。单个细胞大小为（0.3~0.4）μm×（1~2）μm，无运动性、无芽孢。在不良的环境条件下，细

胞会伸长变成线形、棒形或管状膨大。平板培养时菌落隆起，表面平滑，菌落呈灰白色，液体培养时则形成菌膜。该菌生长的适宜温度为28~30℃，生成醋酸的最适宜的温度为28~33℃，最适 pH3.5~6.0，耐受酒精浓度为8%（体积分数）。最高产醋酸为7%~9%，产葡萄糖酸能力弱。能氧化分解醋酸为CO_2和水。

⑤沪酿1.01醋酸菌：丹东速酿醋中分离得到，食醋工厂常用的菌种。细胞呈杆形，常呈链状排列，菌体无运动性，不形成芽孢。在含酒精的培养液中，常在表面生长，形成淡青灰色薄层菌膜。在不良的条件下，细胞会伸长，变成线状或棒状，有的呈膨大状、分支状。该菌由酒精生成醋酸的转化率平均高达93%~95%。

2. 食醋生产的三个主要过程

一是原料中淀粉的分解，即糖化作用（水解）；二是酒精发酵，即酵母菌将可发酵性的糖转化成乙醇（发酵）；三是醋酸发酵，即醋酸菌将乙醇转化成乙酸（氧化）。

（1）淀粉水解　将大米等淀粉质原料经过粉碎使细胞膜破裂，再经蒸煮糊化，加入一定量的淀粉酶，使糊化后的淀粉变成酵母能够发酵的糖类。由淀粉转化为可发酵性糖的过程称为糖化。

在糖化发酵时所用的霉菌中的酶包括 α-淀粉酶、糖化酶、转移葡萄糖苷酶、果胶酶、纤维素酶等，由于这些酶的协同作用，使淀粉分解生成葡萄糖、麦芽糖，再由酵母生成酒精。还有少部分非发酵性糖变成残糖而存在醋中，使食醋带有甜味。这一过程分为糊化、液化和糖化三个阶段。

①糊化作用：原料蒸煮时，淀粉吸水膨胀，细胞间的物质和细胞内的物质开始溶解，植物组织细胞壁遭到破坏。淀粉颗粒的体积膨胀增大，黏度增加，呈溶胶状态，这一过程称为淀粉的糊化作用。淀粉来源不同或颗粒大小不同，其糊化温度不一样，如表8-1所示。

②液化作用：在 α-淀粉酶的作用下，使原来浆糊状的淀粉溶胶变为溶液状态，黏度急速降低，流动性增大的过程叫淀粉的液化。在正常生产中，一般液化液的 DE 值可高达15%~21%。

③糖化：食醋生产中常用的糖化剂有：糖化酶制剂、根霉曲、黑曲霉麸曲、白曲霉麸曲等。其反应式为 $(C_6H_{10}O_5)_n + nH_2O \longrightarrow n(C_6H_{12}O_6)$

表8-1　　　　　　　　　　　不同原料淀粉的颗粒大小及糊化温度

淀粉名称	淀粉颗粒大小/μm	糊化温度/℃
山芋淀粉	35~50	53~64
大米淀粉	5	82~83
玉米淀粉	15	65~73
小麦淀粉	20~22	64~71

（2）酒精发酵　淀粉水解后生成的大部分葡萄糖被酵母菌在厌氧条件下经细胞内一系列酶的作用下，完成糖代谢过程，生成乙醇和CO_2。根据计算，1分子的葡萄糖生成2分子的酒精和2分子的CO_2。具体来说，100份葡萄糖生成51.11份酒精及48.89份CO_2，但其中5.17%的葡萄糖被用于酵母的增殖和生成副产品，所以实际所得的酒精量为理论数的94.83%。这些副产物是甘油和琥珀酸、醋酸、乳酸等，是食醋香味的来源。其反应式为：$C_6H_{12}O_6 \longrightarrow 2C_2H_5OH + 2CO_2$。

酒精发酵不需要 O_2，所以要求发酵在密闭条件下进行。如有空气存在，酵母不仅进行酒精发酵，而且部分进行呼吸作用，而使酒精产量降低，糖的消耗速率也减慢。

酒精发酵要求酵母菌具有以下性能：①繁殖速度快，具有较强的增殖能力；②含有活力较强的酒化酶，发酵力强而迅速；③耐酒精力强；④耐高温、耐高酸；⑤生产性能稳定。

（3）醋酸发酵　醋酸菌为好氧菌，必须供给充足的 O_2 才能正常生长繁殖。生长繁殖的适宜温度为 28~33℃，最适 pH 为 3.5~6.5，醋酸菌最适宜的碳源是葡萄糖、果糖等六碳糖，其次是蔗糖和麦芽糖等。醋酸发酵是依靠醋酸菌氧化酶的作用，将酒精氧化生成醋酸，总反应式为：

$$C_2H_5OH+O_2 \longrightarrow CH_3COOH+H_2O+485.6kJ$$

乙醇脱氢酶催化：$C_2H_5OH \longrightarrow CH_3CHO$

乙醛脱氢酶催化：$CH_3CHO \longrightarrow CH_3COOH$

整个反应放热 485.6kJ，发酵时不需供热。理论上 1 份酒精能生成 1.304 份醋酸，实际生产中由于醋酸的挥发、氧化分解、酯类的形成、醋酸被醋酸菌作为碳源消耗等原因，一般 1kg 酒精只能生成 1kg 醋酸，也就是 1L 酒精可以生成 20L 醋酸含量为 5% 的食醋，即仅得理论值的 85% 左右。

（4）蛋白质水解　制醋原料中的蛋白质在微生物蛋白酶的催化下，逐步分解形成低分子含氮化合物，如胨、肽和氨基酸。若食醋中含有多种氨基酸，口味就浓厚，因为有的氨基酸具有甜味如甘氨酸，有的具有鲜味如谷氨酸。氨基酸与醇作用可生成酯。这些物质都能赋予食醋特有的风味。

（5）酯化反应　食醋在酿造过程中除生成醋酸外，原料中少量的脂肪成分经霉菌中解脂酶作用还生成羟基乙酸、β-羟基丙二酸、酒石酸、草酸、琥珀酸、己二酸、庚酸、甘露糖酸和葡萄糖酸等。醋酸中的乙醇又与这些物质发生酯化反应生成不同的酯类，构成了食醋中的香气成分，所以有机酸种类越多，其酯香的味道就越浓郁。

3. 食醋色、香、味、体的形成

（1）酸味的形成　原料中的淀粉经霉菌（或酶制剂）、酵母菌和醋酸菌的分解生成了醋酸，是食醋中酸味的主要来源。食醋是一种酸性调味品，其主体酸味是醋酸。醋酸是挥发性酸，酸味强，尖酸突出，有刺激气味。除醋酸外，食醋中还含有乳酸、延胡索酸、琥珀酸、苹果酸、柠檬酸、酒石酸、α-酮戊二酸等不挥发性酸。

（2）甜味的形成　食醋中的糖类来自于残存在醋液中的由淀粉水解产生出来的但未被微生物利用完的糖。其中以葡萄糖与麦芽糖最多，此外还有甘露糖、阿拉伯糖、半乳糖、糊精、蔗糖等。另外发酵过程中形成的甘油、二酮、甘氨酸等也具有一定的甜度。

（3）鲜味的形成　食醋中的鲜味来源于食醋中的氨基酸、核苷酸的钠盐而呈鲜味，如谷氨酸及谷氨酸-钠盐均有鲜味。其中氨基酸是由蛋白质水解产生的；酵母菌、细菌的菌体自溶解后产生出各种核苷酸，如：5′-鸟苷酸、5′-肌苷酸，它们也是强烈助鲜剂。

（4）咸味的形成　醋酸发酵完毕之后，加入食盐不仅能抑制醋酸菌对醋酸的进一步氧化，而且还给食盐带来咸味，从而使食醋的酸味得到缓冲，并促成各氨基酸给予食醋鲜味，使口感更好。

（5）苦味、涩味的形成　食醋的苦味和涩味主要来源于盐卤。另外，微生物在代谢过程中形成的胺类，如四甲基二胺，1,5-二氨基戊胺，都是苦味物质，它们赋予食醋苦味。有些氨基酸也呈苦味。过量的高级醇呈苦涩味。

（6）香的形成　食醋中香味物质含量很少，但种类很多。只有当各种组分含量适当时，才能赋予食醋以特殊的芳香。食醋中的香气成分主要来源于食醋酿造过程中产生的酯类、醇类、醛类、酚类等物质。有的食醋还添加香辛料如芝麻、茴香、桂皮、陈皮等。其中，酯类以乙酸乙酯为主；食醋中的醇类物质除乙醇外，还含有甲醇、丙醇、异丁醇、戊醇等；醛类有乙醛、糠醛、乙缩醛、香草醛、甘油醛、异丁醛、异戊醛等；酚类有4-乙基愈创木酚等；双乙酰、3-羟基丁酮的过量存在会使食醋香气变劣。

（7）色素的形成　食醋的色素来源于原料本身和酿造过程中发生的一些变化。原料中如高粱含单宁较多，易氧化生成黑色素。原料分解生成的糖和氨基酸发生美拉德反应生成氨基糖呈褐色，葡萄糖在高温下脱水生成焦糖。微生物的有色代谢产物以及熏醅时产生的色素。还可人工添加色素增色，如添加酱色或炒米色。其中酿醋过程中发生的美拉德反应是形成食醋色素的主要途径。熏醅时产生的主要是焦糖色素，是多种糖经过脱水、混合后的混合物，能溶于水，呈黑褐色或红褐色。

（8）醋体的形成　食醋的体态决定于它的可溶性固形物的含量。组成可溶性固形物的主要物质有食盐、糖分、氨基酸、蛋白质、糊精、色素、有机酸、酯类等。用淀粉质原料酿制的醋固形物含量高，体态黏稠；反之则稀薄。

第六节　酿造食醋生产工艺

我国食醋的生产方式有很多，有传统的固态发酵法、液态发酵法和回流发酵法。本节介绍几种典型的食醋酿造的生产工艺。

一、固态发酵法

淀粉质原料的糖化、酒精发酵、醋酸发酵都是在固态状态下进行，发酵速度缓慢，在醋酸发酵需要大量氧气，需通过多次倒醅实现，劳动强度大，这种方法是最传统的方法。

1. 工艺流程

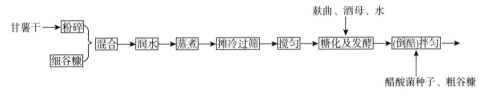

2. 操作要点

（1）原料处理　包括粉碎、混合、润水、蒸料、冷却。甘薯或碎米、高粱等100kg，细谷糠80kg，麸皮120kg，水400kg，麸皮50kg，砻糠50kg，醋酸菌种子40kg，食盐3.75~7.5kg（夏多冬少）。将薯干或碎米等粉碎，加麸皮和细谷糠拌合，加水润料后以常压蒸煮1h或在0.15MPa压力下蒸煮40min，出锅冷却至30~40℃。

（2）淀粉糖化、酒精发酵、醋酸发酵　原料冷却后，拌入麸曲和酒母，并适当补水，使醅料水分达60%~66%。入缸品温以24~28℃为宜，室温在25~28℃。入缸第2d后，品温升至38~40℃时，应进行第一次倒缸翻醅，然后盖严维持醅温30~34℃进行糖化和酒精发酵。入缸后5~7d酒精发酵基本结束，醅中可含酒精7%~8%，此时拌入砻糠和醋酸菌种子，同时倒缸翻醅，此后每天翻醅一次，温度维持37~39℃。约经12d醋酸发酵，醅温开始下降，醋酸含量达 7.0%~7.5%时，醋酸发酵基本结束。此时应在醅料表面加食盐。一般每缸醋醅夏季加盐 3kg，冬季加盐 1.5kg。拌匀后再放 2d，醋醅成熟即可淋醋。

（3）淋醋　三循环法（也称三次套淋法）即用二醋浸泡成熟醋醅 20~40h，淋出头醋、剩下的渣子为头渣；用三醋浸泡头渣 20~24h，淋出二醋，剩下的渣子为二渣；用清水浸泡二渣淋出三醋，三渣可作饲料。头醋为半成品，二醋和三醋用于淋醋时浸泡之用。

熏醋，为了提高产品质量，改善风味，把发酵成熟的醋醅放置于熏醅缸内，缸口加盖，用文火加热至 70~80℃，每隔 24h 倒缸 1 次，共熏 5~7d，所得熏醅具有其特有的香气，色红棕且有光泽，酸味柔和，不涩不苦。熏醅后可用淋出的醋单独对熏醅浸淋，也可对熏醅和成熟醋醅混合浸淋。

（4）陈酿　陈酿是醋酸发酵后为改善食醋风味进行的储存、后熟过程。陈酿有两种方法：一种是醋醅陈酿，即将成熟醋醅压实盖严，封存数月后直接淋醋，或用此法贮存醋醅，待销售旺季淋醋出厂；另一种是醋液（半成品）陈酿，即在醋醅成熟后就淋醋，然后将醋液贮入缸或罐中，封存 1~2 个月，可得到香味醇厚、色泽鲜艳的陈醋。

（5）杀菌　陈酿醋或新淋出的头醋都还是半成品，头醋进入澄清池沉淀，调整其浓度、成分，使其符合质量标准。除现销产品及高档醋外，一般要加入 0.1%苯甲酸钠防腐剂后进行包装。陈醋或新淋的醋液应于 85~90℃维持 50min 杀菌，但灭菌后应迅速降温后方可出厂。一般一级食醋的含酸量 5.0%，二级食醋含酸量 3.5%。

二、酶法液化通风回流法

一种新型制醋工艺，20 世纪 60 年代上海醋厂开始，是利用自然通风和醋汁回流代替倒醅的制醋新工艺。本法的特点是：固态发酵法制醋以人工进行倒醅，劳动强度极高，劳动条件甚差，利用自然通风和醋汁回流代替倒醅，同时利用酶制剂（α-淀粉酶）把原料中的淀粉液化或利用曲制剂（麸曲）把淀粉液化和糖化以提高原料利用率；采用液态酒精发酵、固态醋酸发酵的发酵工艺；醋酸发酵池近底处设假底的池壁上开设通风洞，让空气自然进入，利用固态醋醅的疏松度使醋酸菌得到足够的氧，全部醋醅都能均匀发酵；利用池底下积存的温度较低的醋汁，定时回流喷淋在醋醅上，以降低醋醅温度，调节发酵温度，保证发酵在适当的温度下进行。

先采用淀粉酶将原料液化，再用麸曲进行糖化，速度快。采用液态酒精发酵，固态醋酸发酵，发酵时在池底部设假底，假底下的池壁上设有通风孔，保证醋醅通风，假设下积存的醋汁，定时回流喷淋在醋醅上，降温、通风。与固态生产相比，出醋率比一般固态发酵法提高，液化、酒精发酵机械化程度有所提高，便于机械化生产，降低了劳动强度。

1. 工艺流程及特点

（1）工艺流程

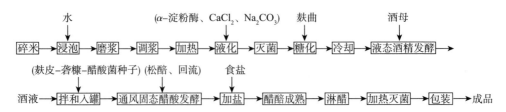

（2）工艺特点

出醋率明显提高，碎米采用酶法液化通风回流制醋新工艺比一般固态发酵法制醋旧工艺出醋率提高 16%；旧工艺碎米用蒸熟的方法，耗煤量大，实现酶法液化新工艺后，用煤量显著下降；采用新工艺后，目前除出渣尚用人工外，已实现管道化，机械化生产，大大降低了工人的劳动强度，还节约了劳动力；新工艺在酒精发酵完毕后，酒醪内直接拌入生麸皮进行醋酸发酵，利用生麸皮不但简化工序，节约用煤，而且还增加糖化能力，提高了产品质量和产量。

（3）工艺设备

①糖化及糖化罐：用钢板材料制成，容积为 2m³ 左右，罐内设有搅拌器、蛇形冷却管和通入蒸气管。

②酒精发酵罐：容量为 7000kg，设有冷却装置。

③通风回流醋酸发酵罐：为水泥圆柱形结构。高 2.45m，直径 4m，容积 30m³。在距罐底高 15～20cm 处装有竹篾假底，上面装料，下面存留醋汁，竹篾周围对称设有直径 10cm 通风洞 12 个，回流液体用泵打入喷淋管，利用液压旋转将液体均匀地淋浇其表层。

④制醪机：由斗式提升及绞龙拌料兼输送两部分组成。

2. 操作要点

（1）配料 碎米 1200kg、麸皮 1400kg、砻糠 1650kg、Na₂CO₃1.2kg、CaCl₂2.4kg、α-淀粉酶（以每克碎米 130 酶活力单位计）3.9kg、麸曲 60kg、酒母 500kg、醋酸菌种子 200kg、食盐 100kg、水 3250kg（配发酵醪用）。

（2）水磨与调浆 碎米浸泡，充分膨胀，将米与水以 1：1.5 比例送入磨粉机，粉浆细度 ≥70 目，浓度 20%～23%，用 Na₂CO₃ 调至 pH6.2～6.4，加入 CaCl₂ 和 α-淀粉酶后，送入糖化锅。

（3）液化和糖化 粉浆在液化锅内应搅拌加热，在 85～92℃ 下维持 10～15min，用碘液检测显棕黄色表示已达到液化终点，再升温至 100℃ 维持 10min 灭菌杀酶后入糖化锅。将液化醪冷至 60～65℃ 时加入麸曲，保温糖化 35min，待糖液降温至 30℃ 左右，送入酒精发酵容器。

（4）酒精发酵 将糖液加水稀释至 7.5～8.0°Bé，调 pH 至 4.2～4.4 接入酒母，在 30～33℃ 下进行酒精发酵 70h，得出约含酒精 8.5% 的酒醪，酸度在 0.3～0.4 左右。然后将酒醪送至醋酸发酵池。

（5）醋酸发酵 将酒醪与砻糠、麸皮及醋酸菌种拌合，送入有假底的发酵池，扒平盖严。进池品温 35～38℃ 为宜，而中层醋醪温度较低，入池 24h 进行一次松醪，将上面和中间的醋醪尽可能疏松均匀，使温度一致。当品温升至 40℃ 时进行醋汁回流，即从池底放出部分醋液，再泼回醋醪表面，一般每天回流 6 次，发酵期间共回流 120～130 次，使醪温降低。醋酸发酵温度，前期可控制在 42～44℃，后期控制在 36～38℃。经 20～25d 醋酸发酵，醋汁含酸达 6.5%～7.0% 时，发酵基本结束。醋酸发酵结束，为避免醋酸被氧化成 CO₂ 和水，应及时加入食盐以抑制醋酸菌的氧化作用。方法是将食盐置于醋醪的面层，用醋汁回流溶解食盐使其渗入到醋醪中。淋醋仍在醋酸发酵池内进行。再用二醋淋浇醋醪，池底继续收集醋汁，当收集到的醋汁含酸量降到 5% 时，停止淋醋。此前收集到的为头醋。然后在上面浇三醋，由池底收集二醋，最后上面加水，下面收集三醋。二醋和三醋共淋醋循环使用。

（6）灭菌 灭菌是通过加热的方法把陈醋或新淋醋中的微生物杀死；破坏残存的酶；使醋的成分基本固定下来。同时经过加热处理，醋的香气更浓，味道更和润。

三、液态深层发酵生产食醋

液体深层发酵制醋是利用发酵罐通过液体深层发酵生产食醋的方法，通常是将淀粉质原料经液化、糖化后先制成酒醪或酒液，然后在发酵罐里完成醋酸发酵，这种发酵方法始于20世纪70年代。

液体深层发酵法制醋不用谷糠、麸皮等辅助，整个的生产过程都是在液体状态下进行。具有机械化程度高、操作卫生条件好、原料利用率高（可达65%~70%）、生产周期短、产量高、产品的质量稳定、速度快、卫生条件好等优点，是食醋生产的发展方向。缺点是醋的风味较差，这主要是因为使用纯种培养的菌种，其微生物种类少，酶系不丰富的缘故，另外与酿造周期短也有关系。目前，除一些传统的名醋外，很多工厂采用这种方法。同时也可采用一些方法来弥补风味的不足，如在酒精发酵时接入产酯酵母。

1. 工艺流程

$(\alpha-\text{淀粉酶}+CaCl_2+Na_2CO_3)$ 　　　　(酒母+乳酸菌)　醋酸菌种子　滤渣
液态深层

原料→浸泡→磨浆→调浆→液化→糖化→酒精发酵→醋酸发酵→过滤→灭菌→配制→贮存→成品

工艺设备中淀粉质原料液化、糖化和酒精发酵所用的设备与酶法液化回流制醋的设备相同。醋酸发酵多采用自吸式发酵罐。

2. 操作要点

①液体深层发酵制醋工艺中，从原料预处理到酒精发酵步骤均与酶法液化通风回流制醋相同，不同的是从醋酸发酵开始，采用较大的发酵罐进行液体深层发酵，并需通气搅拌，醋酸菌种子为液态，即醋母。

②醋酸发酵接入醋酸种子液10%vol。醋酸液体深层发酵温度为32~35℃，料液酸度为2%，通风量[vpm，(vol∶vol)/min]前期为1∶0.13，中期为1∶0.17，后期为1∶0.13。罐压维持0.03MPa。连续进行搅拌。醋酸发酵周期为65~72h。到无酒精，残糖极少，测定酸度不再增加时醋酸发酵结束。

③液体深层发酵制醋也可采用半连续法，即当醋酸发酵成熟时，取出1/3成熟醪，再加1/3酒醪继续发酵，如此每20~22h重复一次。目前生产上多采用此法。

四、其他酿造法

（1）速酿法　以白酒或食用酒精为原料，使其在速酿塔中流经附着大量醋酸菌的填充料使醋酸菌发生氧化作用，将酒精氧化成醋酸。有以下特点：①填充料来源广泛，可以连续使用，节约麸皮，且不需要出渣，减轻劳动强度；②原料出醋率高，但风味比较单调；③采用"定时回浇，以温定浇"的工艺；④主要在东北地区，可以生产醋精进行勾兑。

（2）生料糖化液态发酵法　采用无蒸煮糖化工艺，以黑曲霉麸曲为糖化剂，淀粉糖化和酒精发酵同时进行，属于液态复式发酵；再以酵母或活性干酵母作为发酵剂，使用较大量的上一批醋液做为种液，进行回流浇淋的液态醋酸发酵。此方法降低能耗，简化生产步骤，但糖化困难，易污染杂菌，有待于进一步完善。其工艺流程为：

玉米面/高粱面→配料搅拌　（黑曲霉+麸曲）→糖化与酒化　（加酵母）→酒醪过滤→酒液→

醋化 → 成熟 → 淋醋 → 化验 → 加热灭菌 → 包装成品

第七节 典型酿造食醋生产案例

一、镇江香醋

镇江香醋是以优质糯米为主要原料，采用独特的加工技术，经过酿酒、制醅、淋醋等三大工艺过程，约四十多道工序，前后需 50~60d，才能酿造出来。镇江香醋素以"酸而不涩、香而微甜、色浓味解"而蜚声中外。这种醋具有"色、香、味、醇、浓"五大特点，深受广大消费者的欢迎，与山西醋相比，镇江香醋的最大特点在于微甜。尤其蘸以江南的肉馅小吃食用的时候，微甜更能体现出小吃的鲜美。镇江香醋的工艺流程如下：

糯米 → 粉碎 → 蒸煮 → 糖化（酶制剂）→ 酒精发酵（酵母）→ 酒醅 → 拌麸皮 → 醋酸发酵（成熟醋醅）→ 封醅 → 淋醋（米色）→ 浓缩 → 贮存 → 成品

1. 生产工艺

（1）原辅料及糖化 生产镇江香醋的主要原辅料有糯米、麸皮、糠、盐、糖、米色和麦曲等。

米质对镇江香醋的质量、产量有直接的影响，糯米的支链淀粉比例高，所以吸水速度快，黏性大，不易老化，有丰富的营养，有利于酯类芳香物质生成，对提高食醋风味有很大作用。麸皮能吸收酒醅和水分，起疏松和包容空气的作用，含有丰富的蛋白质，对食醋的风味有密切的关系。大糠主要起疏松醋醅的作用，还能积存和流通空气，利于醋酸菌好氧发酵。

糯米经粉碎后，加水和耐高温淀粉酶，打进蒸煮器进行连续蒸煮，冷却，加糖化酶进行糖化。

（2）酒精发酵 淀粉经过糖化后可得到葡萄糖，将糖化 30min 后的醪液打入发酵罐，再把酵母罐内培养好的酵母接入。酵母菌将葡萄糖经过细胞内一系列酶的作用，生成酒精和 CO_2。

在发酵罐里酒精发酵分 3 个时期：前发酵期，主发酵期，后发酵期。

①前发酵期：在酒母与糖化醪打入发酵罐后，这时醪液中的酵母细胞数还不多，由于醪液营养丰富，并有少量的溶解氧，所以酵母细胞能够得以迅速繁殖，但此时发酵作用还不明显，酒精产量不高，因此发酵醪表面比较平静，糖分消耗少。前发酵期一般 10h 左右，应及时通气。

②主发酵期：8~10h 后，酵母已大量形成，并达到一定浓度，酵母菌基本停止繁殖，主要进行酒精发酵，醪液中酒精成分逐渐增加，CO_2 随之逸出，有较强的 CO_2 泡沫响声，温度也随之很快上升，这时最好将发酵醪的温度控制在 32~34℃，主发酵期一般为 12h 左右。

③后发酵期：后发酵期醪液中的糖分大部分已被酵母菌消耗掉，发酵作用也十分缓慢，这一阶段发酵，发酵醪中酒精和 CO_2 产生得少，所以产生的热量也不多，发酵醪的温度逐渐下降，温度应控制在 30~32℃，如果醪液温度太低，发酵时间就会延长，这样会影响出酒率，这一时期约需 40h 完成。

（3）醋酸发酵 酒精在醋酸菌的作用下，氧化为乙醛，继续氧化为醋酸，这个过程称为醋酸发酵，在食醋生产中醋酸发酵大多数是敞口操作，是多菌种的混合发酵，整个过程错综复杂，醋酸发酵是食醋生产中的主要环节。

提热过杓：将麸皮和酒醅混合，要求无干麸，酒精浓度控制在5%~7%为好，再取当日已翻过的醋醅做种子，也就是取醋酸菌繁殖最旺盛醋醅做种子，放于拌好麸的酒麸上，用大糠覆盖，第2d开始，将大糠、上层发热的醅与下面一层未发热的醅充分拌匀后，再盖一层大糠，一般10d后可将配比的大糠用完，酒麸也用完开始露底，此操作过程称为"过杓"。

露底："过杓"结束，醋酸发酵已达旺盛期。这时应每天将底部的潮醅翻上来，上面的热醋醅翻下去，要见底，这一操作过程称为"露底"。在这期间由于醋醅中的酒精含量越来越少，而醋醅的酸度越来越高，品温会逐渐下降，这时每日应及时化验，待醋醅的酸度达最高值，醋醅酸度不再上升甚至出现略有下降的现象时，应立即封醅，转入陈酿阶段，避免过氧化而降低醋醅的酸度。

（4）封醅淋醋 封醅前取样化验，称重下醅，耙平压实，用塑料或尼龙油布盖好，四边用食盐封住，不要留空隙和细缝，防止变质。减少醋醅中空气。控制过氧化。减少水分、醋酸、酒精挥发。

淋醋采用3套循环法。将淋池、沟槽清洗干净，干醅要放在下面，潮醅放在上面，一般上醅量离池口15cm，加入食盐、米色，用上一批第2次淋出的醋液将醅池泡满，数小时后，拔去淋嘴上的小橡皮塞进行淋醋，醋液流入池中，为头醋汁，作为半成品。第1次淋完后，再加入第3次淋出的醋液浸泡数小时，淋出的醋液为二醋汁，作为第1次浸泡用。第2次淋完后，再加清水浸泡数小时，淋出得三醋汁，用于醋醅的第2次浸泡。淋醋时，不可一次将醋全部放完，要边放淋边传淋。将不同等级的醋放入不同的醋池，淋尽后即可出渣，出渣时醋渣酸度要低于0.5%。

（5）浓缩储存 将淋出的生醋经过沉淀，进行高温浓缩，高温浓缩有杀菌的作用。再将醋冷却到60℃，打入储存器陈酿1~6个月后，镇江香醋的风味能显著提高。在贮存期间镇江香醋主要进行了酯化反应，因为食醋中含有多种有机酸和多种醇结合生成各种酯，例如醋酸乙酯、醋酸丙酯、醋酸丁酯和乳酸乙酯等。贮存的时间越长，成酯数量也越多，食醋的风味就越好。贮存时色泽会变深，氨基酸、糖分下降1%左右，因此也不是贮存期越长越好，从全面评定，一般均为1~6个月。贮存时容器上一定要注上品种、酸度、日期。

2. 操作要点

（1）酒精发酵阶段 糯米粉碎后蒸煮要适当，糖化时不能过度糖化，前、后酵的发酵温度要准确掌握。应注重环境卫生和强化无菌观念，以免污染上杂菌而影响产酸率及成品质量。

（2）醋酸发酵阶段 醋酸菌将酒精氧化成醋酸，必须有充分的氧气、足够的前体物质、一定的水分及适宜的温度，而固态分层发酵法可满足上述四项条件。由于一年四季气温相差很大，使醋醅保持一定的品温，是件不大容易的事情。若醅面层的品温为45~46℃，则发酵后能产生良好的醋香味；若醅温高于47℃，则有利于杂菌的生长，使醋醅产生异味。醋酸发酵开始时添加成熟醋醅，是利用"种子分割法"的原理，将成熟醋醅作为"种子"（或称为引子），因此，所选用的成熟醋醅，一定要保证其品质优良，方能使其顺利地完成逐级扩大和发酵的双重任务。

（3）封醅浓缩阶段 封醅也是重要的一环。在历时30d的陈酿期内，要随时检查封口，避免产生裂缝等现象。浓缩作用有两个，既可灭菌，又能使蛋白质等变性凝固而作为沉淀物除去。但是应控制煮沸时间（煮沸强度），以免醋酸及其他香气成分过多的挥发。

3. 醋酸质量指标

在感官特性方面，色泽为深褐色或红棕色，有光泽；香气浓郁；滋味，口味柔和，酸而不涩，香而微甜，醇厚味鲜；体态纯净，无悬浮物，无杂质，允许有微量沉淀。

镇江香（陈）醋依据总酸含量不同可分为4类，理化指标要求如表8-2所示。

表8-2　　　　　　　　　　　　　镇江香（陈）醋类别

项目		4.5%	5.0%	5.5%	6.0%
总酸（以乙酸计）/（g/100mL）	≥	4.50	5.00	5.50	6.00
不挥发酸（以乳酸计）/（g/100mL）	≥	1.00	1.20	1.40	1.60
氨基酸态氮（以N计）/（g/100mL）	≥	0.10	0.12	0.15	0.18
还原糖（以葡萄糖计）/（g/100mL）	≥	2.00	2.20	2.30	2.50

4. 包装工艺

（1）洗瓶　将汞离子固体氢氧化钠10kg，置入浸泡池内，加入蒸汽升温至50℃，将预洗的瓶子置入浸泡池中浸泡20min，进入洗瓶机刷洗，刷洗后的瓶子通过传送履带至自动反冲机，用常温净水进行三次冲洗，冲洗完毕。将瓶子倒置控水型料箱中30min，即可送至灌装车间灭菌室，用紫光灯照射24h后，再施灌装。

（2）灌装装箱　灭菌后的瓶子经由传送履带进入灌装机灌装。对产品装量有异常的，进行人工压空空气，调整装量后再自动塑封瓶盖；对贴标喷码不合格的，也要进行人工处理后，方可装入包装箱，装箱人员要检查数量是否相符，然后用包装带封包，送进成品库存放，准备出厂。

（3）检验　将灌装好的产品进行抽样检查，送化验室进行各项指标的检验。化验员按规定的检验规程操作，进行严格的操作，发现不良产品，严禁进入市场流通。

二、山西老陈醋

山西老陈醋是以高粱、麸皮、谷糠和水为主要原料，以大麦、豌豆所制大曲为糖化发酵剂，经酒精发酵后，再经固态醋酸发酵、熏醅、陈酿等工序酿制而成。其主要酿造工艺特点为：以高粱为主的多种原料配比，以红心大曲为主的优质糖化发酵剂，低温浓醪酒精发酵，高温固态醋酸发酵，熏醅和新醋长期陈酿。是中国四大名醋之一，至今已有3000余年的历史，素有"天下第一醋"的盛誉，以色、香、醇、浓、酸五大特征著称于世。山西老陈醋色泽呈酱红色，食之绵、酸、香、甜、鲜。山西老陈醋含有丰富的氨基酸、有机酸、糖类、维生素和盐等。以老陈醋为基质的保健醋有软化血管、降低甘油三酯等独特功效。山西老陈醋工艺流程如下。

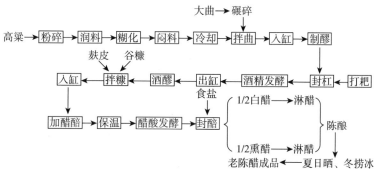

1. 操作要点

（1）原料的处理　高粱的粉碎细分不超过 1/4，加水比例是 1∶（0.55~0.6），加水后要堆放润料 6~8h。蒸料 1.5~2h，蒸料要求蒸透，无生料。蒸料后加热水浸焖，加水量 1∶2，形成醪状。

（2）酒精发酵（稀醪发酵）　醪液温度降到 35℃ 时拌入粉碎后的大曲，比例 1∶0.4~1∶0.6（按生料计），再加入 0.5~0.6 倍水。酒精发酵温度前期 28~30℃，3d，每天搅拌 2~3 次；后期密封发酵 20~24℃，12~15d。发酵醪液呈黄色，酒精浓度 5% 以上，总酸小于 2g/100mL。

（3）醋酸发酵　喂料，向酒精发酵醪液中添加物料，包括麸皮、谷糠等，添加比例为 1∶0.5∶0.8，添加这些物料的目的为补充部分营养成分、疏松基质、带入部分醋酸菌等。喂料后制成醅料。有时也接入上批发酵旺盛的醋醅，起到接种醋酸菌的作用。接入量为 5%~10%。醋酸发酵的温度 38~42℃，每天翻醅一次，发酵 8~9d 后，醋酸含量不再增加，加入总生料量 4%~5% 的食盐中止发酵。

（4）熏醋和淋醋　熏醋的目的是让醋醅在高温时产生类似火熏的味道，熏醋的方法为取一半发酵好的醋醅放入熏缸中，用间接火加热，保持品温 70~80℃，每天倒缸一次，熏制 4~5d。

熏醅是山西醋获取熏香味的重要工艺措施，也是醋液色泽的主要来源，不论是山西老陈醋、山西陈醋，还是山西熏醋，都要进行熏醅。一种熏醋的方法为：从每次投料的 30 坛成熟醋醅中各取 15 坛分别作白醅和熏醅，即白醅和熏醅的比例为 1∶1，用白醅淋子加水浸泡白醅 12h，所淋出的白醋再加热，入熏醅淋子浸泡熏醅 12h，所淋出的棕红色醋液称为熏醋，也称原醋。淋醋类似于酱油的淋制。但没有熏制粗醅的淋醋液来淋制经熏制的粗醅。

（5）陈酿　经淋制后的半成品醋装入缸中，置于室外。陈酿老陈醋的精粹在于突出"陈"字，即原醋陈酿，传统工艺称为"夏日晒，冬捞冰"。通过这道工艺过程，晒而使醋液不断蒸发，捞冰而使水分不断减少，同时香味成分得以逐渐在代谢物质转化过程中突显，不溶物得以沉淀而使醋液澄清，最后获得陈化老熟的成品。按行业成规，除山西陈醋可以不必陈酿外，山西熏醋的陈酿时间要在半年以上，山西老陈醋则要在 9~12 个月以上。根据方文记载，太原宁化府溢源庆熏醋也要陈酿 5 个月，清源的山西老陈醋有贮陈 10 年的，介休的老陈醋有的陈酿长达 40 年。原醋陈酿 1 年左右，总酸（以乙酸计）由 6~7g/100mL 增至 10g/100mL 以上，每 1kg 高粱产原醋 3.6~4.0kg，夏季只产 3kg。陈酿后，3kg 原醋只得 1kg 陈醋。可见成本之高，出品率之低。

2. 山西老陈醋独特工艺特点

（1）以曲带粮　原料品种多样。其他名优食醋多以糯米或麸皮为原料，品种较单一。加之使用小曲（药曲）或麦曲或红曲为糖化发酵剂，用曲量很少，如小曲的用量为糯米的 1% 以下，麦曲用量为糯米的 6% 左右，红曲的用量可达糯米的 25%。山西老陈醋的高粱、麸皮的用量比高至 1∶1，使用大麦豌豆大曲为糖化发酵剂，大麦豌豆比为 7∶3，大曲与高粱的配料比高达 55%~62.5%，名为糖化发酵剂，实为以曲代粮，其原料品种之多，营养成分之全，特别是蛋白质含量之高，为我们食醋配料之最。经检测，山西老陈醋含有 18 种氨基酸，有较好的增鲜和融味作用。

（2）曲质优良　微生物种群丰富。其他名优食醋使用的小曲主要是根霉和酵母，麦曲主要是黄曲霉，红曲主要是红曲霉。这些在红心大曲中都能体现，而红心大曲中的其他微生物种群在上述曲种则未必能得到体现，特别是大曲中含有丰富的霉素，使山西老陈醋形成特有的香气和气味。

（3）熏醅技术　源于山西，熏香味是山西食醋的典型风味。熏醅是山西食醋的独特技艺，可使山西老陈醋的酯香、熏香、陈香有机复合；同时熏醅也可获得山西老陈醋的满意色泽，与其他名优食醋相比，不需外加调色剂。

（4）突出陈酿　以新醋陈酿代替醋醅陈酿：镇江香醋、四川保宁麸醋等均为醋醅陈酿代替新醋陈酿，陈酿期分别为20~30d和一年左右；唯有山西老陈醋是以新醋陈酿代替醋醅陈酿，陈酿期一般为9~12个月，有的长达数年之久。传统工艺称为"夏伏晒，冬捞冰"，新醋经日晒蒸发和冬捞冰后，其浓缩倍数达3倍以上。山西老陈醋总酸在9~11°，其相对密度、浓度、黏稠度、可溶性固形物以及不挥发酸、总糖、还原糖、总酯、氨基酸态氮等质量指标，均可名列全国食醋之首。并由于陈酿过程中酯酸转化，醇醛缩合，不挥发酸比例增加，使老陈醋陈香细腻，酸味柔和。

综上所述，山西老陈醋的典型风味特征为：色泽棕红，有光泽，体态均一，较浓稠；有本品特有的醋香、酯香、熏香、陈香相互衬托、浓郁、谐调、细腻；食而绵酸，醇厚柔和，酸甜适度，微鲜，口味绵长，具有山西老陈醋"香、酸、绵、长"的独特风格。

三、果醋

水果营养丰富，含有大量人体所需的糖分、维生素和矿物质。利用水果制醋，可以节约大量的粮食资源，还可调节成果醋饮料。果醋是以水果，包括棠梨、山楂、桑葚、葡萄、柿子、杏、柑橘、猕猴桃、苹果、西瓜等，或果品加工下脚料为主要原料，利用现代生物技术酿制而成的一种营养丰富、风味优良的酸味调味品。它兼有水果和食醋的营养保健功能，是集营养、保健、食疗等功能为一体的新型饮品。科学研究发现，果醋具有多种功能。

传统生产醋的原料经粮食发酵而成，现在，研究出了很多以水果代替粮食发酵醋的技术，通过微生物的发酵，可以把粮食中缺乏的钾离子、钠离子进行置换推出体外，从而调节人体内钠离子和钾离子的平衡，对心血管起保护作用。近年来研究发现，果汁通过微生物的发酵所产生的葡萄糖是"双歧因子"，对肠道内双歧杆菌的生存繁殖效果显著。"果醋"作为饮料的开发，对改善我国人民的食物结构具有一定的促进作用，充分利用苹果、梨等资源，开发果醋，以果代糖既符合国家的产业发展，又部分解决了鲜果的销路问题。

1. 工艺流程

```
                   酵母 → 渣 → 酒精发酵 → 蒸馏 → 酒精
                    ↑
水果 → 清洗 → 榨汁 → 果汁 → 澄清 → 成分调整 → 酒精发酵 → 醋酸发酵 → 过滤 → 杀菌 → 包装 → 成品
                           ↑        ↑         ↑         ↑
                         果胶酶     糖        酶母      醋酸菌
```

2. 果醋生产工艺操作要点

（1）清洗　将水果投入池中，除去腐烂果实，用清水洗净、沥干。

（2）榨汁　采用榨汁机榨取果汁。果渣可作为酒精发酵的原料，制取酒精。一般苹果出汁率为70%~75%，葡萄为65%~70%，柑橘为60%，番茄为75%。

（3）成分调整　理论上100g葡萄糖发酵可生成51.1g酒精，实际上只能生成45~46g，即1.7g葡萄糖发酵可得1°酒精。一般果汁含糖量调整为12%~14%，可采用蔗糖或淀粉糖浆，补加时应先将糖稀释，然后加热至95~98℃，降温后再加入到果汁中。

（4）澄清　果汁加热至90℃以上，然后降温至50℃，加入黑曲霉麸曲2%后加果胶酶0.01%，在40~50℃下维持2~3h，过滤。

（5）酒精发酵　果汁降温至30℃，接种酵母，进行酒精发酵。维持品温30~34℃，4~5d后，发酵液含酒精6%~8%，酸度1.0%~1.5%，酒精发酵即可结束。若酒精度小于5%，应适当补加酒精。

（6）果醋发酵　果醋生产最好采用液态发酵工艺，以保留水果的固有果香。若采用固态发酵，拌入谷糠及麸皮即可。醋酸发酵时，最好采用人工纯种培养的醋酸菌种子，其纯度高，发酵速度快。

（7）过滤及灭菌　醋酸发酵结束的液汁可采用硅藻土过滤机过滤。滤渣可以加水重滤一次，并入一起调整酸度为3.5%~5%。然后经蒸汽加热至80℃以上，趁热灌装封盖，即为成品。

（8）果醋成分　总酸（以醋酸计）3.5%~5%；不挥发酸0.3%~0.6%；挥发酸3.2%~4.6%；还原糖0.8%~1.3%；固形物1.2%~1.8%；色泽淡黄色，澄清无沉淀，具有水果固有香气，无其他异味。

3. 果醋的营养价值

果醋能促进身体的新陈代谢，调节酸碱平衡，消除疲劳，含有十种以上的有机酸和人体所需的多种氨基酸。醋的种类不同，有机酸的含量也各不相同。醋酸等有机酸有助于人体三羧酸循环的正常进行，从而使有氧代谢顺畅，有利于清除沉积的乳酸，起到消除疲劳的作用。经过长时间劳动和剧烈运动后，人体内会产生大量乳酸，使人感觉疲劳，如在此时补充果醋，能促进代谢功能恢复，从而消除疲劳。另外，果醋中含有的钾、锌等多种矿物元素在体内代谢后会生成碱性物质，能防止血液酸化，达到调节酸碱平衡的目的。

不同品种还有不同的辅助功效，例如苹果醋、柿子醋可以降三高、软化血管，山楂醋可以消肉积、益智，红枣醋补气血，桑椹醋乌发补肾，玫瑰花醋疏肝解郁，洋槐花醋保肝等，还有很多品种的花果醋都是健康的有机饮品。

（1）降低胆固醇　经常食醋是降低胆固醇的一种有效方法，因为醋中富含尼克酸和维生素，它们均是胆固醇的克星，能促进胆固醇经肠道随粪便排出，使血浆和组织中胆固醇含量减少。研究证实，心血管病患者每天服用20mL果醋，6个月后胆固醇平均降低9.5%，中性脂肪减少11.3%，血液黏度也有所下降。

（2）提高免疫力　果醋具有防癌抗癌作用。果醋中含有丰富的维生素、氨基酸和氧，能在体内与钙质合成醋酸钙，增强钙质的吸收。果醋中还含有丰富的维生素C，维生素C是一种强大的抗氧化剂，能防止细胞癌变和细胞衰老，还可阻止强致癌物亚硝胺在体内的合成，促使亚硝胺的分解，使亚硝胺在体内的含量下降，保护机体免受侵害，防止胃癌、食道癌等癌症的发生。

（3）促进血液循环、降压　山楂等果醋中含有可促进心血管扩张、冠状动脉血流量增加、产生降压效果的三萜类物质和黄酮成分，对高血压、高血脂、脑血栓、动脉硬化等有一定防治作用。

（4）抗菌消炎、防治感冒　醋酸有极强的抗菌作用，可杀灭多种细菌。常吃点醋，可以少生病。此外，醋对腮腺炎、体癣、灰指（趾）甲、胆道蛔虫、毒虫叮咬、腰腿酸痛等症都有一定的疗效。

（5）开发智力　果醋有开发智力的作用。果醋中的挥发性物质及氨基酸等具有刺激大脑神经中枢的作用，具有开发智力的功效。同时，果醋可防止体液酸化，医学研究发现，人体大脑的酸碱性与智商有关，大脑呈碱性的孩子较呈酸性的孩子智商高。

（6）美容护肤、延缓衰老 过氧化脂质的增多是导致皮肤细胞衰老的主要因素。经常食用果醋能抑制和降低人体衰老过程中过氧化脂质的形成，使机体内过氧化脂质水平下降，延缓衰老。另外，果醋中所含有的有机酸、甘油和醛类物质可以平衡皮肤的 pH，控制油脂分泌，扩张血管，加快皮肤血液循环，有益于清除沉积物，使皮肤光润。实践证明，经常食用果醋，能使皮肤光洁细嫩，皱纹减少，容颜滋润洁白。

（7）减肥 果醋中含有丰富的氨基酸，不但可以加速糖类和蛋白质的新陈代谢，而且还可以促进体内脂肪分解，使过多脂肪燃烧，防止堆积。长期饮用具有减肥功效。20 世纪 90 年代，在美国、法国等国家的市场上，醋饮料曾经一度受到时尚女性的追捧。以苹果、葡萄、山楂等为原料生产的果醋饮料迎合了现代绿色、健康的消费理念，也同时满足了现代都市女性保健、美容的需求。

4. 不同果醋的制作

（1）苹果醋

①苹果醋制作方法：糯米醋 300g，苹果 300g，蜂蜜 60g。将苹果洗净削皮后，切块放入广口瓶内并将醋和蜂蜜加入摇匀。密封置于阴凉处，一周后即可开封。取汁加入三倍开水即可饮用。

②健康功效：苹果和醋的组合是你不得不选择的健康饮品。它可消除便秘，抑制黑斑，还可以促进新陈代谢、解烦闷、去疲劳。长期饮用可以令你的身体状态一级棒。

（2）柿子醋 柿子醋是用柿子酿造出来的醋。柿子醋能降低人体血糖、降低高血压，对一些儿童喝特别适宜。老人喝甚至起到延缓人体衰老的作用。柿子醋还有美容养颜的功效，醋疗对人的皮肤有柔和刺激作用，它能使小血管扩张，增加皮肤血液循环，并能杀死皮肤表面的细菌，使皮肤细嫩、美白、红润、有光泽。柿子醋中含有大量醋酸及乳酸、琥珀酸、葡萄酸、苹果酸、氨基酸，经常饮用，可以有效地维持人体内 pH 的平衡，从而起到防癌抗癌的作用。柿子醋富含单宁，而单宁也是评价葡萄酒质量的主要成分，到 2013 年一些高级会所有提供高档柿子醋代替葡萄酒的饮料，主产于豫西一代，在我国豫西的贾氏窑洞醋窖的手工柿子醋曾被作为贡醋。

（3）葡萄醋

①制作方法：香醋适量，大串葡萄，蜂蜜适量。葡萄洗净去皮、去籽后放入榨汁机中榨汁，将滤得的果汁倒入杯中，加入香醋，蜂蜜调匀即可饮用。

②健康功效：能够减少肠内不良细菌数量，帮助有益细菌繁殖，消除皮肤色斑。此外，葡萄醋内的多糖、钾离子能降低体内酸性，从内缓解疲劳，增强体力。

（4）酸梅醋

①制作方法：谷物醋 1000g，梅子 1000g，冰糖 1000g。将梅子充分洗净后，用布一颗颗擦干；按先梅子后冰糖的顺序置入广口瓶中，然后缓缓地注入谷物醋。密封置于阴凉处一个月后，便可以饮用。梅子也可以做成腌梅食用。

②健康功效：起到减肥瘦身、调和酸性体质的作用，坚持饮用可以加速新陈代谢，有效地将体内的毒素排出。帮助消化，改善便秘，预防老化。

（5）香蕉果醋

①制作方法：香蕉 100g 去皮后切成薄片，红糖 100g，苹果醋 200g，将香蕉、红糖、苹

果醋放在一个碗里然后放入微波炉400W微波30s，微波后取出来，把里面的红糖搅匀使之融化，倒入一个不透光的玻璃瓶内放置在无阳光直射的地方14d。

②其他用处：做好的果醋可以直接兑水喝，也可以用来凉拌沙拉，最简单的是西红柿一个，甜椒1/4个，200g熟的玉米粒，加入三汤匙果醋就是美味又减肥的沙拉了。

（6）柠檬醋

①制作方法：白醋200g，柠檬500g，冰糖250g。将柠檬洗净晾干，切片，取玻璃罐，放入柠檬片后加入白醋，密封60d即成。

②健康功效：柠檬醋能防止牙龈红肿出血，还可以有效地抑制黑斑、雀斑的生长。长期饮用柠檬醋还可以增强抵抗力，让皮肤更加白皙透嫩。

（7）草莓醋

①制作方法：谷物醋1000g，熟透的草莓1000g，冰糖1000g。将草莓充分洗净后除蒂部，将草莓和冰糖依次置入广口瓶中，然后缓缓地注入谷物醋。密封置于阴凉处一周后，便可饮用。

②健康功效：长期坚持饮用草莓醋可以改善慢性疲劳、缓解肩膀酸痛，还会对便秘有很好的疗效。或许你不知道吧，草莓醋对于压制青春痘、面疱、雀斑的生长也有很好的帮助。

（8）苏打醋

①制作方法：糯米醋60g，冰汽水300g，如果口味需要还可以加入蜂蜜少许。在糯米醋中加入蜂蜜少许。在糯米醋中加入汽水，然后倒入蜂蜜，现冲现饮。

②健康功效：苏打醋不但非常好喝，并且有清热解渴，瘦身去脂，补充维生素的作用。它可以有效地调节体内酸碱值，增强身体活力，防止身体老化。

（9）玫瑰醋

①制作方法：白醋一瓶，玫瑰花20~30朵。将上述材料混合后放在玻璃瓶内，盖紧盖子放置7d左右就可以了。醋可以加水直接喝，也可以和蜂蜜混合之后喝，口感酸酸甜甜的很不错。

②健康功效：气味清香，有利于加快新陈代谢，调节生理机能，缓解生理不顺等不适现象，更有养颜美容的神奇效果，让你轻松拥有粉嫩好气色。

（10）果冻醋

①制作方法：将50g果冻粉和若干冰糖加入250mL水中，以小火煮溶，边煮边缓缓调匀。将糯米醋徐徐加入拌匀，然后倒入盛有葡萄和椰果果肉的模具中待冷却凝结，冰镇后即可食用。

②健康功效：饮用果冻醋能够有效促进血液循环、消除疲劳、增强体力。酸甜的口味更能够帮你开胃助消化。

（11）猕猴桃醋

①制作方法：将一个猕猴桃去皮，取果肉后，和一瓶陈醋、若干冰糖一起放进玻璃罐中密封，待冰糖溶化后即可饮用。

②健康功效：富含维生素A、维生素C及纤维质的猕猴桃醋，能有效促进人体的新陈代谢，并能防止吃肉后消化不良，营养过剩而导致的发胖。

（12）菊花醋

①制作方法：菊花50g，米醋1000g，冰糖300g。一层菊花一层冰糖放在密封的玻璃瓶中，将米醋倒入，7d后可饮用。

②健康功效：具有养肝明目，去火清肝的作用；对于消炎去湿、解除头痛昏眩、降低胆固醇与消脂减肥也有非常明显的功效。

（13）酸奶醋

①制作方法：糯米醋、酸乳、蜂蜜，数量按口味确定。在酸乳中缓缓倒入糯米醋，边倒边搅拌。在和醋混合调成稠糊状时，加入蜂蜜调至自己喜爱的甜度即可。

②健康功效：酸乳富含牛乳中的蛋白质和钙质，有助于骨骼成长。加入糯米醋后，会进一步利于骨骼吸收钙质。

（14）樱桃醋 樱桃醋健康功效：对长期使用电脑的人有保护视力的作用。樱桃里含有丰富的维生素 A 和铁，有助视力的恢复和补充大脑血液。维生素 A 含量比苹果、葡萄等高出 4~5 倍；铁含量也比苹果等水果高出很多，对血红素的提高有很大的帮助。

（15）番茄醋

①材料：红透的番茄 1000g（不要选择太大的）、清醋 1500mL、冰糖少许（约 20g，也可以选择不加）、玻璃罐一个（选择干净、干燥的）。

②制作方法：番茄洗干净后擦干表面水分，切开后放入玻璃罐中，加入清醋、冰糖，在罐口平铺一张塑料纸密封一周即可。

③功效：美体，丰富的维生素 A、维生素 C、矿物质、叶酸，虽未经煮熟，但经浸泡清醋后，茄红素一样可以发挥效果，抗氧化，帮助消化、高纤美容，还可以抑制癌细胞。

第八节 综合实验

一、酱油酿造实验

1. 目的

通过实验操作，了解酱油酿造的基本原理，掌握酱油的加工技术。

2. 原理

酱油酿制过程中，在各种微生物的不同酶系作用下，原料中各种有机物发生复杂的生物化学反应，形成酱油的多种成分。

原料中的蛋白质在蛋白酶和肽酶相继作用下，经一系列水解过程，生成分子量不同的肽。蛋白酶与肽酶作用的适温为 40~45℃。植物蛋白含有 18 种氨基酸，谷氨酸与天冬氨酸具鲜味，甘氨酸、丙氨酸和色氨酸具甜味，酪氨酸具苦味，肽也有一定鲜味。在成品酱油中氨基酸态氮约占总氮量的 50%。若加盐少或混拌盐水不均，酱醅中易有腐败细菌发育，分解氨基酸生成氨与胺，失去鲜味，产生臭味与恶臭味，应注意预防。腐败细菌生长适温为 30℃左右，适宜环境为中性或微碱性。

淀粉酶系水解淀粉生成糖，为发酵性细菌（如乳酸细菌）提供营养，可渐繁殖并进行乳酸发酵，环境变为微酸性与酸性，有效地抑制腐败细菌，为酵母菌生长、发酵创造良好条件。蛋白质则在酸性蛋白酶作用下继续水解。与此同时，也有其他类型发酵进行，各产生相应产物，如有机酸和醇类等。原料中的纤维素、半纤维素、果胶质、脂肪等，也在酶促下发生变化，形成各自分解产物。产物中有机酸与醇经酯化反应形成各种酯化物。

除氨基酸产物外，酱油中的糖类有糊精、麦芽糖、葡萄糖、戊糖；有机酸类有乳酸、乙酸、柠檬酸、琥珀酸、丙酸、苹果酸等；醇类有乙醇、甲醇、丙醇、丁醇、戊醇、己醇等；酯类有乙酸乙酯、乳酸乙酯、乙酸丁酯、丙酸乙酯等。各赋予酱油特有的滋味。

酱油酿制中还发生褐变反应，即生色。褐变有酶褐变与非酶褐变两种。前者是在微生物酚羟基酶和多酚氧化酶催化下，酪氨酸氧化成棕色黑色素，这主要发生在发酵后期。后者无酶直接能参与，是发酵产物葡萄糖类物质与氨基酸经美拉德反应生成类黑素。延长发酵期，提高温度，能强化此反应，但影响酶发酵。所以，只在发酵后期可采用此褐变反应。上述褐变仅生成淡色酱油，如需要黑褐色酱油，需加入酱色，即焦糖色素（糖在 150~200℃ 下焦化而成，酱油发酵中无此过程）。因此，将制成的曲与盐水混合，在保温发酵过程中，能加速各种酶在适宜温度下的化学变化，产生鲜味、甜味、酒味、酸味与盐水的咸味混合，而变成酱油特有的色、香、味、体。酱油香气成分的形成则更加复杂，已发现有多达 80 余种微量香味成分，主要有酯类、醇类、羟基化合物、缩醛类及酚类等，它们的来源主要有由原料成分生成、由曲霉的代谢产物所构成、由耐盐性乳酸菌类的代谢产物所生成以及由化学反应所生成等。

3. 材料

原料：菌种（米曲霉沪酿 3042）麸皮、黄豆饼粉、食盐；设备：电炉、铝盒、搪瓷盘、标本缸、三角瓶、温度计、酒精灯、接种针、玻棒、75%酒精、波美表、量筒。

4. 实践操作内容

酱油酿制工艺流程为：斜面菌种——→三角瓶菌种——→制成曲——→制醅发酵——→淋油——→检验。步骤如下。

（1）三角瓶种曲的制作

①原料配比：麸皮 100g，水 100mL，拌匀。

②装瓶灭菌：将配好的原料装入 250mL 三角瓶中，装量约 1cm 厚，擦净瓶口加棉塞，用纸包扎好，置于 1kg/cm² 压力下灭菌 30min，灭菌后趁热摇散。

③接种与培养：待到冷却后，接入斜面或麸皮管培养的米曲霉 3042，摇匀后置 30℃ 恒温培养。约 18h，三角瓶内曲料已稍发白结饼，摇瓶一次，将结块摇碎，继续培养。再过 4h 左右，曲料发白又结饼，再摇瓶一次，经过 2d 培养，把三角瓶倒置过来，继续培养待全部长满绿色孢子，即可使用。若需要保存较长时间，可在 37℃ 温度下烘干于阴凉处保存。

（2）酱油曲的制作　制曲是酱油酿造的重要环节，只有良好的曲才能酿造品质优良的酱油，它是酿造酱油的基础。

①原料配比：豆饼 300g，麸皮 200g，水 500mL。

②制曲过程：豆饼 300g+500mL 70~80℃ 热水（勿搅）——→润水 30~40min——→加麸皮 200g——→装入铝盒——→于 1kg/cm² 压力下灭菌 30min——→倒入用 75%酒精消毒的瓷盘中摊冷——→冷到 40℃ 接入 0.3~0.5% 的三角瓶种曲——→搅匀，盖上湿纱布 20~30℃ 下培养 30~40h。

③酱油大曲培养过程管理：a. 培养约 12~16h，当品温上升到 34℃ 左右，曲料面层稍有发白结块，进行一次翻曲，此后约过 4~6h，当品温又上升到 36℃ 时，再进行第二次翻曲；b. 防止曲表面失水干燥，用湿纱布盖好，并要勤换；c. 通过曲料颜色、曲料温度、气味等观察其生长过程；d. 通过酶活力（蛋白酶）分析可判断制曲的时间及好坏。

成曲质量标准：外观块状、疏松、内部白色菌状丝茂盛，并着生少量嫩黄绿色孢子，无灰黑色或褐色夹心，具有正常的浓厚曲香，无酸味、豆豉臭、氨臭及其他异味，含水量约 30%，蛋白酶活力约 1000 单位/g 曲，细菌<50 亿/g 干曲。

（3）发酵　发酵过程操作需要配制食盐水、制醅和发酵管理三个过程操作。

①食盐水的配制（12~13°Bé 盐水）：食盐溶解后，用波美表测定浓度，并根据当时温度

调整到规定浓度。一般经验是100kg水加盐1.5kg左右得1°Bé盐水，但往往因为食盐质量不同而需要增减。采用波美表测定一般以20℃为标准温度，但实际生产上配制盐水时，往往高于或低于此温度，因此必须换算成标准温度时盐水的波美度。

计算公式：盐水温度高于20℃时，B≈A+0.05（t-20）

盐水温度低于20℃时，B≈A-0.05（20-t）；

式中B—标准温度时盐水的波美度数，A—测得盐水的波美度数，t—测得盐水的当时温度（℃）

②制醅　将大曲捏碎，拌入300mL 55℃ 12~13°Bé的盐水，使原料含水量达到50%~60%，包括成曲含水量30%在内，充分拌匀后装入标本缸中，稍压紧，醅面加约20g封口盐，盖上盖子。

③发酵管理　将制好的酱醅于40℃恒温箱中发酵4~5d，然后升温到42~45℃继续发酵8~10d。整个发酵期为12~15d。发酵成熟的酱醅质量标准如下：a. 红褐色有光泽，醅层颜色一致；b. 柔软、松散、不黏不干、无硬心；c. 有酱香、味鲜美，酸度适中、无苦涩及不良气味；d. pH不低于4.8，一般5.5~6.0；e. 细菌数<30万/g。

（4）浸出与淋油　将纱布叠成四层铺在2000mL分装器底部，把成熟酱醅移到分装器中，加入沸水1000mL，置于60~70℃恒温箱中浸泡20h左右，放开分装器出口流油，滤干后计量并用波美表测浓度，此油为头油。一般酱油波美度达到18°Bé为准，低于此值者加盐调节。成品酱油的感观指标：a. 色泽：棕褐色或红褐色，鲜艳，有光泽，不发乌；b. 香气：有酱香及其他酯香气，无其他不良气味；c. 滋味：鲜美，适口，味醇厚，不得有酸、苦、涩等异味；d. 体态：澄清，不浑浊，无沉淀，无霉菌浮膜。

5. 技术经济指标

酱油生产中的技术经济指标中主要包括出品率、原料利用率及原材料消耗，分述如下。

（1）氨基酸生成率　通过酱油成品中全氮与氨基酸氮的生成比例，可以看出原料分解程度，判断产品和质量的高低。

计算公式：氨基酸生成率（%）＝$AN/TN×100\%$

式中AN—酱油中氨基酸含量（g/100mL），TN—酱油中全氮含量（g/100mL）。现新标准各级酱油氨基酸生成率均为50%。

（2）原料利用率　原料利用率以蛋白质利用率为主，淀粉利用率仅作为参考。

蛋白质利用率计算公式：

蛋白质利用率（%）＝$G×TN×6.25/（d×p）×100\%$

式中G—酱油实际产量，TN—实测酱油中的全氮含量（g/100mL），d—酱油相对密度，p—混合原料含蛋白质总量，即为：豆饼重量×豆饼蛋白质含量%+麸皮重量×麸皮蛋白质含量%+……的总和。

（3）酱油出品率　计算出品率先确定产品和原理两个标准。产品标准以部颁二级酱油为统一标准，原料标准即为含氮标准。成品酱油一般以氨基酸态氮作为计算依据。

计算公式：酱油量（kg）混合原料每kg氮＝$G×AN×1.17/（0.6×d×p）$

式中G—酱油实际产量，AN—实测酱油中氨基酸态氮含量（g/100mL），1.17—标准二级酱油比重，0.6—标准二级酱油氨基酸态氮的含量（g/100mL），d—实测酱油比重，p—混合原料含蛋白质总量。

6. 思考及计算题

（1）描述酱油酿造过程。

（2）以混合原料含蛋白质30%计算，1kg混合料能产二级酱油多少kg？（蛋白质利用率为80%，二级酱油相对密度为1.17，全氮含量为1.2g/100mL）

（3）某厂生产酱油原料如下：豆粕：1950kg，含蛋白质46.92%；麸皮190kg，含蛋白质13.95%；碎米470kg，含蛋白质8.50%。结果生产酱油10500kg，其质量为全氮1.40g/100mL，相对密度1.2，求该批原料的蛋白质利用率及酱油的出品率。

二、果醋酿造实验

1. 目的

理解酿醋的原理；学会蒸酒度的方法；学习使用pH计及酸碱滴定法测定酸度的方法。

2. 原理

食醋酿造需要经过糖化、酒精发酵、醋酸发酵以及后熟与陈酿等过程。在每个过程中都是由各类微生物所产生的酶引起一系列生物化学作用。如下式所示：

$$淀粉 \xrightarrow[淀粉酶]{曲霉菌} 葡萄糖 \xrightarrow[酒化酶]{酵母菌} 乙醇 \xrightarrow[脱氢酶]{醋酸菌} 乙酸$$

以含乙醇的果酒为原料，加醋酸菌，只需经过醋酸发酵一个生化阶段。

3. 材料与仪器设备

①仪器：分析天平、锥形瓶、pH试纸、100mL量筒、高压蒸汽灭菌锅、摇床、pH计、碱式滴定管、酒度计；

②材料：醋酸菌、蒸馏水、乙醇、酚酞、NaOH。

4. 实践内容

流程为：含醇果酒──→灭菌──→冷却──→加醋酸菌发酵──→过滤──→杀菌──→包装──→成品。操作要点分述如下。

（1）活化菌　①醋酸菌培养基配方：葡萄糖1g、酵母粉1g、水100mL、CaCO$_3$2g；②配制培养基，灭菌冷却至70℃时每100mL培养基加3~4滴无水乙醇；③向培养基中加1%~5%醋坯，即每100mL培养基接入1~5g醋酸菌。发酵中向配制好的两份培养基中分别接入了2g和4g的醋酸菌；④将接好的菌放在温度为32℃，转速为200r/min的摇床中振荡培养2d；⑤观察比较培养基浊度，选取活化较好的菌用于以后的酿造过程。

（2）蒸酒度　①取100mL果酒，使用旋转蒸发仪蒸出酒精，再用酒度计测定其酒度；②方法：使用旋转蒸发仪，将温度设定在70℃，使用真空泵将仪器内部抽真空，调节转速，由于乙醇的沸点较低，在70℃会被蒸发出来，收集蒸出的酒精，蒸至基本无酒精滴出后，使用酒度计测定收集出的酒精的酒度。结果测出两种果酒的酒精度分别为12°和5°；③测出酒精度后，将12°果酒下调至6°，即50mL果酒加入50mL水摇匀，酒度即为6°；另一种5°的果酒无需调其酒度。

（3）扩培　①将活化好的培养基按10%~20%比例分别加入上述两种果酒中，摇床培养2d。②过程中选取13%和17%两个比例接入活化菌，继续放在原条件的摇床中振荡扩培2d，如表8-3所示。

表 8-3　　　　　　　　　　　　　果酒扩培取量表

接入醋酸菌活化培养基量	果酒种类		
	6°果酒		5°果酒
2g	13mL 菌悬液+87mL 6°果酒	17mL 菌悬液+83mL 6°果酒	13mL 菌悬液+87mL 5°果酒
4g	13mL 菌悬液+87mL 6°果酒		13mL 菌悬液+87mL 5°果酒

（4）发酵　①从上述 5 种扩培培养基中选取接入 13mL 菌悬液的 4 种继续发酵；②将选取的 4 种扩培培养基按 10%～20% 的比例分别继续加入上述两种果酒中，摇床发酵 7d；③在实验中，选取 15% 的比例接入扩培培养基，总体积 200mL，如表 8-4 所示。

表 8-4　　　　　　　　　　　　　果酒发酵取量表

接入醋酸菌扩培培养基菌种量	果酒种类	
	6°果酒	5°果酒
2g	30mL 菌悬液+170mL 6°果酒	30mL 菌悬液+170mL 5°果酒
4g	30mL 菌悬液+170mL 6°果酒	30mL 菌悬液+170mL 5°果酒

5. 产品评定

测定 pH，从摇床中取出酿造的醋，用酸度计测出 5°果酒加入 30mL 含 2g 醋酸菌的扩培培养基的 pH。

6. 思考题

（1）果酒酿造过程中关键步骤是哪一步？

（2）在配制酵母菌的培养基时，常添加一定浓度的葡萄糖液，如果葡萄糖浓度过高反而会抑制酵母菌的生长，其可能的原因是什么？

🔍 思考题

1. 酱油酿造的基本原理是什么？
2. 酱油生产的工艺流程有哪些步骤？有哪些关键操作？如何进行过程控制？
3. 食醋酿造的主要微生物有哪些？各自有哪些特性？
4. 固态法酿造食醋工艺及其关键操作控制点是哪些？如何进行调节控制？
5. 酿醋的主要原料有哪些？食醋生产的三个主要过程分别是什么？

[推荐阅读书目]

[1] 苏东海. 酱油生产技术 [M]. 北京：化学工业出版社，2010.

[2] 包启安. 酱油科学与酿造技术 [M]. 北京：中国轻工业出版社，2011.

[3] 徐青萍. 食醋生产技术 [M]. 北京：化学工业出版社，2008.

[4] 董胜利，徐开生. 酿造调味品生产技术 [M]. 北京：化学工业出版社，2003.

第九章

氨基酸发酵工艺

9

[知识目标]

1. 了解氨基酸发酵的历史及现状。
2. 理解氨基酸发酵原料及处理。
3. 理解氨基酸发酵菌种及发酵机制。
4. 掌握氨基酸发酵生产的工艺流程以及各工艺流程的操作要点。

[能力目标]

1. 能够根据原料的性质发酵生产氨基酸。
2. 能够对氨基酸发酵过程中常见问题进行分析和控制。

第一节 氨基酸发酵概述

氨基酸是蛋白质的基本组成单位，是生命有机体的重要组成部分，是生命机体营养、生存和发展极为重要的物质，在生命体内物质代谢调控、信息传递方面扮演着重要的角色。

一、氨基酸发酵历史及现状

氨基酸的制造从 1820 年水解蛋白质开始，1850 年用化学合成法合成了氨基酸，直至 1957 年日本用发酵法生产谷氨酸获得了成功。利用微生物发酵法制造氨基酸的最初产品是谷氨酸。1956 年，日本协和发酵公司分离选育出一种新的细菌——谷氨酸棒杆菌，该菌能同化利用葡萄糖，并在发酵液中直接积累谷氨酸，并于 1957 年正式工业化发酵生产味精。发酵法生产谷氨酸的成功，是现代发酵工业的重大创举，也是氨基酸生产中的重大革新，推动了其他氨基酸发酵研究和生产的发展。发酵法是利用微生物具有能够合成其自身所需各种氨基酸的能力，通过对菌株的诱变处理，选育出各种缺陷型及抗性的变异菌株，已解除代谢调节中的反馈与阻遏，以过量合成某种氨基酸为目的的一种氨基酸生产方法。目前世界上大多数氨基酸是以发酵法生产，如谷氨酸、赖氨酸、苏氨酸、色氨酸和苯丙氨酸等 20 多种氨基酸都可用发酵法生产。2011 年世界氨基酸产量已达 600 多万 t，其中主要以谷氨酸和赖氨酸为主。世界主要的氨基酸生产商有日本的味之素、德国的德固沙、日本的协和发酵、台湾地区的味丹国际、美国的阿丹米公司和韩国的希杰公司。

我国氨基酸生产最早在 1922 年用酸水解法生产味精，到 1965 年成功采用发酵法生产味精，使发酵法生产氨基酸成为主流。我国的氨基酸产业虽然起步较晚，但发展速度很快，已成为氨基酸生产和消费大国。2012 年，我国氨基酸产量超过 330 万 t，其中谷氨酸及其盐产量达 240 万 t，占世界总产量的 70% 以上。我国主要的氨基酸生产商有河北梅花味精集团公司、沈阳红梅味精股份有限公司、广州肇庆星湖味精股份有限公司、河南莲花味精股份有限公司、吉林大成集团等。虽然我国已是氨基酸生产大国，但我国企业规模小，工艺技术相对落后，产品单一，环保问题突出，生产成本高，缺乏核心竞争力。目前需要提高科技创新能力，降低能耗，提高资源利用率，坚持发展循环经济，发展绿色经济，走集约化经营之路，实现由"产业大国"走向"产业强国"。

二、氨基酸发酵技术进展

自从发酵法生产谷氨酸成功以后，世界各大氨基酸生产国的厂商积极发展氨基酸发酵新技术，各国科技人员相继开发出各种氨基酸生产的新菌种、新工艺和新技术，这为氨基酸工业的进一步发展提供了巨大的动力。

1. 代谢工程育种技术

谷氨酸发酵生产成功后，氨基酸发酵引进了"诱变育种"和"代谢控制发酵"的新技术，极大地推动了氨基酸发酵工业的发展。氨基酸是典型的代谢控制发酵，早期主要采用诱变育种对生产菌株进行改造，但该方法具有很大的盲目性和随机性，菌株遗传背景不明，获得的生产菌株往往生长较慢，营养缺陷，抗逆性较差，难以稳定高产。随着对微生物代谢网络研究的深入及基因重组技术的发展，通过系统地改造微生物的氨基酸合成代谢网络的生物学方法构建氨基酸生产菌株已经成为国际微生物遗传育种的研究热点。微生物代谢工程是利用遗传学的方法或生物化学方法，人为地在 DNA 分子水平上改变和控制微生物的代谢，使有用目的的产物大量生成和积累的发酵。代谢工程可应用重组 DNA 技术对菌株进行有精确目标的基因操作，有目的地对细胞某些方面的代谢进行修饰，从而实现目标代谢靶点活性提高的预期目标，其改造有赖于对分子育种技术手段的掌握，对氨基酸生物合成网络途径和相关基因表达调控机理的了解以及对产物性质的把握。为了提高氨基酸的产量，科研工作者借助于基因克隆与表达技术提出了多种代谢工程改造策略，包括增加氨基酸生物合成的相关基因表达量、解除终产物对关键限速酶的反馈抑制、解除或降低阻遏蛋白对其合成途径中的各基因的阻遏作用、更换表达调控元件、积累 NADPH 池、增加氨基酸转运蛋白转运能力等手段理性设计细胞代谢途径对其进行遗传修饰，从而筛选高产氨基酸的菌株。日本、德国、韩国和美国在这方面开展了大量的研究工作。通过基因工程改造而构建的工程菌，其基因组具有最小突变，具有与野生菌相似的生理特性，生长较快，发酵周期短，具有更高的经济效益。

世界上第一个氨基酸的基因工程菌是构建于 1980 年产苏氨酸的重组大肠杆菌。近些年，一些新的代谢工程育种技术被逐步应用于氨基酸工程菌的构建。例如，Park 等结合转录组分析结果，对基因组规模的代谢网络进行基因敲除模拟，构建高效的缬氨酸工程菌。Juminaga 等对酪氨酸的合成途径采用模块化工程策略，优化每个模块的启动子、终止子、拷贝数和密码子，从而获得更高效的酪氨酸工程菌。目前，一些基因工程菌已被应用于氨基酸产品（赖氨酸、苏氨酸和色氨酸等）的工业化生产，取得了良好的经济效益。

随着对氨基酸代谢研究的不断深入，研究者逐渐认识到氨基酸的合成与分解是一个非常复杂的代谢过程，其中涉及基因的表达和调控、酶活力的反馈调节以及胞内代谢流量的动态变化等过程，单一的研究方法和手段不能够揭示微生物细胞内复杂的代谢变化过程。随着产氨基酸菌的全基因组测序的完成以及基因组尺度代谢网络模型的构建能有效地了解基因与表型的相关性，从而为代谢工程改造提供修饰靶点，以最大限度地选育氨基酸高产菌提供了可能。可以相信，随着系统生物学分析手段的进一步发展及大量试验数据的积累，多尺度多层次的系统生物学方法应用于代谢工程，将为微生物高产氨基酸菌种的选育及明确阐明表型或代谢途径得到优化的分子机制提供极佳的工具，从而进一步促进氨基酸生物生产的发展。

2. 代谢调控优化与自动控制技术

氨基酸发酵是一个复杂的代谢过程，从底物到产物的生物反应过程很难用数学模型对其动力学特征进行精确和定量的描述，可在线测量的状态变量少（如温度、pH、溶氧），绝大多数状态变量（如生物量、底物浓度、中间代谢物及产物浓度等）无法在线测量，由于发酵过程所涉及的状态变量之间相互影响，发酵过程呈现强烈的时变性，动力学模型参数在发酵过程中存在漂移或变化，响应速度慢、系统带有大幅的时间滞后。由于在生物反应器中细胞生理代谢数据采集和处理的困难，且生物反应过程生命体所处的环境条件是不断变化的，用单一的调控机制往往难以对整个生物过程的变化做出解释。传统发酵过程的操作和控制大多都是依靠操作人员的经验进行，仅凭着经验来补加营养物料或调节相关的环境参数。这种操作控制方式严重依赖操作人员的经验、能力和专业知识不同。传统控制理论对动力学模型明确的过程有效。发酵过程复杂且时变性强，动力学模型难以用确定的数学公式描述。因此，传统控制理论无法对发酵过程进行有效和准确的控制。因此，对氨基酸发酵过程的代谢调控应从菌种特性、细胞代谢特性和反应器特性等多尺度观点入手，发展和建立与发酵过程的特点相适应、具有共性的发酵过程优化控制技术，有利于提高目的产物的产率产量、生产强度及原料的转化率。

近年来，随着生物技术和信息技术的不断发展和应用，氨基酸生产过程的定量化、模型化和最优化已成为发酵研究和产业发展的重要方向。虽然随着计算机技术的迅速发展，通过在线检测和控制可对包括 pH、DO 等部分数据进行反馈控制，但仍需要开发更多高效的生化传感器及在线检测工具，快速采集和处理生物反应器中细胞生理代谢数据，获取直接的生物（生化）量变化信息。目前的氨基酸发酵过程控制的研究趋势是：通过技术集成，实现发酵过程工艺参数多点多面采集。同时建立多信息处理和高精度的反馈控制系统，实现发酵工艺参数的设定与更改，发酵控制过程控制参数的动态改变，发酵结果预测与工艺优化，发酵过程在线故障诊断和预警，最终实现发酵过程的智能优化与自动控制。如曹艳在谷氨酸代谢网络的基础上，提出了一种活用生物酶酶活数据的新型代谢网络模型，将酶活数据和有向信号线图理论有机地结合起来，可以用来估算不同操作条件下的糖酸转化率、解释转化率提高的内在原因、提出实现谷氨酸最优操作的理论酶学调控体系，并通过对关键酶组合对的相对酶活比和转化率的实验数据进行聚类分析，验证其有效性和通用性。邹有锋采用 RBF 神经网络建模法，研究菌体浓度的在线软测量方法；并针对发酵温度对象大滞后和模型的不确定性，将串级控制和模糊 PID 控制相结合，着重研究大型发酵罐温度控制策略，并通过仿真实验验证该控制策略的可行性，最终设计了微生物发酵过程监控系统。尹晓峰以谷氨酸发酵过程为研究对象，采用神经网络对发酵过程进行建模，用于发酵过程中状态变量的估算和预测。

3. 产品分离纯化技术

产品分离纯化是极其重要而又十分关键的工序，其成本通常可占总成本的50%以上。常用的氨基酸的提取方法有以下几种。

①等电点法：利用氨基酸是两性电解质的性质，将发酵液 pH 调节至氨基酸的等电点，使氨基酸沉淀析出。

②离子交换法：先将发酵液稀释至一定浓度，将发酵液调至一定的 pH，采用离子交换树脂吸附氨基酸，然后用洗脱剂将氨基酸从树脂上洗脱下来。

③沉淀法：某些氨基酸可以与一些有机或无机化合物结合，形成结晶性衍生物沉淀，利用这种性质向混合氨基酸溶液中加入特定的沉淀剂，使目标氨基酸与沉淀剂沉淀。以谷氨酸为例，提取工艺主要有等电离交工艺和浓缩等电转晶工艺。等电离交工艺虽然收率高（高于浓缩等电），但是酸、氨的消耗高，废水量大，处理难度大，成本高。与等电离交相比，浓缩等电转晶工艺硫酸、液氨消耗低，同时总的用水量大幅减少，通过变晶工艺使产品纯度提高到99%以上，因而浓缩等电转晶工艺正逐渐代替"离交"工序。其他一些产量较低的氨基酸提取目前仍以等电离交为主。

传统的分离方法（结晶、沉淀、离子交换等）虽然简便，但技术含量低、精度差。氨基酸产品的提取收率普遍偏低，提取过程造成的环境污染也较严重。目前国外在氨基酸发酵产品提取工艺上已大规模应用新型分离纯化技术，包括膜分离（微滤、超滤、纳滤等）、工业色谱和连续结晶技术等。目前膜技术发展成熟，各种膜元件种类繁多，可供选择的余地很大，越来越多的氨基酸产品开始使用膜过滤方法分离提取。但膜在运用过程中，因其材质等自身缺陷，有时候并不能取得最佳效果，因此开发合适的膜产品以及改进配套工艺成为研究的重要方向。

三、氨基酸应用

氨基酸在人和动物的营养健康方面发挥着重要的作用，目前已广泛应用于医药、食品、保健品、饲料、化妆品、农药、肥料、制革、科学研究等领域。经过 30 多年的发展，全球氨基酸市场主要分为：食品型氨基酸、饲料型氨基酸和其他用途氨基酸。食品型氨基酸主要有谷氨酸、苯丙氨酸和天冬氨酸，约占氨基酸市场份额的 50%，其中谷氨酸主要用于味精（谷氨酸单钠盐）的生产，苯丙氨酸和天冬氨酸主要用作甜味肽 L-天冬氨酰-L-苯丙氨酸甲酯（阿斯巴甜）的合成起始原料。饲料型氨基酸主要指赖氨酸、甲硫氨酸、苏氨酸和色氨酸，约占据氨基酸市场份额的 30%。其他氨基酸如精氨酸、苏氨酸多用于医药和化妆品行业及其他用途，约占据氨基酸市场份额的 20%。

1. 食品行业的应用

谷氨酸是人类应用的第一个氨基酸，也是世界上产量最大的氨基酸，主要以谷氨酸钠的形式作为食品调味剂。由于中国有食用味精的习惯，故中国是世界上最大的谷氨酸钠生产国和消费国。目前国内85%谷氨酸用于生产谷氨酸钠，在国外则仅为52%。除谷氨酸外，有些氨基酸如甘氨酸、丙氨酸、脯氨酸、天冬氨酸也可用作食品调味剂。氨基酸在食品方面第二大应用为阿斯巴甜，它是由天冬氨酸和苯丙氨酸共同合成的一种甜味肽，其甜度约是蔗糖的150倍。由于其具有甜味纯正、热值低、分解的代谢产物易被人体吸收利用等优点，在汽水、咖啡和乳制品的生产上被广泛使用。另外还有一些氨基酸可用作食品营养强化剂、食品除臭、防腐和发色等。

2. 饲料行业的应用

用于饲料添加剂的主要有赖氨酸、色氨酸、甲硫氨酸、精氨酸、苏氨酸等，其中甲硫氨酸和赖氨酸占95%以上。氨基酸饲料的主要作用是能够提高动物生长发育、增强肉质品质等。

3. 医药行业的应用

氨基酸参与人体正常的代谢和生理活动，可用于治疗各种疾病，也可作为营养剂、代谢改良剂，增强人体体质。如为病人注射复方氨基酸输液，可有效改善手术前患者的营养状态，保证手术的顺利进行；同时还补充病人蛋白质，有利于病人的康复。另外，精氨酸药物可以治疗由氨中毒造成的脑昏迷，丝氨酸药物可用作疲劳恢复剂，甲硫氨酸、半胱氨酸用于治疗脂肪肝；甘氨酸、谷氨酸用于调节胃液等。

4. 化妆品行业应用

由于氨基酸可促进老化和干燥的表皮细胞重新恢复弹性，降低或减缓由皮肤干燥引起的炎症，从而广泛应用于化妆品行业，用作护肤品等。另外，氨基酸产品还有良好的抗菌活性和低刺激性，可用作表面活性剂、染发剂和护发剂等。

5. 在其他行业的应用

氨基酸可用于纺织工业，如精氨酸可作为服装的整理剂，用作服装的涂层，增加服装的舒适感和提高皮肤活力。一些聚合氨基酸如聚谷氨酸、聚丙氨酸可用于人造皮革和高级人造纤维的生产，增加其原有的保温性和透气性。除此之外，氨基酸在电镀业和采矿业等方面也有一些应用，如谷氨酸用于电镀的电解液，半胱氨酸用于铜矿的探测。

第二节　氨基酸发酵原料及处理

从广义上讲，凡是能通过微生物代谢而产生氨基酸的物质，都可作为氨基酸发酵的原料，目前生产中常使用的原料主要有淀粉和糖蜜。

一、淀粉质原料及处理

淀粉为白色无定形粉末，存在于植物种子、块根和块茎中，其颗粒大体可分为圆形、椭圆形或多角形。一般含水分高、蛋白质少的植物，如马铃薯、木薯，其淀粉颗粒较大，呈圆形或椭圆形；含水分较低、蛋白质较多的植物，如大米，其淀粉颗粒较小，呈多角形。

淀粉是我国氨基酸生产的主要原料，由于大部分氨基酸产生菌不能直接利用淀粉质原料，因此在发酵生产氨基酸时，首先要将淀粉质原料水解为葡萄糖，以供氨基酸产生菌生长发酵利用。目前淀粉水解糖的制备方法主要有酸解法、双酶法和酸酶结合法三种。

1. 酸解法

酸水解法又称酸糖化法，它是利用酸为催化剂，在高温高压下将淀粉水解转化为葡萄糖。淀粉乳先经加热后糊化，进而在无机酸或有机酸的催化作用下逐步裂解，形成各种聚合度的糖类混合溶液，最终转化为葡萄糖。淀粉的酸水解反应可由化学式简示于下：

$$(C_6H_{10}O_5)_n + nH_2O \longrightarrow nC_6H_{12}O_6$$

淀粉水解生成的葡萄糖受酸和热的催化作用，会发生复合反应和分解反应。复合反应是葡萄糖分子通过 α-1,6 键结合生成异麦芽糖、龙胆二糖和其他具有 α-1,6 键的低聚糖类。复合糖可再次经水解转变成葡萄糖，此反应是可逆的。分解反应是葡萄糖分解成 5-羟甲基糠醛、有机酸和有色物质等非糖物质。其化学反应的关系如图 9-1 所示。

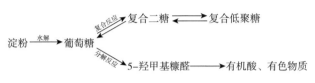

图 9-1　淀粉水解化学反应的关系

在淀粉的糖化过程中，淀粉的水解反应是主要的，而复合反应和分解反应是次要的。但复合和分解反应会影响葡萄糖的产率和增加糖化液的精制成本，因此在生产中要尽量降低这两种反应发生的程度以减少不利的影响。

在水解过程中，淀粉首先生成糊精、低聚糖、麦芽糖等中间产物，最后生成葡萄糖。糊精是指分子量大于低聚糖的碳水化合物的总称，能溶于水，不溶于乙醇。若将糊精滴入无水乙醇中会出现白色沉淀。另外，随着水解反应的进行，糊精分子量会逐渐变小，如遇碘会呈不同颜色，其颜色变化的顺序为：蓝色、紫色、红褐色、红色、浅红色和无色。因此根据糊精的这些性质，可用无水乙醇或碘液来检验淀粉糖化过程的水解情况。

由于淀粉原料不纯和在水解过程中产生的杂质，酸解法制备的淀粉水解糖成分复杂，除了糖外，尚含有蛋白质及其水解产物、色素和其他胶体物质等其他杂质，直接影响氨基酸生产菌的生长和发酵，必须除去糖液中的杂质，确保糖液的质量和后工序的使用效果。一般采用碱中和、活性炭吸附等方法除去杂质。

酸解法具有工艺简单、水解时间短、生产效率高、设备周转快的优点。但是，由于水解作用是在高温、高压以及在一定酸浓度条件下进行的，因此，酸解法要求设备耐腐蚀、耐高温和耐压。同时，淀粉在酸水解过程中存在一些副反应，所生成的副产物多，影响糖液纯度。另外，酸解法对淀粉原料要求较严格，要求淀粉颗粒均匀，颗粒过大会使水解不完全。淀粉乳浓度不宜过高，过高的淀粉乳浓度会使淀粉转化率下降，这些是酸解法有待解决的问题。

酸解法制备淀粉水解糖的工艺流程见图 9-2。

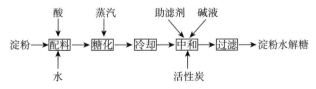

图 9-2　酸解法制备淀粉水解糖的工艺流程

淀粉酸解法糖化的操作有间歇糖化法和连续糖化法两种方式。目前采用较多的是连续糖化法。

（1）间歇糖化法 这种糖化方法是在加压糖化罐（一般为 $5 \sim 20m^3$ 密闭的垂直圆筒罐）内进行的。首先将淀粉乳浓度调整至 $16 \sim 18°Bx$，然后慢慢加入盐酸（干淀粉质量的 $0.6\% \sim 0.8\%$）调节到规定的 pH（1.5 左右），在罐压 $0.25 \sim 0.35MPa$ 和水解温度 $138 \sim 148℃$ 的情况下水解 $20 \sim 30min$，以水解液滴入无水乙醇中无白色沉淀出现为糖化终点。

间歇糖化法的缺点主要有：①淀粉乳容易结块，糖化不均匀；②葡萄糖的复合、分解反应和糖液的转化程度控制困难；③操作麻烦，不易自动控制，劳动强度大。

（2）连续糖化法 连续糖化法分为直接加热式和间接加热式两种。

①直接加热式：直接加热式的工艺过程是淀粉与水在一个贮槽内调配好，酸液在另一个槽内储存，然后在淀粉乳调配罐内混合，调整浓度和酸度。利用定量泵输送淀粉乳，通过蒸汽喷射加热器升温，并送至维持罐，流入蛇管反应器进行糖化反应，控制一定的温度、压力和流速，以完成糖化过程。而后糖化液进入分离器闪急冷却。二次蒸汽急速排出，糖化液迅速至常压，冷却到 $100℃$ 以下，再进入贮槽进行中和。

②间接加热式：间接加热式工艺过程为：淀粉浆在配料罐内连续自动调节 pH，高压泵入套管式的管束糖化反应器内，被内外间接加热。反应一定时间后，经闪急冷却后中和。物料在流动中可产生搅动效果，各部分受热均匀，糖化完全，糖化液颜色浅，有利于精制，热能利用效率高。

相比于间接加热，连续糖化的优点主要有：①糖化液均匀，糖化时间短，副反应少；②糖化液纯度高，色泽浅，后工序处理费用低；③糖化液浓度高，蒸发费用低；④连续操作，有利于提高设备的利用率和实现自控。

2. 双酶法

双酶法是用专一性很强的淀粉酶和糖化酶作为催化剂将淀粉水解成为葡萄糖的方法。酶解法制备葡萄糖可分为两步：第一步是液化过程，利用 α-淀粉酶将淀粉液化，转化为糊精及低聚糖。第二步是糖化过程，利用糖化酶将糊精或低聚糖进一步水解为葡萄糖。淀粉的液化和糖化都在酶的作用下进行的，故酶解法又称为双酶法。

（1）淀粉的液化 淀粉的液化是在 α-淀粉酶的作用下完成的。但淀粉颗粒的结晶性结构对酶作用的抵抗力非常强，α-淀粉酶不能直接作用于淀粉，在作用之前需要加热淀粉乳，使淀粉颗粒吸水膨胀、糊化，破坏其结晶性的结构。α-淀粉酶是内切型淀粉酶，可从淀粉分子的内部任意切开 α-1,4 糖苷键，使直链淀粉迅速水解生成麦芽糖、麦芽三糖和较大分子的寡糖，然后缓慢地将麦芽三糖、寡糖水解为麦芽糖和葡萄糖。当 α-淀粉酶作用于支链淀粉时，不能水解 α-1,6 糖苷键，但能越过 α-1,4 糖苷键继续水解 α-1,6 糖苷键。因此，液化产物除了麦芽糖和葡萄糖外，还含有一系列带有 α-1,6 糖苷键的寡糖。在 α-淀粉酶作用完全时，淀粉失去黏性，同时无碘的呈色反应。用 α-淀粉酶对淀粉乳进行液化的方法很多。按操作不同，可分为间歇式、半连续式和连续式；按设备不同，可分为管式、罐式和喷射式；按 α-淀粉酶制剂的耐温性不同，可分为中温酶法、高温酶法、中温酶与高温酶混合法；按加酶方式不同，可分为一次加酶、二次加酶、三次加酶液化法。目前，氨基酸发酵生产中，一般采用连续喷射闪蒸、一次（二次）加酶工艺，其具体工艺流程见图 9-3。

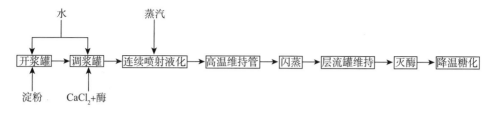

图 9-3 一次（二次）加酶法、连续喷射闪蒸工艺流程

（2）淀粉的糖化 糖化是在淀粉葡萄糖苷酶（俗称糖化酶）的作用下完成的，其是一种外切型淀粉酶，能从淀粉分子非还原端依次水解 α-1,4 糖苷键和 α-1,6 糖苷键，不过 α-1,6 糖苷键的水解速度仅为 α-1,4 糖苷键的水解速度的 1/10。在糖化酶的作用下，可将液化产物进一步水解为葡萄糖。糖化过程是在一定浓度的液化液中，调节适当温度与 pH，然后加入适量的糖化酶制剂，作用一定时间，使溶液达到最高的 DE 值，具体工艺流程见图 9-4。

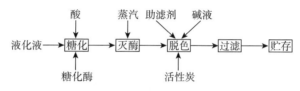

图 9-4 酶法糖化工艺流程

随着酶制剂生产及应用技术的提高，在氨基酸发酵工业上，酶解法制葡萄糖将逐渐取代酸解法制葡萄糖。与酸解法制葡萄糖对比，酶解法制葡萄糖具有很多优点：①由于酶具有较高专一性，淀粉水解的副产物少，因而水解糖液纯度高，DE 值可达 98% 以上，淀粉转化率高；②酶解法是在酶的作用下进行的，不需要耐高温、高压、酸腐蚀的设备；③可以在较高的淀粉浓度下水解，水解糖液的还原糖含量可达到 30% 以上；一般酸解法的淀粉乳浓度为 0.18～0.29g/mL，酶解法的淀粉乳浓度为 0.32～0.4g/mL，而且可用粗原料；④酶解法制得的糖液颜色浅，较纯净，无苦味，质量高，有利于糖液的充分利用。但酶解法也有一定的局限性，表现为酶解法反应时间长，要求设备较多，酶本身是蛋白质，易引起糖液过滤困难。

3. 酸酶结合法

酸酶结合法是集中酸解法及酶解法制糖的优点而采用的生产方法，它又可分为酸酶法和酶酸法两种。酸酶法是先将淀粉用酸水解成糊精或低聚糖，然后再用糖化酶将其水解为葡萄糖的工艺。该法适用于玉米、小麦等谷类淀粉，这些淀粉颗粒坚实，如果用 α-淀粉酶液化，在短时间内作用，液化反应往往不彻底，因此，采用酸先将淀粉水解至葡萄糖值为 10～15，然后将水解液降温，中和，再加入糖化酶进行糖化。酸酶法制糖，具有酸液化速度快的优点，又由于糖化过程用酶法来进行，可采用较高的淀粉乳浓度，提高生产效率。另外，此法酸用量少，产品色泽浅，糖液质量高。酶酸法工艺主要是将淀粉乳先用 α-淀粉酶液化到一定程度，过滤除去杂质后，然后用酸水解成葡萄糖的工艺。对于一些颗粒大小很不均匀的淀粉，如果用酸水解法常导致水解不均匀，出糖率低。酶酸法比较适用于此类淀粉，且淀粉浓度可以比酸法高；在第二步水解过程中 pH 可稍高，以减少副反应，使糖液色泽较浅。

二、糖蜜原料及处理

制糖工业上，甘蔗或甜菜的压榨汁经过澄清、蒸发浓缩、结晶、分离等工序，可得结晶砂糖和母液。由于压榨汁的澄清液始终会存在杂质，这些杂质影响到结晶过程。虽然分离出来的母液经过反复结晶和分离，但始终有一部分糖分残留在母液中，末次母液的残糖在目前制糖工业技术或经济核算上已不能或不宜用结晶方法加以回收。于是，甘蔗或甜菜糖厂的末次母液就成为一种副产物，这种副产物就是糖蜜，俗称废蜜。糖蜜含有相当数量的可发酵性糖，是发酵工业的良好原料。

糖蜜可分为甘蔗糖蜜和甜菜糖蜜。我国南方各省位于亚热带，盛产甘蔗，甘蔗糖厂较多，甘蔗糖蜜的产量也较大。甘蔗糖蜜的产量为原料甘蔗的 $2.5\% \sim 3.0\%$。我国甜菜的生产主要在东北、西北、华北等地区，甜菜糖蜜来源于这些地区的甜菜糖厂，其产量为甜菜的 $3\% \sim 4\%$。甘蔗糖蜜呈微酸性，pH6.2 左右，还原糖含量较多；甜菜糖蜜则呈微碱性，pH7.4 左右，还原糖含量极少，而蔗糖含量较多；总糖量则两者较接近。另外，甜菜糖蜜中总氮量较甘蔗糖蜜丰富。

糖蜜中干物质在 $80 \sim 90°Bx$，糖分 50% 以上，胶体物质 $5\% \sim 10\%$，灰分 $10\% \sim 12\%$。由于糖蜜干物质浓度很大，糖分高，胶体物质与灰分多，产酸细菌多，不但影响菌体生长和发酵，特别是胶体的存在，致使发酵中产生大量泡沫，而且影响到产品的提炼及产品的纯度，因此，糖蜜在投入发酵之前，要进行适当预处理。

1. 糖蜜的澄清处理

糖蜜澄清处理通常运用加酸酸化、加热灭菌和静置沉淀等多种手段来完成。

加酸酸化可使部分蔗糖转化为微生物可直接利用的单糖，并可抑制杂菌的繁殖。如果加入硫酸，可使一些可溶性的灰分变为不溶性的硫酸钙盐沉淀，并吸附部分胶体，达到除去杂质的目的。

糖蜜中杂菌较多，可通过加热进行灭菌处理。一般采用蒸汽加热至 $80 \sim 90℃$，维持60min 可达到灭菌的目的。若不采用蒸汽加热灭菌的方式，也可用化学制剂进行化学灭菌处理。不过，化学制剂用量较难把握，残留的灭菌剂往往对产生菌的生长和发酵产生不良的影响。

糖蜜中的胶体物质、灰分以及其他悬浮物质经过加酸、加热处理后，大部分可凝聚或生成不溶性的沉淀，再经过静置沉降若干小时，固液可明显分层，便于分离除去对发酵不利的杂质。此外，还有使用离心机沉降加速澄清的工艺。

2. 糖蜜的脱钙处理

糖蜜中含有较多的钙盐，有可能影响产品的结晶提取，故需进行脱钙处理。作为钙质的沉淀剂，通常有 Na_2SO_4、Na_2CO_3、Na_2SiO_3、Na_3PO_4、草酸和草酸钾等。目前常用 Na_2CO_3 作为钙盐沉淀剂进行处理。用纯碱对糖蜜进行脱钙处理时，可先向糖蜜加纯碱，然后将糖蜜稀释到 $40 \sim 50°Bx$ 左右，搅拌并加热到 $80 \sim 90℃$，30min 以后即可过滤，能使糖蜜中的钙盐降至 $0.02\% \sim 0.03\%$。

3. 糖蜜的除生物素处理

糖蜜的生物素含量丰富，其生物素含量为 $40 \sim 2000 \ \mu g/kg$，一般甘蔗糖蜜的生物素含量是甜菜糖蜜的 $30 \sim 40$ 倍。对于生物素缺陷型菌株来说，当采用糖蜜作为培养基碳源，将严重影响菌株细胞膜的渗透性，代谢产物不能积累。因此，可以向糖蜜培养基添加一些对生物素产生拮抗作用的化学药剂（如表面活性剂），或添加一些能够抑制细胞壁合成的化学药剂（如青霉素），来改善细胞膜的渗透性。为了控制方便，通常是在发酵过程实施这种方法，而不需在发酵前进行预处理。

在发酵前，也可以通过活性炭吸附、树脂吸附或亚硝酸破坏等方法降低糖蜜中生物素的含量。不过，处理成本相对较高，处理效果较差，大规模生产中使用比较少。

第三节　氨基酸发酵菌种及发酵机制

一、氨基酸发酵菌种

1. 谷氨酸发酵菌种

1957 年木下等人报道了利用谷氨酸小球菌（后命名为谷氨酸棒状杆菌）可以直接发酵生产谷氨酸。在特定的培养条件下，能积累较多谷氨酸的微生物比较集中在棒状杆菌属、短杆菌属、小杆菌属及节杆菌属等几个细菌属。棒状杆菌属、短杆菌属及小杆菌属中的一些菌株除适用于糖质原料的谷氨酸发酵外，还适用于醋酸原料、乙醇原料等谷氨酸发酵。节杆菌属中的谷氨酸发酵菌，有些能适用于以烷烃为碳源的谷氨酸发酵，也有一些适用于糖质原料的谷氨酸发酵。

用于糖质发酵谷氨酸产生菌有谷氨酸棒状杆菌、乳糖发酵短杆菌、黄色短杆菌、嗜氨短杆菌、散枝短杆菌、硫殖短杆菌等菌种，他们都是生物素缺陷型。

（1）谷氨酸产生菌特征和分类　谷氨酸产生菌多由森林、草地、堆肥、沟水、稻田、旱田、菜田、酱油厂、制糖厂、制粉厂、淀粉厂、味精厂、动植物、食品、果树园等试样分离而得。

①棒杆菌属（*Corynebacterium*）：细胞为直或微弯的杆菌，常呈一端膨大的棒状，折断分裂形成"八"字形排列或栅状排列。不运动，少数植物致病菌能运动。革兰染色阳性，但常有呈阴性反应者，菌体内常着色不均一，有横条纹或串珠状颗粒。好氧或厌氧。棒状杆菌属中的谷氨酸产生菌有：北京棒杆菌 ASl. 299（*C. Pekinensen*）、钝齿棒杆菌 AS1. 542（*C. crenatum*）、谷氨酸棒杆菌（*C. glutamicus*）。

②短杆菌属（*Brevibacterium*）：细胞为短的、不分支的直杆菌，革兰染色阳性。大多数不运动，运动的种具有周生鞭毛或端生鞭毛。在普通肉质蛋白胨培养基中生长良好。有时产非水溶性色素，色素呈红、橙红、黄、褐色。可以从乳制品、水、土壤、昆虫、鱼及植物体等样品中分离得到。短杆菌属的谷氨酸发酵菌有：扩展短杆菌（*B. divarcutum*）、黄色短杆菌（*B. flavum*）、乳糖发酵短杆菌（*B. lactofermentum*）、嗜氨短杆菌（*B. ammoniaphium*）、硫殖短杆菌（*B. thiogenitalis*）。

③小杆菌属（*Microbacterium*）：本属细菌是杆状菌，性状和排列都和棒状杆菌相似，有时呈球杆菌状。美蓝染色呈现颗粒，革兰染色阳性，不抗酸，无芽孢。在普通肉汁蛋白胨培养基上生长，补加牛乳或酵母膏则产生带灰色或带黄色菌落。发酵糖产酸弱，主要产乳酸，不产气。小杆菌属中的谷氨酸发酵菌有：水杨苷小杆菌（*M. salicnovorum*）、产碱小杆菌（*M. alkaliscrens*）、嗜氨小杆菌（*M. ammoniaphilum*）。

④节杆菌：本属细菌突出特点是在培养过程中出现细胞形态由球菌变杆菌，由杆菌变球菌，革兰染色由阳性变阴性、又由阴性变阳性的变化过程。一般不运动。固体培养基上菌苔软或黏，液体培养生长旺盛。大部分的种液化明胶，碳水化合物发酵产酸极少或不产酸，好氧。大部分菌种在37℃不生长或微弱生长，最适生长温度为20~25℃。节杆菌属中的谷氨酸发酵菌有：氨基酸节杆菌新种、裂烃谷氨酸节杆菌、石蜡节杆菌。

自然界筛选菌种细胞积累的谷氨酸浓度不高，生产中常采用诱变育种的营养缺陷型菌株。通过诱变育种，限制细胞内 α-酮戊二酸脱氢酶复合物的活性，从而防止降解，提高谷氨酸的产量。

谷氨酸发酵使用的许多变异株中，以营养缺陷型变异株最重要。营养缺陷型变异株往往是用从自然界中分离筛选得到的谷氨酸发酵野生菌作为亲株，通过物理或化学等诱变因素处理后选育获得的，例加油酸缺陷型变异株和甘油缺陷型变异株等。目前，我国企业使用的谷氨酸产生菌主要有：北京棒杆菌 AS 1.299、钝齿棒杆菌 AS 1.542、天津短杆菌 T_{6-13} 以及它们的各种突变株。

（2）各主要谷氨酸产生菌的生长习性

①北京捧杆菌 ASl.299：该菌种不耐高温，在 26~37℃ 培养生长良好，41℃生长较弱。在 pH5~10 均能生长，最适 pH6~7.5。生物素是必需生长因素，硫胺素能明显促进菌种生长。该菌种的生物学特性有：a. 普通肉汁琼脂斜面：菌种中度生长；24h 的菌苔呈白色、48h 呈淡黄色、颜色逐渐加深；表面光滑、湿润、有光泽、无黏性、无水溶性色素。b. 普通肉汁琼脂平板：菌落圆形，24h 白色，48h 淡黄色，中央隆起，表面湿润、光滑、有光泽，边缘整齐且呈半透明状，无黏性、不产生水溶性色素。c. 普通肉汁液体培养：稍浑浊，有时表面沿管壁呈薄环状，摇动培养管，底部有粒状沉渣。d. 普通肉汁琼脂穿刺：表面发育良好，沿穿刺线生长弱，且不向四周扩散。

②钝齿捧杆菌 AS1.542：该菌种在 20~37℃ 培养生长良好，不耐高温，42℃不生长。在 pH6~9 范围内生长良好，pH10 生长微弱，pH4~5 酸性环境不能生长。生物素也是必需生长因素。在不同培养基条件下，培养特征有一定差异。生物学特性有：a. 普通肉汁琼脂斜面：中度生长，近草黄色，表面湿润、无光泽、无黏性、不产生水溶性色素。b. 普通肉汁琼脂平板：菌落圆形，近草黄色，表面湿润、光滑、无光泽、边缘顿齿状，较薄、半透明、无黏性，不产生水溶性色素。c. 普通肉汁液体培养：稍浑浊，表面有薄菌膜，底部有较多沉渣。d. 普通肉汁琼脂穿刺：表面及沿穿刺线生长，且不向四周扩散。

③天津短杆菌 T_{6-13} 的生长习性：该菌种在 26~37℃ 培养生长良好；75℃处理 10min 后，菌株不再生长。在 pH6~10 范围内生长良好，pH5 生长微弱，pH4 和 pH11 的环境不能生长。生物素是该菌种的必需生长因素，硫胺素可以促进该菌种的生长。生物学特性有：a. 普通肉汁琼脂斜面：斜面中间划直线培养，菌生长达到中度生长状态，菌苔呈线状、隆起；菌苔浅黄色、表面湿润、有光泽、不透明；不产生水溶性色素。b. 普通肉汁琼脂平板：菌落圆形，浅黄色、表面湿润、光滑、隆起、边缘整齐，较薄、半透明、无黏性，不产生水溶性色素。c. 普通肉汁液体培养：浑浊，没有菌膜盖，表面沿管壁有一圈菌膜，底部有棉絮状和粒状沉渣。d. 普通肉汁琼脂穿刺：表面生长良好，沿穿刺线生长较弱，不向四周扩散。

2. 赖氨酸发酵菌种

赖氨酸是必需氨基酸，化学名称为 2，6-二氨基己酸，化学分子式 $C_6H_{14}O_2N_2$，有 L 型和

D-型两种构型，微生物发酵法生产 L-型。工业发酵生产赖氨酸生产菌主要用谷氨酸棒状杆菌、黄色短杆菌、乳糖发酵短杆菌等的变异株，以谷氨酸棒状杆菌为出发菌株，通过亚硝基胍（NTG）、甲基硫酸乙酯（EMS）、紫外线等诱变而得的赖氨酸生产菌最为多见，效果最好。根据表现型，赖氨酸的突变生产菌可分为营养缺陷型、敏感型、结构类似物抗性及组合型多重变异株四类，其中以切断或减弱支路代谢的营养缺陷型菌株应用最多，如利用谷氨酸棒状杆菌选育高丝氨酸营养缺陷型突变株，或甲硫氨酸和苏氨酸或异亮氨酸多重营养缺陷型突变株。

谷氨酸棒状杆菌选育高丝氨酸营养缺陷型变异株及甲硫氨酸和苏氨酸或异亮氨酸多重营养缺陷型突变株可以直接发酵糖类生产赖氨酸。其他单一营养缺陷型例如苏氨酸缺陷型、甲硫氨酸缺陷型等变异株的赖氨酸生成量均不如高丝氨酸缺陷型变异株。除采用谷氨酸产生菌等突变菌株生产赖氨酸外，其他细菌例如枯草杆菌、铜绿色假单孢菌、灰色链霉菌等的高丝氨酸缺陷型也能生成赖氨酸，但生成量很低。此外，选育结构类似物抗性突变株如赖氨酸结构类似物 AEC 的抗性突变株（黄色短杆菌 FA-I-23）和苏氨酸结构类似物 AHV 的抗性突变株。

S-（2-氨基乙基）-L-半胱氨酸（AEC）是赖氨酸的结构类似物、α-氨基-β-羟基戊酸（AHV）是苏氨酸结构类似物，在反馈抑制作用中可以替代赖氨酸、苏氨酸，抑制赖氨酸、苏氨酸的代谢合成。

3. 其他氨基酸发酵菌种

（1）苏氨酸发酵菌种　在谷氨酸棒杆菌中，由于苏氨酸对高丝氨酸脱氢酶的反馈抑制，同样缺陷型突变株都不能产生大量苏氨酸。故应选育抗苏氨酸、赖氨酸结构类似物突变株，遗传性地解除对苏氨酸生成合成途径关键酶（天冬氨酸激酶、高丝氨酸脱氢酶）的反馈抑制。同时，多重缺陷型和结构类似物抗性相结合的突变株能增加 L-苏氨酸的生产能力。

（2）鸟氨酸发酵菌种　鸟氨酸发酵是 1957 年由木下祝郎等使用谷氨酸棒杆菌的瓜氨酸缺陷型变异株而开始的。选育精氨酸结构类似物抗性突变株，此外，乳糖发酵杆菌、川崎短杆菌、柠檬酸节杆菌、枯草芽孢杆菌、大肠杆菌、产气杆菌等菌株的 Arg-菌株，均可在限量供给 Arg-的培养基中，由糖发酵生产鸟氨酸。

（3）缬氨酸发酵菌种　中国科学院微生物研究所，用硫酸二乙酯诱变处理北京棒杆菌 AS1.299，获得一株突变株 AS1.586，是一株不严格缺陷型，可经葡萄糖发酵产生缬氨酸。AS1.586 突变株除要求异亮氨酸外，还可利用异亮氨酸生物合成途径上的中间产物如高丝氨酸、苏氨酸等作为生长因子，对葡萄糖转化率 26%。日本选育的抗 2-噻唑丙氨酸突变株 No.487，对糖转化率 31%。

（4）异亮氨酸发酵菌种　中国科学院微生物研究所用北京棒杆菌 ASl.299，通过添加溴丁酸以绕过反馈调节，在适宜条件下，产 L-异亮氨酸。20 世纪 60 年代前期，日本采用枯草芽孢杆菌、黏质赛氏杆菌，通过添加前体物 α-氨基丁酸、D-苏氨酸发酵生产异亮氨酸。20 世纪 70 年代，日本的椎尾等，由黄色短杆菌选育抗 α-氨基羟基戊酸及抗甲基-L-苏氨酸的突变株，由 10% 葡萄糖直接发酵积累 14g/L 的异亮氨酸，又由同一菌种的苏氨酸生产菌株选育抗乙硫氨酸菌株，以 10% 的收率由乙酸积累 34g/L 异亮氨酸。

二、氨基酸发酵机制

当以葡萄糖为碳源时，细胞内各种氨基酸代谢途径如图 9-5 所示。

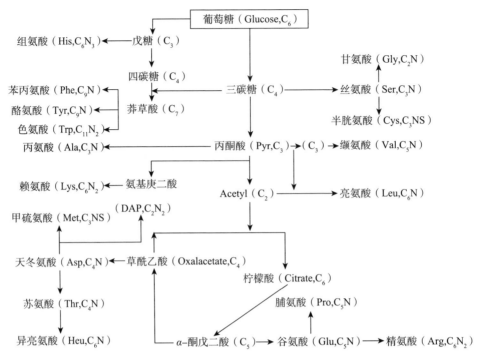

图 9-5 以葡萄糖为碳源时的多种氨基酸代谢途径

从图 9-5 可以看出，细胞内氨基酸的合成机制具有如下特点：①某一类氨基酸往往有一个共同的前体；②氨基酸的生物合成与 EMP 途径、TCA 循环有十分密切的关系；③一种氨基酸可能是另一种氨基酸的前体。

由此途径特点分析，能使细胞大量地积累氨基酸的有效手段有：①必须解除氨基酸代谢途径中存在的产物反馈调节；②应该防止合成的目标氨基酸降解或者用于合成其他细胞组分；③若几种氨基酸有一个共同的前体，应该切断其他氨基酸的合成途径；④应该增加细胞膜的通透性，使得细胞内合成的氨基酸能够及时释放到胞外，降低其胞内的浓度。

1. 谷氨酸发酵机制

（1）糖质发酵谷氨酸机制 生物体内合成谷氨酸的前体物质是 α-酮戊二酸，是三羧酸循环（TCA 循环）的中间产物，糖质原料发酵生产谷氨酸包括需氧氧化和氨同化两步。具体有酵解途径（EMP 途径）、磷酸己糖途径（HMP 途径）、三羧酸循环途径（TCA 环）、乙醛酸循环、Wood-Werkman 反应（CO_2 固定反应）等。

谷氨酸产生菌能够生长于 10% 以上高浓度的葡萄糖培养基中，生成 5% 以上高浓度的谷氨酸，这是菌体细胞的异常生理现象。导致谷氨酸产生菌能积累较多谷氨酸与菌体特异生理性质的内在因子有关，这些内在因素主要包括生物素缺陷、α-酮戊二酸氧化能力微弱或缺损、谷氨酸脱氢酶或谷氨酸合成酶的活性强。

①EMP 途径和 HMP 途径：EMP 途径是生物由糖的代谢而生成丙酮酸的途径。生成的丙酮酸可以通过不同途径，进一步转变为各种不同的产物。葡萄糖除通过 EMP 途径外还可以通过 HMP 途径生成戊糖-5-磷酸，再通过戊糖代谢而分解为二碳化合物和三碳化合物。三碳化合物是与 EMP 途径相联系的化合物，而二碳化合物再进入三羧酸循环中。在谷氨酸发酵

时，糖酵解经过 EMP 及 HMP 两个途径进行。生物素充足菌，HMP 途径所占的比例是 38%，控制生物素亚适量的结果是发酵产酸期 EMP 途径所占的比例更大，HMP 途径所占比例约为 26%。

②三羧酸循环（TCA）：当谷氨酸发酵时，糖的降解分为两个阶段。第一阶段即 EMP 途径，生成的丙酮酸可被 $NADH_2$ 还原成乳酸（或酒精）。第二阶段是在有氧存在的情况下，因 $NADH_2$ 被氧分子氧化，丙酮酸即不被还原，一部分经过氧化脱羧作用变成乙酰辅酶 A（CoA），一部分固定 CO_2，生成草酰乙酸或苹果酸，草酰乙酸与乙酰 CoA 在柠檬酸合成酶催化作用下缩合生成柠檬酸，进入三羧酸循环（图 9-6）。

柠檬酸再经依次氧化成顺-乌头酸、异柠檬酸、草酰琥珀酸和 α-酮戊二酸；α-酮戊二酸经还原共轭的氨基化反应而生成谷氨酸。谷氨酸产生菌的 α-酮戊二酸脱氢酶活力低，尤其当生物素缺乏条件下，TCA 循环到生成 α-戊二酸时，即受到阻挡。在 NH_4^+ 离子的存在下 α-酮戊二酸因谷氨酸脱氢酶的作用，转变为谷氨酸。

③乙醛酸循环：当谷氨酸生物合成时，乙醛酸循环居显著地位（图 9-7）。乙酰辅酶 A 与草酰乙酸相作用，生成柠檬酸，柠檬酸再变为异柠檬酸。异柠檬酸的转化分为两路：一路是生成乙醛酸及琥珀酸即是乙醛酸循；另一路是生成 α-酮戊二酸即三羧酸循环。

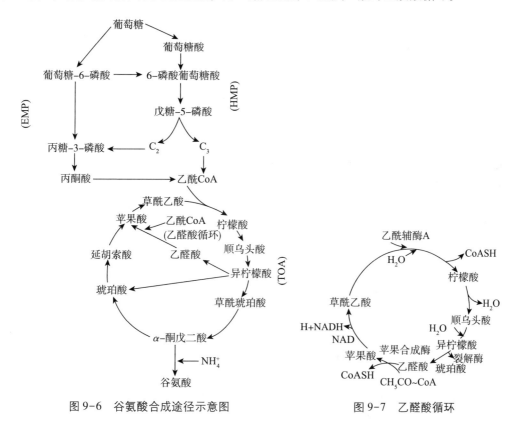

图 9-6　谷氨酸合成途径示意图　　　　图 9-7　乙醛酸循环

谷氨酸生产菌株为缺陷型，生产过程分为菌体生长期和谷氨酸积累期。在谷氨酸发酵的菌体生长期，由于三羧酸循环中的缺陷（丧失 α-酮戊二酸脱氢酶氧化能力或氧化能力微弱），谷氨酸产生菌采用乙醛酸循环途径进行代谢，提供四碳二羧酸及菌体合成所需的中间产物等，乙醛酸循环活性越高，谷氨酸越不易生成与积累。在菌体生长期之后，进入谷氨酸生成期，封闭乙醛酸循环，积累 α-酮戊二酸，就能够大量生成、积累谷氨酸。因此在谷氨酸发酵中，菌体生长期的最适条件和谷氨酸生成积累期的最适条件是不一样的。

④Wood-Werkman 反应（CO_2 的固定）：在谷氨酸发酵中有下列两个 CO_2 固定反应：

$$丙酮酸 \underset{\pm CO_2}{\overset{酰乙酸脱羧酶}{\rightleftharpoons}} 草酰乙酸$$

$$丙酮酸 \underset{\pm CO_2}{\overset{苹果酸酶}{\rightleftharpoons}} 苹果酸 \overset{苹果酸脱氢酶}{\rightleftharpoons} 草酰乙酸$$

当谷氨酸发酵时，生物素过剩则有利于菌体的生长，而不利于产物累积，为完全氧化型；生物素适量则异柠檬酸酶、琥珀酸氧化以及苹果酸和草酰乙酸变为丙酮酸的脱羧作用均呈停滞状态，同时由于过剩 NH_4^+ 的存在，因此由柠檬酸变为谷氨酸的反应大量进行，这是谷氨酸生成型。

在谷氨酸生成期，若 CO_2 固定反应完全不起作用，丙酮酸在丙酮酸脱氢酶的催化作用下，脱氢脱羧全部氧化成乙酰 CoA，通过乙醛酸循环供给四碳二羧酸，因此，在谷氨酸合成过程中，糖的分解代谢途径与 CO_2 固定的适当比例是提高谷氨酸对糖收率的关键问题。

（2）利用甘油缺陷型变异株发酵谷氨酸的合成途径机制 研究发现谷氨酸的分泌与磷脂质分泌之间有着密切的关系，可以取得能够控制细胞膜中磷脂质含量的变异菌株，达到调节细胞膜通透性提高的要求，促进谷氨酸分泌。当细胞膜转变为有利于谷氨酸向膜外渗透的方式，谷氨酸才能不断地排出细胞外，这样既有利于细胞内谷氨酸合成反应的优先性、连续性，也有利于谷氨酸在胞外的积累。调节磷脂质含量的突变株可能有 4 种类型：即 a. 磷脂质缺陷型菌株；b. R（乙醇胺，丝氨酸，肌醇，胆碱）缺陷型菌株；c. 脂肪酸缺陷型菌株；d. 甘油缺陷型菌株。其中，甘油缺陷型菌株缺损将二羟丙酮磷酸转变为甘油-3-磷酸所需要的酶（甘油-3-磷酸：NADP 氧化还原酶），不能自身合成 α-磷酸甘油和磷脂，外界供给甘油才能使其生长，因此可以通过控制甘油添加量来控制细胞膜对谷氨酸的通透性。该变异株的谷氨酸生成与生物素、油酸的供给量无关，它的生长和菌体内磷脂依甘油供给量而定。当甘油供给量加以限制时，则脂质生成受到抑制，从而在培养液中累积大量谷氨酸。实际发酵生产中，适量的甘油添加量尤为重要。当甘油添加量过多时，磷脂正常合成，菌体正常生长，不产谷氨酸或产谷氨酸低；当甘油添加量过少时，菌体生长不好，产谷氨酸低，所以控制甘油亚适量是控制的关键。

2. 赖氨酸发酵机制

赖氨酸的生物合成途径与其他氨基酸不同，依微生物（细菌、霉菌、酵母）的种类而异，细菌合成赖氨酸的途径首先由 Gilvarg 等用大肠杆菌来研究的，谷氨酸棒状杆菌合成赖氨酸的途径大体与大肠杆菌相似，由糖类生产赖氨酸的微生物合成途径见图 9-8。

赖氨酸的生产菌以短杆菌和棒杆菌细菌为主，钝齿棒杆菌的赖氨酸生物合成是一个分支合成途径，以天冬氨酸为起始物，优先合成甲硫氨酸、苏氨酸、异亮氨酸，最后才是赖氨酸。通常采用诱变选育出高丝氨酸缺陷型或苏氨酸甲硫氨酸缺陷型，使高丝氨酸脱氢酶的活性缺失，阻断了甲硫氨酸、苏氨酸的合成分支，积累更多的代谢中间体，有利于赖氨酸的合成。

下面以谷氨酸棒状杆菌高丝氨酸（或者苏氨酸+蛋氨酸）缺陷型变异株合成赖氨酸为例，

说明营养缺陷型菌株打破反馈抑制，大量积累代谢物的机制。

　　糖质原料的赖氨酸发酵生产中，葡萄糖经 EMP 途径和 CO_2 固定反应，产生四碳草酰乙酸和天冬氨酸，在天冬氨酸激酶的作用下，转化为天冬氨酰磷酸，进入赖氨酸合成途径。高丝氨酸营养缺陷型菌株缺乏催化天冬氨酸-β-半醛转化为高丝氨酸的高丝氨酸脱氢酶，菌株无合成高丝氨酸的能力。因此，切断微生物合成苏氨酸和甲硫氨酸的支路代谢，解除赖氨酸和苏氨酸的协同反馈抑制作用；此外，通过限量添加高丝氨酸，可使甲硫氨酸、苏氨酸限量产生，从而解除了甲硫氨酸、苏氨酸对天冬氨酸激酶的协同反馈抑制，使赖氨酸得以大量积累。

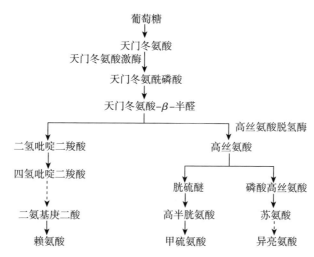

图 9-8　赖氨酸、苏氨酸、甲硫氨酸的合成途径

　　抗赖氨酸结构类似物 AEC 的抗性突变菌株和抗苏氨酸结构类似物 AHV 的抗性突变株可较多积累赖氨酸。结构类似物的作用机制是假反馈抑制作用，结构类似物为天冬氨酸激酶所误认，结合到天冬氨酸激酶的变构部位（变构酶的调节中心），保留了酶的活性中心；酶的构象发生变化而对苏氨酸，赖氨酸的协同反馈抑制不敏感，从而实现过量合成赖氨酸。抗赖氨酸结构类似物 AEC 的抗性突变菌株和抗苏氨酸结构类似物 AHV 的抗性突变株，出发菌株通过和结构类似物一起温育，诱使菌种的天冬氨酸激酶的编码基因发生突变，使天冬氨酸激酶对赖氨酸及其结构类似物或苏氨酸及其结构类似物不敏感，从而解除反馈抑制。

　　3. 其他氨基酸发酵机制

　　（1）苏氨酸发酵机制　苏氨酸是必需氨基酸之一，由微生物发酵生成的苏氨酸全部是 L-型的，微生物合成苏氨酸的代谢途径见图 9-8，葡萄糖经 EMP 和 TCA 循环途径产生草酰乙酸，草酰乙酸氨基化合成天门冬氨酸，天门冬氨酸经过多次还原、脱氢氧化的物质转化合成了苏氨酸。生产中选育抗苏氨酸、赖氨酸结构类似物突变株，遗传性地解除对苏氨酸生成合成途径关键酶（天冬氨酸激酶、高丝氨酸脱氢酶）的反馈抑制，可大量积累苏氨酸。

　　（2）鸟氨酸发酵机制　L-鸟氨酸（L-Ornithine，L-Orn）和 L-瓜氨酸（L-Citrulline，L-Cit）是精氨酸生物合成的前体物质，作为生物体内尿素环及精氨酸生物合成途径上的中间体而具有重要意义，可由微生物发酵葡萄糖产生鸟氨酸。由糖质原料生产鸟氨酸，首先经 EMP 糖发酵和 TCA 循环产生 α-酮戊二酸，由 α-酮戊二酸生成谷氨酸，再由谷氨酸经一系列的物质转化进一步合成鸟氨酸、瓜氨酸和精氨酸，代谢过程受终产物精氨酸负反馈抑制（图9-9）。根据代谢机制，鸟氨酸发酵均应控制瓜氨酸或精氨酸亚适量，从生长型菌体向发酵型转化，减弱或打破精氨酸负反馈抑制；生产中选育精氨酸结构类似物抗性突变株，可以遗传性地解除精氨酸的反馈抑制，鸟氨酸产量可以得到很大提高。以谷氨酸生产菌为出发菌株的鸟氨酸生产菌发酵生产鸟氨酸，还应控制生物素过量，否则将积累谷氨酸。

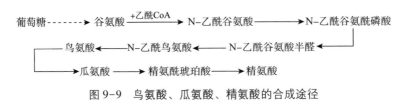

图9-9　鸟氨酸、瓜氨酸、精氨酸的合成途径

（3）缬氨酸发酵机制　缬氨酸、异亮氨酸和亮氨酸的生物合成途径是相关的，有共同的酶（图9-10）。

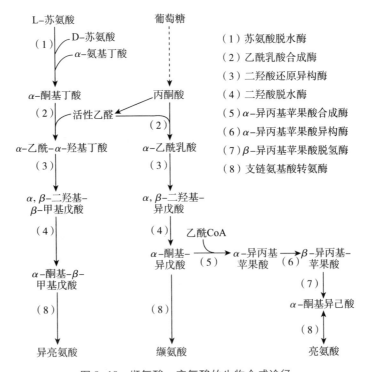

图9-10　缬氨酸、亮氨酸的生物合成途径

异亮氨酸、亮氨酸和缬氨酸这3种分支链氨基酸是从苏氨酸、丙酮酸经过若干步酶促反应而合成的。缬氨酸生物发酵时，糖质原料经过EMP途径生成缬氨酸的直接前体丙酮酸，在乙酰乳酸合成酶的作用下，丙酮酸转化成α-乙酰乳酸，再通过氧化合成、氨基化作用合成缬氨酸。L-苏氨酸是异亮氨酸的直接前体，由缬氨酸合成途径的中间体α-乙酰异戊酸分支合成亮氨酸。

缬氨酸的生物合成和异亮氨酸、亮氨酸有多个共同的酶，形成支路代谢，相互调节，如异亮氨酸对苏氨酸脱水酶有反馈抑制作用，缬氨酸、亮氨酸、异亮氨酸三种最终产物对异亮氨酸-缬氨酸生物合成酶有多价阻遏作用，从而影响缬氨酸的合成。实际生产中，选育解除代谢调节或反馈抑制的突变菌株如 AS1.586 突变株。

（4）异亮氨酸发酵机制 异亮氨酸的 L-型是价格很高的必需氨基酸之一，生产主要采用发酵法获得 L-型异亮氨酸，包括添加前体发酵法和直接发酵法，微生物发酵合成异亮氨酸的代谢途径见图 9-8 和图 9-10。异亮氨酸发酵生产是添加前体物，以绕过反馈调节，进行氨基酸发酵的典型例子。

糖质原料发酵合成异亮氨酸时，葡萄糖经 EMP 和 TCA 循环产生草酰乙酸，天门冬氨酸和苏氨酸是异亮氨酸代谢合成途径中的前体，草酰乙酸氨基化生产天门冬氨酸，天门冬氨酸多步氧化成苏氨酸，苏氨酸在苏氨酸脱氨酶的作用下脱氨生成异亮氨酸，异亮氨酸的生物发酵合成受到多重反馈调节和反馈抑制。生产中往往采用诱变育种方法选育营养缺陷型菌种或氨基酸类似物抗性突变菌株，以解除代谢过程中的反馈调节和抑制。添加前体物以避免代谢中的反馈调节，异亮氨酸添加前体发酵法合成时，常添加 D-苏氨酸、α-溴丁酸和 α-氨基丁酸，从而解除前体物苏氨酸的反馈调节。

第四节 氨基酸发酵生产工艺

一、谷氨酸发酵生产工艺

谷氨酸发酵生产工艺流程如图 9-11 所示，发酵的生产工艺说明分述如下。

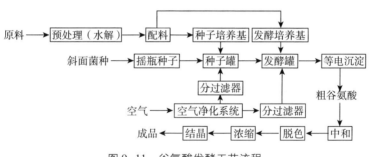

图 9-11 谷氨酸发酵工艺流程

1. 原料的处理

由发酵法制造谷氨酸的原料有很大变化，最初使用葡萄糖，后来改用各类淀粉或者薯粉的水解液。产糖地区的糖蜜产量丰富，可以糖蜜作为谷氨酸生产原料。以葡萄糖作为谷氨酸发酵生产的原料，原料无需预处理。根据菌种生长发酵的需要配制相应的培养基，一般采用含糖 10% 的培养基。以淀粉如玉米淀粉或者薯粉作为谷氨酸发酵生产的原料，谷氨酸生产菌不能直接利用淀粉，因此淀粉必须经水解处理转化为葡萄糖，水解方法有酸法和酶法两种，酶法比酸法好。目前，国内许多生产厂家采用双酶法水解淀粉的制糖工艺。

生物素含量高的糖蜜致使菌种生长过旺，影响谷氨酸的积累。糖蜜的预处理方法主要考虑减少生物素，并降低到亚适量的范围内。预处理方法包括活性炭或树脂吸附法和亚硝酸法吸附或破坏生物素等常用去除过量生物素的方法，但糖蜜的预处理不适合工业化生产。因此，在使用含过剩生物素的糖蜜进行发酵时，往往通过添加菌的生长抑制剂或青霉素或表面活性剂来促进谷氨酸的生产，而不再对糖蜜原料进行处理。

2. 谷氨酸菌种的培养

谷氨酸产生菌的扩大培养普遍采用二级种子培养流程：斜面菌种——→一级种子培养——→二级种子培养——→发酵罐。谷氨酸斜面菌种培养，一般是在32℃下培养18~24h即可。生产中使用的斜面菌种不宜多次转接，一般只转接三次（三代），以免菌种自然变异引起菌种不纯。

一级种子培养通常用三角瓶进行液体振荡摇瓶培养，将配好的培养基分装于1000mL三角瓶中，每瓶200~250mL液体培养基，瓶口用6层纱布加一层绒布包扎，在0.1kPa的蒸汽压力下灭菌30min。每只斜面菌种接种三只一级种子三角瓶，接种后，32℃往复式摇瓶机振荡培养12h。将培养好的一级种子取样作平板检查，确认无杂菌及噬菌体感染后，贮存于4℃冰箱中备用。

二级种子培养通常使用种子罐培养，种子罐大小是根据发酵罐的容积配套确定的，二级种子数量是发酵培养液体积的1%。二级种子培养温度为32℃，时间为7~10h。培养成熟后，需进行检验，检验项目有细胞形态、培养液pH及有无污染杂菌或噬菌体等。

3. 种子培养基和发酵培养基

摇瓶种子的培养基常用葡萄糖作为碳源，以促进菌种的生长。生产中，种子罐培养基和发酵罐培养基选择成分组成相似的培养基，以保证种子菌种适应发酵罐的培养条件，采用水解糖代替葡萄糖。发酵生产谷氨酸所用的碳源常用糖蜜、各类淀粉水解液，配制时应保证培养基的糖含量达到10%，最高可达15%，国内谷氨酸发酵糖浓度为125~150g/L，一般采用流加糖工艺；氮源可以用豆粕水解液或玉米浆等原材料，也可用尿素或者液氨作氮源。

淀粉水解液为原料的培养基中生物素含量是谷氨酸发酵的关键，生产中选择含有生物素的有机物质代替纯生物素的添加，玉米浆是最佳的生物素供给者，也可作为菌种的氮源。糖蜜中生物素含量一般在$0.04~10\mu g/g$，可作为谷氨酸发酵过程中菌种的生长因子。由于生物素含量高导致菌过度生长，故而使用糖蜜为发酵原料，培养基中应添加表面活性剂如吐温40、吐温60等或青霉素、四环素、黏杆菌素、D-环丝氨酸等抗生素作为谷氨酸发酵促进剂。表面活性剂独特的结构特征，使其具有增加细菌细胞膜通透性的作用，从而使代谢产物谷氨酸分泌到细胞外。

4. 发酵条件的控制

谷氨酸产生菌进行谷氨酸发酵时，对于培养条件的五个因子：氧、NH_4^+、pH、磷酸盐、生物素必须重点调节，才能获得大量谷氨酸，前三个因子主要是对代谢途径起控制作用。

（1）氧 谷氨酸发酵生产采用通风发酵方式以保证菌种有充足的氧，空气一定要过滤除菌，因为谷氨酸生产菌对杂菌及噬菌体的抵抗力差。供氧充足时生成谷氨酸，供氧不足时转入乳酸发酵或者琥珀酸。通常，通气供氧的最适条件以Kd（克分子O_2/大气压/分/毫升）$3~5\times10^6$左右（用亚硫酸钠法测定）为好。一般，应在长菌期间低通风供氧，产酸期间高通风供氧，发酵成熟期再低风量。

（2）NH_4^+ NH_4^+适量时生成谷氨酸，过量时生成谷氨酰胺，缺乏时生成α-酮戊二酸。

（3）pH 谷氨酸发酵pH应维持在中性或微碱性pH7.0~8.0，常采用流加尿素或气体氨的方式调节确保pH中性或微碱性，促成生成谷氨酸；pH酸性时，菌种代谢转入产生乙酰谷酰胺。一般情况下，发酵前期的pH以7.5左右为宜，中后期以7.2左右对提高谷氨酸产量有利。

（4）磷酸盐等盐类　磷酸盐在菌体代谢中起到与 ATP 等进行能量转化和合成菌体的作用，故而磷酸盐浓度高时转入缬氨酸发酵；发酵液中还需添加镁盐、钾盐等无机盐，以保证代谢酶的活力、调节发酵液的渗透压。

（5）生物素　控制发酵培养基中的生物素亚适量，谷氨酸发酵工艺控制方法因原料种类不同而有很大差别，大多数糖质发酵谷氨酸产生菌，是以生物素作为唯一生长因子。当生物素过量时转入乳酸或琥珀酸发酵，仅当生物素亚适量时才能累积大量谷氨酸。此外，细胞膜的通透性也是影响谷氨酸产量的重要因素。生物素的存在对谷氨酸发酵的关系主要就是控制谷氨酸的细胞渗透。

（6）温度　谷氨酸发酵前期应采取菌体生长最适温度为 30~32℃。对数生长期维持温度30~32℃。谷氨酸合成的最适温度为 34~37℃。

二、赖氨酸发酵生产工艺

赖氨酸发酵生产工艺流程见图 9-12，发酵生产工艺要点说明分述如下。赖氨酸的发酵生产方法包括二步发酵法和直接发酵法，本节介绍直接发酵法。

1. 原料的处理

由于赖氨酸发酵只能利用葡萄糖、果糖、麦芽糖和蔗糖，与谷氨酸发酵一样，淀粉原料需经液化糖化处理，将淀粉水解成糖液，才能进行发酵使用。

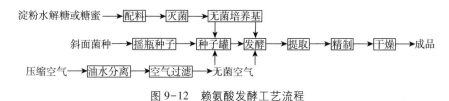

图 9-12　赖氨酸发酵工艺流程

2. 菌种的培养

斜面菌种，一般采用肉汤培养基或蛋白胨培养基；摇瓶种子，用肉汤培养基对菌种进行摇瓶培养扩大；种子罐培养，摇瓶扩大菌种接入种子罐，培养条件和发酵条件相似，常用糖蜜（碳源）、豆粉水解液，再辅以（NH_4）$_2SO_4$、$CaCO_3$、K_2HPO_4 和 $MgSO_4$ 等；发酵培养，淀粉水解液作为碳源，豆粉水解液、硫酸胺等作氮源，添加 K_2HPO_4、$MgSO_4$ 等无机盐；发酵生产中必须添加生物素。

3. 发酵条件控制

①碳源浓度：发酵液的糖浓度对菌种产赖氨酸有一定的影响，当发酵初始糖浓度为 11%~15%范围内，菌种对糖的转化率最高。

②发酵温度：根据菌种生长和发酵产酸阶段采用不同的温度，一般发酵前期 32℃，后期 30℃。

③发酵 pH：生产中 pH 对赖氨酸的产量影响很大。pH 中性时产量最高，偏高偏低赖氨酸产量均有所降低，最适 pH6.5~7.0，一般控制 pH6.5~7.5。

④通风的控制：发酵过程需不断地通入无菌空气，以供给菌种充足适量的氧，否则氧量不足导致发酵产生乳酸。发酵液中的溶氧量控制也相当重量，溶氧量过高过低对菌种发酵均不利，会导致菌体浓度不足、菌体产赖氨酸能力下降、发酵周期长等缺点。

⑤发酸液中生物素的量：过量的生物素可促进赖氨酸的合成，抑制谷氨酸的生成；生产中生物素含量一般在 30μg/L。

三、其他氨基酸发酵生产工艺

苏氨酸、鸟氨酸、缬氨酸、异亮氨酸的微生物发酵法生产的菌种均以谷氨酸发酵菌种作为出发菌种，诱变解除反馈抑制所得的突变缺陷型菌株。因此各氨基酸发酵及管理有共同特点：①氨基酸合成和 TCA 循环有关的需要充足的氧气，发酵过程需要采用通风溶氧的方式以保证菌种对氧的需求；空气需要进行无菌过滤处理，发酵系统应用空气过滤除菌系统；缬氨酸适合在缺氧的条件下合成；②产生菌大都是生物素缺陷型，发酵中需要控制生物素的含量以促进氨基酸的积累，发酵生产中往往利用玉米浆或豆粕水解液中的生物素；③淀粉类原料如玉米淀粉作为碳源需要进行糖化处理，淀粉糖化程度对发酵产氨基酸有很大影响，发酵初期和后期对糖浓度要求不同，生产中根据发酵初期对糖的要求来控制糖化；④发酵生产中的 pH 对菌种的生长、氨基酸的产量及发酵周期均有一定程度的影响，发酵过程常采用流加尿素或氨水的方式来控制 pH；⑤发酵温度对氨基酸积累是有影响的，菌体自身最适生长温度和氨基酸合成的最适温度是不一致的，发酵过程采用少量多次流加尿素来调节温度；⑥各类盐如磷酸盐、钾盐、镁盐等的添加是发酵必需的；⑦通风发酵会产生大量的泡沫，发酵系统中应有消泡措施。

苏氨酸发酵生产工艺见图 9-13。苏氨酸发酵生产也可利用糖质原料如淀粉直接发酵获得。苏氨酸的代谢控制较赖氨酸复杂，受到多重反馈抑制（图 9-8），发酵菌种均采用多重突变缺陷型菌株如短杆菌属细菌的 α-氨基-β-羟基戊酸（AHV）和 S-（2-氨基乙基）-L-半胱氨酸（AEC）双抗性变异株。

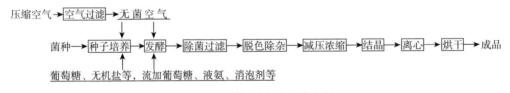

图 9-13　苏氨酸发酵工艺流程

鸟氨酸合成时，前一阶段是谷氨酸合成，后一阶段由谷氨酸再合成鸟氨酸。鸟氨酸发酵生产工艺参见谷氨酸工艺流程，菌种需解除瓜氨酸和精氨酸的反馈抑制。

缬氨酸发酵生产工艺见图 9-14。缬氨酸发酵过程需通风溶氧，缬氨酸的代谢合成不经TCA 途径，溶氧和其他氨基酸有很大不同。缬氨酸发酵是在供氧不足时，显示出最大的生产量；供氧充足时，缬氨酸的生成受阻，L-缬氨酸发酵的氧饱和程度为 0.60。缬氨酸发酵管理中，发酵前期需氧大；后期供氧量减小，菌体呼吸受到抑制以促进缬氨酸合成。

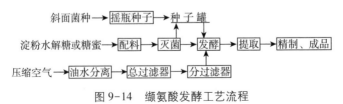

图 9-14　缬氨酸发酵工艺流程

异亮氨酸发酵生产工艺见图9-10。异亮氨酸代谢合成时，前一阶段是苏氨酸合成，后一阶段由苏氨酸再合成异亮氨酸。异亮氨酸发酵生产主要采取添加前体的发酵法，以绕过反馈抑制。在异亮氨酸发酵中，α-氨基丁酸、α-羧基丁酸、DL-苏氨酸、α-酮丁酸常作为发酵前体物添加到发酵液中。葡萄糖是最常见、最主要碳源，也可采用糖蜜等作为碳源。氮源一般以硫酸铵、尿素、氨水等为无机氮源，同时调节 pH；玉米浆、豆饼水解液等作为有机氮源，有机氮源同时供给异亮氨酸发酵中所需的生长因子生物素。在异亮氨酸生产中，适量的金属离子有着重要的作用。

第五节　典型氨基酸发酵生产案例

味精生产的原理是利用糖酵解途径（EMP 途径）、磷酸己糖途径（HMP 途径）、三羧酸循环途径（TCA 途径）、乙醛酸循环、CO_2 固定反应等生物化学合成过程，形成谷氨酸，再利用谷氨酸来合成谷氨酸钠（味精）。味精生产工艺流程为：原料选择──→预处理──→淀粉糊化──→发酵──→提取──→精制。

味精生产工艺操作规程分述如下。

1. 原料及其处理

（1）原料的选择　谷氨酸发酵的主要原料有淀粉、甘蔗糖蜜、甜菜糖蜜、醋酸、乙醇等。国内多数谷氨酸生产企业是以淀粉为原料生产谷氨酸的，少数厂家以糖蜜为原料进行谷氨酸生产，这些原料在使用前一般需要进行预处理。

（2）糖蜜的预处理

①活性炭处理法：用活性炭可以吸附掉生物素。但此法活性炭用量大，多达糖蜜的30%～40%，成本高。在活性炭吸附前先加入 NaClO 或通 Cl_2 处理糖蜜，可减少活性炭的用量。

②水解活性炭处理法：用盐酸水解甘蔗糖蜜，再用活性炭处理的方法除去生物素。

③树脂处理法：甜菜糖蜜可用非离子化脱色树脂除去生物素，这样可以大大提高谷氨酸对糖的转化率。处理时先用水和盐酸稀释糖蜜，使其浓度达到10%，pH 达 2.5，然后在120℃条件下灭菌 20min，再用 NaOH 调 pH 至 4.0，通过脱色树脂交换柱后，将所得溶液调 pH 至 7.0，用以配制培养基。

（3）淀粉的糖化　绝大多数的谷氨酸生产菌都不能直接利用淀粉，因此，以淀粉为原料进行谷氨酸生产时，必须将淀粉质原料水解成葡萄糖后才能使用。可用来制成淀粉水解糖的原料很多，主要有薯类、玉米、小麦、大米等，我国主要以甘薯淀粉或大米制备水解糖。

淀粉糖化的工艺要求：a. 淀粉糖化后要控制酸度，进行中和处理，防止酸度过高影响发酵。b. 中和温度一般在 70～80℃，过高易形成焦糖，脱色效果差；温度低，糖液黏度大，过滤困难。

淀粉糖化的操作规程：a. 调浆，原料淀粉加水调成 10～11°Bé 的淀粉乳，用盐酸调 pH1.5 左右，盐酸用量（以纯盐酸计）为干淀粉的 0.5～0.8%。b. 糖化，首先要在糖化锅内加部分水，加水后将糖化锅预热至100～105℃（蒸汽压力为0.1～0.2MPa），然后用泵将淀粉乳送至糖化锅内迅速升温，在表压为 0.25～0.4MPa 维持压力，一般水解时间控制在 10～20min，即可将淀粉转化为还原糖。c. 中和，淀粉水解完毕，水解液 pH 仅为 0.5 左右，需要用碱中和后才能用于发酵。中和的终点 pH 一般控制在 4.5～5.0，以便使蛋白质等胶体物质沉淀析出。d. 脱色，水解液中还含有色素和杂质需要通过脱色处理。脱色可采用活性炭吸附。e. 过滤除杂，经过中和脱色的糖化液要充分沉淀 1~2h，待温度降到 45~50℃时，用泵打入过滤器除杂，过滤后的糖液送储糖罐贮存，备用。

2. 发酵及其控制

（1）营养素的选择与要求　发酵培养基的主要成分有碳源、氮源、生长因子和无机盐等。谷氨酸生产菌大多数是利用葡萄糖、蔗糖、果糖等单糖和双糖作为碳源。谷氨酸发酵所需要的氮源数量要比普通工业发酵大得多，一般工业发酵所用培养基：C：N 比为 100：（0.5~2），而谷氨酸发酵所需 C：N 比为 100：（20~30），当低于这个值时，菌体大量繁殖，谷氨酸积累很少，当高于这个值时，菌体生长受到一定抑制，产生的谷氨酸进而形成谷氨酰胺，因此只有C：N 比适当，菌体繁殖受到适当的抑制，才能产生大量的谷氨酸，实际生产中一般用尿素或氨水作为氮源并调节 pH。

谷氨酸发酵还需要有磷、硫、镁、钾、钙、铁等无机盐，用量为：①KH_2PO_4（0.05%~0.2%）；②K_2HPO_4（0.05%~0.2%）；③$MgSO_4 \cdot 7H_2O$（0.005%~0.1%）；④$FeSO_4 \cdot 7H_2O$（0.005%~0.01%）；⑤$MnSO_4 \cdot H_2O$（0.0005%~0.005%）。

目前所使用的谷氨酸生产菌均为生物素缺陷型，因此生物素是谷氨酸生产菌的生长因子，它含量的多少对谷氨酸菌的生长、繁殖、代谢和谷氨酸的积累有十分密切的关系。生物素主要参与细胞膜的代谢，进而影响膜的透性。一般"亚适量"的生物素是谷氨酸积累的必要条件。谷氨酸生产菌的生长因子除生物素外，还有其他 B 族维生素，如硫胺素等。一般玉米浆、麸皮水解液、糖蜜等都含有一定量的生物素，可作为生物素的来源。

（2）操作规程

①培养基的灭菌：以淀粉水解糖为主要碳源的培养基，5000L 发酵罐为例，谷氨酸发酵培养基实罐灭菌条件是：105~115℃灭菌 5min。连续灭菌条件是：灭菌温度为 110~115℃，维持罐温在 105~110℃约 6min。培养基灭菌后冷却至 30~32℃，即可按入种子进行发酵。

②种子的扩大培养：通常谷氨酸发酵的接种量为 1%，生产上一般采用两级扩大培养的方法来获得所需的菌量。扩大培养工艺如图 9-15 所示。

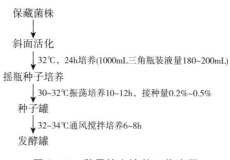

图 9-15　种子扩大培养工艺流程

③发酵温度：发酵前期（0~12h）是菌体生长繁殖阶段，在此阶段主要是微生物利用培养基中的营养物质来合成蛋白质、核酸等物质供菌体繁殖所用，而控制这些合成反应的最适温度均在 30~32℃。发酵中后期（12h 以后）菌体生长进入稳定期。此时菌体繁殖速度变慢，谷氨酸合成过程加速进行，催化合成谷氨酸的谷氨酸脱氢酶的最适温度均比菌体生长繁殖的温度要高，因而发酵中期适当提高罐温有利于产酸，中期温度可适当提高至 34~37℃。

④发酵液 pH：谷氨酸发酵前期，由于菌体大量利用氮源进行自我繁殖，所以前期 pH 变化活跃，pH 较高（7.5~8.5），但此时对菌体生长繁殖影响不大，反而有利于抑制杂菌的生长。

⑤发酵中后期：主要是谷氨酸大量合成时期，在菌体内催化谷氨酸形成的谷氨酸脱氢酶和转氨酶在中性或弱碱性环境中催化活性最高，为此在中后期通常通过添加尿素等措施保持 pH7.0~7.6，提高谷氨酸的产量。

⑥通风搅拌：通风搅拌可将空气打成小气泡，增加气、液接触面积，提高溶解氧的水平。谷氨酸发酵的过程中，发酵前期以低通风量为宜。Kd 值（氧的溶解系数）在 4×10^{-6} ~ $6 \times 10^{-6} molO_2/$（$mL \cdot min \cdot MPa$），而产酸期 Kd 值为 1.0×10^{-1} ~ $1.8 \times 10^{-1} molO_2/$（$mL \cdot min \cdot MPa$）。发酵罐的大小不同，所需的搅拌转速与通风量也不同。其关系如表 9-1 所示。实际生产通气量的大小常用通风比来表示，如每分钟向 $1m^3$ 的发酵液中通入 $0.1m^3$ 的无菌空气，即用 1:0.1 来表示。

表 9-1　　　　　　　　　　　　　　　　搅拌转速与通风量

项目	发酵罐容积		
	$10m^3$	$20m^3$	$50m^3$
搅拌转换/（r/min）	160	140	110
通风比/[m^3/（$m^3 \cdot min$）]	1:0.16~0.17	1:0.15	1:0.12

⑦控制泡沫：由于通风搅拌、新陈代谢以及产生的 CO_2 等使发酵液产生大量的泡沫，泡沫过多，不仅使氧的扩散过程受阻，影响菌体的呼吸代谢，而且容易造成逃料并增加杂菌污染的机会。因此，要对泡沫的产生加以控制。生产上为了控制泡沫，除了在发酵罐上加机械消泡器外，还在发酵时加化学消泡剂。作为化学消泡剂，应该具有较强的消泡作用，对发酵过程安全无害，消泡作用迅速，用量少，效率高，价格低廉，取材方便，不影响菌体的生长和代谢，同时不影响产物的提取。目前，谷氨酸发酵常用的消泡剂有：花生油、豆油、菜油、玉米油、棉子油和泡敌（聚环氧丙烷甘油醚）以及硅酮等。天然油脂类的消泡剂用量较大，一般为发酵液的 0.1%~0.2%（体积分数），泡敌的用量为 0.02%~0.03%（体积分数）。消泡剂的用量要适当，加入过多，会使发酵液中的菌体凝聚结团，并妨碍氧的扩散，还会给谷氨酸的提取分离带来困难。

3. 谷氨酸的提取

（1）工艺要求　①用等电点法提取谷氨酸时，要求谷氨酸含量在 4% 以上，否则，可先浓缩或加结晶种后，再用等电点法提取谷氨酸。若谷氨酸含量大于 8%，易形成 β-型结晶。②谷氨酸的溶解度随温度的降低而变小，使谷氨酸从发酵液中结晶析出。为了有利于形成 α 型结晶，结晶温度要低于 30℃。且降温要求缓慢，这样形成的谷氨酸结晶颗粒较大。③前期加酸稍快，中期（晶核形成前）加酸要缓，后期加酸要慢，使 pH 缓慢降到等电点为止。④在晶核形成以前，适时投放一定的晶种，有利于收率的提高。投放品种的条件要准确，生产上根据发酵液中谷氨酸含量和 pH 来确定投种时间，一般谷氨酸含量在 5% 左右、pH 为 3.5~4.5 时投晶种；谷氨酸含量在 3.5%~4.0%、pH3.5~4.0 时投晶种。投种量一般为发酵液的 0.2%~0.3%。⑤适当搅拌有利于晶体长大，使菌体大小均匀一致。搅拌还可以减少结晶粒子的互相黏结，避免晶簇的形成。搅拌转速与设备直径和搅拌桨叶大小有关，一般以

20~30r/min 为宜。⑥发酵液中残存菌体的大小及多少，因菌种的不同而异，AS1.542 菌的菌体大，数量少，质量轻，相对地说，容易同谷氨酸结晶分离。

（2）操作规程

①加酸调等电点：将发酵液排入等电桶后，测量温度、pH 和谷氨酸含量，然后搅拌冷却，待液温降至 30℃时，加盐酸调 pH。前期加酸稍快，1h 左右将发酵液的 pH 调至 5.0。中期加酸要缓慢，约经 2h，发酵液的 pH 接近 4.0~4.5 时，观察晶棱形成情况。当能目视发现晶核时，要停止加酸，育晶 1~2h，使晶核壮大。此后加酸速度要慢，直到 pH 为 3.0~3.2 时，停止加酸，继续搅拌 20h 结束。整个中和温度要缓慢下降，不能回升。最终温度越低越好。

②沉降分离：将中和好的发酵液静置沉淀 4~6h，放出上清液，然后将谷氨酸结晶沉淀层表面的少量菌体清除，放入另一容器中回收利用，底部的谷氨酸结晶取出后，离心分离。

4. 由谷氨酸制取味精

（1）工艺要求　①中和谷氨酸所用的 NaOH 或 Na$_2$CO$_3$，一般不用液碱，以免液碱中含杂氯化钠较多，而影响结晶味精成品的质量。②中和液中的杂质，有些分子质量较大，在交换过程中扩散速度慢。因此，脱色时流速要适当慢些，温度控制在 40~50℃。③若中和液中铁、锌离子超标，必须将其除去。

（2）操作规程

①谷氨酸中和：在中和时要控制投料比适当，即湿谷氨酸与 NaOH 之比为 1：2，与纯碱之比为 1：（0.3~0.4）。中和温度夏天为 60℃，冷天为 65℃。中和液浓度为 21~23°Bé。中和反应控制 pH 为 6.7~7.0。若超过 7.0 以上，溶液中谷氨酸二价阴离子增多，易生成谷氨酸二钠。谷氨酸中和时，先把谷氨酸加入水中，制成饱和溶液，然后加碱中和。注意加碱速度要缓慢，测其 pH，边加碱边搅拌。中和温度控制在 65℃左右。

②中和液的除胶：除铁、锌离子的方法主要有硫化钠和树脂法两种。Na$_2$S 可与 Fe^{2+}、Ze^{2+} 反应生成 FeS 和 ZnS 沉淀而除去。其总反应式为：Na$_2$S+Fe^{2+} ⟶ FeS↓+2Na^{2+} 和 Na$_2$S+Zn^{2+} ⟶ ZnS↓+2Na^{2+}，使用的 Na$_2$S 要求呈橙黄色或微黄色，杂质少。Na$_2$S 的用量要适当，并且在使用前应先配成 13~15°Bé 溶液。树脂除铁是利用弱酸性阳离子交换树脂，吸附铁或锌得以除去。用此法除铁或锌，不但解决了硫化钠除铁引起的环境污染问题，改善了操作条件，而且提高味精质量，是一种较为理想的除铁或锌方法。

③中和液的脱色：用活性炭脱色，温度 50~60℃，pH 保持 6.4 以上，脱色 30min，适当搅拌中和液。活性炭用量应根据脱色能力和中和液色泽的深浅等情况决定，一般为中和液的 2%~5%。

④中和液的浓缩和结晶，中和液的浓缩：味精生产的浓缩过程普遍采用减压浓缩工艺，主要设备有碱压蒸发式结晶罐。浓缩时一般真空度控制在 80kPa 以上，料液的温度控制在 70℃以下。浓缩时，真空度越高，料液的沸点就越低，这样既可加快浓缩，又可避免谷氨酸钠的脱水环化形成焦谷氨酸钠。总之，中和液的浓缩以真空度高、料液温度低，操作时间短为宜。

谷氨酸钠的结晶析出：当浓缩液的浓度达到 30~30.5°Bé（70℃）时，投入晶种，进行起晶。起晶时溶液微混浊，经过一定时间，晶种的晶粒稍有长大，并出现细小的新晶核（称假冒）。当料液浓度增加，晶粒长大速度反而比晶棱长大速度小时，需要整晶。

所谓整晶就是加入一定量的、与料液温度接近的温水，使晶核全部溶解掉。加水量不宜过多，以溶掉新形成的小晶核为止，防止晶种溶化。整晶后继续浓缩，若再次出现新晶核就要多次进行整晶。在结晶过程中，需根据料液浓度，补加稀释的脱色液（加热），以保持结晶槽内浓度维持在较低的过饱和状态，保证晶体不断成长，又较少生成新的晶核。通过补料而促使晶粒长大的过程称为育晶。补料结束后，待晶粒长成所要求的大小时，准备出料。出料前预先加入同温度的温水，使浓缩降低到 29～39.5°Bé。出料后放在贮晶槽内，立即进行离心分离。离心后的母液中仍含有大量的谷氨酸钠，可将其并入下批中和液中一起进行处理。

⑤干燥、筛分：干燥方法有箱式烘房干燥、真空箱式干燥、气流干燥、传送带式干燥、振动床式干燥。干燥好的晶体要经过振动筛分，除去过大或过小的晶粒，使晶粒大小更加均匀。筛分时能通过 10 目而不通过 24 目的晶粒称为粗晶，能通过 14 目而不通过 28 目的晶粒称为细晶。

⑥味精的质量标准：我国的味精质量标准如表 9-2 所示。

表 9-2　　　　　　　　　　　　我国现行的味精质量标准

质量标准	99%味精		95%味精	90%味精	80%味精
	晶体	粉状			
谷氨酸钠/%	≥99	≥99	≥95	≥90	≥80
水分/%	≤0.2	≤0.3	≤0.5	≤0.7	≤1.0
氯化钠（以 Cl⁻ 计）/%	≤0.15	≤0.5	≤5.0	≤10	≤20
透光率/%	≥95	≥90	≥85	≥80	≥70
外观	白色光泽晶体	白色粉状	白色粉状/混盐晶体		
砷/（mg/kg）	≤0.5	≤0.5	≤0.5	≤0.5	≤0.5
铅/（mg/kg）	≤1.0	≤1.0	≤1.0	≤1.0	≤1.0
铁/（mg/kg）	≤5.0	≤5.0	≤10	≤10	≤10
锌/（mg/kg）	≤5.0	≤5.0	≤5.0	≤5.0	≤5.0

第六节　综合实验

1. 目的

掌握发酵工业菌种的制备工艺和质量控制，为发酵实验准备菌种；了解发酵罐的结构，掌握发酵罐的基本操作；掌握谷氨酸发酵的全过程控制及操作；理解和掌握快速测定还原糖含量的方法；理解和掌握快速测定发酵过程谷氨酸含量的方法；掌握用等电点法回收谷氨酸的方法。

2. 原理

谷氨酸产生菌中谷氨酸的生物合成途径如图 9-16 所示，其中的代谢途径包括糖酵解途径（EMP）、磷酸己糖途径（HMP）、三羧酸循环（TCA 循环）、乙醛酸循环、伍德-沃克曼反应（CO₂固定反应）等。葡萄糖经过 EMP（主要）和 HMP 途径生成丙酮酸，其中一部分氧化脱羧生成乙酰 CoA 进入 TCA 循环，另一部分固定 CO₂生成草酰乙酸或苹果酸，草酰乙酸与乙酰 CoA 在柠檬酸合成酶催化下，缩合成柠檬酸，再经过氧化还原共轭的氨基化反应生成谷氨酸。由于谷氨酸棒杆菌为生物素缺陷型突变株，因此在发酵过程中要控制生物素亚适量。

发酵过程控制要点：

①发酵初期：菌体生长迟滞，2~4h 后即进入对数生长期，代谢旺盛，糖耗快，这时必须流加尿素以供给氮源并调节培养液的 pH7.5~8.0，同时保持温度为 30~32℃。本阶段主要是菌体生长，几乎不产酸，菌体内生物素含量由丰富转为贫乏，时间约 12h。

②合成阶段：此时菌体浓度基本不变，糖与尿素分解后产生的 α-酮戊二酸和氨主要用来合成谷氨酸。这一阶段应及时流加尿素以提供氨及维持谷氨酸合成最适 pH7.2~7.4，需大量通气，并将温度提高到谷氨酸合成最适温度 32~34℃。

③发酵后期：菌体衰老，糖耗慢，残糖低，需减少流加尿素量。当营养物质耗尽，谷氨酸浓度不再增加时，及时放罐，发酵周期约为 30h。

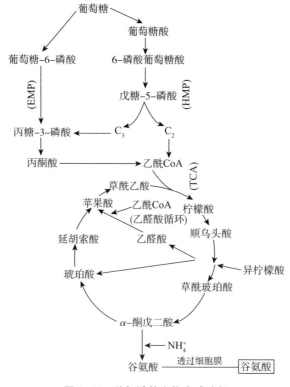

图 9-16　谷氨酸的生物合成途径

3. 材料、仪器与试剂

（1）材料　北京棒杆菌、发酵培养基、谷氨酸发酵液不同发酵时间所取的样品等。

（2）仪器　三角瓶、烧杯、量筒、玻棒、pH 试纸、天平、灭菌锅、培养箱、显微镜、发酵罐及控制系统、蒸汽发生器、空气压缩机、补料瓶、补料针、硅胶管、滴定管、滴定架、电炉、容量瓶、高速离心机、分光光度计、恒温水浴锅、移液器及枪头、无级调速搅拌机、旋转蒸发器、冰箱等。

（3）试剂　无水乙醇、牛肉膏、蛋白胨、蔗糖、可溶性淀粉、蛋白胨、酵母提取液、NaCl、NaOH、HCl、KNO₃、去离子水、葡萄糖、尿素、消泡剂、硫酸铜、亚甲基蓝、酒石酸钾钠、氢氧化钠、亚铁氰化钾、盐酸、L-谷氨酸、茚三酮、丙酮、酒精等。

（4）菌种　北京棒杆菌。

4. 培养基及试剂溶液

（1）培养基配制

①恢复培养基：蛋白胨 5g，牛肉膏 3g，NaCl 5g，定容至 1L，pH7.0，高压蒸气灭菌锅灭菌：121℃，20min。

②种子培养基：葡萄糖 50g，蛋白胨 5g，牛肉膏 3g，NaCl 5g，定容至 1L，pH7.0，高压蒸气灭菌锅灭菌：121℃，20min。

③发酵培养基：玉米浆 2.5g，葡萄糖 120g，蛋白胨 5g，牛肉膏 3g，NaCl 5g，定容至 1L，灭菌：121℃，20min（在线灭菌）。

④保藏培养基：蛋白胨 5g，牛肉膏 3g，NaCl 5g，琼脂 15g，定容至 1L，pH7.0，高压蒸气灭菌锅灭菌：121℃，20min。只需部分组配制，配制 500mL，制成斜面和平板。

（2）相关试剂的配制

①还原糖含量测定的相关试剂（推荐采用斐林试剂法）：将 36.4g CuSO₄·5H₂O 溶于 200mL 水中，用 0.5mL 浓 H₂SO₄ 酸化，再用水稀释到 500mL 待用；取 173g KNaC₄H₄O₆·4H₂O，71g NaOH 固体溶于 400mL 水中，再稀释到 500mL。使用时取等体积混合。

②发酵液谷氨酸含量测定相关试剂：推荐采用茚三酮比色法。a. 水合茚三酮试剂，称取 0.6g 再结晶的茚三酮置烧杯中，加入 15mL 正丙醇，搅拌使其溶解。再加入 30mL 正丁醇及 60mL 乙二醇，最后加入 9mL pH5.4 的乙酸-乙酸钠缓冲液，混匀，贮于棕色瓶，置 4℃ 下保存备用，10d 内有效。b. 酸性茚三酮溶液：称取 1.25g 茚三酮溶于 30mL 冰乙酸和 20mL 6mol/L 磷酸溶液中，搅拌加热（低于 70℃）溶解，冷却后置棕色瓶中，4℃ 保存可使用 2~3d。

③革兰染色相关试剂：a. 结晶紫（crystal violet）液：结晶紫乙醇饱和液（结晶紫 2g 溶于 20mL95% 乙醇中）20mL，1% 草酸铵水溶液 80mL。将两液混匀置 24h 后过滤即成。b. 卢戈（Lugol）碘液：I₂0.33g，KI 0.66g，蒸馏水 100mL。先将碘化钾溶于少量蒸馏水中，然后加入 I₂ 使之完全溶解，再加蒸馏水至 100mL 即成。配成后贮于棕色瓶内备用，如变为黄色即不能使用。c.95% 乙醇用于脱色，脱色后可选用以下番红 O 或沙黄 O 复染即可。d. 番红溶液：番红 O（safranine，沙黄 O）2.5g，95% 乙醇 100mL，溶解后可贮存密闭棕色瓶中，用时取 20mL 与 80mL 蒸馏水混匀即可。

④流加糖：50% 葡萄糖，121℃，灭菌 20min。

⑤流加氮源：30% 尿素，108℃，灭菌 5min。

⑥pH 调节剂：3mol/LHCl；2mol/LNaOH。

5. 发酵过程控制

（1）菌种制备　将活化后的菌种接种于含 5mL 液体培养基（试管）后置于控温摇床，培养 12h，温度为 32℃。取 5mL 一级种子接种到 100mL 二级种子培养基中，置于控温摇床 200r/min，振荡培养 7~8h，温度为 32~33℃。时间以 OD 净增 0.5 为准。

（2）发酵培养基的制备、灭菌及接种　清洗好发酵罐，并空消发酵罐，加入 2L 的发酵培养基，对发酵罐进行实消，在接种槽中加好酒精并点燃，把种子培养基从接种口倒进发酵罐中进行发酵。

（3）发酵条件参数控制

①温度：0~12h 温度为 30~32℃，发酵 12h 后为 34~36℃。

②pH：7.0~7.2。发酵结束前 4h 控制在 6.7，pH 利用 30% 尿素控制。

③通风量：多级控制 0~12h，逐渐增加，12~24h 维持，24~30h 逐渐降低。

（4）菌体生长情况及形态观察　吸取 0.5mL 发酵液于 1.5mL 离心管中，8000r/min 离心 3min，吸取 0.1mL 上清液于比色管后，弃去离心管剩余的上清液，沉淀用蒸馏水稀释 100 倍，经过混匀后，用 722 光栅分光光度计在 620nm 波光下测其 OD 值，菌种 OD 值可以反映菌体的浓度，通过菌体浓度可以知道菌种生长情况。

（5）发酵液中残糖量测定及控制　0h 开始，每间隔 2h 测一次，当残糖降至 5% 时，开始按 40mL/h 的速度进行补糖，此后可不测，至 26h 和 28h 再测二次。

（6）发酵液谷氨酸含量测定　10h 开始，每 4h 测一次；谷氨酸发酵液 11400r/min，离心 5min，取上清，蒸馏水稀释 100 倍，调节 pH5.5~6，取 3mL 预处理好的发酵液加入 15mm×150mm 试管，调整 pH5.5 左右，沿试管壁加入 0.5mL 茚三酮试剂，混匀，迅速置于 80℃ 水浴，3min 后，冰浴 3min，将分光光度计波长调至 569nm 处，以 100 稀释的空白发酵培养基为空白对照，用 1cm 玻璃比色皿比色，测出 OD_{569} 值。从标准曲线上查出相应 L-谷氨酸浓度。发酵周期：30h。

6. 发酵液中谷氨酸的提取回收

（1）发酵液中菌体和蛋白的去除　各小组收集 500mL 发酵液置于低速离心机中，2000r/min，离心 10min，收集上清液。

（2）粗提　向上清液中边搅拌边缓慢加入 50% 硫酸至 pH4.5 左右，投入少许谷氨酸，停搅拌育晶 1h，继续边搅拌边缓慢加入 50% 硫酸至 pH3.0 左右，搅拌过夜，4000r/min，离心 10min，收集谷氨酸沉淀于培养皿中，置于 50℃ 烘箱中烘至恒重，并计算提取率。

7. 结果及分析

按表 9-3 完成发酵过程记录；计算发酵过程的技术指标：糖酸转化率、产酸率及单罐产量；计算发酵液谷氨酸的提取率；分析发酵过程控制的关键；附上各个时期的细胞形态图。

表 9-3 谷氨酸发酵实验记录表

时间/h	0	4	8	12	14	16	18	20	22	24	26	28	30
温度													
pH													
DO 值													
通风量													
OD_{600}													
还原糖含量													
谷氨酸含量													

🔍 思考题

1. 实验中如何保证无菌条件？
2. 发酵罐培养基灭菌，蒸汽从哪里进入，哪里排出？如何操作？
3. 为了达到要求的灭菌后体积，灭菌前的培养基体积应如何确定？
4. 接种量如何计算？如果10L培养液要求接种量10%，种子应培养多少？
5. 采取调节通气量或转速来提高溶氧，哪种方法效果更显著？
6. 糖消耗与菌体生长、尿素消耗有什么相关性？
7. 在分批培养中菌生长速率有什么特点？

[推荐阅读书目]

[1] 邓毛程. 氨基酸发酵生产技术（第2版）[M]. 北京：中国轻工业出版社，2014.

[2] 陈宁. 氨基酸工艺学 [M]. 北京：中国轻工业出版社，2007.

参 考 文 献

[1] 包启安. 酱油科学与酿造技术 [M]. 北京：中国轻工业出版社，2011.

[2] 曹程节. 8°P 超干啤酒的研制 [J]. 酿酒科技，1998 (4)：46-47.

[3] 曹军卫. 微生物工程 [M]. 北京：科学出版社，2007.

[4] 曹喜焕，茅伟刚，张永夏，等. 优质发酵酒精生产酒糟废水回用技术研究 [J]. 环境科学与技术，2011 (S2)：298-300.

[5] 曹艳. 利用代谢酶学和模型技术改善谷氨酸发酵的稳定性和糖酸转化率 [D]. 无锡：江南大学，2013.

[6] 常秀莲. 木质纤维素发酵酒精的探讨 [J]. 酿酒科技，2001 (2)：39-42.

[7] 陈东，陆琦，张穗生，等. 甘蔗糖蜜酒精高产酵母菌株 MF1001 的高浓发酵生产试验 [J]. 广西科学，2011 (4)：385-391.

[8] 陈坚. 发酵工程实验技术 [M]. 北京：化学工业出版社，2013.

[9] 陈坚. 发酵工程原理与技术 [M]. 北京：化学工业出版社，2012.

[10] 陈俊英，楚德强，马晓建，等. 以黄姜为原料发酵酒精的液化糖化条件的初步研究 [J]. 农业工程学报，2007 (11)：269-273.

[11] 陈丽春，卢春平. 酒精生产高浓度有机废水处理途径研究 [J]. 环境科学与管理，2007 (2)：85-87.

[12] 陈宁. 氨基酸工艺学 [M]. 北京：中国轻工业出版社，2007.

[13] 陈騊声. 近代工业微生物学 [M]. 上海：上海科学技术出版社，1979.

[14] 陈婷玉. 小麦啤酒酿造技术的研究 [D]. 无锡：江南大学，2006.

[15] 程殿林. 啤酒生产技术 [M]. 北京：化学工业出版社，2010.

[16] 程康. 啤酒工艺学 [M]. 北京：中国轻工业出版社，2013.

[17] 储炬. 现代生物工艺学 [M]. 上海：华东理工大学出版社，2008.

[18] 崔元峰. 大豆糖蜜制备酒精工艺的研究 [J]. 中国油脂，2008 (12)：61-63.

[19] 邓毛程. 氨基酸发酵生产技术 [M]. 北京：中国轻工业出版社，2014.

[20] 董胜利. 酿造调味品生产技术 [M]. 北京：化学工业出版社，2003.

[21] 杜金华. 果酒生产技术 [M]. 北京：化学工业出版社，2010.

[22] 段钢. 新型酒精工业用酶制剂技术与应用 [M]. 北京：化学工业出版社，2010.

[23] 段钢，许宏贤，钱莹，等. 酸性蛋白酶在玉米酒精浓醪发酵上的应用 [J]. 食品与发酵工业，2005，31 (8)：34-38.

[24] 段钢. 酶制剂在大宗生化品生产中的应用 [M]. 北京：中国轻工业出版社，2014.

[25] 方善康，朱明田. 无蒸煮生淀粉酒精发酵研究 [J]. 食品与发酵工业，1988 (2)：13-20.

[26] 傅金泉. 黄酒生产技术 [M]. 北京：化学工业出版社，2005.

[27] 高年发. 葡萄酒生产技术 [M]. 北京：化学工业出版社，2012.

[28] 顾国贤. 酿造酒工艺学 [M]. 北京：中国轻工业出版社，2006.

[29] 关苑. 啤酒生产工艺与技术 [M]. 北京：化学工业出版社，2014.

[30] 郭斌. 清洁生产工艺 [M]. 北京：化学工业出版社，2003.

[31] 国建娜，蒋予箭，王丽，等．浙江玫瑰醋酒化发酵工艺条件的优化［J］．中国酿造，2008（15）：31-34.

[32] 何伏娟．黄酒生产工艺与技术［M］．北京：化学工业出版社，2015.

[33] 何国庆．食品微生物学［M］．北京：中国农业大学出版社，2009.

[34] 何国庆．食品发酵与酿造工艺学［M］．北京：中国农业出版社，2011.

[35] 何新路．酿造酱油制曲工艺设备的探讨［J］．中国调味品，1995（1）：13-16.

[36] 侯红萍．发酵食品工艺学［M］．北京：中国农业大学出版社，2016.

[37] 胡普信．黄酒酿造技术［M］．北京：中国轻工业出版社，2014.

[38] 胡耀辉．食品生物化学［M］．北京：化学工业出版社，2014.

[39] 黄祖新，陈由强，张彦定 等．甘蔗生产燃料乙醇发酵技术的进展［J］．酿酒科技，2007（10）：81-84.

[40] 贾树彪．新编酒精工艺学［M］．北京：化学工业出版社，2009.

[41] 江汉湖．食品微生物学［M］．北京：中国农业出版社，2010.

[42] 孔庆新．小麦啤酒酿造工艺的探索［D］．重庆：西南农业大学，2004.

[43] 赖颖．中高温大曲中耐高温酵母菌的筛选及其发酵特性的研究［J］．酿酒科技，2014（11）：35-38.

[44] 李安平．橡实淀粉生料发酵生产燃料酒精工艺研究［J］．中国粮油学报，2011，26（3）：91-94.

[45] 李光霞，李宗伟，陈林海，等．发酵法生产L-异亮氨酸的研究进展［J］．食品与发酵工业，2006，32（1）：57-61.

[46] 李慧敏．上面发酵和下面发酵小麦啤酒的差别研究［D］．淄博：山东理工大学，2012.

[47] 李家飚，王兰，肖冬光 等．小麦啤酒生产工艺的研究［J］．酿酒，2000（5）：57-61.

[48] 李起斌．生料制曲与生料酿酒技术［J］．中国酿造，2001（6）：38-39.

[49] 李姗姗．桶内二次发酵法生产小麦啤酒的研究［D］．济南：齐鲁工业大学，2009.

[50] 李盛贤，贾树彪，顾立文．利用纤维素原料生产燃料酒精的研究进展［J］．酿酒，2005，32（2）：13-16.

[51] 李祥，吕嘉枥，李小奎．生料酿酒工艺技术研究［J］．酿酒科技，2002（6）：42-44.

[52] 李秀婷．现代啤酒生产工艺［M］．北京：中国农业大学出版社，2013.

[53] 李艳．发酵工业概论［M］．北京：中国轻工业出版社，2011.

[54] 李勇．食醋促进钙吸收功能的研究［J］．中国调味品，2002（3）：13-15，21.

[55] 李幼筠．论食醋的功能性与新型功能性食醋的开发［J］．中国酿造，2004（1）：5-8.

[56] 梁春丽，杜金宝，张敏华，等．我国生物乙醇产品精馏脱水技术进展［J］．酿酒科技，2014（8）：80-84.

[57] 梁晓利，董国荣，王涛，等．啤酒生产过程中二氧化碳含量的控制［J］．酿酒科技，2012（1）：49-50.

[58] 刘德海，杨玉华，李新杰，等．生料酿酒工艺的研究［J］．中国酿造，2001（2）：27-29.

[59] 刘冬．食品生物技术［M］．北京：中国轻工业出版社，2016.

[60] 刘柯柯，张力，韩向敏，等．L-苏氨酸发酵种子培养基及培养条件的优化［J］．湖北农业科学，2011（13）：2730-2733.

[61] 刘榴，胡晓宇，林海波. 真空蒸发技术在麦汁冷却过程中的应用 [J]. 啤酒科技，2013 (5)：50-52.

[62] 刘燕兰. 酵母添加方式对啤酒发酵的影响 [J]. 啤酒科技，2009 (7)：41-42.

[63] 刘义刚. 生料糖化与酿酒研究概述 [J]. 酿酒科技，2000 (5)：40-43.

[64] 刘忠义，卢其斌，张妙玲 等."双曲生料发酵"酿制大米酒的研究 [J]. 酿酒科技，2004 (5)：60-62.

[65] 卢冬梅. 微生物合成鸟氨酸的代谢工程研究进展 [J]. 微生物学通报，2015，42 (7)：1391-1399.

[66] 逯家富. 发酵食品生产实训 [M]. 北京：科学出版社，2006.

[67] 罗大珍. 现代微生物发酵及技术教程 [M]. 北京：北京大学出版社，2006.

[68] 罗文，张水华，王启军. 生料酿酒概述 [J]. 酿酒，2005，32 (4)：11-14.

[69] 罗云波. 食品生物技术导论 [M]. 北京：中国农业大学出版社，2016.

[70] 吕金芝，张凤英，刘金梅，等. 高活性生淀粉糖化酶菌株 F7 的鉴定及其酶学性质的研究 [J]. 中国调味品，2013 (8)：47-52.

[71] 吕伟民，赵云财，夏海华，等. 酒用酸性蛋白酶在酒精发酵中的应用 [J]. 酿酒，2003，30 (3)：33-34.

[72] 吕欣，毛忠贵. 集成化玉米燃料酒精生产. 粮食与油脂 [J]. 粮食与油脂，2002 (12)：27-28.

[73] 马文超，石贵阳，章克昌. 玉米原料无蒸煮发酵酒精工艺的研究 [J]. 酿酒科技，2005 (2)：50-53.

[74] 马赞华. 酒精高效清洁生产新工艺 [M]. 北京：化学工业出版社，2003.

[75] 毛淑杰，李先端，马志静，等. 中药炮制辅料的规范化示范研究Ⅱ：醋的现代研究概况 [J]. 中国中医药信息杂志，2005，12 (8)：48-51.

[76] 欧阳平凯. 发酵工程关键技术及其应用 [M]. 北京：化学工业出版社，2005.

[77] 潘宁. 食品生物化学 [M]. 北京：化学工业出版社，2010.

[78] 彭德华. 葡萄酒自酿漫谈 [M]. 北京：化学工业出版社，2012.

[79] 彭伟林，刘国锋，王颖，等. 复合酶制剂在玉米原料酒精发酵中的应用 [J]. 酿酒科技，2015 (2)：69-72，75.

[80] 浦军平，庄国英，顾岳良，等. 低糖流加法生产 L-缬氨酸发酵工艺条件的研究 [J]. 氨基酸和生物资源，2003，25 (4)：48-51.

[81] 亓正良，杨海麟，张玲，等. 高酸度醋发酵工艺研究 [J]. 食品与生物技术学报，2010，29 (6)：911-915.

[82] 乔建援，李勇，刘春雨，等. 偏重亚硫酸钠在酒精清洁生产技术中的应用 [J]. 酿酒科技，2014 (11)：52-54，57.

[83] 曲音波，高培基. 造纸厂废物发酵生产纤维素酶、酒精和酵母综合工艺的研究进展 [J]. 食品与发酵工业，1993 (3)：62-65，68.

[84] 阮彩彪，何建，李文华，等. 生料发酵技术应用概述 [J]. 中国酿造，2010 (1)：4-8.

[85] 邵伟，仇敏，吴炜，等. 纤维素酶对玉米发酵酒精影响的研究 [J]. 中国酿造，2009 (3)：79-80.

［86］沈怡芳．白酒生产技术全书［M］．北京：中国轻工业出版社，2007．

［87］寿伟国．高粱传统酿酒技术［J］．现代农业科技，2015（6）：273-274．

［88］宋安东，张建威，吴云汉，等．利用酒糟生物质发酵生产燃料乙醇的试验研究［J］．农业工程学报，2003，19（4）：278-281．

［89］苏槟楠，徐宏英，王慕华，等．马铃薯渣发酵酒精菌种筛选及产酒性能的研究［J］．中国酿造，2010（1）：50-52．

［90］苏东海．酱油生产技术［M］．北京：化学工业出版社，2010．

［91］苏茂尧，张力田．纤维素的酶水解糖化．纤维素科学与技术［J］．纤维素科学与技术，1995（3）：11-15．

［92］孙晨，周永河，李文丽．麦汁冷却薄板前安装过滤器改善麦汁澄清度［J］．啤酒科技，2012（7）：37．

［93］孙东方，宋宝江，郭时杰．我国酒精工业现状与发展对策［J］．酿酒，2004，31（5）：9-10．

［94］孙海彦，刘恩世，赵平娟，等．气相色谱法和蒸馏-酒精计法测定木薯发酵液中酒精含量的比较［J］．酿酒科技，2012（11）：105-107．

［95］孙俊良．发酵工艺［M］．北京：中国农业出版社，2002．

［96］孙炜宁，张巧格，李兴兴，等．葡萄酒酿造过程中微生物多样性的研究现状［J］．食品研究与开发，2014，35（18）：365-368．

［97］孙玉梅，刘茵．固定化生物催化剂在酱油生产中的应用［J］．中国调味品，1995（4）：2-5．

［98］孙长平，段刚．酒精工业中的新型酶制剂及其应用技术［J］．酿酒，2007（1）：7-8．

［99］谭天伟．生物分离技术［M］．北京：化学工业出版社，2007．

［100］陶磊，王芳，张伟民，等．玉米生料发酵生产乙醇工艺研究［J］．酿酒科技，2013（11）：59-61．

［101］陶兴无．发酵工艺与设备［M］．北京：化学工业出版社，2015．

［102］田亚平．生化分离技术［M］．北京：化学工业出版社，2006．

［103］童海宝．生物化工［M］．北京：化学工业出版社，2008．

［104］万方，陈民良，张斌，等．代谢工程改造微生物高产氨基酸的策略［J］．中国生物工程杂志，2015，35（3）：99-103．

［105］汪志君．食品生物工艺技术与应用（生物工艺分册）［M］．南京：江苏教育出版社，2012．

［106］王丹，肖冬光，张翠英，等．小麦啤酒麦芽汁制备工艺的优化［J］．酿酒科技，2009（1）：20-22．

［107］王丹，林建强，张萧，等．直接生物转化纤维素类资源生产燃料乙醇的研究进展［J］．山东农业大学学报（自然科学版），2002，33（4）：525-529．

［108］王芳．小麦燃料酒精工艺开发研究［D］．北京：北京化工大学，2013．

［109］王健，袁永俊，张驰松．纤维素发酵产酒精研究进展［J］．中国酿造，2006（6）：9-13．

［110］王金英，孙瑾．流化床固态培养装置研究概述［J］．中国调味品，1995（2）：7-10．

［111］王丽红，白钰，李刚，等．小麦淀粉清液生料发酵酒精工艺的研究［J］．酿酒科技，2011（1）：28-30．

［112］王倩，张伟，王颉，等．生物质生产酒精的研究进展［J］．酿酒科技，2003（3）：56-58．

[113] 王岁楼 王艳萍 姜毓君. 食品生物技术 [M]. 北京：科学出版社，2013.

[114] 王旭亮，王德良，王异静，等. 大曲微生物及其内在物质对酵母酒精发酵的协同作用 [J]. 酿酒科技，2014（10）：1-5.

[115] 王颖，肖冬光，郭学武. 木聚糖酶在玉米原料酒精发酵中的应用研究 [J]. 中国酿造，2010（1）：20-22.

[116] 王玉美. 燃料乙醇生产现状分析 [J]. 酿酒科技，2015（5）：94-97.

[117] 吴赫川，马莹莹，杨建刚，等. 川法小曲白酒发展现状及其瓶颈问题分析 [J]. 安徽农业科学，2014，42（33）：11850-11856.

[118] 吴素萍. 酶解玉米淀粉发酵酒精工艺条件的研究 [J]. 酿酒科技，2007（11）：45-47，50.

[119] 肖冬光. 白酒生产技术 [M]. 北京：化学工业出版社，2011.

[120] 谢达平. 食品生物化学 [M]. 北京：中国农业出版社，2014.

[121] 谢广发. 黄酒酿造技术 [M]. 北京：中国轻工业出版社，2010.

[122] 谢林. 玉米酒精生产新技术 [M]. 北京：中国轻工业出版社，2000.

[123] 谢希贤，陈宁. 氨基酸技术发展及新产品开发 [J]. 生物产业技术，2014（4）：23-28.

[124] 辛秀兰. 生物分离与纯化技术 [M]. 北京：科学出版社，2008.

[125] 熊涛. 发酵食品（上、下）[M]. 北京：中国标准出版社，2013.

[126] 徐斌. 麦汁制造过程的工艺设计及其原理解析 [J]. 酿酒科技，2008，12（2）：11-19.

[127] 徐玲，王文风，周广田，等. 高酸度酿造醋的生产方法及研究现状 [J]. 食品与药品，2007，9（12）：57-59.

[128] 徐青萍. 食醋生产技术 [M]. 北京：化学工业出版社，2008.

[129] 徐莹. 发酵食品学 [M]. 郑州：郑州大学出版社，2011.

[130] 许开天. 关于酒精发酵机理终端反应的探讨 [J]. 食品与发酵工业，1984（3）：75-82.

[131] 许诺. 上面发酵小麦啤酒特征风味物质的研究 [D]. 济南：齐鲁工业大学，2013.

[132] 杨斌，吕燕萍，高孔荣，等. 蔗渣水解液发酵乙醇的研究 [J]. 生物工程学报，1997，13（4）：380-386.

[133] 杨昌鹏. 生物分离技术 [M]. 北京：中国农业出版社，2008.

[134] 杨芳，陈宁，张克旭. 甘蔗糖蜜发酵生产谷氨酸的研究 [J]. 现代食品科技，2006，22（3）：45-57.

[135] 杨辉. 生料发酵法生产白酒工艺条件的优化 [J]. 酿酒，2004，31（4）：89-91.

[136] 姚辉，张建华，毛忠贵. 谷氨酸棒状杆菌的谷氨酸分泌模式初探 [J]. 食品与发酵工业，2013，39（5）：54-58.

[137] 尹晓峰. 谷氨酸发酵过程满意优化方法的研究 [D]. 沈阳：东北大学，2011.

[138] 于国萍. 食品生物化学 [M]. 北京：科学出版社，2015.

[139] 于文国. 生化分离技术 [M]. 北京：化学工业出版社，2015.

[140] 余丽情. 纤维素酶水解及转化为乙醇的研究进展 [J]. 世界林业研究，2000（4）：30-35.

[141] 余龙江. 发酵工程原理与技术应用 [M]. 北京：化学工业出版社，2011.

[142] 岳国君，董红星，焦龙，等. 酒精生产液化-糖化过程中醪液黏度的变化规律 [J]. 食

品与发酵工业，2009，35（9）：10-13.

[143] 岳国君. 现代酒精工艺学［M］. 北京：化学工业出版社，2011.

[144] 张国权，何熙，王培武，等. 汉生罐留种扩大培养酵母的控制［J］. 酿酒科技，2007（3）：37-38.

[145] 张继泉，王瑞明，孙玉英. 利用木质纤维素生产燃料酒精的研究进展［J］. 酿酒科技，2003（1）：39-42.

[146] 张继泉，郭利美，王瑞明. 玉米秸秆发酵生产燃料酒精工艺探讨［J］. 广州食品工业科技，2003，19（2）：24-25.

[147] 张嘉涛. 白酒生产工艺与技术［M］. 北京：化学工业出版社，2014.

[148] 张开利，王妮娅，杜金华，等. 发酵度对7°P啤酒酿造的影响［J］. 酿酒，2007（3）：84-86.

[149] 张克旭. 氨基酸发酵工艺学［M］. 北京：中国轻工业出版社，2006.

[150] 张强，蒋磊，陆军，等. 玉米秸秆发酵法生产燃料酒精的研究进展［J］. 食品工业科技，2006（10）：198-201.

[151] 张瑞斌，刘磊，杨永录，等. 玉米淀粉制备燃料酒精的工艺优化［J］. 应用化工，2008（1）：109-111.

[152] 张曙光，张发群. β-葡萄糖苷酶产生菌产酶条件研究［J］. 纤维素科学与技术，1995，3（1）：37-41.

[153] 张先舟，刘卫华，张会彦，等. 甜高粱汁发酵生产酒精工艺的研究［J］. 酿酒科技，2008（12）：41-43.

[154] 张璇，李红卫，董海胜，等. 茶叶籽饼粕发酵生产酒精工艺的研究［J］. 北京农科院学报，2013，28（2）：58-61.

[155] 张云瑞. 简明啤酒工艺学［M］. 济南：山东大学出版社，1997.

[156] 章克昌. 酒精与蒸馏酒工艺学［M］. 北京：中国轻工业出版社，2010.

[157] 赵洪庆，高红波，钟其顶，等. 乙醇传感器法测定葡萄酒和黄酒中乙醇的含量［J］. 食品工业科技，2014，35（19）：293-296.

[158] 赵蕾. 食品发酵工艺学（双语教材）［M］. 北京：科学出版社，2016.

[159] 中国科学院微生物研究所. 常见与常用真菌［M］. 北京：科技出版社，1973.

[160] 中国生物工程学会. 新中国工业生物技术发展史略［M］. 北京：化学工业出版社，2013.

[161] 钟坤，谭德冠，孙雪飘，等. 木薯淀粉生料发酵生产酒精研究［J］. 中国农学通报，2014，30（6）：119-123.

[162] 周广田. 现代啤酒工艺技术［M］. 北京：化学工业出版社，2007.

[163] 周家骐. 黄酒生产工艺［M］. 北京：中国轻工业出版社，1996.

[164] 周桃英. 发酵工艺［M］. 北京：中国农业大学出版社，2010.

[165] 诸葛斌，姚惠源，姚卫蓉. 生淀粉糖化酶的结构和作用机理［J］. 工业微生物，2001，31（1）：49-51.

[166] 邹有锋. 谷氨酸发酵过程控制系统研究［D］. 兰州：兰州理工大学，2012.

[167] Dennis E Briggs. 麦芽与制麦技术［M］. 李崎，孙军勇，董霞，等译. 北京：中国轻工业出版社，2005.